文明前的「文明」

中华史前审美意识研究

上

陈望衡 著

人民出版社

马家窑文化半山型凸漩涡纹陶瓶
（见内文图 4-3-6）

马家窑文化马厂类型人面双耳壶
（见内文图2-1-2）

屈家岭文化双腹陶鼎
（见内文图 2-4-7）

北辛文化釜形陶鼎
（见内文图 2-2-7）

龙山文化有盖陶杯
（见内文图 3-1-6）

仰韶文化半坡类型小口鼓腹尖底瓶
（见内文图 2-3-1）

大地湾文化红陶绳纹碗
（见内文图 2-2-5）

大汶口文化罐形彩陶鼎
（见内文图 2-3-6）

红山文化彩陶罐
（见内文图 2-3-5）

半坡遗址出土的人面鱼纹盆
（见内文图 2-3-2）

大汶口文化八星纹彩陶盆
（见内文图 2-3-3）

大溪口文化陶罐
（见内文图 2-3-4）

陶寺文化蟠龙纹陶盆
（见内文图 2-4-3）

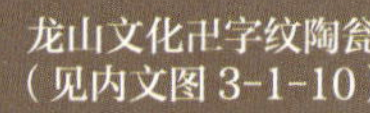

龙山文化卍字纹陶瓮
（见内文图 3-1-10）

马家窑文化半山类型菱格纹陶罐
（见内文图 3-3-5）

青海宗日遗址出土的舞蹈纹陶盆
（见内文图 7-2-4）

马家窑文化双耳长颈陶瓶
（见内文图 3-2-3）

马家窑文化辛店型指纹动物纹双耳罐
（见内文图 3-2-4）

马家窑文化半山类型彩陶葫芦纹底腹壶
（见内文图 3-2-7）

马家窑文化漩涡纹陶瓶
（见内文图 2-4-4）

屈家岭文化有盖陶鼎
（见内文图 2-4-8）

马家窑文化条纹带盖彩陶罐
（见内文图 3-1-4）

马家窑文化辛店类型鸵鸟纹陶壶
（见内文图 4-2-12）

仰韶文化中期鲵纹陶瓶
（见内文图 4-2-14）

马家窑文化辛店类型彩陶太阳和鹿纹陶罐
（见内文图 4-2-4）

龙山文化灰陶甗
（见内文图 3-1-1）

马家窑文化齐家型三足双耳鬲
（见内文图 3-2-5）

马家窑文化四坝类型彩陶斜线纹壶
（见内文图 3-2-8）

陶寺文化陶壶
（见内文图 3-1-23）

龙山文化双口双耳瓶
（见内文图 3-1-26）

大汶口文化白陶单把杯
（见内文图 3-3-9）

齐家文化鸟形壶
（见内文图 3-1-21）

四坝文化男人形陶罐
（见内文图 7-3-2）

大汶口文化有盖陶鬶
（见内文图 3-1-8）

大汶口文化兽形壶
（见内文图 3-1-22）

陕西洛南出土的仰韶文化陶壶
（见内文图 7-3-3）

仰韶文化早期秦安大地湾人头形器口彩陶瓶
（见内文图 7-3-1）

马家窑文化齐家类型大象形宽耳壶
（见内文图 3-2-10）

齐家文化鸽形陶壶
（见内文图 3-2-1）

龙山文化的鸭形鬶
（见内文图 3-3-4）

龙山文化双把杯
（见内文图 3-1-14）

龙山文化长把杯
（见内文图 3-1-13）

龙山文化灰陶杯
（见内文图 3-1-5）

龙山文化黑陶高柄杯
（见内文图 3-3-11）

龙山文化黑陶薄杯
（见内文图 3-1-2）

龙山文化宽沿蛋壳杯
（见内文图 2-4-2）

仰韶文化庙底沟类型鱼头莲叶陶盆
（见内文图 4-3-1）

大汶口文化大墩子遗址出土的
八星纹陶杯
（见内文图 4-1-12）

马家窑文化半山型三角加曲线纹陶壶
（见内文图 4-3-8）

大地湾文化贝叶纹陶罐
（见内文图图 4-2-9）

目录

CONTENTS

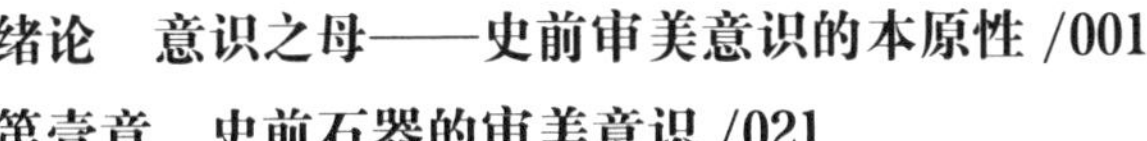

绪论　意识之母——史前审美意识的本原性 /001

第壹章　史前石器的审美意识 /021

第一节　材质——自然审美 /022

第二节　形态——几何审美 /033

第三节　功利——因利得美 /042

第四节　艺化——因巧取美 /051

第贰章　史前陶器审美意识（上）/063

第一节　泥火艺术：文明之始 /064

第二节　稚拙之美：早期陶器 /081

第三节　诡异奇绝：中期陶器 /099

第四节　素雅华丽：晚期陶器 /116

第叁章　史前陶器审美意识（中）/131

第一节　造形的方式 /132

第二节　造形的原则 /149

第三节　造形的经典 /163

第肆章　史前陶器审美意识（下）/181

第一节　抽象纹饰：谱天地节律 /182

第二节　具象纹饰：颂生命之光华 /196
第三节　营构法则：形式美的创立 /211

第伍章　史前玉器审美意识（上）/229
第一节　石之美者 /230
第二节　北系玉器 /240
第三节　南系玉器 /259

第陆章　史前玉器审美意识（下）/279
第一节　玉器与装饰 /280
第二节　玉器与神巫 /292
第三节　玉器与礼制 /310
第四节　玉器与审美 /328

第柒章　史前艺术审美意识 /339
第一节　史前音乐 /340
第二节　史前舞蹈 /356
第三节　史前雕塑 /375
第四节　史前岩画 /389

第捌章　史前传说与原始审美 /409
第一节　三皇的传说（上）/410
第二节　三皇的传说（中）/424
第三节　三皇的传说（下）/440
第四节　五帝的传说（上）/452
第五节　五帝的传说（下）/470

第玖章　史前神话与原始审美 /487
第一节　开天辟地的神话 /488
第二节　人类创造的神话 /502

第三节　太阳月亮的神话 /519
第四节　奇人异物的神话 /535
第五节　山川河海的神话 /555

第拾章　史前宗教与原始审美 /573
第一节　祖先崇拜 /574
第二节　自然崇拜 /588
第三节　龙凤崇拜 /601
第四节　生殖崇拜 /610
第五节　走出蒙昧 /624

第拾壹章　史前审美意识例论 /643
第一节　河姆渡文化：审美的滥觞 /644
第二节　仰韶文化：华族的开始 /669
第三节　马家窑文化：彩陶艺术的巅峰 /690
第四节　良渚文化：礼玉精神的代表 /710
第五节　龙山文化：迈进文明的门槛 /732

第拾贰章　史前审美与中华文明 /751
第一节　人性的觉醒 /752
第二节　以农耕为本 /764
第三节　阴阳的萌生 /780
第四节　礼乐的出现 /799
第五节　民族的童年 /816

结论：史前艺术与中华美学传统 /834

主要参考文献 /848

后　　记 /855

绪论

意识之母——史前审美意识的本原性

审美意识是如何发生的，对这一问题研究向来十分薄弱，现在普遍采用的观点主要有二：一是“功利先于审美”说，认为凡是具有审美意味的游戏或是艺术均原本是劳动，是生存的需要而不是审美的需要才产生了游戏或是艺术。二是“巫术先于审美”说，这种观点认为，初民具有审美意味的艺术活动均是巫术，巫术是人与神灵相沟通的中介，人之所以需要巫术，是因为人需要神灵的庇护。这两种观点有一个共同点，那就是认为，人的审美意识均是派生的。笔者在对华夏史前人类遗存的研究中，发现这种说法其实是站不住脚的，大量的史前实物证明，审美意识是人类的一种本原性意识，人类并不是为了功利的需要，也不是巫术的需要才去制作那些具有审美意味的艺术品的，其最初的动机就是审美。不是功利抑或是巫术产生了审美，而是在审美之中实现了功利和巫术。

一

人类最早出现的年代现在很难确定，在中国这块土地上，最早的人类为元谋人，“元谋猿人的化石曾被认为距今 170 万年以前，但据古地磁重新分析，被确定为不应超过 73 万年，即可能为距今 50 至 60 万年或更晚一些”。[1]人类早期的三个时代，“铜器时代约 2500 年至 5000 年的时期。新石器时代约在纪元前 5000 年至 7500 年的时期，旧石器时代约为 7500 年至 40 万年的时期”。[2]我们看人类审美意识的发生，按说主要应看旧石器时代，但是，中国旧石器时代留存的实物太少，所以不能不移后一个阶段，主要看新石器时代，新石器时代

❶ 裴文中:《旧石器时代之艺术》，商务印书馆 1999 年版，第 60 页。

❷ 裴文中:《旧石器时代之艺术》，商务印书馆 1999 年版，第 14 页。

的遗存倒是非常丰富，为我们研究中华审美意识的起源提供了丰富的材料。

中国旧石器时代文化遗存，现在也发现了不少，主要文物为石器，其次是骨器，均做过一定的加工，比较能见出审美意识萌芽的主要是距今 2 万年左右的周口店山顶洞人的文化。山顶洞人已经有了独立的审美意识，能够作为证明的是装饰品的发现。装饰品不是生产工具，装饰的目的只有一个：爱美。山顶洞人的装饰品主要有六：一、石珠。一共七颗，这些石珠用白色钙质岩石做成，有孔，孔是用一种比较钝的石锥钻成的，石珠一面平光，显然经过研磨；一面也经过研磨，但这一面因为钻过孔，不那么平整。石珠的边缘经过修整，但尚未达到圆滑的地步。这些石珠均染上红色的赤铁矿粉。这些石珠紧挨着头骨被发现。显然，它是山顶洞人头顶上的装饰品。二、穿孔的小砾石。这样的标本只有一件。小砾石为火成岩，卵形，长 33.6mm，宽 28.3mm，厚 11.8mm，砾石中间有孔，这孔是用钝的石锥钻成的，一面孔的直径是 8.4mm，另一面的是 8.8mm。由于系两面对钻，孔的中间部位最窄。小砾石一面有细的条痕，这是人工研磨的痕迹；另一面则为天然的水磨状。小砾石很好看，可供人摩挲，但显然不是劳动工具，很可能也是装饰品。三、穿孔的牙齿。在山顶洞人的洞穴中发现大量的有着穿孔的各种动物的牙齿。总数为 125 件，其中为食肉类牙齿的有 108 件。这些牙齿有三个特点：一是都穿了孔，这孔是用来系绳子的。由于穿系之带的作用，孔变成了圆形，孔的边缘也变得光滑。有些孔由于穿系的磨损过于厉害，变得不规整，也变大了。二是牙齿表面似是常为人摩挲，以至于变得光洁而发亮。三是有些是经过染色的，现在能明显看出染色痕迹的牙齿为

25件，染色不再可见或未染色的牙齿为100件。这些牙齿为什么要染色？最切合人性的解释，就是好看。这些穿孔的牙齿是做什么用的？最大的可能是装饰品而不太可能是劳动工具或巫术用具。四、骨坠。在山顶洞人的遗址中发现有四件骨坠，一件发现于第二层的原生层位中，另外三件是由挖过的土中筛捡出来的，无法准确判断其层位，考古学家根据其外观，认为可能来自第四层 。骨坠用何种骨骼制成，现在也无法确认，从外形及骨腔的种种特征，专家们判定为大型鸟类的长骨。这四件骨坠表面均十分光滑，边缘也光滑但呈波浪形，给人一种亲和的美感。特别值得注意的是，骨腔近两端的地方磨得很光，骨腔里面，部分段有磨损的痕迹，说明有带子穿过骨腔。据专家们判断，这骨坠也是装饰品，原始人用带子将它们穿起来，或为颈饰、或为手饰、或为足饰。五、穿孔的介壳。在山顶洞遗址的西部的第四层位，采集到三件穿孔的海蚶壳。这种海蚶壳在其绞合部位附近有一孔。这孔不是钻的，而是磨的。两件海蚶壳的孔为圆形，一件近方形。山顶洞距海有两百多公里，这就是说，要采集到这样海蚶壳，必须到二百公里的海边去。这大概对于山顶洞人来说，也不算什么。他们用的赤铁矿粉也不是本地产的，而来自张家口地区。无疑，海蚶壳很美，山顶洞人将它采集来做装饰品，那孔也是穿绳子用的。用海中贝壳做装饰品，不独旧石器时代有，新石器时代也有；不独中国有，世界其他民族也有；不独古代有，现代也有。六、鱼的脊椎骨和穿孔的鱼骨。在山顶洞西部的最下的层位第四层位还发现了一种很大的Teleostei鱼（Cyprins carpio?）的三个胸椎，还有一种中等大小的鱼（Teleostei）的六个尾椎。它们没有任何人工加工过的痕迹，但它们可以用细小的绳子穿起来，很可能是颈饰的一部分。在山顶洞人的洞穴还发现有一件鱼的眼上骨，是一条个体很大的鱼（Ctenopharyngodon Idellus）的眼上骨，边缘处也穿了一个小孔，孔是钻成的，孔面光滑圆润，做工相当精细，可以推测，钻具相当尖锐而精致。鱼骨有染色的痕迹。无疑，这也是一件装饰品。著名的考古学家裴文中先生说："除山顶洞外，在世界上其他任何一个旧石器时代遗址都没有发现用鱼眼上骨作装饰品的例子。"[1]除了这些人工制作的装饰品外，还有一些天然的装饰品，主要是砾石。有一颗卵圆形的天然的小砾石，造形非常美观，表面上有染过色的痕迹，说明它曾经是山顶洞人心爱之物[2]。

装饰品不是工具，它的功能是满足人的审美需要，这样的装饰品如果说在旧石器时代还不算多的话，那么，在新石器时代就比较地普遍了。新石器时代人们已经开始用玉了，玉的本质是什么？《说文》云："玉，石之美有五德者。"将玉的本质定位于美，这是非常精当的。玉不是生产资料，也不是生活资料，它的基本功能就是满足人们的审美需要。因为玉的稀缺，且琢玉的工艺特别复杂，所以，只有部落中地位较高的人才有佩玉资格。查海、兴隆洼文化遗址发现的玉器是迄今所知中国最早的玉器，距今约在 8 千年前。晚于兴隆洼和查海距今约 6 千年前的红山文化遗址发现了大量的玉器，且品种很多，有璧、双联璧、三联璧、环、方缘圆孔佩、箍、镯、勾云形佩、龟壳佩、玉鳖、玉鱼、双龙首璜、兽面佩、马蹄形箍、猪首形佩、丫形佩、双猪首三孔器、鸟形佩、鸮形佩、蝉形佩、长齿兽面形佩。这些都是装饰品。红山文化玉器中的 C 形玉龙（三星他拉村采集的，故又称三星他拉龙）、玉猪龙，一般将它看作是礼器，这是不错

❶ 裴文中:《旧石器时代之艺术》，商务印书馆 1999 年版，第 102 页。

❷ 以上关于山顶洞人装饰品的材料均取自裴文中的著作《旧石器时代之艺术》。

的，但这并没有改变玉器的基本性质——美。正是因为玉器美，它才被用来制作具有神灵崇拜意义的龙的形象。

新石器时代标志性的器物是陶器，陶器是生活用具，功利性较强，但也有不做生活用具仅用来审美的陶器，最为突出的代表就是龙山文化的蛋壳陶杯。这种薄如蛋壳的陶杯，当然不是用来饮酒的，它是纯艺术品，用来满足部落中高等贵族的审美需求，因为它的使用需要有一定的身份，所以被看作礼器。其实，之所以被用作礼器也是因为它美。

以上这样的事实说明了什么呢？说明纵然是在生产力极为低下的旧石器时代，人类的心也不是全为实用的功利性的目的所占满，仍然有爱美的意识。

爱美是人类的本性，如同人要吃，要异性一样。人类的审美意识，溯其源可达动物的求偶心理。动物求偶，基本的需求是性，但性与美总是联系在一起，发情时，动物总是精神焕发，皮毛、羽毛也格外光鲜，声音格外动听。在这点上，人与动物是完全一样的。人之不同，主要在于人的美既可以与性相联系，也可以与性相脱离。也就是说，人即使不处于恋爱之时，也会注重形象的美。为了美化自己，人需要修饰，需要打扮，这样就有了最早的美容术，有了最早的装饰品。我们上面谈到山顶洞人的装饰品，还有红山文化遗址出土的各种玉器，均出于人类美化自己的需要。

美普遍地存在于人类的生活天地，包括人自身、人的生活环境，人的劳动对象、劳动成果等等。然而最初的美应是人对自身的感受。这又可以分成三个层次：第一，建立在求偶基础上的对异性的喜爱；第二，基于自我意识的对自身形象的重视；第三，由对人的身体美的重视进一步深入对人的内心美的重视。

不是人的生活环境包括自然环境而是人自身首先成为审美的对象。而人之所以能成为最早的也是最基本的审美的对象，乃是因为人有了自我意识。说到底，审美意识是自我意识的一种表现，而且是突出的表现，从某种意义上说，审美意识才是人之所以为人的确证。

二

什么是人类进步的原动力？人们一般想到的是生存的需要和发展的需要。生存的需要，一般总是联系到人类最基本的生存条件：食和性，前者关系个体生存，后者关系种族生存。而发展的需要，人们又总是联系到政治、经济、宗教等。审美在其中有地位没有？人们似乎没有给予足够的注意。其实，审美也是人类进步的原动力。中华史前考古以充分的事实说明了这一点。审美成为人类进步的原动力，可以从诸多方面来说明，其中主要有三：

一、审美是初民生产力提高的原动力

生产力之一是工具，工具的制作和改良能提高工作的效率，减轻工作的疲劳。原始人的工具主要是两类：一类是生产工具，另一类是生活工具。原始人是如何发明并改良它们的工具的呢？这于目前都只能是猜测。

大体上可以认定，原始人最先是从自然界中捡拾自然物作为工具的。这种做法开始是随机的，后来则有目的。比如，看到野兽，慌乱之际，随手捡起一块石头打过去，这石头来不及选择。然而这次击石的成功让他对

击中野兽的这块石头有所观察，随即在脑海里留下了印象，这样的印象多次加深，成为经验。以后他就明白，什么样的石头才是打击野兽最好的武器。最初的石头是从自然界捡拾的，没有加工，当在自然界捡拾不到称心的石头时，他就要对石头进行加工了。这就是制造工具。旧石器时代的生产工具主要是石器，石器是打制而成的，它们的形态主要为圆球状、半圆饼状、尖锥状。圆球状的石器主要用来投掷，半圆饼状的石器主要是用来作砍砸器，而尖锥状的石器则用来锥刺动物。这些形状均具有一定的审美性，那么，这样的形状是怎样选择的呢?主要靠观察和直觉，概而言之：感性。当然，观察中也有理性的成分，直觉中也有思维，但都很浅。这个过程中，具有浓厚感性色彩的审美意识在其中起着至关重要的作用，——直截地说，这种圆球形、半圆饼形、尖锥形悦眼。

美不美实际上潜在地指导着工具的制作。“美”成为工具制作中一条重要的标准，这标准自始至终地结合着工具制作中的另一标准——“利”。可以说，“美利结合”是原始人工具制作的基本原则。“美”是可以直觉把握的，而“利”则需要经过试验。“美”“利”结合的极致当在新石器时代。石斧、石铲、石锛均制作得相当精美。特别是石斧，整齐的刃口，平缓的有坡度的斧背，给人强烈的美感，然而，这样制作又切合“利”的标准。

初民们在工具制作的过程中会积累一些经验，这些经验经过大脑的作用会抽象化成为理性的原则。尽管初民的理性思维水平经过漫长的生产实践和生活实践会有所提高，但直到文明时代开始，理性思维的能力并没有占据主要的地位。其证据是：直到野蛮时代结束，初民们还没有发明可以用来记载抽象思维的文字体系。尽管大汶口文化中已发现有文字符号，但不成系统，只能认为是文字的萌芽。以感性思维为特质的审美意识，一直在初民生产工具和生活用具制作与改进中发挥着极其重要的作用。因此，我们有理由说，审美是生产力提高的原动力。

二、审美是初民生活质量提高的原动力

史前文明中最为重要的是陶器文明。20 世纪 60 年代以来，我国考古界已经在中国的南方和北方发现距今万年左右的陶片，有些地方的陶片甚至可以推到 1.4 万年至 1.3 万年前[1]。陶器的发明是史前人类生活中的惊天动地的大事，它对于提高人类的生活质量所起到的重大作用，不管做怎样高的评价也不为过。

最早的陶器为素陶，它已经具有一定的审美的因素，陶器的造形同样兼顾到“美”“利”统一的标准，同时，也还在陶器的外部做一些专供审美的图案。这些图案不是描绘的，而是用手工拍制、刻制、堆制或用席片等物印制而成的。由于制作的手法简单，图案的审美价值不高。素陶的主要价值还在于它的实用性。

陶器价值根本性的提升在于彩陶的出现。彩陶与此前的素陶有一个根本性的不同，它的图案是绘制的。图案绘制有两种方式：其一是陶工用兽毛笔将图案绘在成形的陶坯上，然后放入陶窑烧制。还有一种方式，就是将颜料直接涂抹在烧制好的陶器上，这种彩陶上的图案容易脱落，因此，比较多的彩陶制作方式还是第一种。

彩陶制作需要很高的技术条件：第一，掌握矿物颜料显色的规律，知道什么样的颜料在什么样的温度下会变成什么样的颜色。第二，陶坯必须达到一定的

❶ 郎树德、贾连成：《彩陶的起源及历史背景》，《马家窑文化研究论文集》，光明日报出版社 2009 年版，第 124 页。

光洁度，因为只有这样，才能较好地在上面绘制图案，并让图案在烧制过程中不致脱落。第三，控制炉温。彩陶烧制是需要较高炉温的，温度不够，颜色就会脱落。升高炉温并不是容易的事，这中间也有诸多技术需要掌握。

彩陶纹饰极为丰富，也极美，它们也许隐含某种意味，但无一例外，均很美。美是第一位的，意是第二位的，意在美中。而且彩陶上的纹饰也未必都有意，有些图案为陶工所选择，仅仅因为它美。研究者一般均喜欢寻意而且喜欢从巫术和图腾崇拜上去寻意。在他们看来，史前陶工设计的每一种纹饰都有深刻的意图在。鱼纹就是鱼崇拜，鹿纹就是鹿崇拜，鸟纹就是凤凰崇拜，有点像爬行类动物的就是龙崇拜。这种草木皆兵式的认定，也许并不符合初民制作彩陶纹饰的实际。

彩陶的主要功能是美化生活，爱美成为彩陶制作的原动力。当然，彩陶不是单纯的艺术品，它能盛物，但这不是彩陶的本质，如果仅仅只是为了制作一个容器，没有必要煞费苦心、耗材费力地去制作彩陶，素陶可以承担彩陶的实用功能，而生产素陶的成本远低于生产彩陶。

从史前考古来看，彩陶是重要的随葬品，但并不是所有的墓中都有彩陶，只有规格较高的墓葬中才有彩陶。墓的规格越高，彩陶就越多。这说明彩陶不仅是人们喜爱之物，而且是一种地位、政治待遇的象征，因此，彩陶成为了礼器。但礼器是不是彩陶的本质呢？仍然不是。因为礼器这种身份的取得是以他美为前提的，正是因为彩陶美，彩陶才能成为礼器。

中国的彩陶出现的时代很早，大约在新石器时代早期，具体来说大约距今 7000 年前就有彩陶了，它们是大地湾文化、裴李岗文化、磁山文化、北辛文化。但彩陶文化最为绚丽多姿的时代却是在距今6000年左右的仰韶文化和距今5000年左右的马家窑文化。最有资格代表新石器时代的文化器物大概只有彩陶了。

彩陶的出现带来的人类的进步是全方位的，绝不只是审美，它将初民的生产力水平、生活水平、科学技术水平以及诸多的意识形态推到一个全新的阶段。彩陶的产生与兴盛足以证明审美是人类进步事业的原动力。

三

艺术是人类审美活动的典范形式，也就是说，虽然人类生活中普遍存在着审美活动，但诸多的审美活动其实是不纯粹的，它们只是某一功利性活动的附属品、派生物或者助燃剂。唯有艺术，其审美品格相对地比较纯粹，比较集中，比较强烈。因此，艺术自古以来就是美学研究的中心。

人类旧石器时代就有了艺术，按裴文中先生的观点，旧石器时代的早期是没有艺术的，那时欧洲的人种为尼安德特人，这种人实际上是“准人”的动物。到旧石器时代中期的末叶即距今25000年前，尼安德特人种灭绝了，出现了新的人种，这新的人种，称之为“真人”（Homo Sapiens），也叫作克鲁马努人（Cro-Magnon Race）了。裴文中先生说：“这种人就是最古的艺术家。”[1]克鲁马努人创造了许多艺术作品，有雕刻、彩画等等。作品以大象、野牛、鹿等猎捕的动物和人物作为主要的表现对象。无论就造形来看，还是就线条的运用来看，抑或就整个画面的构图来看，

❶ 裴文中：《旧石器时代之艺术》，商务印书馆1999年版，第17页。

无可置疑，这是优秀的艺术，即使是放在今日也不失之为杰作。然而，当今的学者基本上不愿意从审美角度去研究它，总是将它看成是巫术。著名的阿尔塔米拉山洞中的野牛图就是因为它藏在山洞不便为人欣赏而被学者们断定为非审美对象。其实理由是站不住脚的，你怎么知道初民就不能欣赏山洞里的画呢？他们既然能画，就能欣赏。

中国旧石器时代倒是没有发现艺术品，只是发现了装饰品。不过，既然懂得了装饰，也就懂得了审美，审美是艺术之母，按说中国旧石器时代应有艺术品，只是目前考古没有发现。中国的新石器时代倒是发现了大量的艺术品和乐器。这其中乐器的发现也许是最为重要的。20 世纪 80 年代在河南舞阳贾湖文化遗址发现距今 8000 年的骨笛，总数 46 件，这些骨笛均刻有孔，大多为七孔，也有少数的为五孔、六孔或八孔。这些骨笛能发出六声或七声音阶。其中出土于贾湖文化中期遗址的一件骨笛经过由中国艺术研究院和武汉音乐学院组成的测音小组用 stroboconn 闪光频谱仪进行测试，并由两人试行吹奏，得出的结果是：这件距今 8000 年的骨笛不仅音高明确，而且各音级已能构成六声或七声音阶。这些充分说明史前音乐已经达到相当高的水平。

河南舞阳湖文化遗址出土的骨笛

舞蹈艺术与音乐艺术应是并行发生的。史前岩画将中国最早的舞蹈艺术用绘画的方式保留下来了，岩画的历史非常悠久，最早的可能创作于数万年前的旧石器时代。著名的广西左江岩画有成群的舞蹈场面，极为壮观。史前雕塑也达到很高的水平，距今 7000 年的河姆渡文化遗址出土一件象牙雕塑，这件被学者命名为“双凤朝阳”

的线刻，用极为简洁传神的线条刻画一对鸟头，动态感极强，两鸟相向，对称中见出变化，构图极为严谨。另，距今6000年前红山文化出土的名之为女神的雕像，面部轮廓清晰，五官比例合理，神态生动，极接近现今的雕塑。史前绘画或作为岩画或作为陶器的纹饰而存在，岩画粗犷、大气，因年代久远，多只能隐约见其形；陶器上的纹样则清晰鲜明，应是史前绘画的代表作。陶器上的纹饰多抽象，少具象。具象纹饰最接近绘画的当属河南汝州阎村遗址出土的鹳鱼石斧图，这是一幅彩色的写实图，画在一件陶缸的外壁上。画面高37厘米，宽44厘米，占据整个缸面的二分之一。这幅画不是装饰性的图案，而是一幅画。画面上突出的地位是一只立着的鹳鸟，叼着一条鱼。鱼看来已经死亡，形体僵硬。挨着鱼，立着一柄石斧，石斧绑在木柱上，木柱上有一个打叉的符号。

从笔者所见的各种学术资料来看，基本上持两种观点来看待史前艺术。一是将史前艺术看成是劳动的手段。上面所谈贾湖骨笛，有人就认为是用来引诱动物特别是鸟类的。这种说法可以归结到审美源于劳动说。普列汉诺夫在《没有地址的信》中谈到地球上残存的某原始部落，一边跳舞一边播种，原因是这样劳动可以减轻疲劳。鲁迅也说过，原始人扛木头，哼着调子，这调子其实不是娱乐，而是为了协调动作，减轻劳累。第一种说法将它解释成巫术包括图腾崇拜。原始人在阿尔塔米拉山洞中画野牛并不是让人去欣赏野牛图，而是想通过这种方式引来真正的野牛。图腾崇拜是原始社会比较普遍的一种信仰，通常是将某一动物或植物视为本民族的祖先或是保护神，用各种方法其中主要是祭祀的方式对它顶礼膜拜，以求得它的保护。将图腾用艺术的方式表达出来，只不过让它代表真正的图腾，换句话说，它只不过是图腾的替代品。上面说到的鹳鱼石斧图，有学者将它看成鹳氏族与鱼氏族争夺的象征，鹳与鱼均是部落的图腾，鹳叼鱼（参见图 11-2-3），意味着鹳氏族打败了鱼氏族。石斧则是权力的象征，将它画在陶缸上，意味着陶缸主人“以他为首的酋长运用权力特别是在战争中所获取的利益归为私有，从而在本部落的联盟中形成一个特殊利益集团”。“如果说‘鹳鱼石斧图’中作为‘权杖’（或称‘权标’）的石斧，是后世君主的祖型的话，那就充分表明在中原地区的仰韶文化晚期，至少在以鹳鸟为图腾的部落联盟当中，已经出现了‘未来的世袭元首和君主制的最初萌芽’。”①

这几种对原始艺术的解释，如果只是就原始艺术的部分功能言之是不错的，但如果说它们是原始艺术产生的根本原因，那是错误的。原始艺术得以产生，不是因劳动的需要，也不是因巫术的需要，而是因人类的本性之一——审美的需要。原始艺术固然有以上说的协助劳动、充当巫术和图腾替代品等功能，但不可改变它的根本功能——审美。而且正是因为它能审美才将它用之于劳动，让审美节奏感来协调动作，让审美的愉快来减轻劳动的强度。贾湖文化遗址出土的骨笛也许真有引诱鸟儿的功能，但是须知人类早就从鸟儿的鸣叫声中感受到听觉的美了。就因为这种美刻骨铭心、魅力无穷，初民也才激发出创造力，制作出这样的骨笛。鸟类是人类的食物之一，捕鸟对于人并不是很难的事，如果仅为诱捕鸟类而制作这样美好的乐器，实在说不过去。如果仅只为模仿鸟鸣，何需制作骨笛，人类的发声器官就可以做到。

① 郑杰祥：《新石器文化与夏代文明》，江苏教育出版社 2005 年版，第 209 页。

巫术和图腾崇拜是人与神打交道的手段，原始艺术的确有巫术与图腾崇拜这样的功能。但是，有一个问题必须提出，人为什么要用艺术的手段来充当巫术和图腾呢？其原因有二：

第一，巫术和图腾崇拜不同情况地均采取模仿的方式，而艺术正好具有模仿的性质。第二，巫术和图腾均具有娱神的性质，而艺术正好具有娱人的性质，以人度神，人能娱之，神必能娱之，于是就将艺术奉献给神，不管是自然神灵还是社会神灵。

说艺术的起源是人类审美本性的需要，尚需做一些简单的分析：人有三种天性：其一，模仿。模仿力求逼真，模仿得越像，人就越高兴。艺术的产生首先在于人的模仿活动。其二，抒情。人是有情感的，人的情感来自于动物性的情绪，情绪是自然性的，本能性的，而情感则除了自然性、本能性的情绪外，还具有社会性的内涵。情感涉及人生存、生活的全部，没有哪一个生存、生活的领域离得开情感。有情感就要表达，就要宣泄。这是人的本质。情感表达、宣泄是有多种方式的，大体上分为两类：一是直接抒情，用自己的身体表达情感；二是借物抒情，借创造物来表达情感，宣泄情感。这两种方式均可以通向艺术。其三，求乐。人有追求快乐的天性。有诸多的快乐，但大体上不外乎两种：一种是功利的快乐，另一种是超功利的快乐。前一种快乐存在于人类所有的实际事务中，后一种快乐则较多地存在于艺术的创作中。原始人所处的生存条件是极为恶劣的，即使是在这种条件下，原始人尚有着自己超越功利的艺术活动，因为在这种活动中，他不仅能实现模仿的天性、抒情的天性，也能实现求乐的天性。旧石器时代的山顶洞人时时面临着死亡的威胁，尽管如此，他还是很高兴去制作并不能果腹御寒的装饰品，其原因只有一个，他们觉得这装饰品能给他带来自信与快乐。

四

人对外界认识的手段不外乎感性与理性，通常将感性看成是理性的前导，即由感性认识上升到理性认识。实际上，人类认识世界的方式不是这样简单。感性是理性的前导是肯定的，一切认识始于人的感官对外界的接触。但是，对于感官从外界获得信息如何加工，则有诸多的不同。现在通常将信息加工分为两大类：一为抽象思维（亦称逻辑思维），一为形象思维。抽象思维的元素为概念，概念来自从外界事物获得的表象，但被抽象了。概念有诸多种，抽象的程度不一。抽象思维以概念为思维元素，按照一定的程序进行推理，最后得出一定的结论。这结论通常被认为是外界事物本质的揭示，然而结论离外界事物感性形态甚远。形象思维的元素是表象，表象是外界事物在人脑的反映，既然是反映，多少有些抽象，但基本上保持外界事物的具象性。形象思维机制主要为联想、想象，联想和想象也有一定的程序，但不是推理，它最后也会得出结果，这结果，不是理论而是意象。意象与理论根本的不同，就在于意象是具象形态，而理论是概念形态。意象虽然不是概念形态，却也在一定程度上反映了事物的本质，最为重要的是，意象在一定程度上仍然保持了事物原有的感性形态。

就整个人类来看，史前人类长于形象思维，而拙于抽象思维。根本原因是：史前人类没有发明文字（只有零碎的不成体系的文字符号在运用）。文字是符号，从本质上看是概念，即使是象形文字也是概念。当然，语言也是概念，不用文字只用语言也可以进行逻辑思维，但是，没有形成的文字的语言不会是严密的，它的思维层次不会很深。史前人类脱离动物不是太久，更多地保留着动物主要凭感官观察事物把握世界的方式，其思维方式主要为形象思维。

史前考古尚没有发现任何以概念（文字等）体系表述的文明成果，全部成果均是感性的形态，或为建筑，或为工具，或为用具，或为艺术，或为装饰，等等。不能说这些感性的成果中没有理性的因子，肯定有。事实是，将器物制作成什么样子，怎么制作，总会有一定的思想来做指导，而且必须有一定的知识和技术来做保证。上面我们谈到过彩陶，没有一定的物理知识、化学知识，是不可能烧制出彩陶的。问题是知识与技术存在的形态，它不是概念系统，而是意象系统，或为静态的实物，或为动态的操作，均是可感的。原始人就凭着意象形态来承载着一切知识、技术、一切意识。

正是因为这样，我们认为，形象思维对于史前人类的诸多意识，具有本原性。由于审美与形象思维具有血缘性，审美以形象思维为方式，因此，我们也可以说审美对于人类的诸多意识具有本原性。

下面，试举史前人类的生死观和图腾观言之：

生死观作为观是一种意识，这种意识的基础是动物的重生畏死的本能。人来自动物，也有重生畏死的本能，但人毕竟不是动物，他对生与死还有一些看法。比如生与死的意义、生与死的转化，还有灵魂的有无，等等。史前考古主要是初民的各种墓葬，墓葬中有随葬物。从随葬物中，我们可以推测出初民们的生死观。值得我们注意的是，初民们还会将他们的生死观用艺术的手段表达出来。最典型的例子是西安半坡陶盆上的人面含鱼纹。图案的主体部分是圆圆的人面，五官分明，眼画作一条短线。嘴唇两边各衔着一条鱼。这图是什么意思呢？要弄清这图的意思，必须弄清这陶盆的用途。原来，这陶盆不是用来盛水的，它是葬具——瓮棺上的盖。瓮棺葬是半坡一种特殊的葬制，葬的全是未成年的儿童。既然是葬具，这陶盆的图就与死人有关。细看这图，人面圆圆的，确像儿童。另，眼睛画成一条线，意味着是死人。嘴边两条鱼是难猜测的。莫非这鱼是神，在向儿童嘴里吹气，让儿童复活？亦莫非儿童正在复活，要吃鱼，以增加体力？我们再看陶盆，发现陶盆有孔，说明死者还需要与外界接触，孔是出入的通道。能从孔中出入的当然不能是尸体，只能是精气，是灵魂。将所有这一切联系起来，就会发现，半坡人借这陶盆表达了一种生死观。这生死观的表达方式不是概念，而是意象，是审美。

史前人类盛行原始宗教，原始宗教的表现形式之一是图腾崇拜。图腾崇拜是一种关于祖先的意识，这种意识是如何表现出来的呢？用形象，最多的是动物形象，动物可能是实有的，也可能是想象的。史前，在中国这块土地上生活着诸多的氏族，他们各自有自己的关于祖先的意识，表现为不同的图腾崇拜，其中有龙图腾。最初的龙图腾是多种多样的。红山文化中的龙就有两种形态，一为猪首，一为马首。考古发现的龙图腾物品均为玉器，圆弧状，为玦。玦是佩饰，将龙图腾做成佩饰，有辟邪、护身的作用，但做得如此之美，只能说是出自于爱美。如果不是为了爱美，只是为了辟邪、护身，没有必要费这样大的功夫。

图腾是初民诸多神灵崇拜（所有的崇拜包括自然物

崇拜均可以看作是神灵崇拜）之一种，与其他神灵崇拜不同的是：图腾还是族徽，正是因为图腾是族徽，所以，图腾成为部族统治者的标志和权力地位的象征，这样，原始宗教观念与政治观念相融汇，形成一种独特的权力意识。这种意识是如何表现的呢？也是通过意象的方式。濮阳西水坡出土的属于仰韶文化后期的一座大型墓葬，墓主人为一壮年男性，身长 1.84 米，仰身直肢，头南足北。墓主人左右两侧，用蚌壳精心摆塑龙虎图案（参见图 10-2-11）。“蚌壳龙图案摆于人骨架的右侧，头朝北，背朝西，身长 1.78 米、高 0.67 米。龙昂首，曲颈，弓身，长尾，前爪扒，后爪蹬，状似腾飞。虎图案位于人身架的左侧，头朝北，背朝东，身长 1.39 米，高 0.63 米。虎头微低，圜目圆睁，张口露齿，虎尾下垂，四肢交递，如行走状，形似下山之猛虎。”[1]显然，墓主人不是一般的人，很可能是部族的最高首领。用龙虎这样的雕塑护卫在他的四周，说明他是腾龙跨虎之人，是最高权力的拥有者，即使他现在死了，进入了另一个世界，也是最高首领。政权决定于图腾，图腾又依仗于政权，二者互为作用。先民们这一观念在这一图案中表现的非常充分。

不需一一地陈述史前人类诸多意识的表达方式，对于理性思维尚不够发达的先民，他们只能用感性的思维观察、把握世界。理性的欠缺一方面使得他们的思维处于较低的层次；另一方面却又使得他们感性特别的敏锐发达。这敏锐发达的感性在相当程度上弥补了因理性薄弱所带来的认识上的不足。

现代思维科学已经充分地认识到形象思维即感性思维的长处与意义。当然，正如理性思维存在一定的局限一样，感性思维也存在相当的不足。事实上，人们总是同时用着两种思维来把握世界。科学家虽然主要使用理

❶ 濮阳市文物管理委员会等:《河南濮阳市西水坡遗址发掘简报》,《文物》1988 年第 3 期。

性思维，但也运用形象思维。同样，艺术家虽然主要使用的是形象思维，但也不缺失理性思维。我们说史前的初民主要用形象思维把握世界，并不是说初民们就没有理性思维。陶器和玉器上的纹饰抽象化就是理性思维在其中作用的结果，有些图案为表达特定意义的符号，如八角图、璇玑图等。尽管如此，史前人类的思维方式尚未能走出形象思维，它的理性思维只能在形象思维的总体格局中发挥作用。

可以说，形象思维是先民主要的把握世界的方式，与之相应，审美意识是先民最主要的意识，在某种意义上，审美意识是史前人类诸多意识的摇篮。

第壹章

史前石器的审美意识

第一节 材质——自然审美

当命运将人抛在蛮荒的地球上，那地球对于人类是怎样的情景呢？茫茫的原始森林中，虽然到处是诱人的果实，还有可供食用的动物，但也到处是恐怖、凶险，什么是人类最早的武器，可用以抵挡野兽的攻击？当然，最好、也最方便的莫过于弯腰即可拾起的石头了。同时，原始人也发现，这石头不仅是最好的对付野兽的武器，而且还是最好的生产工具。将它一端磨得锋利一些，它可以用来砍树，也可以用来掘取地下的草根。需要将一头猎获的野羊剖开，分成一块块肉食，最好的工具也莫过于磨尖的石块。石头的用途不断得到开发，成为人类最重要的生产工具和生活用具，长达数十万年的旧石器时代，石器是主要的生产工具；长达一万年的新石器时代，石器也是重要的生产工具。就这样，石器成为史前文化的标志。

石器工具的制作与使用积淀着史前人类无穷的智慧，显示出它们漫长艰辛的发展历程，这过程白骨累累，血迹斑斑，又光华灿烂，美不胜收。从现在出土的原始人类的石器工具来看，石器无疑是那个时代真善美的代表。石器的质地、造形、色彩，均是人类有意识选择的结果，它不仅是人类体力活动的产物，更是人类脑力活动的产物，这其中也体现着人类对美的渴求与创造，显示出人类审美意识的发生。

一、石器的选材

石器是人类最早运用的工具，石器直接取材于大自然，较之于同样取自于大自然的木器、骨器，它的优越性是明显的。首先，它具有较木器、骨器优越得多的硬度，可以更好地用作武器和某些农具。

石器的制作需经过两个步骤：首先是选料。原始人对制作原料的选取可以分成两个层面：一是取其质，包括它的物理性能和化学性能，具体来说，是它的硬度与脆度。二是取其形，尽可能地选取加工少基本上拿来就可以用的石料。湖北宜都红花套文化遗址发现一件大型的砾石工具，长 32.7 厘米，宽 12.9 厘米，厚 13 厘米，它可能是一个石砧。另外，还有两件砾石，一件为棒状，一件为扁圆形。它们均加工甚少，均是用作敲砸器的。不只从红花套，还可以从许多原始人的遗址发现，初民们总是尽可能选取与工具形状近似的石材进行加工制作，比如，选取扁而薄的砾石打片，用作石铲。

选材虽然主要考虑质与形，但也要考虑加工的方便。"法国学者曾经做过实验，研究哪些岩石和矿石适宜于制作石器。他们选用黑曜石、熔结凝灰石、水晶、玉髓、玛瑙、硅化木、玄武岩、硅化砂岩、砂岩、流纹岩、硅质石灰岩和均密石英岩等为石料，用软锤打击法和压制法两面加工石器和石片，还对部分石料做加热实验。结果发现，黑曜石、熔结凝灰石、水晶、玉髓、玄武岩、硅化砂岩、砂岩和均密石英岩均非常适合用软锤直接打制两面加工石器。玛瑙、硅化木、流纹岩、安山岩、硅质石灰岩和均密石灰岩适合用此方法打制两面加工石器。黑曜石、玉髓、玛瑙、硅化砂岩非常适合用软锤直接和间接打制石片，而熔结凝灰石、水晶、硅化木、砂岩、流纹岩、硅质石灰岩适合用软锤直接和间接打制石片，只有玄武岩和安山岩不适合用软锤直接和间接打制石片。黑曜石非常适合用胸压法剥石片，而熔结凝灰岩、玉髓、玛瑙也适合用此方法剥石片。另外，玉髓、硅化木和均密石灰岩非常适合运用加热法处理，但是黑曜石、熔结凝灰岩、水晶、玛瑙和硅质石灰岩则不适合用加热法处理。”①

在石料的选择与加工中，史前人类初步认识到石材的一些物理的和化学的性质，其中主要是硬度与脆性。根据奥地利矿物学家摩氏 1824 年提出的矿物硬度标准，其硬度可以分为十级，分别以十种矿物为代表：(1) 滑石；(2) 石膏；(3) 方解石；(4) 荧石；(5) 磷灰石；(6) 长石；(7) 石英；(8) 黄石；(9) 刚玉；(10) 金刚石。

脆性与硬度不是一个概念，它们不存在同一的关系，有些石头硬度很高，然易脆，一是制作起来，易破损。二是使用寿命短。这样的石材用作工具的原料显然不合适。反过来，石材硬度很高，韧性过大，脆性太小，虽然坚固耐用，但制作不易。恰到好处的脆性显然是选用石材时不可忽视的。

燧石是原始人类最为普遍使用的石材。据《中国远古人类》一书收录的古人类 31 个遗址的石器材料来看，中国旧石器时代使用过的岩石和矿物多达 60 余种。其中，以石英岩和燧石为主，有 23 个遗址用石英岩，20 个遗址用燧石作石料。其他遗址采用石料的情况是：9 个遗址用脉石英，8 个遗址用石英，7 个遗址用砂岩，6 个

① [法] M.L.linzan, H. Roche, J.Tixier 著:《石器研究入门》,[日] 大沼克彦、西秋良宏、铃木美保译。转引自张之恒等著:《中国旧石器时代考古》，南京大学出版社 2003 年版，第 52 页。

遗址分别用火成岩和玛瑙，5 个遗址用硅质石灰岩，4 个遗址分别用硅质岩、水晶、石髓和火石，3 个遗址用石灰岩，2 个遗址分别使用灰岩、流纹岩、玉髓、角页岩、蛋白石和灰岩[①]。

以上说到的这些石材，硬度均在七级以上，且脆性恰当。且有一个不可忽视的重要特点，它们都具有优秀的审美外观，有的呈晶体结构，半透明状，阳光下熠熠闪亮，如石英（又名硅石）。它们是原始人石器工具的主要石料来源。

石英化学式为二氧化硅（SiO_2），外观常呈白色、乳白色、灰白，半透明状态，断面具有类似玻璃或脂肪似的光泽。二氧化硅结晶完美时就是水晶；二氧化硅胶化脱水后就是玛瑙；二氧化硅含水的胶体凝固后就成为蛋白石；二氧化硅晶粒小于几微米时，就组成玉髓、燧石、次生石英岩。

石英摩氏硬度为 7，脆性恰当。它有各种类型：脉石英、石英砂、石英岩、砂岩、硅石、蛋白石等，均是原始人制作石器工具的材料。其中，脉石英硬度大于 7，石质紧密，化学性能稳定，耐温耐酸耐碱性能均好，比重 2.65 左右，熔点高达 1700℃以上。脉石英体呈白色，闪耀着油脂般的光泽，具有极高的审美价值。

原始人石器原料中最具代表性的石料为燧石。燧石又名火石，是石英的变种，在自然界分布极广。它是许多火成岩、沉积岩和变质岩的主要造岩矿物，摩氏硬度为 7。燧石同样具有极高的审美价值，它的色彩为灰白色，有透明感，发光性为摩擦磷光，显蜡状光泽。

中国北京人所使用的石器，主要采用两种原料，一种是质地稍软的砂岩和火成岩，大都是从附近河床采集的砾石，另一种为石英及其他硅质矿物。也采用燧石、

❶ 采自张之恒等著：《中国旧石器时代考古》，南京大学出版社 2003 年版，第 52 页。

玉髓等原料[1]。河套人从河床上采集石英砾石，打击成碎片，制成尖状器。山顶洞人制作的石器，主要原料为燧石、脉石英。现在已经获得的山顶洞人的石器中，有17件石英制品。其中有一件为石英刮削器，由一块扁平而呈方形的石英石片做成，这件制品，人工加工的痕迹不多，仅沿着一个边缘做了侧向的修整，修整过的刃缘不规整，也许这是一件未完成的制品，倒是更能见出石英本身的材质美。

❶参见裴文中:《旧石器时代之艺术》，商务印书馆1999年版，第125页。

二、石材本身的美

人们选取石材首先根据的是石材的硬性与脆性，在这个过程中认识到了石材的一些物理性能及化学性能。除此之外，还感受到了石材本身的美。其中，主要有石材色彩、肌理的美。石材色彩、肌理的美有两种情况：一种是石材原本具有的，另一种是在工具制作过程中人们有意彰显的。石器的制作工艺程序比较复杂。首先是加热。加热可以去掉石材中的水分，让石材内部出现细微的裂痕，便于进一步加工。值得注意的是，加热过程中，石料的颜色发生了变化。未经过加热的石材大多为灰白色、黄色、褐色，加热后，变成了红色。这是因为石材中含有铁成分的缘故，如果不含铁，则没有这种变化。另外，经过加热后，石材的光泽与纹理会发生一些变化。这些刺激了史前人的感官，增添了他们的情趣。加热后的诸多打击、抛光工艺中，石材色彩、肌理的美得到彰显，初民们对于色彩、肌理的美感得以强化，最终内化为一种审美心理结构。这种心理结构一方面在以后的审美创作与审美欣赏中不断地发挥着指导作用；另一方面，又受到审美对象的影响，自身不断地做着相应的调整，走向提高与完善。

虽然硬度与脆性在石材选择中居于主要的地位，这些性质后来在一定程度转化成事物审美的性质。不过，由于这两种物理性质过多地联系到物的实际功能，它们的审美功能受到一定的抑制。倒是石器外在的肌理、颜色、光泽等，虽然也联系到物的实际功能，但毕竟不如硬度与脆性那样直接和重要，因而具有更大的审美自由性。人们在对石材肌理、颜色、光泽的感受中，获得许多的愉悦，这种愉悦发展成最初的形式美感。一旦对于肌理、颜色、光泽的形式美感经过思维的加工抽象成为观念，内化为人的心理—文化结构的组成部分，它就成为人们自觉的审美追求，被大量地运用到艺术创作中去了。于是，最初从石材加工所形成的形式美感，最后成为提升人们的精神世界、美化生活的重要手段。

三、石材的色彩感

色彩感是人类最早的形式美感之一，这种美感既产生于对自然界的直接观察之中，也产生于石器的制作之中。

1978 年在安徽潜山县薛家岗发现了古人类遗址，经测定为新石器时代晚期，在这个遗址出土了两件精美的石器制品，一件为红彩花果纹双孔石斧，另一件为红彩花果带纹九孔石刀（图 1-1-1、1-1-2、1-1-3）。

这几件工具石质极为精美，尤其是红彩花果纹双孔石斧，一面呈粉红色，一面呈奶黄色，简直就是精美的艺术品。

原始人对材质的审美意识最先来自石器，后来发展到玉器，玉本也是石，为石之至美者。就因为是石之至美者，也才能成为石之至尊者。距今 7000 年前的浙江河

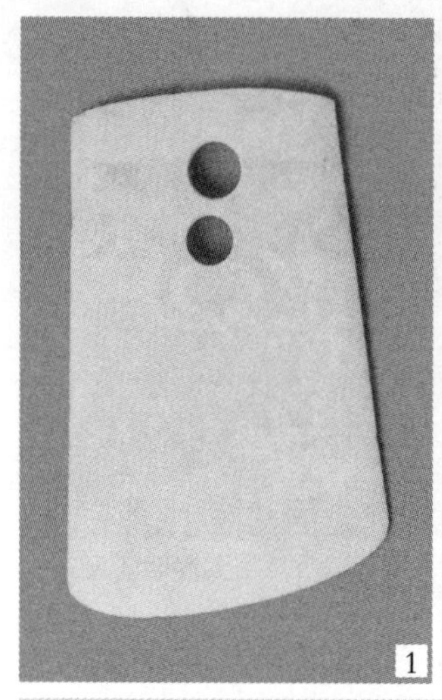
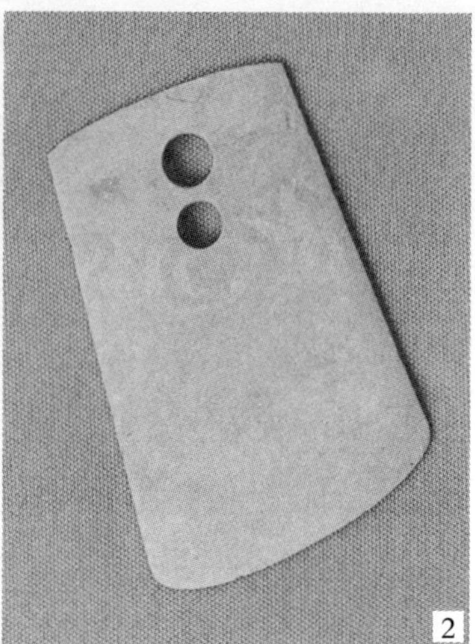
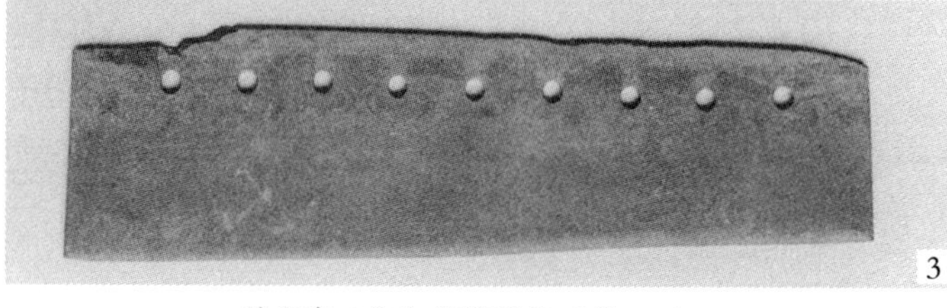

薛家岗三期红彩花果纹石斧、石刀

图 1-1-1　红彩花果纹双孔石斧（M58：8 一面）（上 1）

图 1-1-2　红彩花果纹双孔石斧（M58：8 另一面）（上 2）

图 1-1-3　红彩花果带纹九孔石刀（M58：3）（下 3）

采自《中国石器时代》，彩版五

姆渡新石器时代文化遗址中，发现有少量玉珠、玉管和玉玦等。

在山东北庄发掘的古人类男女墓葬分别发现有玉铲一枚，一枚为墨绿色，一枚为黄色（图 1-1-4），专家研究，应属于大汶口文化晚期。

这两件玉器的质地均非常美观，特别是墨绿色玉铲，反映出原始人类对色彩的审美意识已经追求多样化了。

在形式美感中，色彩感是最普遍、最主要的美感。色彩感的形成不仅极大地促进人的审美意识的发展，更重要的还促进了人的认知能力的发展。众所周知，在人

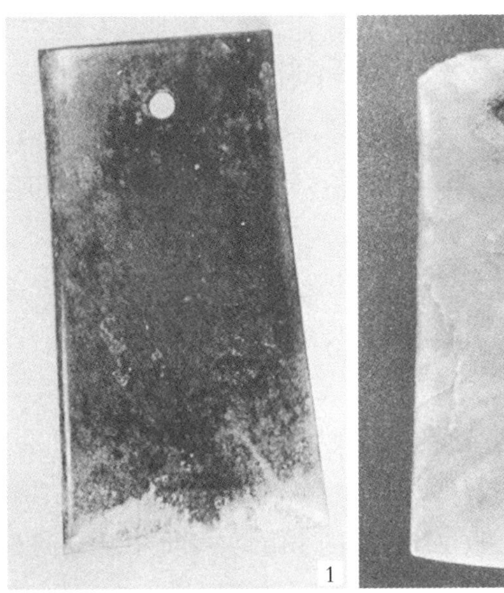
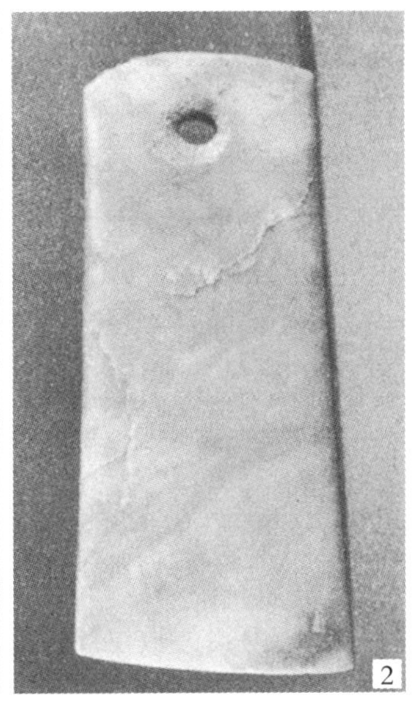

图 1-1-4　大汶口文化玉铲，采自《中国新石器研究》，彩版三

类诸多的感觉器官中，视觉是最重要的也是最主要的摄取外界信息的通道。视觉的敏锐与色彩感的优先激发不无关系。

四、石材的肌理感

任何材料均有它的自然肌理，像木材有它的年轮，一圈圈地记载着树木成长的艰辛和顺利。这圈对于树自己来说，是无意识的，只是一种生命过程的痕迹；对于人来说，具有重大的认识意义和审美意义。就认识意义来说，不只是有对物的认识，也有对人的认识。岁月的痕迹对于树来说无识无觉，对于人来说，却可能惊心动魄。睹物思人，心驰神越，于是，理性激发着情感，情感催发着想象，审美产生了。

现代家具，很看重木材的自然纹理。石材也是，不同的石材有不同的肌理，这些肌理同样是自然的作品，也同样具有重要的审美价值。原始人最早是从石器中感受到自然物肌理之美的。河姆渡出土的一柄石凿它的纹理是垂直的，非常整齐，好像女孩经过精心梳理的长发。河姆渡人在选取这块石材时，有意将它制成垂直状的，就是为了获取它的肌理美。

旧石器时代之后进入新石器时代，石器原料的种类虽有所扩大，但石器的质性及肌理仍然体现出很强的审美价值，特别是岩石的色彩更为美丽，纹理更为细密。请看尚未打造成石器的材料残片（图 1-1-5、1-1-6）：

有些石器有自然的斑块，显然是原始人有意识地选择的，如内蒙古敖汉旗出土的小山新石器时代中期的石钺（图 1-1-7），这件石器体面上有墨色的麻点，分布均匀，好像天空的星星，虽然它是一件用来打猎或战斗的武器，却也是一件精美的艺术品，它的美，当然一方面来自它的梭状的造形及打磨光洁的器体，另一方面却也来自天然的材质。

较之色彩感，肌理感是更具精神内涵的形式美感。

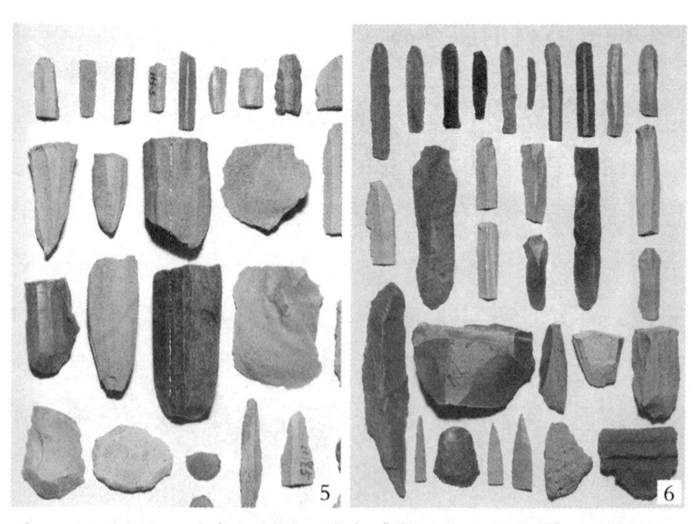

图 1-1-5　辉河口南部细石器，采自《中国新石器研究》，彩版一五
图 1-1-6　西索木细石器，采自《中国新石器研究》，彩版一六

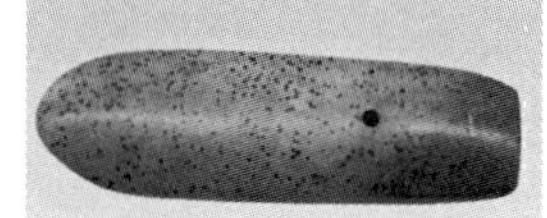
图 1-1-7　内蒙古小山新石器时代石钺，采自《中国新石器研究》，彩版二

它具有一定的抽象性，这种美感不仅有助于人们想象力的发展，还有助于人的抽象思维能力的发展。

五、由材质萌生的审美意识

原始人类对材质的审美意识也许孕育于材质的功能意识，也就是说，原始人对石器材质的选择，其立足点是材质能否胜任其功能，具体来说，就是要求它的物理性能与化学性质不仅能让充分发挥其工具的作用，而且较易制作成工具。但是，由于这种具有优越物理性能和化学性能的石料恰好又具有较高审美价值，因而也就爱屋及乌让原始人对其审美价值也产生了兴趣，由此诱发对自然形式最初的审美，其中主要有：

第一，刚健与柔和的审美。石器的基本性质是刚的，不管是作为尖状器，还是作为刮削器、砍砸器，抑或是投掷器，人们主要利用的是石器的刚。刚要去克服的对象是柔，可以是树木，可以是泥土，也可以是动物。人们由石器的功能初步认识到自然界的两种性质：刚与柔。由石器的以刚克柔，人们又反向思维：柔亦能克刚。在过多的克柔的过程中，刚自身受到消耗，以至于再也无力克柔，反为柔所克。刚柔两者均能给人带来愉悦：功利的或非功利的。

第二，光滑与粗糙的审美。石斧、石锛、石铲等器有一个共同的特点，其表面均极其平滑。原始人在使用这些石器的过程中，认识到光滑这一性质，一方面由于平滑所带来的功能效益；另一方面也由于平滑天然地具有悦目性，因而平滑也就成为一种美感的形式，成为人类对自然审美的一大收获。玉器的制作，人们尤其重视器物平面的抛光，事实上玉器表面的光洁度也成为其审美的重要方面。

与平滑在通常情况下被视为美的形式相对，粗糙在一般情况下被视为丑的形式。但由于粗糙也有于人有用的性质，在某种情形下它也具有审美的意义。原始人的石器中，有一些刮削器，除了刃面光洁平顺外，其平面仍然保留着它自然状态的粗糙。

第三，尖锐与迟钝的审美。石器具有进攻性，不论它作为砍砸器、刮削器这样的生产工具，还是作为石镞这样的兵器，因此，接触攻击对象的刃口就需要尖、薄，使之锋利。尖锐与细薄这种物理性质在其脱离实际功能性后，也能成为一种重要的审美性质。而迟钝通常被视为丑的形式，但在特定情况下，却又成为美的形式。

第四，色彩和肌理的审美。石器虽然其造形来自于人的劳作，而其色彩却完全是大自然赋予。选取石料的过程中，人们自然更多地考虑到石材的硬度、韧性及加工时的耐热度等性质，但是，也不是不考虑石材的色彩和肌理。事实上美丽的色彩首先唤起原始人的注意，而且总是作为首选。而玉这样的珍贵的石材也就首先因其卓越的色彩和肌理而被发现。

也许很长时间内，这种审美只是处于潜在的状态，并没有得到独立，但是，在漫长的过程中，人类的审美意识逐步觉醒，终于得到独立。

值得一说的是，人类对于材质的审美，总是自觉不自觉地联系着人的肉体，人的肉体有它的色彩、肌理，人们出于对自身的爱而形成某些关于肉体的审美意识，这种审美意识总是自觉不自觉地作用于对石材和其他工具材料的审美。像细腻、平滑、柔和这种审美意识就很大程度上可能首先来源于对女性肉体的感觉。

独立的审美意识具体在什么时候形成，缺乏史料说明，但是，上面所说的薛家岗文化石斧完全可以视为材质审美意识得到独立的证明。这两件石器很可能不是实际的工具，它之为艺术是无可怀疑的，这种艺术作品是持器主人身份地位的一种象征，因此，它也具有一定的礼器的意义。

第二节 形态——几何审美

人对外界事物的认识始于感觉。感觉有些类似照相，外界事物是什么样子，呈现在头脑中的主观映象也就是什么样子。然而，人们的认识并不止于感觉，当感觉进入为感知并进而进入思维时，大脑就开始对感觉的对象进行加工了。就对事物外在形象的认识来说，这种加工一是强化，二是弱化，三是规律化。强化的是事物个性特征，弱化的是事物非个性特征，规律化的是事物类特征。

一、几何形与石器工具造形

事物规律化的过程即为抽象。抽象是思维的基本品质，没有抽象就没有思维，而没有思维也就不能认识对象的性质。抽象程度的高低，从某种意义上体现出思维的深度。

抽象有诸多种，几何形是抽象的产物之一。几何形，就平面来说，一般分为正方形、长方形、梯形、三角形、圆形、椭圆形等；而就立方体来说，它又可以分为正方体、长方体、梭体、锥体、球体等等。所有的几何形均来自现实事物，但它却不等于现实中某一具体事物，正如马的概念来自现实中的马，却不是现实中的某一匹马。

旧石器时代的人，已经具有一定的抽象能力，他们制作的石器，已经开始几何化的努力。旧石器的各种器型，兼有自然状态与几何状态。我国的考古学界，一般将旧石器时代的石器，根据其功能与形态，分成如下几种：

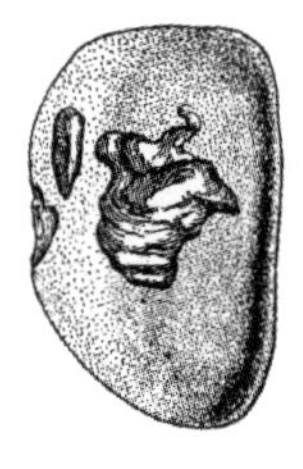

图 1-2-1　石砧，采自《中国旧石器时代考古》，图 3-15

第一类为从自然界拣拾来的砾石和石块。主要有石砧（图 1-2-1）、砸击石锤、锐棱砸击石锤、锤击石锤、楔状器。

这些工具基本没有几何形，虽然可能根据需要做过一些加工，但不成形，这种工具基本上没有形式美。

第二类为工具。人类根据需要对其做过较大加工，工具的功能性十分突出，与之相应，有一些几何形的意味。这类工具中有：

刮削器（图 1-2-2）：刮削器主要用来切割肉食，用石片制作，少数用小石块或石核制作。刮削器形制上的突

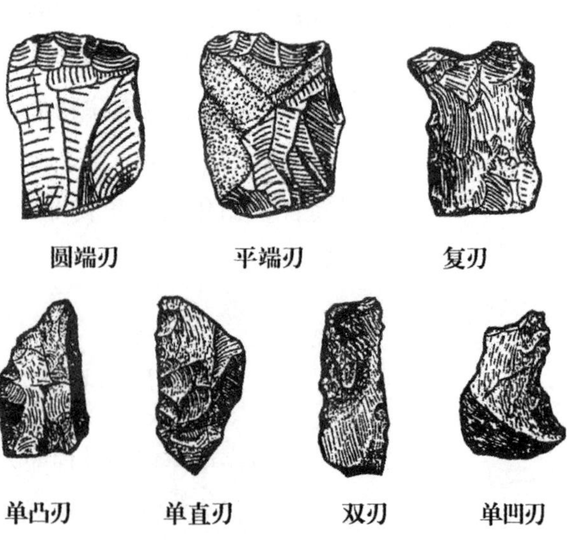

图 1-2-2　刮削器，采自《中国旧石器时代考古》，图 3-18

出特点为有经过修饰的刃口。根据刃口的多少，分为单刃、双刃和复刃三种。刃口有直刃、斜刃和弧刃。从刃口的这三种修整看，我们发现史前初民已经有了几何意识。

尖状器：尖状器用来锥割肉食，用石片制作，它的突出特征是两边夹一角。这种造形是已经见出三角形，反映出初民们对三角形这一几何形制有了初步的认识。尖状器根据刃口多少，分为单尖和复尖两种。单尖类，根据刃部的位置，又分为正尖和角尖两种。正尖是两侧局部或全部修整过的，按照刃部形态分为双凸刃、双直刃、直凸刃等，刃部有锐尖、正钝尖之别。正钝尖的尖刃略带弧度，不呈芒状。根据刃部形态又可以分为普通角状尖状器和喙状尖状器两种。尖状器多为单尖，复尖很少，它也可以分为两类：双正尖和正角尖。尖状器的刃口是尖状器最重要的部位，初民们在加工时，尽可能地使之锋利，而锋利必须规整，规整则需要几何化。

雕刻器：顾名思义，它是用来雕刻或刻画沟槽的。这种工具一般也是用石片来制作的。形态很多，多根据其造形而命名，比如有叫屋脊形雕刻器笛、嘴形雕刻器的。一般雕刻的刀面和石片的背面构成直角。由于雕刻器是制作工具的工具，在制作过程中，初民们会更注重它的几何形构图，使之更好使用。

图 1-2-3　砍砸器，采自《中国旧石器时代考古》，图 3-23

砍砸器（图 1-2-3）：砍砸器是大型工具，主要用于砍劈、锤击。砍砸器有的是一面加工的，称为单边砍砸器；有的是两面加工的，称为双边砍砸器。砍砸器的刃有单刃、双刃、多刃之分，还有一种刃，在石器的远端，称之为端刃。这种石器，多呈团状，在制作过程中，初民们有意无意地会感受到圆球的美感。

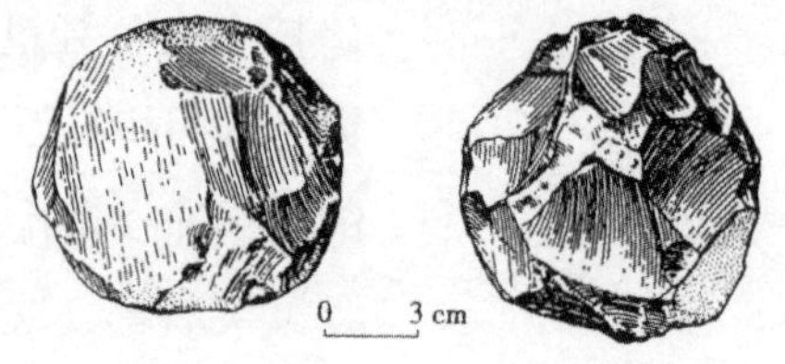

图 1-2-4　石球，采自《中国旧石器时代考古》，图 3-26

石球（图 1-2-4）：石球的用途主要是锤砸，用于加工食物，也可能用作武器，投掷猎物。石球基本上呈球形，有的石球相当接近标准的几何体，称之为正球体，有的只是接近于球体，称之为准球体。

旧石器时代的石器还有手斧、手镐等。各种不同用途的石器均不同程度地有着向几何形靠近的痕迹，只是不够规整。新石器时代的人类，抽象程度远远胜过旧石器时代的人类，这从他们的工具造形可以体现出来。新石器时代的人类制作的工具是比较规范的，或为方形，或为长方形，或为梯形，或为三角形，或为圆形。作为方形，它的边缘必须成一整齐的直线，两条边缘交叉所构成的角，亦必然与其他的三个角构成有规律的对应关系，以保证形体的合乎比例，整齐、美观。

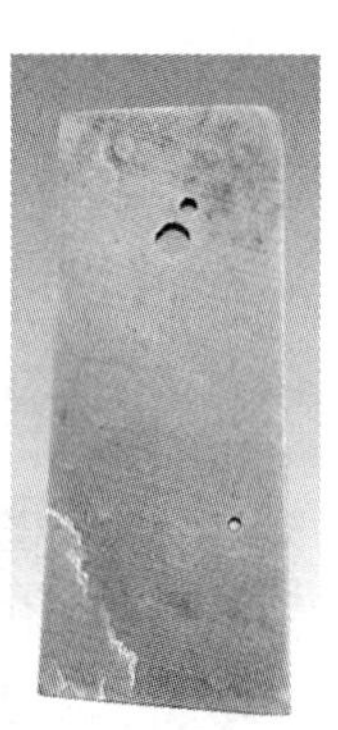
图 1-2-5　长方形石锛（左），采自《中国新石器研究》，图版五一
图 1-2-6　长方形石钺（右），采自《中国新石器研究》，图版五一

标准的方形在新石器时代中不是很多，但也有，如山西陶寺早期 M3015 大墓出土的相当龙山文化阶段的石锛（图 1-2-5）、石钺（图 1-2-6），造形规整，体现出一种整齐之美。

二、圆形、梯形、梭形和菱形

几乎所有的几何形体，在新石器时代的工具中均出现了，反映出新石器时代的人类高度的几何造形水平，在所有的几何造形中，有四种几何形是最应值得注意的：

图 1-2-7　大墩子晚期石器：圆板形石纺轮，采自《中国新石器研究》，图版五六

第一，圆形。二维圆形是三维球形的基础。自然界中最直观的圆形是太阳，其次是月亮。月亮严格说来不是规则的圆形，太阳更接近圆形，因此，我们有理由断定，早期人类的圆意识主要来自太阳。圆形作为石器主要有纺轮，山东大汶口文化中的大墩子晚期石器中的石纺轮（图 1-2-7）、石环就制作得相当圆。

圆形在石器中大量地用作器物上的穿孔。正是这种穿孔，不仅给器物的使用、收藏带来某种好处，更重要的增加了器物的审美情趣：一是穿孔的多少，少则为一，多则达九；另是穿孔的大小，或大或小，或一大一小；三是穿孔放的部位，或在中心，或在上部，或在一隅，或在一侧，变化甚多，却让人看起来亲切和谐，合乎比例。图 1-2-8 为大汶口文化晚期的石器，此器上梯形下椭圆形，对比中实现和谐，梯形与椭圆形相接处钻一圆孔，既实用，又美观。

图 1-2-8　大汶口晚期石器：石网坠，采自《中国新石器研究》，图版六零

圆形在玉器中得到普遍使用，成为玉器造形的最为基本的形制。有各种不同的具体形制，有完整的，也有不完整的圆形，各擅胜场，可谓风情万千。

圆，在所有的几何形中最具审美价值，由圆心到圆周等距离构成的这一条弧线最为均匀，最为整齐，显现出一种最有规律的秩序感，同时因为其变化，又显现出一种不尽的动态感、韵律感，让人联想到运动的永恒，生命的永恒，宇宙的永恒。特别重要的是，由圆心到圆周等距离构成的这一条曲线，是刚柔相济最为恰当的线，情感的亲和、生命的张力，尽在其中。中国文化崇尚圆之美，最高的道理誉之为圆通，最高的境界誉之为圆满，最美的形象誉之为圆相。钱钟书说：“希腊哲人言形体，以圆为贵。毕达哥拉斯谓立体中最美者为球，平面中最美者为圆。窃尝谓形之深简完备者，无过于圆。吾国先哲言道体道妙，亦以圆为象。《易》曰：'蓍之德，圆而神。'皇侃《论语义疏·叙》说《论语》名曰'伦者，轮也。言此书义旨周备，圆转无穷，如车之轮也'；……沩仰宗风有九十七种圆相。（详说见智昭《人天眼目》卷四）陈希夷、周元公《太极图》以圆象道体，朱子《太极图说解》曰：'○者，无极而太极也。'。"①

①《钱钟书论学文选》第一卷，花城出版社1990年版，第45页。

第二，梯形。中国新石器时代的石器工具，以石斧、石锛、石铲为主，这几样工具基本形制多为梯形，表现为上窄下宽。梯形形制其好处一是省力，生产功效好；二是视觉感好，不呆板，也不杂乱。梯形这种形制一直用到现在，它的科学性、审美性保证了它的永恒的生命力。

图1-2-9　北阴阳营文化石器：舌形正弧刃有孔石斧，采自《中国新石器研究》，图版九七

值得我们注意的是梯形与圆形结合的形制。这又可以分为三种：

（一）上半部分为梯形，将刃口圆弧的圆周与梯形的两条直线联缀成半圆，这种形制，通常称之为舌形，如江苏北阴阳营文化遗址出土的正弧刃有孔石斧（图1-2-9），这种造形显然是匠心独运的结果，整具工具经过圆形的柔化处理，体现出一种女性美的意味，充满着爱意。

（二）将梯形的两条边反向弧化，整个形象类八字形。如江苏崧泽文化遗址出土的石铲（图1-2-10），这种形制的审美感觉有些特别，由于两条弧线呈反向，构成一种张力，有威猛的意味，具有震慑力，故这种形制后来多为古代兵器——钺所袭用。

图1-2-10　崧泽文化石器：石铲，采自《中国新石器研究》，图版九六

（三）将梯形的两条边对向稍许弧化，这两条弧线不与刃口构成一个圆，整个形象类似成熟的茄子，有人说是棒状，如江苏北阴阳营文化遗址中出土的梯形棒状石

图 1-2-11　北阴阳营文化石器：梯形棒状石斧，采自《中国新石器研究》，图版九六

斧（图 1-2-11），此形制在石斧中比较普遍，它的好处，一是手感较好，便于把握操作；二是视觉形象显得饱满、有力，切合工具本身的性质。

第三，梭形。梭形又称柳叶形，它的形象是中间大，两端小，实是两条圆弧相交而成。如江西仙人洞文化遗址出土的属新石器时代早期的梭形石器（图 1-2-12），这种形制稍许变化，仍然是两条弧线，但只有上端相交了，下端不相交，构成上端尖利，下端力挺的形象。

这种造形通常又称之为柳叶形，柳叶形形制多用于石凿、石斧、石镞、骨镞等，如湖南桂花树相当于大溪文化晚期的石器圭形石凿，甘肃半山墓地半山文化有梭形石斧（图 1-2-13）。

梭形作为工具，体现的功能主要是锐利，另外，它给人流线型的速度感，因而后来多用于箭镞，江西跑马岭文化遗址出土有柳叶形无铤石镞。

图 1-2-12　仙人洞下层新石器时代早期石器：梭形石器（1），采自《中国新石器研究》，图版八八

图 1-2-13　半山墓地半山文化石器：梭形石斧（2），采自《中国新石器研究》，图版一五零

第四，菱形。菱形有诸多形式，其中一种为攒尖的菱形，多用在钻具上。河姆渡文化遗址就出土这样的钻具（图1-2-14）。

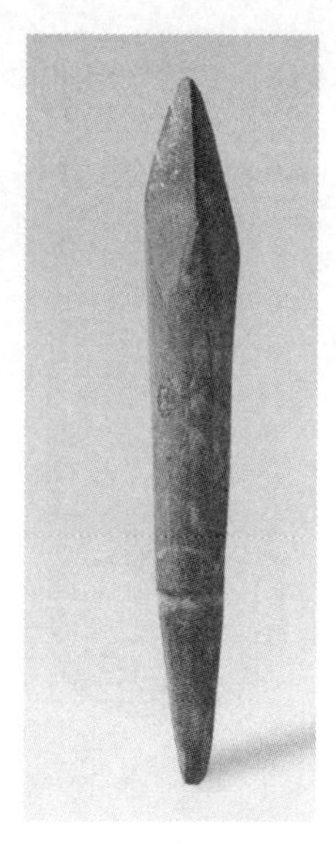
图1-2-14　河姆渡文化菱形钻形器，采自《河姆渡文化精粹》，图6

虽然几何形是事物诸多形状的概括，标准的几何形也自有其美，但是，史前人类所创造的石器，并不都采用标准的几何形，像锛，基本上是长方形，但是，一般略呈梯形，下部刃口较顶部要宽。斧，基本形制为下大上窄的梯形，但是两条边线并不是严格的直线，而略呈向外展开的弧线。这样做，主要是出于实用的需要，另外也为了美，这样一种适当突破程序的几何形，显得较规整的几何形，更为活泼，更为生动。

三、几何与审美

几何化是人类抽象思维的重要体现，能够将客观世界几何化显示了人类对世界的认识与把握进入到了理性的程度，触及到了事物的内在规律。自然界可以说没有严格精准的几何图形，太阳、月亮是圆的，却不是标准的圆。几何形是人类对客观世界形方面的一种概括。概括的前提是找到了规律，像圆，标准的圆有一个圆心，圆心到圆周各点的距离等长。事物的自然形态是无法穷尽的。但是，事物类型却是有限的。从无数个体中找出它们的共同点，这共同点就是事物的一般性。认识的目的，就是寻找一般性，一般性就是规律，就是理念，就是逻辑。掌握了事物的一般性，再去认识个体，就很容易将它们归为某一类了。

几何化实质是人类对数的认识。事物的数量关系是事物内在本质的显现。当人们的思维抽象出数，那就达到相当高的层次了。古希腊的哲学家毕达哥拉斯认为宇宙的本质就是数，他说：“数的原则是一切事物的原则。”“整个天体就是一种和谐和一种数。”[1]

几何化的造形是生产工具进步的重要体现。从大自然中找一块没有经过几何化加工的石块，虽然也能用，但手感不好，生产效率是低的，而根据人的需要，适当地几何化，这工具就好用多了。

几何化的造形在美学上的作用首先见于事物的适宜的比例关系。英国画家荷伽兹说：“物体的大小和各部分的比例是由适宜和妥当所左右的。就是这种适宜规定了椅子、桌子，所有的器皿与家具的大小和比例。就是这种适宜决定了支持很大重量的柱子、拱门等等的尺寸，规定了建筑学中一切的体系，甚至门窗等的大小。因此不论一个建筑物是多么大，楼梯的梯级、窗户的窗台，必须保持它们原有的高度，否则它们在适宜这一点上就失去了美。”[2]

几何化是形式美中理性范式美的重要来源。凡事物均有形式，形式有两类，一类是自然状态的，像鱼，它的身体基本上是梭形，但不是标准的梭形，它的形式美属于感性的现象美；而几何化则将事物的形式规则数学比例化，就人的思维来说，就是理性化，这种形式美虽来自自然界，却绝不是自然界某一事物的复写。这样的形式美是人造的，我们称之为理性范式美。人类的审美，在观察自然现象美时，会不自觉地将它提炼升华为理性范式美。艺术家在进行创造时，首先捕捉事物轮廓，将其几何化，然后又根据事物的真实状态，去几何化，还原自然本身。这种创作的过程，就是不断地寻真的过程，也是不断地创美的过程。

❶ 北京大学哲学系美学教研室编：《西方美学家论美和美感》，商务印书馆1980年版，第13页。

❷ 北京大学哲学系美学教研室编：《西方美学家论美和美感》，商务印书馆1980年版，第102页。

第三节 功利——因利得美

美的来源是多元的，它可以来自自然，也可以来自人。来自人，它既可以来自人本身，如异性；也可以来自人的用品，这用品之中，就有工具。工具，就其本质来说，只是达到某种目的的物质手段，目的才是最重要的，因此，工具优劣，最根本的评判标准，只能是其实现特定目的的情况。以最小的精力和体力达到最大目的的工具才是最好的工具。这一点是工具制作的金科玉律，哪怕在今天也是如此，换句话说，利是工具评判的根本标准。

由于工具优秀，人们获得了最大的目的，因而喜。此喜本来自目的的实现，但目的之所以得以实现，是因为工具优良，所以这喜也延展到工具，而工具之所以能最好地实现目的，是因为其利。这样，此喜又落实到工具之利，以利而喜。

一、利与形

工具之所以利，可以追溯到工具的形制上去。飞机之所以飞得快，是因为飞机的机身为流线型，人们由喜爱飞机的飞得快，延展到喜爱飞机的形制——流线型。

人们对形制的喜爱，本来出自利，因其利而喜爱，然而，久而久之，人们因利而喜爱的心理结构发生了一些变化，喜爱与利的连接拓展出喜爱与某种能造成利的形式的连接。这本来有一个很清楚的因果链，然而逐渐地这因果链虚化了。

美从何来？其中重要的一个来源，就是从这利来。其发展过程为：因利而美——以利而美——以造利的某一形式为美——以曾经造利的某一形式为美——无利可寻仅因为形式好看而美。

原始人的工具制作，无疑一直是将利摆在决定性的位置上的，不同的石器有不同的功能，因而在形制上就有不同的功能，像斧，主要功能为切割，它的刃口必须要锋利。所以，原始人的石斧，都注重其刃口的打磨。对于斧来说，出于其功能的考虑，其刃口一般不高，然而较宽，这样便于切割。这里，须配上木把的长柄斧与无柄的手斧又有所区别，这样，在形制上，手斧较一般的有柄石斧要长一些，因为这样便于把握（图 1-3-1）。

图 1-3-1（1、2） 河姆渡文化石斧，采自《河姆渡文化精粹》，图 1

而凿，刃口也需要锋利，但因为它的行进主要是纵向，原始人一般是将凿对准对象物，用石锤从上面压迫用力，让石凿打入对象物，故而它的刃口不需要像斧那样锋利，然而为了便于纵向进入对象物，它的形制一般是比较地长，其刃口高而不宽（图 1-3-2）。

以上三种工具，其外在形式较好地实现了它的功能，因此，其形式具有审美的属性，如果将这三种形制抽象化，做成图案，它们也很美，但此时，抽象化的几何图案已没有斧凿的功能了。

任何几何形的图案，均可以在现实中找到诸多对应物，只是它们的比例不如抽象几何形精准。这对应物有些是自然原本就有的，为自然物；有些为人制造的，多为工具。这些物情况不同地对人存在着功利关系，正是这功利关系孕育着审美。

图 1-3-2　河姆渡文化石斧、石凿，采自《河姆渡文化精粹》，图 4

进入文明时期的人们不会去寻求形式美的源头，甚至于忽视形式美的内核——利，只要感觉舒服就行了。然而，如果要破解形式美的秘密，则不能不去探究这形式美的内核——利。

二、人机工程学的萌芽

人机和谐是现代器物造形重要的美学原则之一，由此产生了人机工程学、人体工程学等。这一理论其实自古就有之，只是那“机”，不是机械，而是工具。在石器时代的工具造形中，我们发现了这种人机工程学的现象，体现之一是，在新石器时代的石器中，有些石器是安装有木柄的。木柄适合于人对工具的把握，它的长度、大小，既要便于将石制工具缚住，更要便于人的使用。

河南临汝阎村发现的属于仰韶文化晚期的陶缸上有一幅图画，图画分为两个部分，左边部分为一只鹳鸟衔着一条鱼，画的右边，画有石斧装柄的图案（参见图

11-2-3）。这应是两个不同的主题，不知为何画在一起。这里，我们仅分析石斧装柄所透露的信息。画面明显地是想突出木柄。柄长约 37 厘米，柄头宽约 8 厘米，柄首宽约 8 厘米，柄中宽约 6 厘米，石斧长约 20 厘米，顶宽约 8 厘米，刃宽约 9 厘米。柄头为圆形，柄首为方形，柄身填成白色，柄缘以棕色勾勒，柄身中间画有 X 纹饰，柄身下方握柄处有席格状的纹饰，显然这里绑有树皮一类的东西，以防手滑。笔者猜想，这很可能是石斧装柄的示意图。斧体上部在夹木柄处上下绘出四个圆形棕点，上两个圆点之下，有一条棕色直线，下两个圆点中的一个圆点已经模糊，但左侧圆点上方还有较粗的棕色横线，右点上方柄的轮廓线外还有一横线。

山东莒县陵阳河遗址也发现有石器装柄的图案：

其一为绘在陶缸上的有孔有柄石斧图像，柄首前端翘起，柄端为方形上凸，柄部前段稍粗，后段稍细，柄首下部划有宽体长方形直刃有孔石斧。孔正圆，斧顶嵌入柄内，不露出柄面，显然是从孔部加以捆缠的。从图像上来看，这种石斧是竖着用的。

其二为长方形石锛图像，锛的上体应是捆在柄首上的，下为斜直刃。柄首微凹，柄粗细一致，形象规整。

其三为有柄有孔石铲图像，此铲宽柄，柄首呈三角形，铲体平肩，肩部以下微收，凹刃，器面上划出七个正圆圈。

其四亦为有柄石铲图像，铲柄上宽下窄，柄首呈连弧形，铲体宽肩直出，肩以下锐收，短体直刃。

尽管现在发现的原始人类的工具不够完整，我们无法更清楚地知道原始人在工具制作上对于人机关系的深入思考，但是，仅从这木柄的形象，我们就可以看出，他们对于柄的制作与安装是如何的重视。柄的长度与斧、锛、铲的宽度是有一个适当的比例的。而柄的长度与人体的高度亦应是有一个恰当的比例的。上面所述的图像应是这方面的示意图。

新石器时代石斧、石锛、石铲中，有一种为有肩式，值得我们注意。所谓有肩式就是器体上部有收缩，露出肩膀来。有单肩、双肩、束肩、溜肩等多种形式。

我们试着比较下面几件有肩的石器：

图 1-3-3 为江西红花套出土的石铲，其肩均短，一具刃部为长方形，一具刃部为半圆形。也有肩长的，如江西跑马岭出土的有肩斧，其突出特点是肩长。

我们不是很清楚有肩的石器的具体用途，但是可以肯定的是，它们的用途均是特殊的，不能互相代替。之所以制成这种形式，一是为了提高工效，二是为了减轻劳动强度。

新石器时代的石器虽然种类有限，但是，同一类石器中的形制仍然千差万别，其中石锛的形制是最为丰富的，也许在当时这种工具需求量最大，也许它适用性最广。

工具的形制多，说明工作类型多。新石器时代不仅做到工具的专业化，而且尽可能地让工具唯一化。他们

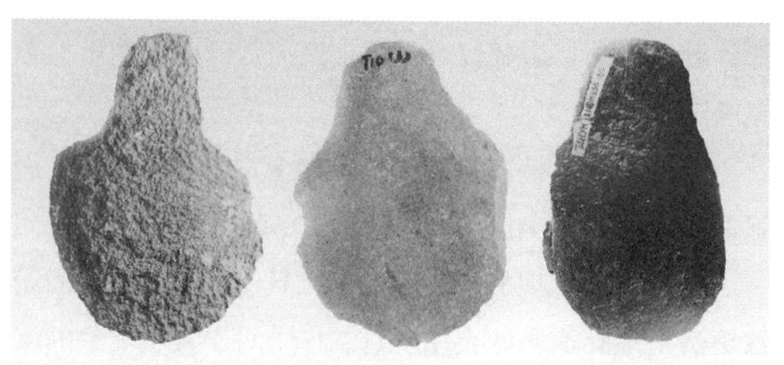

图 1-3-3　红花套文化遗址短肩石铲，采自《中国新石器研究》，图版七六

追求的是工作的效率，是运作中的轻松，是劳动中的快感，而实现这些的前提是人与工具的和谐，说到底，是工具的宜人性。

三、工具制作中的美感体验

美感虽然兼合感性与理性，但有偏重于感性的，也有偏重于理性的。偏重于感性的，看重感觉的快感；偏重于理性的，看重心理的启迪。原始人对美的追求，显然偏重于感性。快感就是审美。这一点在工具的制作中就体现出来了。

第一，注重工具的视觉快感

视觉感受简称视感，在人类的感觉体验中居于首要的地位，外界的信息，百分之八十来自视感。特别值得一说的是，在人类所有的感官中，视感最具人类普遍性，与之相应，通过视觉所感受到的美，也具有最大的人类普遍性。原始人制造的工具不论其造形其色彩均能最大程度地适应人的眼睛的感受，取得物象信息与人的视觉生理上的和谐。

作为工具，它的外形的规整性是非常重要的，与其说它是提高功效的需要，还不如说是满足视觉快感的需要。人的视觉有一个重要特点，它首先从总体上把握对象，先将对象的细部忽略掉，因而事物的轮廓的清晰度是十分重要的。

人的视觉具有求静逐动的特点，人喜欢观看静态的物象，因为这种物象给予视觉轻松感，同时也给心灵投射一份宁静。但是，过于宁静，以至于呆板，视觉细胞因得不到刺激而趋于困倦，当然也无快感可言。适当的变化，适当的动，对于视觉是必要的，因为视觉有逐动的特性。

这里说的静与动，可以是实际的，也可以不是实际的。所谓不是实际的，是指一种感觉。视觉的对象本静，人的感觉却是动；反过来也一样，视觉的对象本动，人的感觉却是静。

一般来说，正方形容易让人产生静感，三角形则容易让人产生动感。就审美来说，静感与动感都可以产生美，静感的美是平衡的美；动感的美是非平衡的美。平衡的美美在优雅，非平衡的美美在生动。静与动都可以看作是生命的形态。不过，过静，就伤于呆板，活力不够；过动，则伤于紊乱，缺失秩序。因此，审美总是在静与动中寻找一个适合点。

原始人的方形石器中，以梯形最多，不论是斧、锛还是铲。梯形就其视觉效应来说，有一种好处：近规整，有变化。这种形制，能让视觉处于一种轻度的兴奋之中，既轻松又愉快。英国 18 世纪画家荷伽兹说："一种逐渐的减少也是一种变化，也可以产生美。金字塔由它的塔基到塔尖慢慢形成尖顶，还有漩涡形成螺旋形，逐渐缩小到它的中心，都是美的形状……"[1]梯形，自宽的一头往另一头看，宽度在逐渐减少；换一个角度看，宽度在逐渐增加。这种变化符合荷伽兹说的审美规律。

人的视觉对于线条有一种特别的感觉，它追逐线条。线条不外乎两类，一类为直线，一类为曲线。一般来说，直线，虽然它能让视觉兴奋，但这种兴奋过强又易于让视觉疲劳。相比较而言，曲线，尤其是曲度恰当的曲线，能让视觉处于长期的微度兴奋之中而感到愉快。原始人制造工具，往往能恰到好处地使用曲线。

三星塔拉发现的属于红山文化的玉龙是弧形（参见

❶ 北京大学哲学系美学教研室编:《西方美学家论美和美感》，商务印书馆 1980 年版，第 103 页。

图 5-2-4），不是规整的半月形，这种弧形，既规整又有变化，在静与动之间处于一个合适的中点。这件作品的制作过程我们不知道，可以猜度的是，它一定经过多次视觉感官的检验，才选定这样一种造形，这样一个曲度。

史前初民的美感中，色彩感可能是产生得最早的。这在旧石器时代的考古中得到证明。山顶洞人的遗址中，有赤铁矿粉使用过的痕迹。据考古学家研究，这种红色粉末对于山顶洞人有两种用途：一是在死者的墓坑撒上赤铁矿粉，另外，也将一些美丽的砾石涂上赤铁矿粉。不管这其中有多少原始宗教或巫术的意味，红色肯定是他们十分看重的一种色彩。关于原始人的红色感的来源及意义，我们可以做很多的猜测，这里暂不做推测。我们这里强调的只是色彩感。新石器时代人们的色彩感强化了，有些石器工具其质地色彩极为美丽，像我们在上节谈到过的薛家岗三期遗址，有两具石斧，一具器面呈红彩，一具器面呈黄彩，非常美丽。瑞典科学家安特生在属于仰韶期的瓦官寨遗址发现一块绿色砾石，有一个小孔。这块绿色的砾石很可能不是一般的工具，而是珍贵的玩物。

第二，注重工具的肤觉快感

这一点在旧石器时代就体现出来了，虽然由于生产力发展水平的限制，旧石器时代的石器工具主要是打制而成，但是，也经过了一定的研磨。新石器时代的工具主要为磨制而成。制作程序分为选料、制坯、琢成、磨光等四道工序，有的器具还要加上穿孔这道工序。磨制的石器，有的只磨刃部，有的通体打磨。经过磨制的石器，不仅外观美观，而且肤感很好。肤感可以分成若干种，有寒温感、轻重感、粗细感、涩滑感、软硬感等等。它与美感密切相关，由于这种感觉在艺术欣赏中不显得突出，因而往往为人们所忽视。而在实际生活中，它极为重要，无时不在发生作用。

肤感产生于体肤与物的直接接触。对于认清事物的客观属性来说，也许它不如视觉，但是，就事物与人的关系来说，肤觉较视觉要切近得多。比如对于火的认识，肤觉虽然不能像视觉那样准确地认识火，但它能真切地感觉到热，从而判断这火与人存在什么样的切身关系。

更重要的，肤觉较视觉更多地联系着人的情感，周邦彦的词《丹凤吟》云:“弄粉调朱柔素手，问何时重握？此时此意，长怕人道着。”这“柔素手”引起人多少联想？而“何时重握”，其中情味更是难以穷尽。可以想见，对于那些经常手中摩挲的石器，初民有着多么深切的情感！考古发现的那些石器，那表面的光滑，显示出器与人的肤觉何等亲切的关系，多少劳作的艰辛与愉快尽在其中！

光滑，一方面是器物使用时间长所留下的痕迹；另一方面是制作时精心地打磨所致。湖南三元宫文化遗址出土的石铲、石斧、石锛，其光洁度让人叹为观止！很可能制作时下了很大的打磨功夫。将石器打磨得如此光洁，在当时是非常不容易的，因为打磨的工具也只是石器，是石器与石头的磨擦。既然如此不易，为什么要费如此巨大的努力呢？仅仅为了功利吗？好像不是，更好的解释只能说是为了美——不仅是肤觉的也还有视觉的美。

所有的审美均始于感知上升到精神，新石器时代人类对工具的审美，似是较多地注重于感知，其中重要的为视感与肤感，但是，也有注重提升到精神的。白沙溪头文化遗址出土的一件石锛有些特别，此件石锛将刃口

图 1-3-4　白沙溪头新石器时代晚期石器，梯形厚体石锛，采自《中国新石器研究》，图版一零二

的打磨一直延伸到器体末端。显然，这不只是出于功能上的需要，还出于一种精神上的需要。图 1-3-4 为白沙溪头文化遗址出土的系新石器晚期的石锛，此锛具有一种特别的审美效果，不只是爽利，还有一种一往无前的精神气概。可以想见，当它的主人用它来击破一个物件时，一定是精神倍增，斗志昂扬。

工欲善其事，必先利其器。利，无论在哪个时代总是人的生命之本。细察史前人类的每一件器具，让人首先想到的是它做什么用，或能有什么用，然后在这个基础上探寻它的结构、它的造形是如何地实现着它的利。虽然史前人类的生产力水平低下，科学技术水平低下，但是，他们并不缺乏智慧，每一件工具都是精心制造的，都能在当时的条件下，最好地实现着它的功能。

可以说，每一件史前初民的工具都联系着鲜活的生命，有着它独特的故事。它的魅力穿越时空，震撼着当代人的心灵。

第四节　艺化——因巧取美

远古人类，生存是最为基本的需要，生存的关键是获取维持生命所必需的物质生活资料。因此，生产活动是人类最基本的活动。经济不仅是基础，而且是母体，人类的精神活动方式包括艺术均来自经济。就获取基本的物质生活资料使生命得以存在、延续这一点来说，人与动物是没有区别的，人之与动物不同，根本的是人有精神上的追求。哪怕是在生产力水平极为低下的石器时代，人类仍然拥有自己的精神生活。精神生活是富有理想性的，它是一个极其广阔的空间，其中有真，有善，有美。

初民们热爱美，这美的来源是丰富的：它来自他们的生产对象——自然，来自他们的生产成果——生产资料与生活资料，来自他们的异性对象，也来自他们的前代后代的生命以及由此形成的家族、部族。

在某种意义上，我们可以将人类的发展史与单个人的发展史相类比，远古人类相当于单个人的儿童阶段，他们的理性思维不那么成熟，但感觉很敏锐，情感很真诚，很强烈。也就是说，他们的心志，其理性与感性的发展是不平衡的，感性胜过理性。感性胜过理性必然有所体现，体现之一是在生活需求上感性胜过理性，体现之二是生活方式上感性胜过理性，体现之三是在思维方式上感性胜过理性。所以这些体现，使得远古人类的生存、生活具有广义的艺术化的趋向。

远古人类的生产和生活艺术化趋向主要通过两个方面体现出来：

一、工具的装饰和美化

艺术有广义与狭义之分。狭义的艺术是独立于功利的，这种艺术史前极少。史前的艺术基本上属于广义的艺术。广义的艺术与功利联系在一起，或服务于各种神灵崇拜、巫术，或体现为部落中王权的高贵与尊严。除此之外，还有一类艺术，具有装饰的意义。

这装饰一是用于装饰自己的身体。旧石器时代原始人类就已经有装饰意识了，在山顶洞人的遗址中发现有七个石珠，这些石珠均很小，均研磨过，且中心钻了一个孔，七个石珠均用赤铁矿粉染成红色，这些石珠均紧挨着头骨，显然这是戴在脖子上的装饰品。在山顶洞人文化遗址还发现了一件穿孔的小砾石，这块砾石扁平，圆润，它是做什么用的呢？是工具还是玩具，抑或是戴在脖子上的装饰物？在山顶洞人文化遗址还发现有四件骨坠，很可能取自某种大鸟的长骨，骨坠中间有空腔，很可能是用树皮或藤条串起来的，可以推测，它当初也是戴在人的脖子上的。既然旧石器时代的人类就有装饰自身的爱好，那么，我们有理由推断，新石器时代的人类更为热衷人体的装饰。

增美的观念不仅体现在人身体的修饰上，也体现在劳动工具的制作上。劳动工具的制作，第一位的当然是功能性的设计，这是不消说的，在保证功能的前提下，原始人类也注意在工具上做适当的修饰，主要体现为三：

（一）注重工具的外观的审美性质，包括它的质地、色彩、肌理、造形、光洁度。新石器时代的石器均经过打磨，精确度、光洁度均甚佳。许多遗址出土的石器通体透亮，非常好看。

（二）注重工具的个性，也许远古人类制作工具没有统一的规则，工匠凭着自己的经验和审美爱好，设计各种工具，于是，我们发现几乎没有两具规格完全一致的石器，然而每一具石器就它单个来说，又显得那样恰到好处，赏心悦目。

（三）在工具上做的修饰：石器工具上的修饰有多种体现，这里试举一二：

1. 钻孔

在石器工具上穿孔在旧石器时代就有了，但基本上还是出于功能的需要，但是，在新石器时代，人们在器具上穿孔，就不只是功能上的需要，还出于审美上的需要了，具体表现为：（1）孔有大小；（2）孔有多少；（3）孔的位置有多种。所有这些并不完全出于功能上的需要，而是出于审美的需要。我们现在试看下面诸多的带孔的石器，仔细品味孔的设计，当不难发现不少工具在穿孔上独具匠心，韵味无穷。

图 1-4-1　良渚文化有孔石铲、石斧，采自《中国新石器研究》，图版九四

且看良渚遗址出土的石铲、石斧（图 1-4-1），各有一孔，一大一小，韵味不一。孔大者显得豪放，孔小者显得优雅。大汶口遗址大汶口晚期的石铲、石网坠均有孔，孔的位置不一样，各有韵味。

薛家岗文化二期的石刀，也都有孔，从三孔到十三孔，多的不觉其多，少的不觉其少。图 1-4-2 为大汶口文化晚期的石铲、石网坠，器上均有孔，这些孔钻得很圆，且置的地方、大小极为合适，具有一种爽利的美感。

图 1-4-2　大汶口文化晚期的石铲、石网坠，采自《中国新石器研究》，图版六

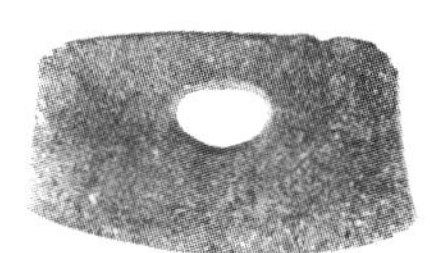

图 1-4-3　北阴阳营文化有孔锄形石器，采自《中国新石器研究》，图版九七

在石器上钻孔，钻得圆不容易，圆孔饱满，匀称，大气，有它独特的审美意义，但有时，初民有意不将孔钻得很圆，将它钻成椭圆形、柿子形，也别具韵味。比如北阴阳营文化的锄形石器（图 1-4-3），其孔就像柿子。之所以钻成这样。看来工匠是经过思考的。试想，如果钻成圆形，它的效果会怎样。显然，圆形孔的审美效果在这件器具上不及柿子形的孔。

遍观新石器时代各个文化遗址所出土的各种不同风味的有孔的石器，真是感叹原始人简直是在“玩孔”了。几乎每一件作品，都匠心独运，都充满着情感韵味，都让人寻味，让人留连。

本为生产工具的石锛、石斧、石铲等，因为这孔，简直成为了艺术品。作为装饰的孔，它起到了从整体上美化石器的效果。

2. 刻纹

新石器时代，在工具上绘上图画、图案或其他符号，这在陶器中比较普遍，著名的阎村出土的陶缸上有一幅完整的鹳鸟衔鱼图。不过，在石器中较为少见，一则石器工具与陶器工具在功能性质上有别，陶器工具一般用作水器、食器，比较注重保存，且陶器后来还具有礼器的性质，更显得贵重，所以装饰较多。而石器工具一般用做粗重的活，易耗损，也就不做装饰。但是，我们发现，爱好审美的原始人仍然用各种方式装饰着石器工具，除了穿孔以外，他们还采用别的方式。我们上面谈到过的薛家岗出土的石斧、石刀，上面就有红彩花果纹。

基于石器的坚硬，刻纹不易，原始人更多地在木制的手柄上刻纹，阎村出土的陶片上绘有装上木柄的石斧，那柄上就有刻纹。这种刻纹具有什么意义？是装饰，还是便于把握，那就需要进一步的研究了。不过它启示我们，在柄上刻纹当是较为普遍的现象，这其中肯定有装饰的意义。

除了这些装饰以外，有些石器还雕上鸟头、兽头作装饰。如河北磁山文化遗址出土的属新石器时代中期的一枚骨梭，它的一端就做成兽头。江苏大墩子文化遗址出土一具鹤嘴石镐，明显地见出摹仿鹤嘴的痕迹。这一形制一直沿用到今天。

在山东两城镇，我们发现刻有兽面纹的石锛。兽面纹又称饕餮纹，是青铜器中的代表性纹，在新石器时代晚期发现，有着重要的意义，这一纹饰究竟代表什么，虽然研究成果汗牛充栋，但没有定论。也许追根溯源更能寻出它的本意。商代的饕餮纹是用在青铜礼器之中，而两城镇的饕餮纹是用在石锛上的，石锛是农业劳动的工具，它不是礼器。那么，为什么要在这上面刻上如此重要的纹饰呢？石锛功能类似石斧，主要用于砍砸。也许因为砍砸不易，于是在锛面上刻有神兽的面相，以借助神兽的力量？也许这石锛已经不用来劈物了，它是一件巫具，一件神物，巫师用它来驱邪或是招神。

二、“巧”的追求

工具是原始人类谋生的武器，功利性无可怀疑的是其基本的功能，为了让工具更能发挥其作用，创造更多的物质财富，原始人总是千方百计地让工具制作得符合其目的性。正是在这个过程中，产生了“巧”这一概念。“巧”不等于“好”，“好”是善的概念，而“巧”是美的概念。

巧有一个突出特点，那就是，最困难的问题做了最简单的解决。巧总是超越平常，超越一般，体现出卓越的智慧。之所以能达到巧，根本的是对规律的把握，这种把握，是全面的、深刻的、创造性的，因而充分见出人的自由。当劳动达到巧也就是自由的境地时，劳动者在劳动中就能心手合一，无分主客，自然而然地感受到愉快，这就是审美。

不同形态的美都具有巧的意味，而以生产劳动中的巧最为突出，因为它强烈地闪耀着人的智慧之光、灵性之光。生产劳动中的巧既动态地体现在劳动过程之中，也静态地凝淀在劳动工具之中。

欣赏石器时代的工具，我们能感受到这种具有灵性的智慧的美。这里，我们着重谈谈尖状器。石器时代的石器中，尖状器是比较突出的一种石器，其中有一种大鹤嘴状的石器，用很厚的一块长石片打成三棱形的尖状。除了这种鹤嘴形的尖状器外，还有用比较薄的石片做成的尖状器（图 1-4-4）。

图 1-4-4　丁村文化鹤嘴形尖状器，采自《旧石器时代之艺术》，图四

尖状器用途广泛，它或用来打猎，用于与兽搏斗，或用来刨植物的根部，或用来切割兽皮和兽肉或刮削皮上的肉和脂肪。在河套文化遗址中还发现有一种尖状器，可能是用来做雕刻用的。这样一种性质让我们感到惊讶。既然是雕刻器，那雕刻什么呢？不外乎是符号、图画和人物。欧洲旧石器时代晚期奥瑞纳文化、梭鲁特文化和马格德林文化时期[1]，产生过洞壁艺术和人物雕塑。中国的河套人相当于这一时期，既然有雕刻器，就应有雕刻存在，只是现在没有发现。尖状器到新石器时代趋向专业化，一是集中在凿，另是集中在镞。其形态，趋向多样化、规整化、几何化、立体化，更见其精巧了。

❶ 按裴文中的看法，欧洲旧石器时代约为40万年至7500年时期，它分为前期、中期、后期和新旧两石器时代过渡期。艺术产生于旧石器时代的后期，约在25000年以前。它分为奥瑞纳文化期、梭鲁特文化期和马格德林文化期。

下面一具尖状器(图1-4-5),考古学家称之为手镐,它主要是握在手上用的,用于锥刺猎物。

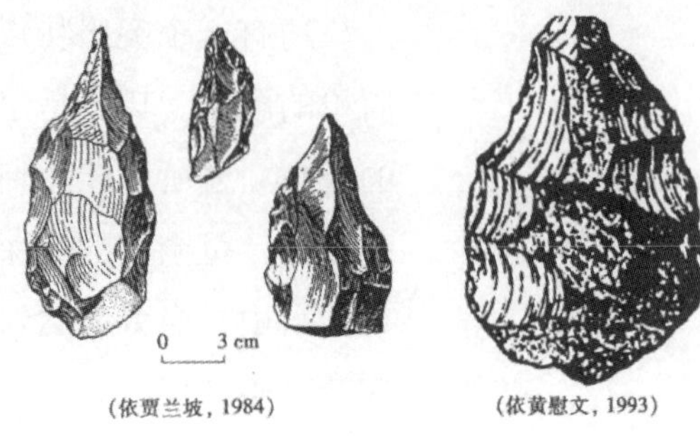

图1-4-5 手镐,采自《中国旧石器时代考古》,图3-27

瑞典科学家安特生在仰韶村和不召寨采集了四枚石镞(图1-4-6),经推断属于龙山文化阶段。这四枚石镞其前三枚均为三棱锋圆柱体,最后一枚为四棱锋圆柱体。将尖状体设计成三棱锋、四棱锋,其功能是有所不同的,也许三棱锋更为锋利,但四棱锋肯定更见坚韧,不易折断。这四枚石镞均以圆柱体为支撑,就功能来说,它可以让镞射得更远,而就审美效果来看,尖端与圆状的组合,创造出一种有差异的和谐,既显得精力饱满,又见出所向披靡,这正是箭所要追求的美学品格。

陶寺早期石镞已经非常注重细部,有多种不同的形制,属于陶寺早期文化的石镞分别为三角形石镞、叶形束腰石镞、叶形有铤石镞。三角形石镞显得尖利,是典型的尖状器,叶形束腰石镞,显然美化了,它巧妙地将

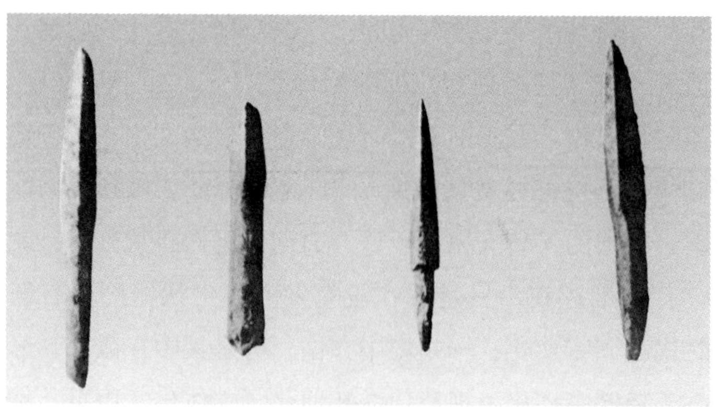

图1-4-6 安特生在仰韶村、不召寨采集的石镞,采自《中国新石器研究》,图版四八

其腰部收缩。且下部的尖小于上部的尖，这枚石镞其边线有起伏，基本上为直线转折，依然保留着镞的锋利感，而腰部的收缩在功能上也许有特别的用处，而在审美上它增加了变化感，因而比之三角形的石镞，显得美得多。叶形有铤石镞，镞体显得饱满，但因为有铤，仍然显得锋利，下部的小尖很可能是出于装柄的需要。整具镞厚重有力。石峡文化属于新石器时代的晚期，属于这一文化的两件石镞工艺相当精致，其形制与青铜时代的金属镞基本没有区别，那条铤刚直有力，凛凛然，显示出逼人的锋芒。

“工欲善其事，必先利其器。”器之利又决定性地在巧。可以说，巧是器物审美中的核心概念。中华美学最早注意到巧在器物制作中的地位与作用。《考工记》说：“知者创物，巧者述之守之世，谓之工。百工之事，皆圣人之作也。”这里，说了“知”与“巧”的关系，“知”即知识，“巧”是知识的运用，不是一般的运用，必须是智慧的运用，只有这样才有巧。知既是真，又是美。古人对于器物的制作非常重视，认为“百工之事，皆圣人之作也”。墨子在他的思想与实践中，将巧的美学发挥到淋漓尽致的地步，所以，墨子后来成为中华民族百工的始祖，成为百工真正的圣人。

三、智慧生美

原始人类在使用石器工具的同时也使用着骨器，骨器有用作工具的，也有用作装饰品的。

山顶洞人用作装饰的穿孔的牙齿（图 1-4-7）做得特别精巧，这些牙齿分别来自鹿、獐、狐狸、野猫、獾、狗、黄鼬、虎等。这些牙齿均穿有小孔。

这些小孔是如何穿制的呢？裴文中先生的看法是：

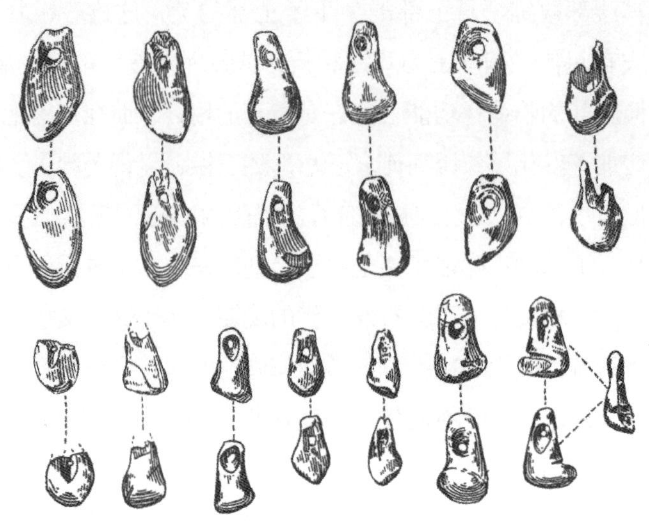

图 1-4-7　鹿的穿孔的上犬齿，采自《旧石器时代之艺术》，图 13

“在未经穿戴而磨损的标本上，不管是鹿的还是獾的，没有一个圆孔是钻成的。所有的孔在新做成时是不整齐的，好像是从齿根两侧刮挖而成。正如孔周围留下的痕迹所表明的，山顶洞人似乎是用一尖的工具刮挖齿根两侧而产生孔的，在牙齿上纵向地进行刮挖，结果是形成两个相对的卵圆形的凹坑，在它们的接触点上产生一个小孔。”[1]裴文中还说，山顶洞人穿孔的方法不只一种，因为他曾尝试着用一种方法在现代狗的犬齿上钻孔，虽然也能生成孔，但是在大多数的情况下，会在齿上产生横的细纹，而山顶洞人的任何标本上均无这样的情况，由此，他推断，山顶洞人所用的方法是不一样的。孔的制成用的是平刃的工具而不是尖的工具。

在山顶洞人文化遗址还发现有一枚鱼眼上骨（图 1-4-8），应是个体很大的鱼，这眼上骨边缘处有一个小孔，孔的里面已部分地风化，但还有一部分保留着原来的光滑圆润的面。裴文中先生认为，这孔也是钻成的，如果是钻成的话，那钻具应是很锐利，也很精致的。

❶ 裴文中：《旧石器时代之艺术》，商务印书馆 1999 年版，第 93—94 页。

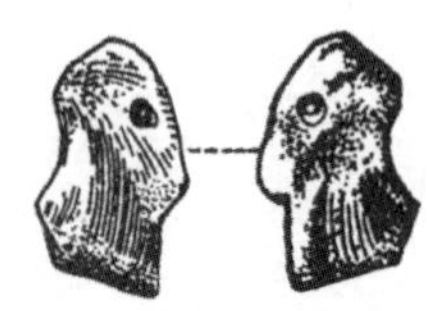

图 1-4-8　Ctenopharyngodon, idellus 的穿孔的鱼眼上角，采自《旧石器时代之艺术》，图 15

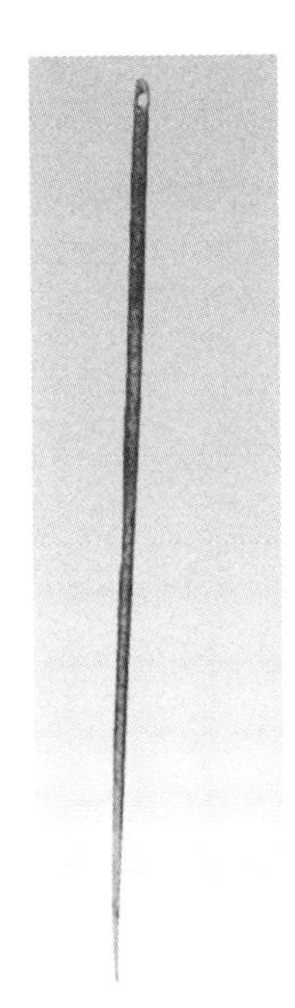

图 1-4-9　三里桥三期河南龙山阶段晚期骨针，采自《中国新石器研究》，图版四九

据这些情况来看，哪怕是距今 2 万年前的原始人，其智慧均是不可低估的。到距今 1 万至 4000 年前的新石器时代，骨器的制作已经相当精美了，三里桥河南龙山阶段晚期出土的骨针（图 1-4-9），简直与今天的金属针没有区别，那针眼是那样的小，而针体是那样的光滑，那针尖是那样的锐利，这精湛的制针技术叫人叹为观止。

新石器时代鱼镖也是制作得很精巧的。鱼镖是用来捕鱼的工具，从出土的鱼镖来看，多是用动物骨头做的，轻且锐利，其特别之处在它的一侧或两侧有倒勾，倒勾多少不一。它的用处，可能是将鱼钩住。

早期人类的智慧绝不能低估，他们制作工具的原料主要为石料、骨料和木料。木料因为不能存久，出土的极少，在浙江河姆渡发现有远古人类做的榫卯，距今 7000 年，榫卯是建筑的重要部件，是中华民族于建筑技术的重要贡献之一，这一建筑技术直到今日仍然在用，然而它的发明可以推到 7000 年前。

在新石器时代工具中，有一种名之为獐牙勾形器的工具，形制特别。这种工具在大汶口文化遗址中发现的比较多，男女墓葬中均有，而且均握在手中。它到底是用来做什么用的，学者们至今也还没有定论，很可能是礼器，显示主人的身份高贵，它造形很美，木柄两翼各有一勾形的角，平行对称。江苏大墩子文化遗址出土了这样的獐牙勾形器，大墩子文化属于大汶口文化早期。江苏邳县刘林也出土了獐牙勾形器，这具獐牙勾形器鹿角为柄，柄为扁圆柱体，四面斜刻方格，柄上刻漏孔，左右各嵌獐牙勾，一面刃，以牙弧为刃，长 12.8 厘米。

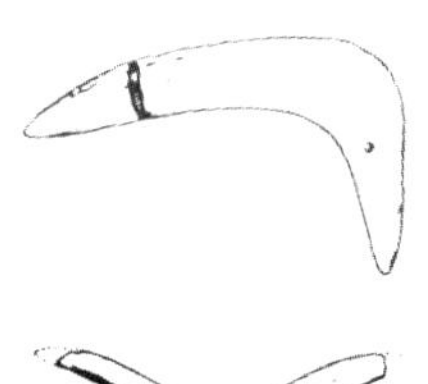

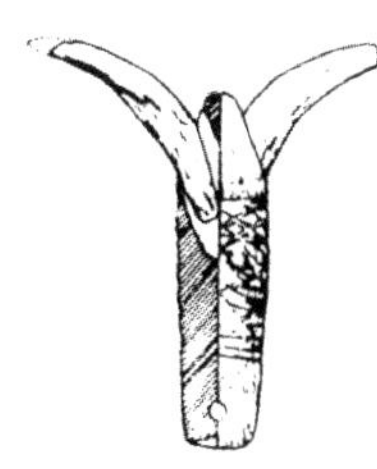

图 1-4-10　大汶口文化骨镰、獐牙勾形器，采自《中国新石器研究》，图一七零

1958 年大汶口发掘了属于大汶口文化晚期的器具，其中也有獐牙勾形器（图 1-4-10），且形制与刘林、大墩子的獐牙勾形器基本上一致。大墩子还出土一种鹿角

镰的工具，用鹿的眉枝作镰锋，弧背凹刃，前后刃部锋利；鹿枝作柄，柄首圆，柄端有孔。这也是一件精美的作品。完全撇开它的实际功用，而将其看成是一件艺术品也是完全可以的。

众所周知，石器、骨器都是难以加工的材料，能在这样的原料上做出这样多的艺术性的加工，足以见出原始人类的艺术创造才华，见出他们的审美能力。

观看新石器时代的石器、骨器和木器时，我们发现，远古人类很注重物件的空间比例关系：既切合工具功能的充分发挥，又切合人的视觉感受。每一件都显得精致、精巧、精美，体现出高度的审美水准与创造能力。《考工记》说："天有时，地有气，材有美，工有巧，合此四者，然后可以为良。"史前的石器最早体现出周人总结的这一器物制作美学原则。石器当之无愧是中华器物美学之源。

第贰章

史前陶器审美意识（上）

第一节 泥火艺术：文明之始

在考古界，长期以来，将磨制石器、农业、养畜业和陶器看作新石器时代的四大特征或四大因素。这其中，陶器的地位又是最为重要的。它与农业、养畜业密切相关，因此，事实上，陶器被看作是新石器时代的标志。

考古学家发现，作为新石器时代的四大标志——磨制石器、农业、养畜业和陶器其实不是一同出现的。这其中，陶器出现得要晚一些，因此，有学者提出，新石器时代是不是可以分成两个阶段，一个是“前陶新石器时代文化”，另一个是“有陶新石器时代文化”。尽管如此，陶器还是最有资格充当新石器时代文化的标志，因为典型的新石器时代的文化正是在陶器上体现出来的①。

❶考古学家是将磨制石器作为新石器时代标志的，其理由是，划分考古时代，依据的是生产工具，在新石器时代，生产工具主要是磨制石器。不错，新石器时代的生产工具主要是磨制石器，但是，石器相比于陶器是粗糙的，科学含量和人文含量低得多。如果不执着于主要生产工具，而从文化上着眼，最能体现新石器时代文化品位的无疑应是陶器。

虽然考古学家将磨制石器为主要生产工具的时代称之为“新石器时代”，但是，实际上，总是将陶器作为考古实物遗存的主要品类。其原因就在于陶器上积淀的文化内涵最为丰富，也最多变化。众所周知，由于材质与工具的原因，石器工具长期以来最少变化，种类也相对比较简单。像石斧这样的工具，几乎从古至今就没有多大变化。石器的制作虽然也体现出一定时代的生产水平、科学水平，甚至也多少反映出一个时代的人文精神，但那是极少的，也不够明确的。陶器就不同了，它易破损，制作工艺要求高，不要说在史前，就是在进入文明时代后，陶器的制作一直代表着那个时代科学技术的水平。除此以外，陶器一直充当着物质实用器与精神象征物两重功能，它的主要价值其实还不在它的物质实用功能，而在于它的精神象征功能。它在文化史上的地位同于青铜器。众所周知，青铜器是奴隶社会的物质文化代表，也是人类进入文明时代的精神文化代表。正是因为它的地位如此重要，因此，径直将这个时代称为“青铜时代”。在笔者看来，新石器时代其实也未尝不可以称之为“陶器时代”的。

一、农业文明的宁馨儿

陶器是如何产生的，在中国有种种说法：《周礼·考工记》云：“有虞氏上（尚）陶。”[1]，有虞氏为舜。“上”，崇尚的意思，说明有虞氏并不是陶器的发明者。《吕氏春秋》说：“黄帝有陶正，昆吾作陶。”陶正可能不是人名而是职名，《史记》说这人的真实姓名为宁封。《逸周书》则有不同的说法，它认为“神农作瓦器”，瓦器即陶器。神农为炎帝氏，他的部族曾与黄帝部族有过一场战争，正是这场战争导致了两个部族的联合和统一。《路史》说“燧人氏范金合土为釜”，燧人氏即神农氏，燧人氏是善于用火的部族，说他发明陶器比较地说得过去。《物原》一书综合以上两种说法，说“神农作甀，轩辕作碗碟”，将炎帝和黄帝都看作是陶器的发明者。

陶器具体是何人创造的，其实并不重要。重要的是陶器出现的时代必然性，而这又不能不与人的生活方式与生产方式相关联。

当人还是动物时，是生食。熟食是人与动物的根本

❶ 钱玄等注译：《周礼》，岳麓书社2001年版，第389页。

区别之一。熟食的前提是火的保存与取用。先民最早的生产方式是渔猎，主要食物是兽类、鱼类、鸟类。这个时候，他们炊煮的方式主要有石烤法、石煮法、竹煮法和地灶法等。石煮法是将水和肉放进铺着皮革的坑时，然后向坑内不断投放烧红了的石块，通过这种方式将肉煮熟。石烤法是将肉放在烧热的石头上，类似今天的烧烤。竹煮法是将肉放进竹筒里，用烧热的地灰或石坑将肉煨熟。地灶法更简单，将肉用某种树叶包好，放进地灶里，用柴火将其烧熟。以上这些方式有一个共同的特点，不需要特定的容器。

当先民的生产方式由渔猎为主转变到以农业为主以后，他们的食物就不只是肉类，还有谷物。随着农业生产的发展，谷物成为主要的食物。这个时候，传统的烧煮食物的方式就要变革了。显然，上面说的四种烧煮食物的方式都不太适合于烧煮谷物，这个时候，先民们想到，如果有一个容器，将谷物放进去，加上水，下面用火来烧煮，那么，就能保证食物能烧煮到合适的程度，既不会烧焦，也不会烧成半生状态，而且也可以保证食物不被灰尘沾污。

陶器最先是作为炊器使用的，其次是食器，再其次是储藏器。储藏器首先用来贮藏谷物。在渔猎阶段，食物是难以保证的，因此，打下的猎物一时吃不完的，也可能贮藏，不过，那种贮藏是有限的，而且一般也不需要特意做一个容器，对于肉质食物贮藏来说，最为重要的是合适的温度，因此，通常放进恒温的洞穴或地窖就行了。而对于农业来说，谷物的贮藏是一个大问题，它对温度的要求没有那样高，然而它必须放入容器内。容器有大有小，大一点的，可能是木桶，小一点的就是陶器了。

特别值得一说的是，农业的出现，生产出大量的谷物，谷物除了供人食用外，还可以用来制酒。酒的盛装和贮藏都需要合适的容器。这种容器在当时的历史条件下，非陶器莫属。酒是美味，它最先用来满足部落高层人物的享受。高层人物享受的酒当然必须用精美的容器来盛装，因此，一般来说，酒器在陶器中最为精美，这种情况延续到青铜器。

陶器的制作经历过一个漫长的探索过程。先民们可能先用石头雕刻出一个容器充当炊具和食器。某天，突发奇想，用泥土做成一个容器，放进谷物和水，直接用火来煮，当然不会成功。后来，可能先用火烧成一个容器，然后再用来烧煮谷物。如此反复试验多次，终于取得成功。

从本质上看，陶器是农业文明的产物。中国的农业的起源问题有不同的看法，早期以瓦维洛夫的看法影响最大，说中国的农业是从印度传入的。但是，也有不少中国学者认为农业是中国本土产生的。丁颖先生根据普通野生稻的分布与栽培稻的亲缘关系认为栽培稻起源于云南[1]。河姆渡文化遗址第四文化层发现了大量的稻谷、稻壳和稻草遗存，从这些堆积物来推测，稻谷可达 120 吨。河姆渡文化遗址第四文化层据碳十四测定，当在公元前 5000 年左右，那就是距今 7000 年前。看来，农业起源于中国本土现在应是没有什么异议的了，不过，最早起源于哪个地区，看法一直存在有分歧。

大量的考古发现证明中国的农业起源是多元的，华北、华南均可以找到农业本土起源的根据。上个世纪末，湖南的考古学家在城头山文化遗址发现中国最早的水稻田，距今有 7000 年。1989 年考古学家严文明发表《中国农业和养畜业的起源》一文[2]，认为中国农业起源有

❶丁颖：《中国栽培稻种的起源及其研究》，《农业学报》1957 年第 3 期。

❷严文明：《中国农业和养畜业的起源》，《辽海文物学刊》1989 年第 2 期。

两个中心：一个是北方中原地区，主要农作物为黍和粟，家畜和家禽主要为猪、羊、狗、鸡等；一个是长江中下游地区，农作物为稻，饲养猪、牛、狗、鸡等。正是因为农业起源遍及中国的南北地区，所以，陶器的运用在中国史前非常普遍。

陶器是在农业文明的胚胎中培育的，可以说，陶器文化是农业文明的宁馨儿。

二、火与泥的交响诗

陶器的制作充分反映史前先民的聪明才智，也体现当时的科学水平。众所周知，中国是享誉世界的陶瓷大国，“中国”的英文词就是瓷器，而瓷器正是从陶器发展起来的。因此，陶器的制作是最具有中国文化特色的工艺。

陶器制作至少有两个最为重要的原料，一是泥，二是火。泥在中国文化中的地位是极为重要的，泥来自大地，中华民族具有悠久的大地崇拜传统。中国最为古老的哲学著作《易经》打头的两个卦，一是乾，二是坤，乾的代表是天，坤的代表是地。崇拜天是所有人类共有的，它不是中华民族特有的传统，而崇拜地，则不是所有人类共有的，只有部分民族具有这样的传统，中华民族是其中之一。《周易》坤卦的《彖传》云：“至哉坤元，万物资生，乃顺承天。坤厚载物，德合无疆，含弘光大，品物咸亨。”[1]大地是人类衣食之源，生活之本，因此，中华民族通常是将大地看作母亲的。

从大地母亲身上取下泥土来制作成陶器，这一事实本身就足以显示陶器非同凡响的文化价值。难怪先民的随葬物中有大量的陶器，这不仅因为陶器是生活的必需

❶朱熹注，李剑雄标点：《周易》，上海古籍出版社1995年版，第30—31页。

品，而且因为陶器是大地母亲的又一体。可以说，陶器是中华初民大地崇拜和母亲崇拜的精神凝聚物。中国古代有先祖女娲抟黄土做人的传说："俗说天地开辟，未有人民。女娲抟黄土做人，剧务，力不暇供，乃引绳于絙泥中，举以为人。"①

再说火，学会用火是人类进化史上的重大事件，从某种意义上讲，是火让动物成为了人，因此，几乎所有的初民，不管是中华民族的初民，还是其他民族的初民，都崇拜火。但中华民族的崇拜火是有它的特点的：一、中华民族将其始祖尊为火神，将对先祖的崇拜与对火的崇拜统一起来。《吕氏春秋·孟夏纪》云："孟夏之月，日在毕，昏翼中，旦婺女中。其日丙丁，其帝炎帝，其神祝融。"②这里，炎帝与祝融是两位神，均为中华民族的始祖。高诱注："丙丁，火日也。炎帝，少典之子，姓姜氏，以火德王天下，是为炎帝，号曰神农，死托祀于南方，为火德之帝。其神祝融。祝融，颛顼氏后，老童之子吴回也。为高辛氏火正，死为火官之神。"③二、中华民族将火归之于太阳，将对火的崇拜与对太阳的崇拜统一起来。《周易》中的八卦，其离卦，它的象为火，也为太阳。离卦《彖传》云："离，丽也。日月离乎天，百谷草木丽乎土，重明以丽乎正，乃化成天下。"④由太阳养育万物，派生出中华民族特有的教化思想。三、中华民族将火从哲学上予以抽象归之为阳，又相对造出另一概念——阴，由此，生发出阴阳哲学，阴阳哲学是中华民族哲学的主干。

陶是用火煅烧泥块的产物，陶的主要原料一是泥，二是火。泥与火在中华民族的物质生活及精神生活中具有如此重大的作用，实际上，它已经神化了。那么，经由这二者煅烧而成的陶器就自然具有某种神圣的品格。

❶夏剑钦等校点：《太平御览》第一卷，河北教育出版社1994年版，第672页。

❷高诱注：《诸子集成·吕氏春秋》6，上海书店1986年版，第34页。

❸高诱注：《诸子集成·吕氏春秋》6，上海书店1986年版，第34页。

❹朱熹注，李剑雄标点：《周易》，上海古籍出版社1995年版，第78页。

三、技与艺的共同创造

陶器的制作在当时属于高科技。首先，陶土的选择是很讲究的，不是什么泥都可以制陶。陶土按质地分为泥质陶和夹砂陶两种。泥质陶的取得是：先将陶泥淘沙，澄清，留下积淀物，留存在器皿底部的泥，应是没有杂质的。这种陶泥一般用来制作食器。夹砂陶的取得是：在泥质陶土中有意参入砂，有粗砂，也有细砂，夹砂陶中也有参入植物的茎叶或蚌壳粉末的。这种陶土一般用制作炊具和储藏器的。

陶器模型的制作有多种方法：（一）手制，将泥揉熟后，将泥捏成器物形状，或用泥条盘筑，多步骤地捏成器物形状。（二）模制。（三）慢轮修整，将手制成的器皿放在轮盘上，一边慢慢地转动轮盘，一边慢慢地修整器物的口沿。（四）快轮制作，将陶土放在轮盘上，快速旋转，在旋转时用手做陶器的形状。做成后，用线将陶器与陶盘分割开来。

陶器模型制成后就用火烧。陶器制作，火候控制是关键。当时并没有测量温度的仪器，先民凭什么测量窑内的温度，至今还是一个谜。

除了科技的因素外，陶器的制作也是高艺术。艺术的参与始于陶器的构思，一般来说，陶器制作前，其造形、色彩已经在陶器设计师的头脑中存在了，而在制作的过程中，工人必须既注意技术准确性，使其符合科学的标准；又注意技术的艺术性，使之产生审美的效果。这个过程是技术与艺术的共同合作。

对于先民陶器制作的方法与过程，考古学家一直予以极大的关注。上个世纪初，来中国进行考古的外国科学家安特生、阿尔纳等就对当时发现的彩陶的制作工艺做过研究[1]，中国本土的科学家梁思永、吴金鼎、苏秉琦等也对陶器成型、陶土成分、烧结火候、彩绘等提出过精辟的意见[2]。

近50年来，对于先民陶器制作的研究更为深入，一般来说，采用三条途径：

第一，直接对考古材料进行研究，从中获得信息。"考古学家俞伟超、牟永抗等率先注意到早期陶器破茬口上看到的胎土分层的现象，河姆渡、城背溪等遗址还有分层剥落的陶器，其外层剥落的陶器，在其外层剥落后暴露出内层表面有和外层层表同样的拍印绳纹，他们认为这是一种用数块泥片逐片捏合成器的成型技术，命名为泥片贴塑法或泥片贴筑法，是模制法制陶工艺中较晚出的一种技术，而模制法无论从考古资料的年代所见还是从技术进步逻辑过程推断，都早于泥条或泥片盘筑法，进而将史前制陶工艺的技术进步划分为模制法——盘筑法——轮制法三个阶段。"[3]

第二，借助少数民族的某些资料，对史前的制陶工艺进行推断。20世纪50年代中期，考古学家李仰松在对云南地区进行考古时，对当地制陶过程做过深入的考察，经考察得知，当地出土的陶器其陶土原料多来自河谷中的沉积土，这些陶泥均经过晾晒和筛选。筛选后，一般经过淘洗、加羼合料、炼泥，但工序繁简不一。佤族做小的器物直接用手将泥团捏成粗胚，制作较大的器物则采用泥圈套接出粗胚，将粗胚放置在膝头或垫台上，用陶拍或卵石垫拍打成器，最后修整口沿。景颇族和苴林汉人制作陶器使用了慢轮。陶器烧制，有些地方用柴草堆积在地面上和陶胚一起露烧，有些则将陶胚放置在窑内用柴火煅烧。考古学家汪宁生则对傣族的制陶技术进行深入的研究，希望从中找到原始制陶的方法。少数

❶安特生:《中华远古之文化》,《地质汇报》1923年第5期。阿尔纳:《河南石器时代之着色陶器》,《古生物志》丁种第1号第2册，1925年。

❷参见《梁思永考古论文集》有关文章，科学出版社1959年版。中央研究院历史语言研究所:《城子崖》，1934年；吴金鼎:《高井台子三种陶业概论》,《田野考古报告》第一册，1936年。《苏秉琦考古学论述选集》，文物出版社1984年版。

❸严文明主编:《中国考古学研究的世纪回顾·新石器时代考古卷》，科学出版社2008年版，第97页。

民族的制陶方式是否更多地保留原始制陶的信息，这是无法得到确证的，所以，这种研究只是一种推测。

第三，模拟实验。最早一项模拟实验是20世纪60年代进行的，主持人为中国科学家硅酸盐化学与工学研究所的周仁。周仁等科学家将考古研究所送检的自仰韶文化以降的65片陶片进行理化分析。在这种分析之后，仿制了薄胎黑陶和有纹饰的红陶、灰陶，并检验了各种对史前陶器制作解释的正误[1]。20世纪80年代，有李湘生对仰韶文化陶器进行的模拟实验，于崇源对新乐遗址陶器纹饰的模拟实验，冯永驱对深圳沙丘遗址出土的陶器的模拟实验和尉崇德对大汶口文化白陶鬶模拟制作实验等。

这些实验均取得可贵的成果，其中研究工作比较系统的有钟华南的对北辛文化陶器的模拟制作实验。“钟氏的仿制办法是借助慢轮，采用外模模制法和泥条盘筑法成型，对器身有转折的器物，则分段模制，整形时利用某种木、骨类的‘刀具’均匀器壁厚度和修整口沿。钟氏还在地上挖坑，垒砌围墙建造‘平地窑’，模拟烧成陶器。用同样的思路，钟氏又模拟仿制了堪称史前制陶技术最高成就的大汶口—龙山文化的黑陶器皿。”[2]

以上三种途径也是可以综合起来的。这方面，比较突出的是李文杰先生的研究，他著有《中国制陶工艺》一书，对黄河地区和长江中下游地区的史前陶器制作做了深入的研究。李文杰将史前新石器时代制陶技术分为早中晚三期。早期又分为前后两个发展阶段。“若极简略概括的话，新石器时代中期以泥条盘筑为技术特征，此前以泥片贴筑和模具敷泥法为特征。而新石器时代晚期则进入快轮制陶发达的时期。再比较各地制陶工艺的具

❶周仁等:《我国黄河流域新石器时代和殷周时代制陶工艺的科学总结》,《考古学报》1984年第1期。

❷严文明主编:《中国考古学研究的世纪回顾·新石器时代考古卷》，科学出版社2008年版，第98—99页。

体情况，可以划分为旱作农业的北方地区和稻作农业的南方地区两个工艺类型。北方类型多以普通黏土为原料；但成型和烧成技术方面，各地有明显的不平衡性。其中，甘青地区的模制技术和彩陶制作工艺发达，中原地区流行模制技法，山东地区的快轮制陶技术和渗炭工艺发达。南方类型各地技术水平大体相当，制陶工艺特征为以高镁质易熔黏土和高铝质耐火黏土制造的白陶明显多于北方类型。坯体制作以泥片贴筑和蛋壳彩陶的工艺独具特色，流行渗炭技法，还原烧成技术高于北方。"①

陶器主要是生活用具，但它与生产工具有相通之处，即都有特定的物质功能，但陶器与一般的生产工具不一样，陶器还是艺术，具有较强的审美功能。因此，陶器的制作就具有一定的特殊性。它不仅需要一定的技术水平来支撑，同时也需要一定的审美水平来支撑。陶器的精美正是体现在"技"与"艺"两者的统一上。就技来说，作为科学的法则，在一定的地区有它的共同性；但就艺来说，不要说每一个制陶艺术家有他独特的追求，即使是同一个艺术家，他的不同的作品也均有所不同。正因为如此，才构成了中华民族史前陶器文化的大千世界。

人类的制作品，除了纯粹的工具和纯粹的艺术这两个极端以外，还存在类似陶器这样的中间物，我们通常叫它为工艺品。工艺品的性质兼有功能性与审美性，在制作方式上兼技与艺两个方面。技为科学，具客观性、一般性；艺为审美，具主观性、个别性。于技，重在遵循；于艺，则重在创造。这是客观与主观、一般与个别、科学与审美的完美结合。

在工艺品的制作上，先民的陶器开了先河，积累了丰富的精神财富，弥足珍贵。

❶严文明主编:《中国考古学研究的世纪回顾·新石器时代考古卷》，科学出版社2008年版，第100页。

四、形与色的绚丽世界

史前陶器品类繁多，中国各地史前陶器有些有明显的传承关系，有些则没有。零零总总，五光十色，构成一个大千世界。严格说来，两只完全一样的陶器几乎没有，所有的作品均风姿各异。

首先是形，非常丰富。按专业说法，陶器各部位一般描述为口、流、嘴、唇、沿、颈（或称领）、肩、腹、底、足等。这诸多的部位又有诸多的样式。如口，有直口、敞口、敛口、侈口等；沿有折沿、卷沿；唇分为圆唇、尖唇、方唇等；颈分长颈、短颈、束颈、直颈等；肩分鼓肩、折肩等；腹分鼓腹、直腹、折腹等；底分平底、凹底、圜底、尖底等；足一般为三足，分实足、袋足两类，实足分圆锥足、实扁足等。器物的附件有流、嘴、耳、把手等。

陶器诸多部位中，腹是主体。它一般以圆球形为基础，但变化多端，有近谷堆状的、近圆柱状的、近棒槌状的、近鸟巢状的、近烛光状的、近水滴状的，更有甚者，还有近于各种动物的，如猪状、羊状、鸟状、蛙状，等等。

有些器物有流，流是容器出水之处，功能虽然单一，但形式上千奇百怪，先民陶器艺术家在这里充分展现其想象力，比如，大汶口文化中比较多见的鬶，其流给人鸟嘴感，却又不是鸟嘴的刻意模仿。

器物的足也是各种各样的，最具特色的是袋足，龙山文化的鬶和鬲均为袋足，一器三袋足，构成一组。

再比如器物的柄，既有弧形的，也有方形的；既有仄柄的，也有宽柄的；既有做成动物或植物样的，也有纯几何状的。

器物上有各种装饰性物件，或为穿孔，或为各种既像物或不像物的雕塑。这些装饰性的部件或没有功能作用，是独立的；或与器物功能性部件相融合，兼功能与审美为一体。

史前陶器绝大多数形制有一定的规定性，可以明显地将它们归类，但有些器物，形制就相当特别了。如马家浜文化出土的红陶垂囊形盉，造形就非同一般。器具整个像一垂囊，也像一只小鸭。器的上部前端有一注水口，口沿外翻，细颈，弧形腹，圜底，尖状流，口沿后部有一提梁与颈相连接。口沿和提梁上各阴刻一组交错的同心圆纹，宛如灵芝。造形极为奇特，但是视觉效果又是和谐的，非常耐看。

陶器艺术当然绝不只是在器形上，陶色、纹饰同样是绚丽多姿，让人叹为观止。陶色即陶器的颜色，常见的有红陶、黑陶、灰陶、黄陶、白陶。这些颜色的造成，与陶泥中矿物质含量相关，如果陶土中含铁较多，则易烧成红色；如果陶土中含钙、镁、钾较多的，则易烧成橙黄色。白陶含铁少，它多用高岭土烧成，已近瓷器了。

陶器的表面，做不同的加工，则又有不同的风采。有一种陶器叫磨光陶，器表光洁明亮。这种陶器在陶坯半干时，用石、骨、竹片等器具在陶坯上压磨，让它平滑，这样烧成的陶器表面就显得特别光亮。

制陶时，也有在陶坯表面涂上一层细泥浆的，这样的陶坯烧成后，表面上就出现一层美丽的陶衣，根据泥浆内矿物质不同，有红、棕、白等色。这种表面的颜色称之为“陶衣”。

陶器表面无任何装饰的，称之为素面陶。磨光陶和有陶衣的陶器，如果没有纹饰，也归入素面陶。素面陶朴素，以器形取胜。然而，更多的陶器表面是有纹饰的。陶器纹饰制作一般是在陶坯完成后，其方法大体上归为两类：一类是雕刻法，另一类是绘画法。雕刻法则在陶坯半干时，用人工的方法在陶器表面做上纹饰，主要有拍印、压印、模印、戳印、刻画、雕镂等。绘画法，则是在陶坯表面绘上各种图案。陶坯上做成的纹饰经过煅烧后就永久地固定在陶器表面上了。绘画法则是先用各种不同的矿物颜料将图案画在陶器的表面上，经过烧制，就成了固定永久的图案。矿物颜料是天然的，先民将它研磨成细粉，然后用水调成浆状物，用兽毛笔蘸上，涂在器表。由于温度的变化，矿物颜料的色彩会发生变化。先民们经过长期的实践和研究，掌握了矿物在高温下色彩变化的规律，使得这样烧制出来的图案和谐、美丽。

陶器的纹饰命名很难，我们今日对它的命名通常是看它像什么。据此，我们发现有：绳纹、篮纹、编织纹、方格纹、弦纹、菱纹、叶纹、圆弧纹、眼睛纹、指甲纹、发辫纹、水波纹、漩涡纹、云雷纹、鱼纹、龙纹、蛙纹、鸟纹、猪纹、人面纹、舞蹈纹，等等。

陶器形状与色彩极为丰富多彩，可谓美轮美奂，但是，须知，这只是外在的，表面的，陶器的美更多的还在它的内在世界。这个世界涉及先民精神生活的方方面面，它是极为深邃又极为广阔的。这内在的种种因素不管是属于科学技术方面的，还是意识形态方面的，因为均借感性的形象而得以展现，因而均化为美。这是何等美妙的世界！

五、先民世界的形象表征

陶器文化极为丰富，这是一块可以让先民尽情驰骋才华的广袤的土地，也是一片无限广阔的想象的天空。先民的生活空间、精神空间，不论是宏观的还是微观的、直接的还是间接的，均可以在这里找到它的表征。面对着绚丽多彩的纹饰世界，我们只有叹服，只有惊讶。而所有一切为它所做的命名和对它含义的理解，均是苍白的、无力的，甚至多是误读。如果要说我们跟古人有什么相通之处的话，那就是我们的感受、我们的情感。我们可以成为古人的知音，这知音主要表现在感知上，情感上。

今日之人来自古代之人，原始初民是我们的祖先，从近万年前的新石器时代到今天，中华民族一代代地延续着生命，也发展着生命。生命是丰富的，有肉体的生命，也有精神的生命。延续与发展的关系是丰富的、灵动的，基本的关系应是在延续中发展，在发展中延续。不同的生命其延续与发展是不一样的。肉体生命的延续通过繁殖，这是一种自然行为；精神生命的延续则通过传承，这是一种社会行为。

肉体生命的延续作为自然的行为以复制为基础，在复制中有所创新，重在量的扩大；精神生命的延续作为社会行为以创新为基础，在创新中有复制，重在质的改变。所以，今之人与古之人相比，肉体上相一致的地方远多于精神上相一致的地方。

人的精神生命是丰富的，大致可以分为三个方面：感性的生命、情性的生命和理性的生命。这三者的延续是不一样的。也许，感性生命更多地依赖人的肉体，因而它的延续接近于肉体生命的延续，复制多于创新。如视觉，它的功能建立在眼睛的结构上，今人与古人眼睛结构上的区别不是很大，因而，今人与古人在视觉感上区别也不是很大。而情性生命其延续中的复制就弱了，尽管如此，人的情性生命仍然很大地受制于人的肉体生命，情性生命中两性之爱就在很大程度上受制于两性的自然关系，因而古今在性爱上的情感基本上是相通的。

相较情性生命，理性生命与人的肉体生命的关系就弱了，它在很大程度上决定于后天的影响，这方面，古今的延续主要靠教育。由于史前没有文字，我们对史前社会的诸多理解均具有猜测的性质，实在难以说对史前人类有真实可靠的理解。所以，对于史前人类，我们最能理解的是它们的感性生命，其次是情性生命，最弱的是理性生命。

史前初民创造的陶器文化首先是感性的，它有形，有色；其次是情性的，通过陶器之形、之色，分明能感受到他们的情感——悲欢喜乐，其情感的维度或高昂或低回，或狂野或雅致，或内敛或豪放，或细腻或粗疏……所有这些，千古之下，仍然能让人与之共鸣。

比较难与现代沟通的是理性生命。理性生命中又分若干方面，有关涉人与自然关系的，也有关涉人与社会关系的，还有关涉人的终极关怀的，它们分明为自然科学、社会科学和哲学。

这三方面，最易为我们了解的是自然科学。上面我们谈到陶器的制作，这其中涉及许多自然科学的学科。比如，初民想烧制出理想的纹饰，他须先用矿物颜料在陶坯表面上画一个图案，矿物颜料在常温下有它的颜色，这颜色显然不是先民所想要的，它要的是经过煅烧后的颜色，那么，多高的温度下才能取得这种颜色，这就需要有测温的方法。古代是没有现代的测温仪器设备的，那么，它是怎样测温的，就需要现代人根据当时的情况做出种种分析与猜测，并且去做实验，以证实这种分析与猜测。现代人在这方面所做的模拟实验大多是成功的，因此，我们可以复制原始先民的某些陶制品。但是，我们不能做到全部复制，不要说原始初民的制陶技术我们没有全部揭秘，就是已揭秘的制陶技术，由于古今制陶人在思想情感上的差异，做出来的陶器也不可能做到完全一样。

理性生命中，最为丰富的是社会生命，它涉及部落中人与人的关系。人与人的关系中有血缘性的关系，非血缘性的关系，有部落内的上下级关系，也有部落之间的关系。这些关系在陶器中均有所透露，由于史前没有文字，只凭图像去猜测是很难得其真实情况的，因此，我们对这一部分了解的最少。虽然原始社会，我们现在理解为平等的社会，这种理解主要来自书本，史前社会是不是真的平等，我们其实并不知晓。按说，动物的那个“社会”，都不平等，人的社会怎么会平等呢？母系氏族社会中，掌管部落最高权力的老祖母，她的地位怎么能跟一个小娃娃平等？社会等级关系必然要在陶器上体现出来，那么它是如何体现的，我们不清楚。再比如，每个社会有它的社会习俗、生活方式，这种社会习俗、生活方式也会在陶器中有所表现，它们的表现又是怎样的，仍然是巨大的谜。对于陶器形制与图案的理解，我们更多的是猜测，并没有丰富而又可靠的依据。尽管如此，通过陶器的形制与纹饰来认识史前社会的结构，仍然是我们主要的研究途径之一。

现在的人们认为，史前社会弥漫着浓郁的原始宗教气氛。这种看法的来源是多元的，其中重要的一元乃是陶器上的纹饰。人们从西安半坡出土的盆上看到奇异的人面含鱼的纹饰。人口叼着一尾鱼，这当然是说人在吃鱼了，人吃鱼被绘在陶盆上，有什么意义呢？现在的人们猜测是一种巫术。根据巫术理论，这是一种模仿巫术，画上吃鱼就意味着实际上吃鱼，能有鱼吃，那当然是美好的生活了。如果这种猜测不错，这人面含鱼纹就体现初民的一种原始的宗教观念了。马家窑文化出土的陶器中，多有蛙人纹。这种纹主要体现在马厂型的陶器上。它的形象主要是：两臂弯曲，有指爪。身子一般较小或与头相共，两条后腿也做弯曲状，很长，亦有指爪，大多的蛙纹还有一个直尾（图 2-1-1）。在陶器上绘上这样一个蛙人形象是什么意义呢？现代人据此推测，这是一种图腾崇拜，这个蛙人是神，是当时人们认定的祖先。

图 2-1-1　马家窑文化马厂型蛙纹陶罐，采自《马家窑彩陶鉴识》，P188 图

初民们的原始巫术意识和原始宗教意识是一种兼有理性生命与非理性生命的生命形态。当今的人们认为，陶器上那些非写实的动物形象或不可按常理认识的抽象图案都在一定程度上反映着先民的原始宗教观念，是他们的神话形态。

通过陶器，我们感觉到初民们的自我意识不仅强烈，而且有些急迫。像图 2-1-2 这具人像陶器，就明显地在向世界宣告：我是人，我来了。此具陶器颈部画上人面，腹部则绘上蛙人。蛙人似蛙又似人，它是不是意味着人性的初醒？人在努力地挣脱动物的蒙昧，蛇蜕而成人。那画在瓶颈上的人面，是神，也是理想的人，蛙人在向着它前进，不只是肉体，还有精神。联系中国古代神话，中华民族的始祖伏羲和女娲均是人首蛇身的形象，说明人与动物同体是当时人们一种普遍的想象，这不是对人的轻慢，因为在史前，初民普遍奉行动物崇拜，将动物看成神，人与动物同体，意味着人与神同体。但是，这也并不等于人一直安于此种认识。当人性进一步觉醒，人就觉得人还是应该与动物区别开来，人与动物同体就不再被人看重了。这个时候的神，不是动物神，而是人格神了。上面所说的马家窑陶器上的人面蛙人图案也许就说明这一点。

图 2-1-2　马家窑文化马厂类型人面双耳壶，采自《马家窑彩陶鉴识》，P180 图

图 2-1-2 是马家窑文化马厂型一具人面双耳壶，此壶颈部绘有人面，表情严肃，壶的腰腹部绘有蛙人。此图案耐人寻味，至于具体解释，今人是难以到位了，但有一点是可以肯定的，那就是人的意识似是在觉醒。那位于壶颈的人面，是人面，也是神面。不管理解为人上升为神，还是神附体于人，人对于自身的价值是有充分肯定的了。

认识史前陶器文化，现在的人们存在诸多的困难，最大的困难是史前没有文字，因此，更多理解是猜测性的，是据今人的思想与情感，度古人的思想与情感，据今人的生活度古人的生活。这种猜测虽然不一定是科学的，却是可以接受的，因为今人是古人发展而来的。生命虽然具有发展性，却又具有延续性。

第一节　稚拙之美：早期陶器

考古学家一般认为，新石器时代从距今 12000 年至距今 4000 年。他们将新石器时代分成三个时期：新石器时代早期，时间为距今12000年至距今7000年；新石器中期，时间为距今7000年至距今5000年；新石器时代晚期，时间为距今5000年至距今4000年。

新石器时代早期也可以分为早中晚三个时期，属于早期的文化遗址主要有广东阳春独石仔遗址、广西柳州白莲洞遗址。这个时期经济方式主要为渔猎、采集，农业只是有萌芽，还不能成为人们食物的主要来源。此时，磨制的石器已出现，这是新石器时代出现的重要标志，然而陶器还未出现。

新石器时代早期的中期，农业逐渐成为先民主要的经济生活，与之相应，陶器也出现了，不过，这个时期出现的陶器比较原始。陶质多为夹砂陶、夹炭陶，泥质陶较少。制作的方式多为手制，轮制的较少，因此厚薄不均、器形不太规整。温度多不高，火候低，因此，器物多较脆，不够坚实。到新石器时代早期的后期即距今8000年至距今7000年左右，陶器工艺有所进步，器形开始规整，已运用快轮修正的方法；器物纹饰开始有所讲究，初步见出审美的萌芽。

一、长江流域的陶器文化

长江流域是人类最早的居住区，在湖南、湖北、四川、江西、浙江、江苏、广东、广西、云南、安徽诸省均发现有新石器时代早期人类生活的遗址。我们只择其中陶器文化比较有特色的遗址做一些评述，以见出发展的轨迹：

（一）彭头山文化：经碳十四测定四个数据，除一个偏早外，其余三个分别为8200±200年、7815±100年（T14，二层）、7919±170年（T14，六层）[1]。参照树

❶湖南省文物考古研究所等:《湖南澧县彭头山新石器早期遗址发掘报告》,《文物》1990年第8期。

轮校正曲线，彭头山文化的年代可达距今 8800 年至距今 8000 年左右，属于新石器时代早期的中段。它是至今在长江流域发现的最早的新石器时代早期的遗存。

彭头山的陶器主要为釜，其次为罐、钵、盆、壶等。为夹炭红（褐）陶，陶土中羼杂有大量的稻谷和其他有机物，器壁外表为红褐色，似涂有较厚的泥质陶衣。陶胎的制作方法为手工，即用手捏塑出多层泥片，一层层地贴塑成形。胎壁普遍较厚，器物有些歪扭，器表也不够平整。由于火候低，器物不够坚固，较为松脆。尽管如此，它仍然见出审美的萌芽：

其一，虽然由于工具的问题，加之火候不够，器物有些变形，但是大体上还可以见出制作者的初衷。他们是想制作出规整的器皿的，经复原，其釜、罐、盆等基本上符合几何规则。

其二，器表开始有纹饰。纹饰多为拍印、滚压印而成的绳纹，其次为划纹、戳印纹。纹饰或布于器物的肩部，呈网格状；或布于器物的颈部、口沿，呈平行状。

其三，新石器陶器的造形最能见出审美品位的一是足，二是口沿。彭头山的陶器多为圜底器，说明它还不重视器足的造形，但是，也有三足器，说明已开始注意器足了。器物口变化较少，敞口为多，但也有敛口。

凡此种种，虽然很难说得上多么地美，但是至少说明距今 8000 年前彭头山先民已经有审美的萌芽了，弥足珍贵。

（二）皂市文化：1981 年在湖南石门县皂市发现了一种新石器时代的文化遗址，1984 年、1988 年又在附近发现了文化差不多的新石器时代的遗址，专家们将这一文化命名为皂市文化。经碳十四测定，皂市遗址的年代为距今 6920 年 ±200 年[1]，经树轮校正，距今当 7500

❶湖南省博物馆:《湖南石门皂市下层新石器遗存》,《考古》1986 年第 2 期。

年左右，晚于彭头山遗址。

皂市遗址出土了一批陶器，陶质较彭头山遗址丰富，有类彭头山的红褐陶，也有彭头山没有的夹炭陶、夹砂陶和泥质陶。这里，泥质陶的出现是非常重要的，因为质量较高的陶器均为泥质陶。到新石器时代的中期，陶器基本上均是泥质陶了。皂市遗址的制陶方法与彭头山遗址差不多，主要为贴塑法，先手工捏出器物，然后在器物内外再贴陶片。皂市文化的陶器火候也偏低，且不匀，因而器物也较松脆，且器表颜色驳杂。皂市代表性的器皿为罐，也有釜、盆、钵等。

统观皂市遗址出土的陶器明显地见出较彭头山进步：

其一，器物更为规整，造形也较为丰富。这主要表现在陶罐的造形上：一、罐开始有耳，左右双耳，一是便于提携，另外也较为美观。二、罐的颈部出现三种形制：有颈、束颈、曲颈。三、罐的口也有多种形制，不仅有侈口、敛口，还有盘口，口沿也多有不同，有圆，有折。四、罐的腰部有两种形制，或鼓，或收。在皂市遗址出土了一种亚腰罐，这种罐小平底，腰部有收缩，造形为新石器时代陶器仅见。

皂市遗址还出土了折肩圜底钵。肩在陶器中，相比于其他部位变化较少，皂市文化的折肩圜底钵在新石器时代早期的陶器中别具一格，它将人们的视线收缩在器物的肩部，进而向上到口部，给人一种紧缩收敛感，体现出器中所盛食品的珍贵。

另外，有些器皿还有独立的支座，支座有圆形也有方形。器物的足部，也较彭头山遗址的陶器受到更多的关注，不仅有平底、圜底，还有圈足和假圈足。

其二，纹饰较为丰富。纹饰制作的手法有拍印、压印、刻画、戳印、透雕等手法。虽然纹饰主要也是绳纹、刻画纹，但绳纹有多种形态，有交错绳纹、横断绳纹，刻画纹也有雨线画纹、网格画纹、横斜竖相组合的画纹等多种形式。最重要的是，陶器上有了镂孔。镂孔的出现，极大地增加了器物的审美魅力。

显然，皂市文化时代，人们对审美需求更为突出了，而满足审美需求的方式也多了。

（三）河姆渡文化：河姆渡是浙江余姚县的一个村庄，1973 年在这里发现了史前人类的遗址，因为这一文化具有相当的独立性，专家们将其命名为河姆渡文化。河姆渡文化的代表是河姆渡遗址。它分为四个文化层，经碳十四测定，第四文化层距今 6955 年 ±185 年（ZK—75057）至距今6715年 ±170年（ZK—78101）；第三文化层距今 6850 年 ±185 年（ZK—78119）至距今 6215 年 ±200 年（ZK—78105）；第二文化层距今 6015 年 ±200 年（ZK—588）至距今 5660 年 ±170 年（ZK—75058）；第一文化层距今 5330 年 ±200 年（ZK—587）[①]。其第四文化层和第三文化层距今 7300—7000 年左右，可以归入新石器时代早期。

①《中国考古学中碳十四年代数据集（1965—1991）》，文物出版社 1991 年版，第 52—54 页。

河姆渡的陶器文化是新石器时代早期陶器文化的最高代表。比之同一时期的陶器，它显得精美得多，审美品位也最高，这主要体现在：

一、陶土品质高：河姆渡陶器的陶系可分为夹炭黑陶、夹砂黑陶和彩陶。夹炭黑陶是在绢云母质的黏土中渗入植物的茎叶、谷壳碎末等有机物烧成。火候在摄氏 800 度至 850 度之间，由于火候不是很高，陶土中所羼和的有机物仅达炭化的程度，故陶色偏黑。这种陶胎质松软，胎厚量轻，烧制的器皿主要有釜、罐、盆、盘、钵、器盖和器座等。这种陶器占出土的陶片的百分之七八十。夹砂黑陶所用绢云母质黏土中的石英和长石颗粒较多，烧制的温度较高，大约在摄氏850度至900度之间，一则由于陶土中的石英和长石颗粒本来质地较硬，二则由于烧制的温度较高，因而烧制的陶器较为坚实，器壁较薄，器体较重。这种陶器也为黑色，只是颜色较浅，呈灰色。用夹砂陶烧制的器皿主要为釜，也有极少数的罐和钵。以上两种陶为河姆渡陶器的主体。夹炭陶在新石器早期的陶器中是比较常见的，湖南彭头山遗址和皂市遗址的陶器也是夹炭陶，然夹砂陶则较为少见，这种陶的质地显然优于夹炭陶。

特别可贵的是，在河姆渡陶器中发现了彩陶，彩陶大量出现是在新石器时代的晚期，北方的仰韶文化和马家窑文化其陶器主要为彩陶。河姆渡的彩陶器表涂了一层灰白的陶土，制作时在陶坯将干未干时，做过精心的刮削，并施上咖啡色和黑褐色花纹。虽然河姆渡遗址发现的彩陶片不多，但它充分显示河姆渡陶器的文化品位，体现出新石器时代早期陶器文化向新石器时代中期以彩陶为代表的陶器文化的过渡。

二、制作方法进步：河姆渡文化陶器仍然为手制，就这而言，它与彭头山文化和皂市文化没有根本性的区别。但是，它制作的精细程度就高多了，具体做法为泥条盘筑、分段预制、拼接而成。不同器具制作时又有一些不同的讲究。如釜类为分段筑叠，先分别制成腹和颈，粘接时，附加泥条做成肩。罐类为直叠制作，先将陶泥搓成泥条，一条条粘接，从底部一圈一圈地向上叠高，直到所需要的程度为止，最后将各圈抹平。罐底和腹壁同样分开制作。盘类为斜叠制作，分别制成盘底与腹壁，粘接时盘口向下，然后将底与器壁黏合在一起。器物的附件如底、圈足、耳、纽、宽沿、凸脊和折敛口沿均事先做好，在陶坯将干未干时贴塑上去。陶坯成形后，均需要打磨光滑，然后或拍印或刻画或戳印成各种图案并彩绘。以上说的做法主要用于大型的器具，小型器物如陶羊、陶猪、陶埙则用陶土捏制而成。河姆渡文化陶器这样一种制作方法，仅就手工制作来说，它达到了极致。这就在相当程度上保证了它的制品取得更佳的审美的效果。

三、纹样生动：河姆渡文化的陶器纹样，其制法也是拍印、打印、压印、刻画、戳印等。这些方法与彭头山、皂市也没有什么区别，但它加上了彩绘，这种方法新石器时代中期陶器用得很多，然早期极少。河姆渡陶器中的彩陶器，那上面的花纹就是先彩绘然后烧制而成的。

河姆渡文化遗址陶器的纹样很丰富，大体上可以分为四类：第一类为几何纹类，主要有绳纹、弦纹、短线纹、圆圈纹、水波纹等。第二类为植物纹类，植物纹类有抽象程度较高的，接近几何纹了，如稻穗纹、叶纹；也有写实程度较高的，如五叶草纹、水草纹等。第三类为动物纹类，这类纹饰比较写实，近于在陶器表面作画了，如猪纹、鱼纹等。第四类为综合纹，即将各种不同类型的纹饰组合成图案。

河姆渡陶器的花纹给人总体感觉之一是生动，特别是那些写实的植物和动物纹，它被刻在陶器上可以看作是纹饰，其实，它更是绘在陶器表面的绘画。虽然新石器时代中期的陶器也有类似的纹饰，即在陶器表面上作画，但始作俑者却是河姆渡的陶器。感觉之二是简洁，河姆渡陶器上的纹饰不管是几何纹还是植物纹、动物纹，都比较地简洁。这只要与新石器时代中期的马家窑陶器一比较就可以看出，虽然同是用线条造形，它较多的用直线，而少用曲线。马家窑陶器中那种气势磅礴的波浪纹则没有见到。感觉之三是清新，河姆渡陶器中的纹饰较为质朴、亲和，虽然有动物形象，但它不怪异，不像半坡文化中的人面含鱼纹，人面是怪异的，鱼也是怪异的。

也许在新石器时代的早期，人类才从蒙昧中觉醒过来，他们看待世界，就好像儿童看待世界，是亲和的、自然的，没有那么多的恐惧，也没有那么多的神秘，因此，也就不需要制造出神怪来，他们作画包括为陶器做纹饰，只是将他们对世界的直观印象描绘出来就是了。

四、造形别致，追求美感。河姆渡的陶器其实也是普通的陶器，除了一些艺术品如陶猪、陶羊外，它主要是炊器与食器。这些与彭头山、皂市没有什么区别，它所不同的是，在实现器物的功能之后，借助附件增加器物的审美效果。

河姆渡陶器中代表性器具是釜（图 2-2-1），它的釜，造形均很亲和，有些釜在腹部有一条脊，这脊是坯成形后贴上去的。让我们感到饶有兴味的是这脊有什么用处，也许它没有实用功能，但是它给器具增添了层次感、递进感，换句话说，增添了韵律，增添了美。

罐也是河姆渡陶器中的主要器皿。罐是用来盛放食物的，因此，罐的腹部均呈球状，为了安放的稳固及提携的方便，腹部上下均有所收缩，上部收缩后成颈，终于口；下部收缩后成座，一般为平底。这种造形为经典式，所有的陶罐均如此。然而，它仍然可以有所变化，这种变化主要体

图 2-2-1（1、2） 河姆渡文化鱼藻纹盆，采自《河姆渡文化精粹》，图 85

图 2-2-2　河姆渡文化盂形陶器，采自《河姆渡文化精粹》，图 105

现在耳的制作上。耳具有实用功能，但是，耳的大小及安装的部位在很大程度上影响到罐的审美效果。

河姆渡遗址出土的盂形器（图 2-2-2），器形饱满，肩部以下逐渐收缩，器口略收敛，纹饰刻在显眼的宽肩上，整具器的造形相当实用，又非常美观，可谓实用与审美的典范。在实用与审美上堪称典范的还有鸟形盉。此盉具有鸟的意味，其实并不像鸟，这种造形，更为难得。如果说，盂形器在实用与审美统一，是以实用为基础来求美的话，那么，这鸟形盉则是在艺术的基础上完成实用的功能。与鸟形盉堪为双璧的还有猪嘴形支架（图 2-2-3），它是一个支架，功能很明确，就是支撑某一器物，按功能要求，只要稳当，能承重就可以了，但是，河姆渡的陶器艺术家却将它制成类猪首（又似鹰首）的造形，实在绝妙。

（四）罗家角文化：罗家角文化是 1979 年在浙江罗家角遗址发现的。罗家角遗址也分为四个文化层，其第四文化层，据中国社会科学院考古所的碳十四测定，为距今 6905±155 年（ZK—860），北京大学考古系实验室用同一标本也做了一个碳十四测定，为距今 7010±150 年（BK—80004）。看来，它的年代与河姆渡文化第四层是相当的。罗家角遗址出土了一些陶器，为夹炭陶，器物有釜、罐、盆、钵等，以釜为多，是这一文化代表性的器具。

图 2-2-3　河姆渡文化猪嘴形支架，采自《河姆渡文化精粹》，图 120

形制可分带脊釜、筒形腰沿釜和弧腹腰沿釜。带脊釜的特点是腰沿有一周突脊，这种釜河姆渡遗址也有。比较特别的是筒形腰沿釜和弧腹腰沿釜。筒形腰沿釜的脊近底部，弧腹腰沿釜的特点则是弧肩浅腹。

罗家角的陶器素面陶占的比例较大，器面不加纹饰，显得质朴清新。也有加纹饰的，多为斜线纹、弦纹、圆纹、三叶纹等，也比较地简单。

二、黄河流域的陶器文化

（一）磁山文化：磁山文化是 1979 年在河北武安县磁山遗址发现的。据碳十四测定和数据有两个：距今 7365±100 年（ZK439）、距今 7235±105 年（ZK440），经树轮校正，距今当在 7800 年至 8000 年左右。

磁山文化遗址出土了丰富的陶器，主要为夹砂陶，泥质陶较少。颜色多为灰色，红色及褐色较为少见。制作手法为手工，一是泥条盘筑，另是手工捏制。素面陶占很大比例，出土陶器中近一半无纹饰。有纹饰的陶器，其纹饰多为绳纹、压印编织纹、刻画纹、指甲纹，多线条造形，或平行线，或斜线，或波浪线。器具也多为生活用具。这些情况与同一时期新石器时代遗址出土的陶器是差不多的，但是，磁山的陶器也有一些特点：

第一，器类上，它有新的品种，且同一品种有不同的形状。一般来说，新石器时代早期的陶器，不是釜就是罐占据主导地位，然磁山遗址盂的数量最多，这是非常特别的。磁山盂为筒状，直壁平底，称之为“筒状盂”。数量上次于盂排在第二位的是一种支架。这种支架前端突出呈尖形，后端圆，下为圆形圈足，为倒靴状。学者们称之为“倒靴形支架”。数量上排在第三位的是罐。磁山遗址中的陶罐也比较有特点，它的腹部较深，有些罐器表有对称的竖耳或乳钉。磁山遗址的陶罐按形状可分为直口深腹罐、侈口深腹罐、双耳小罐、圈足罐。磁山遗址还出土一种三足钵，比较别致。钵在河姆渡文化遗址出土过，不过它是平底的，没有足。磁山遗址还出土碗。碗，按形状可分为斜壁圈足碗、假圈足碗和平底碗。新石器时代早期遗址很少出土碗，磁山遗址出土这么多的碗，说明人们的主要食物是农作物了。事实是，磁山文化的经济以农业为主，考古发现磁山遗址有地窖，窖穴中有粮食遗存，经检验，是粟。

第二，器物的组合上，在磁山遗址中，发现一个比较奇特的现象，那就是石磨盘棒、石斧、石铲、陶盂、倒靴形陶支架、三足钵、小口双耳壶、罐等器物成群出现。这种情况共发现四十余处。考古人员开始怀疑这些遗址是墓葬，但没有发现墓坑、人骨架，因而基本上否定了墓葬的可能性。有学者认为是粮食加工作坊，从器物的配合来看倒是很有可能的。如果这种推测没有错，磁山遗址当是极为重要的粮食产地。当时人口的繁庶、社会的繁华可以想见。

第三，器物的附件比较讲究，这体现在耳上。磁山遗址的陶器部分有耳，耳有多种，有鸡冠耳、扁耳、半环耳。

第四，纹饰。磁山遗址的陶器，其纹饰主要为绳纹，其次为附加堆纹、编织纹、划纹，这些与其他新石器时代早期遗址的陶器差不多，比较有特色是一种“之”字形的篦纹。

（二）裴李岗文化：裴李岗在河南新郑，1977 年在这里发现新石器时代文化，专家们确定这是一种有独立特色的史前文化，命名为裴李岗文化。裴李岗文化有多个类型，其中主要的有裴李岗类型、贾湖类型。据碳十四测定，裴李岗类型距今约8000年至7000年。贾湖类型的绝对年代与裴李岗类型是差不多的，距今也是8000年至7000年左右。

裴李岗类型的陶器主要为夹砂红褐陶和泥质红陶，有极少的泥质灰陶。其制法也是泥条盘筑法、手捏法。陶器的类型与磁山差不多，只是占主要地位的陶器不同。在磁山，陶盂既多又精美，而在裴李岗，则以小口双耳壶、三足钵、深腹平底陶罐为多。

充分体现裴李岗类型文化特色的陶器是小口双耳壶。这种壶形态多样，且多从壶的底部见出。有平底、尖底，圈足、假圈足，也有三足。在器的底部争特色，出创新，在陶器中比较多见，但多在罐，于壶不是太多。出土的裴李岗类型的陶器半数无纹饰，有纹饰的其纹饰基本上同于磁山文化的陶器，多为“之”字形篦纹、划纹、指甲纹、乳钉纹。

贾湖类型在陶器形制方面与裴李岗类型相似的地方甚多。陶质同样以夹砂红褐陶为主，器物同样以小口双耳壶、三足钵为特色；纹饰上同样有划纹、“之”字形篦纹、指甲纹等。所不同的：第一，在陶质上，贾湖类型的陶器除夹砂、泥质外，还有相当多的陶泥夹炭、夹蚌末、夹滑石粉，这些羼合物是人有意识地加入的。这样，贾湖类型的陶器质地上明显地优于裴李岗类型，也优于其他同一时期遗址的陶器。第二，在器形上，虽然贾湖类型的陶器也以小口双耳壶、深腹罐、三足钵为多，但它们有不同于裴李岗类型的特色：小口双耳壶是以折肩壶和留肩罐形壶为主；深腹罐饰有两个角状把手，学者们称它为“角把罐”；三足钵裴李岗类型为圆锥形，而贾湖类型则多为三扁凿足。第三，在器类上，贾湖类型文化中，鼎比较丰富，除了罐形鼎外，还有釜形鼎、盆形鼎，而在裴李岗类型文化中，鼎没有这样丰富。

（三）老官台文化：老官台文化是以陕西华县老官台史前文化遗址命名的。1959 年，考古人员在这里发掘出属于新石器时代的遗存。现已发现的老官台文化遗址有甘肃秦安大地湾、陕西宝鸡北首岭、华县老官台、渭南北刘、临潼白家等，它们分别成为老官台文化的不同类型。据碳十四测定，不同的遗址有不同的数据，但大体上相近，老官台文化的绝对年代距今约 7800—6895 年。

老官台文化陶器有夹砂陶、泥质陶两种，主要有红褐色、灰褐色，也有白陶、灰白陶和少数黑陶，如李家村遗址。陶器均为手制，陶器成形主要有泥条盘筑、泥片贴塑法。非实用性的小器具一般采用捏塑法，用手直接捏塑而成。比之于新石器时代早期其他遗址的陶器，老官台文化的陶器素面陶少得多，陶器大都有装饰的花纹。纹饰也大多为绳纹、刻画纹等。但是，同一文化的不同类型各自也还有一些特点：

大地湾文化以甘肃秦安大地湾史前人类遗址而得名，距今 8000 年至 5000 年。大地湾早期彩陶饰紫红彩，一般绘在钵形器物的口沿外，形成一周连续的彩带。到二期文化及以后的彩陶器物则以细泥红陶为多，纹饰亦多为黑彩，彩绘部位集中在器物外壁中上部及盆钵的口沿部。纹饰以几何花纹为主（图 2-2-4），其次是以鱼纹为主的动物纹，器型主要有盆、钵、碗、盂、瓶、壶等。

图 2-2-4　秦安大地湾文化花叶纹陶盆

大地湾的陶器对于器皿的功能非常重视，像图 2-2-5 陶碗，器型上可谓相当成熟，与当今的碗极类似。不过，现在人们对大地湾陶器之所以产生巨大兴趣，主要不在这，而是在它有诸多的人物造形。人物形象为头部，它或是作为浮雕，出现在陶器的腹壁，或是作为圆雕，成为器的口部。图 2-2-6 是大地湾文化人头纹陶瓮，此陶瓮腰部有一浮雕的人面像。头像温柔，美丽，也许是部落某一美女的造像。此头像反映出大地湾人对于美的渴求与热爱。

图 2-2-5　大地湾文化红陶绳纹碗，采自《中国古陶器》，图 5

北刘类型主要以夹砂红（褐）陶为主，泥质红陶、黑陶、灰陶极少见。器类不多，主要为罐，其次为钵、碗等。但造形上仍有多种变化，如罐，有三足罐、平底罐、圜底罐、鼓腹三足罐、筒腹三足罐等。纹饰上，器表多饰交错绳纹。特别值得注意的是北刘类型的陶器比较重视器物口沿的装饰：一些钵、罐的口沿外部还刮掉绳纹，形成一周光面，有的还在光面上涂上红色彩带或黑色彩带；有些器物的口缘拍成锯齿状。

图 2-2-6　大地湾文化人头形陶瓶（上半部）

北首岭类型的陶器与北刘类型的陶器在陶质上、器物类型上均没有太大差别。部分器物的口沿也刮光，留出一道光面；部分器物的口缘也呈锯齿状。它们的区别主要在纹饰上，北首岭类型的陶器少交错绳纹，而多垂直绳纹，器颈多附加泥条、乳钉装饰。器物形态上，北首岭有一种船形陶壶，很有特色。此壶造形，左右对称，各有一环，可能吊挂绳子用的，器顶部有类似杯状的口。壶体表中部绘有菱形格。

李家村类型的陶器与北首岭类型的陶器是差不多的，但李家村的陶器有较多的灰白陶。值得指出的是，在老官台文化中，大地湾、西山坪、白家等遗址发现少数陶钵内有彩绘的纹饰，这些纹饰有的为几何纹，主要为直线、曲线，或并列，或相交；有的类图画，像水波，像植物。

磁山文化、裴李岗文化、老官台文化虽然存在某些差异，但共同处也不少。一个明显的事实是陶器形态大同小异，陶罐是它们的主要器皿，其形态均存在筒腹与鼓腹两种，器物多三足。不论是罐还是钵，纹饰多比较简单，以绳纹为主，或为交错形态，或为垂直形态。

（四）北辛文化：1978 年考古工作者在山东滕县北辛发现新石器时代人类遗存，这种文化形态比较具有特色，其地层在大汶口文化之下，并且与之明显有异，故应为一种新的文化。考古学家还发现，苏北的青莲岗遗址、连云港遗址的新石器时代文化与之相类似，它们应为一类，名之为北辛文化。北辛文化早于大汶口文化，据碳十四测定，最早的 H501（ZK632）为距今 7345±215 年，最晚的 H8（ZK776）为距今 6385±210 年[1]。

北辛文化遗址的陶器主要为夹细砂黄褐陶，也有少数的夹砂灰陶和灰黑陶。北辛陶器类比较有特色的是鼎，鼎在其他地区的陶器中并不突出，北辛文化中的鼎不仅数量多而且种类也多，有钵形鼎、罐形鼎、釜形鼎等，其中钵形鼎占半数以上。釜形鼎的口沿外折或外侈，最大的腹径在肩部。鼎足多圆锥足（图 2-2-7）。北辛遗址也发现有小口双耳壶，但只有平底的。另有小

❶ 中国科学院考古研究所山东队等：《山东滕县北辛遗址发掘报告》，《考古学报》1984 年第 2 期。

口细颈壶，颈长腹鼓，造形十分美观。钵为圜底和平底，少三足钵。罐则为筒腹，较深。北辛文化遗址陶器的纹饰比较简单，多为窄泥条堆纹，另有指甲纹、乳钉纹、席纹、锥刺纹等。

图 2-2-7　北辛文化釜形陶鼎

三、辽河流域的陶器文化

中国北方地区也存在着丰富的史前文化，其中尤以辽河流域较为突出。

（一）兴隆洼文化：兴隆洼文化得名于 1983 年对内蒙赤峰兴隆洼的考古发掘。据碳十四测定，兴隆洼遗址文化距今 7240±95 年（ZK1392）[1]，参考校正曲线，绝对年代约为距今 7800 年左右。

兴隆洼遗址的陶器均为夹砂褐陶。颜色有灰褐、黄褐、红褐等。器类不多，主要为罐和钵。罐为筒腹，以敞口为主，敛口较少。罐大者高达 45 厘米，小者不过 10 厘米。钵为敛口，有平底、圜底两种。

施纹的方法以压印为主，压划和戳印次之。多以三到五条纹饰组合成复合纹饰。花纹排列常见三段式：口沿下为数道压印或压划的弦纹带；其下方是附加的窄泥条，泥条带上面再施以交叉短斜线、平行短线或戳印的指甲状纹样；再往下才是纹饰的主体，或为线状压印纹，或为坑状戳印纹。线状压印纹有交叉状、“之”字状、席状等形态。兴隆洼遗址陶器通体有纹饰，这在新石器时代早期陶器中也是比较突出的。

（二）赵宝沟文化：赵宝沟文化是以内蒙古敖汉旗赵

[1] 中国科学院考古研究所内蒙古工作队：《内蒙古敖汉旗兴隆洼遗址发掘报告》，《考古》1985 年第 10 期。

图 2-2-8　赵宝沟文化鹿首纹陶尊纹饰展开图，采自《红山文化研究》，图八十八

宝沟遗址命名的，发现于1982年，据碳十四测定，距今约7000年左右。

赵宝沟遗址的陶器以夹砂褐陶为主。泥质陶很少。器类有罐、钵、盆等。值得我们注意的是，器形以筒状突出，有筒腹罐、筒状钵、筒状盆、筒状盂等。尊形器和器盖比较有特色，在同一时期陶器中是少见的。

纹饰主要为压印的几何纹、“之”字形纹，还有少量的动物纹，动物纹中有猪首纹、鹿首纹（图2-2-8）。这种情形让我们想到了河姆渡的陶器，但是，赵宝沟陶器上的动物纹与河姆渡陶器上的动物纹不同。河姆渡陶器上的动物纹是写实的，是图画；赵宝沟陶器上动物纹织成网格状，是图案。这种动物图案反映出赵宝沟人已经具有很高的工艺水平。

（三）新乐文化：1973年考古人员在沈阳市北郊新乐发现一处史前文化遗址，经过近十年的多次发掘，1982年认定这是一处新石器时代的遗存，据碳十四测定，新乐文化绝对年代为距今6800年至7200年。新乐文化遗址的陶器以夹砂陶为主，多为红褐色，也为手制而成。器类以筒形罐为多，其他还有少量的斜口器、圈足钵、钵式碗、杯等。筒形罐可分为大、中、小三型，大者如瓮，高约50厘米左右，小者10厘米以下，类杯，中者居多，一般为二三十厘米。

新乐文化遗址的陶器施纹方法主要为压印，压划和锥刺最少。纹饰主要有“之”字形纹、“人”字纹、弦纹、席纹、篦纹等。花纹比较精细，排列比较整齐。布纹方式是：口沿多为一周或数周压印或压划的短斜线纹、席纹、横人字纹，有的则是一周或两周锥刺列点纹。下方为主体纹饰，多以横排“之”字纹组成，也有以弦纹或篦点纹组成的。少数钵、碗器表施以红色陶衣，口沿还绘饰黑色宽带。

不难看出，虽然兴隆洼、赵宝沟、新乐三处遗址的陶器各有其特点，但相近之处是很多的。筒腹罐这样的器型、“之”字形这样的纹饰几乎是三处遗址共有的，而且布纹方式，新乐与赵宝沟也相似。

四、早期陶器的共同特点

综合来看，距今 7000 年左右属于新石器时代早期之后期的陶器是有一些共同点的。这些共同点是：

第一，制陶水平普遍不高，工艺处于原始阶段。以夹砂陶为主，泥质陶少。几乎全为手制，多为泥条盘筑法、贴塑法、手捏法。火候普遍偏低，不超过摄氏 1000 度。因为如此，器物比较松脆，易碎，器形多有偏斜、歪扭现象。

第二，陶器类型均为生活用具，以釜、罐、钵、碗、盆等为主。这些器具没有宗教的神秘色彩，不是祭器，也不是礼器。

第三，素面陶占据很大比例，反映先民重实用、轻审美的倾向。这种情况在长江流域和黄河流域比较突出。

第四，陶器的纹饰比较简单，施纹方式多为拍印、压印、刻画。纹饰也以线条居多，多为直线、斜线、曲线、回形线、“之”字形线、“人”字形线等。纹饰按相近的事物，称之为绳纹、弦纹、席纹、锥刺纹等。

第五，个别陶器上绘有动物、植物图像，但不带神秘色彩，河姆渡陶器上的猪、鱼、五叶植物、稻穗，均为图画，亲切可爱。新乐陶器上的猪首、鹿首纹织进图案，同样出于审美的目的，一点也不恐惧，而给人以纯净的美感。

总起来看，早期的陶器虽然原始、落后，却有一种类似儿童的稚拙之美。它朴素无华，不施彩色，却本真亲和；它不够规整，有些歪扭，如儿童的走路，却难能可贵地充溢着蓬勃的生命气息。

第三节 诡异奇绝：中期陶器

新石器时代中期为距今7000年至距今5000年左右。这个时期，生活在中华大地的先民其经济生产方式较之此前有了很大的发展，其重要表现是：农业生产的主体地位已经奠定，渔猎只是辅助的生产方式，除了少数因地理限制只能主要以渔猎为生者外，一般人均不再以渔猎作为主要的经济来源了。

这个时期的陶器质地较早期有显著提高，其形制、纹饰争奇斗艳，非常美观，成为新石器时期陶器的代表。究其原因，主要有三：

第一，人类饮食方式的改善。

农业的发展，使人们的饮食结构从根本上发生变化，谷物成为主要的食物，同时，酒这一重要食物也能制作。饮食文化得到很大的发展，人们不仅要求吃得饱，还要求吃得好，开始了对食物的形、色、香、味的追求，而谷物比之肉食更能让人施展制作美食的才华。这里特别重要的是酒的制作，酒来之于谷物，谷物本为固体，然经过蒸煮、发酵，其形态变为液体，全然没有了谷物的味道，却有谷物没有的香甜。酒能让人进入一种飘飘然的境界——快乐的境界、梦境般的境界，从而特别受人青睐。酒的出现，是人类生活中的重大事件，酒文化联系着宗教文化、礼制文化、艺术文化，几乎与人类生活中一切重大事件相关联，由此推动着酒器的制作越来越趋向精美。发展到青铜时代，酒器成为青铜礼器中最美的器具。

第二，原始礼制的产生与发展。

新石器时代早期的中期，原始礼制已经产生，这种原始礼制主要体现在两个方面：首先是神灵崇拜。初民们从动物阶段分化出来成为人之后，就开始有了最初的各种崇拜，其中最重要的是三种崇拜：自然崇拜、祖先崇拜和至高神即天帝崇拜。崇拜是需要以一定的仪式来体现的，祭祀是各种崇拜中最主要的仪式。祭祀需要祭品，祭品主要是食物，不外乎肉食、饭食、酒食三类，它们都是需要用器皿来盛装的。盛装祭品的食具最初也许就是日常用的食具，逐渐地，人们觉得为了体现出对神的尊敬，这盛放祭品的食器应该有所不同，它的规格、它的形制、它的纹饰、它的色彩均应与日常食具区分开来。这样，作为祭器的食器就成了最美的食器。

原始礼制的第二个方面是部落中特权的出现。随着人类生产力的发展，剩余财富的增加，部落中的等级观念也由管理层面影响到生活的享受层面。也就是说，在部落中居于高位的人不仅是部落的管理者，也是部落中的特权者，他们可以占据更多更好的食物，与之相应，盛装食物的食器也应是最好的食器、最美的食器。

第三，科学技术水平的提高。

食物制作的讲究，是需要科技来支撑的，发展到新石器时代中期的人类，经过漫长的对大自然奥秘的探索，逐步获得一些自然科学的知识，他们不仅将这些知识用之于生产劳动，也用之于生活。与食物制作相关的物理学知识、化学知识得到优先发展。酒的制作，涉及化学知识。也许酒的发现是偶然的，先民在自然界获得一种天然的果酒，它是果实自然发酵而成的。这种由果实发酵而成的液体很好吃，先民们遂自觉地从中探索其奥秘，也掌握到了相关的化学知识，最后懂得了如何用谷物酿酒。

在新石器时代中期有一种名之为甑的陶器比较普遍，甑是用来蒸食物的，传说为黄帝发明。它的基本原理是将水放在器皿里，用火烧煮，让它变成蒸气，用这种气将谷物蒸熟，这就是古书中所说的“蒸谷为饭，烹谷为粥”。水变成气，这是物理现象，先民们懂得这一知识，然后将这一知识运用于生活，改善了饮食方式，提高了饮食质量。

基于陶器功能的需要，它应是比较坚实的，不那么易于破碎；它应是比较精细的，不那么粗糙；它应是比较地规整，不那么易于变形。凡此种种，均需要一定的科技水平来保证。这里，轮修技术、窑烧技术是最为重要的。轮修技术可以保证陶坯比较规整，不致歪扭；窑烧技术可以更好地控制温度，这两种技术在新石器时代中期都解决了。因此，新石器时代中期的陶器其陶质、其工艺、其造形均较前一个时期有长足的进步。

虽然，新石器时代早期的中期，距今8000年左右就有了陶器，但是，那个时期的陶器质量是不够高的，陶器文化也还处在较为低级的阶段，它像孩子学习走路，步履蹒跚，虽然可爱，毕竟稚拙。新石器时代中期的陶器和陶器文化就不一样。它相当于人的青年阶段，充满着朝气，也充满着幻想。当然，因为毕竟是青年，过分的躁进中还存有童稚的天真，奇异的幻想中也不免含有某种难以理解的怪诞。但是，它毕竟成人了，有了自己的个性，这个性就整个民族来说，属于中华民族，是中华民族的文化个性。所以，要挑体现中华民族远古文化个性的陶器，不宜从河姆渡文化中去找，而宜从仰韶文化中去找，像仰韶文化典型形态中的半坡文化，其陶器就有资格作为中华民族远古文化精神的代表。

新石器时代中期的陶器遍及中国大地，这里，我们试择散布在黄河流域、长江流域两大流域中最具代表性的几大文化遗址中的陶器来作分析。

一、仰韶文化陶器

仰韶文化以1921年发现于河南渑池仰韶村遗址而得名。广义的仰韶文化范围很广，东至河南，西至陇东，南至鄂西北，北至内蒙古河套地区，至今发现的仰韶文化遗址近3000处，有人将仰韶文化分为五个区：陕西及邻近地区、豫中部地区、豫北部及冀中南部地区、内蒙河套地区、豫西南鄂西北地区。但是，典型的仰韶文化应是以渭河流域为中心的陕西及邻近地区，目前经发掘的遗址达30多处，根据地层及文化内涵之不同，大体上分为早期半坡类型、中期庙底沟类型和晚期西王村类型等三个类型。

（一）半坡类型：半坡类型文化以 1954 年在西安附近半坡村发现的史前文化遗址而得名，属于这种类型的史前文化还有北首岭文化、姜寨一期文化。半坡类型文化的年代，据碳十四测定有十多个数据，其中半坡遗址的数据有五个，距今 6065±110 年（ZK—38）至 5490±160 年（ZK—148）。

半坡类型陶器以泥质红陶为主，次为夹砂红陶，极少见灰陶。泥质陶一般用来制作食器，而夹砂陶则一般用来制作炊器，也用来制作储藏器。这种分别，见出了半坡类型陶器的进步。新石器时代早期虽然也有泥质陶，但不占主体地位，多为夹砂陶。夹砂陶做的器具远不及泥质陶那样光洁、美观。但夹砂陶有它的优点，它便于成形，透气效果好，散热均匀，用作炊器比泥质陶更合适。半坡制陶注意两种陶质的区别，让泥质陶与夹砂陶各尽其用，不能说不是一种进步。

半坡制陶主要还是手工，仍然是泥条盘筑、贴塑、捏制等，但有了慢轮修整，经手工制成的陶坯经慢轮修整，就比较地规整了。

在陶器发明之初，陶器的烧制是在地面上进行的，后来出现了窑，陶器的烧制就在窑里完成。最初的陶窑是横式的，到仰韶文化时期，有了明显的进步。考古发现，半坡的原始村落东头有一个制陶区，有六座陶窑，其中横穴陶窑五座、竖穴陶窑一座。横穴陶窑，裴李岗文化遗址也发现过，但没有发现竖穴陶窑。竖穴陶窑比横穴陶窑先进。它的火膛在窑室的垂直下方，呈圆袋形状，体积较大，这种结构可提高空气吸入量，使燃料充分燃烧，从而提高窑室的温度，有效提高温焰流分布，保证陶器的制作质量。这种竖穴陶窑开始于新石器时代早期后段，盛行于仰韶文化时期。

半坡类型的陶器，器类比较丰富，食器有钵、盆、碗、豆、杯、盘等，炊器主要有罐、甑；水器主要有带流器、细颈壶、葫芦瓶、尖底瓶等；储藏器主要有瓮、缸等。器物种类如此之多，说明半坡人已经很注重生活的质量了。

半坡人的陶器中，尖底瓶（图 2-3-1）是最具特色的，它小口、短颈、鼓腹、尖底，形状如梭；两侧有耳，左右对称。瓶的腹部一般装饰有倾斜的细细绳纹。这种水瓶是用来取水的，当它落入水面，受水的浮力之故，瓶身自然地倾斜，水就灌入瓶中，当水将瓶罐满时，瓶就自动立起。显然，这种瓶的取水运用了物理学上的重心原理，说明半坡人已经掌握了这种知识。还值得我们高度称赞的是这种水瓶的造形，它呈棒锤形，上下基本对称，但又有变化，耳贴腹部，靠下，显得稳当。器具正面立放，则亭亭玉立，美妙优雅，让人联想到古代的美女。

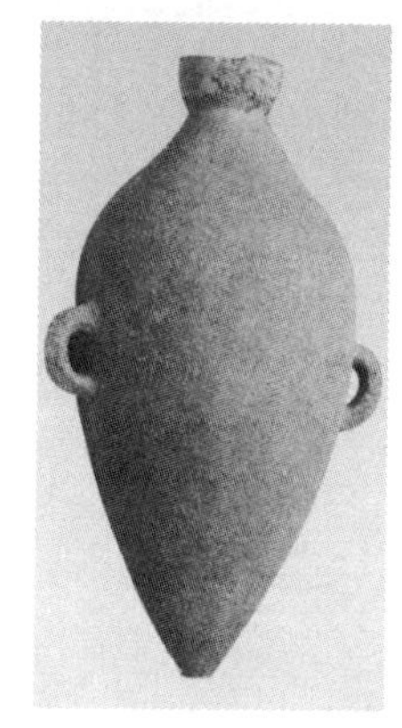

图 2-3-1 仰韶文化半坡类型小口鼓腹尖底瓶，采自《马家窑彩陶鉴识》，P17 图

尖底陶器，在半坡除了瓶以外，还有罐。有一种尖底罐，造形也相当美观。半坡的陶器艺术家喜欢独出心裁，尖底瓶的造形，已经超出了常规，显得有些怪；然而半坡陶器艺术家还不满足于此，他们喜欢将陶器做折腹处理。从来陶器都是鼓腹，然而半坡陶器中，有一些为折腹，有小口折腹壶，也有折腹罐。半坡人还喜欢在器皿的口部做文章，有一种葫芦口部的壶，造形相当别致。此壶整个地像葫芦，不仅如此，它的口部也像葫芦。

半坡类型陶器文化最为人称道的是它的纹饰。半坡类型文化陶器的纹饰大体上可以分为两大类：一类是几何纹，其中有些是用绳、篮、席拍印而成的，为绳纹、篮纹、席纹；有些刻画上去的，有指甲纹、剔刺纹、戳印点状纹。另一类是动物纹和人面纹，其中最为精彩的

图 2-3-2 半坡遗址出土的人面鱼纹盆

是人面鱼纹（图 2-3-2）。

这具人面鱼纹的含义说法很多，至今也没有定论。鱼，是人们的重要食物，而且是美味，半坡人爱鱼以至于敬鱼，崇拜鱼神，这是可以理解的，半坡陶器多鱼纹，有些比较具象，有些则比较抽象，但认定为鱼，没有问题。人面鱼纹值得我们重视的是人面。这人在不同的图案中有不同装扮，但有几点是基本相同的：其一，人面的眼睛均眯成一条线，似在睡梦中。其二，人面的鼻子均简化成倒丁字形。其三，人面的口部都含着一条鱼。其四，人头上均有山形的高帽，帽子大同小异，有的帽有帽翅，有的没有。这人是什么人？也许，他是部落的巫师。眯缝着眼，不是睡着了，而是在作法，进入了一种催眠的状态。口里含着一条鱼，这可能是一种巫术——模仿巫术。它意味着，人有鱼吃，鱼的供应很充分。这当然只是象征性的，虚拟的，但是，当巫师将这一种动作做出来，在幻觉中与神灵沟通的时候，就意味着这一虚拟的动作会变成现实。象征即可证实。

（二）庙底沟类型：庙底沟类型文化以 1956 年在河南陕县庙底沟发现的先民生活遗址而得名，据碳十四测定，有多个数据，其中庙底沟遗址距今为 5230 年 ±100 年（ZK-110）。参照半坡类型和西王村类型，庙底沟类型文化的绝对年代当在距今 6000 年至 5400 年之间。

庙底沟的陶器与半坡陶器总体风格与性质是相似的，陶质亦以泥质红陶和夹砂红陶为主，但也有灰陶。值得注意的是，庙底沟出现了黑陶。黑陶是大汶口文化、龙山文化主要的陶器品种，其工艺不同于红陶，它在庙底沟的出现，值得注意，它让人联系仰韶文化与大汶口文化龙山文化的关系。庙底沟制陶手法比之半坡也有所进步，慢轮修整相当普遍了，因此，陶坯更规整，胚胎更薄，陶质变硬，陶色也更纯正。值得注意的还有彩陶大幅度增加，占全部陶器的 14% 左右。

图案与花纹也发生很大变化：第一，几何纹饰复杂化，条带纹、圆点纹、弧边三角纹、钩叶纹等几何纹组合成各种各样的花瓣纹、涡纹以及种种难以名状的图案，充满着一片既生机勃勃又诡异奇幻的色彩。第二，动物纹饰中，首次出现了凤鸟纹，凤鸟造形简洁，头部突出长喙，腹背的两翼与腹下的两脚构成对比，尾翎有分叉，但不是燕尾。众所周知，凤是中华民族的主要图腾，这种图案最早出现在长江流域，河姆渡文化中有凤鸟图案，北方出现得较晚，凤鸟图案在庙底沟类型文化中的出现，说明南北文化有所交流，南北部族也有所融合。它的意义是极为重大的。

主要的器类，庙底沟类型与半坡类型是相同的，令人感到疑惑的是，半坡类型的一些典型器类如小口细颈壶、葫芦形瓶、尖底罐不见或罕见，但尖底瓶还有，另外，又出现了一些新陶器品种，如小口折肩扁腹釜、高领彩陶罐等。

西王村类型：西王村类型文化得名于 1960 年发掘的山西省芮城县西王村遗址，也有学者以半坡遗址晚期命名，称半坡晚期类型。经发掘的主要遗址除西王村外，还有临潼的姜寨（第四期）、蓝田的泄湖、商县的紫荆（第三期）、铜川的李家沟（第三期）、岐山的王家咀（晚期）、扶风的案板村（第二期）、宝鸡的福临堡（第二、三期）等。西王村类型文化距今的绝对年代当在距今5400年至4900年。

西王村类型的陶器仍以泥质陶和夹砂陶为主。比之庙底沟类型文化，红陶颜色变浅，有不少为橙黄色。陶器的类型与庙底沟类型基本相同，小口尖底瓶与平底瓶的口沿有所变化，双唇口少见并逐渐消失，喇叭口和平唇口流行。承半坡的风气，盆的样式比较多，有钵形盆、斜壁盆、曲腹盆、带流盆。盆以宽沿多见，有些还饰有一对鸡冠耳。重视水器造形是仰韶文化陶器的一个重要特点，半坡类型、庙底沟类型、西王村类型均如此。纹饰基本风格同于庙底沟，多圆圈纹、钩叶纹、漩涡纹、新月纹等，都比较大气，潇洒，充溢着一种诡异的气息。

仰韶文化以渭河流域的文化遗址为典型，其他地域称之为仰韶文化遗址的还有很多，就陶器文化来说，风格基本上类似渭河流域典型的仰韶文化，基本上以泥质陶和夹砂陶为主，彩陶占的地位比较突出。纹饰图案除了渭河流域典型仰韶文化陶器常见的以外，还出现了太阳纹、星纹等，明显地体现出自然崇拜的意味，如河南大河村文化的陶器。

二、大汶口文化陶器

大汶口文化得名于1959年发掘的山东泰安大汶口遗址，被归属于这种文化的遗址非常多，它的范围也相当广，南及苏北，西及河南，北及内蒙，东及大海。关于这种文化的认识与命名，学术界有过一个过程。“最初，人们仍循着旧的思路欲将其置于仰韶、龙山这两个‘篮子’里，但它们的差别太大了。随葬品中有不少红陶、鲜艳的彩陶和背壶、‘地瓜鬶’等完全不见于龙山文化的器物，极易与以黑灰陶为主，而无彩陶的龙山文化相区别。同时，也以其特有的三足器、圈足器和独特的彩陶纹样与仰韶文化相区别。”[1]一度也有一些学者将它归属于“青莲岗文化”，直到1963年，夏鼐正式提出“大汶口文化”这一名称，有关大汶口文化性质的争论才逐渐终结。

❶ 高广仁、栾丰实：《大汶口文化》，文物出版社2004年版，第11页。

大汶口文化也同样是有诸多类型的，其中最重要的刘林期、花厅期、西夏侯期。大汶口文化的绝对年代，据碳十四测定，距今为6100年至4400年。其中刘林期为距今6100年至5500年，花厅期为距今5500年至5100年，西夏侯期为距今5100年至4400年，分别代表大汶口文化的早、中、晚期。

（一）刘林期：刘林期文化得名于江苏邳县刘林遗址，此遗址1960年、1964年进行过两次发掘。属于同一期的遗址还有山东衮州的王因遗址、邹县的野店遗址、滕县岗上村遗址等。

刘林期的陶器以夹泥红陶和夹砂红陶为主，灰陶和黑陶很少。它有少量的彩陶。彩陶颜色早期为单色彩或黑或红，中晚期出现白衣彩陶，色彩就比较丰富了。

刘林期陶器比较具代表性的是鼎，有多种形态的鼎：有釜形鼎、罐形鼎、盆形鼎、钵形鼎等。陶鼎虽然早在新石器时代早期的文化遗址发现过，但一般都不是重要的器皿，仰韶文化遗址也有陶鼎，同样不占主要地位。虽然在新石器时代，陶鼎主要是炊器，不是礼器，但须知，鼎在青铜时代有着至高无上的地位，在礼器中它位列第一。正是因这个事实，我们对于刘林期的陶鼎给予充分的重视。刘林期的陶器三足形比较突出，三足形器是大汶口文化自早期到晚期一直盛行的器皿。在三足形中，除陶三足釜、三足罐、三足盆、三足盂、三

图 2-3-3　大汶口文化八星纹彩陶盆

足钵以外，还有三足杯、三足鬶。其中三袋足形鬶是大汶口的标志器。

刘林期陶器的纹饰主要为几何形，相对比较地规整，其中八角星纹过去似未曾见过（图 2-3-3）。它也有拟生纹，如钩叶花纹、花瓣纹，与仰韶文化的陶器颇相似，但没有动物纹和人面纹。

（二）花厅期：花厅期得名于 1952 年发掘的江苏省沂县花厅遗址。经发掘，同类遗址还有大墩子遗址（晚期墓葬）、野店遗址（第四期墓葬）、岗上村遗址（中期墓葬）、大汶口遗址（早期墓葬）等。

花厅期的陶器一个突出特点是：灰陶、黑陶大为增加，红陶虽然仍占主要地位，但相对于刘林期就少了。这种变化是具有规律性的，说明大汶口文化逐渐地脱离仰韶文化的影响而取得独立的地位。花厅期的陶器在器类上，仍以鼎为主，这一点正是它与刘林期相同之处，进一步确立鼎在大汶口文化中的主要地位，为鼎从生活器皿向礼制器皿的过渡提供基础。这个时期的器物，鬶仍然显得很突出，有一种实足鬶，三足，整个造形像鸟。花厅期比较具特色的器物还有背壶、贯耳壶、双鼻壶、平底盉等。花厅期陶器的纹饰最具特色的是镂孔，特别是在陶豆上饰一种编织状的镂孔。

（三）西夏侯期：西夏侯期得名于 1962 年在山东曲阜西夏侯期遗址的发掘，属于同一期的遗址还有大范庄遗址、日照东海峪遗址、陵阳河遗址等。

西夏侯期的陶器在陶系方面发生了重大变化，灰陶大量增加，已占主要地位，黑陶也有所增加，与之相反，红陶则很少了，另外，还出现了一些白陶与黄陶。

西夏侯期的陶器在器类上，鼎仍然是主要的炊器，不过杯的重要性凸现了，不仅有粗实柄杯，还有薄胎高柄杯、厚胎高柄杯、单耳杯。鬶的形制有所变化，流向上斜升，超出口沿，成为斜流实足鬶，还出现了羊乳形袋足鬶，这种别具一格的器皿在大汶口文化中独领风骚，它几乎在所有的大汶口文化遗址中都有发现，但以西夏侯遗址的鬶最为典型。

大汶口文化的陶器发展到它的后期，不论其形制，还是纹饰都越发恣肆汪洋了。器类中，像鬶、杯、壶、盉这类器物的制作，更是艺术家们驰骋理想的场所，不仅制作出许多基本上为几何形的优美器具，还制作出许多仿生艺术型的器具，如猪鬶、狗鬶、龟鬶等，这里有些明显地象形，有些则明显地变形。

比较一下仰韶文化陶器与大汶口文化陶器是很有意思的，它们产生的年代差不多，但各自的面貌、特色鲜明。从陶系来说，仰韶文化主要是红陶，而大汶口文化，则不仅有红陶，也有灰陶、黑陶，到后期，灰陶占据主要地位。仰韶文化陶器基本是彩陶文化，而大汶口文化陶器，虽有彩陶，但不是彩陶的天下，准确说来，是灰陶的天下。就器类来说，仰韶文化代表性器皿是罐、盆、釜等，大汶口文化则是鼎、鬶、杯等。就纹饰来说，仰韶文化的纹饰比较地似图画，大气、潇洒，不那么讲究章法，而大汶口陶器上的纹饰更多的是图案，规整、拘谨，体现出严格的几何法则。但它们也有共同点，那就是它们的造形、纹饰都不同程度地体现出一种诡异神秘的气氛，体现出它们对神灵、对于自然的崇拜与敬畏。新石器时代早期陶器那种稚拙天真再也看不到了。

三、其他文化陶器

新石器时代中期除了仰韶文化和大汶口文化外，还有一些其他文化，其中主要为南方长江流域的大溪文化、马家浜文化和崧泽文化和北方辽河流域的红山文化。这些文化也产生了精美的陶器。

（一）大溪文化：大溪文化得名于1959年发掘的巫山县大溪遗址。属于这一文化的基本上是长江中游地域，主要分布在四川东部、湖南北部和湖北西部，分为关庙山类型、三元宫类型、油子岭类型，绝对年代为距今6500年至5000年左右。

大溪文化的陶器就总体情况来看，以泥质红陶为主，但也有夹炭陶、夹砂陶，早期红陶为多，后期逐渐地灰陶、黑陶居多。有一部分陶器器表为红色，而内壁为黑色，专家们称之为“外红内黑”。大溪文化也有一定数量的彩陶，以鄂西和川东地区为多，鄂中、鄂东则较少，湘北则更少。彩陶多着黑彩，也有着赭色的。有些陶器在白色陶衣上着上红、黑、赭色彩，十分华丽，如图2-3-4陶罐。纹饰多见绞索纹和横“人”字形纹，也有平行线纹、圆点纹、勾叶纹、花瓣纹。大溪文化陶器器类有特色的为圈足器，有圈足碗、圈足盘、圈足豆等。另外，它的单耳杯、曲腹杯、束腰筒形瓶、小口平底瓶也很有特色。大溪文化明显见出仰韶文化对它的影响，而它的后期又分明有着大汶口文化的因素。

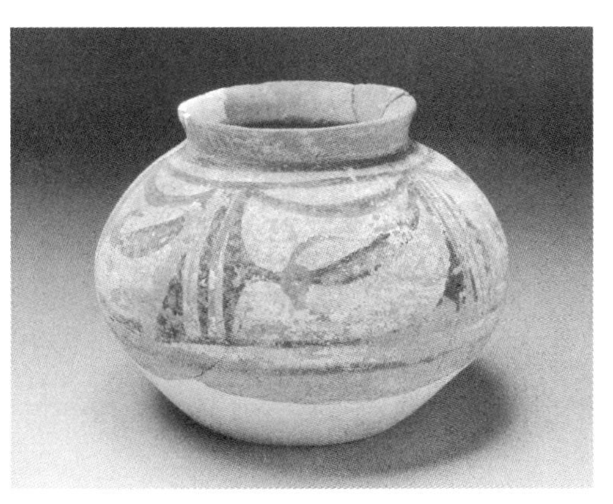

图2-3-4　大溪口文化陶罐

（二）马家浜文化：马家浜文化得名于1959年发掘的浙江

嘉兴马家浜遗址。马家浜文化据碳十四测定，距今绝对年代为 6000 年左右，相当于仰韶文化庙底沟时期。马家浜文化的陶器以夹砂红陶为主，次为泥质红陶、灰陶和黑陶。它的部分陶器，也是器表为红色而内壁为黑色，与大溪文化陶器相似。器表纹饰倒是不多，主要为弦纹、镂孔和附加堆纹。器类主要为釜、鼎、罐、豆、钵，次为碗、盆、盘、壶等。早期釜的数量最多，而中后期鼎的数量有所增加，中期多釜形鼎，晚期多罐形鼎。鼎在新石器时代中期逐渐受到青睐似乎是一种普遍的现象。器的造形，比较突出的是附件受到重视，鋬、耳、把手都做得比较地精美，且种类丰富。耳就有牛鼻形耳、半环形耳、鸡冠形耳、扁耳等。

（三）崧泽文化：崧泽文化得名于 1960 年、1974 年两次发掘的上海青浦县崧泽遗址。崧泽文化的绝对年代为距今 5500 年至 5000 年，崧泽文化曾被看作马家浜文化的一个类型，后来专家们发现，崧泽文化与马家浜文化差别较大，于是将它划为一个新的文化类型。崧泽文化的陶器与马家浜文化的陶器有明显的区别，它不再是夹砂红陶为主，而是泥质陶为主，更重要的是黑陶在增加，红陶与褐陶减少。纹饰比马家浜丰富且更精细，出现了一些新的纹饰如瓦棱纹、弧边三角镂孔等纹饰。器类近马家浜文化，主要有鼎、豆、罐、壶、杯、盆、钵等。鼎依然占主要地位，豆、壶、杯这样的小型器具均比较地美观。在形制上，有些罐、壶、杯为花瓣纹圈足，成为崧泽文化陶器的特色之一。

（四）红山文化：红山文化得名于 1935 年在内蒙赤峰红山发掘的史前文化遗址。属于红山文化的遗址也很多，各遗址碳十四测定的结果不一样，其中牛河梁遗址，据碳十四测定，最早为距今 5580 ± 110 年，较晚为距今

图 2-3-5　红山文化彩陶罐

5000±130年。红山文化出土物以玉器而著名，它的陶器相对就不引人注意了。然而，红山文化仍然有着比较精美的陶器。红山文化陶器以泥质陶为主，次为夹砂褐陶，灰陶极少。彩陶只见于泥质陶，有黑、红两色。红山陶器的纹饰比较大气，多宽带纹、平行线纹、三角钩连涡纹、“之”字纹、鳞形纹、“蝌蚪”形斜线纹等（图2-3-5）。器类有钵、罐、壶、瓮、盆等，有一种红顶钵，红口灰腹，钵沿饰黑彩宽带纹，很有特色。

四、新石器时代中期陶器的总体特色

新石器时代中期的陶器是以仰韶文化陶器为主体的，并且以彩陶为代表。其次才是大汶口文化。大汶口文化比之仰韶文化，一个突出的特点就是黑陶、灰陶比较地多了，白陶、黄陶也出现了，红陶天下被打破了。

彩陶以黑、红两色为主，两色相间，气氛庄严、诡异。纹饰可谓百花齐放，各种风格均有，除了几何纹外，动物纹饰、人面纹饰也出现了。纹饰的构图，也显得大气、活泼，不拘一格，器物的任何一个地方均可饰以纹饰。

新石器时代中期，先民们精神世界远较前一个时期丰富，他们对这个世界的认识远比前一个时期要丰富得多，深刻得多。也正因为如此，人的探求愿望被进一步激起，而世界的无限性却一次又一次将人们阻挡在奥妙的大门前。世界无限性与人的认知的有限性的严重对立，不仅为科学的发展，而且也为宗教的创造提供了动力。

宗教的世界是神灵的世界。人们既然还不能做到将世界的真实性归结于科学的规律，那就将它归结于无所不能的神灵。新石器时代中期是原始宗教大发展期，有了一定的自我意识却缺乏足够的理性的原始人，尽情地将他所面对的这个世界想象为一个为神灵所控制的世界。自然，原始人类对神灵世界的想象只能是从人类社会本身出发。神灵的世界一方面类似于人类社会，另一方面却必然地高于人类社会。既然这个世界是类似人的，它就有通人的可能性；既然这个世界是高于人的，人就有通神的必要性。

通神需要途径，基本的途径为巫术。巫术有许多种，祭祀是其中之一，祭祀需要祭品，而祭品是需要容器盛装的。那些盛放祭品的陶器就这样成为了通神的工具。作为盛放祭品的容器，它与日常使用的陶器应该有一些不同。这种不同不仅在形制上，也在纹饰上。具体是哪些纹饰能够承担通神的功能，现在只能猜想。大体上，动物的纹饰是能通神的，因为在原始人看来，动物的世界也是神灵的世界，它或是神的助手，或就是神的替身。与新石器早期的陶器纹饰多为几何纹不同，新石器中期的陶器出现了大量的动物的纹饰。这些动物纹饰基本上是写意的，它不是供人们食用的动物，而是物化为动物的神灵，是人们顶礼膜拜的对象。欣赏以仰韶文化陶器为代表的新石器时代中期的陶器纹饰，只感到一种诡异奇绝的蓬勃生气迎面扑来。这些纹饰似乎透露出这样的信息：新石器时代中期的人类已经长成了青年，好幻想也能幻想，通过器的造形、纹饰，似是在尽情地表达他们宽广的精神境界。

新石器时代中期的陶器纹饰中虽然不见龙纹，但在这个时期，龙崇拜已经出现了，属仰韶文化后岗类型文化的西水坡遗址有“蚌壳摆塑动物图”，这动物，一为龙，长 1.78 米，高 0.67 米，昂首曲颈，弓身长尾，作

图 2-3-6　大汶口文化罐形彩陶鼎

腾跃状；另一动物为虎，长 1.39 米，高 0.63 米，张口露齿，四肢交替，作行走状。两动物之中，为一男性骨架。可以认定，这一男性是部落中的首领，龙、虎均是他达向理想境界的工具，或者说是他精神世界的寄托。虎现实中有，龙却是想象的动物，二者均神化了。红山文化中发现了猪龙形的玉玦，充分说明在新石器时代中期，中华民族的先民已经有了龙崇拜。尽管龙的图案在陶器中没有得到体现，凤的图案也少（它们在玉器中得到充分体现），但龙凤崇拜的精神不能不影响到陶器的造形。

器类上品种甚多，值得注意的有两点：一是鼎的地位突出了，豫北冀中的仰韶文化已经见出端倪，属于这一文化的后岗类型，其墓葬中的陶器多见出鼎与钵、鼎与鼎的配套。这一发现十分重要，它可以视为礼制的萌芽。仰韶文化、大汶口文化，它们的晚期均有鼎增多的现象，大汶口文化，鼎的地位进一步突出，有各种各样式鼎，有罐形鼎（图 2-3-6）、盆形鼎、钵形鼎、单把壶形鼎等，这不是偶然的。鼎的地位突出，直接导引出中国青铜时代以鼎为中心的礼制文化。

仰韶文化的半坡类型发现在陶器上刻有类似文字的符号，大汶口文化的陵阳河、大朱家村、杭头村、诸城前寨、大汶口等遗址也均发现有类似文字的符号，其中一个图案上为圆圈，下为锯齿状的高山。这些符号是不是文字的雏形，我们且不认定。但可以肯定的是，它是先民某种意念的表达，反映出他们的精神世界。

尽管先民们的生存条件仍然是极其艰辛的，但这并不妨碍他们对理想的追求，只要我们深入体察，那些陶器透显出来的情感意味仍然是比较明显的，而且它与我们的精神世界仍然相通。不是吗？“之”字形纹所体现出来的曲折前进，平行线表达的径情直达，漩涡纹表达出来的大起大落，凤鸟纹表达的那种美好向往，鱼纹表达的那种美好回味……都在我们会心的微笑之中。

精神世界的丰富以及这种精神世界寻求着物态化的表现，成为这一时期文化的突出特色，而与新石器时代早期的陶器明显区分开来。

第四节 素雅华丽：晚期陶器

中国新石器时代晚期为距今5000年至4000年。这个时期，经济有重要发展，农业的主体地位已经确立，母系氏族社会已经过渡到父系氏族社会。据考古发现，已经出现初期城市，社会等级制度亦建立，陶器制作普遍使用快轮技术。先民们正在加大步伐从野蛮走向文明，而文明的曙色亦露出鲜红的霞光，凡此种种，均在陶器上体现出来。

一方面，彩陶文化在新的时期仍在延续，在马家窑文化中达到了高峰。这种辉煌是空前的也是绝后的，尽管就制陶技术来说，后代无疑超过前代，但是，马家窑的文化精神却是无可复制的，后代也谈不上超过。可以说，马家窑以"唯一"的身份代表着史前彩陶文化的最高成就。彩陶在马家窑文化中达到高峰后，虽然在其他文化中也有所展露，但高峰过去了，辉煌不再。

另一方面，一种新的陶器文化——黑陶文化逐渐崛起，这种黑陶文化在龙山文化中发展成为主体，代表着一种新的文化形态。这种文化不仅直接开启夏代文明，而且深层次影响着商代文明。

一、龙山文化陶器

龙山文化 1930 年首先发现于山东省历城县龙山镇城子崖遗址。其后，又在山东、河南、陕西、山西发现了许多与城子崖文化存在某种类似的文化遗址，龙山文化作为史前一种文化形态得以确立。不过，后来专家们发现，山东地区的龙山文化与河南、陕西、山西等地的龙山文化有着不同的文化渊源，它的前身实是大汶口文化，而河南、陕西、山西等地的龙山文化却是在仰韶文化的基础上发展起来的。于是，专家们将山东的龙山文化称之为"典型的龙山文化"，而其他地方的龙山文化则冠以省名，如"河南龙山文化""陕西龙山文化""山西龙山文化"等。这些龙山文化被称之为"泛龙山文化"。

就陶器来说，还是典型的龙山文化最具代表性。典型的龙山文化可以分成很多期，每期碳十四测定的数据都不一样。综合这些数据可知，典型的龙山文化绝对年代为距今约 4400 年至 3800 年。

典型的龙山文化陶器有它突出的文化特征：

（一）龙山文化的陶器以黑陶为主。其陶质主要为泥质陶，包括泥质和细泥陶两种。由于泥质细腻，加上合适的炉温，烧出的陶器光亮黝黑。龙山文化中也有灰黑陶，还有少许红、黄、白陶。

（二）龙山文化陶器质地坚硬、胎壁厚薄均匀，器形规整，特别有一种蛋壳式黑陶，黑亮光洁，敲之铿锵有声。这种蛋壳式黑陶充分体现出龙山文化高超的制陶水平。

（三）龙山文化陶器器表大多素光，器物纹饰大部分简洁，常见的纹饰为弦纹、篮纹、波纹、绳纹、方格纹、竹节纹，附加堆纹和镂孔。总体风格为简约明净。

（四）龙山文化陶器种类繁多，以高柄蛋壳杯和鬶为其代表性品种。

（五）龙山文化陶器造形以鸟喙形足、V 形足、边有齿状的侧扁三角形足为特色。

（六）龙山文化陶器的总体审美品格为素雅。

典型的龙山文化也可以分成早、中、晚三期。各期陶器也有所不同：

早期，明显地见出大汶口文化的风格，以灰陶为主，黑陶较大汶口晚期文化略有增加。主要器物为鼎、鬶、杯、壶等明显见出与大汶口风格的继承与变化。如凿形足罐形鼎，早期前段与大汶口文化晚期的同类鼎区别甚小，早期的后段，凿形足罐形鼎的折沿变宽，唇部侈折，形成一种波折沿。早期的鬶与大汶口文化晚期的鬶也差不多，但颈部略变粗。早期的高柄杯也与大汶口文化晚期的高柄杯相同，但是，新出现一种宽折沿的高柄杯。

中期，蛋壳陶高柄杯形制有变化，折沿更加宽大，管状柄变成粗筒形，或鼓腹，杯体插入空柄中。中期的后段，杯的形制又有变化，杯沿做成弧壁状或平底浅盘状，台座式柄底消失。出现了一些新器皿，如三足杯、甗、带流盘等。

图 2-4-1　龙山文化平裆鬶

晚期，代表性器具鬶又进一步发展成两种：平裆鬶（图 2-4-1）和袋状鬶（参见图 3-1-18）。蛋壳形高柄杯均为平底浅盘状口沿，柄部不再是复杂的镂雕纹饰，而为竹节纹或凸弦纹。鸟喙形足一度盛行，后来又有所减少，或简化。鸟喙或有眼无鼻，或有鼻无眼，V 形足出现。

典型龙山文化也可以分成两种类型：两城类型和城子崖类型。两城类型得名于日照市两城镇文化遗址，在山东的东部；城子崖类型得名于城子崖遗址，在山东的西部。这两种类型的陶器有些区别：

两城类型：以黑陶居多，也有灰、褐、红、白、黄陶。器物壁薄，蛋壳高柄杯陶胎厚度只有 0.5—1 毫米，杯沿厚仅 0.3 毫米。器物造形盛行仿鸟，或具象或抽象，明显见出鸟崇拜的意味。器具多三足器、圈足器和平底器，不见圜底器。多素面，纹饰简洁，风格素雅。

城子崖类型：以灰陶居多。鸟喙形足鼎、V 形足鼎、侧装三角形足鼎多。鬶的形态比较一致，不像两城类型繁复多变。器盖式样繁多，超过两城类型。另外，城子崖类型陶器能隐约地看到河南龙山文化的某些因素，而两城类型陶器则看不到。

图 2-4-2　龙山文化宽沿蛋壳杯

典型龙山文化的陶器是十分精美的（图 2-4-2），这跟当时制陶技术有关。首先，陶泥经过特别处理，不同的器类采用不同的陶泥，鬶、杯、壶等高档器皿多用高岭土。其次，不同的器类也采取不同的工艺，某些形态复杂的器类分体制作，然后对接，快轮修整。再次，烧制工艺较为复杂。烧制陶器的窑其窑室采用“非”字形火道或叶脉形火道，这样，室内温度较为均衡。炉内温度一般达到900度，用高岭土烧白陶，温度还须在1000度以上。除温度有特殊要求外，烧制工艺也特别讲究，烧制里外黑亮的黑陶，需要有封窑、还原、渗碳处理等工艺。蛋壳高柄杯烧制要用匣钵才能烧成[1]。由于能得心应手地控制温度，鬶能烧成白、橙黄、红等各种颜色。当代学者钟华南通过模拟实验，揭开了龙山文化精美陶器制作的秘密，展示了龙山时代制陶工艺的水平，让今人叹为观止。

[1] 参见钟华南：《大汶口——龙山文化黑陶高柄杯的摸拟实验》，《考古学文化论集》第2集，文物出版社1989年版。

典型龙山文化中的部分陶器制作得如此精美，显然它已经不是一般的实用器而是礼器了。礼器之所以需要，这与当时社会形态有直接关系。龙山时代，已经进化到父系氏族社会，相当于传说中的尧舜时代。分散的各个部落，经过战争，已经联结成一个共同体了，这个共同体相当于国家，国家的最高首领就是王。王以下有贵族，有层层的统治者。也就是说，在龙山时代已经有等级制了。这从龙山文化的墓葬可以看出来。

典型的龙山文化的墓葬存在着四种等级：第一等级以临朐的朱封大墓为代表，墓坑规模大，随葬品丰富，总共达50件，有罍、鬶、豆、蛋壳形高柄杯等精美陶器35件，蛋壳形高柄杯两件，此外还有玉器。第二等级以呈子M32、三里河M2124为代表，墓坑也比较大，但比第一等级墓小，随葬品也很丰富，有蛋壳陶高柄杯和猪下颚骨，但没有玉器，说明墓主人是有较高地位的人。第三等级，墓坑较小，随葬品不多，只有三五件，不见蛋壳陶高柄杯和猪下颚骨。第四等级，墓坑狭窄，什么随葬品也没有。从随葬品的丰富程度和随葬品的器类，我们可以大体上判断出哪些陶器在龙山时代是礼器。

陶器作为礼器一方面它能显示持有者的地位、权威；另一方面它也可以充当祭器，甚至成为部落中巫师用以通神的工具。据考古发现，龙山时代应有巫师的活动了。龙山文化的一些墓葬出土有“牙獐”，这是用獐的牙做成的一种器具，它没有实用功能，专家们一般认为，它是巫师通神的工具。另外，在龙山文化遗址中，还发现有卜骨，用牛、羊、鹿的肩胛骨做成，只烧灼不钻凿。这也是巫师用来通神的工具。据此，我们可以推测，龙山文化的陶器也可能有这种通神的功能。生活在中国东部靠海的龙山人，很可能是奉行鸟崇拜的，他们将一些器具如鬶或器具的部件如足做成鸟的形状（参见图 3-1-15），而且特别强调鸟的尖喙，是不是想通过这种器具达到与鸟神沟通的目的呢？应该说这是可能的。

泛龙山文化均有自己的精美陶器，其中值得注意的是山西陶寺类型的文化。陶寺遗址分为早期和晚期。早期陶器以夹砂和泥质灰陶为主，黄褐陶次之，有一定数量的泥质磨光黑陶和褐陶；晚期仍以灰陶为主，但泥质黑陶有明显的增加。陶寺陶器在器类中最为重要的是鬲，它为袋足（参见图 3-1-18）。它出土有彩绘蟠龙纹陶盆（图 2-4-3）。在陶器上龙纹极为少见，这一陶盆的价值当不言自明。值得我们重视的还有它所出土的乐器，陶鼓、陶铃、石磬等。无疑，这些均是礼器，它在一定程度上体现中国礼乐文化的萌芽。有学者认为，陶寺所在地，很可能是尧帝的都城——平阳。如果是这样，那么，陶寺的陶器其礼器的意义就更突出了。

图 2-4-3　陶寺文化蟠龙纹陶盆，采自《中国古陶器》，213 图

二、马家窑文化陶器

马家窑文化得名于1923年发掘的甘肃临洮马家窑文化遗址。这一文化一度被看作是甘肃的仰韶文化，后来，专家们发现，这一文化虽然与仰韶文化存在一定的联系，仰韶文化也的确是这一文化的源头，但是，它与仰韶文化已经存在重要的区别，著名的考古学家夏鼐在深入比较马家窑遗址所发掘的文化与仰韶文化之后说，“我认为不若将临洮的马家窑遗址作为代表，另定一名称”。1961年出版的《新中国的考古收获》一书，正式确定“马家窑文化”这一名称。马家窑文化绝对年代经碳十四测定有十多个数据，综合各个数据，大体上可以认定，马家窑文化距今为5300年至4200年。

马家窑文化以彩陶而著名于世界。事实上，它不只是有彩陶，也有橙黄陶和灰色陶，但是，它的彩陶，无论就其数量来说，还是就其纹饰艺术来说，在新石器时代陶器文化中，均居于首位。

马家窑的陶质为泥质陶和夹砂陶，它的彩陶主要为黑红两色，以黑彩为主，次为红彩。也有少量的白彩。马家窑陶器器类以罐、壶、瓶、钵为主，次为盘、杯、瓮、豆等。罐、壶、瓶的区分不是很明显，通常将圆腹的器皿看作是罐，而瘦长的器皿看作是瓶，胖瘦居中且有长颈者称为壶。马家窑的器物几乎都有耳，或双耳或单耳。

马家窑陶器最具特色的是它的纹饰，其中大幅度的涡纹最具特色，那种近似于S形的大曲线组成通常一束束出现，它腾挪起伏，极像巨大的漩涡，这种形象之获得显然来自于黄河。马家窑的居民生活地正是黄河两岸。除了涡纹外，马家窑陶器还多条带纹、网格纹、锯齿纹、圆圈纹、几何三角纹等几何纹；仿生纹主要有蛙纹，蛙纹不够写实，主要为抽象形态。马家窑陶器其纹饰的布局还有一个突出特点，就是全身饰彩，左右对称，上下协调，因而既气势磅礴，又秩序井然。大气与精细在马家窑的纹饰布局中得到完美的体现。

马家窑文化通常分为马家窑类型、半山类型和马厂类型，在时间上分别属于马家窑文化早期、中期和晚期。马家窑类型距今年代约为5300年至4700年；半山类型距今年代约为4700年至4400年；马厂类型距今年代约为4400年至4200年。有学者认为在马家窑类型前还有一个石岭下类型，马家窑类型与半山类型之间有一个边家林类型，而半山类型与马厂类型之间有一个辛集类型①。

现在我们试按六类型说来谈谈其陶器的审美风格：

（一）石岭下类型：石岭下类型的陶器带有仰韶文化

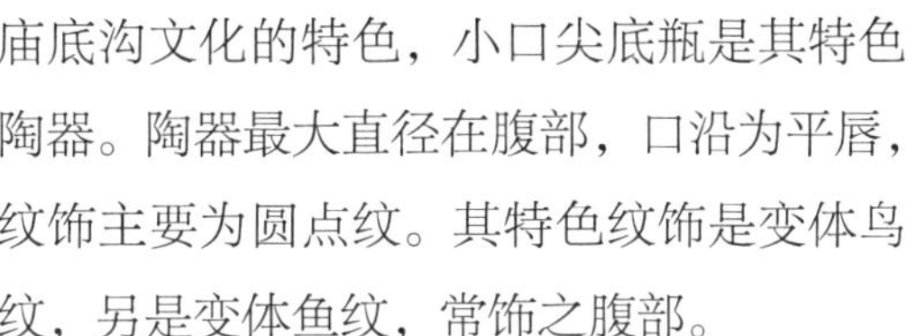
庙底沟文化的特色，小口尖底瓶是其特色陶器。陶器最大直径在腹部，口沿为平唇，纹饰主要为圆点纹。其特色纹饰是变体鸟纹，另是变体鱼纹，常饰之腹部。

（二）马家窑类型：马家窑文化经发现有数百处遗址。属于马家窑类型的除马家窑遗址外，还有永靖范家村、东乡林家、永登蒋家坪、杜家台、青海上孙家等。这里出土的陶器主要器类为瓶、盆、壶、罐、碟、钵等。马家窑类型陶器以漩涡纹陶瓶最具特色，一般视为马家窑类型甚至整个马家窑文化的代表型器（图2-4-4）。除漩涡纹外，变体鸟纹也是马家窑类型彩陶代表纹饰。

图2-4-4　马家窑文化漩涡纹陶瓶，采自《马家窑彩陶鉴识》，P52图

① 王志安:《走进马家窑文化》,《鉴宝》2009年第9期。

马家窑陶器的纹饰线条柔和婉转，腾挪有致，虽繁复然不失大方，虽雄壮然不失精致，刚柔相济，亲和自然。马家窑类型陶器纹饰也有平行线纹、圆点纹，施的部位恰当，严谨，但不呆板。有些器物的内壁底部有“十”字形彩。马家窑类型陶器主要用黑彩作画，但也有红彩，线条流畅自如，清晰匀称。这种运用线条的技艺可以视为中国工笔画的源头。

（三）边家林类型：边家林遗址在甘肃康乐县，这里发现的史前陶器主要有瓶、壶、罐、钵等。这里的陶器其最大直径也靠近器的肩部，不过，较之马家窑陶器，略向下移。壶、罐的颈部喜饰平行条纹，腹部则饰黑色或红色的彩绘，锯齿纹出现。器身有长条状的水波纹，但较为简略，器身有四扇屏或五扇屏的图案。

（四）半山类型：半山类型遗址主要有甘肃和政半山、兰州花寨子、广河地巴坪、兰州土谷台（早期）、青岗岔、焦家庄、十里店，还有青海乐都柳湾等。这里发现的史前陶器以壶、罐为多，其次为盆、钵、豆、杯等。其器皿的最大直径在腰部，因而显得端方，稳健。它的纹饰主要为细锯齿状的条带纹，并以此纹为主组成各种图案。水波纹之间有一个个圆圈，圈内画有方格纹（图 2-4-5）。方格纹有几种形态，体现出一定的变化来。此外，还有少量的平行条纹、横“人”字纹、波折纹等。

图 2-4-5　马家窑文化半山类型彩陶罐，采自《马家窑彩陶鉴识》，P165 图

（五）辛集类型：辛集类型是半山类型到马厂类型过渡的形态，它以辛集遗址为代表。这里出土的史前陶器也以壶、罐居多，其他为盆、钵、瓶、碗等。它的器物，最大直

径也靠近腰部，矮胖浑圆。彩画颜色为黑红两色。辛集类型陶器最大特点一是黑彩上不带锯齿，另是半山陶器中的漩涡纹变成了四圈纹，圈内出现了网格。

（六）马厂类型：马厂类型得名于青海民和县马厂塬遗址。属于这种类型的文化遗址还有青海乐都柳湾、民和阳山、互助总寨、甘肃兰州土谷台、白道沟坪、永昌鸳鸯池等。马厂类型陶器又变成以黑彩为主，黑红两色彩减少。壶罐较多的是横“人”字纹和网格纹，最常见的纹饰是四大圆圈纹，圆圈中填以网格。这一点与辛集类型陶器相似，只是更强化了。另，也常见折线连三角纹。最能体现马厂类型陶器美学精神的是变体蛙纹，其中，有些图案几乎看不出蛙的模样，但能感受到蛙的意味。

马家窑陶器色彩绚丽，造形奇特大气，构图严谨清晰，它不仅是中国彩陶艺术的高峰，也是世界彩陶艺术的高峰。马家窑陶器反映出来的审美意味是深邃的：

第一，实用性与审美性的统一。马家窑文化的陶器在功能与审美的结合上是做得非常出色的，总体来看，它的容器其造形浑圆饱满，力求达到最高容量，器物的附属物主要有耳，耳一般置于器物腹部的中央部位，或是腹部的靠底部位，目的也是为了让器物搬移时更为安全。器表一般通体纹饰，纹饰以线条造形为主，图案或圆或方，线条或曲或直，总体上都能做到疏密有致，刚柔相济。而这与它的实用性不仅不相矛盾，反而实现和谐统一。比如，圆圈图案给人视觉上的饱满感正与容器本身的功能相一致。圆圈内的网格与圆相映衬，启迪人们探寻器内奥秘的愿望。

第二，世俗性与神灵性的统一。马家窑的陶器本是世俗用物，它或是炊器，或是食器、储藏器，但是，马家窑的陶器，其中一部分也充当了巫师通神的工具，最为突出的现象是陶器上的蛙纹。住在黄河上游的人们有理由崇拜蛙。蛙的突出本领是两栖，它既能在水中生存，又能在陆地生存。对住在黄河岸边的先民来说，这是多么值得羡慕的事。要知道，史前人类对黄河的感情同样是复杂的，一方面，黄河以其丰沛的水源浇灌着土地，给人们带来农作物的丰收，同时也满足人和家畜饮水的需要；另一方面，黄河以其狂暴的泛滥给人、畜、庄稼带来灭顶之灾。这个时候人们会想到青蛙，它既能在陆地上生活，又能在水中生活。对蛙两栖本领的羡慕，很容易导致对蛙的神化，因而产生蛙崇拜。马家窑的陶器将蛙画在陶器上，试图通过这种蛙实现与蛙神的沟通。这是一种巫术，属于模仿巫术。出现在陶器上的蛙基本是抽象的，为什么不写实呢？并不是先民缺乏写实的本领，而是因为不需要写实，也不能写实。出现在陶器表面上的蛙不是真实的蛙，只是蛙的符号，就这符号就够了，而且也只能是符号，因为只有符号才能实现与神的沟通。

说到符号，马家窑文化出土的陶器许多有符号，仅柳湾遗址就发现了六百多件。这些符号抽象化程度很高，有现今数学上用的＋ － × 等符号，还有“卍”字形。这“卍”字形的具体含义是什么，说法很多，有人说它为太阳的符号，有人说它为飞翔的鸟，笔者却认为它可能是一种具有阴阳观念的符号，符号体现出相反相成、多样统一的意义。

第三，具象与抽象的统一。马家窑陶器最多的纹饰为涡纹或水波纹，它是曲线，从它的造形来说，它是水波的写真，也是水波的抽象。也许，这里还不能简单地说是水崇拜，因为这里的水不具神灵的意味，而只具审美的意味，因此与其说水崇拜，还不如说水审美。马家窑人将从黄河、渭河中所获得的水意象进行再创造，提炼出表现水意象的线条来，并且将这些线条进行组合，创造出波浪的意象。这里，先民对具象与抽象的关系处理得恰到好处。出现在器表的水波纹，来自水，却又不是水，它只是水的抽象，而且它不仅具有水的意味，还具有人的意味，因为它是人的创造。

三、其他文化陶器

（一）齐家文化：齐家文化得名于1924年发掘的甘肃广河县齐家坪。关于齐家文化的性质，专家们的看法还不一致，其中比较主流的看法是，齐家文化是在马家窑文化中的马厂类型发展起来的。这种类型的文化，其遗址分布在甘肃中部、河西走廊和青海东部。就其区域来说，与马厂类型有叠合之处。据碳十四测定，距今绝对年代大约是4200年至3900年。齐家文化经历了约300年的发展，其早、中、晚期也有一些差别。另外，由于地域的不同，也形成不同的文化类型，主要有大河庄类型和柳湾类型。

齐家文化的陶器以红陶为主，多呈橙黄色，主要为泥质红陶和夹砂红褐陶。就制陶技术来说，齐家文化的陶器算不得先进，它主要为手制，大型器物分段拼接，经过慢轮修整。快轮制陶极少见。器表多素面，纹饰主要为绳纹、篮纹。齐家文化有彩陶，以黑彩为主，红彩少，饰多为平行条纹、网格纹、菱形纹、大三角纹、曲折三角纹、蝶形纹等，其中大三角纹、碟形纹明显具有不同于马厂类型的特色。从总体上来看，齐家文化的陶器在纹饰上已经没有马家窑文化那种绚丽兼神秘的色彩了，多比较朴素，然而在器型上有所创造，显得更为注重实用。齐家文化数量最多的是罐，品种繁多，有单耳罐、双耳罐、三耳罐、侈口罐、曲颈罐、高领折肩罐、锯齿状花边口沿罐、喇叭口长领双耳罐等等。一个地方的某一种器皿能做成这样多的形态，也算是极富创造性的，像图 2-4-6 这具敞口杯，有意将两只手柄做得很高很大，创造出一种让人惊悚的审美效果。

图 2-4-6　齐家文化折耳敞口杯，采自《马家窑彩陶鉴识》，P143 图

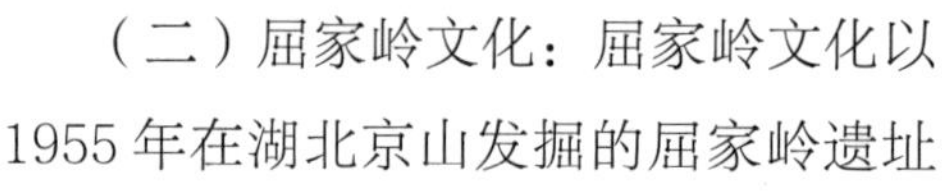

（二）屈家岭文化：屈家岭文化以 1955 年在湖北京山发掘的屈家岭遗址而得名。这一文化是在大溪文化的基础上发展起来的，其分布范围也与大溪文化相合，主要分布在四川、湖南、湖北三省交界地区。据碳十四测定，比较可靠的数据有四个，屈家岭遗址上层的两个数据相近，其中 ZK-124 为距今 4585 ± 145 年。

屈家岭文化陶器以灰陶为主，黑陶次之，有少量红陶。泥质多为夹砂陶。有彩陶，色彩相当丰富，以黑彩为主，少数为橙黄色、红色和紫黑色，多是两三种色彩兼施。有些器具除器表装饰外，还在器的内壁装饰。彩陶器主要有碗、杯、壶、罐等。典型器物为双腹器、喇叭形杯、高圈足杯、觚形杯等。

屈家岭的彩陶可以分为两类：一是薄胎彩陶，特别薄的称为“蛋壳彩陶”。薄胎彩陶仅限于彩陶杯和彩陶碗。彩陶杯质地为泥质陶，胎色多为橙黄色，轮制，工艺精细，当是礼器。二是厚胎彩陶，它多见于壶形器，少数见于盆、鼎、器盖等。

屈家岭的彩陶大多有陶衣，薄胎彩陶杯的陶衣有多种颜色，灰、灰黑、橙红、暗红、黑色等，颜色深浅有别，具有云彩般的艺术效果。厚胎彩陶器的陶衣多为红色，极少数为白色。

屈家岭的彩陶纹饰主要有网格纹、棋盘格子纹和漩涡纹三种。纹饰装饰的部位有讲究，鼎多见于扁条形足上，壶形器则见之于颈部和上腹部，器盖则施之于全部。

屈家岭文化的陶器注重艺术效果，考古学家张绪球认为："屈家岭文化彩陶的艺术特色主要表现于以下两个方面：第一是色彩浓艳。彩陶配色以黑、红为主，显得庄重而热烈。第二是注重装饰效果。薄胎彩陶的晕染法，主要是通过浓淡层次强调出一处抽象的色彩美。厚胎彩陶的网格纹、棋盘格子纹，则是通过对称多方连续把简单的几何纹组合成具有装饰性的图案。从壶形器的彩陶杯所表现的图案风格看，第一期比较强调整个图案的工整匀称，第二期则偏重于线条的自然和流畅。"[①]图 2-4-7 的双腹陶鼎，在陶鼎的造形上可谓别具一格，将它命名为双腹，是因为它的腹部分为上下两个部分，上部与侈口相连，边线为直线收缩；下部与鼎足相连，为圆鼓状。两个部分反差很大，但总体极为和谐，十分难得。图 2-4-8 亦为鼎，但有盖，此鼎有意拉长腹部，口沿张开，加上盖，浑然一体，此器亦充分反映出屈家岭人不凡的审美造形能力。

图 2-4-7　屈家岭文化双腹陶鼎，采自《屈家岭——长江中游的史前文化》，P35 图版

图 2-4-8　屈家岭文化有盖陶鼎，采自《屈家岭——长江中游的史前文化》，P36 图版

长江中下游的新石器时代晚期文化还有石家河文化、良渚文化等。显然，在陶器文化方面，屈家岭文化、齐

❶ 张绪球:《屈家岭文化》，文物出版社 2004 年版，第 221 页。

家河文化、石家河文化和良渚文化都不能与龙山文化、马家窑文化相提并论。作为史前文化之一，它们自有它们在别的文化方面的独特贡献。无疑，新石器时代晚期陶器文化的最杰出代表是龙山文化陶器和马家窑文化陶器。

将龙山文化的黑陶与马家窑文化的彩陶放在一起欣赏，我们开始会感到这是两个完全不同风格的作品，一个绚丽，一个清雅，但是，它们都同样的精美，同样的大气。它们透显出来的智慧和才华同样的灿烂、辉煌。

该怎样来评价龙山文化的黑陶，马家窑文化的彩陶？只能说是空前绝后。作为中国史前陶器的最高峰，它们的出现就是它的衰落的开始。作为一个时代文化的代表，当它们所代表的那个时代消失了，它们也就只能作为文物而存在，而作为文物存在的史前彩陶、黑陶，它们的生命是历史的生命而不具现实的活力。凭现在的科学技术水平，我们当然完全可以复制出马家窑的彩陶、龙山的黑陶，甚至还可以做到比它们更华丽，但是，它们是没有生命力的。它们只能作为艺术品而存在，严格说，还不是艺术品，只是玩具。

俱往矣，中国史前的彩陶！

第叁章

史前陶器审美意识（中）

第一节 造形的方式

史前人类的陶器品类繁多，造形更是千变万化，让人叹为观止。其中不少造形具有经典的意义，就是说，哪怕是今天，仍然是如此造形，如杯、罐、钵、盆等。而且这些造形是如此的科学，不仅能最大限量的盛装物品，而且也合乎人机原理。除此以外，它还如此地美观，外形上整体和谐，又见出创意，精微处独具匠心，给人美的享受。从造形方法来说，大体上有这样几种：

一、据用造形法

史前陶器的造形基本的出发点是实用。根据不同的用途，制陶匠人为陶器设计出不同的形状。从陶器的形制，我们可以推测史前人类是如何生活的。

史前是一个漫长的期间，仅新石器时代，就有上万年之久。这个过程，人类的生产是发展的，与之相应，人类的生活方式也在变化。这种变化，不仅体现出物质性的生活质量在提高，也反映出精神性的生活追求在发展。这是文明的不断创造且不断积累的过程，一个人类自身在发展在进步的过程。

这里，有几个对于陶器的发展十分重要的分化：

图 3-1-1　龙山文化灰陶甗

（一）炊器与食器的分化：陶器作为容器，在最初阶段，炊器与食器应是没有分化的，一件陶器，也许既是炊器，也是食器。到后来，炊器与食器就开始分化了，食器一般不用来作为炊器，而炊器也不用来作为食器。炊器的一个重要特点是要接受烧煮。如何让器体中的稻米更均匀地接受火的烧烤，煮成浓度均衡的粥，就成为史前人类需要思考的一个问题，思考的结果，就出现了甗这种炊器。甗的造形比较特别，它一般分为上下两个部分，上部分盛放要蒸的谷物，下部分装水。装水的部位为足，火就在足下面烧，将盛放在足中的水烧成蒸汽。为了让足尽最大可能均匀受热，足被设计成袋状，并且为三足（图 3-1-1）。

（二）食器的分化。食器的分化是陶器另一重要的分化。食器可以分为肉食器、饭食器、酒器等。肉食器主要用来盛肉，代表性的器物为鼎，饭食器主要用来盛饭，代表性的器物为簋、钵。一般鼎是不能端在手中的，它需要置放在地上，因而鼎有足，多为三足，也有四足的；簋是可以端在手上的，因而，它一般没有足或为圈足。钵没有足，与今日的碗几乎没有区别。

图 3-1-2　龙山文化黑陶薄杯

食器中花样繁多，最富有审美情调的是酒器。史前人类应该会利用果实、谷物制作酒了，酒是美味，既然如此，用来饮酒的杯就不能不讲究。各种不同类型的酒杯，见出史前人类对于酒的喜爱。龙山文化有一种黑陶薄杯，人称蛋壳杯，不仅轻盈，而且造形各异，各具风彩（图 3-1-2）。

（三）储藏器从炊器与食器中分化。储藏器是用来储藏各种食物的，主要有罐、瓮等。这种器具其功能为储藏，因此，多有一个膨胀的腹部。然而这膨胀需要有一定的度，不能太大，另外，为了方便装入食物与倒出食物，需要有一个大小合适的口。有些还需要有盖，于是口径的大小以及口沿的造形就不能不考虑。史前陶器中大量的器物为储藏器，根据不同的需要，设计成不同的形制，变化之多，几乎不可统计。图3-1-3为马家窑文化彩陶旋纹双耳壶，此具罐的造形充分考虑到罐的功能，腹部近圆球状，上下略收缩，以便站立和倾倒储藏物。别具匠心的是双耳的设计，尽可能地收缩，低垂，以便于穿绳子。

图3-1-3　马家窑文化彩陶旋纹双耳壶，采自《马家窑彩陶鉴识》，P46图版

器具的分化，不仅从器具的主体部位的变化而见出，而且也从器具的附件见出：

（一）盖、纽

盖、纽对于器来说，虽是一个小构件，却也是器的重要部分。在陶器上加盖、纽，本出于实用的考虑。如果是炊器，有盖，蒸煮时可以加快器类食物的成熟；如果是储藏器，有盖，则可以保护食物不受到外界的损害。但史前人类并不满足于这一点，他们在盖上增加精神性的因素。早期的陶器，盖很少。河姆渡文化中的陶器有盖，但比较粗糙。仰韶文化时期，盖就做得比较精致了，不仅盖做得比较好，而且注意到盖上的纽。

盖、纽的加工，一种情况是将盖、纽做成人物或动物的形状，甘肃东乡自治县出土的仰韶文化陶器有人头形盖纽，西安半坡型陶器有鸟头形盖纽、兽形盖纽等。

取形于人物、动物的盖纽，明显地含有原始宗教的意味。但也有一些盖、纽更多地考虑审美上的需要，以功能与形式的和谐为最高追求。红山文化属于新石器时期比较早的文化，距今七八千年，尽管年代久远，但那个时期人们的审美水平绝不可低估。红山文化的审美水平主要体现在玉器中，陶器似乎不那么突出，但也有非常优秀的作品。如红山文化有一具彩陶罐，造形极为精美。此罐口比较小，相应它的盖也小。按说这样小的盖，不必多花心思去设计，然而红山人不这样。他们将盖设计成弧形，以与罐体相谐调。特别让人感到独具心裁的是，它还设计了一个纽，纽上有一个小孔，显然是用来穿绳子的。有了这个小孔，整具器显得特别别致、美观，本来有些臃肿的罐体似乎也显得轻灵起来了。

如果说在红山文化时期，像有盖陶罐这样的美学设计尚属凤毛麟角的话，那么在马家窑文化时期，这种设计简直就是题中应有之义了。图 3-1-4 这具陶罐，有盖，盖上有钮，那钮略向旁弯曲，不仅让人容易把捉，而且让人想起瓜果的结蒂。此罐在肩部有四个类钮的柄，有穿孔，想来是用来穿绳的，此柄与盖钮相呼应，更是别具情趣。

龙山文化时期陶器的制作更多地取功能与形式相统一的维度，神秘的东西少了，怪诞的意味少了，透显出来的则是形式上的完整、功能上的圆满，有些器说得上是唯美主义。图 3-1-5、图 3-1-6 是龙山文化的两件灰陶杯，图 3-1-5 一件，它上部分为盖。将盖拿开，杯的形制很明显，它就是一具普通茶杯；然而加上盖，它就完全不一样了。首先，功能上圆满了，它可以保温，可以防止灰尘落入；其次，它不像杯了，有点像经

图 3-1-4　马家窑文化条纹带盖彩陶罐，采自《甘肃彩陶》，图 37

幢，像宝塔，或者说像电视发射塔。这不像杯没有关系，只要是杯就行。让人们眼睛一亮的是，这杯陡然焕发出光辉，美了！这种有盖的杯，完全当得上一件精美的艺术品，可以陈列在合适的地方，供人们观赏了。图3-1-6这只杯也有盖，其盖与杯体同样十分和谐地构成一个整体。两具杯我们都可以联想到美丽的女人，只是左边的杯，这美人衣裙曳地；右边的杯，这美人亭亭玉立。

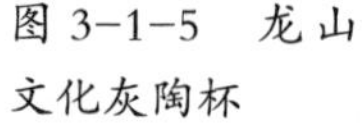

图 3-1-5　龙山文化灰陶杯

图 3-1-6　龙山文化有盖陶杯

我们再看图3-1-7这具黑陶壶，它也有盖，这盖与壶体非常贴合，浑然一体。设想将盖去掉，这壶的整体感就亏欠许多了。这就是说，盖是壶不可分割的一部分，盖与壶体构成一种有机的关系。不仅形式中的部分与部分之间，而且形式与其功能之间，还有整个造形与人视觉反应之间均构成高度的和谐。从形式美的维度来说，这种有机整体感与和谐感无疑是形式美的灵魂。

史前陶器盖的设计，绝大多数都讲究与器体的和谐，但也有极少数的器的设计，为盖而盖。盖与器体是明显地不和谐，这中间有什么别的意义呢？只有一个可能，就是唯美。唯美不一定美，但制器者的目的是美。如图3-1-8这具大汶口文化的有盖陶鬶，其器盖就好像是另外放上去的。这一现象的出现，说明史前初民已经有了独立的审美意识了。就总体来说，史前人类的器具制作遵

图 3-1-7　龙山文化有盖黑陶壶

图 3-1-8　大汶口文化有盖陶鬶

循的是功能第一且功能统治的原则，然而，像这件黑陶鬶，它的盖显然有点脱离盖的功能了。它的设计者显然另有考虑。从形式上来看，似乎这特殊的盖并没有破坏器具的整体和谐，但是，它有独立的价值——形式美价值。史前人类的器具设计常有这样逸出常规的精彩！

（二）耳、把

耳、把的功能是便于提携，就是说，之所以要在器物上做出耳、把，是因为实用的需要。相比于器物的其他部分诸如腹、足、颈、口等来说，它最不显眼，似乎也不那样重要。但是，就是这小小的耳、把，也是器物不可缺少的一部分。

图 3-1-9　龙山文化双耳黑陶罐

耳、把要做，如何做，当然，首先考虑的是功能——提携方便。值得我们注意的是，陶器上的那些耳、把做得极为精美，而且颇具匠心。这里，分明看出，史前制陶的技师是在追求一种超过实用的东西，这东西就是美。

图 3-1-9 是一具龙山文化黑陶罐，器物为立着的心形，肩与腹衔接部有耳，耳较宽，是用来套绳子的。整具器给人的感觉是既饱满、稳健，又轻灵、舒展。恍惚间，这器就像一位叉腰的女人，肥硕丰满，又婀娜多姿，有点张扬。这种感觉的造成，与耳很有关系。

图 3-1-10　龙山文化卍字纹陶瓮

再看图 3-1-10，它为瓮。这具瓮的耳就收敛多了，它几乎是瓮腹的一部分。仔细观察，觉得这设计十分恰当。此瓮体高，载重量大，穿上绳索后，向上抬起，要让它垂直不倒，只有让绳紧贴着瓮体方好，因此，耳不宜大。从审美角度看，此耳十分秀雅，与粗大的瓮体构成某种张力，对立中实现了平衡。如果也用人来比喻，它有点像敛手的女人。

耳用来套绳，把则适于手握，通常只有杯、壶才有把。由于把直接与手接触，手感很重要。手的舒适度成为设计的第一原则。

图 3-1-11 这杯的把为宽把，之所以设计为宽把，与它的功能有关系。此杯较大，看来不是用来饮茶的，而是用来浇水的。因为有较大容量，把手不宜置于器的上部，而宜置于器的下部，这样端起来省力。由于容量大，也许不能只用一只手端，需两只手来握，这样，就要将把设计成宽面，而且把的中空也要稍许大一些。

图 3-1-12 这杯为平耳杯。此杯的把上联器口，下联器腹，把的面较宽，把握起来非常方便。它很可能用于日常喝水，把手的这种造形，为的是倒起水来，比较地方便。

龙山文化遗址出土一种长把杯，其把贴底，兼有底座的作用，它弯曲若发髻状，极为美妙（图 3-1-13）。

把一般为单把，双把较少，但也有。3-1-14 这只杯有两把，端的时候需要用两只手，品赏这只杯的造形，想象着双手平端此杯的情景，心中不由地升出一种严肃、虔诚的情感。这杯造形既端方又优雅，它很可能用于礼仪场合。

图 3-1-11　龙山文化黑陶宽把杯

图 3-1-12　龙山文化平耳杯

图 3-1-13　龙山文化长把杯

图 3-1-14　龙山文化双把杯

上面这四件杯的把，无不适用，也无不美观。功能审美兼得，匠心独运，叹为观止。

（三）足

陶器的足种类繁多，首先分有足与无足，无足为圜底器，它给人的感受为稳健、平整、朴素。最早出现的陶器都为圜底器，大约在新石器时代早期的后段，陶器出现了足。开初多为圈足，后来出现了三足器。足有高，有低。逐渐地，足上也有了造形，如将足制成类似鱼鳍式的物件，甘肃省玉门火烧沟出土一件仰韶文化的陶罐，其足竟被做成人足形，堪为观止。也有的在足上镂孔。这足就不仅具有实用的意义了，还具有审美的价值。

图 3-1-15　龙山文化鸟头足鼎

图 3-1-15 是龙山文化的一具鼎，此鼎为侈口，故鼎的上半部像一具比较深的盆，最具特色的是足，三足做成类鸟头形。说是类，是因为它的整体造形，又像带齿的树叶。说像鸟，因为它有两个圆，这圆是眼睛。在这种似像非像之中，它让人产生诸多的联想。这具鼎显然不是一般的食器，是用于宗教祭祀场合的器具。

（四）柄

柄一般出现在杯、豆身上。柄是用来让人捏拿的，它有功利性，通常做成长条状，史前陶器工艺师们在柄上也没少做文章，他们尽量地将柄美化。

豆，是用来盛放小菜、点心的。它的形制通常上有一个浅盘，用长柄与足联系起来。豆的柄讲究更多，或为喇叭状，或为树杆状，或镂孔，或加箍。大汶口文化的镂孔陶豆，其柄镂空的密度较大，简直是网状了，也有将孔镂成一行行的，也有只镂一个或两三个孔的。

图 3-1-16　龙山文化高柄豆

图 3-1-16 为龙山文化高柄豆，此豆的造形让人想到一个成语：亭亭玉立。此豆没有过多的装饰，仅在柄的中部加上两道箍，虽然装饰简洁，但不失高雅的气质。图 3-1-17 的矮柄豆，在设计上取与图 3-1-16 的高柄豆相反的路线，整具器显得敦厚、庄重。值得玩味的是，此豆柄体虽然粗大，但并不显得笨拙。聪明的设计师将它做成竹节状，营造出内敛感、节奏感、上下伸缩感，似是此杯还可拉长，从而透显出轻灵的意味。

图 3-1-17　龙山文化矮柄豆

（五）流

流为容器水流出的部位。为了不让水散漫流出，一般稍作收缩，史前陶器工艺师，根据流的这一功能，在流上大做文章，有许多精彩的设计。马家窑文化齐家类型有一具壶，壶身颈部与足部为圆柱形，腹部为扁圆球色，有一宽柄。此造形已经够出色的了，更出色的是壶的嘴部，设计师为它设计了一个大象鼻子似的流。

大汶口文化和龙山文化中有一种名之为鬶的酒器，这种酒器下部为鬲，袋足，上部才是壶，陶器艺术家用了许多心思，让鬶更具艺术性，除了将整具器制成兽状让器成为纯艺术品外，更多的是在壶嘴上追求最佳的艺术效果。下面这具鬶，流做得很有创意，它有点像鸟喙，又像正在舒展的嫩芽（图 3-1-18）。

图 3-1-18　龙山文化白陶鬶

二、观物取象法

陶器主要是容器，作为容器，它是用来盛装物品的，这盛装物品的东西应制成什么样子？史前人类首先是从自然界获得启发。据笔者的看法，葫芦、水果，竹筒，可能是人们制作容器的最早的灵感之源。

葫芦之所以列为首选，是因为葫芦几乎不需加工就是很好的容器。从大量的史前人类陶器遗存中，我们依稀见出陶器造形对葫芦的摹仿。这里可以分成两个层次：

（一）陶器造形能明显地看出是对葫芦的摹仿。这类器具的特征是它有上下两个鼓出的部分，中间有一个颈。上下鼓出的部分，下部比较大。图 3-1-19 陶瓶可以为代表。

图 3-1-19　半坡类型葫芦形陶瓶

（二）陶器的上部鼓出部分消失或者变成口，颈部拉长，下部鼓出的部分增大，成为壶、瓶、罐等。如果不特意指出，可能不会让人联想到葫芦，然而一经指出则觉得也像葫芦。

瓜果是陶器造形的另一个重要的摹仿对象。瓜果的突出特点是圆，而圆是诸多陶器共同的特点，像图 3-1-20 这具陶壶外形很像一枚有柄的梨或苹果。

图 3-1-20　半坡类型球形陶壶

竹筒也是陶器造形的灵感来源之一。竹筒空心，可以盛物，史前人类从这儿获得启示，制作了陶容器。这里也可以分成两种情况，一种情况是很像竹筒，如 1975 年湖北松滋桂花树出土的大溪文化直筒陶瓶；另一种情况好像只取竹子的一节，杯就是这样做成的。

以上只是举例而已，史前人类从大自然

中获得灵感当是非常之多的，不要说葫芦、瓜果、竹筒这样明显具有容器意义的物件可以逗发史前人类的灵感，就是一颗雨滴、一片带卷的树叶、鸟巢、贝壳，甚至青蛙的阔口都可能让史前人类联想到制器。这让我们想起了《周易·系辞下传》中说的八卦的制作：“古者包牺氏之王天下也，仰则观象于天，俯则观法于地，观鸟兽之文，与地之宜，近取诸身，远取诸物，于是始作八卦，以通神明之德，以类万物之情。”[1]八卦——如此抽象的符号尚且是从大自然的种种物象中得到启发而制作的，陶器这样实用的器皿就更不消说了，大自然是人类一切智慧的源泉，人类的一切创造均始于对大自然的摹仿。虽然陶器的造形始于对大自然某些具有容器功能的物件的摹仿，但是，这绝不是简单的照抄，这个摹仿的过程，实际上也是根据人的各种不同的需要，对物件造形进行创造的过程。摹仿只是入手，而创造才是结果。

[1] 朱熹注，李剑雄标点:《周易》，上海古籍出版社 1995 年版，第 150 页。

三、艺术摹仿法

观物取象的基本原则是实用，自然界某物的用途与陶器的用途相似，就此激发灵感，创造出与自然物相仿的陶器来。可以说，观物取象所持的立场是实用，而且纯粹是实用。

但是，史前人类在制作与使用陶器的过程中，不仅收获到了善，也收获到了美，这就影响到制陶的目的，制陶根本目的是实用，这点一直没有变过，但是，逐渐地在实用中增加了美的需要，于是，不仅希望陶器能用，好用，而且也好看，耐看。于是，史前陶器工艺师从诸多的方面提高陶器的美学质量，其中重要的一项就是造形。

怎样的造形才能产生美的效果呢？其中最为突出的是让陶器增加艺术性。严格说来，史前是没有纯艺术的。但是艺术性是有的。史前人类劳作的艺术性从何而来？从摹仿而来，摹仿是艺术的开始，也是艺术的本质。当人类在摹仿一种物品时，它就实际上开始了艺术创作。如果这摹仿是为了创造物质的财富，那由摹仿产生的艺术性只是潜在的，如果人类的摹仿追求的不是物质的财富而是精神的喜悦，那这种摹仿就是艺术。

史前人类从自然物中受到启示，摹仿一些自然物如上面说到的葫芦、水果、竹筒，制作器具，这是生产，然而其中有艺术性。但这种艺术性是潜在的。人们在摹仿中其实也会产生审美的快乐，只是这种快乐基本上为生产的功利性所取代。在随后的发展中，人们的审美意识出现觉醒。摹仿不只是为了功利，也为了审美时，这种摹仿所具的艺术性就由潜在变为实在。

图 3-1-21　齐家文化鸟形壶

齐家文化有一鸟壶（图 3-1-21），首先它是壶，壶是用来盛水的，此壶能盛水，说明它的功能是优秀的，然而此壶不同于一般的壶，它的形状像一只鸟。为什么要将壶制作成鸟的形状呢？难道因为鸟的形状更能盛水？不是。那为什么要这样做呢？为了审美。作为壶，它需要能盛水，也需要便于进水和出水，这些，此壶都具备，但是，显然，这具器首先让人想到的是鸟，而不是壶，鸟的审美功能彰显了，而壶的实用功能被遮蔽了。

也许，史前人类的本意还是实用，这审美只是辅佐性的功能，或者说第二功能，但实际效果却是彰显了审美。在某种意义上，是将实用器制成艺术品了。不过，严格说来，此壶还是不能称之为艺术品。因为艺术有一个本质性的特点：超功利。如果要说功利，它的功利就是审美。虽然自古以来，所有艺术品均有诸多的价值，绝不纯为审美，但只要是艺术，不能不将审美放在基本价值的位置上。正是从这个角度，我们认为大汶口的鸟壶还不能称为艺术。因为大汶口的鸟壶，虽然像鸟，但毕竟是壶，它的基本功能是盛水。此壶虽然可供观赏，但观赏不是此壶的基本功能。

史前人类的艺术大多为这种工艺性的艺术，而少纯艺术，尽管他们完全具备了创作纯艺术的才华。之所以是这样，主要原因是当时人们的生产力水平太低，人们尚无足够的余暇、余心、余力来欣赏纯艺术。但艺术的独立就近在咫尺了，实际上，那种高水平的工艺品与纯艺术只是隔着一张薄薄的纸。

史前陶器造形的艺术法主要为艺术摹仿创造法：主要为摹仿自然界、人类社会实用的东西。史前人类所做的艺术陶器最喜欢的造形是动物造形，其中主要是家畜、家禽，也有猎获物，均是史前人类生活中的常见的动物，这些动物不同情况地与史前人类发生这样或那样的生活性的关系。史前的陶器工艺师不仅熟悉它们的形象，而且对它们很有感情，造形时能捕捉最为传神的姿态，如陕西华县出土的仰韶文化庙底沟类型的鹗鼎。

这具鼎，亦说为尊，之所以弄不清楚，原因是它根本不按照鼎和尊的通常形象造形。与其说它是鼎或尊，还不如说，它更是一具雕塑。尽管如此，我们还是认为它是食器，不是艺术品，因为它仍然承担着鼎或尊的功能。由于受到鼎或尊的功能限制，它的艺术表现不能达到尽善尽美的地步。它的背部不能不显出一个大口，这是鼎与尊功能所在；它的尾部，也不能不做出一个支柱，

图 3-1-22 大汶口文化兽形壶

它其实并不是尾巴。

大汶口文化动物造形的器具很多，最为有名的是兽形壶。图 3-1-22 这具器的造形，有人说是猪，有人说它是狗。也许猪的可能性更大。这具壶用动物的躯体为壶体，让动物张开的口充当壶口，动物的背部加一提梁，就壶来说，它的基本功能是具备的，但是，乍一见，不会认为它是壶，只会说它是动物的雕塑。因为它具有动物的基本形态，而且它的头部塑造得非常生动。但是，只要我们稍许仔细地观察，就会发现，其实它还不是艺术品，只是准艺术品——具有艺术因素的实用品。

这类准艺术品它有一个突出特点：就是造形的局部主要是头部特别像动物，而其他部分，则主要执行着器物所应具有的功能。请看陕西武功出土的属于仰韶文化的龟形陶壶、1960 年江苏吴江出土的属于良渚文化的水鸟形陶壶，这两具器，只是头部有些像动物，其他部位不像动物。齐家文化有两件三足鸟形壶，鸟头塑造生动，鸟体扩大，像个大圆球，为的是盛水，鸟的尾部做成口（参见图 3-2-2）。三足，为的是稳定。显然，这样做，主要不是在做艺术，而是在做壶。

史前陶器中也有一些系人物的摹仿，大体上，主要是刻画人物的头部，以之作为器物的盖或上部，器物的主体部分则为人物身子，人物四肢通常省去。最为有名的系大地湾人头形口彩陶瓶。这件器物，也可以当作雕塑来看待，但是，严格来说，它还算不上雕塑，因为它实际上只是雕了人物的头部，即使是头部，它也不完整。只能说是具有艺术意味的陶瓶。

马家窑文化也有一件与之相类似的陶器，史前人类将陶器的上部制作出人头的形象，显然是有深意的。学界一般是将它看作是巫术文化的体现，这人头是巫师的形象。耐人寻味的是，它只制作人头，却不愿做出人体上别的部分，比如手与脚。显然，它也不是雕塑，这器还是实用品。它可以用来盛物。在器物上制作出人头，也只制作出人头，肯定是有个道理存在的。只是在今天，我们无从知晓了。

四、几何造形法

对于陶器的器型的制作来说，光靠摹仿大自然的实物是不成的。事实上，史前陶器绝大部分品种不是靠向大自然摹仿而创造的，它主要是根据生活的需要，运用几何的手段创造出来的。几何造形是史前陶器造形的基本手法。

陶器主要是容器，它是用来盛装东西的。大自然给人类以启发，盛物者均有一个三维空间，这三维空间，以球形最能盛物，因此，球状体就成为几何造形的最为基本的元素。

史前人类不是没有做过基本上接近球体的容器，但是他们发现这样的容器虽然盛物最多，但不美，因此，他们宁愿将容器的腹部做成接近标准球体的椭圆球体。这椭圆球体不仅有椭的程度的区别，还有横放的、竖放的区别。

图 3-1-23　陶寺文化陶壶，采自《中国古陶器》，图 214

值得说明的是，有些陶器将腹部的椭圆体矩形化，出现一条折线，将椭圆球体上下两部分明显地区别开来。整个椭圆球体成为菱角体，如图 3-1-23 这件陶寺文化陶壶。

也有些陶器，它的腹部处于椭圆与菱形之间，要圆不太圆，要方又不方，也别具一格。

严格意义上几何形在史前的陶器中是找不到的，它只是大抵上归之于某几何形。它的圆、椭圆都不那样严格，这样做，不是工艺上达不到，而是为了追求一种效果，一种美学意味。我们发现，史前陶器的腹部均可以分成上下两个部分，大多数的情况是，上腹部比较地平，呈宽舒的状态，而下腹部则略为尖削，这样，就显得轻灵，有一种优雅感。

陶器的几何造形虽然主要在腹部的处理上，然而它的其他部位的处理也十分重要。颈部处理主要在粗细、长短上，它们的处理，会产生绝然不一样的审美情趣。口部也同样如此，有些陶器的口有宽沿，有些没有；有些陶器的口呈喇叭状，向着天空敞开，有些则相当收敛，并且加上一个盖。凡此种种，均有一种自觉的理性追求在，这种追求中既包含了善——让器具更好；也包含了美——让器具更漂亮。

几何造形充分说明史前人类已经具有发达的理性思维。正是这种思维才让人远远超出地球上的其他生物而成为“万物之灵长”。

五、多器联体法

多器联体是两件以上器物联成一体，成为一件器具的制作方法。这种方法，有的出自功能性的考虑，比如甗，上部为罐，下部为鬲，实际上它是罐与鬲的合体。

马家窑出土有一种彩陶三联杯（图 3-1-24），它是由三只杯子组成的器具；另外，还有一种联体罐，两只

图 3-1-24　马家窑文化半山类型彩陶三联杯，采自《马家窑彩陶鉴识》，P105 图

罐联成一体。这样的组合，到底有什么用？现在也弄不清楚了。

1958 年，陕西宝鸡县北首岭出土了一件陶壶（图 3-1-25）。这具壶，许多专家说它是船形壶，其根据是壶的样子像两头尖的小船，另外，壶体中部绘有网状图案。既然是网状图案，似更可以认定此壶为船形了。笔者仔细审看这具陶器，认为将它看成联体鸟形壶也许更合适。此壶两头有尖状物，像鸟喙，又壶的两翼，各有一半圆形，半圆形中有孔，像鸟眼。

龙山文化出土有连体的瓶，有两个口，然而只有两耳（图 3-1-26）。这瓶造形别致，并不显得臃肿。制器人这样做，显然出自一种求新逐异的审美情趣。灵感的来源也许是树干分枝。

史前陶器造形许多具有经典的意义，它的器型有些为后代所继承，成为中华民族生活陶瓷的基本款式，有些则具永久的审美价值，成为后代艺术陶瓷的精神养分。

图 3-1-25　北首岭船形网纹彩陶壶（左），采自《中国古代陶器》，图 20

图 3-1-26　龙山文化双口双耳瓶（右），采自《马家窑彩陶鉴识》，P235 图

第二节 造形的原则

史前人类做的陶器的造形已经达到很高的水平了，即使是今日之艺术家，也未必做得这样精美。虽然制器者没有留下理论文字，但是，他们的作品是无言的书，读他们的作品可以读出思想来，读出情感来，读出审美意识来。笔者认为，史前人类的制陶是有造形的原则的。这原则，按我的理解，主要有四：

一、功能与审美的统一

功能与审美是人类生产活动中的基本矛盾。功能讲的是善，是人们的利益，主要是物质利益所在；审美讲的是美，它通常作为生产成果的副产物而存在。史前人类制陶在处理这两者的关系上堪称经典。

首先，将功能放在基础的地位，那就是说，它必须能承担某一项陶器所应承担的功能。在保证功能的前提下谈审美。功能为基础，成为审美的前提。试看齐家文化的鸽形陶壶（图 3-2-1。齐家文化，有学者将它归属为马家窑文化，为一类型）：

制器者首先考虑到这是壶，需要保证壶的盛水功能，

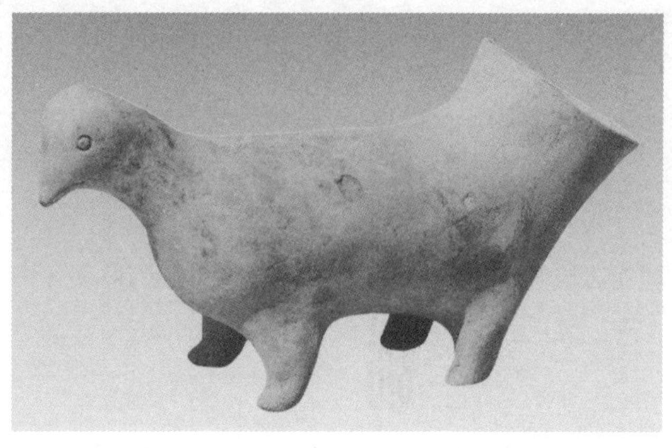

图 3-2-1　齐家文化鸽形陶壶（左），采自《马家窑彩陶鉴识》，P135 图
图 3-2-2　齐家文化三足鸟形壶（右），采自《马家窑彩陶鉴识》，P155 图

于是，他将鸽体拉长，将鸽的尾部设计成阔大的口，方便进出水。为了便于壶的置放，他将鸽设计成四条腿。这些，都说明制器者是重视功能的。在充分保证功能的前提下，制器者着意雕塑鸟的头部。此鸟似在觅食，神态安详，眼睛特别传神。制器者尽量地将功能与审美统一起来，特别注意不让功能破坏审美，这点在器的尾部突出表现出来了，器的尾部大小长短恰到好处，设想如将其大小长短稍许改变一下，不是伤及审美，就是伤及功能。

在处理功能与审美关系的问题上，齐家文化的三足鸟形壶（图 3-2-2）亦堪谓成功的代表。

这具壶的鸟头塑造得很生动，具有标识性，壶的腹部即鸟的腹部很饱满，这种饱满一方面显得它像一只肥壮的母鸡，另一方面充分实现它盛水的功能。在这里，功能即是审美，而审美也就是功能。独具匠心的是，为了让壶立地稳当，为鸟增加一只腿。

史前陶器这种做法很多，比如，一具类似瓜果的壶，盖上有一个弯曲的纽，这纽既是这瓜果的结缔，又便于使用。

功能与审美的统一，不仅体现在那些艺术性的陶器中，而且体现在几何造形的陶器中，几何造形审美效应的取得有它的特殊性。一般来说，具象造形的器具，其审美效果来自它像什么，这像不像至关重要。几何形造形，不像自然与生活中的实际事物，对于它来说，审美效果的获得不是来自它像什么。那么，要怎样造形，才能创造出审美效果呢？这涉及人类的审美心理了。

人类的审美心理是一个非常复杂非常灵动的结构，应该说，人类一般的审美心理是有一定的规律性的，从这可以导引出形式美的一般法则，诸如：平衡对称、多样统一，变化有序、刚柔相济等等。这里，还可以细分出视觉审美心理、听觉审美心理、肤觉审美心理等诸多方面。艺术家对此必须熟悉，但是光凭这，仍然做不出好的作品来，好的作品还需艺术家独出心裁的创造。

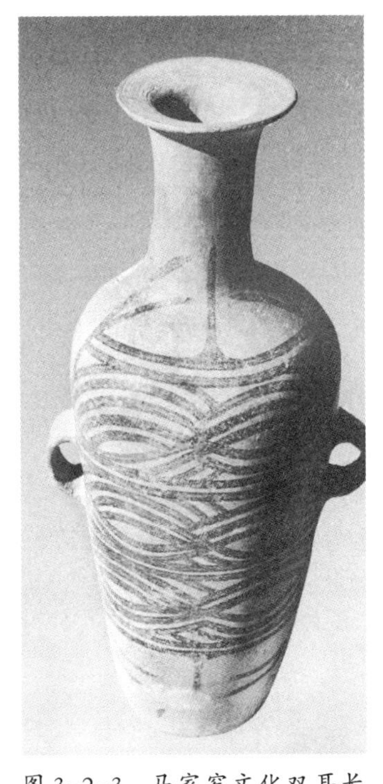

图 3-2-3　马家窑文化双耳长颈陶瓶，采自《马家窑彩陶鉴识》，P43 图

图 3-2-3 为马家窑文化马家窑类型双耳长颈陶瓶，此件作品非常美丽，如同一位清秀的少女。尽管它如此美妙，作为盛水的用具，其功能是得到充分保证的。此瓶突出特点是口沿比较阔大，这样，进出水比较方便，同时也使这具整体风格为秀长的器具显得比较舒展，以适度地中和它的清瘦。

陶器的主体是腹部，盛物主要靠腹部，因此，如果要讲功能，陶器的功能主要在腹部。腹部如何做，是很讲究的，弄得不好，就显得臃肿，笨拙。史前陶器的艺术家采取各种方式来处理器的腹部，既保证功能，又保证审美。大体上，我们发现有如下几种做法：

1. 将腹部处理成椭圆状，或近似椭圆状。

众所周知，就审美来说，正圆是不如椭圆美的。

2. 将腹部折成菱形，化圆为方，以增加美感。

3. 做出阶肩，将器挺起来，肩以下逐渐地瘦小，瘦到一定的程度，则收缩为底。上面说的双耳长颈瓶就是这样的。

4. 做出削肩，肩以下略收腹。这样，器上部显得舒展一些，下部则显得凝重一些，总体效果则为端庄，秀雅，亲和。

图 3-2-4　马家窑文化辛店型指纹动物纹双耳罐，采自《马家窑彩陶鉴识》，P232 图

5. 利用肩、颈、足、耳等来对腹部进行美化。马家窑文化有一具旋纹双耳瓶，腹部溜圆，缀一对双耳。器的下部略加长，无足平底，如此起到调节作用，使器具不致臃肿，呆板，起到了美化的效果。

6. 利用纹饰对腹部进行美化。这在马家窑文化特别突出，马家窑文化的陶器整个腹部全是彩绘的图案，极为华丽。图 3-2-4 这具罐，其腹部作了轻微的折线处理，如何体现出罐的饱满呢？陶器工艺师在罐的腹部画上指纹状的圆圈图案，又在罐的颈部画上横线，这样一来，这具矮罐给人的感觉就是很能装东西的了。

图 3-2-5　马家窑文化齐家型三足双耳鬲，采自《马家窑彩陶鉴识》，P130 图

在实现功能与审美的统一上，鬲这种器具有独特的创造性。鬲是用来煮粥用的，为了增加受热面积，陶器工艺师将受火的地方，处理成三个袋状的足。这个构想是非常好的，但是，如果袋足做得不好，就难看了。1994 年甘肃临洮出土了一件鬲（图 3-2-5），系马家窑

文化齐家类型的作品。此件作品的妙处是将三条腿做成了三羊奶状，为了增加装饰效果，还在三足做了一条折线。此折线与圆足构成一种张力，又起到统串器物各个部分的作用。

功能与审美的统一有两种情况：一种是在完成功能的前提下，外在地加一些装饰。这些装饰是无功能的；另一种则是功能即审美，器的造形取得了一石二鸟的效果，它既完成了功能，又实现了审美。像上面说的三足双耳鬲就属于后一种情况。

二、对立与互补的和谐

和谐是美，而和谐这种美又是由诸多的对立统一因素构成的。史前人类的陶器造形在这方面堪称典范。比如：

（一）圆与方的对立。陶器一般以圆为主体，但它也追求方的意味。

图 3-2-6　马家窑文化齐家类型四耳齐肩尊，采自《马家窑彩陶鉴识》，P131 图

图 3-2-6 这具作品系 2000 年在甘肃广河出土。它的造形有什么突出特点呢？从总体上讲，此器以圆造形，但是，它的腹部有一条凸出的分界线，可以明显地看出它的肩趋向于平，但又不是完全的平，只具平的意味。腹部则是圆的。此为方圆对立的典型例子。值得我们注意的还有它的轮廓线呈 S 形，这就冲淡了因为趋方而带来的生硬感，使整具器显得亲和、自然。这种圆与方的对立，有多种不同的体现。马家窑齐家类型有一折耳敞口杯，此杯突出的特点是，耳

是折的，呈七十度的角，而杯体分成两部分，为反向的喇叭形。整具器的部件构成多种冲突，但实现了统一。

（二）上与下的对立。上与下可以理解成器的上部与下部的关系，它是可以在某种意义上呈现对立的，或圆或方，或平或削，或宽或窄，或大或小，等等。

仰韶文化的庙底沟型的陶盆，其上部饱满，浑圆，腹部以下，则猛然收缩。1959 年大汶口出土的背壶，腹部为卵形，较为饱满，它的颈与口联在一起，成漏斗状，上下反差很大，但确是构成了和谐。

图 3-2-7　马家窑文化半山类型彩陶葫芦纹底腹壶，采自《马家窑彩陶鉴识》，P102 图

一般来说，陶器的上下要比较地均衡，以至于看起来比较舒服，但是，有时候制陶者有意打破这处平衡，让器具的上下两部分不均衡。1989 年，甘肃临洮出土了一件壶（图 3-2-7），系半山类型。此壶的突出特点是，腹部很低，以至于与底部联在一起了，而它的溜肩特别长。陶器制作者显然是有意这样做的，他想创作出一种特殊的效果来。

（三）左与右的对立。史前陶器一般来说，左右是对称的，构成一种平衡的美，但是，有时也会有意识地制造不平衡，让左右构成对立。2000 年甘肃玉门出土了一件陶壶（图 3-2-8），属于马家窑四坝类型。此壶突出特点是，它的两个耳一个左上，一个右下，构成斜线的左右对立。

图 3-2-8　马家窑文化四坝类型彩陶斜线纹壶，采自《马家窑彩陶鉴识》，P196 图

（四）主体与附件的对立。主体是器的主干，体积大，附件是器具身上附着的装置，体积小。这二者存在一定的

对立性。处理得好，二者构成互补，相得益彰。

我们还注意到器物的口沿与器体的关系，一般来说，器体饱满厚实者，其口沿则相对地表现得比较轻柔，比较婉约，马家窑文化的陶器在这一点上特别明显。

就总体风格而言，史前陶器在饱满与清雅之间实现动势的互补。当然，不同地区、不同时期，其陶器又不一样。马家窑文化陶器，总体都显得圆厚壮实，充溢着雄奇扩张的强者气概，而大汶口文化、龙山文化的陶器则显得清雅秀润，透发出飘逸文静的君子风度。如果细细品察，它们之中又有若干分别，马家窑文化中的罐与瓶风格就不一样，罐雄壮，瓶秀丽。然而，不管哪种风格，它们都试图雄中见秀、秀中见壮，刚中渗柔、柔中寓刚，体现出刚柔相济风味。

三、规范与自由的双向肯定

陶器的造形显然是有规范的，每一种类型应该均有标准范式。这种标准范式是前人与同时代人经验的总结。我们在已出土的史前陶器中能看到这种范式，但是，优秀的陶器工艺师，总是企图对规范有所突破，力求有所创新，这种创新在当时是需要勇气的，有可能失败，即做出的东西可能很丑，但也可能成功，做出来的东西出人意外，翘楚动人。

我们试以马家窑陶器的耳为例。马家窑陶器耳一般是置于器的腹部，左右对称，耳一般不大，为半圆形。但是我们发现，也有不少器物，其耳不是这样放的，或上或下，或大或小，或长或宽。效果就大不一样。

1957—1959 年在甘肃武威出土的菱形纹彩陶罐，罐之耳似乎是包在器体之内了，而 1974 年青海民和出土的波浪纹双大耳彩陶罐，器之体几乎全拥抱在其中。

马家窑陶器还有单耳的，单耳的位置一般置于右肩，但不少单耳的陶器，其耳不在右肩，形状也是各式各样的。2000年在甘肃酒泉出土了一件双口提梁壶（图3-2-9）。这具器整体像一只握紧的拳头，又像一枚板栗，它出奇之处在有两个口，分别置于左右，略略朝外，两口之间有一提梁。这提梁的设计实在异想天开。这种器，只此一件，说明它是设计师灵感闪现的产物。

图3-2-9　马家窑文化四坝类型彩陶双口提梁壶，采自《马家窑彩陶鉴识》，P197图

2000年甘肃广河出土了一件名为大象形宽耳壶（图3-2-10），此壶造形也非常特别。壶从上到下可以分为四个部分：最上部为壶嘴，它像大象的鼻子，鼻子上方似是凸出两只圆眼。壶嘴为仿生造形，嘴下为壶之颈，呈柱状，颈下为腹，腹扁而鼓，腹下为柱状高足。有宽把将颈与腹联起来。整个造形综合了仿生型与几何型，体量不大，但结构复杂，看得出来，是陶器工艺师精心之作。这器名为壶，其实它像杯，但又不是杯。

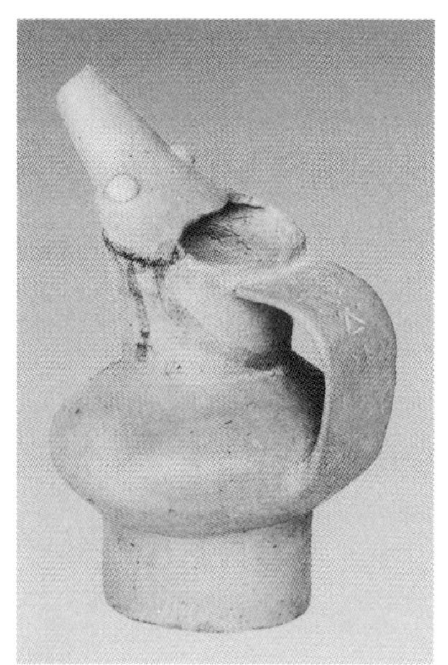

图3-2-10　马家窑文化齐家类型大象形宽耳壶，采自《马家窑彩陶鉴识》，P139图

史前的陶器工艺师特别看重原创性，每次制器，他们总是有所追求，力求有所突破。由于主要为手工所做，所以出土的陶器中几乎没有两件作品是完全一样的。

史前陶器的制作，显然是有规范的。选料、烧制自不必说，就拿成型来说，肯定是有模型的，抑或有具体的规定。这些均是成功经验的总结，也是有一定的科学根据的。制器要成功，非得遵守这些规定不可。如果将成功说成是自由，那这自由是以遵循规律为前提的。看来，哲学教科书上为“自由”所做的定义——自由即规律的把握，亦完全适合于史前陶器的制作。

我们还发现，虽然同一类型的陶型风格差不多，但很少发现两件制品是完全一样的，那就是说，作为手工制品，它除了有共同要遵守的技术的和美学的规律外，还有体现个人气质、风格的自由度。这自由度，虽然不是很大，因为它仍然在规范允许的范围内，却是诸多创新特别是艺术创新得以实现的原因。我们上面谈到过陶器的耳，耳一般放在哪里，应是有所规定的，但也允许移动，至于移到哪个地方，做成什么样子，那就要看陶器工艺师的艺术才华与灵感了。史前陶器之所以不像现代工业制品那样千篇一律，很有个性，除了手工操作以外，更重要的是史前陶器的制作，尊重艺术家的个性，给了艺术家更多的自由。这里有两个双向肯定：一方面，作为陶器工艺师，他必须高度地尊重规范，熟悉规范，这种熟悉要求达到这样的程度：任意运作而不逾矩。也就是说，这规范仿佛成为他本能，像中国人吃饭用筷子一样。另一方面，这规范又在最大程度上给予了陶器工艺师实现自己艺术个性的自由。所谓给予指的是在规律上支持，认可。所以，陶器制作创新的过程实际上有两个双向的肯定：一是艺术个性对于艺术规范的肯定；另是艺术规范对艺术个性的肯定。

四、空间艺术的时间意味

陶器是空间艺术，从本质上看它是静态的，但是它也可以获得时间的意味。优秀的空间艺术家都明白这个道理。我们在品赏史前人类的陶器时，惊喜地发现史前陶器工艺师在为陶器做造形设计时，也有这样的思路。具体来说，它体现如下：

（一）曲线造形。从线条的流转中，寻找时间的意味。观赏史前人类的陶器制品，如果注意看它的轮廓线，你会发现这条轮廓线其实是充满着情调的。它是一条曲线，蜿蜒而来，有些地方转弯转得陡了一些，显得有些急促，有些地方线条平缓，显得有些舒徐。整个轮廓线让人联想到绕山越岭、走原奔海的大河，也让人联想到音乐，高低快慢、轻重缓急都显得摇曳多姿，章法井然。欣赏史前陶器，虽然进入你的视界的是一个完整体，然而追逐它的线条却见出了时间的韵味。

（二）织入纹饰。纹饰本来是独立的，自有它的审美价值，但是，当它出现在器体时，它就成为整个器体的一部分，而且是有机的部分，共同创造着器的审美价值。当我们从时空维度来看器时，则发现，陶器中有相当部分主要是用线条来造形的，这些线条婉转流动，疾徐有致，恰到好处地彰显了陶器的时间意味。这种情况在马家窑的陶器中最为突出。

试看图 3-2-11，这是马家窑文化的一件陶盆：

这具器造形比较简洁，可以用四个字概括：温婉有致。盆的外部上方有粗波形的纹饰，那大起大落的线条给人以一种动态感，增加了时间的韵味，盆内壁上有短横线组成的图案，它给人一种静态感。如此动静结合，加上器本身给人端方稳重感，别具一番美感。

图 3-2-11　马家窑文化粗波形陶盆

同属马家窑文化石岭下类型的这具

图 3-2-12 马家窑文化石岭下类型彩陶水波纹瓶，采自《马家窑彩陶鉴识》，P40 图

陶瓶（图 3-2-12），同样给人以时间感，却是不同的意味：

这件作品，其轮廓线委婉有致，让人联想到林中一条缓缓流动的小溪，瓶身本身以素为底，肩部有三条线斜向腹部，汇入腹部几条密集的横向的波浪线，仿佛支流汇入主河。为了更多地体现水流的自然感、自由感，在腹的下部又添上两条线，一条平直，一条弯曲，好像溪流，流着流着，分了叉，变成两条溪，两条溪相交叉，又各自向前流去。

具体呈现的物均是空间与时间的存在。但是，我们一般不太会感到时间的流逝，因为时间的流逝是无声无息的。时间流逝只能体现在空间的变化上，比如，我家窗前这棵树，早上太阳升起，它的东边的枝叶是闪亮的，而到傍晚，这亮光就移到西边了。人制作的物件，有静态的，也有动态的，一般来说，静态的物件更多地体现事物的空间存在，动态的物件则能较多地显现时间的存在。陶器本是静态的物件，它先天性归属于空间艺术，怎样在空间艺术中增加时间的因素是对陶器艺术更高的要求。史前人类的陶器已能通过一些手法将时间的因素增加进去，难能可贵。

也许史前陶器工艺师在理论上不明白空间与时间的关系，他只是知道如何让静态的作品具有动态的效果。那么这就好了，因为静态是空间的本质，而动态则是时间的本质。从哲学上讲，这世界上的所有事物，无不在变化着，运动着。静止不动的东西是没有的。正如希腊的哲学家说，人不能两次涉足于同一条河流。哲人懂得，世界的本质是运动的，所谓的静只是相对的，而动才是绝对的。也许在实际生活中，人们不需要刻意去明白这一道理，因为生活本身就在变化着。然而，能不能在陶器这样人工制品中表现出时间的意味，那就见出陶器工艺师的哲学修养了。

五、思想与技艺的共同创造

在某种意义上，我们是可以将陶器当作人来欣赏的。陶器造形极少摹仿人，但欣赏陶器中总能依约感受到人的气概、人的风度、人的生命力。有些陶器，明显的让人感受到一种女性的美，或秀雅、或端庄、或华艳、或恬淡；有些陶器则明显地让人感受到一种男性的美，或雄健、或张扬、或严肃、或潇洒。我认为，陶器工艺师在为陶器制型时，是将他手头的作品看成是有生命的，他是在创造生命。创造的过程中，会不自觉地将他所感受到的男性美、女性美赋予到陶器上去。这个过程既是在从事生产，又是在从事艺术。

这里，作为联结口部与肩部的颈部特别地让人感受到生命的意味。看马家窑石岭下类型的两件陶瓶：一件颈秀长，明显地具有女性的意味，器腹下两个半圆形耳，为器平添了妩媚婀娜的风韵。而另一件，虽一样的精致但颈较粗，器体较矮，雄健敦厚，明显地见出成熟男性的稳健的气概。

陶器在史前人类的生活中占据着十分重要的地位，不能简单地将它看成是工具，它其实还是史前人类用来沟通天地神明的信物，祭祀时它盛着祭品，让神享用，因此，制陶不是一件小事，是整个部落的大事。制陶不仅体现着制陶者个人的思想与情感，而且也集中了整个部落的意志。某些大型且十分华美的陶器，不太可能会是普通百姓的用具，应是部落首领的用具，也许不会真用它来盛物，只是将它作为一种身份、地位、权力的象征，它相当于青铜礼器。在这里，陶器本身所具有的物质性功能诸如盛物倒是淡化虚化了，其精神性功能诸如祭神、显示身份、权力等倒是彰显了，陶器的审美功能相当一部分就蕴藏在这种种精神性功能之中。

就这样，陶器的文化意义就丰富而又深刻了，陶器成为了文化。

值得一说的是陶器中的神性。陶器中的神性是它作为祭具时，人赋予给它的，其实，它就是另一种意义的人性。世界上没有神，所有的神都是人想象出来的，因而，神性就是人性的另一种形式，或者说人性中的别一种，说是“别”，因为它不是普通的人性，而是超级的人性。

陶器是泥土做成的，本是没有生命的，因为出自陶器工艺师之手，就自然地赋予了人性。这种赋予是需要高度的艺术技巧的。这里有两个重要的环节：

第一，制作者将自己的思想与情感体现为陶器的设计方案，让方案成为人的思想与情感的对象化。虽然史前人类陶器制作未必有现代这样详尽的设计方案图，但方案肯定有的，基本的尺寸、比例应该也是有的。这个方案集中反映了史前陶器工艺师对器物功能、审美的认识，也反映着他对人自身的认识，凝聚着他的智慧、想象和才华。

第二，方案制作出来后须将方案付诸实施。方案的实施涉及诸多的具体问题，大体上是两类：一类是各种材料的准备，包括陶泥的选取，陶窑的制作，燃料的准备；另一类则是技艺的运用。这中间主要有两个环节：一是陶坯的制作，陶器工艺师需要将原来准备的设计方案付诸实施，制成一个坯子；另一个环节，则是烧制，这中间也有大量的技术问题。如果说设计方案的制作主要在于思想，那么，陶坯的制作及烧制则主要在于技艺。人性先是实现于思想，继是实现于技艺，当然，实现于思想的过程中也含有技艺的考虑，实现于技艺的过程中自然有思想在做指导。经过如此复杂的人性实现过程，陶器才制作成功。

人性的实现也就是生命的实现。因此，任何一件陶器的制作都是一次生命的活动。是生命的展示，也是生命的创造。具体来说，是一个生命创造着另一个生命。这后一个生命是前一个生命的又一体，是它的物态化。

创造生命的活动决定于人性两个重要方面：思想和技艺，因此陶器的制作是思想与技艺的共同创造。思想与技艺作为人性的两个方面，它们是有联系的，而且后者受制于前者，但是，它们也各自有独立性，并不是任何时候都是统一的，然而只有两者实现了完美的统一，才有成功的人工制品出现。改用通俗的话，这叫着“心手相应”，“心”是思想，“手”是技艺。

一般情况是思想决定着技艺，但是，技艺绝不是简单的实行者，它反过来也作用于思想，甚至将思想改变。没有任何资料说明史前人类陶器制作的详细过程，但是，从史前人类所制作的精美陶器我们可以反推其制作的过程。这个过程中，思想与技艺相互作用是极其精微、极其神奇的。虽然器物的制作，思想一般起着决定的作用，但是我认为，在史前人类器物的制作中，思想的作用可能没有那样大，倒是技艺起的作用更大。史前人类，感性思维的发达优于理性思维，动作思维优于大脑思维。也就是说，技艺往往走在思想的前面。也许正是技艺走在思想的前面，史前陶器，才没有那样多的复制品，才有那样多的原创性。因此，技艺在史前陶器制作中占据至关重要的地位。

第三节 造形的经典

史前陶器距今远的达万年，最近的也有三四千年了，但是，我们惊奇地发现，它们的造形在今天仍然在使用着。这说明，史前某些陶器的造形具有经典性。

经典性来自功能与审美的完善统一，同时也来自科学与审美的统一。科学体现在造形上主要是陶器的各个部位的比例是恰当的，这恰当的比例决定了陶器的使用功能是完善的，同时它也会是美的。科学为真，功能为善，真创造善，善需要借助于一定的形式体现，在陶器就是它的造形，这造形因为实现了善而获得了美。任何经典器具均是真善美的统一。

一、实用与科学

科学产生于实践之中，史前人类在其生产实践和日常生活中，逐步认识到自然界的某些规律，自觉地将这些规律用之于生产实践和日常生活之中去，这样，生产力得到提高，生活质量得到改善。这方面的成果突出见之于生产工具与生活用具的制造上，陶器是其中之一。这里，试以仰韶文化中半坡类型的典型器具——尖底瓶为例。

半坡史前文化遗址出土一件尖底瓶，它小口、短颈、鼓腹、尖底，形如棱状；两侧有耳，左右对称。外表轮廓呈流线形，线条流畅简洁。瓶的颈部有向上的三角形纹，腹部有倾斜的细绳纹。整个风格看上去，古朴典雅。

这具器是做什么用的呢？大多数的专家认为是取水器，由于水的浮力和瓶的重心的作用，当瓶子落入水中时，它会自动倾斜，进水。水灌满瓶子后，它又会自动地正位，这时，人们就可以提起绳子取水了。这种做法，完全符合物理学的重心原理和倾定中心法则。说明早在5000年前，半坡居民就掌握了这一科学原理，并且将它成功地运用到陶器制作中去。尖底瓶口小腹大，既能装很多的水，又不易溅洒。另外，尖底瓶的尖底可以分散水对瓶底的压力，增强瓶的紧固性。瓶左右两侧有耳，耳在腹的下部，装上绳子就可以背。因为是尖底，抱起来也方便。瓶子一般是放在架子上，或插在沙土中。这样的尖底瓶不只半坡有，同属于仰韶文化的姜寨遗址也有。在马家窑文化遗址中也有发现（图3-3-1），由此可见，在当时尖底瓶的使用是比较普遍的。

图3-3-1　马家窑类型尖底瓶

如果说在半坡，尖底瓶的塑造更多地考虑到取水的方便，但是，从图3-3-1马家窑这具尖底瓶来看，它的审美的意味就明显加浓了。首先，瓶嘴做成圆钵形，完全软化了口部的锋棱，它的颈部与腹部联接，过渡自然，两耳略略在下，增强了它的稳定感。整具器轮廓边线流畅自然，委婉有致，细细品味，似是晤面一位端庄的少女，隐隐然感受到婉约清雅的神韵。

陶器的制作涉及了大量的科学道理。器能盛物，就有容量问题，容量要大但占的空间不能太大，再者，必须适合于人的使用。不同的使用功能决定了器的不同造形，而不同的造形又必须做出合理的计算，现在我们虽然没有找到史前人类计算的器具如尺，但史前人类制作的器具足以证明他们已有相当发达的数学知识，特别是立体几何知识，而且已经能制图。陶器制作，仅仅是做出模型来还不行，还要烧制，最初的烧制是在平地露天进行的，后来发明窑穴，将陶器的坯模放在窑内烧。这涉及的物理学、化学知识就更多了。火候掌握是关键，如何测定温度，如何调节温度，均需要相当发达的科学知识。史前人类精美的陶器作品说明他们已经具有相当发达的科学技术水平。

实用是科学之母，史前人类在陶器制作上所体现出来的高度发达的科学技术水平，均来自生存的需要，来自实用。如果我们不只是将陶器看成是实用品，也看成是艺术品、审美对象，那么也可以说，人们的审美需要也是科学发生、发展的动力。一方面是人的需要，是实用，是审美催生了科学，并促进了科学的发展；另一方面又是科学推动着人类的生活朝着更丰富，更精致的方向发展，促进了人类不断地进步。

二、物质与精神

物质功能性即实用性是史前人类生产活动的第一原

则，其实不独史前人类，即使是当今人类，就其生产品的总体来说，也是将实用性摆在第一位的。但是，人之所以是人，就在于人不只是追求纯粹的物质功能性，还追求精神的功能性。精神功能性非常丰富，举凡物质性之外的一切大抵上都可以归入精神功能性，诸如政治、宗教、道德、审美。就史前人类来说，精神功能性主要体现在政治、宗教和审美三个方面。

严格来说，史前社会也谈不上政治，但是，史前社会已经出现了等级分化，也出现了不平等，这种情况意味着史前社会也有了政治。政治体现在诸多方面，在陶器的享用上，也明显见出区别。一些体型较大或体型虽小但极为精美的陶器，显然不是一般的人所能享用的，那是部落中较高地位者的专利品，甚至还可能成为他们地位与权力的象征。过于精美的陶器虽然具有实用功能，但实际上是不会用于实践的，它往往只是一种摆设，功能则主要是精神性的，而且主要是政治上的，即炫耀自己特殊的地位。

原始宗教是史前人类最为普遍的精神生活。原始宗教当其发展到一定时期，就出现了对鬼神的祭祀。祭祀需要祭品，陶器是盛祭品的主要器具。开初，作为祭具的陶器就是日常用的陶器，后来，觉得这用于祭祀的陶器与日常使用的陶器应该有所区分。现在，我们无法准确地判断哪些陶器是祭具，哪些是日用品，但可以肯定的是，作为祭具的陶器应该较日用品更大，更美。现在我们发现的作为陪葬品的陶器，其中基本的部分应该是祭具。原始人类相信有神论，人死了，他们不认为是真死了，而是进入了另一个世界，对于部落中的首领来说，也许还成为了神。所以，人死了，只是将日常用品放入死者的墓穴还不够，也还需要将他平时用来祭神的器具也放入。

史前人类的诸多意识中，审美意识也许是最早发生的。考古学家在属于旧石器时代的山顶洞人洞穴中发现有做装饰用的石珠，说明尽管生产水平低下，生存都很困难，但爱美还是不可放弃的。

审美是一个比较复杂的概念，它可以分成诸多层次。就其最低层次来说，它涉及感官的快适。就追求感官快适来说，它有两种情况：其一，功能实现之外的装饰。史前人类制作陶器时，在不影响器具使用的前提下，适当地将器具外形加以美化，以取得感官快适的效果。这种美化游离于功利，属于装饰。其二，追求功能与审美的统一。由于审美与功利本具有统一性。制器的过程中，当发现这二者有那么一种最佳的契合点的时候，陶器工艺师就自觉地追求这二者的统一。马家窑的陶器在这方面也许堪称典范。马家窑的陶器最美的当属瓶，尤其是那种长颈瓶。这种瓶削肩、细颈、翻唇、鼓肚、收腹、窄底，既便于盛水又利于观赏。久久品味，疑似古典美女：亭亭玉立，绰约多姿，含蓄内敛。

再以大汶口文化中的代表性器具鬶为例。鬶是大汶口文化、龙山文化出土比较多的一种陶器，这种器由上下两个部分组成，下部为鬲，主要用来烧水，上部有颈有口，口部有流，下部还有把手。这样，鬶的功能性是烧水并盛水，兼炊壶与饮壶二者之功效。

鬶这种炊器兼食器有它一个发展过程。最早出现的鬶是实心足，后来发展成空心足，并且将足设计成袋形。当足成为空心袋足时，足的功能发生了变化。实心足只有一个功能——支撑。空心袋足则有三个功能（参见图3-3-2），一是支撑，二是盛物，三是接受火的烧烤。三个功能中，这第三个功能，具有非常重要的科学价值。

它说明，史前人类已经发现，各种物体中，圆球形体积最大。将矩形足改成袋足状，既能很好地实现足的第一功能——支撑，又能让受火的面积达到最大值。这样，空心足中所盛物就更容易烧热了。

鬶的精神功能性包括政治、宗教和审美三者。政治与宗教一般可以概括进“礼”，审美部分地进入礼，部分地具有一定的独立性。

在古代，政治与宗教往往统一于礼。中国的礼制起源于何时不可确考，文字记载当是夏，但实际的起源远早于此。一般来说，只要满足如下三个条件礼制就已萌芽：第一，生产力有一定发展，满足基本的生存之外尚有多余的物质生活资料。第二，社会上有了等级分化，除部落主外，尚有一些不事生产或少事生产的贵族特权者存在。第三，有了制度性的宗教祭祀活动。三个条件其实不必到夏代，早在新石器时代中期就已经具备了。

地下考古发现证明，早在新石器时代的中期，具体来说，仰韶文化、大汶口文化、红山文化、大溪文化、马家浜文化时期，人类社会就已经有了明显的阶级分化。具体体现则是墓葬的随葬品有明显的区分。一般人的墓葬，随葬物品很少，有也很简陋，而有些人的墓葬不仅随葬品多，且随葬品极为精美。这些精美的物品，一般人是不能用的，因为它显示一种身份，一种地位，一种权力。地下考古还发现，新石器时代中期，人类的祭祀活动不仅存在，而且非常隆重，红山文化遗址发现有神庙，有神像。许多文化遗址还发现有祭台的痕迹。这说明，祭祀已经成为一种制度。既然如此，作为祭祀的用品就应运而生了，这种用品有些也可以用于日常生活，有些则只能用于祭祀。这类作品的突出特点是具有通神的功能。也许，日常用的鬶不需要象形，特别是像鸟、猪这样的动物之形，但是，用于祭神的鬶则需要像鸟、像猪。因为在史前人类的神谱中，鸟、猪均有神，鸟神、猪神它们的样子应就是现实生活中鸟的样子、猪的样子，不然怎能认定是鸟神、猪神呢？将鬶塑造成鸟形、猪形，用于盛装祭品，是不是更能获得鸟神、猪神的青睐呢？也许是的。

1975 年，山东胶县三里河大汶口文化遗址出土了一件猪形陶鬲。此器为夹砂灰褐陶质，器体为猪形，猪的头部基本上写实，比例准确，猪的眼嘴耳均逼真传神。鬶的背部有把手。此件作品的意义主要在于说明猪在史前人类生活中的地位。具体什么时候人们开始豢养猪，不可确考，但据地下考古已发现，距今六七千年前的史前遗存中有猪的骨骸。河姆渡文化距今 7000 年至 5000 年，在它的遗存中，有一件钵，钵的两边分别刻画着一头猪。磁山文化、仰韶文化、裴李岗文化、红山文化、大汶口文化、龙山文化均发现猪的遗骨，说明猪不仅是人类最早豢养的动物，而且是人类最为普遍的豢养的动物。猪的营养很丰富，人类普遍以猪肉为食，这对于人类身体的进化具有重要的意义。除此之外，猪还对人类的社会生活产生重大影响，最为突出的是，汉字“家”则为一个屋顶下有一头猪，说明养猪在某种意义上成为家的标志。这就是说，几乎家家都养猪。中国古代的祭祀，祭品中最为隆重的是“三牲”。“三牲”为牛、羊、猪。在河姆渡文化遗址不仅发现了猪纹钵，还发现了猪形陶塑。

图 3-3-2　大汶口文化地瓜鬶

1975 年山东胶县三里河大汶口文化遗址出土了一件鬶（图 3-3-2），它通高32.5厘米，口颈11厘米，器为夹砂陶质，褐色。此器的突出特点是三袋足肥胖。每足均为莲瓣状，分别来看秀美优雅之致，然三足合起来则又像地瓜。此鬶颈短，但口很大，流向前伸出，给人充实饱满的感觉，意味着富裕、威严。显然，这器是贵族人家的用品，而且是礼器，它显示一种身份、地位。

鬶是由鬲发展而来的。鬲是炊器，它可以用来烧水，也可以用来熬稀饭。烧水，因为它受火的面积大，较一般的炊器易于让水烧开；熬稀饭，则不仅易于让稀饭烧开，更重要的是利于让稀饭烧稠。因此，鬲的发现实在是史前人类一项重要的创造。后来，人们在鬲的基础上再加以创造，在它的上面加一个装置，用来蒸食黍米，则成为甗；加上一个壶嘴则成为鬶。

1960年，山东姚官庄龙山文化遗址出土了一件白陶鬶（图3-3-3），高29.3厘米，通体呈橙黄色，长流高颈，有圆口，腹下为三个袋足，把手作绳索状。整具器给人端方大气的感觉。

鬶的造形日益走向审美，史前陶器工艺师在满足鬶的物质功能性与精神功能性中的礼制之余，力求将鬶制造得美一些。于是，就在造形上给予更多的关注，千奇百怪的鬶就出现了，风格各一，有的隽秀，有的敦厚，有的清雅，有的雄健，多方面地满足人们的审美享受。

图3-3-3　山东姚官庄龙山文化遗址的白陶鬶

值得我们注意的是，鬶是大汶口文化的代表性器具，龙山文化仍然有鬶，但地位已经衰落，而在龙山文化之后，它就走向凋零了。是什么原因造成鬶的凋零以至消亡，不得确解。笔者认为，很可能是在陶器时代走向青铜时代之后，它的独特功能得不到彰显，由于鬶这种造形过于复杂，人们也就不再喜欢这种器具了，而它的实用功能则为别的器具所代替。

三、形似与神似

陶器的造形中有一部分肖形器，陶艺工艺师是在有意地模仿现实生活中的某物的。我们发现这种摹仿有两个重要特点：第一，它仍然是工艺品，将实用摆在第一位，任何摹仿都不影响物的实际用途。这就与纯艺术区分开来了。

第二，在形似与神似上，史前陶器工艺师是将神似放在第一位的。鬶的制作充分地说明了这一点。鬶的造形，取鸟的意象比较多，这原因可能有二：第一，大汶口文化主要所在地山东一带属于古东夷族地面，东夷族崇鸟，将鬶塑造成鸟的形状有鸟崇拜的意义。第二，鬶这种器具具有壶的功能，从实用来看，将它塑造成鸟形，比较地适用。这两个方面的结合，说明古代史前人类的一种审美意识，那就是取实用、艺术与原始宗教三者的统一。也正是取三者的统一，这鬶的造形只能取神似，因为它毕竟是实用品，而不是艺术品。

图 3-3-4　龙山文化的鸭形鬶

以鸟取形的鬶在大汶口文化中虽然比较普遍，但一般重在取鸟之神，不十分地注重模仿鸟之形。图 3-3-4 这件被人命名为鸭形鬶的器具，其实，说它像鸭并不肯定，不过我们可以肯定陶器工艺师在制作此器时，有意地取了鸭或鹅这类鸟类之神。

中国传统绘画，自顾恺之提出“以

形写神”“传神写照”以来，这“以形写神”“传神写照”一直被奉为艺术创作的圭臬。形与神的关系，一般来说，形似是通向神似的途径，但二者并不成正比例，也就是说，并非越形似就越神似。画一个人如果将其全部细节包括毛孔均画出来了，那不仅通不了神，而且严重地伤了神。试想想，将有思想有情感有个性的活人画成普遍性的科学性的生物图哪还有神在？这样的画只能让人感到可怕。所以，形似绝对不能全似。它只能抓关键处、特色处，突出这关键处、特色处，为人的联想指点一个方向，而让其他虚化、淡化，这样，就可以通神了。须知，艺术创作说的神不只是对象的精神，也有欣赏者的精神，调不起欣赏者的精神——具体来说，审美注意与审美联想，哪里还有什么“传神”？

史前陶器艺术家是深懂以形写神的道理的。他们的作品足以说明这一点。

四、标准与变异

史前陶器主要为容器。史前人类从对自然的观察中，已经知道，圆是容器造形的基本元素，在容器的中空部位可以找到一条中轴线，这条中轴线由底部上通到口部。容器的圆周实际上是由若干个不同半径的圆构成，而虚拟的中轴线就是诸多圆心集聚而成。这就是说，将容器横截可以截成若干个不同的圆面。

容器从口沿到底部，有些部分是圆柱状如颈部，更多的部位是圆球状。这圆球状极少可能是一个圆球，基本上是由若干个不同半径的圆球黏合而成。

圆球也好圆柱也好，均以圆为基础。这样说来，圆是容器的标准造形。虽然，几乎所有的容器都以圆为基础，但它们的造形又不一样，这是因为它们在运用圆这一基本元素来造形时用的不是同一种规格。有的腹部最宽，有的肩部最宽；有的口呈喇叭形，有的口为直口；有的颈长，有的颈短……凡此种种，造成容器的变异。

容器造形的变异有两种原因：一、出于容器功能的不同。不同的容器有不同的功能，不同的功能产生不同的造形，瓶不同于罐，罐又不同于瓮。一般说来，瓶有较长的颈，而罐与瓮均为短颈；另外，瓶的腹部可以拉得较长，近圆柱状，而罐与瓮其腹大多近圆球状。二、出于陶器工艺师独特创意。试以马家窑文化半山类型的陶器为例。半山类型以 1924 年发现于甘肃省广河县洮河西岸半山而得名，距今大约 4700 年至 4300 年左右。半山类型属马家窑文化中期，罐和瓮是它的主要器型。罐的造形以椭圆球形为基础，腹部为最宽部位，上下收缩。向上收缩，连着口沿，颈比较短，甚至没有了，向下收缩后连着底，有些器有圈足，有些器没有。史前陶器器体上下一般不对称，但是匀称。这打破平衡对称取均衡匀称的形式美原则，史前人类已经掌握得相当纯熟。

图 3-3-5　马家窑文化半山类型菱格纹陶罐，采自《马家窑彩陶鉴识》，P121 图

图 3-3-5 这具器也是罐，它的突出特点一在口，有一个钵状的口，口沿有一个类似鸟喙的尖状物，故学者们称它为鸟形罐。其实，它的造形并不像鸟。此器的腹部也有些怪，已经不像椭圆球而类似鸟卵。此器不仅上下不对称，不匀称，左右也不对称，不匀称。也就是说，它不仅打破了平衡对称，而且也打破了均衡匀称。整具器给人一种向旁倾倒的动感。此器近底部有两个耳，说明它可以穿上绳子。史

前人类将罐造成这个样子，到底是出于功能的需要还是审美的需要，现在已是很难考证的了。

瓮的功能也是盛水，但是它一般比罐大，罐之所以较瓮小，原因是它不仅用来盛水，也用来取水，而瓮则不能用来取水了。考虑到瓮主要功能为盛水，也考虑到人们从瓮中取水的方便，瓮一般比较地高，肩宽。但是，也有不少的瓮的肩并不宽，造形近于罐，这也许是瓮与罐尚未明确区分时期的作品，图 3-3-6 系马家窑文化齐家类型陶壶。这壶倒是比较地遵循形式美法则的，上下匀称，左右对称。整具器给人端方、威严之感。

图 3-3-6　马家窑文化齐家类型彩陶菱格网纹壶，采自《马家窑彩陶鉴识》，P141 图

观察半山类型的陶器时，我们有趣地发现，器具最宽的部位不是在腹的中部就是在肩部和腹的下部，因此构成两种不同的感觉：最宽部在中部的，一般显得均衡、端庄，让人联系到正统、主流；最宽部在肩部或最宽部近底部的，那就是另一种感觉了。

图 3-3-7　半山类型圆圈锯齿方格纹瓮

图 3-3-7 和图 3-3-8 两具陶器，最大的区分在器的最宽部位。圆圈锯齿方格纹瓮的最宽部位在肩与腹交接之际，腹部拉长，于是显得高峻。因为高，虽然它最宽的部位显得圆鼓，仍能给人以秀美感，并且让人隐隐地产生生动感，似是感到它不够稳定。

图 3-3-8　半山类型多层垂弧纹罐

然而这具多层垂弧纹罐，因为最宽部位下移至下腹，器的重心下移，整具器就显得厚实、笨重，让人产生一种丰盈富足的喜悦感。

史前陶器中盛贮类的容器主要以圆球形为基本造形，其变异很多。在所有已出土的陶器容器中，明确地见出追求圆球形造形的莫过于出土于西安半坡仰韶文化遗址的球形壶了。尽管如此，它也只是近圆球，而非严格的圆球。半坡的陶器工艺师将壶的下腹部略略加粗，让器身呈下垂式，以增加壶的稳定感，从而取得了极佳的功能效果和审美效果。

图 3-3-9　大汶口文化白陶单把杯

图 3-3-10　龙山文化黑陶单把杯

圆球体的变异之一是圆柱体。圆柱形造形主要见之于杯类。圆柱体的侧线本为直线，但我们发现，史前的陶器工艺师将圆柱的侧面轮廓线略略弯曲，使之变柔。大体上有两种弯曲方式：一是向外弯曲，增加圆柔感；另是向内弯曲，让器透出劲健感。图 3-3-9 为大汶口遗址出土的白陶单把杯，它的下腹略鼓。整个造形秀雅，圆柔，有女性柔美的情调。再看图 3-3-10 龙山文化这具黑陶杯，它的侧轮廓线则稍向内收缩，它类竹节，端方，正直，锋棱突出，有男性的阳刚意味。

盆碗钵类容器则主要以半圆球形为基本造形。这类器的各种变异主要在口部与腹部、底座的比例关系，严格的半球形盆碗和钵基本上没有，各种盆碗钵均只是近半球而非半球。口径、底径和高的比例，大体上在二比一和三比一之间，与现代碗、钵接近。碗、钵的美化主要在腹部的收缩率。仰韶文化庙底沟型的陶盆，其腹的下部猛然收缩，让底略呈尖形，以增加了盆的轻盈感、灵动感，倒是别具情调。

标准与变异是艺术造形中重要的一对关系。标准出自科学，就陶器外部造形来说，这里的科学主要指标准的几何形。几何形虽然来自生活，却是人类抽象思维的产物，在实际生活中只有近似的几何形，而无严格的几何形。几何形涉及各种比例，一定的比例方才构成标准的几何形。只有掌握了这种比例，才能制作出标准的几何形。显然，史前人类对于这种比例关系有了充分的掌握。比例是形式美的构成元素之一，标准的几何形有它的美。这种美的突出特点在其规律性，几何之美，美在真，是真化成的美。标准的几何形，其美也有不足之处，主要是呆板，然而如果在此基础上适当地变异，那就生动了。史前制器人熟谙此道，表现出极高的造形水平。

五、普适与精致

史前陶器造形明显地存在普适物与精致品的区分，尤其在新石器时代的后期。所谓普适物就是普通生活用物，它虽然也具有一定的艺术性，但是，艺术性不是太讲究，总的来说，还是以功能为主。精致品不是普通用物了，它虽然也有功能性，但更多地用来显示一种高雅的生活方式，实用已经降到次要地位了，这样一种物品具有一种脱离事物实用功能的艺术性。这就是说，此种器具其艺术性有二：一是与实用功能相结合的，另是与实用功能相脱离的。当后一种艺术性在一定程度上超过了前一种艺术性时，我们可以将这种器具称之为精致品了。

杯的分化主要见之于龙山文化。龙山文化中的杯风

图 3-3-11　龙山文化黑陶高柄杯

格多样，争奇斗艳。其中有一种杯名蛋壳杯，器壁极薄，且造形极为美观。山东临沂大范庄龙山文化遗址出土一件黑陶蛋壳杯，此杯有类似喇叭花的口，器柄镂空，极为精致。1960 年在潍坊姚官庄龙山文化遗址也出土了黑陶蛋壳杯，此杯也有一个类似喇叭状的阔口，器柄分成两部分，下面一部分做成竹节状，且略略向内收缩，以增加它的秀美感。 这两件杯已不像是日常用品，因为它太易破碎。再看图 3-3-11 这具高柄黑陶蛋壳杯，它是极为精美的艺术品，美得简直让人不敢使用，似乎拿它来充当饮器，是对美的莫大亵渎。这件堪称国宝的黑陶高柄杯出土于 1975 年山东日照市东海峪遗址的龙山文化墓葬。它通高 22.6 厘米，口径 9 厘米，为泥质黑陶，器表乌黑光滑，宽斜口沿，深腹杯身，细管形高柄，圈足底座。杯腹中部装饰六道凹弦纹，细柄中部鼓出部位中空，并装饰细密的镂孔，貌似笼状，其内放置一粒陶丸，陶丸落定能够起到稳定重心的作用。

黑陶蛋壳杯是龙山文化标志性的器物，这种杯其壁厚不超过1毫米至2毫米，有的仅0.5毫米。它质地细密，极小渗水率。这说明两点：第一，它的陶泥极为纯粹，经过反复淘洗，胎内不含杂质；第二，它的制作技术达到极高的水平。这中间关键是烧窑的技术，其次是胎具的制作技术。据专家研究，这样的器具不是一次成形的，先分别制成杯沿、杯身、杯柄等部分，然后，分别用快轮加工对接成形。

这种杯，是作为酒器来制作的。中国具体在什么时代学会制酒，上限不可确考，但可以肯定的是，距今4700 年前的龙山文化时期，酿酒的工艺已经相当成熟了。出土文物中有大量的酒器，除了酒杯外，还有陶罍、陶尊。山东城子崖 988 号灰坑出土一件泥质黑陶罍，口径达36.5厘米、腹径达66厘米，是目前发现的最大的陶罍。

我们现在来仔细欣赏这件高柄黑陶杯。观赏它高挑的造形，强烈地感觉到了一种韵律，好像在听一曲音乐，这音乐高低起伏，悠扬婉转，极为美妙。整具器主要用曲线造形，不仅有助于创造音乐的旋律之美，而且还让人想到亭亭玉立的少女，透显出女性的柔软亲和。杯的口沿舒展，薄而平，逗人唇吻；杯腹圆滑，略略鼓胀，让人想到酒的丰盈，生一饮而尽之欲念。整具器虽然高挑，但底座设计成圈足，仍然给人以安全感。不能不说这具酒器不仅在史前堪称天才创造，就是放在今日，也算得上是熠熠夺目的珍品。

酒器酒杯的式样最多。将各种酒杯放在一起，可以明显地发现，有些比较粗糙，有些则特别精致，而且精致得让人不便使用。这就让人认定，其中一些酒器别有用途，像黑陶蛋壳杯，只有在特别重要的礼仪和祭祀场面，才有可能拿出来象征性地用一下，更多的时候它会被当作珍宝收藏起来。这样的酒杯，因为平时极少用，所以制作时，不会太多地考虑到使用功能，而会将它的艺术性放在首要位置上来考虑。

普适物与精致品的分化一方面是社会的需要，它反映了两种社会现象：一是社会财富有相当的积累，在此基础上，艺术可以在一定程度上脱离生产与生活的直接需要向着满足人的精神需要发展。另一方面，说明社会明显出现了严重的等级分化。处于上层的贵族需要过一种奢移生活，这种生活已经不是以物质性的享受为标志，而是以精神性生活为标志。

龙山文化时期，社会生产力得到发展，制器工艺也远超大汶口文化时代，上面说的高柄黑陶杯制作工艺极为精湛，其薄如蛋壳的胎壁就是明证。这种蛋壳杯显然不是一般人能用的，它只属于社会上层。龙山文化大型墓葬已发掘八座。西朱封发掘的两座墓级别最高，很可能是王的墓地。其中 203 号墓保存最为完整，也就在这座墓中，发现有蛋壳陶杯。从现已发现有蛋壳陶杯的墓葬来看，其蛋壳陶杯是单独摆放的，不与其他随葬物混杂，说明其地位显要。

龙山文化的墓葬其规模是有明显区分的。大型墓葬均在都城周围，且大型墓葬周围没有中小型墓葬存在，这说明只有高等贵族才能有资格落葬王畿。而大汶口文化墓葬中，大型墓葬与中小型墓葬是共存一个墓地的，它们按一定的规律排列着。这说明上层贵族包括部落的首领死后还是不脱离他们氏族的，氏族整体的利益高于部落贵族的利益。而龙山文化墓葬中，贵族的墓已经不与氏族其他人的墓在一起了，说明贵族利益高于氏族。贵族墓葬中，王的墓又单独在一个墓区，不与其他贵族的墓在一起，说明龙山文化已存在至高的王权崇拜。

研究人类社会的发展史时，人们一般都强调劳动人民的贡献，这诚然不错，但是贵族们的贡献不容忽视。他们不仅是社会上最富有、最有权力的人，而且也是最有文化的人。对于生活，他们有超出于普通人的要求。这种要求我们一般说它是奢侈，是腐化，是浪费，这当然也是对的，但不可忽视的是，正是这种超出常人的对生活的要求，刺激了社会生产力、科学技术、艺术向着更高层次发展。史前种种造形精致的陶器就是应贵族阶层高层次的生活需求而产生的。

任何事物，只有到它的规律即本性显现才有这事物的真正存在。艺术也是如此。规律虽是客观的，似乎只等待人们去发现，殊不知任何规律的发现均是人努力的结果，这种努力还只能是灵慧的，创造性的。没有人的灵慧，没有人的创造，就没有规律的被发现，从这个意义上讲，规律既是发现，也是创造。

史前陶器制作人无疑是人类最初的艺术家。他们对艺术的创造，并不只是源于对生存的需要，还源于对世界的好奇、对美的向往。值得我们特别注意的是，这一切并不凝结为一个理性的目的，而是实现为感性器物的创作，这创作的过程无疑是艰辛的，但也是愉快的。这种愉快就是美感，艺术家只有在创作过程中强烈地感受到了美，他才能创造出美的艺术，艺术的美。

史前陶器的经典性在于其创作原则的经典性。不要说后人的一切创作均依据于这一原则，而且后人的一切创造均是它的继续。是继续，不是超越，因为它是第一，是原创，故而它的创造永远不可企及。

第肆章

史前陶器审美意识（下）

第一节 抽象纹饰：谱天地节律

形式美有两类：一类是属于事物的结构，包括它的外在的形态还有内在的组合。这种结构是事物内容的体现，它的状况与内容不可分，实际上它是内容的外在显现。它相当于亚里士多德说的“形式因”。这种形式有美，它的美在于恰到好处地实现了事物的内容，即美在善。另一种形式美则属于事物外在修饰，它与事物的内容是没有多大关系或者说根本上是没有关系的。这种形式美相当于康德说的“纯粹美”。康德虽然承认美与内容相关，并且为这种美取了一个名——“依存美”，并且也说过美是道德的象征，但在论述美的本质时是以纯粹美为依据的。后来的美学家批评康德为形式主义者，认为他的美学脱离了实际，其实这是误解了康德。康德何尝不知道在现实生活中大量存在的审美现象都是有内容的形式？但是作为学者，他必须找到美的独立性，因为只有找到这种独立性，才能找到美之所以为美的本质所在。

美的独立性何在？在它的形式。虽然任何形式均是内容的形式，但未尝不可以暂时地将形式的内容悬搁起来，专就它本身来谈它的审美效果的。

史前陶器的形式美有两种：一种体现在陶器的结构上，包括陶器的材质、造形等。这种结构与内容及功能相关，但也不全然是内容的显现，有一部分结构因素具有独立于内容的性质。如上一章谈到过的龙山文化的高柄黑陶蛋壳杯，它的造形中有一部分是与内容无关的。另一种为外在装饰，主要为纹样。结构的美是没有独立性的，服务于功能；装饰的美与器的功能没有直接的关系，它具有独立性。

史前陶器的形式审美中，占重要地位的是这种外在纹饰之美。史前陶器纹饰从构图方式来说，可分成两个类型：一是抽象，二是具象。无论从量还是从质来看，抽象是陶器纹饰的主体。遍观已经发现的全部史前陶器上的纹饰，有充分的根据证明，不是具象而是抽象是陶器纹饰的基础。史前陶器纹饰的精美超出了我们想象的程度，一方面说明史前人类对美有相当高的追求；另一方面说明史前的陶器工艺师具有卓越的审美创造能力。

一、史前陶器抽象纹饰的来历

任何抽象均来自具象。就史前陶器的纹饰来说，它的抽象主要来自四种情况：

（一）来自制作方法的影响

陶器制作分手制和轮制两种。手制法又分为三种：模制法：将陶泥涂在模子上，待陶泥半干时，将模型取出，陶胚的表面就会留下来自模型的各种痕迹了。捏制法：陶艺工程师用手捏制陶胚，有意识地在陶胚表面刻下各种纹饰。这纹饰多为指甲刻制，也有借助工具刻制的。泥条盘筑法：将泥胚制成长条，螺旋式向上盘筑制成器形。螺旋式盘筑会在器表留下螺旋纹。轮制法：将陶泥放在陶轮上转动，由人辅助，制成陶胚，这个过程中陶胚会自然地留下平行的线纹。轮制过程中，陶器工艺师还会用一种木拍或陶拍轻轻地拍打器表，这种拍打也会打出有规则的纹饰来。

（二）来自编织物的影响

史前人类很早就会纺织了。许多新石器时代的遗址发现有纺轮，这些纺轮或为石制或为陶制。纺织物有多种，主要有麻。仰韶文化姜寨和庙底沟遗址出土的陶瓶陶钵，其耳部和底上印有麻布痕。除麻外还有藤、竹、芦、荻等。从印纹陶所反映的编织纹来看，中国华南地区一带，藤、竹、芦、荻等的编织工艺应是比较地发达。编织物均是经线与纬线交织而成，经线、纬线交织自然形成一种花纹，这种花纹为几何纹，具有整齐有律的美感。陶器工艺师受编织物的影响，将这种编织纹用到陶器表面上去，这就成为陶器表面几何纹的一种重要来源。

（三）来自对自然物轮廓的启发

史前人类所有的创造均是从自然中受到启发，就陶器的纹饰来说，其抽象纹饰的重要来源之一是对自然物轮廓的模仿。如借鉴太阳、月亮等圆形物体的形象，创造圆圈纹；受波浪、蛇等物体的启发创造曲线纹。山岭多为三角形，当其连成山脉时其天际线一上一下，受此启发，则产生锯齿纹。树叶大多为卵形或梭形，将卵形或梭形的边线直线化则创造出菱格纹。

（四）将具象纹做进一步的简化处理

几何纹源自大自然，但自然界本身并没有严格的几何纹，所有的几何纹都需要经过大脑的理性过滤与再创作。理性的过滤是以对事物规律的一定掌握为前提的。没有这种对规律的掌握，理性过滤无法进行，自然，几何纹也不会产生。

大体来说，史前人类从自然界中获取几何形启迪，可以分为两种：一种就是上面所说的，直接从自然物中

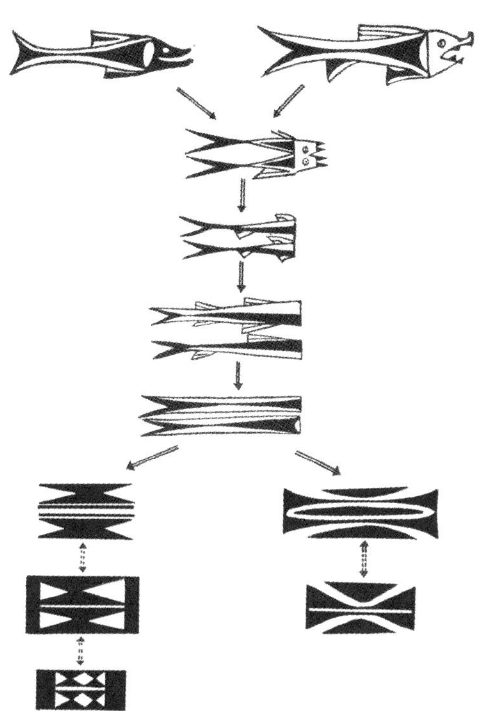
图 4-1-1　半坡鱼形纹样复合演化推测图（图一）

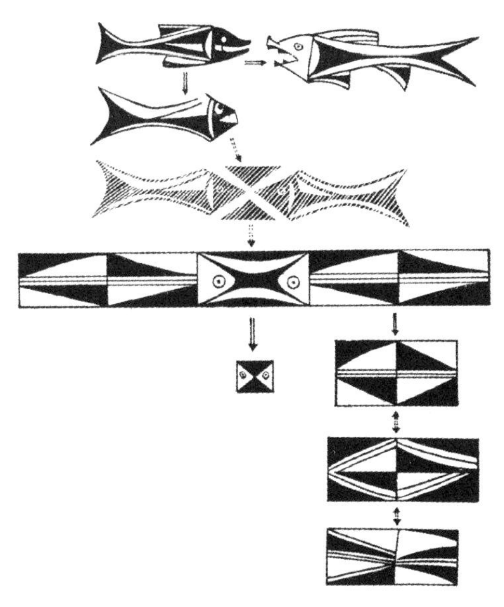
图 4-1-2　半坡鱼形纹样复合演化推测图（图二）

获得启迪，比如从太阳、月亮直接获得圆形的启迪；另一种则是将写实的具象纹饰做抽象化的处理。就对自然物的摹仿来说，这属于二重再创作了。比如史前许多陶器表面上有鱼纹，这鱼纹是具象的，一看便知是鱼，后来，逐渐地抽象化，当达到抽象的极致时，便看不出鱼来了，鱼纹成为半坡型陶器纹饰的代表，各种不同样式的抽象鱼纹，构成了绚丽多姿的世界。

半坡文化研究专家对半坡盆上的各种鱼纹进行深入研究，制作出这样三个由具象到抽象的图表来（图 4-1-1、图 4-1-2、图 4-1-3）。

图一是说：A2a 和 A2b 共同组成 A2g，A2g 经过多次简化后，最后演变成完全看不出鱼来的 B9i 和 B14h 。

图二是说：由 A2a 演变成 A2b，A2b 和 A2c 经过组合、简化成了 A2j。A2j 分化为 B29a 和 B14d，B14d 发展成 B14e。

图三是说：A2a 发展成 A2c，A2c 分解，最后成了 B17

和 B14b。

这种推演是有一定逻辑的。当然史前半坡的陶器工艺师未必完全遵照这种逻辑，他们完全可能另有逻辑。

鱼纹的演变，明显地见出向直线、矩形方向发展。鸟纹的演变似是有些不同。张朋川先生对庙底沟型、马家窑型的鸟纹的演变做了一个描述。就他的描述来看，鸟纹的演变是朝着曲线、圆形方向发展（图 4-1-4）。

曲线化、圆形化属于抽象化。抽象的过程是简化、几何化、图案化三者的结合。简化是基础，几何化是图像朝着数量化方向发展，图案化是图像朝着审美化的方向发展。因此，抽象纹饰的产生过程是数量化与审美化相结合的过程。

值得强调的是，这个过程不只是存在一种方式，正是因为存在诸多的可能性，因此，同一具象纹饰经过抽象可以演变出无穷的几何图案来。

（五）来自某种精神意念的影响或启迪

所有几何元素中，圆形是最为重要的，圆取象是很多的，太阳、月亮是最主要的取象对象。所以

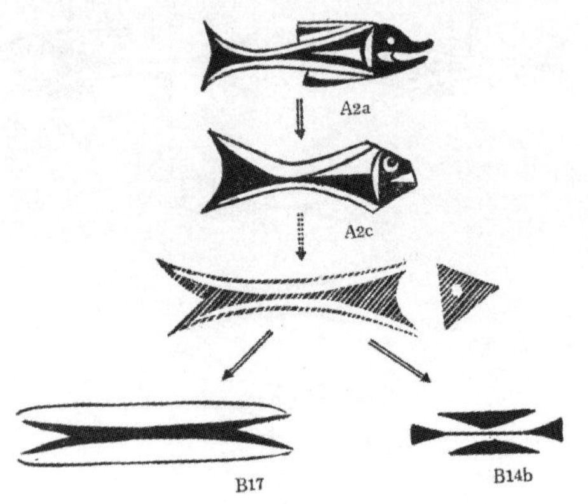

图 4-1-3　半坡鱼形纹样复合演化推测图（图三），采自《西安半坡》，图一二九、一三〇、一三一。转录自《中国新石器时代陶器装饰艺术》，图二五、二六、二七

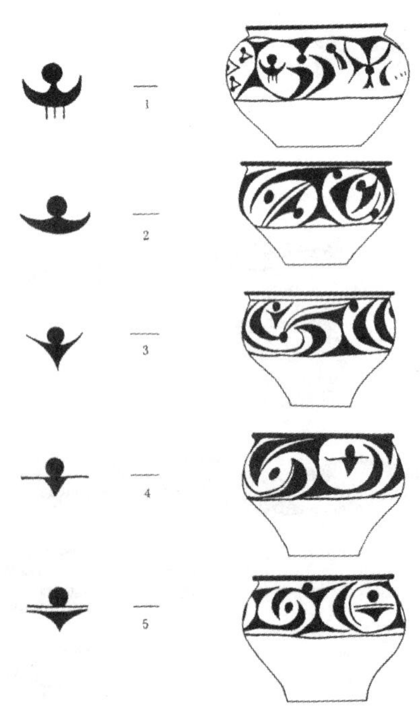

图 4-1-4　庙底沟类型正面鸟纹陶盆演变图，1. 芮城大禹渡村；2. 华阴西关堡；3. 陕县庙底沟；4. 洪洞；5. 夏县。采自《中国彩陶画谱》，插图 82

图 4-1-5　马家窑文化半山类型瞳仁纹陶罐

一般均认为圆形是太阳崇拜的体现，这固然不错，但绝不只是这一原因。圆在同样周长的平面中面积最大。更重要的是，圆在一切造形中最为美丽。人与人情感交流最重要的是眼神交流，而眼睛中的瞳仁是圆的。人的美丽集中体现就在这瞳仁上。出现在陶器上的圆形，许多在中心加一个圆点，这圆点是不是意味着瞳仁？如图 4-1-5 马家窑文化陶罐上的圆纹。

图 4-1-6　马家窑文化半山类型圆圈纹陶罐

陶罐还有在圆圈中加上六个点的，五个点排在外，构成五个角，一个点在中心，如图 4-1-6 陶罐上的圆形纹饰。这种图案的含义就深邃了。众所周知，中国古代文化中有五行之说，五行为金、木、水、火、土，它们之间的相生相克构成这个世界。这具陶罐上的圆形纹显然有这种意味，但是，这圆形纹中的点不只五个，有六个，五个居外，一个居中，居外的五个点有五行的意味，这居中的一个点显然还别有意味，它是不是代表太极？是五行之根，万物之本？

虽然圆形纹饰在仰韶文化就出现了，但是，只有到了马家窑文化时期才蔚为大观。马家窑文化中的马厂型尤其喜欢在圆形内再做装饰，张朋川先生的《中国彩陶图谱》搜集了大量的圆形内花纹图饰（图 4-1-7）。

真正是蔚为大观！也许这体现了一种天地意识，古代有天圆地方之说，地是在天笼罩之下的，最大莫过于天，在圆形内做花纹意味着一切均在天之中，这是史前初民崇天意识的一种反映。也许这反映出初民们当时已

图 4-1-7（1、2）：马家窑文化马厂类型陶器圆形内花纹例举，采自张朋川:《中国彩陶图谱》，插图 100

经具有朴素的对立统一观念。所有的圆内花纹均不同情况地体现出矛盾事物的辩证关系：圆与方、直与曲、少与多、繁与简、偶数与奇数、活泼与凝重等等。如此多的个性不一的圆形内花纹，充分反映初民们艺术设计的原创性，他们不愿雷同，务求创新，表现出极为可贵的探索意识。

二、史前陶器抽象纹饰的组成

抽象图案主要体现为几何图案，但几何的程度是不一样的。大体上可以分为五类：

（一）无组合的几何构图。所谓无组合，就是说只存在单一的几何形，多是将一种几何形填满陶器的某一部位，最多的是肩部，也有全身刻满同一纹饰的。尽管只存在单一的几何形，但由于注意到变化，并不显得呆板，反而因元素单纯，构图简洁，倒见出一种次序来。其最佳者，应达上乘的审美品位。在美学中，这种简单美向来被视为美的极致。

图 4-1-8　马家窑文化马厂类型回纹陶罐

（二）组合比较简单的几何构图。所谓组合“简单”，一是指组合的单体不多，二是指组合的方式不多。

图 4-1-8 这具马家窑文化马厂类型陶罐其纹饰组合属于这种，此器主纹为回纹，地纹为方格纹，就两种单体，应该说构成的元素不多；构成方式也比较简单，就在方格地纹上加上回纹。地纹繁而不密，主纹大而不疏。纹饰整体既见简洁又不显单调。图 4-1-9 为辛店文化类型陶壶，纹饰极为简洁，颈部为宽线回纹，肩部为 3 字形的折钩纹，也许陶器工艺师在审看图样时，发现此纹与器形尚有些不和谐，于是在 3 字的中凹处补了一个折线纹，让中凹处形成一个菱形。正是这最后一补，使纹饰就意味无穷、百看不厌了。

图 4-1-9　马家窑文化辛店类型折钩纹陶壶，采自《马家窑彩陶鉴识》，P204 图

（三）组合比较复杂的几何构图。所谓复杂，首先，构图元素超过三种；其次至少可以分别出两种以上的组合方式。马家窑文化陶器上纹饰多取这种构图方式。

图 4-1-10　马家窑文化马家窑类型复合波浪形纹陶壶

图 4-1-10 这具陶壶的纹饰为复合波浪形纹，它的构成元素有三：成组横线、成组曲线、黑圆点等。它由三组图案

构成，肩以上是第一组，为单一的横线纹。腰部为第二组，这一组中有好几种元素，处于组织者地位的是内有复合十字线的椭圆纹，其他为由网格组成的卵叶纹、半月纹等。腹至底部为第三组。三组纹饰元素组合繁简不一，上组最简，中组繁，下组繁简合一。就动静感来说，上组静，中组动，下组动静合一。三组图案，中组图案起到组织的作用，最显眼的元素是内有复合十字线的椭圆纹，因为它的存在，使得整具器的纹饰，飘逸中见出稳健。

图 4-1-11 这具器的纹饰仅于器的上部，下部虽无装饰，却对全器装饰起着扛鼎的作用。上部装饰的繁复与下部无装饰的素雅相互作用，使得这具器别具审美意味。就器的上部纹饰来看，它也可以分成三个部分，颈部、肩部和腰部。颈部较为繁复，有四种元素，但统一在横线上。肩部纹饰占的面积较大，是整具纹饰的主体。肩部一反颈部的横线纹，而取向上挑起的弧线纹，显现出飞升、轻扬的审美意味。腰部为简洁的水波浪纹，一方面对于中部的弧线纹起到心理调节的作用，另一方面又与颈部的横线相呼应。三组纹饰起组织作用的是中部一组。由于它的风格，使得这具器的装饰总体上显得大气，豪放。

比较复杂的几何构图，重要的是整体感，它给人的第一感觉是复杂，但继而就会让人发现其中有序，因此最后的感觉则是丰富而又灵动。

（四）以认知性的抽象符号为主纹的几何构图。江苏邳县大墩子大汶口文化遗址出土的八星杯上的八角星是具有认知性的符号（图 4-1-12）。

图 4-1-11　马家窑文化半山类型凸弧纹陶壶

图 4-1-12　大汶口文化大墩子遗址出土的八星纹陶杯

这种八星纹有几种不同的形制，有的中心有方块，有的有圆点，也有的什么也没有。另外，八星有作正方形的，也有作长方形的。八星纹主要是在大汶口文化遗址发现，但是，1974 年在辽宁敖汉旗小河沿南台遗址也发现了八星纹，那是刻在一具陶器器座上的。南台遗址属于小河沿文化，与大汶口文化属于同一个时间段，说明这两种文化是有交往的。八角星是什么，现在也无从知道了，可能性最大的是部落的标志。

大汶口文化陵阳河遗址出土有一种标志物的纹饰。它有两种形态：一种上为圆圈，下为类似弯月的几何形，说只是“类似弯月”，因为弯月上面的线条并不是一条曲线，而是两条曲线，形成一个小折角。另一种形态是上面说的图案下边再加上皇冠似的山形图案。图案为五个三角星，联缀成一条线，底线为水平直线。

大汶口文化的一具陶尊上有一幅图案非常奇特。此图案由三个部分组成：最上方一个圆圈，可能是太阳；太阳下是类似弯月的图形，下部是由五个三角形尖峰组成的图形，有学者认为可能是山。整个图案被命名为日月山纹（参见图 11-5-11）。它很可能是一个字，也是部落的族徽。

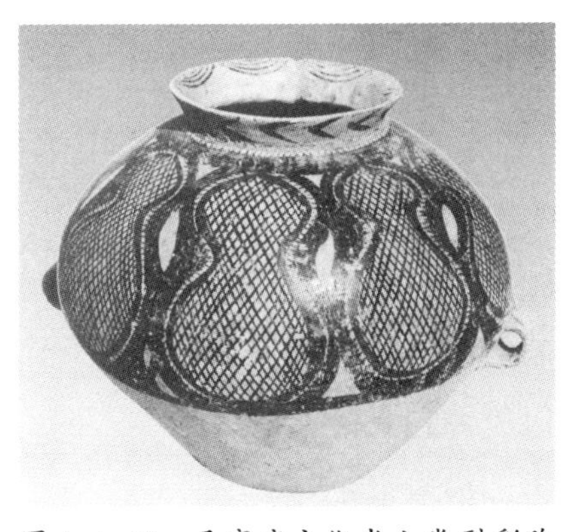

图 4-1-13　马家窑文化半山类型彩陶八葫芦纹陶罐，采自《马家窑彩陶鉴识》，P104 图

五、抽象图案与具象符号相结合的几何构图。这样的纹饰，大抵上以几何图案为地，在此基础上，简略地加上一些能够让人推测为某实物的符号。如图 4-1-13 这具陶器上的纹饰。

这具陶罐基本上是抽象纹饰，但是，它在将抽象的网格纹分类时，采用了葫芦造形，因此，让人想到了葫芦。

三、史前陶器抽象纹饰的科学品格与审美品格

中国史前陶器上图画有两种情况：一种为图画，如河姆渡出土的陶钵上有一只猪的图画；另一种为图案。凡图案均具有抽象性。我们只是据抽象程度的不同将它们分成两类，将抽象程度高，基本上脱离了具体事物形象的图案称之为抽象，而将基本上保留具体事物可辨识性的形象称之为具象。

抽象图案突出特点是基本上摆脱了具体实物认知，它将造形的因素化为最为简单的几何形：点、线、面。点的放大即为面，所以，实际上是线与面。线分为两大类：直线和曲线；用线造成的面，基本上也是两大类：矩形和圆形。几何造形的基本元素虽然很少，但是组合方式无限，因此几何造形具有最大的自由度。

思维大体上分为抽象思维与形象思维两种。也许有人认为只需要抽象思维而不需要形象思维，其实不是。形象思维之称为思维，就意味着它需要抽象。没有抽象就没有规律的发现，也没有规律的表述。在把握事物规律这一点上，形象思维与抽象思维殊途同归。史前人类已经具有相当的抽象思维能力，正是这能力保证了史前陶器上的抽象纹饰具有高度的科学认知的水平。以上面所举的马家窑文化陶器上的漩涡纹为例，专家们一般认为这漩涡纹是对黄河漩涡的艺术概括。何以见得它概括的是漩涡而不是别的？原因在于此图案准确地揭示了漩涡中各种不同方向的力的作用。正是几种不同方向的力的作用，才创造了漩涡的奇观。马家窑文化陶器漩涡纹

的制作，反映了史前人类对漩涡的理性的认识。陶器工艺师以其卓越的形象思维力将这一科学认知演化为美丽的图案，实现了真与美的统一。

抽象有两个基本点——简化和美化。

简化需要抓住事物的本质，突出主要的，略去次要的，这反映人们思维的深入，因为就科学来说，最简单的也就是最本质的。

美化需要把握形式美的原理，让形式带给人们快感。什么样的形式能给人们快感？有两个决定性的因素，一是人的生理结构。人的生理结构其基础是自然性的，在人的生产实践与生活实践的过程中，这结构不仅得到进化，而且还渗入许多文化性的内涵。二是人实际的生存状态，人对外界事物的功利性的需求以及外界事物满足这种需求的状况。这两种因素一体现为人的内在心理，一体现为人的外部条件，两者的结合为形式美感奠定了基础。形式美的基本原理被人掌握后，人就自觉地运用于实践，在实践的过程中，这形式美的原理有诸多的变化。

简化体现出抽象的科学品格，美化体现出抽象的审美品格。抽象既具有科学的品格，又具有审美的品格。

科学研究与艺术创造都需要抽象，科学研究的目的是求真。抽象中，审美处于辅助的地位，这叫以美助真，或以美成真。美在真之中，以真显。艺术创造的目的是求美。抽象中，审美居于主导地位，求真居于辅助地位，这叫以真助美，或以真成美。真在美之中，以美显。

抽象思维中本具有审美品格，艺术创作中，抽象思维的美学品格优先得到发挥。抽象纹饰的创作，不只是有抽象思维参与，还有形象思维参与。形象思维的参与，使得抽象思维获得的真的认识更具形象性、情感性。作为抽象思维与形象思维共同的产物，抽象纹饰具有两个特点：

一、审美认知的概括性、不确定性与模糊性。审美是包含着认知的，审美的认知是形象的认知，它不离开形象。抽象纹饰虽然抽象，它仍然有形象，因此它为形象的认知。人们看抽象的图案，出于认知的本能，总是会自觉不自觉地问：这是什么？如果是具象的图案，这是很好回答的；然而如果是抽象图案，就很难回答了。很难回答不是不能回答，而是它的回答具有概括性。方格状的几何图案，只能回答为网状事物，它可能是田野，也可能是鱼网，也可能是棋盘，甚至也可以说是阳光下波光粼粼的波浪群，因为阳光下的波浪确是方格状的。上面说到的漩涡纹，其实不能说它就是漩涡的写真，所有的曲线的运动均能产生这种效果。

审美的快乐并不以获得确定的审美认知为前提。能获得确定的审美认知，比如通过观赏某陶器上的图案，准确地辩认出了它是某一事物，这固然可以带来审美的快乐，但是，欣赏某一陶器上的图案，不能确切地认出它是某一事物，它也可以获得审美的快乐。应该说，这是两种不同的快乐。在某种情况下，由于认知的概括性，让人的认知提升到一个更为广阔的空间，也许更能获得一种认知的满足。由于图案指向的不确定性，它容许人更多地展开想象，更多地调动认知的主观能动性，这个过程所获得的审美愉快又往往是明确认知所获得的愉快所不可比的。正因为如此，我们高度评价抽象纹饰的审美价值。

二、审美品位的音乐性、科学性和哲理性。非常有意思的是，抽象纹饰作为视觉艺术却有一种音乐性。这主要是因为抽象纹饰表达了自然的一种节律，比如，线条的高低起伏回环往复，还有相同图形有规律地间断出现，就触动了人的听觉心理，让人隐隐然觉得有一种旋律在奏响，一种节拍在运作。音乐感在心中油然而生。

可以说，音乐品格是抽象纹饰独特的魅力所在。

抽象纹饰由于它传达了自然的一种节律，因而它是宇宙规律的一种表达，这样，它不仅具有了音乐的品格，而且还具有科学的品格，哲学的品格。

图 4-1-14 为马家窑文化马厂类型陶壶，纹饰为平行圆点纹，属抽象纹一类。纹饰构图规整，秩序感很强，若干条平行直线围着陶罐的腰部腹部和颈部，好像一条大河在缓缓地流过。这种规律性极强的装饰，似在告诉人们，这宇宙就像平行的线条，循环往返，如春去了夏来，夏去了秋来，秋去了冬来，而冬去了又是春来。它就这么简单！独具匠心的设计见于肩部，黑底上露出一排赭色圆饼，好像少女颈上挂的珠串。赭色圆饼图案还出现在罐口内沿上，像是少女外翻的缀有花纹的衣领。经过如此精心装饰，这具罐给我们感觉就不是一具罐了，而是一位亭亭玉立的女孩。不过，这种感觉仍然是抽象的，因为图案并没有画出一个女孩来，它只是透露出女孩的气息，而且这气息也还要靠欣赏者去悟。这悟，比感要抽象，要灵动，要宽泛。从这图案，我们可以悟出生命的美妙，生命的快乐。

图 4-1-14　马家窑文化马厂类型彩陶平行圆点纹壶，采自《马家窑彩陶鉴识》，P168 图

这具罐的纹饰给予我们诸多的感悟：宇宙的规律性，还有生命的韵味，它是科学与审美完美结合的出色范例。

史前人类是如何创造抽象纹饰的现在已是难以推测的了。从大自然中获得启发那是肯定的，问题是他们没有止于为对象造像，而是继续思维，最后创造出抽象图案来。猜测史前制陶艺术家的心思，其思维的过程是不是可以分成这样四个大的阶段：

第一阶段：具象：为某一具体的对象造像。

第二阶段：初级抽象：为某一类事物造像。

第三阶段：二级抽象：为相近诸多类事物写神。

第四阶段：三级抽象：传达自然节律和韵味。

史前陶器的抽象纹饰的审美意趣是极为丰富而又深邃的，与人面鱼纹或鸟纹等具象纹饰相比，它少了那种神秘的巫术性，而多了一份科学的认知性。

抽象纹饰更多地反映史前人类对自然、对宇宙的总体把握与理解。虽然有些图案不失繁复，但总能归结到简单。繁复和简单、运动与静止、前进与回复、长高与下降……这些根本的思想在图案中以不同的方式表现着，陈述着，给子孙后代以无穷的启发与思索。面对着无比丰富的史前陶器上抽象纹饰，我们感到，这是一首天地之曲，它奏响的是天地之旋律，是宇宙之歌。

第二节 具象纹饰：颂生命之光华

史前陶器中的纹饰除抽象纹饰外，还有具象的纹饰。所谓具象纹饰就是能明确地辨认出纹饰是什么事物的纹饰。在史前陶器的具象纹饰中，就构图方式来说，可以分成两类，一类基本上图案化，具有浓郁的装饰意味；一类则基本上写实，装饰味较少。而就它表现的对象来说，也大体上可以分成两大类：一类为无生命物，指没有生命的事物，如太阳、月亮、山岭、水流、波浪等；另一类为生命物。生命物又可以分为植物、动物和人物等。

现在我们按照这种划分来看看史前陶器纹饰的审美意味：

一、无生命物纹饰

图 4-2-1　马家窑文化马家窑类型波浪纹陶罐

无生命物纹饰在陶器上表现得最多、也最具感染力的莫过于波浪纹。波浪纹均存在一定的几何性，抽象程度高的我们已经将它归入抽象纹，只有那种比较多一点保留着波浪的运动态势不是那样规整的，我们才将它看成是具象的波浪纹。波浪纹以马家窑文化陶器最为突出。图 4-2-1 这具陶罐上的波浪高低起伏明显，尽管也做了几何化处理，但一看就能认出这是波浪。图 4-2-2 陶瓶出土于大溪文化遗址，器表主纹为波浪纹。构图为两股波浪交叉，相当明快，也相当规整，红黑两种色彩对比相映分外清新。史前陶器上的波浪纹，虽然起伏有大有小，风格有柔有刚，但无不透显出一种蓬勃的生机。

图 4-2-2　大溪文化波浪纹陶瓶

山形也是在史前陶器中出现得比较多的纹饰，这种纹饰当其严格地几何化时，也就成为抽象纹，作为抽象纹，它也被称作折线纹。马家窑文化半山类型陶器中有很多这样的山形纹。

太阳纹在史前陶器中也出现得比较多。太阳纹一般作圆圈状，中心或有圆点，一点、三点、五点的均有。这种纹饰也可以归入抽象纹，太阳的具象表现与抽象概括难以有实质性的区别。图 4-2-3 这具陶瓮，纹饰为大圆套小圆，是太阳纹还是抽象的圆纹？很难认定。图 4-2-4 这具陶罐，图案中有一个圆圈外加放射的光芒，那就可以认定为具象的太阳纹了。

图 4-2-3　马家窑文化马厂类型彩陶四球纹瓮，采自《马家窑彩陶鉴识》，P176 图

二、植物纹饰

植物纹饰已发现的主要有花瓣、树木、树叶、稻穗等等。新石器早期的老官台文化、磁山文化、北辛文化、红山文化的陶器均罕见植物纹饰，最早见出植物装饰的是河姆渡文化陶器，距今约 7000 年左右。图 4-2-5 为五叶纹，基本写实，透出叶的蓬勃生机，但已见出装饰性；图 4-2-6 为稻穗纹，结束成捆的稻穗，分成两边，同样见装饰性。

图 4-2-4　马家窑文化辛店类型彩陶太阳和鹿纹陶罐，采自《马家窑彩陶鉴识》，P224 图

河姆渡文化的陶器上纹饰除简单的抽象纹外，凡植物纹和动物纹均为写实。新石器中期陶器植物纹饰明显增多，而且多为装饰性的图案，其中仰韶

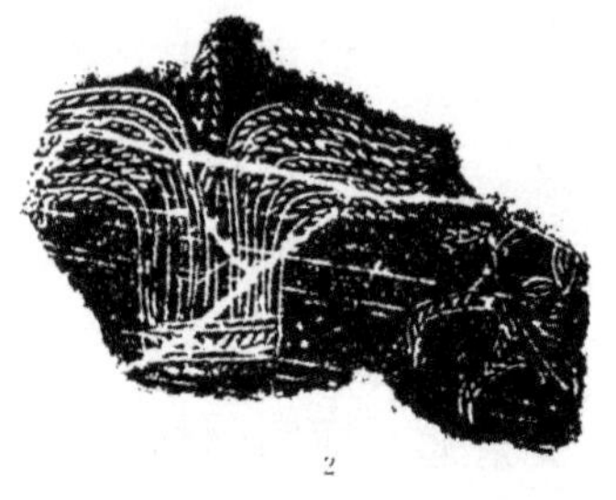

图 4-2-5　河姆渡文化五叶纹陶片　　图 4-2-6　河姆渡文化稻穗纹陶片

图 4-2-7　仰韶文化庙底沟类型花瓣纹彩陶盆

图 4-2-8　大汶口文化花叶纹陶杯

文化庙底沟类型的陶器其植物纹饰极为精美。庙底沟植物纹饰主要为花瓣纹。

图 4-2-7 为庙底沟彩陶盆，纹饰为花瓣纹，一朵花六瓣，花朵与花朵之间，相邻的花瓣共用。这样，每一瓣均为二花共有。这种构图法让人叹为观止。陶盆三色，器底为红色，纹底为黑色，花为白色。这种色彩相间，产生极为强烈的视觉冲击效果，不论是纹饰的单独造形还是纹饰与器型的配合，均达到史前工艺的最高水准，而且这种花瓣的画法，似是成为史前花瓣纹的经典，因为不仅在庙底沟，在别的史前文化遗址中也有发现。

植物装饰中次于花瓣纹的就是叶纹了，叶纹在陶器上的出现，大抵有两种情况，一是单独出现。图 4-2-8 为花叶纹陶器，以叶为主，花瓣配合。另一种情况是叶片联缀，构成叶带。

图 4-2-9 陶罐其器表为贝叶纹。这具陶罐有两排贝叶纹，用一条横线隔开，这种叶带纹有一种舞蹈般的韵律感，一片片叶像是舞者。如果说花瓣纹的灿烂见出生命的光华的话，那么，这叶带纹的节律则明显见出生命的欢快[1]。

①这纹饰也有认为是女阴纹。

贝叶纹的组合方式很多，其中有一种由贝叶与草构成的纹饰，极为灵动。多样中见统一，统一中见变化。如图 4-2-10 这具马家窑陶瓶上的纹饰。这具器的装饰还不只是表现在纹饰的组合上，还表现在纹饰与器形的配合上。此器为葫芦形，器形与贝叶相配合，相得益彰，此器纹饰灵动多变，整体感又很强，堪为装饰经典。

图 4-2-9　大地湾文化贝叶纹陶罐

也有极少数的陶器，以叶片围住一个中心组成纹饰的。马家窑文化石岭下类型的有一件陶瓶，它的纹饰可分为三组，其底部一组为叶片纹。由四支叶片构成。值得我们注意的是，这四支叶片不一般大，形状也不一样，它们围绕着一个中心——小圆圈。再仔细欣赏，发现上两叶片组成倒着的人字形，下两叶片组成立着的人字形。上下两组叶片构成倾斜的角，叶纹呈现出强烈的运动感，很有些像璇玑。

图 4-2-10　马家窑文化彩陶葫芦形敞口瓶，采自《马家窑彩陶鉴识》，P46 图

植物纹饰在史前陶器中不占主流地位，但是它的意义却是巨大的。普列汉诺夫在《没有地址的信》一书中说：

> 大家知道，原始部落——例如，布什门人和澳州土人——从不曾用花来装饰自己，虽然他们住在遍地是花的地方……无论如何，大家都很清楚，在那从动物界取得自己题材的原始的——更确切地说，狩猎的——民族的装饰艺术中，植物是完全没有地位的，现代科学也无非是用生产力的状况来说明这点的。

艾恩斯特·格罗塞说：“狩猎的部落从自然取得的装饰艺术的题材完全是动物和人的形态，因而他们挑选的正是那些对于他们有最大实际趣味的现象，原始的狩猎者把对于他当然也是必要的采集植物的事情，看作是下等的工作交给了妇女们，自己对它一点也不感兴趣。这就说明了在他们的装饰艺术中，我们甚至连植物题材的痕迹也见不到，而在文明民族的装饰艺术中，这个题材却有着十分丰富的发展。事实上，从动物装饰到植物装饰的过渡，是文化史上最大的进步——从狩猎生活到农业生活的过渡——的象征。”①

①［俄］普列汉诺夫著，曹葆华译:《没有地址的信　艺术与社会生活》，人民文学出版社 1962 年版，第 35—36 页。

史前陶器上的纹饰也证明了这历史唯物主义的原理。事实上，陶器上植物的装饰是农业出现后的事。河姆渡在新石器早期的诸文化形态中，其农业发展处于领先的地位，在河姆渡文化遗址出土了大量的稻谷灰，另外还出土了骨耜这样的农具。正因为如此，河姆渡的陶器的植物纹饰较同一时期其他文化形态的陶器要多，且质量要高。

尽管植物题材与农业文明有着直接的关系，但是，我并不认为，史前陶器上的植物纹饰全都来自农作物。须知，功利与审美的关系是复杂的，审美一方面来自于功利，但是另一方面也来自于审美自身。拿对植物的审美来说，在采集和农业成为人类生产的手段之时，人类自然会对植物感兴趣，因为这是人的生活资料之源，然而不要忽视人与植物还存在有一种更本质关系，那就是生命与生命环境的关系。人的生命离不开环境，这环境是人的生命之根。人的诸多本性的生存均与这环境密切相关。植物是人的环境的构成因素之一。人本出生在有植物的环境中，植物其色彩、其形态是人耳濡目染的对象。人类的生理感官以及心理结构与植物的某些性质形成了天然同构的关系，诸如绿的宁静感、红的兴奋感等。这些已经内化为人的本性——一种认识前的先天构架，而就审美来说，它是审美的潜质。一旦现实中有相应的物象诸如绿叶、红花与之相应，这种先天构架或者说审美潜质就立即发挥作用：或是认识开始了，或是审美开始了。

基于生命的本能，人的感觉包括眼耳鼻舌肤等天然地具有一种需求——准审美的需求。

这种需求以感觉舒适为基本标准。而感觉舒适所对应的形式即为美。在人类的日益进化的过程中，这种属于自然性的生理感觉不断渗透进社会性的内涵，从而使人的自然性感觉成为社会性的感觉。这中间有物质功利性的内涵，也有非功利性的内涵。河姆渡人在陶片上刻上稻穗纹，还可以说那是因为稻穗能给人带来物质功利，庙底沟人在陶器上绘上花瓣就不好说那花能给人带来物质功利了。因此，对于植物进入人的审美生活，我们一方面是可以从社会的生产方式改进、从社会的经济基础来做解释的，但是另一方面也还需要从人性的角度来做解释。

三、动物纹饰

史前陶器纹饰中除几何纹饰外，以动物纹饰为多，动物纹饰有两种形态，一种比较写实，实际上是刻或画在陶器表面上的动物形象。最有代表性的是河姆渡文化遗址中陶钵上的猪形象（图4-2-11）。然而更多的动物形象都做过图案化的处理。图案化与写实的意义

图 4-2-11　河姆渡文化遗址猪纹陶钵，采自《河姆渡文化精粹》，图 92

是不一样的。图案化是装饰，装饰主要的目的是为了审美，而在器表上为某一动物写实，那就很难说是为了审美了，也许更多地具有巫术或礼仪的作用。现在我们无法测度河姆渡陶钵上刻上猪的形象为的是什么了，但可以大胆肯定的是这具钵不是日用性的器具，它有别的重要的意义。

河姆渡文化遗址还出土刻凤鸟形象的骨匕。那骨匕上的凤鸟刻画得很逼真，很传神，尤其是凤鸟的眼睛。当然，说是凤鸟是不准确的，因为没有凤鸟这种鸟。这刻在骨匕上的鸟似乎更多地像凤鸟的原型之一——雉。雉这是在江南的丛林中经常可以见到的一种美丽的鸟。河姆渡人为什么要在骨匕上刻上雉鸟的形象？很可能也是一种巫术。猪、雉均是史前人类的主要食物之一，这刻在陶器和骨器的猪和雉形象应该说是猪神和雉神。我们可以大胆地猜测，这陶钵和骨匕很可能是用在神秘的祭祀场合的。猪神、雉神不是人们审美的对象，而是人们崇拜的对象。

众所周知，巫术是有功利性的，或为物质的功利性或为精神的功利性。就史前人类来说，物质的功利性是主要的，具体来说，就是希望得到神灵的佑助，以获得更好的收成。史前人类在陶钵上刻画猪纹是一种巫术，属于摹仿巫术。按巫术理论，精神性的摹仿会产生物质性的现实，那就是，这刻上猪纹的钵只要作为向猪神祭供的器物，那猪神就会明白人的心意，让厩中的猪长得更快，更肥。按照巫术的理论，猪神是按照猪纹的模样来理解人的心意的，自然，这猪画得越肥越好。不过，图 4-2-11 河姆渡文化陶钵上的猪画得并不肥，但它很生动，很耐看，而且猪的身上还画有圆圈这样的图案。那么，这又出于什么目的呢？很可能出于审美的需要。尽可能地将巫术的需要与审美的需要结合起来，是史前陶器工艺师的追求。

史前陶器工艺师善于以极简洁的线条传达动物的形象，如青海乐都出土的属于马家窑文化马厂类型陶器上的狗纹。那线条已是简得不能再简了，但极为传神。特别是狗的头部，两条张开的八字线，只是略略地朝上一点，就将狗的凶狠充分表现出来了。

突出动物的神韵，张扬生命的活力，这是史前陶器中动物纹饰设计的突出特点。西安半坡彩陶上鹿纹，画的是奔跑中的鹿，一头鹿前后两腿夸张性地张开，一头鹿则四腿均向前迈。鹿的活泼、奔跑的劲健均表现得淋漓尽致。

图 4-2-12　马家窑文化辛店类型鸵鸟纹陶壶，采自《马家窑彩陶鉴识》，P223 图

这样生动的纹饰不独见之于鹿纹，像图 4-2-12 陶器上的鸟（疑是鸵鸟），不表现其飞而表现其奔走，造形很准确，很生动，别具一格。由于罐上画的不是一只鸟，而是前后相续的一排鸟，以至于让人感到这罐似是要转起来了。

图 4-2-13　马家窑文化马厂类型蛙纹陶罐，采自《马家窑彩陶鉴识》，P165 图

图案性这是史前陶器中动物纹饰设计的又一特点。在史前全部动物纹饰中，也许马家窑文化中的蛙纹是变异最多最具创造性的纹饰。变异的基本规律是在具象与抽象之间找平衡点。不管蛙纹构图如何变，有一点是不变的，那就是蛙爪。像图 4-2-13 这具陶罐上的纹饰，从总体形象来看，可以说与蛙相距十万八千里，但图像中有类似蛙爪的造形，这就让人们联想到蛙，而一联想到

蛙，人们按照蛙来看此图案，不仅会看出更多像蛙的地方来，而且，不像蛙的地方，也会生发出与蛙相关的诸多意义来。

这种手法，让我们联想到中国绘画理论说的“以形写神”，中国绘画说的“形”并不是事物全部的形，而是能见出事物特点的形。这形可以是所画对象本具有的，如《世说新语》载：“顾长康画人，或数年不点目睛，人问其故。顾曰：‘四体妍蚩，本无关于妙处，传神写照’正在阿堵中。”眼是最能见出人物精神的，可以说是人物的特点所在。这形也可以是所画对象所不具有的。如《世说新语》说，顾长康画裴叔则，在颊上益三毛，这“三毛”不是裴原有的，但加上它，能更见出裴叔则的精神。看来，中国绘画“以形传神”的理论，完全可以溯源于史前陶器的纹饰艺术。

为了图案化的需要，出现在史前陶器上的动物纹饰都不同程度作变形处理。天水出土的一具马家窑文化石岭下类型陶器上，有一展翅相向而飞的鸟纹。这种鸟纹可以理解成正面的鸟形象，但它是经过高度变形处理的，实际上只是表达了一种意向：既要正面看鸟，又要看出它的两侧。这种艺术手法与现代主义的艺术有相通之处。毕加索画侧面的人头像，也常将人脸的另一侧面画出。

史前陶器动物纹饰中最为引人注目的是各种鱼纹。鱼纹在陶器上出现，最早可以推到距今 7200 年前的大地湾文化中期，遗存的出土地为甘肃秦安大地湾。在这里不仅出土了著名的人头型彩陶瓶，还出土了一套成系列的彩陶圆底鱼纹盆，有写实的鱼纹，也有抽象的鱼纹，还有变形的鱼纹。“从大地湾仰韶早期至这一时期的彩陶盆上鱼纹的演变过程来看，显示出由写实的鱼纹发展为几何形纹的完整序列”。①

❶张朋川:《中国彩陶图谱》，文物出版社2005年版，第48页。

代表性的鱼纹出土于仰韶文化半坡遗址，距今6000年左右。半坡居民居住地靠河，鱼是他们重要的食物来源。鱼崇拜是他们原始的宗教信仰。所出土的鱼纹盆中有各种鱼的造形。这些鱼纹有些基本写实，有些则抽象化。

半坡的鱼纹陶盆中，最为著名的鱼纹为人面鱼纹（参见图2-3-2）。它的造形是一具人面，人面部两侧各有两条鱼，共四尾鱼。这人面鱼纹是什么意思？现在所见到的解释均语焉不详，多笼统地说是以鱼为图腾的崇拜。说半坡人以鱼为图腾是可以说得过去的。问题是，这幅图案应如何做具体解释。原来，这人面鱼纹的陶盆不是用来盛水的，它是用作棺材的瓮上的盖。半坡盛行小孩瓮棺葬。享受瓮棺葬的仅只是小孩，大人死了，尸体是直接埋在地下的。为什么只有小孩享受瓮棺葬？这瓮盖上为何还要留下一个孔？只有弄清楚了这些，才能解释人面鱼纹的意义。

在史前，人的生命的保存与延续是第一严重的问题，由于各种原因，人的寿命不长，各种非正常性死亡很多，为了延续种族，生育及对小孩的抚养是部落中第一件大事。小儿不幸夭亡是部落极为伤心的事。因为蒙昧，他们相信，只要善待小孩的尸体，这小孩的灵魂就可以超生，重新投胎回到部落里来。将小孩的尸体放在瓮棺中就是为了保护好小孩的尸体。瓮上要扣上一个盆状的盖，也是出于保护的目的。至于在盆上要钻一个小孔，为的是让小孩的灵魂能够出去。为什么不给大人的尸体也做这样的保护呢？肯定是陶瓮不是很多之故。

盆中有两具人面鱼纹。人面是孩子，圆圆的脸。头上有三角状的高高的发髻。戴上一顶三角形的帽子。帽边有短毛。孩子的额头上有化妆，分为两边，一边全涂上黑色，一边则涂成山坡状，留出天空。从已出土的同类性质的陶盆看，孩子额上的化妆不只是这一种，有的将额上全涂上颜色，也有的分成三部分，中间部分留空，左右给涂上颜色。这种装束也许是部落通常的妆容，亦可能是一种巫术，寓意着阴阳两界。孩子面部简化后只留下眼、鼻、嘴。眼为两条线，显然是闭着的，说明这孩子已经死了，或者说他睡着了。鼻子简化为倒 T 形。嘴部衔着两条鱼，一边一条。两条鱼的鱼头相对，形成人的嘴唇。人的耳朵略去了，耳旁各有一条鱼。这鱼既可以看成是耳朵，也可以看成是帽翅。

这图案当然也是一种巫术，它以图画的形式表达了一种愿望。这种愿望可以理解为请求鱼神给予死去的孩子以帮助，让他得到超度，投生到人间去。小孩的两只耳旁有鱼，可以理解为鱼通过耳向人体吸去生命的气息。嘴部两边的两条鱼，同样是在向人吹气——生命之气。盆中有两条独立的游动状的鱼纹，它可能在引导着孩子超生。

图 4-2-14　仰韶文化中期鲵纹陶瓶，采自《甘肃彩陶》，图 20

半坡陶器上的鱼纹风格比较多，有些鱼纹透着亲和，鱼很可爱，有些鱼则有几分凶恶，形象就有些恐怖了。水中动物是史前陶器纹饰造形比较喜欢选取的对象，除了蛙、鱼外，还有一种名之为鲵的动物形象也出现在陶器上。甘肃甘谷县西坪出土一件仰韶文化中期的陶瓶，瓶肩部至近底处用黑彩绘有一条鲵鱼，头部像人，身体弯曲，形象生动（图 4-2-14）。让人们感到非常奇怪的是，在马家窑文化石岭下类型也发现有非常类似的鲵纹陶瓶。

这是在甘肃天水市甘谷县西坪村出土的陶瓶。中国国家邮政局和比利时国家邮政局曾经联合发行一套邮票，其中一枚即为天水甘谷县西坪村的鲵鱼彩陶瓶。

鲵纹有各种变体，有肥有瘦，也有一定的抽象化，但是，基本形制不变。这种鲵鱼纹被一些专家视为龙纹的祖先。在动物纹饰中，同样被视为龙纹组先的还有蛙纹、蛇纹。

史前陶器纹饰中有蛇纹、蜥蜴纹，这些纹饰也通常被看作是龙纹的源头。中原龙山文化襄汾陶寺遗址出土一件陶盆，盆中的蛇纹装饰性效果很强，蛇身有黑白相间的鳞片，蛇口牙齿排列整齐，口中伸出长长的信子，这信子像稻穗。更为奇怪的是，蛇首有两只耳朵。这是不是人们当时想象的龙首呢？这种蛇纹已经在向蟠龙纹过渡了（图 4-2-15）。

图 4-2-15 中原龙山文化襄汾陶寺遗址蛇纹陶盆，采自《中国彩陶图谱》，插图 112-2

仰韶文化庙底沟型陶片中有壁虎的形象，这些爬行类生物通常被看作是龙的主要构成因素。其实，鱼纹也应看作龙形象的源头之一。半坡型陶器上有一些鱼纹，其鳍给处理成利爪，头部矩形化，眼睛圆鼓，龇牙咧嘴，形象凶恶，实际上是在向龙的形象过渡。神话中有鱼化龙的故事，也证明了鱼与龙的内在一致性。

动物纹饰中鸟纹具有与鱼纹同样高的地位，这不仅因为鸟纹在史前陶器中出现得比较普遍，而且这一纹饰后来成为凤纹的源头。史前陶器中的鸟纹以庙底沟类型为代表，有写实与变体两种形态。一般来说，早期鸟纹以写实为主，侧面造形，鸟喙尖长，双翅长翘，尾翎较长。后期鸟纹，鸟足简化乃至消失，头部简化为圆点。

这里值得一说的是，尽管史前陶器动物纹饰中有龙纹的各种最原始形象，诸如蛇、蜥蜴、鱼、蛙等，也有凤的原始形象——鸟，但是，没有在史前陶器纹饰上看到大家公认的且比较完整的龙凤形象。龙、凤形象在史前玉器中倒是比较常见的。这种现象说明什么呢？众所周知，史前的各种物件，无疑说，玉器是最为珍贵的，陶器要次之。龙和凤是中华民族最主要的图腾，它的完整形象只能见之于最为珍贵物具——玉器。

四、人物纹饰

人物纹饰在史前陶器中出现得不是太多。最著名的是大地湾的人面纹彩陶瓶。瓶口被塑成一个人头，瓶身有点像人的身子（参见图 7-3-1）。瓶体绘上抽象花叶纹。大地湾文化遗址还出土有人首圆圈纹陶罐，罐首为人头，罐腹有圆圈纹，整具器像一个大腹便便的肥人。

马家窑文化陶器中也有类似的情况，但雕塑味削弱了，有一具陶瓶器表绘有人物纹，颈部为人面，眼为两个圆圈，鼻简化为一条竖线，嘴唇如弯月，似在微笑。陶瓶的肩部有一个很大的圆，圆中绘有站立的两个人物，一大一小，似一前一后，人物手臂极长，身体梭形。

大量的人物纹在马家窑文化陶器中是作为两维画面用来装饰器物内壁的。最为著名的是舞人盆。舞人纹陶盆在马家窑类型、半山类型、马厂类型均有发现，成为马家窑文化陶器一大特点。 这具陶盆上的舞人表现得极为生动，舞人系着短圆裙，手牵着手，动作整齐一致。

马家窑文化陶器上的舞人纹，基本构图差不多，均为集体牵手状，衣着有些不同，有些舞人背后拖着一条尾巴，可能是道具，也可能是化装成动物的形象。

舞人纹陶盆也许是礼器，用于祭祀或礼仪的场面，因为表现的是舞人，宗教的神秘感与恐怖感被冲淡了，这在一定程度上反映了人的觉醒。

图 4-2-16 是一件陶器的内壁图，内壁纹饰相当丰

图 4-2-16 马家窑文化舞人和鱼纹陶盆

富，分为三层，最外一层由舞人纹、竖线纹和大叶纹构成。中间一层为圆圈纹，最里面一层为鱼纹。这件纹饰构图谨严，丰富多彩，更重要的是它的线条轻快灵动，明显地传达出一种快乐的节奏。

史前陶器有一种人与动物合体的纹饰，最为突出的例子除了上面所谈到过的人面鲵鱼纹外，还有普遍出现在马家窑文化马厂型陶器上的蛙纹。这些形象一般来说，给人以神秘感、恐惧感。很可能是史前巫术文化的一种体现，它在相当程度上反映了史前人类对自然的崇拜。但是，我们惊喜地发现，马家窑文化马家窑型陶器中，有一种鱼与人合体的图案，其审美效果完全不是这样。

图 4-2-17 是马家窑文化陶器上的人面鱼纹。图中的三张脸像是娃娃，笑容灿烂，她们的身体虚化为鱼，其实，只有鱼的意味，说是流水也可以。这幅图案更多地出于娱乐的目的，体现出史前人类对生活的热爱，对生命的热爱，对美的热爱。

图 4-2-17 马家窑文化彩陶人面鱼纹，采自《中国彩陶图谱》，插图 71

欣赏史前陶器具象的纹饰，不论是无生命的自然物纹饰，还是有生命的动植物、人物纹饰都表现出浓郁的生活情调和生命的意味。尽管这些精美的器具很可能是祭礼的用具，也很可能这纹饰本身具有一定的巫术色彩，但是它不恐怖，不神秘，反而有一种亲和感。生命的光华就在这里耀动。

我们偶然发现，史前陶器纹饰原来有一个完整的体系：抽象纹饰主要体现天地之韵律，具象纹饰主要展示生命之光华。这两者合起来不就是一个完整的宇宙吗？

史前人类就是这样，通过陶器上的纹饰，表达他们对宇宙、对生命的看法。正是这形象的符号系统中，我们感受到了中国传统文化的源头。

第三节 营构法则：形式美的创立

史前陶器纹饰的营构包含有诸多的形式美原理，如果把史前陶器纹饰的创造看作是人类早期的审美实践，那么，这纹饰营构的法则，可以看作是形式美的创立。这里，我们试图将史前陶器工艺师在纹饰创造上的诸多成就，从形式美的维度归结为六个方面：

一、具象与抽象

纹饰可以有具象形态也可以有抽象形态，但纹饰就其本质来说是抽象形态，其存在方式是图案而不是图。关于这点，我们在前面二节做了一些论述。这里，我们就形式美原理的角度做一些补充。

谈到人，人们总想将它与动物区别开来。人如何认识世界，就其与动物的根本区别来说，人是凭借符号来认识和把握世界的，而动物只能凭借其感官直接地认识世界。人对外界认识的初级阶段，也是凭借感官进行的，但人会将这种从感官得来的关于外界事物的印象上升为理性的认识，并将这种理性的认识概括成符号，用符号来表示他对外界的认识。任何符号均有感性认识的基础，但均具有理性认识的品格。人是地球上全部生物中唯一用符号认识世界的动物。

人所使用的符号有诸多种，图像是其中之一。图像作为符号又可以分为具象的符号和抽象的符号。史前陶器纹饰虽然我们也将其分为具象纹饰和抽象纹饰两种，但从本质上看，均是具象与抽象的统一。即使是具象的纹饰，也有抽象的意味；同样，即使是纯抽象的纹饰，也能给观赏者带来对具体事物的联想。换句话说，不管是哪种纹饰，均做到了具象与抽象的统一。

具象与抽象的统一，首先带来的是事物的可辨识性与不可辨识性的统一。可辨识性，是因为它有一定的形象，而且这形象来自实际；不可辨识性，是因为它不确指某一具体事物。这样，就出现了一种奇特的心理现象：感觉上是有限的，而理解则趋向无限。审美正是这两种心理现象的统一。

美在形式，形式既是具象的又是抽象的。用绘画的理论术语来概括：在似与不似之间。具象与抽象的统一，是形式美的第一原理。这一原理在史前陶器纹饰中得到突出的体现。

图 4-3-1　仰韶文化庙底沟类型鱼头莲叶陶盆

我们现在来看图 4-3-1 这具陶盆上的纹饰：此盆现在被命

名为鱼头莲叶陶盆，其实，这命名是不准确的。纹饰中的某些地方有鱼头的意味，但是不是鱼头很难说；同样，纹饰的某些部分有些像莲叶，但是不是莲叶也很难肯定，这种让人在认知上难以确定为某物的纹饰，正好说明它是具象与抽象完美结合的产物。这种纹饰特别具有魅力，耐人寻味。

有些纹饰虽然基本上可以确定为某物造形，但它并非具体事物的写实，而有所变形。变形是抽象的手法之一。庙底沟类型的陶器上的鸟纹，许多是做了变形处理的，正面的鸟纹像是弯月托起圆太阳，这种图案既可以让人猜测到这是正面的鸟，也可以联想到别的。这种能做多种猜测的图案，能逗起人们不断探寻的审美情趣。

有一些陶器上的纹饰简直没有办法判断它是具象的还是抽象的，如图 4-3-2 这具寺洼文化陶鬲，它上面的纹饰系堆塑而成。似是像动物，又无法判断是什么动物，事实上，它只是根据器形轮廓做的一种图案，根本不像什么。

图 4-3-2　寺洼文化堆塑纹红陶鬲，采自《马家窑彩陶鉴识》，P257 图

陶器纹饰最主要的手段是点、线、面，它们本身既是具象的又是抽象的。点、线、面三者之中，线是最重要的造形手段，线的造形能力最强。中国史前陶器纹饰主要是线的艺术。线条中有直线，有曲线，均具有丰富的意味。图 4-3-3 和图 4-3-4 均为马家窑文化的陶器，均用线条构图。图 4-3-3 的线条更为细腻，类中国画的工笔。而图 4-3-4 的线条则更奔放，更潇洒，类中国画的写意。

图 4-3-3　马家窑文化马家窑类型线条纹陶罐

图 4-3-4　马家窑文化马家窑类型变体凤凰纹钵，采自《马家窑彩陶鉴识》，P36 图

二、对立与和谐

形式其构成要素往往是两两相对的，即使纹饰减少到只有一个点，那么，衬托这点的底就成了与之相对的元素。构成纹饰的诸多元素只有构成既对立又和谐的关系才是美的。

什么叫对立？对立的基本点是相异，相异可以是相反，但也可以是不同。所谓相反，它可以是方向上的相反，如一个向上一个向下；也可以是性质上相反，比如一个是圆，一个是方。构成纹饰的诸多元素可以按照不同的分法，从整体到局部分成诸多的两个方面的关系。这些关系见出诸多元素不是游离的而是相关的，不是无机的而是有机的。有机的就是生命的，生命的就是有活力的，这就具有审美的可能性。

什么叫和谐？和谐的前提必须存在两个以上的事物，而且这两个以上的事物必须要构成一种相异的关系，因为相异，它们之间的关系就存在一种张力，一种有一定紧张性的关系。紧张性的关系是敌对的，趋向排斥。如果能够将这种敌对性的关系增加一种力量，让两者产生趋联性、互补性、相生性，那么就构成和谐。

对立让事物产生活力，和谐让事物得以永恒。对立和谐的理论既实现于宇宙的许多关系之中，也实现于人与人之间关系之中，当这种关系通过一种感性的形式体现出来时，它就构成了一条形式美的法则。

由于事物的对立存在诸多的形式，那么，其和谐也就可以存在诸多的形式。在史前陶器的纹饰中，对立与和谐的形式美原理出现得比较多的形式有如下几种：

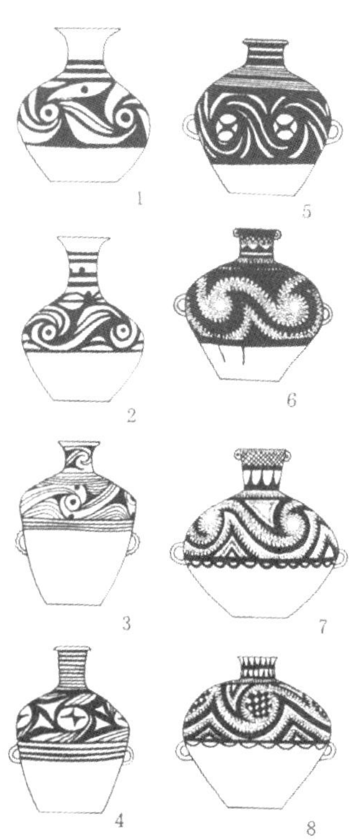

图 4-3-5　马家窑文化彩陶横S形漩涡纹陶器：1. 秦安焦家沟（石岭下类型）；2. 隆德风岭；3、4. 东乡林家（马家窑类型）；5. 武威王景寨（马家窑类型向半山类型过渡）；6. 兰州三营（半山类型早期）；7. 广河地巴坪（半山类型中期）；8. 兰州青岗岔（半山类型晚期）。采自张朋川：《中国彩陶图谱》，插图 90

（一）横 S 形形构图

这是在陶器纹饰见得最多的造形方式。比如，马家窑文化陶器最多漩涡纹，这漩涡纹的构图通常为横向 S 形，构成上下左右的相反关系，然而它们之间又互相呼应，最终相成（图 4-3-5）。

这种图形上下腾挪，回还往复，类似波涛，奔腾不休；又似音乐，高低抑扬，轻重疾除，余韵无穷。不管是视觉的，还是听觉的，都诉诸想象，绵绵无穷。图 4-3-6 是马家窑文化半山型一具凸漩涡纹陶瓶。观赏此瓶，似听到震天撼地的波涛声。

图 4-3-6　马家窑文化半山型凸漩涡纹陶瓶

（二）曲线与圆圈构图

这种构图主要见之于马家窑文化陶器。通常是围绕圆圈产生两股或者四股成束的曲线，给人的感觉好像是几股水流碰撞形成一个漩涡，那圆圈就是漩涡中心。这样，动静关系就形成了，动的是象征水流的几束曲线，静是代表漩涡中心的圆圈。不仅如此，这种曲线与圆圈的构图还体现了一种虚实关系，圆圈为虚，曲线为实。

（三）网格与圆圈构图

这种构图主要见之于马家窑半山型陶器，网格或在圆圈之外，也可以在圆圈之中，这种构图主要见出疏密关系，但也可见出虚实、正斜、繁简、动静等关系。图4-3-7是马家窑文化半山型陶瓮，它的纹饰主要由方形的格与圆圈构成，繁复，但有规律。纹饰整体上呈旋转状，动感强烈。

（四）三角与曲线构图

三角有锐利感、运动感，而曲线则有和舒感、静谧感。这种构图也多见之于马家窑文化陶器之中。有些方格联缀成菱格，圆圈变成贝叶状，有弱化对立的倾向，但对立仍然明显。这种对立构成的关系主要为刚柔，但亦有其他各种关系。

图 4-3-7　马家窑文化半山型四大圈旋纹彩陶壶，采自《甘肃彩陶》，图 81

图 4-3-8 为马家窑文化半山型陶壶，此陶壶造形与纹饰都很有特点。它的纹饰主体为三角纹，三个三角纹为一组，构成两个菱形，一个梯形，三角形和菱形均有不稳定感，然组合成梯形，就稳定了。最有意思的是，此器的腹部主纹为三角纹，肩部则为曲线纹，这曲线纹与三角纹构成对立互补的关系，而总体上实现和谐。

图 4-3-8　马家窑文化半山型三角加曲线纹陶壶

（五）以点定位构图

所谓以点定位构图，张朋川先生说："马家窑类型彩陶盆内的图案，有以中心圆和盆周的等距三圆作定位点，将各点连接而成主要结构线，再设辅助定位点，再连成辅助结构线，然后依主次结构线构成复杂而多元的图案。这样构成的彩陶花纹受定位点的控制，穿插多姿的图案仍作有规律的变化，繁而不乱，有条不紊。在庙底沟类型的以圆点、斜线、钩羽纹组成的彩陶图案中，'点'是首领，就像庙底沟图案中常以点来表示鸟头的含义一样，'点'在图案中如同指挥，是用点来制动全局的。"[1]这样的构图所表现的对立关系主要为主次、中边。这主、中，对于整体的和谐起着主导的作用（图 4-3-9）。

以上五种方式只是代表性的，构成对立和谐关系的构图在史前陶器纹饰中是非常多的。对立与和谐是艺术构图的基本原则，不独是创造了形式美，它还深刻地反映了宇宙运行的规律。史前人类能够如此深刻地认识到这一规律并如此灵活地将它运用到纹饰构图之中去，足以见出当时的人类对宇宙运行规律已经有相当深入的理解。产生于商周之际的《易经》和产生于周末的《老子》对宇宙对立统一规律有那些深刻的认识，并不是无源之水、无本之木，它至少可以溯源到5000年前马家窑文化。

❶张朋川:《中国彩陶图谱》，文物出版社年2005年版，第189—190页。

图 4-3-9　马家窑类型彩陶盆内图案，采自《中国彩陶图谱》，插图 106

三、丰富与单纯

丰富与单纯本来也可以归结到上面的对立和谐关系之中去，但是，在史前陶器纹饰的创作中，它还有另外的意义。丰富与单纯是可以统一在一幅图案之中的，如果是这样，它可以归入到上面说的对立和谐中去。但我们在这里要说的丰富和单纯，是指史前陶器纹饰的两种不同的风格，它们各有其独特的魅力。

马家窑文化陶器的纹饰是最为丰富的。这种丰富主要体现在三点：一是器体大部分或几近全体布满纹饰；二是纹饰的构成元素多，不只是一种；三是构图手法多，不只是一种手法，往往两种手法甚至两种以上的手法；四是色彩繁复，马家窑陶器已经注意到纹饰色彩的造形效果，注意纹饰线条与器表的呼应关系。

丰富最忌杂乱，因此，秩序很重要。马家窑文化陶器虽然很丰富，但秩序井然。主要原因是陶器工艺师在设计纹饰时心中有数，主要依据有三：

（一）依据器形，让纹饰与器形统一起来。不同的器其造形是不一样的，像瓶壶，均有比较长一点的颈和比较宽的肩，瓶身比较地瘦长。那么，为瓶设计纹饰，第一要重视肩部，其次是颈部，让这两个部位的纹饰将整个器的纹饰领起来。这就好像设计人的衣服，要重视衣领和衣肩。这两个部位伸透了，整个衣服就伸透了。图4-3-10是马家窑类型横线纹陶瓶，遍体布满纹饰，算是比较繁复了，但是并不见杂乱，主要原因是它的构图有章法。根据器形，它将三条最粗的横线安置在肩与腰连接部，占据视觉中心，从整体上统领着整个图案。颈与肩的连接部设置一条较粗的横线，此横线相当于衣领，虽然占的位置不大，作用却不可小视。因为有了它，整具器的图案显得清晰起来。

图 4-3-10　马家窑文化马家窑类型横线纹瓶

罐不同，罐一般比较地矮，颈短，甚至无颈，肩部比较地圆，为削肩。对于罐来说，它最重要的部位是腹部，因此只要将腹部纹饰的脉络理清了，整具罐的纹饰也就不乱了。马家窑陶器中，罐的纹饰多大圆圈造形，而且大圆圈多放置在腹部，显然，陶器工艺师是有意突出罐的饱满感。

瓮较罐高一些，肩部比较地宽，主纹饰一般放在肩部，而且较多方格纹。方格纹给人稳重感。

（二）依据人们的视角。人们观物的视角有平视、俯视、仰视。对于陶器来说，仰视不可能，均为平视和俯视。大型的陶器平视，小型的则俯视。一般来说，与人们的视角相对应的部位会得到较好的设计。大型的陶器，可供彩绘的面积大，因此图案较为繁复；小型的陶器，可供彩绘的面积不大，如果设计繁复就看不清楚了，因此一般来说，小型陶器其图案较为简洁。大型陶器如瓮罐，均立在地面上，人们的视线通常落在器的上部，下部不太容易看到，因此，下部可以不做设计。小型陶器如杯、瓶、壶，人们会拿在手中欣赏，器的下部就不宜轻意放过，要根据器体做一些设计。

图 4-3-11 为马家窑文化马家窑类型的一具陶壶。这件陶壶上的纹饰非常大气。器的肩部有四个大圆点，很震撼；近肩的腹部围上几条细小的横线，很轻柔；颈部纹饰比较丰富，既有横的环线，也有竖的叶纹，显得很精致。三个部位对比强烈，又整体和谐。这样设计出于视觉的考虑，也考虑到器的形态。

图 4-3-11　马家窑文化马家窑类型圆点陶壶

（三）依据事物存在的逻辑关系：事物的存在有它一定的逻辑，人认识事物也有一定的逻辑。这两种逻辑是统一的，后者依据前者。要想让陶器的纹饰做到繁复而不杂乱，找到这种逻辑十分重要。主要有三种逻辑：1. 像物：虽然图案为抽象点、线、面构成，但人们总是自然而然地联想到现实中轮廓与之相似的事物，如鸟在飞翔，浪在翻腾，鱼在游动……因此，不管如何抽象的图案，总会隐隐地反映出实际物的存在方式。2. 合力：即使找不到现实中的对应物，图案中的点、线、面等，其相互关系会显现出各种力的合力来，这合力就是纹饰的灵魂。3. 分组：不管多么复杂的纹饰，均可以分组，这种分组不是随意的，是有一定规律的。因此只要按一定规律将纹饰分组，纹饰就变得秩序井然的了。

丰富而有序，是一种重要的审美意识，但更重要的是丰富须有致。“致”指意义、意味、情调，趋向于一定的象征性。马家窑陶器多由圆点、圆圈、菱格、网格、横线、曲线等多种元素构造繁复的图案，虽然我们不能一一地析出它们的审美意义来，但从总体的审美效果来看，它们的审美意味的确是正面的、喜庆的、欢乐的，人们从中可以品味出富有、兴旺和发达的意义来。

与丰富相对的单纯同样是一种美，单纯与丰富并不构成对立关系，相反，它们可以内在地相通。“单纯”的“单”只是外在表现，其内容同样可以是丰富的。单纯是以少见多，以一见十，极具表现力和概括力。“单纯”的“纯”，讲的是品格，“纯”意味精粹、清新、高雅、含蓄。

史前陶器的纹饰的风格除了丰富这一款外，还有单纯。就总体面貌来看，马家窑文化陶器纹饰风格以繁复为主，但也有很单纯的纹饰。图 4-3-12 这件陶盆内的纹饰就非常简洁，横放着的三条柔美的横线，根蒂相连，且放的部位也很妙，不在正中，而略靠边。到现在为止，这纹饰都难以命名，但谁都觉得它美妙。

图 4-3-12　马家窑文化马家窑类型陶盆

就总体来说，大汶口、龙山这两大文化的陶器，其纹饰较仰韶、马家窑这两大文化陶器要单纯一些。大汶

图 4-3-13　龙山文化黑陶杯

口文化与龙山文化的有些陶器，根本不做彩绘，只是在器具某些部位做些雕塑或是做简单的堆纹，如图 4-3-13 这件陶杯。粗看，似是没有纹饰；细看，还是有纹饰的，这就是杯的中部那一条堆纹。另外，杯的把手中间有一条凹槽。整具器很朴素，很高雅。其所以不做彩绘，原因可能很多，一则因为龙山文化的黑陶其陶色本身就很美，根本不需要做彩绘；二则是审美观念缘故。龙山文化时期的陶器工艺师更多地认为朴素是更高的美。这一观念对后世影响深远，直接导致道家审美观的产生。

单纯不单纯虽然与纹饰的简约有关，但并不是说纹饰少就是单纯纹饰多就不是单纯，作为一种艺术品位，单纯不单纯更重要的看纹饰透出来的精神是不是清雅脱俗。纹饰很少甚至没有纹饰并不见得就是单纯；反过来，纹饰很多甚至有些繁复但骨子里透出来的是一份真纯、一份高雅，它的品位应是单纯。

大汶口有一具陶器，其纹饰由几组云雷纹构成，组与组之间，留有相当宽的空间。一条黄线将它们全联系起来。这黄色的线或曲或直，起伏自然，上线近口沿，下线近腹底。这具罐上的云雷纹成为云雷纹的标准样式，为后代所继承。整具器不论其造形还是纹饰都当得上清新脱俗，虽然它的纹饰也谈不上简单，朴素，但称得上单纯。

四、空间与时间

宇宙的存在形式是空间与时间，这两者虽然是结合在一起的，但是就艺术品来说却是有空间艺术与时间艺术的区分。空间艺术指的是视觉的艺术，时间艺术指的是听觉的艺术。这两种艺术其审美效应是不一样的。优秀的艺术家总是希望综合这两者之长。对于空间艺术，希望能够产生音乐的效果；对于时间艺术，则希望能够产生绘画的效果。

史前陶器上的纹饰本属于空间艺术，由于陶器工艺师卓越的艺术创造，其中优秀的纹饰却也能见出某种音乐般的审美效果来。这种音乐般的审美效果，主要为节奏。节奏本是不能看的，说纹饰具有节奏感，只能说“好像有”，也就是说这种听的感觉是虚的。

史前陶器工艺师是如何让纹饰具有节奏感的呢？其方法之一是让纹饰的某些元素规律性地反复出现，欣赏者在欣赏这种纹饰时，由于审美联觉的作用产生听的幻觉，耳边似是响起有节奏的音乐。

史前的陶器的纹饰中，横带式的纹饰常由若干二方连续纹样构成。二方连续纹样在史前陶器纹饰中用得很多，究其原委，主要有三：“一、因当时装饰的器物大多是容器，人们在长期的劳动生产中体验到应用这种纹样作装饰较适宜；二、根据当时使用要求，二方连续纹样做法较易，效果较好，并可适应各面的（包括四面和俯视）欣赏。三、装饰的内容多数是几何形纹，以几何纹组成连续纹样较易取得节奏和统一之美。”[1]吴山先生说，二方连续纹样大多数是横式左右连续，斜式和纵式较少见。纹样的排列有上下颠倒，有二三个散点互相组合，有一个散点反复排列，变化较多（图4-3-14）。

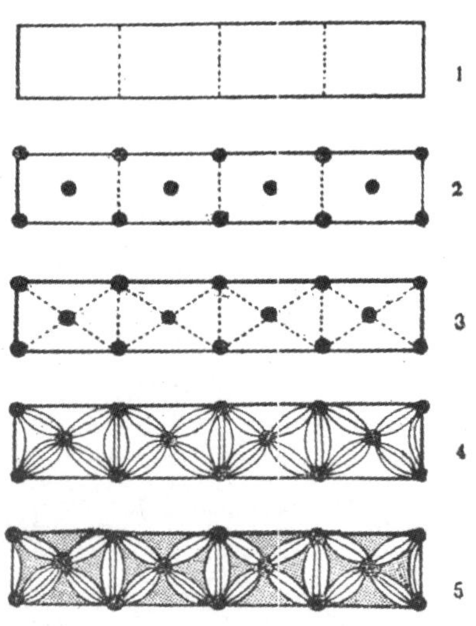

图 4-3-14　大汶口文化彩陶盆上二方连续纹样构成示意图，1. 画出区划面；2. 以点定位；3. 作交叉线联缀；4. 以弧线绘出；5. 填彩完成。采自《中国新石器时代陶器装饰艺术》，图四三

除了二方连续纹样外，还有四方连续纹样，多数为网状结构，马家窑文化、

[1] 吴山：《中国新石器时代陶器装饰艺术》，文物出版社 1982 年版，第 30 页。

大溪文化、大汶口文化均有，而以马家窑文化中的陶器最为突出。吴山说："所有这些图案构成的骨式，大多能随器形的不同而作出种种变化，一般说来，在艺术的处理上，初步已注意到力求均衡、调和与保障方面的均等，黑白、虚实、高低、轻重、粗细、大小以及疏密、间隔的对比手法，已初具水平。连续纹样的构成，注重齐一的手法，效果较好。有些纹样的构成较别致，对称中有不对称，连续中显得不连续，方法多样。"[1]

[1] 吴山：《中国新石器时代陶器装饰艺术》，文物出版社1982年版，第31页。

连续纹样，是构成史前陶器纹饰韵律美的重要方式之一，它让纹饰这样一种空间艺术具有时间艺术的品位。这种手法始自史前陶器，在青铜器纹饰得到发展，以后成为相对比较固定的模式，进入中国工艺设计的传统手法宝库，为无数的工艺设计师提供具体的范式和精神启发。

空间艺术之时间化，方法是比较多的。连续纹样只是其中一种。连续纹样所具有的动态感一般是左右或上下方向的运动感，其方向呈一维性。史前陶器纹饰的动态感，具有多种形式。连续纹样外，还有一种从同一中心生发的多方向的运动感。最突出的例子莫过于马家窑文化马家窑类型漩涡纹饰了。这纹饰通常是多股流水般的线条，顺时针或逆时针地从同一圆圈边上斜向生出，这里，有一种运动——漩涡式的运动，运动是时间的本质属性，运动感均会产生声音感觉。这漩涡式的运动因为从同一圆圈按同一时针方向均匀生出的，这样就具有一种节奏感，凡有节奏感，这就有音乐的韵味。

实物的联想也是创造空间艺术时间化的方法之一。几何纹饰的好处是允许有比较自由的联想，当我们将纹饰联想到自然界发声的物体比如鸟、流水时，我们的头脑中不禁会幻发出生动的视觉形象，出现生动的画面，而且耳旁还能仿佛听到了声音。

美是离不开感觉的，第一美感当然是视觉的美感，因此，视觉的世界是最丰富的美学对象。但是，只有视觉美感是不够的，而且视觉美感因为受到具体形象的约束，想象的空间不是很大。听觉的美感虽然比较地虚化，但是它有更多的想象自由，更重要的是听觉美感更多地直接诉诸人的情感，能让人在心灵深处受到更多震动。这是一种较视觉美感更心灵化、更情感化的美感。史前陶器纹饰的设计，有意识地在空间艺术中引入时间的品格，化空间艺术为时间艺术，以突破视觉美感的局限，导向听觉美感，不能不说是一种深刻的审美意识，值得我们高度重视并给予高度评价。

五、线条与色彩

线条与色彩是纹饰造形的基本手段，世界各民族的工艺概莫能外，中华民族在这方面有它的特点，而这种特点，早在史前陶器纹饰造形就已定型。

史前陶器纹饰上的线条是手工画出来的，用的笔不是硬笔，而是用兽毛制成的软笔。软笔作线全靠艺术家手的控制。由心到手，又由手到线，这线不仅能见出艺术家的技艺，而且还能见出艺术家的情感、心绪。于是，线就成为物化了的艺术家的情感。所以，只要稍许仔细地观看陶器上的线条，就能感受到史前陶器工艺师的情感、灵魂。

线条不外乎直线、曲线。直线与曲线各有不同的审美意味，就总体来说，史前陶器工艺师似是比较地喜欢用曲线造形的，马家窑文化陶器表现得最为突出。那种多线条组合又多块面构成的漩涡纹极具动感，也极具气势，反映史前陶器工艺师对曲线的掌握已达到很高的水平。有些波浪纹那一波一波的浪花通过一束束线条表现出来。线条非常流畅，且粗细、间距非常匀称，让人想到精心梳理过的美发。

线条在抽象的纹饰中其审美意义主要在于显现图案，一般是极少见出它自身的审美意义的，特别是在使用几何功能做线条时，由于中华民族史前陶上纹饰主要凭借手工，用的又是软笔，因此，线条自身的审美价值得以凸现，除了它能见出艺术家的情感轨迹外，还能感受到线条自身的形式美感。

线条在具象纹饰中的审美功能更为丰富，因为它除了上面所说的两种功能——表情功能和形式美感功能外，还有写真功能，就是说，通过线条形神兼得地再现对象的质感、精神。这方面，马家窑文化马厂型陶器上的蛙纹可以作为代表（参见图 10-2-9）。马厂型陶器上的蛙纹兼具象抽象之间，主要为线条造形。线条精妙处不只在它为蛙传神，还在它传达出蛙体态上的特征——丰腴。这是典型的以形传神的手法，只是它画的形不是整体，只是一个细节，正所谓以一目尽传精神。

我们再看装饰的色彩。史前人类很早就会使用色彩了。著名的考古学家裴文中先生通过对周口店山顶洞人生活过的洞穴进行考古，发现了山顶洞人使用色彩的证据，说："山顶洞人还用赤铁矿制成颜料，把装饰品染成红色。埋葬死者时，他们在尸体旁的土石上撒上赤铁矿的粉末将土石染成红色。红色是石器时代任何人类最常用的颜色。如果推测其原因，可能是红色的颜料易于寻找，又有驱逐野兽的作用。这在世界各种人类中广泛地存在，与特定的文化无关。"①

新石器时代颜色的使用就更为普遍了。半坡遗址发

❶裴文中：《旧石器时代之艺术》，商务印书馆 1999 年版，第 142 页。

现有两件凹陷的石块，这凹陷处有遗留的红色颜料，还发现有小磨锤，这磨锤上染有颜料，很可能这磨锤就是用来磨制颜料的。新石器时代的彩陶，其器表一般为橘红、橙黄、灰等。纹饰所用的色彩主要为黑色和深红色。

陶器颜色的生成，除了原料外，关键是窑内有温度。仰韶文化时期，人们已经会利用氧化焰、还原焰等技术来烧制各种色调。

新石器时代的彩陶上的装饰，就色彩配合来说，以红配黑、黑配黄、灰配红、黑配白等。

色彩主体为黑红两色，这两色的配合，显得沉着、浑厚，且和谐。这两色对中华民族的文化心理影响至深至巨。中国文明之初产生的哲学著作《易经》其坤卦上六爻辞云："龙战于野，其血玄黄。"《周易·文言传》说："阴疑于阳必战，为其嫌于无阳也，故称龙焉；犹未离其类也，故称血焉。夫玄黄者，天地之杂也。天玄而地黄。"虽然如裴文中先生所说红色颜料在自然界中很容易找到，它的使用与特定文化无关，但是，当龙的鲜血染就了"天玄地黄"，就不只是在谈颜色了，其间的文化内涵非常深邃，难以穷尽。

六、有法与无法

史前陶器，不论其造形还是纹饰，均有一定法则的。这法则大致可以从两个方面见出：

第一，每一地区的人们，其陶器的形制、纹饰有大致共同的一些法则，因此可以见出其文化归属。这一点在马家窑文化诸多类型中见得比较地明显，以马家窑文化中半山型和马厂型为例，就纹饰来说，半山型多一种网格纹、圆圈纹，而马厂型则多山字纹、蛙纹。半山型的纹饰更见丰满、繁复，而马厂型纹饰则多见神秘、粗犷。

第二，形式法则诸如平衡对称、多样统一等。对于上面两种法则，史前陶器工艺师均是清楚的。他们实际上也大体上遵守着这些规则，已经出土的史前陶器也足以证明这一点。但是，他们并不是死板地恪守这些规则，而是灵活地运用这些法则，更重要的是在历史条件允许的情况下，他们进行着大胆的创造。所以，从史前陶器，我们更多看到的不是同一纹饰的刻板地摹仿，而是层出不穷的创造。对于马家窑文化中马家窑类型陶器来说，漩涡纹可以说是它的标志性纹饰。这种纹饰是有着统一规范的，我们也的确看到了这种规范。但是，完全一样的漩涡纹却又很少。所有的漩涡纹均有着不同程度的创造。

从审美角度来看艺术，艺术是法则与创造的统一，法则决定着创造中的必然性，而创造又体现出由必然走向自由的趋向。在马家窑类型陶器纹饰中，我们能明显地看到这两种统一。这种统一突出体现出陶器工艺师对审美自由的渴望与追求。图 4-3-15 这具陶器上的纹饰几乎找不到它所依据的模式，似乎是艺术家兴之所至的自由挥洒，然而它有章法。

图 4-3-15　马家窑文化随意折线纹陶瓮

由这，我们不由得想起清代大画家石涛关于绘画有法与无法的言论。石涛说："规矩者，方圆之极则也；天地者，规矩之运行也。世知有规矩，而不知夫乾旋坤转之义，此天地之缚人于法，人之役法于蒙，虽攘先天后天之法，终不得其理之所存。所以有是法不能了者，反为法障之也。”[1]艺术创造不可无法，但又不可泥法。立法为的是创造，为了创造可以破法。破法实是立新法。破就是创造，就是发展。石涛强调的是“我”，是艺术家的创造，是自由。石涛的这一理论，溯其源不是可以到史前陶器纹饰制作上去吗？

史前陶器纹饰是中华民族艺术的宝库，它里面几乎蕴含中国艺术的全部传统，值得我们深入地学习，研究，吸取。

[1] 北京大学哲学系美学教研室编:《中国美学史资料选编》下，中华书局 1981 年版，第 328 页。

红山文化的 C 形玉雕龙
（见内文图 5-2-4）

红山文化玉猪龙
（见内文图 5-2-3）

凌家滩文化 98M16：2 玉龙
（见内文图 5-3-10）

大汶口文化山东广饶县傅家遗址的玉镯
（见内文图 5-2-9）

湖北天门罗家柏岭遗址石家河文化的玉凤形佩
（见内文图 5-3-13）

兴隆洼文化丹东沟后洼出土的
滑石人头像
（见内文图 5-2-2）

石家河文化玉蝉
（见内文图 6-2-4）

良渚文化兽面纹半圆牌饰
（见内文图 6-2-7）

凌家滩文化玉鹰
（见内文图 5-3-11）

兴隆洼文化赤峰敖汉旗兴隆洼出土 M117：1、2 玉玦
（见内文图 5-2-1）

红山文化牛二、一号墓，M14 勾云形佩
（见内文图 6-1-4）

红山文化的玉鸮（绿松石，东山嘴遗址）
（见内文图 5-2-5）

红山文化胡头沟遗址 M3 绿松石鱼
（见内文图 6-2-6）

红山文化龙形玉佩
（见内文图 6-3-5）

石家河玉鹿头形佩
（见内文图 5-3-14）

红山文化阜新胡头沟遗址玉龟
（见内文图 6-2-5）

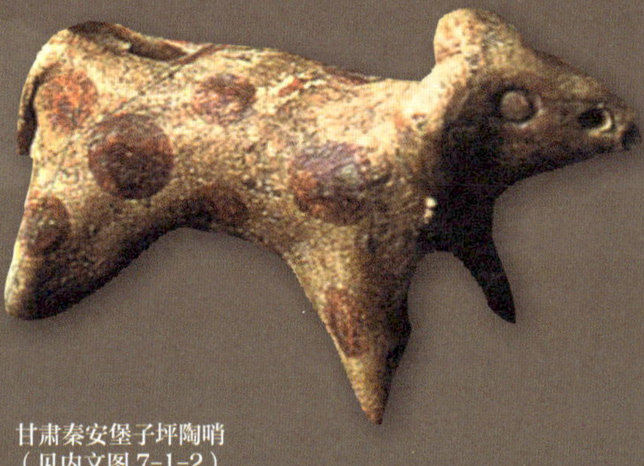

甘肃秦安堡子坪陶哨
（见内文图 7-1-2）

良渚文化反山遗址玉琮
（见内文图 5-3-5）

大汶口文化玉铲
（见内文图 1-1-4）

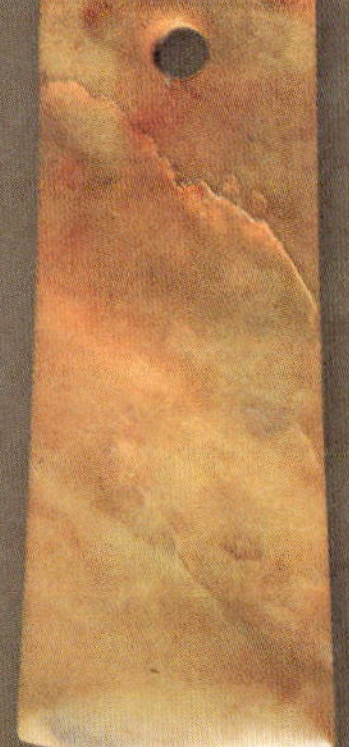

新沂花厅北区 117 号墓
出土的玉铲
（见内文图 5-2-8）

红山文化玉箍形器
（见内文图 6-2-2）

龙山文化玉锛
（见内文图 6-3-6）

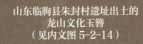

山东临朐县朱封村遗址出土的
龙山文化玉簪
（见内文图 5-2-14）

凌家滩文化玉镯
（见内文图 6-1-3）

红山文化牛河梁玉璧
（见内文图 6-2-1）

良渚文化瑶山遗址三叉形器
（见内文图 6-3-1）

凌家滩玉版
（见内文图 5-3-9）

良渚文化反山遗址冠状饰
（见内文图 6-1-2）

龙山文化山东临朐朱封村遗址玉钺
（见内文图 5-2-11）

第五章

史前玉器审美意识（上）

第一节 石之美者

若论及中华文化的特色，玉文化无疑是其中最具特色的文化。玉之尊、玉之雅、玉之贵、玉之洁、玉之美，无不列为器物文化之首位。因此，最高之天帝为玉帝，最美之佳人为玉人，最高之品德为玉德。从美学角度去考察，玉集中体现了中华民族的审美理想，不论是形象美亦还是意境美，其最高者无不可以以玉来形容，来比喻，来启示。

东汉文字学家许慎在《说文解字》中为“玉”做了一个经典的解释：“玉，石之美，有五德：润泽以温，仁之方也；䚡理自外，可以知中，义之方也；其声舒扬，専以远闻，智之方也；不桡而折，勇之方也；锐廉而不忮，洁之方也。”[1]这个解释很经典，不过，有个问题还需进一步明确，即这里说的玉是指玉石还是玉器？笔者认为，应该包含两者。

什么是玉石？概念上存在着如下一些区分：

第一，矿物学与文化学有别。矿物学上说的玉有软玉和硬玉两类。日本久米武夫编的《新宝石辞典》说“玉（Jade）指软玉和硬玉两种。”中国学界基本上也是这种看法[2]。软玉和硬玉均为链状硅酸盐矿物。软玉（Nephrite）又称为闪石玉，属钙角闪石类，主要成分

❶许慎：《说文解字》，中华书局1963年版，第10页。

❷章鸿钊《说石·石雅》说：“上古之玉……盖有二焉：一即通称之玉，东方谓之镠玉，泰西（指西方）谓之纳夫拉德（Nephrite）。二即翡翠，东方谓之硬玉，泰西谓之桀特以德（Jadeite）。”上海科技教育出版社1993年版，第107页。1991年出版的《英汉宝石词典》（栾秉璈、赵怡编，轻工业出版社1991年版）也持同样的看法。近些年来，学术界更多地倾向于以“闪石玉”名代替“软玉”。参见栾秉璈：《古玉鉴别》上，pp.22–23。

为硅酯钙锰。软玉的结构一般为交织的纤维显微结构的透闪石——阳起石系列矿物的集合体。软玉硬度并不软，它的硬度为莫氏6—6.5度，比重为2.55—2.65，颜色有白、黄、绿、黑等，据此分为白玉、青白玉、青玉、浅色碧玉和深色碧玉等品种，主要产地为我国新疆。此外，我国江苏溧阳、西伯利亚贝加尔湖地区、澳洲、中美和北美、波兰、意大利、津布巴韦均有出产。硬玉（Jadeite）俗称翡翠，翡为红色，翠为绿色，主要成分为硅酸钠铝，硬度为莫氏6.75—7度，比重为3.2—3.3。翡翠产地主要为缅甸密支那以西的乌尤河一带。乌尤河一带明清时属云南腾越（今腾冲）管辖，故有云南产翡翠之说。

以上说的两类石头当其被认作玉进入人的生活就成为文化了。这两种玉为玉文化的主体，不过，文化学视界下的玉不止这两类，它的范围要大得多。中国古人眼中的玉，除了矿物学上说的软玉和硬玉外，还有彩石和宝石两大类。彩石有人称为"假玉"，它包括叶蛇纹石（岫岩玉、信宜玉、祁连玉）、独山玉、石英石（京白玉、密玉）、汉白玉、蓝田玉等；宝石则有金刚石、红宝石、蓝宝石、祖母绿及各式碧玺等。

第二，时代有别。在文化学的视界下，不同的时代对玉的理解不一样。新石器时代、夏商周三代、秦汉均有对玉的不同的理解。新疆的和田玉虽说在仰韶文化时期的半坡遗址就有发现，但是真正成规模地进入人们的审美视野是在殷商之际，而翡翠直到18世纪末才被视为玉。

第三，地域有别。不同的地域产不同的美石，如果将美石看成玉，那么，就有不同的玉。

基于以上的种种情况，对史前玉器文化做考察，其对玉的理解，宜从旧石器时代和新石器时代的实际出发。

旧石器时代工具制作主要靠打制，器具一般均很粗糙，虽然在北京猿人遗址中发现水晶打制的工具，在其他旧石器遗址还发现玉髓、玛瑙、透闪石、蛇纹石等，但谈不上精心打造，学者一般将旧石器时代文化遗址发现的这些美石称之为“玉质旧石器”。虽然如此，其意义仍然重大，著名古玉专家杨伯达说：“北京猿人遗址发现的玉质旧石器，揭开了我国玉器史的帷幕。”[1]新石器时代就不一样了，原始人已经明确地将美石与一般的石头区分开来，给予美石以特殊的待遇。美石一般不再用来制作为实用工具而是大量制作为装饰品，即使做成工具的形制如铲、锛、钺等，也不做铲、锛、钺用，而作为礼器用。

[1] 杨伯达：《古玉史论》，紫禁城出版社1998年版，第26—27页。

栾秉璈先生说：

> 从考古出土的资料得知，新石器时代早期的内蒙古敖汉旗兴隆洼文化（距今约8200—7000年）和辽宁阜新查海文化（距今约8200—7000年，出土的古玉有：闪石玉、蛇纹石玉、玛瑙、水晶、萤石、煤精和滑石等。河南省的新郑裴李岗文化（距今约8100—7000年）出土古玉器的玉质有：绿松石、萤石和水晶等。其中除了滑石不能否视为玉外，其他都是广义的玉没有争议，但是在距10000—7000年间，即长达3000年的新石器时代早期，古人所认为的美石是否仅局限于上面那些，是否把不同颜色的闪石玉和蛇纹石当成不同的玉，茫然无知。
>
> 到新石器时代中晚期（距今约7000—

4000年），从考古出土的古玉资料得知，出土古玉有：闪石玉、蛇纹石玉、绿松石、玛瑙、玉髓、水晶、独山玉（仰韶文化出现）等，增加了独山玉，至于那些现今还有争议的某些石英岩、大理石、燧石、硅质岩等，是否古人也会将它们当成玉，不得而知。古人在没有矿物学知识的情况下，玉和石的分化自然会继续不断地进行，特别是在玉品种的划分上，也会有各种看法。[①]

❶栾秉璈：《古玉鉴别》上，文物出版社2008年版，第7页。

栾秉璈先生在他的巨著《古玉鉴别》中列入“传统古玉石”的有：

一、闪石玉：亦称软玉、透闪石玉、闪石玉。下分岫岩闪石玉、和田闪石玉（又有白玉、羊脂玉、青白玉、黄玉、墨玉、糖玉等分别）、玛纳斯碧玉、溧阳小梅岭闪石玉、青海闪石玉、龙溪闪石玉、昌龙闪石玉、台湾闪石玉、西伯利亚闪石玉等。

二、蛇纹石玉：由蛇纹石矿物组成，蛇纹石矿物的集合体称蛇纹岩，蛇纹岩不都是蛇纹石玉，只有达到一定工艺要求的蛇纹岩才是蛇纹石玉。蛇纹石玉分岫岩蛇纹石玉、酒泉蛇纹石玉、信宜蛇纹石玉、昆仑蛇纹石玉及其他蛇纹石玉。

三、绿松石：简称松石，元明清时称作甸子，日本错译为土耳其玉、英译为突厥玉。下分湖北绿松石、陕西绿松石、河南绿松石、新疆绿松石、安徽绿松石、云南绿松石。

四、玛瑙：玛瑙的组成矿物是玉髓，有的含少量的白石及微粒石英等，呈纹带状隐晶质块体（肉眼看不见矿物颗粒的岩石称隐晶质，可以看见颗粒的称显晶质），有没有纹带构造很关键，没有纹带构造的玉髓不是玛瑙。玉髓集合体中渗有黏土等杂质，即使有纹带构造也不是玛瑙而被称为碧石。

玛瑙和玉髓纯者皆为白色，但因为含有色素及其他杂质，故颜色不同，常有红、黄、绿、黑等各种颜色。玛瑙透明、半透明，有玻璃光泽。玛瑙产生地很广，主要有黑龙江、辽宁、内蒙古、河北、宁夏、湖北、江苏、山东、新疆和西藏等。

五、独山石：又名南阳玉，以产于河南独山而得名，它是一种“蚀变钭长岩”独特类型的玉石，下分白独山玉、绿独山玉、紫独山玉、黄独山玉、杂色独山玉等。

六、翡翠：翡翠主产缅甸，属于硬玉，因美如翡翠鸟而得名，俗称云南玉。最早记载翡翠这一名称的是宋欧阳修的《归田录》。翡翠大约清雍正年间进入宫廷，因为宫廷喜爱而身价大增。翡翠分为宝贵翠、佳品翠、上乘翠、无足取之翠和庸常之翠五级。清末收藏家唐荣祚有《玉说》一书，称翡翠器的境界是“艳夺春波，娇如滴翠，映水则澄鲜照澈，陈几亦光怪陆离”[①]。

七、其他玉石和宝石：有青金石、孔雀石、玉髓、石英质岩玉、蛇纹石化大理岩、大理石（汉白玉）滑石、绢云母质玉、磷铝石和磷铝锂石、煤精、象牙、琥珀、珍珠、车渠、萤石、水晶、钻石、红宝石、蓝宝石、祖母绿、碧玺、金绿宝石、猫眼石、尖晶石、欧泊等。[②]

这里所述涵盖了新石器时代全部的玉器材料，实际上，出现在新石器文化遗址的玉器并没有这样多，主要的只有闪石玉、蛇纹石玉、绿松石、玛瑙四类。

玉石有一个共同的特点，就是美。具体来说表现为四：

一、质地细腻。玉石虽然难免含有某些杂质，但总

①转引自《杨伯达论玉》，紫禁城出版社2006年版，第269页。

②均参见栾秉璈:《古玉鉴别》上，文物出版社2008年版，第27—73页。

体上来说，它质地较为纯净，纹理细腻，经琢磨后，浑然一体，十人可爱。

二、质地温润。温润是人的一种感觉，它首先让人产生一种柔滑的感觉，这柔滑中似有弹性，像是少女的肌肤，故而让人觉得似有温度，有水分，因而有生命。

三、质如凝脂。不少玉有凝脂感，冻脂感。闪石玉尤其具有这种品质，闪石玉中的羊脂玉，白如羊脂，美名传扬天下，是玉中之珍者。

四、透光显明。玉均有一定的透明感，表面还有光泽，玲珑剔透，给人一种神秘感和喜悦感。

五、色彩美丽。玉的色彩各种各样，有纯一色的，也有杂多色的，由于玉有一定的透明感，故而这色不仅鲜明，而且灵动，较之一般的色彩更见美丽。

玉本身所具有这些美质是玉美的基础，这种美是自然造化的产物。虽然如此，玉毕竟是人发现人选取的。是人的发现与选取才使玉从一般的石头中分离出来，成为人的钟情物，准确地说，才使玉这一自然物成为文化物。玉的一些性质如质地细腻、有一定的透明度等，本为物理性质，因为人的钟情它才成为了审美性质。借用“点石成金”这一成语，玉的物理性质是“石”，人的发现是“点”。没有“石”，当然不可能“成金”；然而没有人的“点”，这“石”也成不了“金”。所以从本质上来看，虽然是自然造就了玉石，然而却是自然与人共同的作用才造就了玉石之美。玉石之美的发现意味着玉从石中脱胎换骨。它不能再看成石，而只能看作玉。石是自然状态的，而玉必然是文化状态的。

玉石分化在人类审美意识起源上的意义十分重大。王永波先生说：“玉石分化，说到底就是玉器起源的问题，是美与俗、灵与顽、神与凡的概念分化。”[1]这一论断是

[1]王永波：《玉学、玉文化论纲》，《海峡两岸古玉学会议论文专辑》（一），台北，2001年，第21页。

极为精辟的。在笔者看来，玉石分化，实质上是人类审美意识独立出现的标志，对玉石的审美是人类审美的起源之一。

玉进入人类生活，是非常早的，可以追溯到旧石器时代。法国旧石器时代文化奥瑞纳文化中有玉器，距今约 40000 年至 20000 年前。1987 年在奥地利发现距今 31000 年至 28000 年前用绿色蛇纹石雕成的女神像。另在俄国玛尔塔旧石器时代文化遗址也发掘了距今约 24000 年至 23000 年前的玉器饰件。至于中国，同样可以追溯到旧石器时代，中国著名的古玉研究专家栾秉璈先生说："在漫长的旧石器时代（距今 10000 年前），中国先民在狩猎等劳动中，逐渐对自然界的石头有了硬、软的认识，开始把质地坚硬、断口缘锋利的石头（如石英岩、玉髓之类）用来钻孔和研磨其他物体，于是就出现了原始的钻孔和研磨技术。这种技术的出现，为原始人爱美而创造的工艺品打下了基础。早在距今 18000 年前，北京周口店山顶洞人用贝壳、鱼骨、兽牙、小石等制造的项饰品，就是利用硬石钻孔的研磨制成的'原始项链'。"[①]中国人制作玉石工艺品至少可以追溯到 10000 年以前。

玉石之美的发现，在人类的进化史上具有重大的意义，它的出现，标志人类已经有了审美的需要。

审美活动源于审美需要。人类的需要是可以区分为若干层次的。最大的区分是动物性需要和超动物性需要。人来自动物，某种意义上也可以看成动物，但人毕竟不是一般的动物，就其具有的文化本性来看，人从根本上超出了动物，因而人不仅有动物性的需要，还有超动物性的需要。如果说动物性的需要维持的生命主要是自然性的，那么超动物性的需要所维持的生命则主要是文化

①栾秉璈:《中国宝石和玉石》，新疆人民出版社 1989 年版，第 110 页。

性的。

人的超动物性需要是很多的，包括科学上的求真，伦理上的求善，审美上的求美。各种超动物性的文化需要均建立在动物性的自然需要基础上，但具体情况有所不同。比之求真、求善这两种需要，求美的需要更多地与动物性的自然需要有着内在的联系，以至于有时要将两者区分开来不很容易。比如，性，是动物的自然性需要。两性的吸引出于本能。除本能外，异性的感性因素如色彩、体形、声音能起到引起对方注意的作用，故而发情的孔雀要开屏，“热恋”中的黄鹂要对歌。这些感性的活动常被人们看作是审美。人也有性的需要，与动物不同的是，人在性的活动中渗入了精神性的、准确地说文化性的因素，从而将自然性的爱升华为文化性的爱。

人类的审美发生途径之一是功利。最大的功利为生存，一般来说，凡是利于生存的事物容易让人类产生好感，这种好感其进一步的发展则成为美感。

石器时代人刚脱离动物界，石器是人类最早的工具。正是工具其中主要为石器的发明让人从动物发展成为人。石器作为石器时代人类最主要的生产工具，其物质功利性是极为突出的。既然石器是应人的物质功利性的需要而诞生的，那么，判断它好坏的标准，也就只能是物质功利性了。一柄斧如果能砍树，且使用起来顺手、省力，那就是好斧。好斧之所以好，原因很多，材质好、造形好是不可忽视的两个重要方面，这就追溯到斧的形式上去了。因为形式能保证功能，形式的重要性就突出了。人们从经验中寻找能保证功能的形式，将其概括成规律，从本质上看，这种形式规律属于善，是成善的规律。

虽然对于工具的评判，人们总是将功利性放在第一位的，但是人不是功利性的动物，人不只是有功利性的需要，还有别的需求，特别是文化性的需求。这样，对工具的价值判断，就有可能从物质功利性延展到精神文化性。本质为善的形式规律，在一定条件下能转化为美的规律。所谓一定条件，就是说当形式不再联系到具体的物质功利即善时它就有可能成为审美的对象了。

这个过程可以概括成两个转化：

（一）功能向形式的转化。本来，工具的形式全出于工具功能的考虑，包括工具材质的选择、形状的设计等等，但是，当工具的功能实现之后，工具的形式就有可能与功能脱勾，成为一种美的形式，当这种形式被提升为普遍性的规范时，它就可能用到非工具的制作上去，成为形式美的规律。

（二）“物利”向“心利”的转化。人的有意识的行为通常均追求着价值，价值为利。利有两类，一类利为物质性的，一类利为精神性的，前者称之为物利，后者称之为心利。物利与心利有着一定的联系，但各具有一定的独立性。审美作为人的有意识的行为，也有利存在，审美的利为心利，而且这种利比较明显地独立于物质性的利。虽然审美之利独立于物利，然而溯其源，则可以找到它的根，根在物利，换句话说，审美之心利乃物利转化而来。

工具给人带来功利，功利让人快乐。由于这种快乐主要来自于功利，因此可以说是一种功利情感。如果说动物也有情感，那么动物情感基本上属于这种功利情感。在以功利的眼光看待对象这一点上，人与动物是差不多的。人与动物之不同在于人不只是以功利的眼光看待对象，在某种情况下，他可以超越功利的眼光来看待对象。当人们以超越功利的眼光来看对象的时候，他就会专注于对象的形式，并且也能从这种形式中感到一种快乐。

这种快乐，我们可以称之为形式情感。形式情感是审美情感。人类最初的形式感主要来自于工具的制作。

人类史前经历过一个玉石不分的时代，那个时代，玉器也是石器，那石器不折不扣地是工具，是有功利性的，当人们充分认识到玉器独特的价值不再将它当工具使用时，玉器的形式美价值就彰显了。古玉器中，有少量的玉铲、玉锛、玉斧。但它们不是工具，器体看不出使用过的痕迹，它们其实是祭祀器、礼器，抑或是装饰物。为什么要采用工具的样式呢？可能暂时尚未找到最合适的形式，就将工具的形式拿来用了。

人类的审美发生途径除了由物利转化为心利外，另一途径为追求感官快适。人们喜欢彩虹，并不是因为彩虹给人类带来了什么功利，而是因为它的色彩太美妙了。人类对鲜花的审美也是如此。绝大多数美丽的鲜花不是人类的食物，虽然不是食物，只要色彩很美，人类同样喜欢他。人类对玉的审美有点类似于对鲜花的审美。原始人所珍爱的玉，不管是加工过的玉器，还是未加工过的玉石，绝大部分是装饰品。之所以能作为装饰品，是因为它美。

感官是否快适决定于人的生理结构。当外在信息恰到好处地符合人的生理结构时，人就会产生一种快感，快感是美感的基础。玉，它的色彩、纹理对于人的视觉与触觉具有某种最为舒适的性质，故而当它呈现在人们面前的时候，人们会不期然而然地为它所吸引，产生最大感官快适，这种感官的快适进而影响到人的情感和理智，上升为美感。

人的感官既是自然环境塑造的产物，也是人类自身生存与发展的产物。感觉的生成显示出人类生命进化的痕迹。感觉是人类共同的生理特性，它具有先天性。由于人来自于动物，所以，人的感觉与动物的感觉存在一定的相通性，感觉的先天性即指这种动物性。人类的感觉也具有后天性。人类的后天性决定于人类的生活包括劳动、祭祀与娱乐，人类感觉的后天性实质是文化性。

有一种著名的观点认为："人最初是从功利的观点来观察事物和现象，只是后来才站到审美的观点来看待它们。"[1]这种观点将审美的发生归之于功利，事实并不是这样。玉石最初进入人们的审美视野，主要不是因为它是制作劳动工具的好材料，而是制作装饰品的好材料。

旧石器时代人的生存是极为艰难的，尽管生存艰难，也不唯功利，说明原始人的世界中，除了维持生存的物质生活外，还有一块超越物质生活的精神天空，审美即在其中。两个世界，一为物质世界，一为精神世界。虽然物质性的活着通常被理解成基础，但是，人只要活着，就可以展开出一片与活着无直接关联的精神世界。玉石审美的发生充分说明了人类进化的这一规律。

❶［俄］普列汉诺夫著，曹葆华译:《没有地址的信　艺术与社会生活》，人民文学出版社1962年版，第106页。

第二节 北系玉器

中国史前的玉器制作最早可推到旧石器时代。1983年，在辽宁海城小孤山仙人洞古人类洞穴中发现史前人类玉器砍斫器三件，距今大约12000年前，属于旧石器时代晚期。三件玉器为深绿色，最大的一件长约21厘米、高约10厘米、宽约7厘米。考古学家一般将旧石器时代的玉器称之为“玉质石器”。

新石器时代玉器文化比较地发达，严格说来，玉器文化是从新石器时代开始的。新石器时代的玉器文化可以分成北系和南系。北系指长江以北地区的玉器文化；南系指长江以南的玉器文化。它们平行发展，也相互影响。现在我们先谈北系的玉器文化。

一、兴隆洼文化玉器（距今约8200—7000年[1]）

兴隆洼文化遗址位于内蒙赤峰敖汉旗大凌河上游的兴隆洼。属于这一文化体系的还有辽宁阜新查海文化、沈阳新乐文化、黑龙江密山新开流文化等。兴隆洼玉器和查海玉器是中国最早的玉器。

兴隆洼的玉用的是岫岩闪石玉，颜色为浅绿色、黄绿色、乳白色。兴隆洼的玉器有工具类如凿、锛、镞等。有学者认为这说明石玉工具混用的现象仍存在。兴隆洼文化遗址出土的玉器中最重要的器具是玦。1992年，在M117号出土中国最早的两块环形玦（图5-2-1），分别

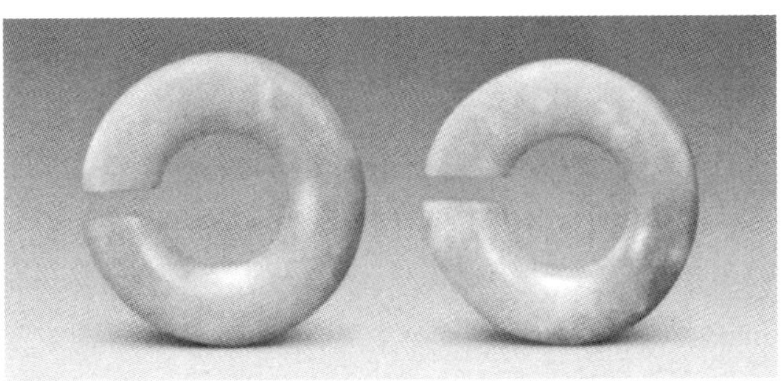

图5-2-1　兴隆洼文化赤峰敖汉旗兴隆洼出土M117：1、2玉玦，采自《古玉鉴别》下，彩版一零

[1] 关于兴隆洼文化的年代有不同的说法，说是距今8200—7000年是栾秉璈的说法。张之恒的《中国新石器时代考古》说是为公元前5290±95年（半衰期5730年）。尤仁德的《古代玉器通论》说是公元前6200—5400年左右。

位于墓主人左右耳部。1994年在M135号又出土了一对大型玦，号称玦王。1987—1990年在辽宁查海文化遗址也出土了两件玉玦，另在内蒙古林西县、巴林右旗的新石器早期文化遗址也出土有玦。此外它还出土一种今日命名为匕形器的玉器。

图5-2-2　兴隆洼文化丹东沟后洼出土的滑石人头像，采自《古玉鉴别》下，彩版一零

兴隆洼文化的玉器中有件人面形饰，值得注意。此件在林白县长汗遗址出土，黄褐色，叶蜡石质，椭圆色。上有两条凹槽，像是眼睛。下侧偏中有一条横向凹槽，内嵌长条形蚌壳，左右两侧各有上下对称的浅凹槽，分别嵌入三角形蚌壳，代表嘴与牙齿。另为滑石人头像（图5-2-2），出土于辽宁丹东沟后洼，共出土三件。

兴隆洼的玉器在中国文化史上具有重要意义：第一，它是中国最早的玉器，可以说是玉文化的开创者。第二，人像的发现具有重大意义。它说明人对于自我的形象已经有所重视，从某种意义上讲，它是人的自我意识觉醒的表现。第三，兴隆洼出土的玉玦是中国最早的硬玉（Jadeite）即翡翠。第四，兴隆洼玉的制作，据专家研究，可能是手工推拉琢磨而成，为“磨制工艺在玉器上的应用提供了最早的实例”[1]。

一、裴李岗文化玉器（距今约8200—7000年[2]）

裴李岗在河南新郑，1977年在此发现新石器时代遗址，其出土文物大抵距今8200—7000年，考古学家将此地这一时期的文化称之为裴李岗文化。裴李岗文化遗

❶尤仁德:《古代玉器通论》，紫禁城出版社2004年版，第5页。

❷河南文物考古研究所曹桂岑说：“河南新石器时代文化谱系已基本清楚，河南是黄河流域史前文化的主题，其发展顺序依次为裴李岗文化（距今8200—7000年），仰韶文化（距今7000—5000年），龙山文化（距今4900—4100年）；仰韶文化之后，在河南的西南部有屈家岭文化（距今5300—4600年），东部有大汶口文化（距今6300—4600年），距今4600年左右均被河南龙山文化所取代。”曹桂岑:《河南史前玉器》，《海峡两岸古玉学会议论文专辑》（一），台北，2001年，第115页。

址在河南已发现 120 余处，玉器出土不是很多，值得注意的是，它用玉的主要原料为绿松石、萤石和水晶，闪石玉没有发现。裴李岗文化发现的玉器除一件水晶刮削器外，均为装饰物。主要有圆形穿孔饰、不规则形饰、方形坠饰、三角形坠饰、棱形坠饰、棒形饰等。

这些饰件多为几何造形，虽然形态比较简洁，但均经过打磨，很光洁，大多有钻孔，说明当时已经熟练地掌握了这门技术。属于裴李岗文化的河南贾湖遗址出土圆形穿孔饰最多，共计 46 件，其中萤石圆形穿孔饰多达 20 件。标本 M318：1-1~17 为串饰，很可能是项饰。项饰的出现反映史前人类对于审美的高度重视。在所有的人体饰物中，项饰最为重要，它不仅美化了人的颈部，而且美化了人的脸部，乃至整个人的身体。项饰的出现是人类审美生活中非常重要的事件。贾湖遗址是骨笛的发现地，将项饰发现与骨笛联系在一起，可以想象贾湖地区的史前人类对于审美有很高的追求。

二、红山文化玉器（距今约 6500—5000 年）

红山文化主要分布在内蒙古南部、辽宁西部、河北省东北部、渤海沿岸，以这类文化遗存最早发现于内蒙古赤峰市的红山而得名。红山文化早期的碳十四测定的年代数据没有公布，与其年代相近的后岗一期文化的后岗遗址有碳十四测定数据两个，72H5 为距今 6340 年 ±200 年、71T1 为距今 6135±140 年。红山文化后期碳十四测定有三个数据：牛河梁遗址 J1B 为距今 5580±110 年，Z1 遗址为距今 5000±130 年，东山咀石建筑基址为距今 5485±110 年[1]。

红山文化的来源，专家们一般认为是兴隆洼文化，

[1] 参见张星德：《红山文化研究》，中国社会科学出版社 2005 年版，第 68 页。

兴隆洼文化中出土的玦成为红山文化中兽形玉的基本造形。红山文化的另一来源是后岗文化，后岗人有崇龙的习俗，他们本生活在太行山一带，后北移与兴隆洼文化产生碰撞、冲突，最后融合，产生了红山文化。

红山文化出土了大量的玉器，而且质量极高，与南方的良渚文化同为中国史前玉器文化的最高代表。它的突出特色是虽然有少量的工具类玉器，像玉斧、玉钺、玉棒、玉钩形器等，但大量的是装饰类玉器和礼仪类玉器，即使是工具类玉器也看不出使用过的痕迹，或许它只是采用工具的形式，仍然是礼器或装饰器。

红山文化中最为重要的玉器有：

（一）龙形玉

1. 玉猪龙。红山文化遗址出土了好几件玉猪龙，最大的一件为出土于牛河梁第二地点一号墓的一件玉猪龙，它长 15 厘米，宽 10.2 厘米，厚 3.8 厘米，呈团状，类玦。其头部像猪首，长嘴、大耳、圆眼、獠牙。身体卷曲为蛇。牛二 M4 出土两件，另，敖汉旗下洼、巴林右旗羊场、巴林右旗那斯台、巴林左旗尖山子也各出土一件（图 5-2-3）。

这种兽形玉器，集中出现在红山文化墓葬中，其他史前文化遗址没有发现，这种现象也很让人纳闷。这兽形器虽然被命名为玉猪龙，但也有些专家认为应该是玉熊龙，它更像熊。也有专家认为这形象可能是人的胚胎，笔者更倾向于这一看法。

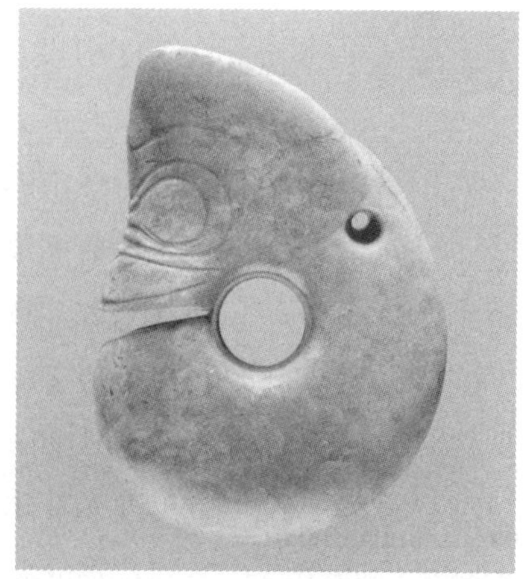

图 5-2-3　红山文化玉猪龙（敖汉旗下洼）

2. C 形玉雕龙（图 5-2-4）。这件玉器出土于内蒙古翁牛特旗三星他拉村，高 26 厘米，通鬣 21 厘米。此件呈 C 形，总体形象类似团起来的蛇，其首为长吻，菱形眼，有长长的鬣，鬣尾上翘。此龙因为出土于三星他拉村，故通常称作三星他拉龙，也有学者将它也看成玉猪龙，其实，它与猪龙的差别很大。

图 5-2-4 红山文化的C形玉雕龙（内蒙翁牛特旗三星他拉村），采自《古玉鉴别》下，彩版一一

（二）动物形玉

红山文化遗址还出土了大量的动物形玉。其中有：

1. 玉凤。此玉凤出土于牛河梁文化遗址十六地点四号墓，凤体肥硕，凤冠高而后卧，圆目，尖喙，翅膀简化为三道斜向上的羽毛，覆盖身体。尾翎向下。此件玉凤造形特别，它不作高飞状却作蛰伏状，似在孵卵。

图 5-2-5 红山文化的玉鸮（绿松石，东山嘴遗址），采自《古玉鉴别》下，彩版一一

2. 玉鸟或玉鸮。红山文化多有发现，形制有别，胡头沟遗址 M1 出土的一件，为展翅状，扁形，头微缩，腹部近首处有一椭圆形的对穿孔，两孔之间有一小孔，细如发丝。翅膀刻成大片的羽毛。具有图案兼写实的意味。辽宁喀左东山嘴遗址出土一件绿松石鸮（图 5-2-5），高 2.4 厘米，宽 2.8 厘米，厚 0.4 厘米，此件制作非常精细，翅和尾均有细线刻出羽毛，钻孔位在头下左侧，为佩饰。玉鸟或玉鸮在红山文化出土数十件，分散在不同的墓穴中。它的大量出现，似乎说明红山文化是崇鸟的。

3. 玉龟（亦称“玉鳖”）。亦多有发现，形制有别。胡头沟遗址 M1 出土的一件为代表，器呈扁状，龟体近六连形，龟四腿张开，头前伸。M21 出土的一件玉龟，龟体呈椭圆形状，龟背隆起。玉龟在良渚文化中也有发现，说明史前初民对龟有一种崇拜。龟以长寿著称，它是不是寄托着初民对长寿的向往？

4. 玉蝉（亦称“玉蚕”）。内蒙古巴林右旗那斯台遗址出土，呈圆柱状，上缘阴刻出额头纹，背部有凸线数道，身体各部位不很清晰。

5. 玉鱼。内蒙古巴林右旗那斯台遗址出土。鱼的颈部有一道阴刻的弦纹，体左侧有一竖道浅糟，呈扇坠状。另，辽宁阜新胡头沟 M3 出土二件小型绿松石鱼耳坠。

（三）佩饰：1. 勾云形玉佩。牛河梁第二地点遗址、凌源县三官甸遗址均有出土。玉佩的主体部分为一曲卷的云状物。四角部各舒展出短的云状物（参见图 6-1-4）。总体结构匀称、舒展、轻柔，在均衡中见出变化来。勾云形佩形制很多，大多为方形，也有近椭圆形的，四角的勾云，多为圆角，也有为尖角的。勾云形玉佩在墓葬中摆放的位置基本上一致，均是反面向上，放置在墓主人的胸前或近右上臂。也许此物不是一般的装饰，而是墓主人权力、身份的标志。

2. 马蹄形玉箍。牛河梁第二地点遗址出土。此件呈圆筒状，中空，疑为束发的佩饰。

3. 兽面形玉佩（图 5-2-6）。牛河梁第二地点 1 号冢 M27 出土。此佩造形怪诞，长方形，能看出兽眼，獠牙。獠牙之间有一排长齿。这种玉饰摆放的位置与勾云形玉佩相似。它们功能是不是同于勾云形玉佩呢？

5-2-6　**红山文化兽面形玉佩**

关于此件玉佩的来历，玉器专家尤仁德说：“《山海经·海外南经》：‘羿与凿齿战于寿华之野，羿射杀之。’郭璞注：‘凿齿，兽名，齿长三尺，其状如凿。’‘齿长三尺’的描述虽显夸张，但能说明凿齿兽的怪诞神奇，红山文化的兽面形佩，可能是这种凿齿兽的形象。”①

①尤仁德：《古代玉器通论》，紫禁城出版社 2004 年版，第 11 页。

4. 玉璧。牛河梁第二地点遗址、胡头沟遗址均有出土。璧为圆状，但近方。

5. 玉联璧。牛河梁第二地点遗址出土。形状特别，分上下两部分，均圆形而近方，下大上小。上下各有圆孔。

红山文化遗址中还有一些三孔形器，有些三孔形器两端似为兽首、人首。值得注意的是，红山文化有玉人像。20 世纪 80 年代在内蒙古巴林右旗那斯台采集到小型玉人一件。玉人头顶较平，两侧略凸尖角，脸颊圆弧外鼓，下颌呈圆尖状，五官清晰，阴线刻出，双目，鼻均呈三角形。此件尚未正式发表，可能有些问题尚待研究。[1]

红山文化遗址的玉器极为精美，也很有特色，已形成独特的美学风格。这些风格大致可以概括为：

（一）标准化。红山文化遗址出土的龙形玉及玉鸮等器具除大小不一样外，其规格完全一样。这是不是说明社会对于玉器的制作有一种规制存在？如有，它反映出这个社会已经有一种比较严格的管理体制。

（二）形神兼备。红山玉器以动物形雕塑见长，这些雕塑均形神兼备。不注重细节，而重视大的部位、关键的部位。

（三）浑厚。红山玉器线条较少用刻法，多为碾磨所致，因而线条近沟漕，浑厚、圆转，使得整个器具见出温婉的趣味。

（四）简朴。红山文化不重细部精刻，而重大的部位造形，表面均做抛光处理。整器显得大气、光鲜。

红山文化玉器在中国玉器史乃至文化史上占有重要地位。

第一，它是中国古代“唯玉为葬”的代表。红山人对玉极为重视，人死了陪葬物品只用玉器而排斥其他物品[2]。

❶参见栾秉璈:《古玉鉴别》上，文物出版社 2008 年版，第 107 页。

❷见郭大顺:《红山文化的唯玉为葬与辽河文明起源特征的再认识》,《文物》1997 年第 8 期。又见张星德:《红山文化研究》, 中国社会科学出版社 2005 年版，第 126—132 页。

随葬玉器的数量与质量是与墓主人身份相一致的。这种体制发端于红山文化的早期，健全于红山文化的晚期，说明红山文化时期已有礼制的产生。唯玉为葬这种体制后来并没有在中国社会得以承传，但礼制却是在发展，成为中国社会的根本制度。

第二，其龙形雕塑奠定了中国龙的雏形。众所周知，中国古代有龙崇拜。龙是一种集聚了多种动物元素的综合性的动物，它是想象的，在成形的过程中有诸多的样式，后来逐步走向定型。红山文化出土的C形玉雕龙基本形制与后来定型的龙一致，它应是中华第一龙。

第三，红山文化中的动物形玉器，是中国最早的动物雕塑，它基本上奠定了中国造形艺术的发展方向，这就是以形写神，重在神似，形神兼备。

第四，红山文化中某些玉器的造形开玉器造形之先河，为后代所继承与发展。这其中最重要的莫过于勾云形佩了。勾云形佩首创云形纹，这种卷曲与舒展相结合的云纹创造思路，在良渚文化玉器、夏商周的玉器均得到继承，不仅如此，勾云形佩的造形还影响到青铜器、漆器的纹饰。

第五，红山文化中的玉器开巫玉到礼玉的先河。它的玉器明显地具有巫的功能，其动物造形为的是借动物以通神，但是，它的玉器又见出礼的意义，是一种礼器。这对中国玉器的发展影响极大。

红山文化距今6500—6000年，在那个时代竟然出现如此高的玉器制作水准，让人不可思议。联系红山文化的陶制的女神像，我们有理由认定，那个时代巫风炽盛，原始宗教统治着整个社会。宗教激发了人们极大的创造力，适应宗教的需要，人们想象出玉猪龙、C形龙、凤、兽面佩、勾云形佩、玉鸟等形象，并将它们雕制成玉器。这样高的文化竟然不在中国腹心地带——河南、陕西一带，而是在偏北的内蒙、辽宁、河北一带，这就让人们不解。有历史学家认为这是仰韶文化北移之故[①]。此说如果成立，那就有一个疑问，既然仰韶文化是红山文化的母体，仰韶文化就理所当然地是红山文化的前身，然而，仰韶文化没有发现类似红山文化那样的玉器，这是为什么？这些均有待考古进一步的发现。

❶历史学家张星德详细介绍了黄帝族由陕西东迁的路线，说是“据史学家考证为首先顺着北洛河南下，到今天大荔、朝邑一带，然后东渡黄河，沿着中条山及太行山边缘逐渐向东北走，一路上不断地有一些分支留下来。”仰韶文化的一支“沿黄河、汾河上溯，在山西、河北上部桑干河上游至内蒙古河套一带，同源于燕山以北的大凌河流域和老哈河流域的红山文化汇合，两种文化交流融合。”（张星德:《红山文化研究》，中国社会科学出版社 2005 年版，第 211—212 页。）

三、仰韶文化玉器（距今约 7000—5000 年）

仰韶文化于 1921 年首先在河南省渑池仰韶村发现故名。仰韶文化分布主要是渭河流域、豫西和晋南地区，该文化的发展序列为：半坡类型——史家类型——庙底沟类型——西王村类型或称半坡晚期类型。仰韶文化由河南裴李岗文化发展而来，后在中原地区发展为河南龙山文化。

现在的仰韶文化考古发现主要为陶器，玉器发现得并不多。已发现的玉器有两类：

（一）工具类：主要有铲、钺、斧、锛、刀、凿、镞等。

将玉雕成工具的形状，它是工具吗？应该不是。那为什么又要雕成工具状？这与工具在原始部落中的地位有关。在生产力低下的原始社会，原始人与自然抗争的重要手段就是运用工具。工具的精美度在某种意义上代表着工具主人的地位。因此，虽然玉器工具本不是工具，却具有工具的精神意义。除此原因外，也许工具的形式感影响所致。原始人在制作和使用工具的过程中，对工具的形制已经形成了一定的形式法则，这法则原本是工具功利性的保证。只有符合这种形式法则的工具才是好使的工具，后来，这形式法则则独立为审美法则。既然也是审美法则，原始人在制作玉器时也就自然地套用这一形式法则了。

图 5-2-7　南召县高塘村仰韶文化遗址发现的玉钺，采自《古玉鉴别》下，彩版一四

玉器工具中，玉钺比较地引人注意。1966 年在河南南召县高塘村仰韶文化遗址发现玉钺一件（图 5-2-7），长 12 厘米，宽 11.5 厘米，独山玉，长方形，刃部为三个凹槽形。钺为兵器，将玉制成兵器状是不是有特别的意义呢？良渚文化中有玉钺，现在专家们基本上认定，那是部落长权力的象征，类似于权杖。那么仰韶文化中这具玉钺是不是也是权杖呢？人们有理由做这样的猜测。如果是，那就意味着仰韶文化已经进入了父系氏族社会了，因为只有男性部落长才拥有这样的玉钺。

（二）装饰类：主要有璜、耳坠、角形饰、三棱形饰、椭圆形饰、梯形饰、坠、笄等。其中绿松石坠比较引人注目。河南淅川县下王岗遗址出土绿松石饰件较多，耳坠 23 件，椭圆形者 7 件，梯形者 12 件。其中一对绿松石坠饰，长 3.3 厘米，宽 1.2 厘米，厚 0.2 厘米，椭圆形，素面，一端有对称的锯齿形缺口，现藏河南博物院。

1983 年、1984 年在陕西南郑县龙岗寺遗址连续发现仰韶文化半坡类型的绿松石坠饰 74 件，形状多样，其中铲形 27 件，梯形 5 件，长方形 7 件，多边形 5 件，圆形 28 件，枣核形 1 件。绿松石饰件的使用在仰韶文化时期诸部落中可能具有一定的普遍性，它或许是某种地位、身份的象征，或许是部落上层人士高级饰件。绿松石饰件的形状的多样性意味着审美的多样性，也意味着地位的多样性。

大量的人体装饰玉件的出现，说明在仰韶文化阶段人们对于人体美重视了。这是一个非常重要的信号。人们对审美的认识，其规律大体是：美化神——美化人。出现在红山文化中的大量的动物形玉，美化的是神——动物神，红山人也雕塑有玉人，但那实际上是人体的神。仰韶文化阶段人们同样美化神，但也美化人了。仰韶文化阶段没有出现令人震撼的玉器，但平凡的玉器饰件其意义同样不可低估。

现有的仰韶文化考古，玉器发现不是太多的。是尚待发现还是原本就少玉器？还需要更多的材料才能证明。从它与红山文化的关系来说，仰韶文化应该有更好的玉器产生。

四、马家窑文化玉器（距今5000—4000年）

马家窑文化因1923年首次发现于甘肃临洮马家窑而得名。马家窑文化分布于黄河上游甘肃、青海一带，它的文化发展序列为石岭下类型——马家窑类型——半山类型——马厂类型。马家窑文化与仰韶文化关系密切，因而长期以来也被一些学者看作是仰韶文化晚期的一支，马家窑文化以绚丽多姿的彩陶文化而闻名于世，它在玉器方面倒是显得不足称道。已发现的玉器以绿松石为主，主要有圆形饰、管状饰、斧形饰、异形饰等。量不是很大，质也平平。

栾秉璈先生在他的巨著《古玉鉴别》介绍马家窑玉器时特别提到宗日文化，宗日文化时间同于马家窑文化，20世纪90年代，在青海同德县宗日文化遗址出土绿松石近百件，形状各异，有块状、球状、片状等，有的穿孔，有的无穿孔。其中有一件作品为管状串珠，珠管长0.7—2.6厘米，直径0.4—0.8厘米，珠管长短不一，颜色深浅有别。

五、大汶口文化玉器（距今 6300—4000 年）

大汶口文化因 1959 年在山东泰安大汶口一带发现史前文化遗址而得名。该文化主要分布于山东中部、南部和江苏淮北地区，但晚期遗址达到山东北部、河南中部、西南和安徽北部。

大汶口文化主要以陶器著名，玉器的出土也不是太多，现在已发现的玉器主要有三类：

（一）工具类：有刀、斧，条形有段锛、铲、镞形器。

江苏省新沂花厅北区墓地出土的斧三件，标本 M50：10，长 21 厘米，宽 12 厘米，闪石玉，黛绿色，长方形，上端略窄，下端略宽，表面平滑光洁，双孔。标本 M46：12，长 15.5 厘米，宽 6.6—7.6 厘米，闪石玉，局部受沁，乳白色夹黄褐斑，扁薄形，中间偏上有双面钻孔。除斧外，条形有段锛也比较引人注目。一墓中出土两件，形制完全相同，没有使用过的痕迹，足以证明它是墓主人的心爱之物，也许是礼器。标本 M50：12，长 23.8 厘米，宽 4.4 厘米，材质为闪石玉，黛绿色，器形棱角分明，刃口锋利无损。

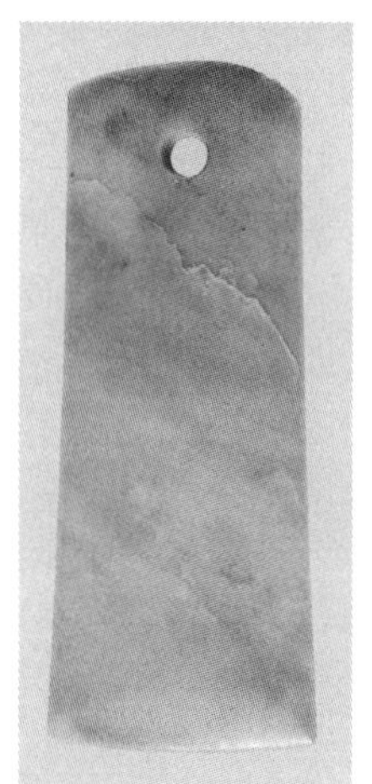
图 5-2-8 新沂花厅北区 117 号墓出土的玉铲

大汶口文化 10 号和 117 号墓地出土的两件玉铲是大汶口文化中代表性的玉器。它们由青玉和黄玉琢成，材质精良，其中 117 号墓出土的用黄玉琢成的玉铲（图 5-2-8）尤其值得我们注意。此器胎料厚重，表面光洁，上部有圆孔，刃部为圆弧形，向两边稍有扩展，已有钺的意味。尤仁德认为“这类玉铲可能是山东龙山文化玉钺的前身”[①]。

①尤仁德：《古代玉器通论》，紫禁城出版社 2004 年版，第 54 页。

山东胶县三里河遗址出土玉镞 20 件，有七种形制：圆锥形、尖圆形、短扁长方形、三棱形、多棱形、桂叶形、三棱短头形。

（二）装饰类：主要有镯、琮形管、冠状佩、佩、璜、项饰、瑗、环、指环、小璧、锥、珠、坠、绿松石耳坠、饰片、指环等。

人的身体装饰主要部位一是头部，二是手部、三是足。手部特别是手腕的装饰也许具有特殊的意义，较之于头部、足部的装饰，手腕的装饰更多地具有自我欣赏的意味，这种自我欣赏在某种意义上能增加人的自我信心，反映出人的自我意识的觉醒。

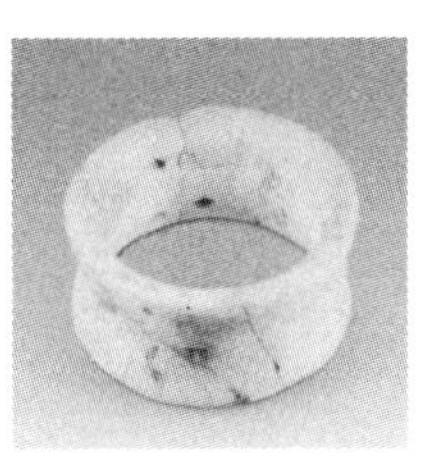

图 5-2-9　大汶口文化山东广饶县傅家遗址的玉镯，采自《古玉鉴别》下，彩版一五

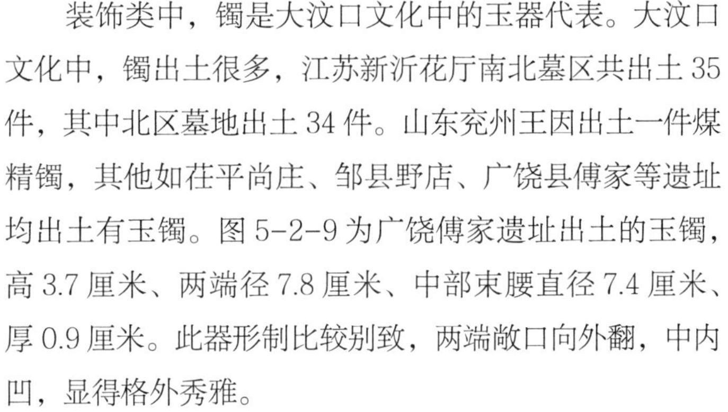

装饰类中，镯是大汶口文化中的玉器代表。大汶口文化中，镯出土很多，江苏新沂花厅南北墓区共出土 35 件，其中北区墓地出土 34 件。山东兖州王因出土一件煤精镯，其他如茌平尚庄、邹县野店、广饶县傅家等遗址均出土有玉镯。图 5-2-9 为广饶傅家遗址出土的玉镯，高 3.7 厘米、两端径 7.8 厘米、中部束腰直径 7.4 厘米、厚 0.9 厘米。此器形制比较别致，两端敞口向外翻，中内凹，显得格外秀雅。

江苏新沂花厅北区墓地出土有冠状佩 12 件。这种冠状佩的基本格式是：扁平状，顶部呈圆弧状，中段凹缺，中有尖状突起。器的两腰有深凹槽。

类似的冠状佩，我们在良渚文化也有发现，说明史前人类已经重视冠了。众所周知，人类一直重视冠，冠的功能远超出保护脑袋的功能而具有礼仪的意义。新沂花厅出土的冠状佩与琮形管、玉珠成组使用，足以证明这不是普通的头部装饰物，而是墓主人身份的显示。

在大汶口装饰类的玉器中，项饰比较地具有震撼力。江苏新沂花厅北区墓地出土有项饰 6 组。其中有 4 组由

195件饰件组合而成。6组项饰形制各异。

其中标本M16.5，为白色闪石玉，冠状佩2个、有琮形管2个、弹头形管23个、鼓形珠18颗。两具冠状佩分别置于项饰左右两边，为扁平状，正反两面饰有兽面纹，一串由小玉珠组成的玉珠带缀在冠状佩的两端。两具冠状佩上部分别联着由弹头形管组成长带，构成串联成项饰的上部，两具冠状佩的下端分别联接由四节琮形管组成的管带；管带又分别联接着由大小不同的鼓珠组成的珠带。整具项饰可以称得上美轮美奂，它很可能是部落首领的饰物。

（三）礼器类：大汶口文化中的玉器可以归属于礼器的主要有璧、琮等。

礼仪用的璧和琮一般比较地大，山东广饶县傅家出土一件玉璧，直径14厘米、孔径6.6厘米、厚1.1厘米，淡青色，沁有大量的白斑、黄褐斑。

1987年，在江苏新沂花厅出土两件属于大汶口文化的玉琮，上面饰有兽面纹，与良渚的玉琮有相似之处，说明这两种史前文化有交流（图5-2-10）。

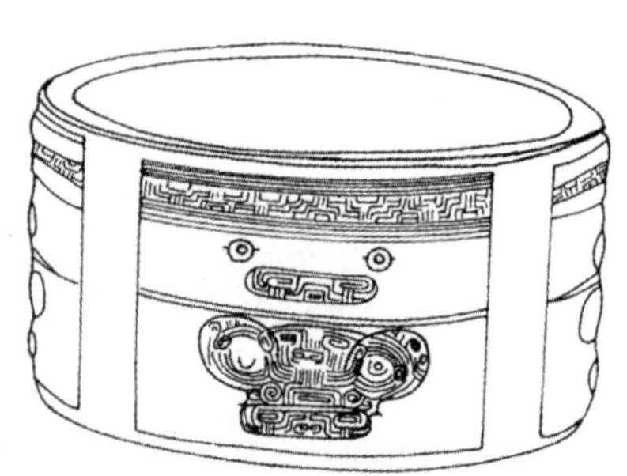

图5-2-10　花厅遗址出土的大汶口文化玉琮，采自《古玉鉴别》上，图二九

大汶口玉器同样没有出现震撼人心的作品，但是其意义同样不可低估。第一，较之仰韶文化，大汶口文化更加重视人体的装饰，人体装饰物品种多，不仅品种多，而且重视各种装饰物的组合。项饰是其中突出代表。项饰组合多样，既丰富多彩，又和谐统一。这种组合反映出较高的艺术创造才能与审美水平，极为难得。第二，它出现了成套的礼器，像璧和琮。璧与琮分别为祭天祭地的礼器，反映出大汶口文化时代祭礼相当完备。

至此，玉器的两大人文用途：人体装饰和礼制用具基本奠定。

六、龙山文化玉器（距今约4900—4100年）

龙山文化因1928年在山东历城县龙山镇城子崖发现史前文化遗址而得名。龙山文化分布地区主要在黄河下游地区，包括山东全境，江苏和安徽淮河以北地区，其影响西及河南东部北部、东北辽东半岛南端。仰韶文化晚期，河南进入龙山文化早期（距今4900—4600年），距今4600年左右，河南西部的屈家岭文化和河南南部的大汶口文化均被龙山文化所取代。距今4600年左右，湖北屈家岭文化为石家河文化即湖北龙山文化所取代，山东的大汶口文化全面地被龙山文化所取代。龙山文化是距文明期最近的史前文化，尧、舜、禹的故事均发生在这个时期。这种文化与夏商的联系更为直接，可以说是文明的先声。

龙山文化其陶器主要是灰陶和黑陶，其中有一种陶制器薄如蛋壳，称之为蛋壳陶。龙山文化的玉器也比较精美且特色鲜明，按类它也可以分为三类：

（一）工具类：这类玉器出土的不是很多，主要有玉铲。1955年在河北唐山大城山脚下取土工程中发现一件玉铲，为龙山文化物品，长方形，通长14.8厘米，厚约0.8厘米，柄部有相邻的两个圆穿孔。1978年和1979年，在山东日照尧王城也发现玉铲两件，长度为15厘米左右。

（二）礼器：主要有牙璋、钺、圭、琮等。牙璋发现较多，均为征集物。陕西神木石茆就征集到了28件，山东也征集了一些。其中，五莲县上万家沟征集的一件，长32.6—33.5厘米，刃宽5.4厘米，柄宽4.7厘米。身窄处 4.5 厘米，厚 0.55—0.6 厘米。在已经发现的玉牙璋中，它应算是最长的了。

钺也出土了好几件。其中山东五莲县丹土遗址出土的一件玉钺长 30.8 厘米、宽 8.8 厘米、厚 1 厘米。上端有圆孔，中上部偏侧的圆孔内镶嵌有绿松石的翠珠，说明它的高贵。著名的山东临朐朱封大墓出土玉钺五件，三件一穿孔（图 5-2-11），两件两穿孔。

琮，陕西芦山峁龙山文化晚期遗址出土有两件琮，其中一件直径 7.1 厘米，孔径 6.4 厘米，高 4.4 厘米，青绿色，间有墨绿色斑，外方内圆，四角雕有八个大眼兽面纹，其纹样显然受到良渚文化的影响（图 5-2-12）。

牙璋与钺均为军事上用物，将玉器做成军事用物，显然有深意在，它是军权的信物与凭证。

圭，在陕西神木石峁征集了 10 件龙山文化的玉圭。著名的玉圭有台北故宫博物院藏的两件。一件为人面纹，一件为鸟纹。

（三）装饰类：主要有璧、璜、璇机形环、鸟形饰、绿松石饰、环、串珠、头饰、簪、人面形饰等。这些玉

图 5-2-11　龙山文化山东临朐朱封村遗址玉钺，采自《古玉鉴别》下，彩版一六

图 5-2-12　龙山文化陕西延安芦山峁遗址玉琮，采自《古玉鉴别》下，彩版一六

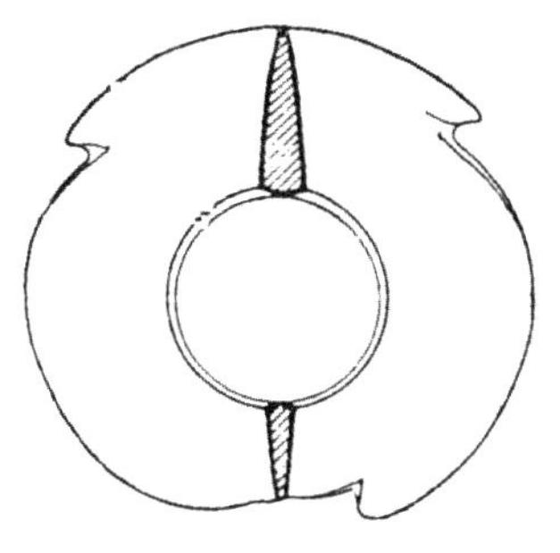

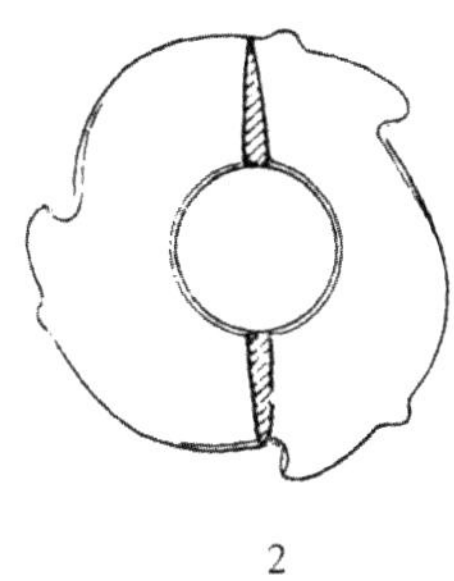

图 5-2-13　山东胶县三里河大汶口文化璇玑环，采自《古玉鉴别》上，图二六

器中，璇玑环比较特别，它出土于山东胶河三里河龙山文化墓葬（图 5-2-13）。同类的璇玑环在同一个地区的大汶口文化墓葬也有发现。这种齿轮状的玉器，有学者说是测天象的，但无法证明，也许更大的可能仍然是装饰物。

图 5-2-14　山东临朐县朱封村遗址出土的龙山文化玉簪，采自《古玉鉴别》下，彩版一六

龙山文化玉饰中最精美的应属玉簪（图 5-2-14），它出土于山东临朐县朱封村遗址一具王侯级别的大墓。

龙山文化的玉器承大汶口文化继续在装饰类、礼仪类玉器方面发展，门类更多，制作更为精美，最具特色的是各种人面形饰，其中为美国博物馆收藏的有四件（图 5-2-15）。这四件人面装饰，日本学者林巳奈夫认为属于龙山文化。“这些人首饰造形有三个特点：戴羽冠，有飞鬓与耳环。这些大都与鸟文化有关”[1]。显然，这不是人，而是神，人形的神。雕塑这种形象显然是出

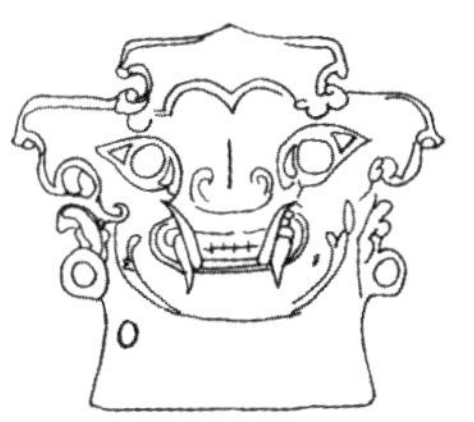

图 5-2-15　美国博物馆藏中国龙山文化人首形饰（二件），采自《古玉鉴别》上，图三二

[1] 栾秉璈:《古玉鉴别》上，文物出版社 2008 年版，第 150 页。

于对神灵的崇拜，有巫术的意味，反映在龙山文化时期，人、巫、神三位一体的文化现象。

龙山文化遗址出土的玉器鸟纹饰较多（图 5–2–16），说明龙山人崇鸟。史书记载，史前中国东南一带居住的部落为东夷族，龙山人应是东夷部族。

图 5–2–16　上海藏龙山文化鸟形玉佩，采自《礼仪中的美术》，图 1–24

龙山文化一方面见出与大汶口文化的联系，另一方面也见出与长江下游的良渚文化的联系。良渚文化遗址出土的玉器上的有神人兽面纹，其神人头上也戴羽冠，神人面目也大致相近。另外，更重要的是，良渚玉器也多鸟纹，良渚人也崇鸟。很可能良渚人与龙山人均为东夷族。

七、齐家文化玉器（距今 4100—3600 年）

1924 年在甘肃省广河县齐家坪发现史前文化遗址，专家们认定这是一种新的文化形态，命名为齐家文化。齐家文化与马家窑文化存在叠压关系，但它比马家窑文化靠后，分布地也要广泛。它东起泾湟流域，西至湟水流域，南达白龙江流域，北至内蒙古阿拉善左旗。

齐家文化属于新石器时代晚期，已进入铜石并用时代，它出土的玉器比较多：

（一）工具类：有刀、铲、锛、斧等。这其中刀最具代表性，刀的形态也很多，有四孔刀、三孔刀、双孔刀、单孔刀等。出土于青海大通县上孙家寨的一柄玉刀，长 54 厘米，宽端 10.3 厘米，窄端 8.5 厘米，上有四孔，无使用痕迹，通体磨光，堪称刀中一绝（图 5–2–17）。

图 5–2–17　大通上孙家寨遗址出土的齐家文化四孔玉刀

与其他史前文化遗址出土的工具类玉器一样，齐家文化出土的工具类玉器也不是用来生产或战斗的，而是礼器。当然，我们不排除在人类最早使用玉器的时候，某些玉制工具是当作工具或兵器用的，但是，随着人类生产力的进步，也随着人的进化，玉器的作为工具或兵器的实用性是大大降低了，虽然有些玉器也还制成工具或兵器的模样，但已经不当工具使用了。工具或兵器的形制只具象征性，实际上它充当的是礼制的或装饰性的功能。

（二）礼器类：主要有璧、琮。璧为素璧，而琮则有动物纹饰和几何纹饰。璧圆，琮内圆外方，这种体制在齐家文化中得到强化。

（三）装饰类：主要有环、扇形璜、绿松石饰、天河石饰等。

齐家文化并不以玉器见长，但它的玉器仍然很有特色。雷从云先生认为，“齐家文化玉器，无论是正式发掘出土品、采集品，还是早年、近年收藏品，都表现出强烈的时代特点和鲜明的地域文化特色，成为齐家文化最具标志性的文化特色之一。”[1]

[1] 雷从云：《中国史前玉文化和黄河上游齐家文化玉器》，《财富珠宝》2004 年 11 月 3 日第 6 版。

第三节 南系玉器

南系玉器指长江流域的玉器。它与北系玉器存在诸多的可参照系，玉器的形制与纹饰基本上同一风格，而且有些器物明显见出传承影响关系，充分说明在史前中华民族各部族之间存在着相互联系，而且有些部族还在不断地迁移着，在迁移的过程中实现着民族的融合。

一、河姆渡文化玉器（距今约7000—5300年）

河姆渡文化因1973年在浙江省余姚县河姆渡发现史前人类活动遗址而得名。河姆渡文化主要分布在杭州宁绍平原上，鄞县、宁波等地也有一些属于河姆渡文化的遗址。河姆渡文化分为四期：第一期年代距今约7000—6500年；第二期年代距今约6300—6000年；第三期年代距今约6000—5600年；第四期年代距今约5600—5300年。

河姆渡文化存在石器、陶器、骨器、木器、玉器等生产工具和生活用具，以骨耜最具特色。从河姆渡文化遗址发现大量的稻谷遗存来看，河姆渡时代，农业已经比较发达了。

河姆渡陶器造形虽然朴素但也有图案，其中具象的猪纹、水草纹很具特色，反映出先民的生活面貌。

就玉器来说，河姆渡文化遗址出土的玉器不是很多，工具类的玉器极少，只有弹丸、纺轮。装饰类玉器较多，形制有玦、璜、珠、管、环、蝶形器等。制器的材料为萤石、叶蜡石和玛瑙，未见闪石玉。河姆渡的玉器多为小饰件，没有震撼人心的作品，但因是长江流域最早的玉器，其意义十分重大。

河姆渡文化玉器中，玦最重要。我们知道，在北系玉器中玦很多，而且兴隆洼玉器、红山文化玉器其基本造形均可以归之于玦，可以称之为玦本位的文化。很值得我们注意的是，这种玦在南方的史前文化遗址中也发

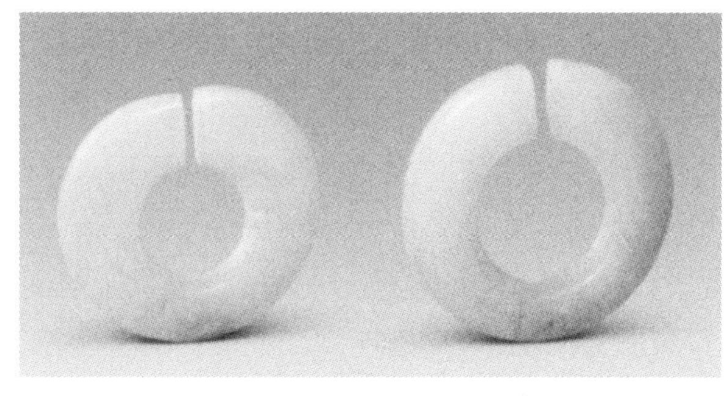
图 5-3-1 河姆渡文化的玉玦，采自《河姆渡文化精粹》，图 14

现不少。河姆渡文化出土玦 11 件，大多为石英质和萤石质。图 5-3-1 为河姆渡文化三期的玦，1990 年在塔山遗址出土。左，标本为 M17：2，外径为 4.0 厘米，内径为 1.8 厘米；右，标本为 M10：2，内径为 2.3 厘米，外径为 4.6 厘米。两器均制作精良。

河姆渡的玦是独立创造，还是在与北方兴隆洼文化、红山文化的交往中得以制作，不得而知。

二、马家浜文化玉器（距今 6500—5500 年）

马家浜文化是长江下游太湖流域一带的史前文化，因最早发现于浙江嘉兴马家浜而得名。马家浜文化这一名字最早是夏鼐先生 1973 年提出的。马家滨文化以太湖流域为其中心区域，影响所及东达海滨，西到宁镇山脉，南达杭州湾，北到江淮之间。马家浜文化遗址出土的玉器为装饰类玉器，主要有璜、玦、璧、环、镯、珠、坠等。马家浜的玉器原料有闪石玉、石英岩质玉、蛇纹石玉、萤石、玛瑙等。

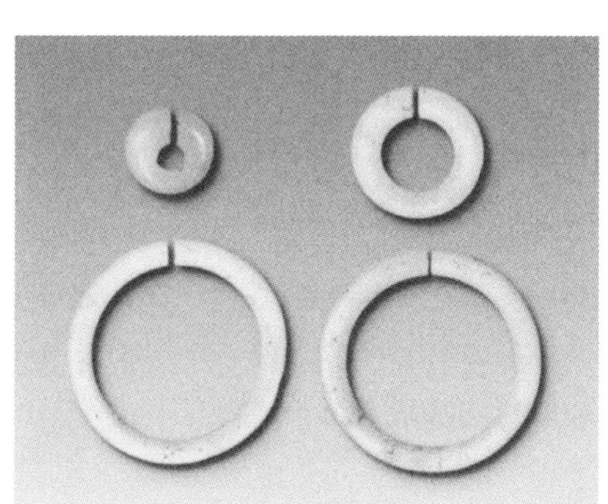
图 5-3-2 马家浜余杭梅园里遗址六号墓的玛瑙玦和玦形镯，采自《古玉鉴别》下，彩版二十

马家浜玉器中最有特色的是玦形镯，这种饰器是马家浜文化所特有的，余杭梅园里遗址六号墓出土 4 件玦形镯，为玛瑙制品（图 5-3-2）。将玦与镯合为一

体，此种构思十分大胆，充分体现出马家浜人创造性思维的水平。

此外，璜也是马家浜文化中的代表性玉器。2000年和2001年，在江苏江阴祁头山遗址，发现璜3件，系中、晚期的制品。属中期的一件，黄色，半环形曲度大，长6.1厘米，体宽1.1厘米，非常美丽。璜是一种佩饰，尤仁德说："玉璜的出现，不仅是长江下游地区玉文化的首创，而且成为后世数千年玉璜的先河。玉璜的佩带方式是两端朝上，它作为项饰，使人们得到了璜的用法的最早依据。"[1]

[1] 尤仁德：《古代玉器通论》，紫禁城出版社2004年版，第16页。

装饰类玉器中，有一种蛙形动物装饰物，此件只在江阴祁头山遗址发现一件，属马家浜晚期作品。此器长4.7厘米，最宽3.9厘米，最厚1.9厘米，青色，圆雕，颈下对钻一孔，可以系挂。蛙是江南常见的动物，而且蛙与农业关系密切。生活江南的马家浜人喜欢蛙，进而以蛙造形制玉是完全可以理解的。值得我们进一步思考的是，蛙造形不仅在南方的史前文化中有诸多发现，而且在北方如马家窑文化中也有诸多的发现。南方的蛙造形更多地接近蛙的实际，而北方的蛙造形则似是朝着人的形象发展。这种情况值得注意。

马家浜文化与河姆渡文化存在的时间有重叠，这两处文化遗址也相隔不远，然而让人不解的是，马家浜文化的玉器比较地丰富，而河姆渡文化的玉器却相当地稀少，这是什么缘故呢？

三、崧泽文化玉器（距今约6000—5300年）

崧泽文化因最先发现于上海青浦县崧泽故名。崧泽文化主要分布于太湖流域。就文化传承来看，它上承马家浜文化，下启良渚文化。关于它的定名经历了一个过程，学者原曾将它归属于青莲岗文化，后又被作为马家浜文化之一期。最后才被确定为独立的文化形态。

崧泽文化出土的玉器也可以分为三类：

（一）工具类：主要有钺。1966 年在嘉兴南河浜墓葬出土两件，另，在江苏苏州草鞋山出土一件。

（二）装饰类：主要有璜、玦、镯、环、坠、珠等。玉材主要有闪石玉。

崧泽文化玉器与马家浜文化玉器一样，多为小饰件，品种也差不多，值得我们注意的是，玦已少见，璜、镯、环等倒是多起来了。璜为悬挂件，崧泽文化遗址出土的璜形制较多，1961 年在上海青浦崧泽文化中层出土璜 18 件，可分为五个形制。其中有一个形制为鱼鸟形。标本 M62：2 为鱼形，而标本 M64：5 则一端为鱼形，一端为鸟形。

镯也是崧泽文化中较多的玉器。1996 年在嘉兴南河浜墓葬发现五件玉镯，有整体镯，也有分体镯。图 5-3-3 为标本 96：6，扁平环形，玉色墨绿，外径 7.9 厘米，内径 5.6 厘米。

图 5-3-3 崧泽文化嘉兴河浜墓葬的玉镯，采自《古玉鉴别》下，彩版二十

（三）葬玉类：琀。琀这种葬玉比较罕见，此为第一次发现，上海青浦崧泽文化遗址出土的琀有三式：第一式标本 M60：10，扁平，一侧穿小孔，直径为 4.1 厘米，淡绿色。第二式标本 M82：4，璧形，直径为 3.7 厘米，淡绿色；第三式标本 M92：4，鸡心形，中间穿一大孔，直径为 4.2 厘米，淡绿色。除青浦外，苏州草鞋山遗址、江阴南楼遗址均有琀的发现。琀的发现对于

了解中国葬礼的源头具有重大意义。

比较河姆渡、马家浜、崧泽三个文化遗址的玉器，我们发现河姆渡的玉器最少，马家浜的最为丰富，这三个地方相隔不远，地理环境、气候应是差不多的，生产力发展水平也难分高下，为什么河姆渡的玉器那样少呢？

四、良渚文化玉器（距今5000—4500年）

早在1936年在浙江余杭县的良渚就发现有史前文化遗址，20世纪70年代有过几次重大的发掘，发现了许多珍贵的玉器，其中以瑶山文化遗址和反山文化遗址出土的玉器最具震撼力，除此之外，在吴兴、海盐、桐乡、嘉兴、常熟、常州等地也发现有属于同一文化形态的玉器。

良渚文化遗址出土的玉器数量极大，像反山文化遗址12号墓出土的玉器，单件达647件。良渚文化玉器种类齐全，装饰类玉器有璜、玦、镯、串饰、项饰、锥形饰、山叉形饰、冠形饰等；礼仪类玉器有璧、琮、钺等；艺术类雕塑有鸟、鱼、龟、蝉等；工具类玉器有斧、刀、锛等。良渚文化玉器不仅小件多，大件也大，像反山12号墓出土的玉钺（参见图6-3-2），通长17.9厘米，上端宽14.4厘米，刃部宽16.8厘米。另外，器具多有各种装饰、纹饰，其制作的工艺之精堪为史前玉器文化之最。

从审美文化学的视野来看，最有价值的玉器应是三类：

（一）礼仪类玉器。礼仪类玉器可以分为两大类，一类主要用来祭祀的，这类玉器主要由璧与琮组合，在良渚文化中有璧，但最为重要的是琮。琮是良渚文化的代表性器物，一般为两节，也有多达九节的。琮的基本形

图 5-3-4　良渚文化反山遗址 M12：98 玉琮，采自《古玉鉴别》下，彩版二二

图 5-3-5　良渚文化反山遗址 M12：97 玉琮，采自《反山》下，彩版一二九

制为内圆外方。器的表面及四角均有兽面装饰。良渚文化遗址出土的琮数量非常大，瑶山文化遗址出土有44件，反山文化遗址出土有 22 件，仅反山 12 号墓就出土 6 件，以 M12：98（图 5-3-4）和 M12：97（图 5-3-5）两件最为精美。M12：98 一件通高 8.9 厘米，上射径 17.1—17.6 厘米，下射径 16.5—17.5 厘米，孔外径 5 厘米、孔内径 3.8 厘米，它的突出特点是，琮体琢刻有完整的神人兽面纹像。M12：97 一件通高 9.8 厘米，上射径 8.37—8.42 厘米，下射径 8.27—8.37 厘米，孔外径 6.6 厘米，孔内径 5.8 厘米。两件玉琮风格不一，M12：97 比 M12：98 要高近一厘米，但远没有 M12：98 宽，因而它显得高挑、秀雅，而 M12：98 要显得稳健、厚重。

琮具有神权与王权相结合的意义，作为神权的象征，它可能是作巫的工具，王也是巫；作为王权的象征，它是行政的权杖；显示琮主人拥有统治整个部落也许应是王国的权力。琮具有一种类似商周青铜器那样的美，凝重而又庄严，威猛而又神秘，原始而又华贵。

稍许清理一下中华史前的玉器文化，我们发现，兴隆洼、红山文化是以玦为本位的，河姆渡文化也是。马家浜文化、崧泽文化以璜为本位，到良渚文化，则以琮为本位。这个过程是不是反映了什么深层次的问题，值得研究。

礼仪类玉器中最引人注目的是钺。良渚文化的瑶山遗址和反山遗址均出土了钺。瑶山出土 6 件，其中一组 3 件。钺一般有装饰、冠饰和端饰。

反山遗址出土钺 5 件，钺瑁 3 件，钺镦 4 件。M4 出土钺一套 3 件，由瑁、镦、钺组成。钺作为武器，是从斧演变而来，但它更多地作为仪仗队的道具而出现，因此，军旅中钺通常体现着军事首长的权威。玉钺当然更不可能是作战的武器，良渚文化中出土成套的玉钺，只能说明良渚时代军事酋长是部落的最高统治者。

（二）装饰玉器，其中重要的是镯。南系玉器装饰类中镯比较重要，马家浜文化中不仅有一般的镯，还有玦形镯，在良渚文化中，镯不少，反山遗址出土了 12 件，瑶山出土了 41 件。其中一号墓出土的镯（图 5-3-6），其造形值得我们格外注意。

此件取琮的形式，内壁平直光滑，外壁琢刻出四个凸面，其上刻了四个龙首。这种玉器有人称之为蚩尤环。蚩尤在中国文化中有重要的地位，它是东夷族的首领，与黄帝争天下虽然失败了，但他的部落创造的文化成为中华文化中重要的组成部分。商代青铜器上的饕餮形象，笔者认为应是蚩尤。

图 5-3-6　良渚文化瑶山遗址 M1：30 龙头玉镯，采自《古玉鉴别》下，彩版二一

瑶山一号墓出土的镯除了在内在意蕴上含有蚩尤崇拜外，在造形上也是很见艺术性的。圆圈状的底子上，加四个凸起龙首，见出方形的意味，这圆中见方，让人想到琮，琮的造形也是这样的。另外，

圆圈是几何形，而龙首却是动物形。几何形与动物形在这只器上实现了完美的统一。良渚的艺术家精于在对立的形式元素中找到相统一的结合点，比如圆与方、简与繁、具象与抽象，等等。

装饰类玉器中，三叉形器最具特点，反山遗址出土4件，瑶山遗址出土8件。三叉形器造形底为半圆形，直径处则分类三枝，三枝有的平齐，有的中间一枝略低。器的表面有的素面，有的则刻上兽面纹。兽面纹突出大眼。三叉形玉器应是冠上的饰物，很可能戴在头的正面。

良渚文化中还有一种名为冠状饰的玉器，出土时，发现它置放在墓主人头部附近，因此，有理由认为它是冠状器。良渚文化各遗址均出土有这种冠状器，它的基本格式为梯形，上宽下窄。也有的为十字形。顶部大多有一个小尖突。器表多有刻纹或镂空，所刻所镂图案多为神人、神兽（图5-3-7）。

图5-3-7　良渚文化反山遗址的玉冠状器，采自《古玉鉴别》下，彩版二一

关于冠状饰的用途，有各种不同的猜测。栾秉璈先生说："冠状饰是一种镶嵌器，其用途有人认为是良渚巫觋进行太阳崇拜的神偶冠饰，也有人认为是嵌在冠顶上的一种徽饰。实际上它是'神人'的象征，是权贵享受'神'所赐给权力的凭证。"①

装饰类的玉器中有一种带钩，长方形，器身为厚片玉，内折成方形，带钩出土于墓主人的腹部，专家推测可能是上衣的挂勾。中国服饰中带钩的使用，直到汉代还有。尤仁德先生高度评价良渚文化遗址玉带钩出现的意义，他认为："玉带钩的出现，为传统玉带钩的造形及其用法开了先河，并把玉带钩的历史提前了3000年。"②

❶栾秉璈:《古玉鉴别》，文物出版社2008年版，第199页。

❷尤仁德:《古代玉器通论》，紫禁城出版社年2004年版，第22页。

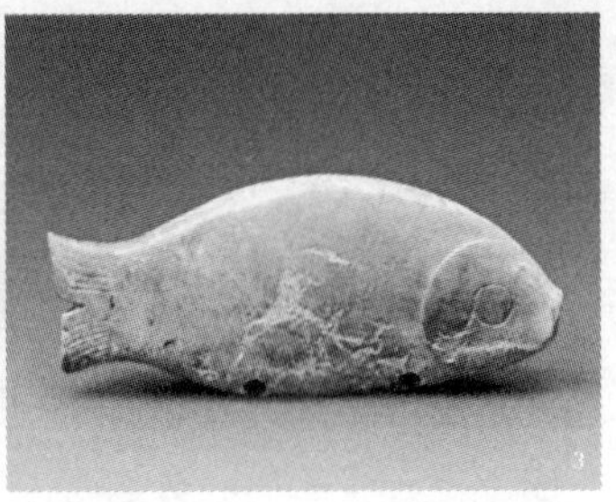

图 5-3-8（1、2、3） 良渚文化反山遗址 M15 玉鸟、M17 玉龟、M22 玉鱼，采自《反山》下，彩版 520、715、1058

良渚文化张陵山遗址发现一件玉觿，厚片形，上下二处有“丫”形镂雕，造形像兽角形。尤仁德说，这是古文“觿”字从“角”的最早例证。良渚发现玉觿仅此一例。它的用途目前还在猜测之中。

（三）艺术类玉器，主要有雕塑，良渚文化玉器中有一些独立的雕塑，如鸟、龟、鱼等（图 5-3-8）。

这几件雕塑艺术性很强，我认为，与其将其看成神巫形象——鸟神、龟神、鱼神，还不如将其看成纯粹的艺术品。其原因是因为两件作品丝毫感受不出神秘的宗教意味，倒是十分清新可喜，具有浓厚的人情味。玉鸟造形极为简洁传神，图案性极强，而玉龟、玉鱼的造形却很写实。

史前有没有独立的艺术？一般人认为没有，我认为，有。良渚反山文化遗址出土的玉鸟、玉龟、玉鱼就可以看作是独立的艺术品。艺术的起源与审美意识的起源是密切相关的，但一般来说，审美意识要早于艺术，虽然审美意识的起源早于艺术，但是只有艺术的出现，审美意识才真正实现了独立。

良渚玉器的纹饰是很有特点的，现在的研究多集中于对它的内涵的认知，基本上忽视它的构成方式。其实，对它的构成方式的研究也是十分重要的。在良渚玉器的纹饰中，最复杂的莫过于神人兽面纹了，但我们发现，这一纹饰其实是由许多部件构成的，它可以拆析。最简单的拆析就是将这一纹饰中兽面独立出来。良渚的许多玉器只有兽面纹，没有神人的形象，也就是说，它截取了神人兽面纹的一部分。另外我们还发现兽面纹中最重要的是两只眼睛。它其实也是可以独立的，独立的一只眼类似于鸟卵，只要在一端加上尖喙，它就成为了鸟纹。作为纹饰填充物的是由细线卷曲构成的或为一个个线团或为一条条曲线。这种造形方式充分说明良渚在艺术造形上已经充分掌握了形式美构成法则。

尤仁德先生认为，良渚文化玉器有一些首创性的成果。“首创性器造形有：带钩、蛙形佩（有名为“蝉形佩”者，不确）、觿、冠饰（兼用为礼仪器）、琮、成套的仪仗用钺等。首创性玉器纹饰有：兽面纹、神徽、束丝纹、鸟纹、蚩尤面、立人纹等。这些首创性艺术形象，不仅成为良渚文化玉器的主要特色，而且还为后世历代玉器的某些造形与纹饰打下了基础。”①

良渚文化的玉器与红山文化的玉器各自达到所在时代的最高峰。红山文化的玉器似是更多地体现玉器巫的色彩，而良渚文化的玉器似是显示出人正在从巫之中走出而没有完全走出的意味。

❶尤仁德:《古代玉器通论》，紫禁城出版社2004年版，第22页。

五、凌家滩文化玉器（距今5600—5300年）

1985年在安徽巢湖含山县凌家滩发现史前文化遗址，名为凌家滩文化。碳十四测定为距今4960年 ±180年，属新石器时代中期。

凌家滩出土的玉器比较丰富，装饰类玉器有镯、璜、管、玦、璧、珩和各种饰件佩件：菌状饰、刻纹饰、扁方形饰、纽扣形饰、三角形饰、双虎形佩、龙形佩，等等；工具类有钺、斧等；日用品有勺；艺术类有雕塑，有人、龙、玉鹰、龟等。

图 5-3-9　凌家滩 87M4：30 玉版，采自《古玉鉴别》下，彩版二五

凌家滩文化玉器中最值得注意是不知如何归类的版（图 5-3-9）。这是一件长 11 厘米、宽 8.2 厘米、厚 0.2—0.4 厘米的玉版。玉版中心是一个圆，圆中还有一个小圆，小圆中有一只八角星；小圆大圆之间四角有叶片状的纹。玉版四方形的边上有小孔，左右边孔数为五，上边孔数为八，下边为四。这个版到底是做什么用的，现在也只能猜测。一般认为，这是东夷族太阳崇拜的反映。①

尤仁德先生则有新的解释。他认为此图中央小圆圈内是八角星纹，其外第二个圆圈内是八条放射状的羽毛纹，第二圆圈外是四条放射状的羽毛纹。八角星纹代表古代二十八宿的井宿。井宿为朱鸟宿之首宿，由八星组成，形似井。东汉星图及辽代墓星图均以近似井形的图案代表井宿。玉版中方形也是井，只是边上加了八只角，也许凌家滩人此时已懂得使用水井。八角星外的圆圈及羽毛状的纹饰代表太阳的光辉。之所以将羽毛状图案说成是太阳的象征，是因为中国古代将太阳光说成是“阳羽”。《事物异名录》引《广雅》：“日一名阳乌，或曰阳羽。”玉版外形是方的，内部则为圆形，可能代表“天圆地方”的观念。“玉版纹饰由井星和太阳构成，故可名为星日纹玉版。‘星日’说，见于《三国志 · 公孙瓒传 · 注》：‘候视星日’和《水经注 · 河水》：‘寡见星日’。”②玉版出土时夹在玉龟壳中间，可能是用这两件玉器测量井星和太阳，以判定四方水旱吉凶。尤仁德先

①李修松:《试论凌家滩玉龙、玉鹰、玉龟、玉版的文化内涵》,《海峡两岸古玉学会议论文专辑》(一)，台北,2001年，第248页。

②尤仁德:《古代玉器通论》，紫禁城出版社 2004 年版，第 38—39 页。

生的解释较之太阳崇拜更进了一层。

笔者有一个新想法：首先，基本上可以认为，此玉版是祭祀或测天或占筮的工具，其次，关于图案的含义，至少包含了四层意思：（一）它概括了古人“天圆地方”的概念，这从中间为圆形，外部为方形体现出来。玉琮基本上也是这种格局。所以，玉版也可能从玉琮的造形脱胎而来。（二）八星是太阳，八星外的八羽，很可能是“阳乌”的概念。古人有将太阳想象成乌鸦的说法，因此，此图体现出古人太阳崇拜的观念。（三）玉版四边孔，左右各为五，上为八，下为四。古人已经悟出四、五、八这三个数字的重要意义。一是在计数上，五是十之中，两五为十。这是一个重要的计数单位。五是十之内最重要的奇数，四是构成一个平面必需的数量单位，它意味着平衡，安定，也恰与一年四季相应，因此，四代表着吉祥。两四为八。古人崇八，一方面，他们认为太阳的光辉用八星来表示最符合视觉心理；另一方面，八意味着事物均衡发展的意思。（四）玉版整体透显出阴阳观念。

中国古代一直有占巫术，现知夏代有《连山易》，商代有《归藏易》，周代有《周易》，这三易均以八卦为基础，而八卦的产生，有一个太极生两仪，两仪生四象，四象生八卦的过程。玉版至少在八与四两个数上与八卦相合。至于五，中国远古的《河图》、《洛书》中，五代表着坤——大地。如果我们将玉版左右两边的五看作是大地的代表，那么，它上下八与四则代表着太阳，代表着天。整个玉版囊括着古人全部的宇宙概念，他们用这个工具来测天，来祭祀，来占筮。可以推测玉版是《河图》、《洛书》史前的版本。

凌家滩文化玉器中最具审美价值的是雕塑：

1. 玉人。有直立和坐姿两种。玉人头戴圆冠，双手向上并拢，靠紧胸前，方脸，大耳，眉目清晰，连胡须都刻出。整个形象显得恬静温和，给人以亲切感，不像是神，很可能就是墓主人自身的雕像。

凌家滩共出土玉人6件，站姿3件，坐姿3件。这些塑像均为方形脸，面部含笑，双手贴胸，四指并排，大拇指分开，手臂画有六道横线，可能是一种装饰，如手镯，腰束带。特别引人注目的是头上均戴冠。冠顶有一个突出物，让人联想到良渚文化的冠状器。站姿玉人标本87M1：1，通高9.6厘米，最宽2.2厘米，最厚1厘米；坐姿玉人标本89M29：14，通高8.1厘米，宽2.3厘米，厚0.8厘米。玉人的文化价值主要在于传达了远古巫术的信息：比如说，巫师是什么样子，如何打扮，做何姿势等。

玉人在别的史前文化中也出现过，但均给人神秘感，不像是人，更像是神。凌家滩的玉人具有世俗味，说明人受到了重视。

2. 龙。凌家滩文化遗址16号墓出土一具龙的雕塑（图5-3-10），为圆形，头部吻突出，有两角，獠牙用阴线刻出。龙脊有一长列鳍。此龙长径4.4厘米，短径3.9厘米，厚0.2厘米。此龙与红山C形龙相似，不同的是此龙有双角，另，龙身首尾相接。龙体下部有穿孔，基本上可以断定，它为佩件。

图5-3-10　凌家滩文化98M16：2玉龙，采自《古玉鉴别》下，彩版二五

此龙的发现具有重大意义，此前在红山文化遗址发现有玉龙，距今七八千年，可以说是最早的玉龙。红山文化在北方，同一时期的南方的史前文化遗址没有发现玉龙，凌家滩文化玉龙是江南第一玉龙。比较一下红山文化玉龙

与凌家滩文化玉龙，发现两者有共同之处，都蜷曲着身子，都有兽类的头。所不同的主要有三：一是红山文化玉龙有鬣，凌家滩文化玉龙无鬣；二是红山文化玉龙无脊毛或鳍，而凌家滩文化玉龙有脊或鳍；三是红山文化玉龙无角，而凌家滩文化玉龙有角。

龙在中华史前文化中的出现有一个很值得深入研究的过程。大体上，此形象多出现在玉器上，陶器极少；就玉器来说，从红山文化到凌家滩文化有一个断层，中间没有过度环节，这是什么原因，尚不可知。就形象来说，头部基本上为兽形，具体为何兽又有种种不同，红山文化中玉龙头类猪首，凌家滩文化中的玉龙则更多地近似于虎首，其突出特点是眼睛很大。龙身基本上为爬行类动物，红山文化玉龙无脊毛或鳍，凌家滩文化中玉龙则有脊毛或鳍。更重要的是凌家滩文化中的玉龙有了角，说明龙的形象逐步朝着综合性发展，而且越来越走向标准化，较之红山文化的三星他拉龙，凌家滩文化的龙显然更进了一步。

3. 玉鹰（图 5-3-11）。此鹰通高 3.6 厘米，宽 6.35 厘米，玉色灰白，体扁平，做展翅飞翔状，鹰嘴侧向，尖喙如钩。鹰的腹部有八角星纹。八角星纹是什么？可

图 5-3-11　凌家滩文化玉鹰，采自《古玉鉴别》下，彩版二六

能是这个部族的徽标，据此，可以推断，这是一个以太阳为图腾的部族。鹰的翅膀像猪首，这是极为罕见的造形，可以说，这是非常怪异的图案。

这一形象做何解释，目前还是一道难题。李修松说是“创造大汶口文化的少昊代部落集团之首领少昊挚（鸷）的神形”[1]，尤仁德说“可能是凌家滩人用以祈拜井星求雨的神玉”[2]，笔者认为，也许是少昊族的族徽。这徽包含有诸多内容：鸟首，意味着它是崇拜鸟的，这与少昊族崇鸟相符。猪翼，意味着这个部落主要是从事农耕的，靠农业生产来生活。八角星加一圆圈，这是大汶口文化普遍的标志，这是太阳的形象，将太阳形象置于图案的中心部位，意味着光明与智慧。

凌家滩文化的玉器虽然量不是太多，但质量非常高，不仅文化内涵极为丰富，而且艺术技艺极为精湛，堪与良渚文化玉器相媲美。

❶李修松:《试论凌家滩玉龙、玉鹰、玉龟、玉版的文化内涵》，《海峡两岸古玉学会议论文专辑》(一)，台北,2001年，第247页。

❷尤仁德:《古代玉器通论》，紫禁城出版社2004年版，第39页。

六、石家河文化玉器（距今约4700—4400年）

石家河文化是长江中游地区一支考古文化，1955年首次在湖北天门石家河发掘，故以之为名。石家河文化之前在这个地区存在过大溪文化、屈家岭文化，这些文化都出土过一些玉器，主要是装饰性的玉器，但没有太重要的作品，而石家河文化却异军突起，成为这一地区玉器文化的高峰和卓越代表。

石家河文化的玉器也可以分为三类：

（一）工具类：主要有纺轮、锛、刀，各只出土一件，量不多。

（二）礼仪类：主要有玉人、管、璜、笄形器、锥形器等，最重要的是玉人头像。

在天门市肖家屋脊文化遗址出土有7件玉人头像。W6：32刻在一块三棱形的玉上。玉质黄绿色，头像长3.7厘米，额头最宽处3.6厘米。四方脸，梭形眼，宽鼻，有獠牙，有耳环。此头像应是吸取了动物的成分（獠牙），从而具有神性，也许它是江南民间盛行的傩文化的先绪。另一标本为W6：17，人像刻在一块弧形的玉上，玉质青黄色，人像头戴尖冠，桃核眼，厚唇，耳较小戴有耳环，鼻尖，长颈。此像最突出的特征是太阳穴部位贴上一个长条装饰物。

石家河文化玉器的玉人形象提供的信息是非常丰富的。显然，这玉人不是一般的人，而是巫师或是部落的酋长，形象基本上写实，獠牙可能是画上去的，当然也亦可能是戴有面具，不管哪种情况，它是当时人们心目中的神人、英雄。相比于凌家滩的玉人，石家河的玉人面目要狰狞得多。为什么同是巫师，形象却有这样大的不同，哪才是巫师本色？抑或在不同的场合，巫师也有不同的形象。就艺术造形来说，石家河玉人头像的艺术手法更见娴熟。

石家河的玉人头像可以让我们依稀猜度部落当时举行盛大祭祀和庆典的场面。那气氛肯定热烈、怪诞、恐怖。在熊熊篝火之中，人们戴着面具或在脸上画着獠牙，唱着，跳着。巫师或部落酋长，处于中心的位置，那巫师或酋长就是玉人头像那样的装扮。

图5-3-12　湖北天门肖家屋脊遗址石家河文化的盘龙佩，采自《屈家岭》，P77图

（三）装饰类。主要有各种佩饰，有凤形佩、蝉形佩、虎头佩、鹰形佩、盘龙佩等。

1. 盘龙佩（图5-3-12）。在湖北天门肖家屋脊遗址发现一件，标本 W6：7，圆雕，玉质为黄绿色，有白色纹斑。龙体首尾相接，为玦形。龙首抽象，鼻、眼虚化，仍可见角，有背脊，身子卷曲，尾略收。此龙与凌家滩的龙基本轮廓很相似，凌家滩的龙比较具体，而石家河的龙则比较的抽象，近于图案。石家河文化略晚于凌家滩，可以看作是凌家滩文化的继承。石家河文化逼近夏代文化，夏代文化中龙就有相当的地位了，夏禹治水的故事不少处关系到龙。《论衡·应验》云："洪水滔天，蛇龙为害，尧使禹治水，驱蛇龙，水始东流，蛇龙潜处。"又《楚辞·天问》云："禹治水时，有应龙以尾划地，导水所注当决，因而治之也。"石家河文化中的龙形象上接凌家滩，下启夏文化，其重要意义不言而喻。

2. 玉凤形佩（图 5-3-13）。在湖北天门罗家柏岭遗址发现一件，为卷躯凤鸟，长弯喙啄入尾羽，头尾相接成环。两面镂雕出凤眼、冠、羽毛。此凤造形与商代妇好墓发现的凤造形基本上一致。天门罗家柏岭遗址出土的玉凤是中国史前出土的最早的玉凤。虽然此前各史前文化遗址有各种鸟的形象出现在陶器、玉器的纹样与造形之中，但是，均不能看成是凤，因为它们与后来标准的凤形象差距甚远。只有天门罗家柏岭遗址出土的玉凤才谈得上是凤。因此，我们可以说天门罗家柏岭出土的玉凤是最早的玉凤。

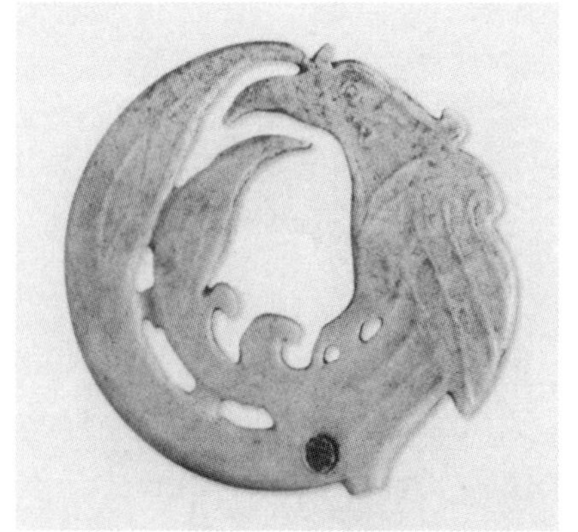

图 5-3-13　湖北天门罗家柏岭遗址石家河文化的玉凤形佩，采自《屈家岭》，P75 图

中华民族原来有多种崇拜，后来集中为两种主要的崇拜，一是龙，一是凤。龙与凤的造形在石家河文化中均有体现，说明在石家河文化时期，龙凤崇拜逐渐地走向民族文化主流。

3. 虎面形佩。共出土 9 件，均雕

在各种玉片上，造形大同小异，共同的特征是耳做了夸张处理，而眼则缩小到脸的下部，使之既像猫，又像鸮。这样，老虎的威严弱化了，然而不失神秘性。石家河文化中已发现虎头形佩十多件，说明这个地方是崇虎的。

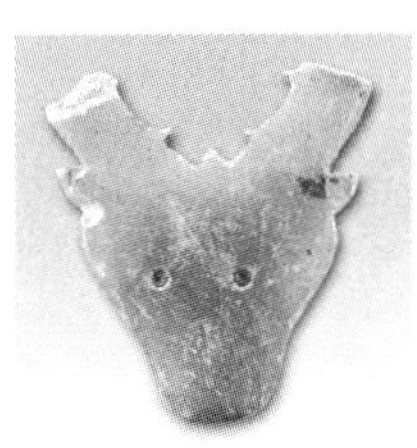

图 5-3-14　石家河玉鹿头形佩，采自《屈家岭》，P76 图

4. 鹿头形佩（5-3-14）。在肖家屋脊文化遗址发现一具玉鹿头，鹿的两眼为小孔，疑为佩饰，孔用作穿绳用。玉鹿造形在别的文化遗址还没有发现，说明这个地方也曾是鹿游曳的乐园。

蝉形佩。有 33 件，出土于肖家屋脊文化遗址。蝉造形优美，明显地做了图案化的处理，蝉的双翅微微外翘，见出生命的动态感。红山文化、河姆渡文化、良渚文化、凌家滩文化均有蝉的饰物出现。蝉的形象如此广泛地出现在各个不同时期的史前文化中，值得深入研究。

5. 飞鹰形佩（图 5-3-15）。石家河出土一件，圆雕，鸟做展翅状，羽翅纹整齐，有动态感，尾圆，似在收缩。

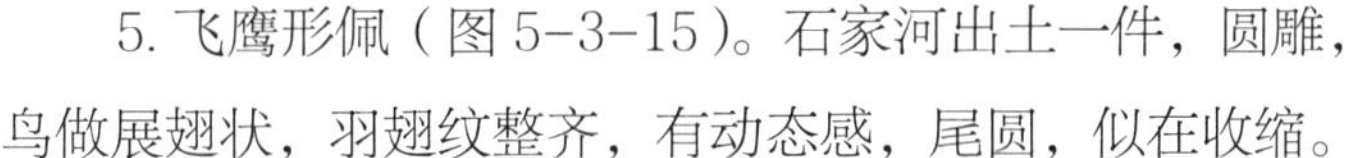

全面检阅石家河文化的玉器，我们发现它有特殊重要的意义：

第一，它不仅出土了比较接近商周标准龙形象的龙玉佩，还出土了中国最早的凤玉佩，说明在石家河文化

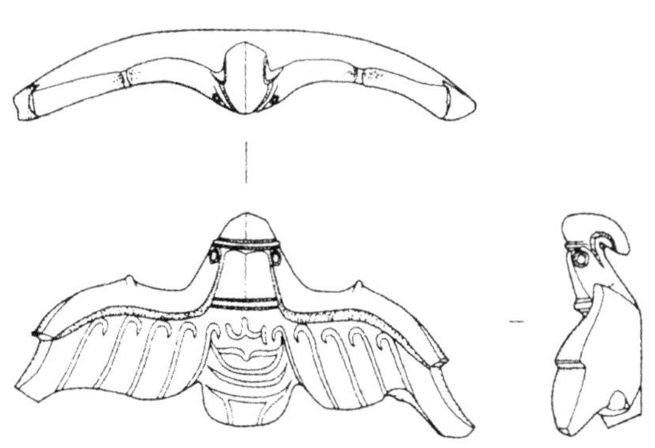

图 5-3-15　石家河文化的飞鹰形佩，采自《古玉鉴别》上，图八九

时期龙凤崇拜逐渐成为中华民族精神崇拜的主流。

第二，它塑造的巫师形象，具有傩文化的特征，可以认定为傩文化的先声。

第三，它的艺术水平达到史前雕塑艺术的顶峰。在人物、动物形象塑造上，具象与抽象的结合达到炉火纯青地步，显示出极高的艺术想象力。

综合文化内涵的深刻性程度与艺术技巧的水平，我们有理由认定石家河的玉器是史前玉器的顶峰。

第陆章

史前玉器审美意识（下）

第一节 玉器与装饰

史前人类的全部器具中，按其用途可以分成为物质功利性和精神功能性两大类，物质功利性的器具主要为生产工具与生活用具。精神功利性器具主要有礼器、祭器和装饰器。

各类器具均具有一定审美功能。它们审美的实现，均存在着一个原有功能转换的问题。由于各种器具原有的功能不一样，它们的审美实现都不一样，这其中装饰器的审美实现最为自然。这主要是因为装饰本就是人类审美活动方式之一，直接与人的爱美心理相联系。玉器是最多装饰品的，所以从审美的维度上看史前人类的生活，无疑应将玉器放在首要地位上。

一、人体装饰的产生

史前人类的装饰，可以大致将它分成两类：装饰自身和装饰器物。装饰自身又可以分成两种情况：一是为自己的形体增添美；二是为自己的身份和品德增添美。玉器是重要的装饰物，它主要用来装饰人自身，也有来装饰别的器物。

人的身体是人的生命功能的重要载体。注意装饰自己的身体，说明史前先民对自身形体有了高度的关注。人对身体的关注有一个从善到美的过程。善即功能，这里指生命功能。人的身体与动物的身体均有生命功能，具体情况又有异。有些功能，人有，动物没有；有些功能，动物有，人没有。装饰与生命功能相关，对于人不具有的某种功能，人会通过装饰的手法，让其在虚拟的世界中实现，如，人有时会给自己装饰上一对翅膀。

人对自己身体的装饰，从其原初动机，是为了性。动物为了吸引异性，雌性会展示自己的形体美，但动物不会用装饰的手段。人则不同，除了像动物一样展示自己自然性的形体美之外，还会化化妆，或在身体上加上一些佩件，如在耳朵上加上一个玉坠，在脖子上套上一串项饰。

装饰的产生，虽然究其初是为了性，但后来的发展则不只是为了性，而是向整个社会展示自己的美丽，以获得社会的认可。如果装饰仅为获得异性关注，那仍然是动物性的行为，属于装饰的低层次；如果装饰不只是为了获得异性的青睐而是为了向整个社会展示美丽，那就属于装饰的高层次，因为这才真正是人的行为。

装饰的产生，见出人性发生与发展的三个层次：

（一）自我意识的觉醒。动物阶段，人只有对外界的认识，而没有对自身的认识，待到人逐渐地也关注着自身的状况，将自身的状况与外部状况联系起来思考，就说明人有自我意识了。

装饰的产生源于需要，人之所以有这种需要，是因为人对自己的身体关注了，换言之，人有自我意识了。

（二）人的身体意识的觉醒。不能说动物没有身体意识，但只有在两种情况下，它才给予自身关注：一是关系到生存，二是关系到交配。人则不只是在这两种情况下才关注自己的身体。身体对于人来说，不只是生命的寄托物，也不只是交配的工具，它还是灵魂的居所。人会更多地从灵与肉关系的维度去关注自己的身体。

装饰的效果不只是美化了身体，而且还会传达一种信息，此信息经由身体通向灵魂，继而通向神灵。

（三）人的社会意识的觉醒。上面我们谈到，装饰最初的目的是为了吸引异性，获得爱与交配的权利，但其后的发展极大地突破了这一点，装饰的目的更多地是为了获得社会的认可。就吸引异性来说，人与动物是一样的，这种心理是人性的最低层次，而希望获得社会认同，这一心理是动物没有的。这一心理显示出人性的较高层次。装饰以其审美效应宣示着人性的尊贵。因此，从本质来看，装饰是人的社会意识的觉醒的反映。

二、玉器装饰类说

以求取社会性认可为目的的装饰，在玉器装饰中主要有耳饰、项饰、冠饰、手饰等。

史前装饰类玉器中最值得我们重视的是玦，史前人类最早的玉器中有玦，距今8000年的内蒙兴隆洼文化兴隆洼遗址出土了最早的玉玦（参见图5-2-1）。

在内蒙古发现史前玦，引起专家们的高度兴趣，邓聪教授指出：“从史前至历史时期蒙古人种的玉器文化，玦饰是最广泛分布的一种装饰，表现出蒙古人种对人体耳部的癖好……据现今考古的发现所知，玦饰可能起源于东亚的北部，其后在大陆由北而南徐徐扩散，又由大陆西而东向沿海的岛屿流传。”[1]古玉研究专家栾秉璈先生说：“关于玦的用途，因时代而异。史前玦主要做耳饰用。如浙江嘉兴马家浜、南京北阴阳营、江苏常州圩墩、

[1] 邓聪：《蒙古人种与玉器文化》，《东亚玉器》，中国考古艺术研究中心，1998年，第215—252页。

四川巫山大溪等史前墓葬中，玦均被发现位于死者头骨耳际，故而确定玦为耳饰。”[1]

[1] 栾秉璈：《古玉鉴别》下，文物出版社 2008 年版，第 665 页。

关于玦饰为什么受原始人类青睐，杨伯达说：“人们赖以生存的面部主要器官不外乎耳、目、口、鼻、舌这‘五官’，如缺其一都会给生活带来极大的不便。其次是正侧面时人们可以相互看到对方的耳部。这个部位经过装饰可引人注目并产生好感。前者是功能上的重要性，后者是在人际关系上给人以美好的审美印象。两者促成耳饰的出现和发展，佩耳饰的人应是普通部落成员。”[2]

[2] 杨伯达：《杨伯达论玉》，紫禁城出版社 2006 年版，第 17 页。

虽然部落的普通人员均佩耳饰，却不是人人都能佩玉玦的，基于玉的珍贵，佩玉玦的只能是部落的高级人员。玦的造形非常具有美感。它为圆圈状，悬在耳际，烘托着椭圆形脸，行动时微微摆动，为女性平添着妩媚和娇美。新石器时代的玦均为素面，可能史前人类认为，作为耳饰，不可能太近距离观赏，因而不需要雕刻花纹。

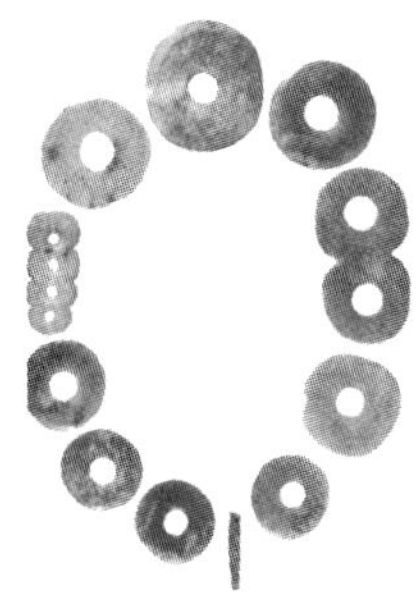

图 6-1-1　山东邹县野店出土的大汶口文化玉串饰

史前人类很早就懂得美化脖子，因而项饰发明得很早。考古发现，属于新石器早期的裴李岗文化遗址就出土有项饰，山东大汶口文化早期邹县野店文化遗址出土了一件玉串饰（图 6-1-1），由大小不均的八个小型玉璧、一个双连璧、一个四连璧和一个玉坠组成，制作虽然较为原始，但创意却见出对审美的最高追求。

新石器晚期，项饰一般均做得精美，多由许多玉珠、玉管串成，有些色彩还很丰富。江苏新沂花厅北区墓地出土有属于大汶口文化的项饰六组，形制各异。其中标本为 M16：5 的一件，由白色闪石玉琢成，“整个项饰由琮形管 2 个，冠状佩 2 个，弹头形管 23 个和鼓形珠 18 颗组成。琮形管为长方形柱体，分为四节，上饰简化的带冠人面纹和兽面纹，中间有对钻的小圆孔，穿挂在项饰左右。冠状佩为扁平体，正反两面饰相同的兽面纹，弹头形管串联在项饰的上部，大小不同的鼓形珠挂于琮形管下部。巧妙的是，在冠状佩三通遂孔两侧，分别用十数颗小玉珠，串连成小圆环，自然地垂挂下方，使整个项饰得到锦上添花的装饰效果，独具匠心。”①

❶ 栾秉璈:《古玉鉴别》上，文物出版社2008年版，第131页。

项饰的发明，说明史前人类对于如何美化人身已经有相当自觉的意识了，项饰的功能不只是美化了脖子，实际上它更大程度上美化了脸面和胸脯，美化了人整个上身。

冠饰在史前装饰类玉器中也有重要的地位，冠饰除了美化外，还能显示主人的身份和地位。良渚文化遗址出土的冠饰种类较多，有倒梯形的，也有十字形的，有的表面有兽面纹，有的则无有，顶部多呈“三凸”状（图6-1-2）。

耳饰、项饰、冠饰、发饰主要是给人看的，向社会显示自己的美丽和高贵，手镯则有些不同，手镯当然也有向他人显示的功能，但主要是供自己欣赏。现代人喜欢手镯，这种喜好也可以追溯到史前人类。距今6300年

图6-1-2　良渚文化反山遗址M15冠状饰

图 6-1-3　凌家滩文化玉镯，采自《古玉鉴别》下，彩版二五

至 4600 年的大汶口文化、距今 5600 年至 5300 年的凌家滩文化、距今 5000 年至 4500 年的良渚文化都发现有玉镯（图 6-1-3）。这一现象值得重视。让社会欣赏自己与自己欣赏自己其哲学意义是大不一样的。前者，强调的是人的社会性，后者强调的是人的自我性。

人性是可以分成社会性与自我性两个方面的，这两性实际上也来自自然，自然中的诸物均存在种群的普遍性与个体的差异性。不过，动物对自己的种群普遍性与个体差异性是缺乏认识的，而人对于这两性则有着自觉的认识，并且能较好地调整这两种关系。一方面，人认识到自己是某个族群的一分子，会尽量让自己融入到某个群体，让群体认可。另一方面，人感觉到自己是个体的存在，会尽量显现自己个体的价值，让自己与别人区分开来。人的这种自觉性在人体的装饰上也体现出来了。耳饰、项饰、冠饰等装饰物主要是让人家看的，目的是让人家认同。手镯虽说人家也可以看，但主要用来自己欣赏，因而对手镯的认同，在很大程度上是自我的认同。

审美是人性的显现，人的两性——社会性与自我性在审美上也见出了。审美的社会性与审美的自我性可以达到统一，也可能存在不统一。就是说，社会上认可的美，个人可能不认可；反过来，个人认可的美，社会上也可能不认可。

在人类的所有的具精神性质的活动中，也许只有审美具有最大的宽容性，那就是说，审美既重视社会的认同性，又宽容自我的认同性。冠饰这种装饰品其社会认同性无疑是列在首要地位的，而像手镯这样的装饰品其社会认同性就弱了。

与手镯审美性质差不多的指环在大汶口文化也发现了，江苏省新沂花厅北区墓地出土有指环四件，分算珠形、圆环形两类，外形十分精巧。比之手镯，指环是更具自我性的装饰品。也许正是因为这一装饰品自我性更强，因此，它后来成为爱情的信物。情人之互赠戒指，特别是男人向女人赠送戒指在现代社会爱情生活中有着重要的意义，它表达的不仅是一份仅属于个人的情感，同时也寄托着一种信任与期望。也许在玉器中，手镯、指环算不上重要的器具，这是因为史前对玉器审视，一般取社会认同性这一视界。

史前人类文化遗址还出土很多现在命名为环的玉器。江苏省新沂花厅南区墓地出土环 10 件，北区墓地出土环 96 件。这些环圆周规整，磨制光滑，颜色有白、棕、湖绿等。它们是做什么用的，现在难以判断了，但很可能是人体的饰件。

史前人类用于个体身体的装饰物，也许在最初是分散的，然而到后来，就讲究配置与组合，于是组佩出现了。组佩的出现是史前人类装饰生活中的重大事件。组佩有很多种，各器在其中处于不同的地位。其中有一种组佩非常重视珩的作用。珩类似于璜，在使用时，璜的两端朝上而珩则一般朝下。珩在组佩中起组织的作用。高大伦说：“珩，全佩的主干部分。……所有全佩上各种杂佩都垂在珩下。珩可能由一块玉，也可能由两块玉做主干，其形制不定，以在全佩中的位置来确定，只要在全佩中起主干作用就是珩。”[1]可以想象史前人类身上组佩的情景，它或挂在胸前或佩在腰际，行动时，叮当有声，向社会显示一种身份，也显示一种美。

史前人类的人体装饰，形式美与内涵美兼而有之，

❶高大伦:《玉器鉴赏》，漓江出版社 1993 年版，第 44—45 页。

形式美可能更显得突出，这种主要用于人体装饰的饰品与礼器不一样，礼器更看重内涵而饰物更看重形式。

史前人类的装饰才华不只是用于装饰人体，也用于装饰各种器物，这些器物中有生产用具，也有生活用具；有宗教祭祀用具，也有政治礼仪用具。除此之外，还有大量的玩赏物，当然，玩赏之中也可以含有辟邪求瑞的含义。史前人类制作的大量的动物佩件，也许是这种玩赏物。良渚人制作的圆雕玉鸟，极为简洁，且素面，现在一般将它看作鸟崇拜的体现，说是一种巫术用具。我倒是觉得不要将史前人类全部的动物饰件看成是巫具，也不必一一归结为自然崇拜和图腾。其中一些比较生活化、情趣化的动物饰件，也许就是人们的一种玩物。《诗经》有句："投我以木桃，报之以琼瑶。"也许这些小小的玉饰件，就是青年男女彼此赠送的心爱之物。

三、装饰与文明

考察史前人类的用具包括石器、陶器、玉器，人们一般重视的是它的功能性，一是生产和生活功能，这两者属于物质性的功能；二是宗教的和礼仪上的功能，这两者属于精神性的功能。这种考察是必要的，但是不能仅限于它这几种功能。我们不能低估史前人类精神生活的丰富性与多样性。除了以上几种功利性的追求外，他们还有审美上的追求。

审美的追求有两个突出特点：形式性和情感性。形式性即是说它对事物形式感兴趣，至于感兴趣的原因，不是这形式能给人带来具体的物质的或精神的功利，而是这形式让人的感官快适。如果此形式是可视的形式，它让眼睛快适；如果此形式是可听的形式，它让耳朵快适。形式性是对物——审美对象的要求，情感性则是对人——审美主体的要求。处于审美状态的人，其情感必定处于激荡之中，如果审美对象的性质是肯定人的感官的，它的情感是正面的——快乐；如果审美对象的性质是否定人的感官的，它的情感是负面的——不快乐。我这里说的审美公式当然是纯理论性的，事实上不可能做到如此纯粹，因为生活不能做如此的切割。首先，虽然理论上有形式的存在，但事实上所有的形式都会联系到内容，而且形式就是内容的存在方式，因此审美的重形式是打了诸多的折扣或者说添加了诸多的限制的。

再说情感性，人的情感也不会是孤立的，人类不会有无缘无故的情感，凡情感均涉及理智，而理智均与事物的内容相关。

康德是为审美立法的人物，他为“鉴赏”也就是“审美”做了四个判断：“鉴赏是凭借完全无利害观念的快感和不快感对某一对象或其表现方法的一种判断力。”“美是那不凭借概念而普遍令人愉快的。”“美是一对象的合目的性的形式，在它不具有一个目的的表象而在对象身上被知觉时。”“美是不依赖概念而被当作一种必然的愉快底对象。”①他的这些话，概括起来就是上面说的形式性与情感性，即审美只是关系到事物的形式与主体的情感的。

康德也知道这种审美在实际生活中不是没有但极少，于是他提出有两种美——自由美和附庸美，自由美指符合上面所说的只涉及事物形式不涉及事物内容因而与功利无关的美，附庸美则是涉及事物的内容即功利美。前一种美，康德能举出的例子是花，某些鸟类，还有壁纸上的簇叶饰等，在现实生活中，显然后一种美非常之多。

尽管前一种美在人的生活中不是很多，但理论上审

①［德］康德著，宗白华译：《判断力批判》上卷，商务印书馆1965年版，第47、54、74、79页。

美不能不做这样的概括。这正如水，真正的水只能是蒸馏水，它的构成是两个氢原子和一个氧原子。但谁都知道，在自然状态下，蒸馏水极少，几乎所有的水都非蒸馏水。

史前先民的生活中，他们的制品基本上都是有实际用途的，也就是说它的性质是功利的。大体来说，主要是两个方面的功利，一是物质性功利，它又可以分为两个方面：生产上的功利，这主要指那些作为生产工具的器物，如石斧、木耜、骨针等；生活上的功利，这主要指那些作为生活用具的器物，如陶罐、陶盆、陶钵等。二是精神性功利，它也可以分成两个方面：宗教性的器物和礼仪性器物，这两者大多情况下是相兼的。

这些器物均有它们的形式，它们的形式也均是内容的载体或者说内容的存在方式。它们的审美又美在哪里呢？按康德的理论，它们均属于附庸美，这些美均是有条件的，有目的的，换句话说均涉及功利。不能不认为，对于附庸美来说，功利是美的重要来源。但是，这里也还有一些分别：一种情况是直接从物的功利中得到愉快，比如这具石斧，因为能砍木头，故而让人愉快；另一种情况则将它的功利悬置起来或者说用括号括起来，只是从它的形式上感到愉快。这种从形式上获得的愉快，可以看成是间接从物的功利中得到的愉快。尽管两种愉快都立根于功利，但因一为直接一为间接，就产生了区别，前者的愉快我们一般看成善的愉快，只有后者我们才看成美的愉快。

善的愉快与美的愉快其实是相通的，而且后者来自前者。尽管如此，我们还是坚持它们的分别：善的愉快来自事物的内容；美的愉快来自事物的形式。善的愉快可以向美的愉快实现转换，这种转换充分见出审美的创造力。

尽管审美不能不以人类全部的社会生活为内涵，但当这些社会生活实际上只是制作审美的原料，人类固有的审美天性与后天的审美修养在审美需要的驱动下自觉与不自觉地对生活提供的各种现象进行着审美的加工，从而使得进入审美视野后的生活其形态和价值均悄然地发生着变化。

比如吉祥如意，它首先是现实生活的一种肯定，其表现形态非常多，诸如部落打了胜仗、女人生了孩子，都可以说是吉祥如意；其次，它又是对未来美好生活的一种企盼。作为未来美好生活的企盼，它的表现形态就可能虚化了，不会只是某一种美好的愿望，而可能是诸多美好的愿望。那么，又如何将所有的美好愿望表达出来呢？那就需要借助于审美的创造了。红山文化中的勾云形器（图 6-1-4），可以说是这种审美创造的杰作。现在考古学界对于勾云形佩的作用还没有定论。笔者更多地相信它是一件人体的装饰物或者说佩件。人们将它佩在身上有两个作用，一是美化身体，另是寓意吉祥或者还加上辟邪。勾云形器能很好地实现这两种作用吗？从它的造形看是完全可以的。勾云形器有好几种造形，基

图 6-1-4　红山文化牛二、一号墓，M14 勾云形佩，采自《古玉鉴别》下，彩版六十

本结构是中部是一卷曲的圆弧，四角各展开略曲的柱头。此图可以给人丰富的想象，你可以想象成彩云翻卷，鲜花开放，也可以想象成蟠龙蛰伏，还可以想象成两兽嬉戏。勾云形器的中部最为重要，它为椭圆形，整个线条变化呈S形，它有太阳意味。不管你如何想象，它的审美效应则是基本可以确定的，那就是柔和，舒卷，亲切，美妙。它可以体现你的任何美好愿望。

史前人类的器物主要为三大类：石器、陶器、玉器，显然，石器和陶器主要为功利性的器物，极少用作装饰物的，玉器则不同，它极少用作生产工具和生活工具，它主要用作祭器、礼器和装饰物。祭器、礼器具有精神的功利性，装饰物虽然也有精神性的功利在内，但主要用来美化人自身的，其形式的重要性远超出它内容的重要性，而且对形式的要求主要就是美。

我不赞成将史前人类的生活全部巫术化。那是人类童年，童年虽然对周围的世界有诸多的恐惧，但因懵懂无知，倒有更多的无忌。因而原始人的生活主要是一片率真，一派欢乐。是阳光普照的大地，不是黑暗阴深的洞穴。

装饰在人类生活中的地位十分重要。装饰的需要源于精神上的需要，精神的天空有多宽阔，装饰的天空就有多宽阔，精神的世界有多绚丽，装饰的世界就有多绚丽！

装饰显现为审美，隐含为文明。实际上审美只是舞台，唱出来的大戏却是人类的进步，是文明。《周易》中专门讲装饰的卦“贲”卦。此卦《彖传》说：“贲，亨。柔来而文刚，故亨；分刚上而文柔，故小利有攸往。天文也。文明以止，人文也。观乎天文以察时变，观乎人文而化成天下。”[1]天文是装饰的精神追求，而人文是人

❶朱熹注，李剑雄标点：《周易》，上海古籍出版社1995年版，第66—67页。

类创造的现实。

人类的一切劳作均存在装饰，而玉器无疑是人类的装饰的经典。史前玉器中装饰性的玉器占多数，这一事实说明玉器正是应着人类的审美需求而产生的。审美是人类进步特别是走向文明的重要动力。装饰万岁！

第二节 玉器与神巫

虽然我不赞成将史前人类的生活全部巫术化，认为除了神巫的世界以外，人就没有了自己的精神世界，但是我也不能不承认，神巫的世界是原始人类主要的精神空间。

神巫世界源起于对自然界的恐惧。与威力无穷的自然界比较起来，人的力量何其渺小！今人尚且对自然界充满着恐惧，何况原始人！对自然界的恐惧感自然导出对自然界的神秘感。

神秘在于人对于自然界的无知，恐惧在于人征服自然界的无能。在这种背景下，原始人就生发出神灵的概念。神灵应是多种，凡是超过人的力量均视为神灵。有上帝神，它是天下的总管；有自然神：山神、水神、虎神、鸟神等等，分管着自然界；有人化神：它们为过世的祖先、英雄，虽然不在人世间却能参与人世间的事务。

对于原始人类来说，最大的愿望是得到神灵的佑助。而要得到神灵的佑助，就有一个与神灵沟通的问题。怎样与神灵沟通，让神灵知道人的意愿，并传达神灵的旨意？显然，一般的人是做不到的，只有特殊的人才能与神灵沟通。这特殊的人就是巫。《说文解字》释“巫”：“祝也，女能事无形，以舞降神者也，像人两袖舞形。”[1]巫无疑是原始部落中最有智慧的人，他能通神，当然就受到整个部落的敬畏，也应是最有权势的人。实际上原始部落中的巫者也多由部落首长兼任。

玉作为原始人类生活最为珍贵也最为美丽的器物，无疑是献给神的最好的礼物，因此玉器在原始社会的首要功能是通神。由于这通神是由巫者来操纵的，巫用玉通神效应显著，因此称之为“灵”。《说文解字》释“灵”：“灵，巫以玉事神，从玉，霝声。”[2]段玉裁注曰：“巫能以玉事神，故其字从玉。”《楚辞》王逸注“灵”云：“巫也，楚人名巫为灵。”如此看来，玉、巫、灵、神四者有着内在的联系，由巫由玉而灵，由灵而神。玉之功用大矣！正是因为目前对于史前人类如何用玉达到通神的目的，我们知之甚少，基本上也只是推测。具体来说，玉之通神有这样几种情况。

❶许慎著：《说文解字》，中华书局1963年版，第100页。

❷邬国义等：《国语译注》，上海古籍出版社1994年版，第13页。

一、玉作法器

巫、觋、祝与神沟通，需要一定的仪式如祭祀，也需要特定的法器。法器中玉器是最重要的，其原因，玉器是最美的、最珍贵的，想来也应是神最喜欢的。为了在与神灵沟通的过程中让神一见到玉就产生喜欢，而且能迅速明白人的意思，还需要将玉琢成各种形状。一般琢成三种形状：

其一是动物形状。史前人类也许认为，动物特别是其中一些本领超人的动物具有神性，它们能直接与神沟通，人有时也直接使用动物来与神沟通的，如用公鸡、龟、牛、羊来卜筮。直接使用动物来与神沟通固然可以，但实际操作会遇到许多麻烦，因为，动物是不可能完全遵照人的意旨去行事的。于是，人就采用动物的替代品去卜筮。玉制动物就是其中之一。这是一种人类曾经普遍行使过的巫术，不独中华民族如此。按英国人类学家詹·乔·弗雷泽的看法，有一种巫术名顺势巫术，它主要根据“相似律”来实现它希望的效果。“在瓦拉蒙加部落里，白鹦鹉图腾的头人手执这种鸟的模拟像，模仿它的求偶的刺耳的鸣叫，用这种方式来求得白鹦鹉的繁殖。”[1]我们的先祖用玉制作动物，让它们来替代真实的动物，以之来与神沟通。

《山海经·海外西经》说：“巫咸国在女丑北，右手操青蛇，左手操赤蛇，在登葆山，群巫所从上下也。”[2]这巫咸国的主巫右手操青蛇，左手操赤蛇，在登葆山做祭祀活动，他的后面跟着一大群巫。这咸巫国主巫手里握的蛇，当然可能是真蛇，但更大的可能是玉龙这样的替代品，而这玉龙应该就是红山文化玉猪龙、C形龙那样的玉器。

其二是玉人。红山文化、凌家滩文化、石家河文化、大汶口文化、龙山文化均出土有玉人，或为独立的物件，或为玉器上的纹饰。玉人应当是巫师，这其中有一些戴着傩面，形象骇异；有些则没有戴傩面，普通人的样子，但面容有严肃与亲和之分。玉人多取祭祀时的姿势，有立姿，也有坐姿。

其三是几何形状的玉制法器，如琮、璧、璜、玦等。

❶［英］詹·乔·弗雷泽著，徐育新等译：《金枝》上，中国民间文艺出版社1987年版，第28页。

❷袁珂校译：《山海经校译》，上海古籍出版社1985年版，第192页。

现在学者们都认为，良渚出土的琮是重要的法器。琮的外形基本上为内圆外方，关于它的这种造形，考古学家刘斌认为有一个发展演变的过程，他认为："依琮的横截面的不同，我们大略可将琮的发展分作三个大的阶段：第一阶段为圆琮；第二阶段已出现四角，但折角大于九十度；第三阶段为折角略等于九十度的方琮。最早的玉琮概念，应是在四周刻了神灵图案的穿孔玉柱。开始只是对图案本身的浮雕或阴刻，后来逐渐将雕刻图案的部分，分块凸起，这就形成了玉琮四面的竖槽和横的分节。而为进一步使图案立体化，不断地将鼻线加高，便逐渐出现了琮的四角，最后演化成为横截面呈九十度的外方内圆的琮体形式。在琮体形式发展的同时，琮上的神灵图案也就沿着由繁到简、由具体到抽象的规律进行演变。"①按刘斌的看法，琮最初并不是方体而是圆体，在由圆到方到方圆合体的过程中，琮的结构得以完善确定，其含义也得以丰富，由最初的通神的器具到被赋予天圆地方的人文概念。

良渚文化出土的法器还有玉璧，耐人寻味的是琮的表面雕刻有神兽图案，而玉璧则为素面。如果玉璧也是通神的篮具，它与琮应是有明显分工的。目前人们对璧与琮的作用的理解，均来自《周礼·春官宗伯第三》的一段话："以玉作六器，以礼天地四方：以苍璧礼天，以黄琮礼地，以青圭礼东方，以赤璋礼南方，以白琥礼西方，以玄璜礼北方。"②周代的礼制是这样的，史前是不是也这样？不好肯定，即算史前也是，问题是为什么礼地的琮有神兽纹，礼天的璧则什么纹饰也没有？对此，目前没有答案。按笔者的猜测，这可能与史前先民对于天、地不同的态度有关。人是生活在地上的，地对于人有神秘感，也让人敬畏，但这种感受未必胜过天。天对

①刘斌:《神巫的世界》，浙江摄影出版社2007年版，第49页。

②钱玄等注译:《周礼》，岳麓书社2001年版，第182页。

于人，不仅有神秘感而且有神圣感，因此，人对于天不仅充满恐惧，也充满崇敬，而且这种恐惧与崇敬达到了无以复加的最高程度，远胜过地。对于充满最高敬畏的天，最好不要刻什么纹饰，须知，“无”才是真正的大！

良渚文化出土有一种名之曰柱形器的玉器，玉柱形器有两种形制。一种为有盖玉柱，一种为无盖玉柱。刘斌认为：“这种带盖玉柱形器也应是一种独立的功能性法器，而不应与一般柱形器混为一谈。从其出土的情况看，一般位于墓主人头顶。在瑶山除 M11 外，这种带盖玉柱形器只限于南列墓才有的一种随葬品。说明其在祭祀职能分工上的重要性。带盖玉柱形器的整体部分，一般为扁平体，顶面常做成球面或弧凸面，连接面为锯切出的平面，平面中部一般有牛鼻状遂孔，穿孔一般极细，少数穿孔为上下贯通之透孔。其柱体多为素面之圆柱，少数施有神徽图案。中间有一较细的上下贯通的钻孔。”[1]

带盖柱形器到底有什么功能，刘斌没有说，他只认定它为法器。此器的突出特点，是可以分离为两部分，这是不是寓意阴阳两个世界？器有盖，盖上有孔，极细，是不是寓意死者的灵魂可以贯通阴阳两界？如果这种猜测不无道理的话，那么，带盖柱形器可能是招魂的法器。良渚文化反山 12 号大墓出土带盖柱形器两件，叠压在璧上，说明它与璧具有相连带的功能。

良渚文化中的玉法器不只是琮、璧、柱形器，它的琮式管、龙纹管、长管等很可能也是法器。反山 12 号大墓出土 11 件琮式管，龙纹管 2 件。这样特殊形状的玉器不可能是人身的装饰物，最大的可能是法器。法器为什么要多样化，很可能跟不同祭祀相关。不同的祭祀需要有不同的法器。

红山文化中没有玉琮，但有玉璧（图 6-2-1）。有

❶刘斌:《神巫的世界》，浙江摄影出版社 2007 年版，第 52—53 页。

图 6-2-1 红山文化牛河梁二号地点 M7：2 玉璧，采自《古玉鉴别》下，彩版一二

圆形玉璧、方圆形玉璧、单孔玉璧、双联玉璧、三联玉璧。这些玉璧均放置在墓主人的头两侧，可见其重要性。璧的功能是祭天，在祭天的仪式中，巫觋手握玉璧，向上天祷告，祈求上天的保佑。

红山文化中的勾云器（参见图 6-1-4）极为精美，既似云卷，又像鸟飞，还像兽目，有学者认为是抽象化的饕餮纹。因为造形特别，也有专家疑为法器，“是司神职人员——巫作为沟通上下和神灵的中间媒介，具有明显的宗教功用。”①

①唐玉萍：《红山文化特殊类玉器的宗教内涵探析》，《红山文化研究》，文物出版社 2006 年版，第 316 页。

箍形器（图 6-2-2）是红山文化的独特玉器，牛河梁第二地点、第三地点、巴林左旗葛家营子遗址均有出土。此器的功能现在也不能确定，杨伯达先生认为是发饰，其功能是将头发拢入管内，再予结扎，但也有学者认为是法器，是祭祀的器物。他们认为箍形器的孔象征天地的贯通。

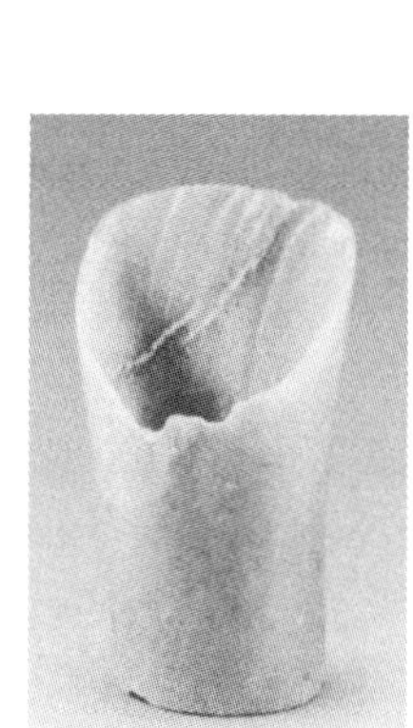

图 6-2-2 红山文化玉箍形器，采自《古玉鉴别》下，彩版一二

内蒙古赤峰学院历史系的唐玉萍认为：“我们所探讨的‘绝地天通’之玉质法器主要是指玉璧、勾云形玉佩和箍形玉器。尤其是箍形器作为司‘巫’职之人所执的法（神）器意义更加特殊。从器物的形制来看：玉箍无底——下可直接与地神相通；玉箍无顶（盖）——上可直接与天神相接。天神俯视一贯而地，地神仰视而一贯至天，进而达到天地的贯通。玉箍底部圈廓平整——便于直立于地。玉箍的斜式顶沿——直接承继了先人斜口陶器器形，便于执事者（“巫”或“史”）将其通神之灵物插放，而且从玉箍的下小上大的直径来看，亦十分便利于将内插神物散展开来。玉箍底部的对称双孔可能是为了穿绳携带方便。总之，无论是从玉箍的形制上还是

从玉箍使用的内涵上来看，它都便于向天地之神表明心迹，进而与神相沟通。”①

史前玉器中的法器绝不止上面所说的那些，上面所说只是举例而已。值得指出的是，当代对史前法器的分析均具有猜测的性质。

①唐玉萍:《红山文化特殊类玉器的宗教内涵探析》,《红山文化研究》，文物出版社2006年版，第318—319页。

二、玉琢神物

神物是指有神性的物件，通常被琢成动物的样子。大体上可以分成两类，一类基本上是想象的动物，另一类基本上为写实的动物。前者如龙、凤、麒麟等，后者如虎、鸟、龟、蝉等。前一类动物虽然为想象的产物，但其中有实在动物的成分；后者虽然为写实的动物，但不完全写实，有装饰，有变形。原始人类制作这些物件，目的并不在做艺术，而是借为动物塑形，将神灵附会上去，或者说将神灵装进去。

原始人为何喜欢用动物的形象来表示神灵？可能是因为动物的某些本领是人所不及的，如虎的威猛、鱼的善游、龟的长寿、鹰的善飞……凡是某种本领远远超过人的动物，人都会羡慕，崇拜以至将其神化。这种被附会上神性的动物制品，最大的功能是通神。它的具体用途是很多的：可能是巫觋手中的法器，为筮具；也可能是佩饰。佩饰的功能可能是辟邪，也可能是审美，或者多种功能兼而有之。

图 6-2-3　良渚文化反山遗址 M16：2 玉鸟，采自《反山》下，彩版 716

良渚文化出土的神物，以玉鸟（图 6-2-3）最多，也最具代表性。良渚文化大型墓葬均有玉鸟出土，出土的部位为墓主人的头侧，与锥形器与冠状器为邻。显然，以玉鸟置于大墓主人的头侧，是表达墓主人的一种向往：飞向天空，飞向天神。

重要的祭祀场合，需要与天神沟通，究竟谁是最好的使者？当然无过于鸟了。我想，那些鸟形的玉器很可能就是巫觋的法器，它们或许握在巫觋的手中，巫觋对着它悄悄作语，请它将人间的意愿捎向天神；或许就供奉在神台上，人们向它顶礼膜拜，在意念中感悟玉鸟传来天神的旨意。

江苏花厅大汶口文化遗址出土一件四鸟纹玉佩，极为罕见。不是一只鸟，也不是两只鸟，而是用四只鸟组成一个图案，此玉器的作用也许就有些特别了。一般来说，一只鸟其文化内涵仅在于鸟，两只鸟能分出雌雄，就见出夫妻和合之意了。四只鸟呢？大概不能理解成两对夫妻，也不能理解成一个家，是不是可以理解成中国文化特有的“四象”？中国文化重“四”。《周易·系辞上传》中说：“是故《易》有太极，是生两仪，两仪生四象，四象生八卦。”[1]“四”在中国文化中是一个吉祥的数目。大汶口文化有四鸟纹玉佩，是不是说明大汶口文化时期，中华民族对于“四象”就有了一些概念？虽然诸多的史前文化遗址均发现有玉鸟，但不同地方的史前文化，鸟的类别不同。红山文化的鸟是鸮，良渚文化的是燕，而石家河文化是鹰。这种不同可能主要是地域性的缘故。

玉蝉是史前墓葬中比较常见的神物，良渚文化中有，红山文化、凌家滩文化、良渚文化、石家河文化中也有。湖北天门肖家屋脊出土玉蝉（图6-2-4）多

图6-2-4　石家河文化玉蝉，采自《屈家岭》，P75图

❶朱熹注，李剑雄标点：《周易》，上海古籍出版社1995年版，第147页。

达33件。蝉的重要习性为蜕壳再生，称之为蝉蜕，蝉蜕意味着再生，人们寄希望于玉蝉，盼望它能给人们带来重生的可能。

图6-2-5　红山文化阜新胡头沟遗址M1：7玉龟，采自《古玉鉴别》下，彩版一一

龟在中国传统文化中也是神物，龟的长寿让人们对它产生敬畏感。龟甲常用来作为占卜的工具。红山文化牛河梁遗址一个中心大墓出土的两只玉龟（图6-2-5）分置于墓主人的左右手，显然，这墓主人是觋，他生前常握着玉龟通神。龟这种动物，虽然行动迟缓，但长寿，人们视之为神。不独红山文化中有玉龟，良渚文化中也有（参见图5-3-8.2），很可能玉龟是史前先民普遍的卜筮工具。

《周礼·春官宗伯第三》有"龟人"条，曰："龟人，掌六龟之属，各有名物。天龟曰灵属，地龟曰绎属，东龟曰果属，西龟曰雷属，南龟曰猎属，北龟曰若属。各以其方之色与其体辨之。凡取龟用秋时，攻龟用春时，各以其物入于龟室，上春衅龟，祭祀先卜。若有祭事，则奉龟以往，旅亦如之，丧以如之。"[1]周代，用龟卜筮，讲究已经非常多了。按此段引文的说法，那时，卜筮用的龟分为六类：天龟、地龟、东龟、西龟、南龟、北龟。六龟各有归类，天龟为灵属，地龟为绎属，东龟为果属，西龟为雷属，南龟为猎属，北龟为若属。龟甲缘颜色也不同，天龟甲缘玄色，地龟甲缘黄色，东龟甲缘青色，西龟甲缘白色，北龟甲缘黑色，南龟甲缘赤色。取龟宰杀要在秋天，剥取龟甲要在春天。将它们分门别类藏于龟室，孟春杀牲取其血涂在龟甲上，名为衅龟。祭祀前先要用龟甲卜筮。这龟卜对于祭事是不可少的，专门从

❶钱玄等注译：《周礼》，岳麓书社2001年版，第225页。

事卜筮的人，一听说有祭事，就奉起龟甲赶去，旅祭如此，丧祭也如此。周代龟卜显然有所来源，史前文化中的玉龟当是祭祀时巫觋法器无疑。

至于鱼，更多的是作为吉祥的意义而进入神物系列的，中国南北方史前文化遗址均有玉的文物出土，仰韶半坡陶器上的鱼纹巫味浓郁，有些可怖；良渚文化出土的玉鱼（参见图 5-3-8.3）很写实，肥美润泽；红山文化出土的玉鱼更是一片天真，憨态可爱，图 6-2-6 为红山文化胡头沟遗址出土的绿松石鱼。所有这些玉鱼制品都是以神物身份出现于史前人类的审美视野的。

石家河文化遗址最具特色的神物应是虎头像，共出土 9 件，雕于一块较薄的玉片上。图像以十字形为结构，十字上左右为虎眼，十字下左右为鼻孔，虎眼与虎耳联缀，眼并不大，但有神。鼻孔较大，獠牙较小。

想象性的动物最有代表性的莫过于龙了。龙是中华民族的图腾，它的演变过程最令人感兴趣。基本上有两条线索，一条线索是文字记载的龙的发生演变史，另一条线索则是地下文物。第一条线索我们留待以后再说，就地下文物来说，红山文化发现的玉猪龙是最早的了，

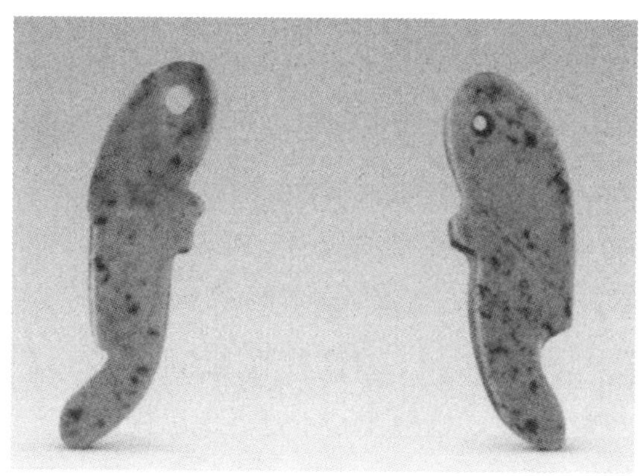

图 6-2-6　红山文化胡头沟遗址 M3 绿松石鱼，采自《古玉鉴别》下，彩版一二

它距今 8000 年，正因为如此，孙守道、郭大顺先生提出龙出辽河源[1]。距今 8000 年的兴隆洼文化遗址、查海文化遗址发现有用石头摆塑龙的造形，距今 6000 年的河南濮阳西水坡仰韶文化遗址发现有用蚌壳摆塑而成的龙形。这种在墓穴中摆塑龙形图案，在湖北黄梅县的史前文化遗址、宝鸡北首岭仰韶文化半坡类型遗址中均有发现。

[1] 孙守道、郭大顺：《论辽河流域的原始文明与龙的起源》，《文物》1984 年第 6 期。

所有史前龙形物件，以红山文化出土的名之曰玉龙的物件最具震撼力。红山玉龙形象有多种，主要有三：（一）在内蒙古赤峰翁牛特旗三星他拉出土的 C 形玉雕龙（参见图 5-2-4）。墨绿色，高 26 厘米。此龙的突出特点是颈起长鬣，极具动态感。龙背有对穿的单孔，用绳串起来，龙首尾恰在一条水平线上，可见它是佩饰。（二）在赤峰翁牛特旗黄谷屯文化遗址发现的 C 形玉雕龙，据考证它比三星他拉出土的 C 形玉雕龙还要早。此龙形状基本上同于三星他拉龙，也为 C 形，也背部穿孔，也有长鬣，只是长鬣较三星他拉龙短。（三）在赤峰县那斯台出土的玉猪龙，呈水珠状，上尖下圆。头部形象比较清晰，类猪首。这类猪龙在红山文化中出土较多，大多数玉猪龙背部有穿孔（参见图 5-2-3）。

玉猪龙神物含义至少有三：第一，它有猪的成分，猪是最早的家畜，说明当地已经进入原始的农业经济时代。古人视猪为“水畜”，在《易经》中，它是坎之象，坎为水。第二，它有蛇的成分，蛇长形，系爬行动物，蛇也属于水。第三，它有马的成分，三星他拉龙的长鬣可能采自马鬃的形象。将这些动物的形象综合在一起，就成为古代的龙。这种龙是不是当地民族的图腾，不可定论，但它是神物。龙的来源非常复杂，构成因素也非常多。虽然中华这块土地上生活的史前各民族对于龙的造形各自有着不同的理解，但是，总的趋势为兼收并蓄，融会贯通，综合创造，这正好是中华民族形成过程的一个写照。

南方的史前文化遗址也出土有玉龙。安徽巢湖含山县凌家滩文化遗址出土有一件首尾相接的龙（参见图5-3-10），有角，长鬣直至尾部。此龙与红山文化中的三星他拉龙很相似，只是它是O形，而不是C形。属石家河文化的天门肖家屋脊文化遗址出土有盘龙（参见图5-3-12）一件，为玦形，系圆雕，玉质黄绿色，飞翔状，扁钩喙，小圆眼，背较宽，尾较圆。

凤也是想象中的动物，石家河文化中的玉凤（参见图5-3-13）可能是史前玉器文化中最早的凤。此凤头像鹰，尾翎像孔雀，肥壮的驱干和翅膀像雉。此凤为图案造形，外圆基本整齐但有变化，内圈则不成几何形。图案主要用双线勾勒，流畅，多变，充满生气。这件作品当得上是艺术精品。

龙凤无疑是神物，而且我们注意到，这两种神物极少在陶器上出现，即使在玉器上出现也不是很多的，它反映一种现象：中华民族选定龙与凤作为自己的图腾，是经过了一个漫长的过程的。这个过程与中华民族的大融合的步伐基本上是一致的，正如中华民族是多民族的融合一样，作为中华民族主要图腾的龙与凤也是诸多动物元素综合的产物。

图6-2-7　良渚文化兽面纹半圆牌饰

史前玉器上有一些动物，既不能在现实中找到它的存在，也不好归属于龙与凤，是一种非常奇异的动物形象，如良渚文化玉琮上雕刻的神兽，这神兽最吓人的是它的两只眼。图6-2-7是良渚文化半圆牌饰，这牌中的图案就是一具兽面。

图 6-2-8　良渚文化反山遗址 M14：221 玉钺上的兽目纹

值得我们注意的是，在良渚文化中，这种兽面纹很普遍。它可以单独存在，也可以与神人配合，构成神人兽面纹，最完整的神人兽面纹是良渚反山遗址 12 号墓出土的玉琮上的神人兽面纹。奇特的是这兽面纹的两只眼睛也可以独立存在，成为一种纹饰。这独立存在的兽目纹经过修饰后成为鸟纹，图 6-2-8 是良渚文化反山遗址 14 号墓出土的玉钺上的纹饰。

三、玉琢巫觋

红山文化、凌家滩文化、石家河文化都出土有玉制的人物雕塑，有阴刻、浅浮雕，也有圆雕。这些人物到底是什么身份？专家们的意见基本上认定为巫觋。

巫觋的来历，《国语·楚语》有个说法：

> 古者民神不杂。民之精爽不携贰者，而又能齐肃衷正，其智能上下比义，其圣能光远宣朗，其明能光照之，其聪能听彻之，如是则明神降之，在男曰觋，在女曰巫。是使制神之处位次主，而为之牲器时服，而后使先圣之后之有光烈，而能知山川之号、高祖之主、宗庙之事、昭穆之世、齐敬之勤、礼节之宜、威仪之则、容貌之崇、忠信之质、禋洁之服，而敬恭明神者，以为之祝。[1]

❶邬国文等译注:《国语译注》，上海古籍出版社 1994 年版，第 529 页。

从这段话我们知道，史前民与神是不混杂的，民是民，神是神。那么，民与神又是如何沟通的呢？靠民中的觋与巫做一些祭祀类的活动。觋是男性，巫是女性。巫分男女可能因为功能有异，有些神，女巫去沟通比较容易，而有些神，则宜男巫（觋）去沟通。《周礼》有“男巫”、“女巫”词条，分别介绍他们的不同功能：

> 男巫：掌望祀望衍授号，旁招以茅。冬，堂赠，无方无算。春，招弭，以除疾病。王吊，则与祝前。
>
> 女巫：掌岁时祓除、衅浴。旱暵则舞雩。若王后吊，则与祝前，凡邦之大灾，歌哭而请。[1]

❶钱玄等注译：《周礼》，岳麓书社2001年版，第237—238页。

做觋、巫必须具备这样一些条件：“精爽不贰”“齐肃衷正”“智能上下比义”“圣能光远宣朗”“明能光照之”“聪能听彻之”——总之，是部落中最优秀的人。觋、巫的工作主要有：一、制定各种神明的祭位，分清主次；二、规定祭祀时用的牲畜、祭器和服饰；三、在“先圣之后”中选拔一些人担任“祝”这项工作，祝是从事祭祀的人。担任“祝”是有要求的，具体要求是：“能知山川之号、高祖之主、宗庙之事、昭穆之世、齐敬之勤、礼节之宜、威仪之则、容貌之崇、忠信之质、禋洁之服，而敬恭明神者”。祝有“大祝”“小祝”的之分。“大祝：掌六祝之辞，以事鬼神祇，祈福拜，求永贞。”[2]“小祝：掌小祭祀将事侯、禳、祷、祠之祝号，以祈福祥，顺丰年，逆时雨，宁风旱，弥灾兵，远罪疾。”[3]巫、觋、祝均是通神灵者，他们很可能就是部落最高的领导者。史前出土的各种人物塑像应该是这些人。

❷钱玄等注译：《周礼》，岳麓书社2001年版，第230页。

❸钱玄等注译：《周礼》，岳麓书社2001年版，第233页。

红山文化中出土有好些陶制的女神雕像，其中牛河梁女神庙中的女神头像最具震撼力。它究属何神，目前也无定论。红山文化研究专家张星德说应是大地女神，这大地女神应是最高神。红山文化中也出土了玉人，那是在牛河梁第十六地点四号墓。玉人直立，头微微上扬，眼微上视，口稍许张开，双臂弯曲，两手分别置于前胸，双脚并拢。这玉人应是巫觋或祝，从姿态看，像是在祈祷。20 世纪 80 年代，在内蒙古巴林右旗那斯台曾采集到红山文化小型玉人头像（图 6-2-9）一件。此人像头顶较平，脸颊圆弧外鼓，下颌圆尖状，五官清晰，双目、鼻均呈三角形，唇下饰网络纹，背面光素，有一横穿孔。

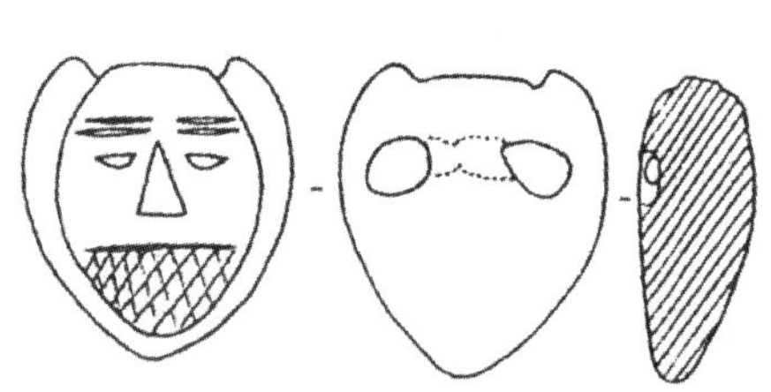

图 6-2-9　内蒙古巴林右旗那斯台采集到红山文化玉人头像，采自《古玉鉴别》上，图八

良渚文化有罕见的玉立人纹。尤仁德先生说："良渚文化玉器的人物造形，已面世者有赵陵山出土的人鸟兽形饰。此饰之人形作侧身，戴平顶帽，上连一鸟，双臂上扬，似持一兽。人形过于简概。另一件人形造形是 1989 年在江苏高淳朝墩头所出一套挂饰（图 6-2-10）。挂饰由各式 17 件饰件组成，顶部为一立人形，头大身小，似有宽大发髻，枣核形眼眶，方耳，宽鼻，阔口，似穿方领长衫，袖手。此玉人形象虽也简约，但已有发式、衣着的交待，是迄今所见良渚文化人形玉器较完整、写实的造形，其价值在于为探索良渚人物形象服饰提供了新资料。"①

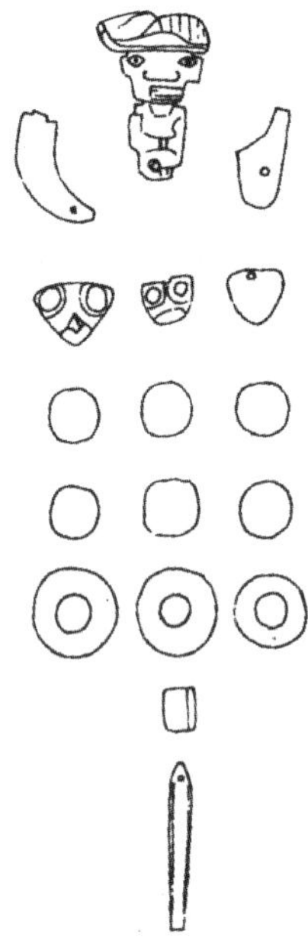

图 6-2-10　江苏高淳朝墩头出土的良渚文化立人形挂饰，采自《古代玉器通论》，图一七

最具光彩的玉人形象在凌家滩文化和石家河文化发现。1987 年首先在凌家滩 87M1 中，出土了三件玉人，均为立姿，头戴有尖顶的圆帽，方形脸，大眼浓眉，

①尤仁德：《古代玉器通论》，紫禁城出版社 2004 年版，第 27 页。

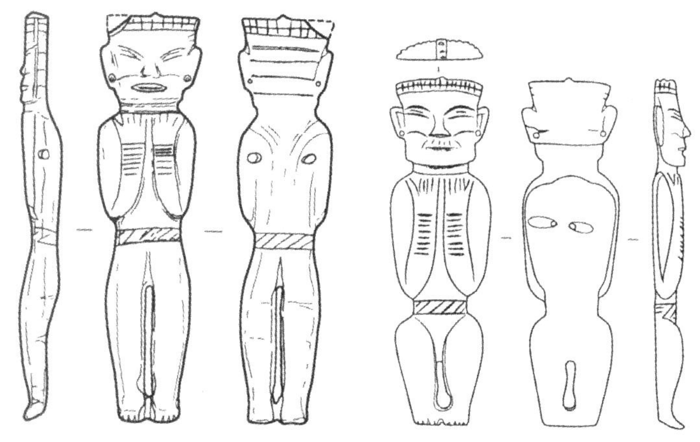

图 6-2-11 凌家滩文化玉人像，采自《古玉鉴别》上，图八一

蒜头鼻，大耳、大嘴，双手向上抚胸，双腿微微张开。1998 年，在凌家滩文化遗址又发现三件坐姿的玉人，人物面像及打扮同于立姿，很像是一套作品（图 6-2-11）。

这玉人是什么人？不会是一般人，一般人也没有资格被做成玉人。玉人肯定是部落中至尊至贵的人，至尊至贵的人只能是巫觋或大祝。就这几件作品看，玉人是男性，因此应是觋或祝。立姿玉人脸上比较严肃，坐姿则微见笑意，很可能是进入了与神灵沟通的状态，从他们手抚胸脯的动作来看，是在祈祷。

良渚文化遗址出土的玉琮上雕刻的名之曰“神徽”的图案（图 6-2-12），是一头戴羽冠的巫骑着兽在云中飞腾的形象。基于史前人类中的巫与部落首领往往合一，因而也是部落首领骑兽飞行的形象。这一形象目前的解读尚不统一。浙江省的文物考古工作者倾向于说是半人半兽，并命名为神徽，杨伯达先生认为是“巫觋骑兽以玉事神图”[1]，笔者基本上赞同杨伯达先生的看法，补充一点是，这巫觋不仅骑兽而且在飞行。兽的脚下是飘飞的云，成群的鸟在伴着巫在飞行。

❶杨伯达:《杨伯达论玉》，紫禁城出版社 2006 年版，第 24 页。

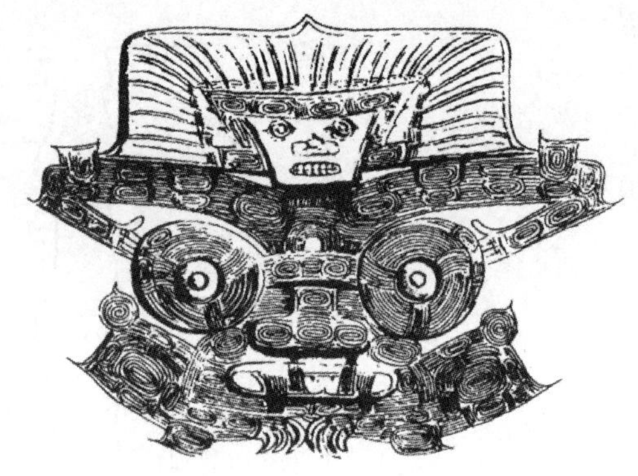

图 6-2-12　良渚 M12：98 玉琮上神人兽面图案

龙山文化出土一件鹗攫人面佩，让鹗立在人的头上，更是让人惊心动魄，它让人想到商代著名的青铜器虎食人卣。此器的真正意义难以猜度，正如青铜器的虎食人卣，未必是虎食人一样，这鹗攫人面也未必是鹗攫人面。

巫觋是部落中唯一能通神的人物，将巫觋的形象用玉雕琢出来，在祭神时将其陈列在神之前，实际上是以玉巫代替真巫的，在原始人看来，这玉巫也许比真巫更能受到神的青睐，因为它是用玉雕琢的。

四、唯玉为葬

史前人类已经重视死后的世界了，旧石器时代就有陪葬物品，新石器时代陪葬品更多了，说明史前人类不仅有神灵观念，而且有来世观念。当然，死后有丰足的陪葬品，不会是一般人，只能是部落中的重要人物，这重要人物中，巫觋是第一位的。巫觋在原始社会地位很高，一般来说，集神权、政权、族权、军权于一身，实际上就是部落长。随着社会生产力的提高，同时，也随着玉器制作技术的提高，部落重要人物的陪葬品中就有玉器了，而且陪葬的玉器也随着部落的财力而有较大的增加。红山文化遗址、良渚文化遗址均出土了大量的玉器，其中有些墓穴只有玉随葬，没有其他器质的物品陪葬，这些墓穴的主人应该是部落最高级别的人，这人只能是巫兼部落长。

著名的考古学家郭大顺根据红山文化遗址所发现的

玉器，提出“唯玉为葬”的著名论断[1]。属于红山文化的牛河梁第二地点一号冢 21 号墓出土玉器 20 件，是红山文化遗址出土玉器最多的一个墓，墓主人是男性。玉器的陈放均根据其用途与地位。最重要的一般置于靠近墓主人头部与手部。“10 件红山文化多见的方圆形玉璧和 2 件双联璧成双组对分置墓主人身体的上下左右相对称的部位，极可能是神灵崇拜物。富有权力象征意义的兽面牌饰、玉龟和竹节状器陈置在身体胸腹部的重要位置上。这种成组配套并有一定组合规律的葬玉方式更具有礼的含义。”[2]此墓没有发现陶器陪葬品，说明它是典型玉殓葬。

良渚情况也大体一样，良渚反山发掘了 11 座墓，其中 M12、M14、M16、M17、M20，考古人员认为墓主人可能属部落的最高阶层，或为巫觋，或为军事酋长[3]。且看看 M12 的玉器：此墓主人尸骨基本不存，可辨仅数枚牙齿。然此墓单件玉器多达 647 件（不含玉粒和玉片），种类有冠状器、三叉形器、特殊长管、半圆形饰、锥形器、锥形器套管、带盖柱形器、柱形器、琮、钺、权杖、璧、柄形器、镯形器、各类端饰、琮式管、龙形管、长管、管、半球形孔珠、鼓形珠、串饰和粒等。诸多的玉器上有神人兽面纹、兽面纹、兽目纹。此墓中还有数条象牙器。

中国源远流长的玉器文化其第一阶段竟然这样与巫联系在一起，著名的玉文化研究专家杨伯达先生将它定位为“巫玉”。中国的传统文化最早就萌生在这个充满着神秘，充满着诡异的巫文化之中。巫文化一头连接着神——那是中华民族理想的世界，极幸福，极高远，也极神秘、另一头连着人——世俗的社会生活，充满着艰辛，充满着痛苦，当然也充满着希望。巫就是一座桥梁，

❶郭大顺:《红山文化的唯玉为葬与辽河文明起源特征的再认识》,《文物》1997 年第 8 期。

❷辽宁省文物考古研究所:《辽宁牛河梁第二地点一号冢 21 号墓发掘简报》,《文物》1997 年第 8 期。

❸浙江省文物考古研究所反山考古队:《浙江余杭反山良渚墓地发掘简报》,《文物》1988 年第 1 期。

将此岸世界与彼岸世界、现实世界与理想世界、苦难世界与幸福世界沟通起来。巫文化要充分实现它的功能，必然要借助于诸多的中介，包括玉器这样的器物，也要借助于诸多的仪式，包括卜筮、祭祀、音乐、舞蹈、傩戏等等。就在这中间，酝酿着、陶冶着、锻造着、提炼着中华民族最早的审美意识。

第三节 玉器与礼制

中华民族治国理民最重要的传统之一是礼制。礼制可以分成礼与乐两个部分，乐本也归属于礼，《礼记》中本有《乐记》一章，后来人们将此章拿出来独立印行，以示“乐”的重要性。崇礼尚乐，是儒家文化的重要内容。现在我们通常将这一制度推到西周的周公，说是周公制礼做乐，其实，它的由来极为深远，新石器时代就有礼制的萌芽。

礼的重要特征是讲序，序指秩序，它是一个时间概念也是一个空间概念，但更是一个人文概念。序的立足点是分。所谓分，就是在时间上见出先后，在空间见出高下、大小。因为有分，就要做恰当的排列，使其有序。在生产资料与生活资料不够充分的古代，这种见出区分的有序是非常重要的，因为只有它才能让社会上的各色人等能得到适当的生活待遇，让社会不致动乱而能有序地发展。荀子说：“礼起于何也？曰：人生而有欲，欲而不得，则不能无求，求而无度量分界，则不能不争，争则乱，乱则穷。先王恶其乱也，故制礼义以分之，以养人之欲，给人以求，使欲必不穷乎物，物必不屈于欲，两者相持而长，是礼之所起也。”①

礼将社会上各色人等区分开来，设立种种规章制度以限制人的贪求，这样做自然对维护社会的稳定有用，但是，它的效果又必然使社会上的对立加剧，久而久之，必然产生动乱。所以，礼在强调分的同时又强调和。分是人与人之分，和是人与人的和。分在制度上，和在心理上。实现人与人之间心理上的和需要做很多的事，其中重要的手段之一就是乐。荀子说：“夫乐者，乐也，人情之所必不免也，故人不能无乐。”②又说：“乐则不能无形，形而不为道，则不能无乱，先王恶其乱也，故制《雅》、《颂》之声以道之，使其声足以乐而不流”。③

礼乐二者虽然可以理解成统治者统治人民的两种方式，然而，它绝不只是统治者统治人民的手段而是中华文化的两块重要的基石。中国的政治、道德、经济、法制、艺术无不立足于此。中华民族的审美意识骨子深处也蕴含着礼与乐的两种要素。

中华民族的礼乐文化是可以溯源到史前的，史前文化中又数玉器文化承载着最多的礼乐内涵。

一、玉辨身份

礼制内涵极多，除了设祭祀外，主要是定名分。在周代，天子以下，贵族是分为三六九等的。《周礼》云：

❶王先谦撰：《荀子集解》下，中华书局1988年版，第346页。

❷王先谦撰：《荀子集解》下，中华书局1988年版，第397页。

❸王先谦撰：《荀子集解》下，中华书局1988年版，第397页。

“以九仪之命正邦国之位：壹命受职，再命受服，三命受位，四命受器，五命赐则，六命赐官，七命赐国，八命作牧，九命作伯。”[①]这说的“九仪”指九等不同爵位的礼仪，九等为公、侯、伯、子、男、公、卿、大夫、士。

中国古代，王、诸侯、贵族、官吏均有显示自己身份的玉，而且在不同的场合使用不同的玉。其中圭比较地突出，《周礼》说：“以玉作六瑞，以等邦国：王执镇圭，公执桓圭，侯执信圭，伯执躬圭，子执谷璧，男执蒲璧。”[②]圭的造形来源于斧或铲。斧和铲因为是工具，刃口向下，而当它用作玉礼器时，其刃口就朝上了，这刃口朝上的玉斧或玉铲就成为了玉圭。李学勤说：“有些礼仪中用的玉锋刃器，如美国弗利尔美术馆所藏可能属龙山文化的琢纹玉刀，察其纹饰方向，刃是向上的。礼仪用锋刃器，‘上刃’以示不付实用，可能有久远的渊源。”[③]李学勤的这种解释笔者很赞成，是不是还可以补充一点：刃口朝上，寓有权力来自于上天。大汶口文化有玉铲，龙山文化有玉圭，龙山文化的玉圭一般刻有纹饰，有兽面纹、人面纹、鸟纹。这些纹饰说明玉圭其实也是兼有通神功能的，是巫玉，也是礼玉。

史前用玉也是极为讲究身份的，从红山文化和良渚文化的墓葬来看，只有部落中的高层死后才有玉陪葬，而且玉器的多少不一样，也就从这玉器的多少不同、品级不同，我们可以大致辨别出墓主人的身份。

著名考古学家郭大顺将红山文化牛河梁积石冢中的墓葬分成四个等级：中心大墓、台阶式墓、甲类石棺墓和乙类石棺墓。中心大墓是各冢中等级最高的，这类墓室大而深，随葬的玉器数量较多，且多见个体大、玉质纯正的马蹄状玉箍、勾云形玉佩和龟、鸟等动物形玉器。台阶式墓和甲类石棺墓有玉器，但少于中心大墓。到乙

❶钱玄等注译：《周礼》，岳麓书社2001年版，第181页。

❷钱玄等注译：《周礼》，岳麓书社2001年版，第181页。

❸李学勤：《鸟纹三戈的再研究》，《辽海文物学刊》1989年第3期。

类石棺墓，则没有了玉器[1]。王立新先生对郭大顺的观点做了补充，他认为最高等级的墓葬分属于不同的社团；中心大墓的主人可能只是当时最高权力阶层的一部分；同属中心大墓，墓主人的身份地位未必全然相同。就玉器来说，同属于中心大墓，有些玉器多，有些玉器少[2]。他的意思是玉器虽是墓主人身份的标志，但因为最高等级的墓葬分属不同的血缘集团，不能完全以玉器的多少论身份的高下。

身份有两层意思：一是部落的身份，其二是个人的身份。从良渚文化的出土玉器来看，绝大多数玉器上有表示部落身份的徽标。良渚文化反山遗址第 12 号墓一件琮上有完整的神人兽面纹，此纹通称为“神徽”（杨伯达先生称之为“巫徽”，为“一幅头戴傩面，文身，双肘弯曲的巫觋，骑着由小巫身披兽形道具扮装成的怪兽以玉事神的图画”）。因此，12 号墓的墓主人不仅是最高的部落长，而且在他当位时部落最强大。那个神徽实际上是他的徽记，杨伯达先生说是“巫徽”，我说不只是巫徽，也是“王徽”，而且就是他本人的写真和徽记。20 号墓出土的玉璜上有类似的神人兽面纹，但与 12 号墓神人兽面纹有差别。可见，每位王均有自己徽记。

良渚文化中的神人兽面纹有完整的与不完整之别，完整的如 12 号墓上那具玉琮上的神人兽面纹，不完整的又分多种情况，有的无神人，只有兽面纹，有的兽面纹也不完整，只有一只兽目。也许完整的神人兽面纹才是部落的最高标志，它代表的不是一个部落，而是由若干部落组成的部落集团。兽面纹也许级别要低一点，兽目纹是最低的。这级别的高低说的也许是权力，也许是部落的大小，也许是辈份……

良渚人将自己的族徽刻在重要的玉器上，不只标志

❶参见郭大顺:《中华五千年文明的象征——牛河梁红山文化坛庙冢》,《牛河梁红山文化遗址与玉器精粹》，文物出版社 1997 年版。

❷参见王立新:《试论红山文化的社会性质》,《红山文化研究》，文物出版社 2006 年版。

着所有权，而且标志着部落的等级，宣示着部落的威严。

良渚文化反山遗址共发掘了 11 座墓葬，其中有两座系晚期墓葬，且已遭到破坏，保存完好的九座墓葬均出土了大量的玉器。这都是部落中首领的墓穴，但只有 M14、M17、M12、M16、M20 五墓有三叉形器。良渚文化瑶山遗址也是贵族的墓地，此地现发掘了 12 座墓葬，其中，M2、M3、M7、M8、M9、M10 共六座墓有三叉形器。我们发现，凡出土有三叉形器的墓都出土了重要的礼器玉琮或代表权力的玉钺，说明三叉形器不是一般的玉器，从它中部有一个小孔推测，它可能是与王冠连在一起的，应是王冠的装饰（图 6-3-1）。

良渚文化反山、瑶山遗址，凡大墓均出土有冠状器，每墓一件，放置的部位均在墓主人的头部。各墓出土的冠状器大同而小异，一般为倒梯形，也有的为十字形、半圆形。冠面有的镂空，有的为一块面板，大多上面有神人兽面纹或兽目纹，凡此种种分别，是不是能见出人物的身份与地位呢？

红山文化牛河梁遗址第五地点一号冢中心大墓，墓主人左右手分别握着一只玉龟，龟在古代被视为神物，其甲用来占卜，名之为龟卜，这位墓主人生前身份为巫

图 6-3-1　良渚文化瑶山遗址 M7：26 三叉形器

当无疑。牛河梁遗址第16地点发现一件玉人，玉人双臂弯曲抚胸，似在做巫术。将这样的物件随葬，同样意味着墓主人生前是巫师。因为在史前，巫师通常也就是部落长，不仅掌握着神权，而且掌握着政权、军权、族权，因而这些标志也可以看作是部落首领的标志。

二、玉显权威

出土的玉器虽然大多为佩饰以显示主人的身份与地位，但也有一些是权力的象征，这中间，最为重要的是玉钺（图6-3-2）。钺本为兵器，以玉做钺，当然不是用之于战争，它只是一种象征，象征武力，象征权威。玉钺出现于崧泽文化中晚期，至良渚文化中期，数量大为增加，器身趋向变薄，其象征性意义非常突出。特别值得注意的是反山文化遗址12号墓出土的玉钺，一套三件，它位于墓主人的左侧，刃部向西。它的上部还压了一柄石钺。出土时钺瑁和钺镦之间相距70厘米。这样有瑁有镦的钺非常罕见，良渚其他墓也有出土玉钺的，但没有瑁和镦。12号墓的玉钺值得特别注意的是，它有被称之为“神徽”的图案——神人兽面纹（参见图6-2-12），这种纹饰在同一墓出土的玉琮上也有。除此之外，还有一个鸟状的兽目纹（参见图6-2-8）。两个图案各据钺的一角，意义非同寻常。据笔者的理解，神徽即“王徽”，是权力的象征；兽面纹可能是这个部落的图腾，是“族徽”。

图6-3-2 良渚文化反山遗址M12：100玉钺

12号墓除了出土玉钺一套三件外，还出土有“权杖”一套两件，由瑁和镦组成，置于墓主人上身部位，相距55厘米。此瑁表面覆盖着浓重的云雷纹饰，中部为“王徽”图案。镦也覆着云雷纹，只是没有了“王徽”图案，镦为器座，瑁为器顶。这样处理显然是为了突出“王徽”，突出王的权威。

让人感到不可思议的是这“权杖”的瑁和镦上的花纹为何要做如此精细繁缛的刻画。置于“权杖”上部的瑁，有一排神人兽面纹，神人兽面纹之间填充着繁缛的云雷纹（图6-3-3），镦的纹饰也同样繁缛，但没有神人兽面纹，而是有一排小孔。值得指出的是，12号墓还出土了五件石钺，陪葬的石器也只这五件石钺，可见这五件石钺的重要性。五件石钺中，其中一件位于墓主人头部的侧上方，是最重要的，其余位于墓主人的上身的左侧。呈纵向分布，刃部向南。石钺五件，玉钺一套三件，这有没有一种讲究？应该是有的。另，钺的置放，肯定也出于一种礼制。

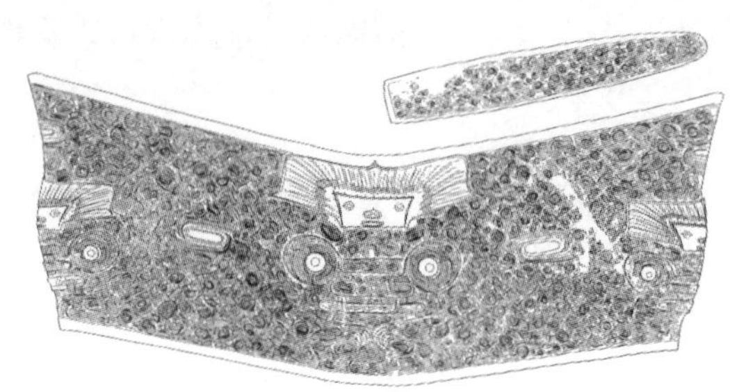

图6-3-3　良渚文化反山遗址玉权杖瑁上的纹饰细部示意图，采自《反山》上，图五一

体现王的权威的应还有琮。12号墓出土的六件玉琮，其中一件位于墓主人头骨的一侧，左肩上方。此件玉琮南瓜黄，有不规则的紫红色瑕斑，重达6500克。整器偏矮呈方柱体，上下端为圆面的射，中有对钻的圆孔。琮体四面中间有4.2厘米的宽的直槽一分为二，由横槽分为两节。每节再分上下两个部分。四面直槽内上下各琢刻一神人兽面纹（参见图6-2-12），共8个，每个图像细部基本一致，单个图像高约3厘米，宽约4厘米。图像主体为一神人，脸面呈倒梯形，头上所戴，内层为帽，刻卷云纹8组，外层为宝盖状的结构，刻22组边缘双线，中间单线环组而成放射状的羽翎。神人眼为果核

状，蒜头鼻，七条短竖线刻出 16 颗牙齿。神人两只手臂弯曲，手掌贴住兽面纹的眼睛。兽面纹眼睑为双圈，刻满横线条，中部瞳仁为两个小圆圈。两眼之间有一横杠连接，中部与鼻连接，组成工字形，嘴张开，露出牙齿。兽的腰部盘坐着双腿，露出鸟喙般的尖趾。此图极为神秘，上面已经谈到，说它是王徽，基于此，这件玉琮有可能相当于"玉玺"，考古学家称它为"琮王"（参见图 5-3-4）。反山遗址 12 号墓共出土琮 6 件，虽然各琮均具有礼制的作用，但唯有此琮代表着最高权力。

良渚文化凡大墓均有琮出土，但各墓出土的琮数量不同，品级也不同。反山遗址 14 号大墓出土琮 3 件，位置为墓主人腰腹部。此墓中的琮所代表的权力显然不如 12 号墓中的"琮王"了。

璧是不是也能代表权力，目前尚无有力的证明。反山遗址 12 号大墓出土琮 6 件，其中"琮王"位于墓主人的肩上方。它出土玉璧 2 件，位于墓主人右臂部位，可能原系铺垫于或系于右臂下。从这个位置看，它应很重要。让人不解的是，14 号墓出土了 26 件玉璧，这些玉璧叠放在墓主人的下身部位，是不是说明它不那么重要了？

表示权力的玉器中，牙璋也是值得注意的。牙璋与圭相似，所不同的是它的下部向旁逸出牙似的东西。清代学者吴大澂在他的《古玉图考》中首次将这种顶上有刃下部出牙的圭形玉器从圭中区分开来，认为它就是《周礼》中说的"牙璋"。牙璋骨器中有，玉器中也有。这种器具到底做什么用，《周礼》中说："牙璋以起军旅，以治兵守。"[1]《诗经·大雅·棫朴》云："济济辟王，左右奉璋。"可能这牙璋是将军们用的一种表示权力的器具，王出行时，两旁侍卫奉牙璋又可能是显示王的威严。

玉牙璋的报告最早见于良渚文化，是江苏吴县张陵

[1] 钱玄等注译：《周礼》，岳麓书社 2001 年版，第 196 页。

山遗址出土的，此件牙璋长仅 9.5 厘米，是否为璋尚存疑问，考古报告称之为"璋形玉饰"。龙山文化出土的牙璋较多，在陕西神木石峁征集了 28 件牙璋。牙璋在龙山文化比较多地发现，说明当时社会战争的频繁。

三、玉为礼器

在中国古代，礼是国家各种制度的总称，几乎涵盖了一切上层建筑和意识形态。《礼记·王制第五》载古代礼制，云："六礼：冠、昏、丧、祭、乡、相见。七教：父子、兄弟、夫妇、君臣、长幼、朋友、宾客。八政：饮食、衣服、事为、异别、度、量、数、制。"[1]诸礼之中，以祭为最重要，祭礼之中，以祭天地为最重要。祭祀活动中，玉器是重要的礼器。

由于没有相应的文字资料，对史前的礼制不了解，无法将礼器按用途分类。就造形来看，它们不外乎为四种形状：

（一）几何状，如玦、琮、璧、璜、锥状物、柱状物等。这几种礼器中，典型的琮的造形为外方内圆，相比于玦、璧、璜等，它的造形最具艺术性。

（二）兵器状，如钺。钺本为兵器，玉钺当然没有了武器的意义，但有武器的意味，象征着权力，标志着主人作为军事统帅的身份，在重要的礼仪场合，它是会出现的。

（三）人物状，如玉人。红山文化、凌家滩文化、石家河文化均出土有玉人，玉人是什么人，也莫衷一是，有巫师说、傩面巫师说、神说、人说。关键是看用在什么场合，如果用在礼仪场合，那很可能是人，是祖先；如果用在宗教场合，那就可能是巫师了。用在礼仪场合

❶王文锦译解：《礼记译解》上，中华书局 2001 年版，第 196 页。

的玉人理所当然是礼器。

（四）动物状。动物状，我们一般是将它的功能看成是通神，是法器，其实它也是礼器。《礼记·礼运第九》云："何谓四灵？麟、凤、龟、龙，谓之四灵。故龙以为畜，故鱼鲔不淰；凤以为畜，故鸟不獝；麟以为畜，故兽不狘；龟以为畜，故人情不失。故先王秉蓍龟，列祭祀，瘗缯，宣祝嘏辞说，设制度，故国有礼，官有御，事有职，礼有序。"[1]红山文化、凌家滩文化、良渚文化、石家河文化中均出土有动物形玉器，它们其实也都是礼器。其功能不只是通神，还有辅政，其根本目的是使国家有制度，官员有职守，百姓得统领，社会得安定。《左传》说中国远古时代还有以鸟名官的传说：

> 我高祖少皞挚之立也，凤鸟适至，故纪于鸟，为鸟师而鸟名。凤鸟氏，历正也；玄鸟氏，司分者也；伯赵氏，司至者也；青鸟氏，司启者也；丹鸟氏，司闭者也。祝鸠氏，司徒也；鴡鸠氏，司马也；鳲鸠氏，司空也；爽鸠氏，司寇也；鹘鸠氏，司事也。五鸠，鸠民者也。五雉，为五工正，利器用，正度量，夷民者也；九扈，为九农正，扈民无谣者也。[2]

从这个角度去理解良渚反山12号墓出土的玉钺上的鸟纹（亦称"兽面纹"）（参见图6-2-12），就可以得出新的结论。原来，这鸟不是一般的鸟，而是神鸟——凤的前身，它的职责是让群鸟不惊不扰。良渚人以鸟为图腾，尊鸟为始祖，全部落的人为鸟的传人。在体现权威的钺上刻上鸟图案，意味着取得了管理全体百姓的使命。

❶王文锦译解：《礼记译解》上，中华书局2001年版，第302页。

❷《左传·昭公十七年》，《新刊四书五经·春秋三传》下，中国书店1994年版，第236页。

红山文化遗址中出土的玉猪龙、凌家滩文化遗址中出土的玉盘龙，均可以理解成部落首领领导全部落的信物，因此也是礼器。

（五）人与动物合体状。良渚文化反山遗址和瑶山遗址出土的玉器上有神人兽面像，分割来看，这是神人与兽两种形象的组合，如果将它们看成一个整体，则成了人兽共体的形象了。这种人兽共体的形象，在中国的神话中倒是很多的，伏羲、女娲是人首蛇身，黄帝是牛首人身，西王母的形象则是“戴胜、虎齿、有豹尾”，而且“穴处”。这种人兽共体的形象，当然是神，是伟大无比的神，不过，史前先民也将他们看成自己的祖先。他们在玉器上刻上这种形象，为的是礼拜先祖，礼拜神。因此，这种器物是礼器。

图 6-3-4　良渚文化瑶山遗址玉圆牌（M2：17），采自《瑶山》，图四二

良渚文化瑶山遗址二号墓出土一件玉圆牌（图 6-3-4）。据《良渚遗址考古报告之一：瑶山》介绍，此器为“扁平圆饼形，中间对钻圆孔，外缘有三个浅浮雕凸面，上面用阴线及浮雕等琢刻三个‘龙首’纹，朝向一致。图纹之间刻双线弧边菱形。”[1]此器亦称之为“龙首面环”。

此器上的图案引起专家们的浓厚兴趣，尤仁德说它实为“蚩尤环”，并据证认为，“蚩尤的原型为鳄，由鳄——蚩尤——龙——螭——犬——虎等艺术形象，在古文物中形成一个范围广大、数量极多、文化内涵十分丰富且学术价值极高的造形艺术系列。”[2]蚩尤是中华民

❶浙江省文物考古研究所：《良渚遗址群考古报告之一：瑶山》，文物出版社 2003 年版，第 46 页。

❷尤仁德：《古代玉器通论》，紫禁城出版社 2004 年版，第 27 页。

族的始祖之一，很可能实有其人，它的部族原在中国东部沿海一带，史称东夷族，蚩龙曾率领部族征战黄帝族，失败后被杀，其部族逃到中国的西南部。蚩尤虽然失败了，但是，在中国的文化中一向作为战神的形象而出现，商周青铜器上的饕餮图案据说就是他的面相。尤仁德认为，瑶山遗址玉圆牌上的龙首图案是蚩尤形象，那么，它就应该是青铜器上饕餮图案的源头。青铜器是商周时代最重要的礼器，据此，可以推断瑶山遗址出土的这玉圆牌也是礼器。

史前出土的玉器绝大部分为礼器，一些玉器如琮、璧的用途不能确定，应是具有多种用途的礼器[1]。虽然《周礼》说它的功能是礼天，说的是周代，不能由此推断史前它的功能也是礼天，当然，也不能说它的功能不是礼天。琮的功能目前莫衷一是，牟永抗说是图腾柱。史树青则说是琮上的每一节是一代祖先的象征。尤仁德说："琮在祭祀天神地祇的仪式中里，用木柱穿插玉琮于上端，用作祭祀神祇或祖先象征的'神柱'，如印第安人的图腾柱。"[2]海外学者张光直说玉琮是巫师用来贯通天地的法器。安克斯（Erkes）认为玉琮代表地母的女阴。高本汉（Bernhard Karlgren）认为是宗庙里盛"且"（祖）的石涵。日本学者林巳奈夫认为是手镯的变化物，等等。

璧与琮的组合，有学者认为它们存在组合的关系，说是上璧下琮，其形象与甲骨文、金文中的"示"字相同，以璧琮代表神示。《典瑞》云："疏璧琮以敛合"，意思是让死者的灵魂穿过璧琮的孔去往神灵的世界。虽然此说有道理，但是，从良渚文化反山遗址、瑶山遗址各大墓出土璧与琮的情况看，它们不存在数量上的组合规律。12 号大墓是琮 6 璧 2，而 14 号大墓则是琮 3 璧 26，

❶《周礼·春官宗伯第三》云："以玉为六器，以礼天地四方，以苍璧礼天，以黄琮礼地，以青圭礼东方，以赤璋礼南方，以白琥礼西方，以玄璜礼北方。"史前是不是也这样，没有资料能证明。

❷尤仁德：《古代玉器通论》，紫禁城出版社2004年版，第23页。

16 号大墓是琮 1 璧 1，15 号墓没有琮然有一件璧。璧、琮摆放的位置也没有找到规律。琮一般摆放在身体的上部，头部、肩部、手腕部，但璧就不好说了，有些墓，璧摆放在身体的上部，说明它很重要，但有些墓，璧摆放在墓主人的下身，甚至放在脚旁，说明它不那么重要。总之，璧与琮的用法是不是存在一种搭配的关系？从反山遗址还找不出答案。

四、以玉通神，通神为礼

现在我们所看到的史前玉器基本上均出土于史前的墓穴，为原始人的陪葬品，据此，我们可以猜度史前人类的某些礼仪。

从《礼记》、《周礼》、《仪礼》三书，我们得知，古代的礼制以祭礼最多，有各种各样的祭，每祭也都有相应的仪式和祭品。玉器的使用也自有其规定。

中国各史前文化遗址，祭台保存得比较完好的，数红山文化。1979 年在东山嘴发掘了一座史前祭祀遗址。这个遗址距今 5000 年左右。祭祀遗址由石块砌成，占地面积 2400 平方米，按中轴线组织，中轴线以北为方形祭台，东西长 11.8 米，南北宽 9.5 米。方形祭台南部是一座圆形祭台。直径约 2.5 米。在这个地方还出土了无头的女性陶塑像、无底筒形器、带足小陶杯，还有玉鸮、玉龙等。1985 年，在牛河梁第一地点发掘了一座女神庙，出土一批陶塑的女人像，还有一些玉器，有猪龙形玉饰、勾云形玉饰、玉箍形器、玉璧等。同时，在牛河梁第二地点发掘了 4 座积石冢 20 余座墓葬。在这些墓葬中出土了大量的玉器。

学者们将“坛”、“庙”、“冢”联系起来做一体思考，提出了许多很有价值的观点。其中最重要的是苏秉琦先生的“古文化古城古国”说。首先，他认定，在5000年至3000年前，生活在辽西大凌河上游的人们，有可能举行过大型的祭祀仪式，如后来帝王所举行的郊祭、燎祭、禘祭。有着这样大型祭祀活动的人类，应是有组织的，至少是群落的联盟。这里既体现出灿烂的古文化，又见出古城，那么它应有高出公社一级的社会组织，苏秉琦说，那就是古国了。经过一系列的研究，苏秉琦认为：“五六千年间的红山文化，特别是在它的后期，社会发展上出现飞跃：证据是凌源、建平、喀左三县交界地带的坛、庙、冢和成批成套的玉质礼器，特别是那座直径60米、高7—8米、顶部有冶铜坩埚残片的‘金字塔’，以及三县交界处在方圆数十平方公里的范围内只有宗教祭祀遗址而缺乏居住遗址的情况，以及赤峰小河西发现的一平方华里的‘城址’等，都表明，不论当时有无‘城圈’，社会确已进入早期城邦式原始国家的阶段。”①

❶苏秉琦：《迎接考古学的新世纪》，《东南文化》1993年第1期。

❷张光直：《考古学专题六讲》，生活·读书·新知三联书店2010年版，第7页。

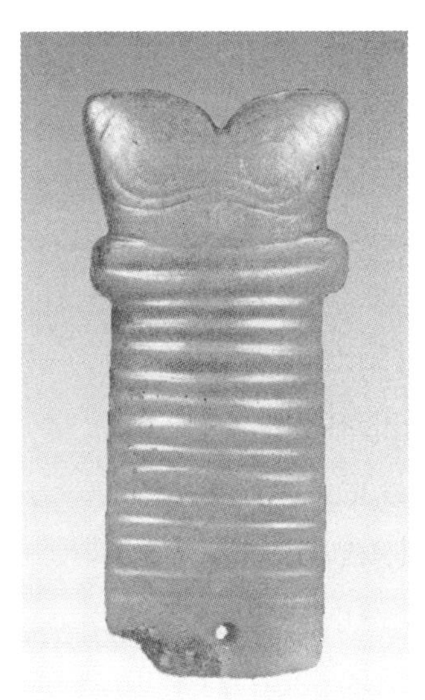

图6-3-5　红山文化龙形玉佩

郭大顺在苏秉琦研究的基础上，提出“通神为礼”说。他认为，红山文化玉器从造形到出土状况都是对玉器这种通神功能的典型反映。这可以从三个方面来考察：

（一）从玉器的造形看，红山文化器以神化的动物形玉器为主要类型。张光直先生认为，“在萨满文化里，通天地最主要的助手就是动物”②。红山文化玉器的动物形象，大都在写实的基础上予以神化，特别是龙形玉的发达，都在显示其通神功能（图6-3-5）。

（二）从玉器出土的状况看，红山文化有“唯玉为葬”的习俗。通神要求和谐，人与神的沟通要求选择达到高度和谐效果的媒介物，玉是最好的媒介物。

（三）牛河梁遗址的积石冢的主要特征是设有中心大墓，这中心大墓随葬的玉器通神的功能更为明显。16 地点中心大墓有一玉人，那玉人双手作拊胸状，似是在运气做巫术。这玉人很可能是墓主人的法器。那墓主人很可能是萨满教的巫师——萨满。[1]

从郭大顺的研究可以推出这样一个结论，玉通神，神通礼。玉——神——礼三者具有内在的联系，尊玉也就是尊神，尊神也就是尊礼。

红山文化以玉为葬、以玉为祭、以玉通神的情况当是史前社会比较普遍的现象，不独红山文化有。良渚文化的瑶山、反山两处重要遗址是古代良渚部族的贵族墓地，这两处墓地紧傍着祭台，而祭台是重要的人工建筑。《良渚遗址群考古报告之二：反山》详细地介绍了墓地和祭台的规模。这是一座由上万平方米泥土营建而成的高土台。这个地方的选址显然是经过精心考虑的。“在良渚遗址群中，莫角山超巨型中心址就位于反山的东南部，两者相距不足百米，虽然莫角山中心址四周还有一些重要的遗址和墓地，但目前所知最重要的还是反山。选择地理位置上的‘风水宝地’营建墓地祭坛和墓地，不可能是随意的行为，在盛行‘神’、‘巫’观念和活动的良渚社会，选择营建祭坛和墓地的地点，也许会有非常复杂、隆重、神秘的礼仪过程，这种过程的情景我们无法复原，但可以肯定，确定反山的位置，是掌握着社会统治权的最高贵族阶层的意志，具有增强社会凝聚作用和巩固统治地位的重大意义。”[2] 这里说的情况也大致适合于瑶山墓地。两处墓地及祭台的修建均动用了数万劳动力，其工程

❶参见郭大顺：《红山文化与中国文明起源的道路与特点》，《红山文化研究》，文物出版社 2006 年版，第 45—54 页。

❷浙江省文物考古研究所：《良渚遗址群考古报告之二：反山》上，文物出版社 2005 年版，第 369 页。

的设计、劳动力的指挥、管理，均见出了很高的水平。一些学者根据良渚文化反山、瑶山遗址出土的玉器情况以及墓地祭台的规模，推测良渚当有一个王国存在，他们甚至认为，在夏代之前当有一个良渚朝代。其实，略晚于良渚的凌家滩文化、石家河文化，它们的玉器水平并不在良渚之下，有些方面甚至还有所超过。它们的以玉为葬、以玉为祭、以玉通神，展现出更接近文明社会的水平。

五、以玉通乐，以乐通和

中国古代以礼乐治国，礼指国家的制度、法规，也指社会通行的道德规范，它通常是需要借助一定的仪式来实现的，故统称“礼仪”，乐指音乐、诗歌、舞蹈、戏剧、傩面表演等，它相当于今天的艺术。礼乐的统一，某种意义上讲是政治与审美的统一。

礼乐统一，可以追溯到史前，礼乐统一的方式是多种多样的，最常见的统一方式主要有二：

第一，在日常生活中因君子佩玉而实现礼与乐的相互作用。

《礼记·玉藻》中云：

> 古之君子必佩玉，右徵、角，左宫、羽，趋以《齐采》，行以《肆夏》，周还中规，折还中矩。进则揖之，退而扬之，然后玉锵鸣也。故君子在车则闻鸾和之声，行则鸣佩玉，是以非辟之心无自入也。[1]

这话是说：古代君子必定佩带玉器。一方面，玉

❶王文锦译解：《礼记译解》上，中华书局2001年版，第423页。

象征君子的坚定、纯洁、温润，它通礼；另一方面，玉佩在君子行动时发出叮当之声，右边玉佩发出徵声、角声，左边的玉佩发出宫声、羽声。快走时，它与《齐采》这音乐相谐和；慢行时，它与《肆夏》这音乐相应和。反转回行，要走出弧线，中乎圆规；拐弯而行，要走出直角，合乎矩尺。前进身体微俯，像是作揖，玉佩垂在身前；后退身体略仰，玉佩就现在身后，这样快走、慢行、旋转、拐弯、前进、后退，玉佩就随之铿锵作鸣了。所以说，君子乘车的时候听到车驾鸾铃之和声，步行时就听到自身玉佩之锵鸣。这样，种种邪恶之念头就不会进入君子的心胸了。从这段话，我们得知，君子佩玉，同时实现礼与乐两个方面的功能。

史前文化中的玉器以佩饰为多，因此史前的礼乐和合应该也是借佩玉而实现的。

第二，在礼仪活动中有乐的参与。

中国古代的礼仪活动都伴随有乐的活动。《礼记·祭统第二十五》描绘致祭中国君、诸侯领头跳舞的情景："及入舞，君执干戚就舞位，君为东上，冕而摠干，率其群臣以乐皇尸。是故天子之祭也，与天下乐之；诸侯之祭也，与竟内乐之。冕而摠干，率其群臣以乐皇尸，此与竟内乐之之义也。"[1]在这个过程中，玉器以多重身份参与了全过程：

（一）玉器作为乐器。"钟鼓、管磬、羽籥、干戚，乐之器也。"[2]这"磬"是石制的，按照"玉石之美者"的说法，制作磬的石也可以称之为玉，《尚书》云"击石拊石，百兽率舞"，这击的、拊的石，不排除为玉。事实上，古人也称石磬为玉磬。铜钟与玉磬一起奏鸣，有一个专用的形容词："金声玉振"。1978 年在山西省闻喜县

❶王文锦译解：《礼记译解》下，中华书局 2001 年版，第 710 页。

❷王文锦译解：《礼记译解》下，中华书局 2001 年版，第 533 页。

发现龙山文化晚期的大石磬[1]。

①李裕群、韩梦如:《山西闻喜县发现龙山时期大石磬》,《考古与文物》1986年第2期。

良渚文化、凌家滩文化、石家河文化，这江南三大玉器文化，其出土的玉器中，应当有一部分为乐器，璧、琮、璜、玦、珩等也不是不可以作为乐器来使用的，良渚文化中发现有大量的管状物，各种样式，具体用途不是很清楚，敢情其中有一些就是乐器?

（二）玉器作为舞具。《礼记·祭统第二十五》说:“夫大尝禘，升歌《清庙》，下而管《象》，朱干玉戚以舞《大武》，八佾以舞《大夏》，此天子之乐也。”[2]这里的“玉戚”则为舞具。史前文化出土的工具类的玉器，除了其中一部分是作为礼器外，还有一部分是作为舞具来使用的。有些工具玉器既是礼器也是舞具，如玉钺。齐家文化中制作精美的玉刀、大汶口文化中的玉铲、龙山文化中的玉锛（图6-3-6），不能排除它们就不是舞具。

②王文锦译解:《礼记译解》下，中华书局2001年版，第725页。

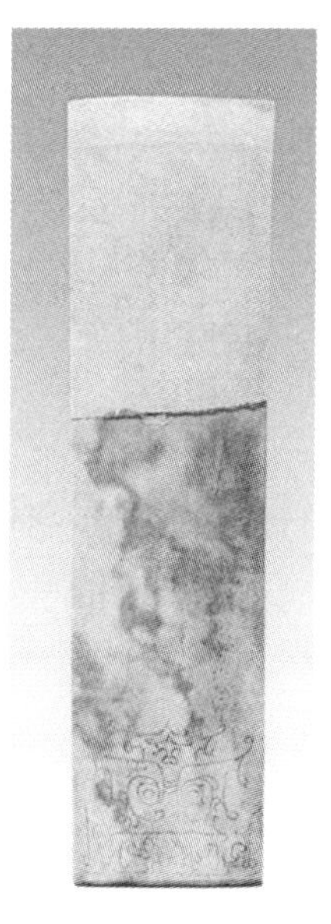

图6-3-6　龙山文化玉锛

在礼乐活动中，参与者均应按规定奉执玉器和佩带玉器，而且动作有具体的要求。《礼记·曲礼下第二》说:“凡奉者当心，提者当带。执天子之器则上衡，国君则平衡，大夫则绥之，士则提之。凡执主器，执轻如不克。执主器，操币、圭、璧，则尚左手，行不举足，车轮曳踵。立则磬折垂佩，主佩倚则臣佩垂，主佩垂则臣佩委。执玉，其有藉者则裼，无藉者则袭。”[3]史前文化的玉器中，佩饰最多，舞者将它们佩挂在身上，歌舞时环佩随着舞姿翻飞，叮当作响，那是一种极为美丽的情景。

③王文锦译解:《礼记译解》上，中华书局2001年版，第37页。

远古时代是有歌舞活动的，这种歌舞活动一般都有一定的礼仪活动为主题，或祭祀，或庆功。在这个过程中，玉器以礼器与乐器两重身份参与着。

在中国古代，礼与乐相伴而生，礼至必乐至。《礼记·孔子闲居第二十九》载孔子与子夏对话，“孔子曰:

‘志之所至，诗亦至焉；诗之所至，礼亦至焉；礼之所至，乐亦至焉”[①]。孔子在这里强调的是礼乐精神相通。

“乐统同，礼辨异。礼乐之说，管乎人情矣。”[②]礼将人们区分开来，乐则将人们统同起来，礼重在理，而乐重在情。由于乐是人情所不能免者，所以“致乐以治心，则易直子谅之心油然生矣，易直子谅之心生则乐，乐则安，安则久，久则天，天则神。”[③]

乐的最高境界是和。“乐者敦和”[④]，乐境为和境。虽然玉器是礼器，但它的品格通向礼的对立面——乐，故而玉的本色实为乐，乐境正是玉境，而玉境就是和境。

❶王文锦译解：《礼记译解》下，中华书局2001年版，第749页。

❷王文锦译解：《礼记译解》下，中华书局2001年版，第546页。

❸王文锦译解：《礼记译解》下，中华书局2001年版，第558页。

❹王文锦译解：《礼记译解》下，中华书局2001年版，第535页。

第四节 玉器与审美

检阅中华史前玉器史，我们惊奇地发现，神性与人性、宗教性与世俗性、礼仪性与艺术性是如此精彩地在碰撞着，融汇着，显示出令人目眩心跳的审美魅力。什么是原始人类所认同的美？它们的美就在这几对矛盾的交织之中，一切是那样热烈，那样刺激，又是那样亲和，那样温馨，回荡着情感的波浪。

从审美的维度看玉器，笔者认为它具有如下几种主要的美：

一、玉艺之美

关于玉器的工艺之美，主要见之于《考工记》。《考工记》是先秦一部专论匠作的书，后被编入《周礼》。《周礼》又名《周官》，是一部关于周代礼制的书，本有《天官》、《地官》、《春官》、《夏官》、《秋官》、《冬官》(《事官》)等六篇，后来《冬官》一篇缺失，有人将《考工记》作为《冬官》的替代物编入《周礼》。关于此事，陆德明的《经典释文·叙录》有记载，文曰："河间献王开献书之路，时有李氏上《周官》五篇，失《事官》一篇，乃购千金，不得，取《考工记》以补入。"[1]众所周知，《周礼》是儒家的重要典籍，而《考工记》原本不过是制作器物的书，地位不高，因为编入了《周礼》，就上升为经典的地位。

❶陆德明撰，黄焯汇校：《经典释文汇校》，中华书局2000年版，第18页。

《考工记》说：

> 知得创物，巧者述之，守之世，谓之工。百工之事，皆圣人之作也；烁金以为刃，凝土以为器，作车以行陆，作舟以行水，此皆圣人之所作也。天有时，地有气，材有美，工有巧。合此四者，然后可以为良。[2]

❷钱玄等注译：《周礼》，岳麓书社2001年版，第387页。

这里，《考工记》首先给制作者定了个位。百工之事包括制玉，都是"圣人"的工作。这个定位是非常之高的。由此可知，史前之所以做出了那样精美的器具包括玉器，原来均是部落中最聪明、最能干的人所为，而他们在部落中享有极高的地位，获得大家的崇拜。

所以，工艺之美，在《考工记》看来，其本质在于"圣"！

“圣”兼有人灵与神灵两个方面，人灵指人的知识和智慧，神灵指大自然的各种启迪及偶然因素。“百工”就是这样做出来了。所以，任何一件工艺品，在远古的人民看来，均具有人灵与神灵两个方面，是人性与神性的完美统一。糟踏任何一件工艺品，就不只是暴殄人物，还是暴殄天物，暴殄神物。

《考工记》提出器之美在于四个条件，“天时”、“地气”、“材美”、“工巧”。这四个条件当然也适用于玉器。

“天时”是什么？《考工记》没有具体说，笔者理解，可以分为两个方面：一指客观条件的总体：首先是指需要，需要是创造之母，指的是必要性；其次是指宇宙运行的基本规律。这是天时的一个方面，另一个方面就是神意了。

“地气”是什么？《考工记》有说明：“材美工巧，然而不良，则不时、不得地气也。橘窬淮而北为枳，鸜鹆不逾济，貉逾汶则死，此地气也。郑之刀，宋之斤，鲁之削，吴粤之剑，迁乎其地而弗能为良，地气然也。”[1]显然，这“地气”主要是指地方性的客观条件包括自然性的和人文性的。自然性指自然地理、气候等；人文性的主要指当地人的习俗、生产方式和生产水平等。

天时与地气具有相通性，天时为客观条件的总体，着意于宇宙运行的规律，比较地形而上，近于道；地气只是实现工艺的具体条件，着意于现实可能性，比较地形而下，近乎器。

“材美”，指制造产品的材料，“工巧”包括技术与艺术两者。

玉器的美当然也要符合这四个方面，与石器、陶器不同的地方，主要是玉器对于材质与工巧要求更高。

没有合适的石头，做不出成功的石器；没有合适的

❶钱玄等注：《周礼》，岳麓书社2001年版，第388页。

陶土，做不出成功的陶器。作为原料的石头、陶土诚然也有一定的美，但是不很重要，重要的是成品的质地。而成品的质地与原料的质地差别很大，陶土经过烧制以后，性质发生了重大变化。玉器则不同。玉器的原料是玉石，经过物理性的打磨后它会变得更光洁，更美丽，但是，这种光洁和美丽是原料原本就有的。物理性的加工并没有从根本上改变它的性质。

众所周知，玉器之美，首先在于质地。玉纹理细腻精致，色彩柔和美丽，具有一定的透光性、一定的硬度，叩击能生清音。种种物理性能均能给人爽目爽手爽耳爽心之感。不同的玉石有不同的质地，它们的质地在相当程度上影响着玉器的美。

各种器物制作均需要工巧，工艺包括技术与艺术两个方面，两个方面均要求很高，而且要求两者统一。对于玉器来说，它对工巧性的要求有特殊性，较之石器和陶器的制作，它对工艺的要求更高，不容许有丝毫差错。制玉的工艺，专门有一个名词——“琢玉”。琢玉之工，是决定玉器成功的关键。所以，《礼记·学记第十八》云：“玉不琢，不成器”。

琢玉的工艺具有极高的技术含量与艺术含量。采玉之后，第一道工序为剖玉。先民用坚硬的石片将玉料剖成玉坯。较小的玉料，一个方向手工推拉切割即可；较大的玉料则需上下两个方向对切。剖切的过程中，需加入水与磨玉砂。考古学者认为，剖玉的方法有两种：一种为线切法，即用植物或动物的纤维，反复手工拉动切割；镟切法，则需要用砣轮这样的切料机械。良渚文化遗址出土的玉器中，有一部分尚未完成，玉料上留下切割的痕迹。通过对这些痕迹的研究，学者们认为良渚时期应该发明了制玉的机械——砣机。

玉器上一般有钻孔，钻孔是一种非常高的技术。孔要钻得圆、光滑，实在不易。新石器时代玉器钻孔法，据尤仁德先生研究，主要有三种：锥钻法、桯钻法和管钻法。不少玉器做镂空处理，镂空较之钻孔技术要求更高，而且需要相当高的艺术修养。稍有不慎，玉料就报废了。

玉器上多有雕刻纹饰，总体估计，新石器时代的玉器，有刻纹者达40%，线刻工艺有阳线雕与阴线刻两种。阳线雕需在玉器表面上磨出凸起的线纹，这种刻法，称之为“减地起线”，此种刻法十分不易，稍有不慎，阳线受损，就没有流畅圆润的线条了。现在发现的最早的阳线纹为红山文化玉鸮翅膀上的羽毛，最成熟的阳线纹属龙山文化玉圭上的人面纹、兽面纹和鹰纹。阴线刻是在器面上刻下凹下的线纹，红山文化的玉猪龙上眼、鼻上的皱纹均为阴线纹。代表阴线纹最高水准的玉器当属良渚文化玉琮上的神人兽面纹了。此图案极为繁复，然而条条线清晰可辨，殊为难得。玉器制作还有镶嵌、抛光等工艺，这些工艺在史前均达到很高的水平，堪谓尽善尽美，美轮美奂。

二、德性之美

中国文化有比德的理论，所谓比德，就是将自然物的某些性质来比喻人的品德，实际上是将人的品德附会到自然物上去，从而赋予自然物社会性质的美。孔子说：“知者乐水，仁者乐山”，潜台词就是水的性质可以用来比喻智，而山的性质可以用来比喻仁。以玉比德，在先秦是比较普遍的，最著名的当然莫过于孔子的比德了。《礼记·聘义》载：

子贡问于孔子曰："敢问君子贵玉而贱碈者，何也？为玉之寡而多与？"孔子曰："非为碈之多故贱之也、玉之寡故贵之也。夫昔者君子比德于玉焉：温润而泽，仁也。缜密以栗，知也。廉而不刿，义也。垂之如队，礼也。叩之，其声清越以长，其终诎然，乐也。瑕不揜瑜，瑜不揜瑕，忠也。孚尹旁达，信也。气如白虹，天也。精神见于山川，地也。圭璋特达，德也。天下莫不贵者，道也。《诗》云：'言及君子，温其如玉。'故君子贵之也。"①

❶王文锦译解：《礼记译解》下，中华书局2001年版，第948页。

孔子在这里一连赋予了玉十一种美好的品德：仁、知、义、礼、乐、忠、信、天、地、德、道。《荀子·法行》引用上述子贡与孔子的对话。得出玉有仁、知、义、行、勇、情，六种品德。同样，基本上也出自于上引孔子与子贡的对话，汉代的儒家刘向得出玉有"六美"："玉有六美，君子贵之。望之温润，近之栗理；声近除而闻远；折而不挠，阙而不荏，廉而不刿；有瑕必示之于外。是以贵之。望之温润者，君子比德焉；近之栗理者，君子比智焉；声近除而远闻者，君子比义焉；折而不挠，阙而不荏者，君子比勇焉；廉而不刿者，君子比仁焉；有瑕必见之于外者，君子比情焉。"②刘向的"六美"与荀子的"六德"相近。

❷刘向著，王锳等译注：《说苑全译》，贵州人民出版社1992年版，第751页。

以玉比德，也见于《管子》：

夫玉之所贵者，九德出焉。夫玉温润以泽，仁也。邻以理者，知也。坚而不蹙，义也。廉而不刿，行也。鲜而不垢，洁也。

折而不挠，勇也。瑕适皆见，精也。茂华光泽，并通而不相陵，容也。叩之，其音清搏彻远，纯而不杀（疑杂——引者注），辞也。是以人主贵之，藏之为宝。剖以为符瑞，九德出焉。[1]

以上比德，其核心是仁。这来自玉的“温”。温是一种肤感，从生理感觉来说玉并无温感，但是它能让人产生一种舒适之感，这舒适之感引申为温——温暖、温馨。儒家讲仁，仁的本质是爱，孔子说“仁者爱人”。爱给人温暖，给人温馨。也许这才是最根本的。“温”以外，还有“润”。润是水给人的一种感觉。是润之感而不是灌之感，体现它的轻柔，它的柔顺，它的亲和。水是生命之源，水以创造生命，是轻柔的，是亲和的，是柔顺的。“万物润无声”。用“润”来描述玉的仁德，显示出仁德于人的生命的积极意义，于社会和谐发展的积极意义。

无可置疑地说，温润是玉的第一生命，是玉美的根本。

玉之美，既在外形之绚丽，更在内涵之精粹。它的内涵又上可及天，下可立地。玉的神性将玉之美引向飘渺的天空，那么玉的德性，则将玉之美拉向现实的大地。玉的神性之美让人崇拜，向往，永远无法企及，而玉的德行之美让人尊敬，效法，可以实现。

三、天地之美

天地，在中华文化中是一个极其重要的概念，它含有至高无上的意义，哲学上它等同于道，神学上它等同于神。它的内涵可以析出阴阳，析出乾坤，析出刚柔。

[1] 谢浩范等译注：《管子全译》，贵州人民出版社 1996 年版，第 531—532 页。

然则它却是一个统一的整体，一个也许更多地属于精神意义上的宇宙本体。

中华民族将天地之美赋予给了玉。晋代作家傅咸有一首《玉赋并序》，录之如下：

> 《易》称乾为玉，玉之美与天合德。其在《玉藻》，仲尼论之备矣。非复鄙文所可称述。
>
> 万物资生，玉禀其精。体乾之刚，配天之清，故能珍嘉在昔，宝用罔极。夫岂君子之是比，盖乃王度之所式。其为美也若此。当其潜光荆野，抱璞未理，众视之以为石，独见知于卞子。旷千载以遐弃，倏一旦而见齿，为有国之伟宝，礼神祇于明祀，岂连城之足云，嘉遭遇乎知己。知己之不可遇，譬河清之难俟。既已若此，谁亦泣血而刖趾。①

①《全上古三代秦汉三国六朝文》2，中华书局1958年版，第1753页。

傅咸此文不足三百字，却概括了玉器文化之精髓。此文揭示了玉器之美的内涵：

（一）“体乾之刚配天之清”。乾象中有玉，说是玉为乾之象。乾为天，故玉也可以说是天之象。乾德为刚，刚即健。什么健？天行之健，生命之健，玉体乾之刚，就意味它体生命之健。而生命之健正是天的本质。玉的清纯象征着天之美，也体现出天之德。

（二）“君子之是比”。君子以玉比喻高尚的品德，也就是上面说的“温润”为主的君子风范。

（三）“王度之所式”。这里讲的是玉作为礼器，具有治国的功能。

（四）“国之伟宝”。这里说的是玉作为国家重器，具有镇国的功能。

（五）“礼神祇于明祀”。这说的是玉器作为祭祀之器具有通神的功能。

所有这一切，概括起来就是《玉赋》开头一句话：“玉之美与天合德”。

“与天合德”揭示了中华民族最高的哲学境界：天人合一，阴阳和合。《周易》有一个鼎卦，鼎卦上九爻辞云：“玉铉大吉，无不利。”何为大吉无不利？《食货典》云：“上于象为铉，而以阳居阴，刚而能温，故有玉铉之象。李氏曰：玉和物也，鼎道贵和。得玉铉则阴阳和，而鼎之功成矣。”这话就说到根本上去了，说玉具有天地之美，就在于它得阴阴之和。

玉与人的关系耐人寻味，玉虽然高尚但它需要人去欣赏。正如傅咸文章所说的，玉也需要知己。玉无知己，玉与顽石何异；有知己则声价百倍。

玉文化中，不仅有一个玉与天合德的哲学，也有一个玉与人合德的哲学。

合即和，合道即和道。玉文化的根本就是和道。

傅咸感卞和献和氏璧的故事，陈辞悲慨。玉如人，也有一个遇与不遇的问题，其实何止是人，世界上所有的事情都有一个遇与不遇的问题。遇有必然性，更有偶然性，遇与不遇常在几微之间，就像天上的流星。遇之在命也在运。姜子牙年届八旬，得遇文王，既成就了文王的伟业，也成就了他自己。设子牙不遇文王，中国历史哪里有周朝，中国圣贤哪里有子牙？茫茫世界，浩浩乾坤，芸芸众生，滚滚红尘，不遇多极了，而遇不过千万或亿万分之一，每块玉都是这样的幸运者，每一位圣人、贤人、能人均是这样的幸运者。

遇之哲学深刻极了！

中华民族普遍地爱玉、尊玉，无论是帝王还是士庶。中华民族的社会生活均与玉相关，无论是物质生活还是精神生活。而在精神生活中，哲学、政治、经济、教育、道德、艺术等现实生活与玉息息相关，现已为人所周知，而就超越世俗的宗教来说，也同样与玉有不解之缘。

道教视玉为最高境界，“三清”世界中有“玉清”，最高神为“玉帝”。种种具祥瑞意义的玉器莫不立足于道教。中华文化儒道两家，儒更多地在世俗层面上创造玉文化；而道家（还有道教）更多地在宗教层面上创造玉文化。佛教来自印度，然进入中国后也中国化了，中国特有的玉文化也悄然进入佛国。北魏开始雕刻玉佛，北魏宣武帝雕刻的珉玉佛高达丈六。最早的真玉佛雕像出现在唐代为玉飞天像，属天龙八部之一。以后玉佛像普遍出现在中国大地，寺庙中每一座玉佛都被视为珍贵。

在中华民族的历史长河中，具有玉品格的圣人、伟人、贤人、才人、美人可谓层出不穷。在这些人物中，笔者认为，最能见出玉品格的人物当是爱国诗人屈原。屈原是那种心内永远有一片高远星空的至清至洁的人，同时也是那种满怀着对国家、对人民一片真情真爱的至仁至义的人。在《离骚》中，屈原处处以玉为喻。他以玉为食：“折琼枝以为羞兮，精琼靡以为粻”；他以玉为佩：“高余冠之岌岌兮，长余佩之陆离兮”；他以玉为坐骑：“驷玉虬以椉鹥矣，溘埃风余上征”；他以玉的家乡——昆仑山为理想境界：“邅吾道夫昆仑兮，路修远以周流。扬云霓之晻蔼兮，鸣玉鸾之啾啾。”屈原既是生活在现实中的人，也是生活在理想世界的人，这正如玉。他最后投江了，为了祖国为了人民为了他的理想。他真正是“宁为玉碎不为瓦全”！难怪千古以来，屈原一直是中华民族的理想人格美的代表。

玉之美，既在外形之绚丽，更在内涵之精妙。它的意义上可及天下则立地。及天，则将玉的神性引向飘渺的天空，引向神圣；立地则将玉的德性立定现实的大地。玉的神性之美让人向往，永远无法企及，而玉的德行之美让人尊崇，可以效法。试想想，“君子在车则闻鸾和之声，行则鸣佩玉”[①]，那是一种多么美妙的情景！荀子说：“君子知乎不全不粹之不足以为美”，玉融真善美于一体，当得上“全“，也称得上“粹”，当之无愧地是中华民族至高精神境界的象征。

❶王文锦译解：《礼记译解》上，中华书局2001年版，第422页。

第柒章

史前艺术审美意识

第一节 史前音乐

人类史前艺术中，音乐也许是最早产生的。这是因为音乐与劳动有着极为密切的关系，鲁迅在《且介亭杂文·门外文谈》中说："我们的祖先的原始人，原是连话也不会说的，为了共同的劳作，必须发表意见，才渐渐的练出复杂的声音来，假如那时大家抬木头，都觉得吃力了，却想不到发表，其中有一个叫道'杭育杭育'，那么，这就是创作；大家也要佩服的，应用的，这就等于出版；倘若用什么记号留存了下来，这就是文学。"[1]鲁迅说的这抬木头的"杭育杭育"声音，应是最早的音乐。那音乐实际上并没有歌词，只有音调，本来与普通的哼声没有什么大的区别，区别在于它有节奏。正是这节奏让这哼声成为了音乐，准确地说准音乐。说是"准"，因为这有节奏的哼声直接服务于劳动，或者说它就是劳动中体力支出的一部分。原为劳动中体力支出的一部分的准音乐，其功利性是非常鲜明的，——协同动作，减轻体力，提高劳动效率。

节奏、情感，可以认为是音乐的二要素。表达情感的有节奏的声音均可以称之为音乐。当然，要素只是要素，不是全部的因素，在音乐中还可以渗透进许多的因素，在原始社会，特别是原始宗教的因素。差不多所有的民族，其音乐的产生大致如上所述。就中华民族来说

❶《鲁迅全集》第6卷，人民文学出版社1981年版，第94页。

又有自己的特点，这些特点应该是在史前就有萌芽，到文明时期——青铜时代就基本定型了。

一、中华史前乐器考古

中国古代没有记音的方式，不像绘画、雕刻，有形象的资料可以保存下来，因此，音乐考古存在巨大的难处，唯一能保存下来的只有乐器。中国旧石器时代考古目前还没有发现乐器，新石器时代考古则发现了乐器。其中代表性乐器主要有：

（一）吹奏类

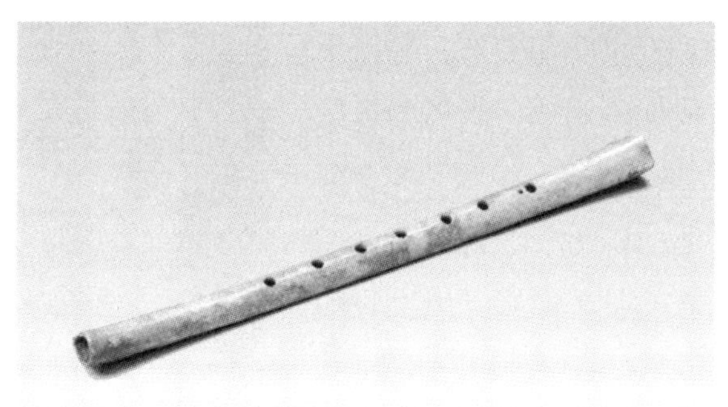

图 7-1-1　河南舞阳贾湖骨笛，采自《中国艺术通史》原始卷，图 1-1-26

1. 笛：最早的也是最重要的骨笛（图 7-1-1）是 1986—1987 年在河南舞阳贾湖裴李岗新石器文化遗址发现的，共 25 支，其中完整的 17 支，残器 6 支，半成品 2 支。这些骨笛最早的距今约 9000 年，是用鹤的尺骨制成的。这些笛大多有七个音孔，少数的为五孔或八孔[1]。研究人员尝试着用这笛吹奏，还能吹出完整的乐曲来。[2]

河南汝州中山寨新石器时代遗址也出土了属于裴李岗文化的骨笛，据碳十四测定，距今 6955—7790 年。骨笛长 15.6 厘米，直径 1.1—1.3 厘米，音孔分两行交错排列，一排五孔，另一排为四孔。笛身已残，只能说基本上保存了原貌。

2. 哨：哨有陶制的，1963 年甘肃秦安县兴国镇凤山村堡子坪出土一件属齐家文化的陶哨（图 7-1-2），状若

❶河南省文物考古研究所：《舞阳贾湖》上卷第四节，科学出版社 1999 年版。

❷河南文物研究所：《长葛石固遗址发掘报告》，《华夏考古》1987 年第 1 期。

小羊，遍体彩绘，有圆形的红色花纹。羊的背部开有一音孔。器长5厘米，高3厘米，宽2厘米。

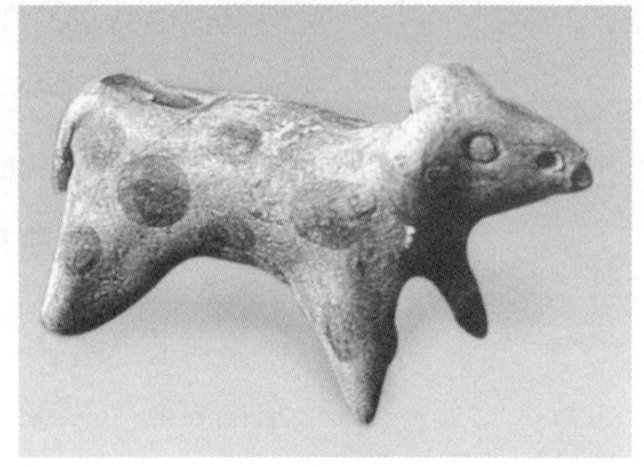

图7-1-2 甘肃秦安堡子坪陶哨，采自《中国艺术通史》原始卷，图1-1-20

哨也有骨制的，1979年在河南长葛石固新石器遗址出土一件属裴李岗文化骨哨（图7-1-3），据碳十四测定，距今约8100年左右。管身中部开一孔，据专家研究，以管的一端为吹孔，此为指孔。

图7-1-3 河南长葛石固新石器遗址裴李岗文化骨哨

浙江余姚河姆渡出土物中也有骨哨，主要集中在第一期文化层，第一期距今7000—6500年左右，共出土骨哨139件，用禽鸟的肢骨中段加工制成，长度为5厘米至12.3厘米，管径0.5—1.5厘米不等。按哨孔多少分成四类：A型16件，一孔；B型107件，二孔；C型8件，三孔；D型一件，三孔。第二期文化层，出土骨哨25件，质料、制法同于第一期文化，只是没有D型。[①] 第二期文化距今6300—6000年左右。

河姆渡的骨笛是不是乐器尚有争论，有学者认为是诱捕禽兽的一种器具。不过，在笔者看来，即使是诱捕禽兽的器具，它仍然可以看成是乐器。特别值得指出的是，河姆渡的骨哨中有一种中间有可以拉动的塞，这种带有拉塞的骨哨，需配合气流与拉杆的推移来变换音阶，吹奏出不同的音乐。

3.埙：埙均为陶制，出土比较地普遍，黄河流域、长江流域的新石器时代文化遗址如陕西西安半坡、陕西临潼姜寨、甘肃玉门火烧沟、山西襄汾陶寺、山西太原义井、浙江余姚河姆渡等均有出土。

半坡出土的一音孔陶埙，距今约6700年，是已知年

①浙江省文物考古研究所:《河姆渡》上册，文物出版社2003年版，第97—98、273页。

代最早的小度音程。时至今日，我国民间的劳动号子依然是小三度居多。

1976年，考古学家在甘肃玉门清泉乡火烧沟出土了二十余件史前陶埙。这些埙体形体不大，呈扁平鱼形，遍体彩绘，鱼嘴为吹孔，鱼腹、鱼肩均有按音孔，可以六种不同的指法，吹出四声、五声音阶。

4. 角：角亦为陶制。它当是狩猎的工具。陕西华县井家堡仰韶文化庙底沟类型文化遗址出土一件陶角，灰陶手制而成，状如牛角。通长42厘米，吹口内径1.8厘米，外径3.0—3.2厘米，号口内径7.4—7.6厘米，外径9厘米。

陶角出土不多，仅四件，除了华县井家堡出土的一件外，其他的三件为：山东莒县陵阳河大汶口文化遗址陶角、大朱村大汶口文化遗址陶角、河南禹县顺店谷水河龙山文化遗址陶角。

（二）击打乐器

1. 磬：磬是以石块制成的，有穿孔，一般是悬挂供人敲击的。磬作为乐器应是非常古老的，也许旧石器时代就有，也许那时的磬不一定有穿孔。《尚书·虞夏书》云："击石拊石，百兽率舞"。这"击"和"拊"的"石"就是磬。山西襄汾陶寺M3002出土的石磬也许是最大的石磬了，此磬为角页岩，青色，犁形，全长95厘米，高43厘米，厚1.2—5.1厘米。类似的石磬在山西闻喜龙山文化遗址、河南禹县阎砦龙山文化遗址也发现过。

2. 摇响器：所谓摇响器就是在一个容器中放置石子，让人在摇晃中发出声音来。这种乐器明显地具有玩具的功能。摇响器有用龟甲做的，也有用陶土烧制的。最有名的摇响器为舞阳贾湖遗址的龟甲摇响器（图

7-1-4）。该遗址距今7700年左右。此器形制为上下甲边缘穿孔，用绳固定，中空，放置石子。舞阳贾湖出土这样的龟甲摇响器数十件，363号墓出土8件，其中M363：13号背甲长15.5厘米、宽7—11厘米、高7.1厘米，头尾及两侧各钻有一孔，腹甲长15.1厘米、宽7.8—9.2厘米，头尾各钻一孔，两侧各二孔，此外腹甲正中又钻二孔。腹内有石子12颗。龟在古代视为神物，具有预知的功能，因而这龟甲摇响器很可能是巫觋的法器。作为乐器，它的功能主要是娱神。

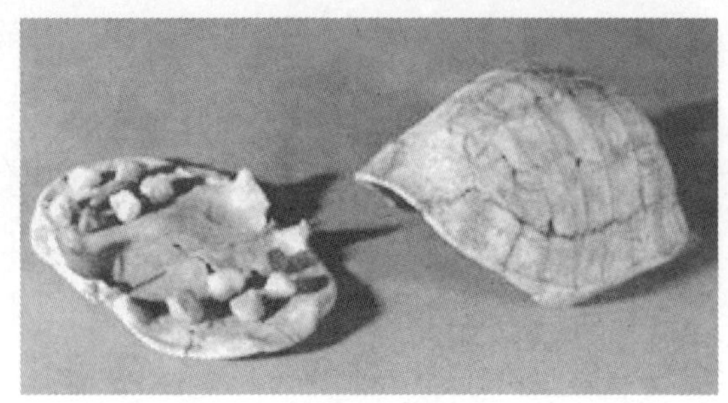

图7-1-4　河南舞阳贾湖龟甲摇响器

陶制摇响器多作球形、半球形、瓜形等。甘肃庆阳野林寺沟仰韶文化遗址、陕西临潼姜寨仰韶文化遗址、山东日照东海峪大汶口文化遗址、湖北京山朱家嘴屈家岭文化遗址、安徽望江县汪洋庙薛家岗文化遗址、安徽潜山天宁寨薛家岗文化遗址、江苏常州戚墅堰马家浜文化遗址等，均出土有陶制摇响器。

3.铃：铃一般为陶制，分布也很广泛，黄河流域、长江流域新石器时代文化遗址均有出土。1956年在湖北天门石家河三房湾出土一件陶铃（图7-1-5），泥质为橙红色，器体为帽形，器体表面有图案，略可见出简单的饕餮形。此件陶铃当属陶铃中最美丽的了。

图7-1-5　湖北天门石家河陶铃，采自《中国艺术通史》原始卷，图1-1-15

4.鼓：仰韶文化遗址多发现陶鼓，陶鼓又称为“土鼓”。最为漂亮的一件陶鼓当属河南内乡朱岗的陶鼓，鼓身分成两部分，上部作喇叭形，下部作筒形，连结处为凸起的一圈齿纹。器身绘上黑色的柳叶纹，器底为橙红色。

山东泰安大汶口文化晚期10号墓出土有两件陶壶，陶壶旁边有鳄鱼皮骨板，专家认为这陶壶可能是陶鼓，而鳄鱼皮正是鼓皮。此种鼓因用鳄鱼皮作鼓皮，故又称之为“鼍鼓”。山西陶寺出土一种鼓，鼓身是一段树干，树心被掏空，中有鳄鱼骨板，疑为鼓皮残片。这种鼓称之为“木鼓”或“木鼍鼓”。

二、舞阳贾湖骨笛的美学价值

在以上的乐器考古发现中，舞阳贾湖发现的骨笛其意义超出其他乐器。舞阳贾湖共出土25支骨笛，其中17件保存完好，按年代，可以分成三期：

早期，公元前7000年—前6000年左右，也就是距今9000年左右，开有五孔或六孔，能奏出四声阶和完备的五声音阶。

中期，公元前6200年—前6000年左右，开有七孔，能奏出六声和七声音阶。

晚期，公元前6200年—前5800年左右，开有七孔或八孔，能奏出七声阶和七声音阶以外的变化音。

贾湖遗址发掘的349座墓葬中，282号墓规模最大，随葬品多达60件，墓主生前的身份非同一般。墓中的2支骨笛，一支在墓主左股骨的外侧，另一支在墓主左股骨的内侧，制作之精良，音质之优美，都堪称贾湖遗址骨笛之最。其中一支骨笛出土时已经断为三截。经专家分析，骨笛并非是入土时折断，而是墓主生前就已经损坏。耐人寻味的是，主人并未抛弃之，而是细心地在折断处钻了4个小孔，用细线连缀，可见墓主人对它的珍爱。

中国传统的音乐理论，将音乐分为“声”和“音”两个概念，《汉书·律历志》说：“声者，宫、商、角、徵、羽也。所以作乐者，谐八音，荡涤人之邪意，全其正性，移风易俗也。八音：土曰埙，匏曰笙，皮曰鼓，竹曰管，丝曰弦，石曰磬，金曰钟，木曰柷。五声和，八音谐，而乐成。”[①]所谓“声”是指分别称为宫、商、角、徵、羽的五个音阶，是音阶中的五个音级，合称“五声”，相当于Do（宫）、Re（商）、Mi（角）、Sol（徵）、La（羽）（没有Fa与Xi）。所谓“音”，是指用土、匏、皮、竹、丝、石、金、木等八种材料制作的埙、笙、鼓、管、弦、磬、钟、柷等八种乐器。用八种乐器按五声的调性演奏，就成了音乐。

①《汉书·四志》[一]，中华书局1962年版，第957—958页。

“五声”与中国音乐的实际并不合。中国古代的音乐固然有五声音阶的，但也有六声音阶、七声音阶的。《战国策·燕策三》记载，公元前227年，燕太子丹派荆轲去刺杀秦王，送行到易水河边，将分别时荆轲在好友高渐离的伴奏下，唱起离别歌，曲调先用“变徵之声”，接着用“慷慨羽声”。所谓“变徵”，是中国古代的一个音阶名称，它的位置在徵音之前，而比徵音低半音，相当于今天的升高半音的Fa，这个音突破了五声音阶的范围。

舞阳贾湖的骨笛有四声、五声、六声及七声音阶多种类型，体现出中华民族史前音乐对音阶认识发展的重要过程。

黄翔鹏、童忠良等运用现代测音仪器对舞阳贾湖M282：20骨笛进行了测音研究，“测音数据表明，这件距今约8000年前的骨笛，不仅音高明确，而且各音级已能构成六声或七声音阶，是一种性能优良的旋律乐器！

这是中华民族先民乐律知识发展水平的一个重要标志。仅就这一支骨笛所发音列来看，其中已含有八度、六度、五度、四度、大小三度、大小二度等多种音程关系。制作过程中开孔前后的设计、修改刻痕、调音小孔，充分说明先民们已可能发展出相当水准的高音准概念，已经初具某种音律体制标准。"[1]在对舞阳贾湖骨笛测音研究之中，演奏人员尝试着用舞阳贾湖骨笛 M282：20 吹奏河北民歌《小白菜》，取得成功[2]。

舞阳贾湖 341 号大墓的骨笛，构造与今天的笛子很相像，但它两端开口没有吹孔。这样的骨管能否吹奏呢？专家们将笛子斜持，使吹口与嘴唇形成 45 度的倾斜角，利用声波的震荡使乐管的边棱发音。两位演奏家两人两次作了上行、下行吹奏，发现即使简单地平吹，也至少能吹出六个音（七个按音，一个筒音）。音阶结构至少是六声音阶，也有可能是七声齐备的古老的下徵调音阶。

341 号墓是贾湖早期墓葬，墓中出土的两支骨笛，编号为 1 号、2 号骨笛。1 号骨笛开有 5 孔，可以吹出 G^5、$^\#A^5$、C^6、$^\#D^6$、G^6、C^7 六个音，主音是 $^\#D^5$ 能构成 356136 的音序，属四声音阶。2 号骨笛开有六孔，可以吹出 $^\#A^5$、C^6、D^6、F^6、G^6、$^\#A^6$、D^7 七个音，主音是 $^\#A^5$，可构成 1235613 的音序，是完整的五声音阶加上一个大三度音程，如果去掉高音的大三度音程，就是 123561，成为标准的五声自然音阶。专家认为，2 号 6 孔骨笛，显然是在 1 号 5 孔骨笛四声音阶的基础上发展来的，它派生出了 1、2、3、5 四个音组成的新的四声音型，使骨笛的表现力更为丰富[3]。

专家认为，舞阳贾湖 341 号墓 2 号骨笛的音阶至少是六声音阶，或是七声齐备的、古老的下徵调音阶[4]。

❶李希凡总主编、本卷主编刘峻骧:《中华艺术通史·原始卷》，北京师范大学出版社 2006 年版，第 58 页。

❷参见王子初著:《音乐考古》，文物出版社 2006 年版，第 39 页。

❸参见河南省文化考古研究所:《舞阳贾湖》下，科学出版社 1999 年版，第 999、1005 页。

❹参见王子初著:《音乐考古》，文物出版社 2006 年版，第 39 页。

舞阳贾湖341号墓出土的两支骨笛已有轻度的石化迹象，考古学常识，凡是有石化痕迹的骨器，其年代至少有10000年。这说明不可能是后面的地层混进去的，也就是说，它的真实性没有问题。

舞阳贾湖骨笛的出土证明，早在史前期中华民族就有七声阶的认识，舞阳贾湖骨笛的发现极大地丰富了中国古代音乐文献中关于笛律的理论。

舞阳贾湖骨笛高度的制作技巧也反映出先民对音律的深刻了解。舞阳贾湖的骨笛都有为确定孔距而留下的计算刻度。282号墓的20号骨笛，笛身可以清晰地看到开孔前留下的计算痕迹。开孔前先用钻头在骨管上轻轻接触，以留下钻点为目的，而不钻透管壁。正式开孔时，再以已有的钻点为基础作适当调整。20号骨笛在开孔时，在预先计算的开孔点上就有所调整，把原先计算的第二孔的位置向下移动了0.1厘米，使第一孔与第二孔的音距为300音分；原第三孔的位置也向下移动了0.1厘米，使第二孔与第三孔的音分值调整到200音分，而第三孔与第四孔之间的音距也成了200音分。通过调整两个音孔位置，彼此的音距和音分数与今天的十二平均律的音距和音分数完全相同，并且形成了1、2、3、5四个声音组合的、以十二平均律为基础的相互关系。贾湖人似乎已经对十二平均律有了初步的认识。

舞阳贾湖骨笛的发现充分说明中华民族具有悠久的音乐审美传统，将儒家的乐教之源推向新石器时代的早期。中华民族号称礼乐之邦，音乐在中华文化中占据极为重要的地位，它不仅是审美文化，也是政治文化、道德文化。这一文化奠定者一般认为是周公和孔子。周公、孔子为什么能建立起这样一种音乐文化？其原因是音乐在中华民族精神生活中具有极为深厚的根基。而之所以具有深厚的根基，是因为中华民族早在公元前7000年前就已具有相当高的乐理知识了。舞阳骨笛就是证明。任何一种文化的形成不能没有源，正是因为中华民族的音乐文化源远流长，后来才有了周公的制礼作乐，才诞生了对中华民族具有深远影响的乐教文化。

三、古代文献中有关史前音乐的记载

中华民族史前音乐的情况，除了从史前音乐考古得知一二外，其他就是从文献资料得知了。由于文献资料均是文明时期的，对史前音乐的描述带有很大的猜测性，不能完全属实，不过，口耳相传，仍然有一定的真实性，不能全归之于虚构。从这些资料，我们也可以大致知道一些有关史前音乐审美的情况。

（一）史前音乐与乐器

关于史前乐器，《尚书》、《礼记》、《吕氏春秋》等均有记载：

《尚书·虞夏书》："击石拊石，百兽率舞。"[1]这"石"即为石磬。

《礼记·明堂位》："土鼓、蒉桴、苇籥，伊耆氏之乐也；拊搏、玉磬、揩击、大琴、大瑟、中琴、小瑟，四代之乐器也。"[2] 伊耆氏，远古部落首领，四代，为虞、夏、商、周。土鼓，就是陶鼓。它是新石器时代重要的乐器之一。土鼓以鳄鱼皮为鼓皮，这种土鼓又称之为鼍鼓。鼓是中华民族重要乐器，由于它的响声雄壮，作战时它是进军的音乐。

《吕氏春秋·仲夏纪第五》提到史前大量的乐器：

帝喾命咸黑作为《声》，歌《九招》、

❶江灏等译注：《今古文尚书全译》，贵州人民出版社1990年版，第33页。

❷王文锦译解：《礼记译解》上，中华书局2001年版，第443页。

《六列》、《六英》。有倕作为鼙、鼓、钟、磬、苓、管、埙、篪、鼗。帝尧……乃以麋輅置缶而鼓之，乃拊石击石，以象上帝玉磬之音……舜立，命延，乃拌瞽叟之所为瑟，益之八弦，以为二十三弦之瑟。①

❶高诱注:《诸子集成·吕氏春秋》6，上海书店1986年版，第52页。

大量的文献资料说明中华民族的史前的乐器是相当完备的，有石制乐器、管制乐器、陶制乐器、木制乐器、弦制乐器，在铜石并用时期，也出现了铜制乐器。这种种乐器或用来吹奏，或用来击打，能发声就行。许多乐器直接从工具和武器发展演变而来，体现出从劳动到艺术的普遍规律。

（二）史前音乐的产生

史前的音乐是怎样产生的？中国古典文献有多种说法：

1. 摹仿自然说:《吕氏春秋·仲夏纪第五》有一种说法:“帝尧立，乃命质为乐。质乃效山林溪谷之音以歌。”② 此书同章又说:“帝颛顼生自若水，实处空桑，乃登为帝，惟天之合，正风乃行。其音若熙熙凄凄锵锵。帝颛项好其音，乃令飞龙作，效八风之音，命之曰《承云》，以祭上帝。”③ 大自然不仅是人类智慧之源，也是人类艺术之源。大自然的声音，不管是风声还是溪流之声，均具有一种美，正是这种美启发人类去摹仿这种声音，在摹仿中进行创造，音乐的美既来自大自然，又来自人的心灵。

❷高诱注:《诸子集成·吕氏春秋》6，上海书店1986年版，第52页。

❸高诱注:《诸子集成·吕氏春秋》6，上海书店1986年版，第52页。

2. 抒发情感说。《吕氏春秋·季夏纪第六》说：

禹行功，见涂山之女，禹未之遇而巡

省南土，塗山氏之女乃令其妾候禹于涂山之阳，女乃作歌，歌曰："候人兮猗。"实始作为南音。周公及召公取风焉，以为《周南》、《召南》。①

❶高诱注:《诸子集成·吕氏春秋》6，上海书店1986年版，第58页。

塗山女因为见不到禹，又十分想念禹，就只有作歌了。这歌虽然禹未必能听到，但塗山女却抒发了她的情感。正是因为音乐中寓有丰富的情感，所以，通过音乐可以了解民情。周公和召公受到启发，建立并实施"采风"制度，他们采的风成为《诗经》中《周南》、《召南》两个重要部分。《吕氏春秋》的这一说法，不仅深刻地揭示了史前音乐的实际，而且奠定了中华民族音乐美学和诗歌美学的基础。

（三）史前帝王与音乐

中华民族传说中有三皇五帝的故事，三皇五帝是后人的美化，其实他们就是史前的著名的部落长。中国古典文献中有不少关于他们丰功伟绩的记载，其中一些可以从史前的遗存中找到蛛丝马迹。《吕氏春秋·仲夏纪》谈到三皇五帝创作音乐功劳，我们试作摘录：

昔古朱襄氏之治天下也，多风而阳气畜积，万物散解，果实不成，故士达作为五弦瑟，以来阴气，以定群生。②

昔葛天氏之乐，三人操牛尾投足以歌八阙。③

昔黄帝令伶伦作为律。伶伦自大夏之西，乃之阮隃之阴，取竹于嶰溪之谷，以生空窍厚钧者、断其两节间——其长三寸九分——而吹之，以为黄钟之宫，吹曰

❷杨坚点校:《吕氏春秋》，岳麓书社1989年版，第33页。

❸杨坚点校:《吕氏春秋》，岳麓书社1989年版，第33页。

"舍少"。①

> 禹立……于是命皋陶作为《夏籥》九成，以昭其功。②

从这些记载我们可以看出音乐在中国史前社会具有重要的地位。史前的音乐往往作为重要礼仪活动之一部分而被最高的部落长下令制作的。三皇五帝制作的音乐，多为摹仿大自然的声音，歌颂大自然的美。其用途或以祭上帝，或以和悦百姓，协调上下。史前的音乐有一个重要的特点：歌与舞结为一体，而且多有扮装成动物的巫师边歌边舞。

（四）史前音乐的社会功能

1. 和谐社会说。这一说法也来自《吕氏春秋》，此书《仲夏纪》云：

> （音）乐之所由来者远矣。生于度量，本于太一，太一出两仪，两仪出阴阳。阴阳变化，一上一下，合而成章。浑浑沌沌，离则复合，合则复离，是谓天常。天地车轮，终则复始，极则复反，莫不咸当。日月星辰，或疾或徐；日月不同，以尽其行。四时代兴，或暑或寒，或短或长，或柔或刚。万物所出，造于太一，化于阴阳。萌芽始震，凝澯以形。形体有处，莫不有声。声出于和，和出于适。先王定乐，由此而生。天下太平，万物（民）安宁，皆化其上，乐乃可成。成乐有具，必节嗜欲，嗜欲不辟，乐乃可务。务乐有术，必由平出，平出于公，公出于道。故惟得道之人，其

❶杨坚点校：《吕氏春秋》，岳麓书社1989年版，第34页。

❷杨坚点校：《吕氏春秋》，岳麓书社1989年版，第35页。

可与言乐乎？……凡乐，天地之和，阴阳之调也。[1]

《吕氏春秋》这段对音乐功能的理解，也许并不一定适用于史前音乐，但是它是从音乐的由来这一角度来说的，因而也可以理解成对史前音乐功能的看法。当然，史前人类未必认识到“声出于和，和出于适”，即音乐的本质为天地之和，但是，这不等于说史前的音乐就不具备这种本质。既然音乐之本为“天地之和，阴阳之调”，它用之于社会，就具有了和谐社会的功能。

接着上面的引文，《吕氏春秋》说：“大乐，君臣父子长少之所欢欣而说也。”[2]《吕氏春秋》这一观点来自传统，《礼记》、《荀子》均有相似的言论。值得我们注意的是，《吕氏春秋》强调音乐的和谐社会功能的实现决定于“务乐”，即如何制作音乐。《吕氏春秋》说：“务乐有术”，这“术”，“必由平出”，而“平出于公，公出于道”，所以，“惟得道之人”才可以“言乐”。“道”成为“务乐”的指导思想。这是一个很值得深入研究的系列：道——公——平——术——乐。最后的效应是“和”。

2. 献祭神灵说。史前的音乐其实也是分成好几种的，也许日常生活中的音乐是轻松的，抒情的，民歌小调性质的，但在祭祀场合需要庄重的音乐，因为祭祀的对象为天地神灵和祖先。《礼记·祭义》详尽地介绍虞夏商周各种祭祀的礼仪制度包括音乐的使用。比如孝子致祭，其情景是：“荐其荐俎，序其礼乐，备其百官。奉承而进之，于是谕其志意，以其恍惚与神明交，庶或飨之。”[3]

古代祭祀甚多，春夏秋冬均有祭祀。这不同的祭

❶杨坚点校：《吕氏春秋》，岳麓书社1989年版，第30页。

❷杨坚点校：《吕氏春秋》，岳麓书社1989年版，第31页。

❸王文锦译解：《礼记译解》下，中华书局2001年版，第682页。

祀运用音乐是不同的，而且也不是所有的祭祀都有乐。《礼记·祭义》云:“霜露既降，君子履之，必有凄怆之心，非其寒之谓也；春雨露既濡，君子履之，必有怵惕之心，如将见之。乐以迎来，哀以送往，故禘有乐而尝无乐。”① 秋天，霜露既降，草木凋零，君子睹此，心生悲凉；春天春雨淅沥，草木蒙润，君子见之，心生欣喜。所以，春祭（禘）可以有乐，而秋祭（尝）可以无乐。

①王文锦译解:《礼记译解》下，中华书局2001年版，第677页。

3. 教育百姓说。以乐来教育百姓名之曰“乐教”。《吕氏春秋·仲夏纪》说:“凡音乐通乎政，而移风平俗者也。俗定而音乐化之矣。故有道之世，观其音而知其俗矣，观其政而知其主矣。故先王必托于音乐以论其教。”②

②高诱注:《诸子集成·吕氏春秋》6，上海书店1986年版，第50页。

音乐在中华民族的审美文化中居于特殊重要的地位，值得说明的是，古汉语中的“乐”与现代汉语中的“乐”是有区别的。现代汉语中的“乐”，就是音乐，而古汉语中的“乐”则有广义与狭义两种用法，狭义的乐为音乐，广义的乐则不仅为音乐，还包括舞蹈、诗歌。音乐、舞蹈、诗歌在先秦本是联系在一起、难以区分的。我们在这里讲的音乐，是与舞蹈、诗歌区分开来的，尽管如此，它仍然不可能与舞蹈、诗歌完全区分开来，上面我们所引的中国古典文献中所说的“乐”指广义的乐，像三皇五帝制作的《九招》、《六列》、《六英》等乐，既是音乐，又是舞蹈，还是诗歌。尽管乐是音乐、舞蹈、诗歌三位一体的，在这三位中，音乐处于基础的地位，舞蹈依音乐节奏而动作，诗歌依音乐的节律而吟唱。

从《礼记》我们大致可以知道古代乐舞结合的情景。据《文王世子》篇，为贵族子弟办的学校，教习乐的老师不只一位，他们需要互相配合以完成对世子的教育。其文云：“小乐正学干，大胥赞之；籥师学戈，籥师丞赞之。胥鼓南。春诵夏弦，大师诏之；大师诏之瞽宗。秋学礼，执礼者诏之；冬读书，典书者诏之。礼在瞽宗，书在上庠。”[1]这话意思是：小乐正教习盾舞，大胥协助他；籥师教习戈舞，籥师丞协助他。舞蹈中，由胥打鼓给南乐打节拍。春天背诵歌词，夏季用弦乐伴奏，都由大师教导。秋天在瞽宗学礼仪，由执礼的官员教导他；冬天读书，由掌管典籍的官员教导。学礼在瞽宗，读书在上庠。看来，不只是诗、乐、舞三者结合，还将礼、书都整合进去了，这是一个系统工程。

儒家提出的以礼乐治国，乐被抬到与礼并列的地位。《礼记·文王世子》云：“凡三王教世子，必以礼乐。乐所以修内也，礼所以修外也。礼乐交错于中，发形于外，是故其成也怿，恭敬而温文。”[2]这里说的乐是以音乐为基础集音乐、舞蹈、诗歌三位于一体的乐。正是因为音乐是乐的基础，所以，音乐在中华民族的文化生活、政治生活中占的地位是十分突出的。直到诗歌独立后，音乐的地位才有所下降。这应该是秦以后的事了。

史前的音乐考古材料虽然不是很丰富，但是结合文献，仍然能看出中华民族史前音乐的基本品格。正是这种基本品格为儒家的礼乐文化提供了思想资源，也为中华民族的整个的精神文化开辟了方向。

❶王文锦译解：《礼记译解》上，中华书局2001年版，第271页。

❷王文锦译解：《礼记译解》上，中华书局2001年版，第274页。

第二节 史前舞蹈

舞蹈是人体艺术，它与音乐一样，应是人类最早的艺术形式。人在情感需要宣泄的时候，他就有了艺术的冲动，这冲动一是表现为想说想唱，二是表现为想跳想跑。前者如果实现了，就成为音乐的雏形；后者如果实现了，它就成为舞蹈的雏形。这就是《毛诗序》中所说的："情动于中而形于言，言之不足故嗟叹之，嗟叹之不足故永歌之，永歌之不足，不知手之舞之，足之蹈之也。"①

与音乐一样，舞蹈的考古也存在一定的难度，音乐因缺乏记谱的手段而无法保存，而舞蹈则因为没有录相的设备而无法存留。可以肯定地说，史前人类有极为丰富、极为绚丽、也极具震撼力的舞蹈，但是后人是无法看到了。我们对史前舞蹈的了解，只能根据史前留下的绘画、雕塑，这些形象资料中有舞蹈的描绘。众所周知，舞蹈是动态的艺术、时间的艺术，绘画、雕塑是静态的艺术、空间的艺术，因此，它对舞蹈的存留是十分有限的。

除了绘画、雕塑，就是文字了。史前没有文字，因此，也不能记录下舞蹈的情景，但是，在有了文字以后，人们根据传闻，另也根据某些实物资料，综合起来进行

①北京大学哲学系美学教研室编:《中国美学史资料选编》上，中华书局1980年版，第130页。

推测、想象，对史前的舞蹈做了一些描述。这些描述比较集中在先秦及汉代的典籍之中。

一、史前舞蹈的泛文化性

舞蹈在当今人类生活中的地位也许并不很高，这主要是因为当今人类拥有了非常多的表达情感的方式，其中特别重要的是文字的方式。人们借助文字不仅可以充分地表达自己情感，而且可以充分表达情感背后的思想。而在史前，人类有语言但没有文字，语言也不丰富，只能粗略地表达思想，更多地是衍化成歌用以表达情感。语言外就是身体了。身体也可以看成是一种符号，身体这种符号既可以表意也可以表情。同样地，表意是有限的，而表情则有它的特殊优越之处。所以，犹如语言借声音衍化成歌一样，身体也就借动作衍化成舞蹈。

史前人类的艺术大体上分为造形艺术、音响艺术和舞蹈艺术三类。造形艺术包括工具制作、绘画、雕塑、建筑等。这种艺术物质功利性强，其中有些门类如绘画、雕塑，也不是所有的人都能参加的，因而，实际上这种艺术有一定的局限性。音乐和舞蹈则没有这种局限性，因为人天生地会唱，会跳。史前人类人人都是歌手，个个都是舞者。唱歌启动的是嗓子，舞蹈启动的是肉体，均是人的身体，因此可以说不是别的艺术而是身体艺术成为史前人类最基本的艺术。任何艺术均是人类自觉的或不自觉的审美意识的体现，既然身体艺术是人类史前最基本的艺术，那么，身体“美学”就成了人类最早的也是最基础的美学。

从身体出发，凭借身体，创造人自身，也创造世界。这，就是史前身体“美学”的本质。

格罗塞说："多数原始舞蹈是纯粹审美的，而其效果却大大地出于审美之外，没有其他一种原始艺术像舞蹈那样有高度的实际的文化教育的意义。"[1]这话是深刻的，事实上，史前人类的舞蹈活动绝不只是艺术活动，在某种情况下，它也是生产活动、巫术活动、祭祀活动、礼仪活动。什么地方需要，它就可以在什么地方出现，根本不顾及它的艺术身份，事实上，在史前人类艺术活动一直没有从人们的日常生活中独立出来。法国学者列维－布留尔在《原始思维》一书中谈到舞蹈在原始人类的狩猎活动中所展示的巫术功能。他说，北美的原始部落在去猎捕野牛时，是需要对猎物实行一些巫术影响的。这些巫术中就包括舞蹈。跳这种舞的目的是迫使野牛出现，作者引用人类学家凯特林的调查资料："大约5个或15个曼丹人一下子就参加跳舞。他们每个人头上戴着从野牛头上剥下来的带角的牛头皮（或者画成牛头的面具），手里拿着自己的弓和矛，这是在猎捕野牛时通常使用的武器……这种舞蹈有时要不停地继续跳两三个星期，直到野牛出现的那个快乐的时刻为止。"[2]狩猎活动属于生产活动，既然狩猎活动中需要跳舞，农业活动为什么不需要跳舞呢？普列汉诺夫的《没有地址的信》中就有原始部落在农业劳动中跳舞的资料：

> 现在我要请您注意南民答那峨的土著部落之一巴戈包斯族是怎样从事社会性的土地耕种。在他们那里，男女都从事农业。在种稻的日子里，男人和女人一大早就聚集在一起，着手工作。男子走在前面，一面跳舞，一面把铁镐插在地里。妇女跟在他们后面，把谷粒撒到男子们所挖的洼里，

❶［德］格罗塞著，蔡慕晖译：《艺术的起源》，商务印书馆1984年版，第69—170页。

❷［法］列维－布留尔著，丁由译：《原始思维》，商务印书馆1981年版，第221页。

用土把它盖好。这一切都是认真而且严肃地进行的。①

❶［俄］普列汉诺夫著，曹葆华译：《没有地址的信　艺术与社会生活》，人民文学出版社1962年版，第85—86页。

普列汉诺夫没有将这种舞蹈说成是巫术，但它是劳动也是游戏。普列汉诺夫说："在这里我们看到游戏（舞蹈）和劳动的结合。"②不管是充当巫术，还是与劳动相结合，这种舞蹈均不是独立的艺术，这说明史前舞蹈具有泛文化的本质。说是泛文化，即是说它具有多种文化性质，诸如：巫术性、游戏性、劳动性、娱乐性、教育性、礼仪性等等，这是史前艺术重要的特点。我们正是从这个意义去认识中华民族史前舞蹈的。

❷［俄］普列汉诺夫著，曹葆华译：《没有地址的信　艺术与社会生活》，人民文学出版社1962年版，第86页。

二、史前舞蹈的多样性

中华民族史前的舞蹈是非常丰富的，大致可以分成这些类型：

（一）歌颂大自然兼歌颂图腾歌颂部落英雄的舞蹈

以歌舞的形式表现大自然界的壮丽景象，这是史前艺术的一个重要特点。

据史书记载，黄帝的歌舞名《云门》，又名《云门大卷》，顾名思义，它是表现云的，而且是大卷的云之门。可以想象，风起云涌，掀天揭地，云海的气势何等磅礴；又可以想象，浮金耀碧，变幻万千，那云霞的色彩何等绚丽！黄帝不选别的自然物，单挑云来作为歌舞的主题，应该说是别有深意的。也确实没有比大卷的云门更切合作为黄帝的象征了。

不少古籍说到黄帝用乐。《庄子》说："黄帝张乐于洞庭之野"，这在浩瀚的洞庭湖铺开的歌舞，应该是《云门》。又《太平御览》云："黄帝习乐昆仑，以舞众神，玄鹤二八翔其右。”[1]歌舞是在巍峨的昆仑山举行的，而且有众神、玄鹤参与，这乐亦可能是《云门》。

黄帝创作《云门》舞，目的是什么呢？目的之一歌颂云，歌颂大自然。目的之二赞美天帝。《周礼》云黄帝“舞云门以祀天神”。[2]也许在黄帝看来，天上的云就是天帝的化身。目的之三赞美自己。据《河图稽命徵》，黄帝的母亲附宝见大电绕北斗枢星，感而怀孕，生了黄帝。黄帝受命称帝时天上有彩云飘过，被视为祥瑞之兆。受此启迪，黄帝以云为氏族的图腾标志。不仅如此，他还以云命官，春官称青云，夏官称缙云，秋官称白云，冬官称黑云，中官称黄云等。显然，黄帝以云为题材创作一部乐曲，就是想借云来赞美自己，同时也希望自己有云那样的伟力，那样的壮美，那样的神奇。

黄帝的乐舞《云门》，也被称为《咸池》，《白虎通·礼乐》释“咸池”：“黄帝（乐）言《咸池》者，言大施天下之道而行之，天之所生，地之所载，咸蒙德施也。”[3]

三皇五帝均有歌颂大自然的乐舞。颛顼的乐舞名《六茎》[4]，那是关于植物的歌舞，《白虎通·礼乐》云：“颛顼（乐）曰《六茎》者，言和律历以调阴阳，茎者，著万物也。”[5]《吕氏春秋·仲夏纪》又说颛顼作《承云》：“帝颛顼生自若水，实处空桑，乃登为帝，惟天之合，正风乃行。其音若熙熙凄凄锵锵，帝颛顼好其音，乃令飞龙作效八风之音，命之曰承云，以祭上帝。乃令鱓先为乐倡，鱓乃偃寝，以其尾鼓其腹，其音英英。”[6]《承云》与《云门》的内容相关，意为承继《云门》的事业。颛顼是黄帝的子孙，他这样做是可以理解的。《承云》这部乐舞其声如龙吟，如风吼；乐器用的又是鼍鼓，就更为雄壮了。帝喾的乐舞为《五英》[7]，“帝喾作《五

❶夏剑钦等校点：《太平御览》第八卷，河北教育出版社 1994 年版，第 334 页。

❷钱玄等注译：《周礼》，岳麓书社 2001 年版，第 207 页。

❸陈立撰，吴则虞点校：《白虎通疏证》，中华书局 1994 年版，第 101 页。

❹参见班固撰：《汉书》，中华书局 2007 年版，第 140 页。

❺陈立撰，吴则虞点校：《白虎通疏证》，中华书局 1994 年版，第 101 页。

❻高诱注：《诸子集成·吕氏春秋》6，上海书店 1986 年版，第 52 页。

❼参见班固撰：《汉书》，中华书局 2007 年版，第 140 页。

英》，英，华茂也。”[1]赞美花的茂盛艳丽。帝尧的乐舞为《大章》[2]，也是歌颂大自然的，据《吕氏春秋》，尧命质根据山林溪谷的声音来创作这部乐舞。

亦如黄帝一样，这些古帝以大自然为题材创作的乐舞，不只是歌颂大自然，还歌颂神灵，歌颂图腾，歌颂包括自己在内的部落英雄。

（二）再现生产活动的舞蹈

生产劳动是史前人类生活的主题，在舞蹈中反映生产劳动是再自然不过的了，这样做，其好处是可以重温劳动中的体验。值得指出的是，艺术毕竟是虚构的，艺术中的劳动不会有劳动中的艰辛。不仅滤去了劳动的艰辛，而且强化了劳动中的快乐。就是说，艺术表现劳动，将劳动审美化了。

伏羲氏创作的《网罟之歌》就是这样的歌舞。据《世本·作篇》云：“伏羲作瑟，神农作琴。”[3]《孝经·正义》亦云：“伏羲造琴瑟。”[4]既然做了乐器，必然也会创作音乐，《隋书·乐记》道：“伏羲有网罟之歌。”[5]《网罟之歌》具体是怎样的乐舞，目前没有发现图像或文字资料，但人们可以根据曲名而想象，它肯定是再现了结网捕鱼的过程。唐代诗人元结作《补乐歌十首》，其中《网罟》序称：“网罟，伏羲氏之乐歌也，其义盖称伏羲能易人取禽兽之劳也。”其歌为：“吾人苦兮，水深深；网罟设兮，水不深。吾人苦兮，山幽幽；网罟设兮，山不幽。”[6]伏羲作《网罟之歌》具有一定的历史根据。《汉书·律历志》道：“伏羲做网罟以田渔，取牺牲故天下。”[7]这织网打渔田猎就是伏羲发明的。

伏羲氏不仅作了《网罟之歌》，还做了《扶来》，有学者说，“扶来”即“凤来”，是表现凤凰飞来庆贺的意思。另，《楚辞·大招》云：“伏戏（即伏羲——引者注）

[1] 班固撰：《汉书》，中华书局2007年版，第140页。

[2] 参见班固撰：《汉书》，中华书局2007年版，第140页。

[3] 宋衷注，秦嘉谟辑：《世本八种》，商务印书馆1957年版，第6页。

[4] 李学勤主编：《十三经注疏·孝经注疏》，北京大学出版社1999年版，第43页。

[5]《隋书》，汉语大辞典出版社2004年版，第257页。

[6] 彭求定等编：《全唐诗》（二），延边人民出版社1999年版，第1470页。

[7] 班固撰：《汉书》，中华书局2007年版，第130页。

《驾辩》，楚《劳商》只。”王逸注：“伏戏，古王者也，使作瑟。《驾辩》、《劳商》皆曲名也。言伏戏氏作瑟，造《驾辩》之曲，楚人因之作《劳商》之歌，皆要妙之音，可乐听也。”[1]《驾辩》具体为何乐舞，今不得而知，从曲名可能与驾船相关，驾船也是劳动。距今5000年的河姆渡文化遗址发现有桨片，说明当时就有舟船在使用。《驾辩》乐舞应是驾船劳动的艺术性再现。

以生产劳动为题材创作乐舞，不独伏羲，神农也如此。据史载，神农创作了《扶犁》乐舞，它再现了扶犁耕地的劳动场景。在中华民族的发展史中，神农氏也有巨大的贡献，其中重要贡献之一是发明了耒耜，教民耕作。因为有发明了耒耜，教民耕作这样的背景，他创作《扶犁》乐舞就不出奇了。

按历史唯物主义观点，物质生产是精神生产的基础，普列汉诺夫在他的《没有地址的信》中运用大量的原始部落中艺术活动事实，说明劳动先于艺术。伏羲创作《网罟之歌》、神农创作《扶犁》也证明了这一观点。

史前先民为何要以生产过程为题材创作乐舞呢？原因可能是多方面的：第一，它可能具有巫术的作用，属于模仿巫术。模仿当然是假的，但在巫术的情景下，先民相信它能带来实际的效应。比如，演奏了《网罟之歌》，意味着实际的渔猎生产中能有更多的收获。第二，它可能具有庆典的作用，特别是丰收之后。第三，它可能具有教育的功能，对于尚未参加劳动的孩子们，参与《网罟之歌》、《扶犁》这样的以劳动为题材的乐舞，会是很好的劳动前的教育。第四，它可能是一种游戏。由于模仿的是劳动，对于劳动者来说它具有体验性。又由于这仅仅是种模仿，没有功利性，这种体验会很轻松，

[1] 洪兴祖撰，白化文等点校：《楚辞补注》，中华书局1983年版，第221页。

很亲和，因而具有审美性。

（三）再现战争场景的舞蹈

这种舞蹈与再现生产场景的舞蹈在性质上相近，在功能上也相近。《楚辞》中的《九歌》之一的《国殇》是表现战争的乐舞，当然，这不是史前的乐舞，是春秋时期战国的乐舞，不过，追溯其来源，可达史前。史前应该也有表现战争的乐舞。

远古战争是普遍的，部落与部落之间经常会发生战争。据历史学家徐旭生研究，史前，在中国这块土地上，最为重要部落有三：华夏集团、东夷集团和苗蛮集团。三集团中最大的集团为华夏集团。华夏集团是炎帝为首的部落与以黄帝为首的部落融合的产物，这种融合是离不开战争的。《史记·五帝本纪》云："炎帝欲侵陵诸侯，诸侯咸归轩辕。轩辕乃修德振兵，治五气，蓺五种，抚万民，度四方，教熊、罴、貔、貅、貙、虎，以与炎帝战于阪泉之野，三战，然后得其志。"[1] 阪泉之战是中国历史上著名的战争之一，战争的结果是炎帝部落与黄帝部落结盟，最后实现了统一。

三大集团的形成是战争的产物，三大集团形成后它们之间又展开兼并，发生过许多重大的战争，最为著名有以炎帝、黄帝为首的华夏集团与以蚩尤集团的涿鹿之战。《逸周书·尝麦篇》记载这场战争云："蚩尤乃逐帝，争于涿鹿之阿，九隅无遗。赤帝（即炎帝——引者注）大慑，乃说于黄帝，执蚩尤，杀之于中冀，以甲兵释怒。"《山海经·大荒北经》亦描绘了这场战争："蚩尤作兵伐黄帝，黄帝乃令应龙攻之冀州之野。应龙畜水，蚩尤请风伯雨师，纵大风雨。黄帝乃下天女曰魃，雨止，遂杀蚩尤。"[2] 战争是惨烈的，不仅动用了众多的百姓，而且连天神也参加了。恶劣的天气前来助威，天昏地暗，

❶司马迁撰，李全华标点：《史记》，岳麓书社1988年版，第1页。

❷袁珂校译：《山海经校译》，上海古籍出版社1985年版，第286页。

风狂雨暴。这场战争对于中华民族的形成具有重大的意义，因此在中国历史上被屡屡提及。

如此众多的战争，不能不在乐舞中有所表现。史前部落应该有数量不算少的战争乐舞。《吕氏春秋·仲夏记·古乐》谈到诸多先王的乐舞，其中有些乐舞可以看成是战争舞蹈。如帝尧"以麋輅置缶而鼓之，乃拊石击石，以象上帝玉磬之音，以舞百兽。"[1] 鼓虽然是乐器，但战争中也常用作进军的号令，它有鼓舞士气的作用，舞蹈中用到鼓，且有百兽率舞，这舞就明显地具有战争的意味了。《宋书》卷十九《志第九·乐一》云："鼓吹，盖短箫铙哥。蔡邕曰：'军乐也，黄帝岐伯所作，以扬德建武，劝士讽敌也'。"[2] 中国古代两位著名的王——周文王和周武王，一以德著称，一以武名世。武王克商后，"周公为作《大武》"[3]。《大武》是战争乐舞，又名《武》。"《武》言以武功定天下"[4]。孔子说《武》乐"尽美矣，未尽善矣"，评价不低。

史前以战争为题材的乐舞主要用在祭祀上追悼亡灵，另外，它也会用在别的场合，对于未参加过战争的孩子来说，表演战争乐舞也有练兵的作用。普列汉诺夫在《没有地址的信》中谈到过原始部落的战争乐舞。他说："封·登·斯坦恩在巴西的一个部落那里看了一个舞蹈，它富有强烈的戏剧效果，是表现一个负伤的战士死亡的情形。您认为在这个场合下是什么占先：是战争先于舞蹈，还是舞蹈先于战争呢？我认为，首先是战争，然后才产生描绘各种战争场面的舞蹈。"[5]

（四）主要用于礼仪场合的舞蹈

这种舞蹈主要见之于帝王或贵族的宫殿和各种大大小小的祭坛，它的场面是宏大的，气氛是热烈的。

《尚书》描绘了一场在帝舜宫殿里表演的乐舞：

❶高诱注：《诸子集成·吕氏春秋》6，上海书店1986年版，第52页。

❷《宋书》，中华书局1974年版，第558页。

❸高诱注：《诸子集成·吕氏春秋》6，上海书店1986年版，第53页。

❹班固撰：《汉书》，中华书局2007年版，第140页。

❺［俄］普列汉诺夫著，曹葆华译：《没有地址的信　艺术与社会生活》，人民文学出版社1962年版，第84页。

夔曰："戛击鸣球，搏拊、琴、瑟，以咏。"祖考来格，虞宾在位，群后德让。下管鼗鼓，合止柷敔，笙镛以间，鸟兽兽跄跄，《箫韶》九成，凤凰来仪。

夔曰："於！予击石拊石，百兽率舞。"

庶尹允谐，帝庸作歌。曰："敕天之命，惟时惟几。"乃歌曰："股肱喜哉！元首起哉！百工熙哉！"

皋陶拜手稽首飏言曰："念哉！率作兴事，慎乃宪，钦哉！屡省乃成，钦哉！"乃赓载歌曰："元首明哉，股肱良哉，庶事康哉！"又歌曰："元首丛脞哉，股肱惰哉，万事堕哉！"

帝拜曰："俞，往钦哉！"[1]

❶江灏等译注：《今古文尚书》，贵州人民出版社1990年版，第65—66页。

这是一场正规的朝廷宴乐，君臣欢聚一堂，载歌载舞。这中间有对祖先的祭祀活动，有对宾客的宴请招待。乐舞中，还穿插有君臣的对话。臣赞美君，君勉励臣。整个一团融洽和谐的气氛，这其中有人与天的和谐，人与祖的和谐，主与客的和谐，君与臣的和谐。画面也极为绚丽，披着鸟头兽皮的巫师活跃其间。具有象征意味的凤凰双人舞将整个乐舞推向高潮。

（五）主要用于祭祀的乐舞

在原始人类，各种祭祀充斥着日常生活。《礼记·祭统》云："凡治人之道，莫急于礼；礼有五经，莫重于祭。"[2] 祭有多种，有祭天地神灵的，有祭先皇祖宗的。祭有四时，春曰礿，夏曰禘，秋曰尝，冬曰烝。

❷王文锦译解：《礼记译解》下，中华书局2001年版，第705页。

祭先皇，不同的部落有不同主祭对象。《礼记》介绍有虞氏、夏后氏、殷人、周人的祭礼，云："有虞氏禘黄帝而郊喾，祖颛顼而宗尧；夏后氏亦禘黄帝而郊鲧，祖颛顼而宗禹；殷人禘喾而郊冥，祖契而宗汤；周人禘喾而郊稷，祖文王而宗武王。”[①] 这话是说，有虞氏举行禘礼时配祭黄帝，而举行郊礼时配祭帝喾；他们举行庙祭时，以颛顼为祖，以尧为宗；夏后氏举行禘礼时配祭黄帝，而举行郊礼时配祭鲧，他们举行庙祭时，以颛顼为祖，而以禹为宗；殷人举行禘礼时配祭喾，而举行郊礼时配祭冥，举行庙祭时，以契为祖，以汤为宗；周人举行禘礼时配祭喾，而举行郊祭时配祭稷，他们举行庙祭时，以文王为祖以武王为宗。为何要有这么多的讲究呢？这是因为诸种祭祀性质不同。禘是祭天，郊是祭上帝（或称天帝即至高神），祭天要用始祖所自出的民族共祖来陪祭，祭上帝要用本族始祖来陪祭。祖是本族开国创业的太祖，宗为本朝德高功大的先君。

祭祖宗要分昭穆。这些都是国家级别的大祭，另外还有级别低的祭。《礼记》云：“王为群姓立七祀”，“王自为立七祀”，“诸侯自为立五祀”，“大夫立三祀”，“适士立二祀”，“庶士、庶人立一祀”[②]。

各种不同的祭，虽然不是每祭必有乐舞，但重要的祭均有乐舞，而且配什么样的乐舞均有规定。《礼记》云：“夫祭有三重焉：献之属莫重于祼，声莫重于升歌，舞莫重于《武宿夜》，此周道也。”[③] 这话是说，祭礼中有三个重要的仪节：献酒之类的仪式没有比祼礼更隆重的了；声乐项目中，没有比乐工升堂演唱《清庙》更隆重的了；舞蹈类项目，没有比反映武王伐纣、师次孟津而宿的《武宿夜》更重要的了。这些规定偶尔也有突破，比如，周公不是王，不能享受王的祭祀，但是他部分地享受了。周公的祭祀规格相当高，用了升歌《清庙》，也用了象舞《管象》，还“朱干玉戚以舞《大武》，八佾以舞

①王文锦译解：《礼记译解》下，中华书局2001年版，第669页。

②王文锦译解：《礼记译解》下，中华书局2001年版，第673页。

③王文锦译解：《礼记译解》下，中华书局2001年版，第711页。

《大夏》。这一点，《礼记·祭统》做了特别的说明：“昔者周公旦有勋劳于天下，周公既没，成王、康王追念周公之所以勋劳者，而欲尊鲁，故赐之以重祭，外祭则郊、社是也，内祭则大尝、谛是也。”[1]

以上说的是周代的祭祀乐舞，当然，我们不能将商周的祭祀乐舞移之于史前，但是，周的祭法是有传承的，《礼记·祭法》说：“大凡生于天地之间者皆曰命，其万物死皆曰折，人死曰鬼，此五代之所不变也。七代之所更立者，禘、郊、宗、祖，其余不变也。”[2] 这话的意思是：像“命”、“折”、“鬼”这些名称，唐、虞、夏、殷、周五代一直相承不变；颛顼、帝喾、唐、虞、夏、殷、周这七代，在祭祀方面也多有传承，有所变更的只是禘祭、郊祭中配祭者。因此，由周代的祭祀我们可以推想史前的祭典盛况。

❶王文锦译解：《礼记译解》下，中华书局2001年版，第725页。

❷王文锦译解：《礼记译解》下，中华书局2001年版，第671页。

图7-2-1　广西左江花山群舞岩画，采自《中国岩画发展史》，图3-61

史前有隆重的祭祀活动，其中就有祭祀乐舞。广西左江宁明花山岩画有祭祀山川神灵的舞蹈画面（图7-2-1）。舞人举起双手，在地上蹦跳着似是在向天地神灵呼唤，在高歌。画面中有狗，狗在左江的史前人类的意识中也是有灵的，它可以通神，不过，这画面中的狗也许不是真实的狗，而是扮成狗的巫师或是狗的模型。

（六）各种节庆场合的舞蹈

这种舞蹈主要用于各种喜庆或具纪念意义的场合。1973年在青海大通县上孙家寨马家窑文化遗址出土了一件彩陶盆（图7-2-2），此盆通高14厘米，口径29厘米，底径10厘米，盆内壁上

图7-2-2　青海大通上孙家寨文化遗址出土的舞蹈纹陶盆，采自《中国艺术通史》原始卷，图1-2-1

部有一圈舞蹈纹。舞人分为三组，每组五人，舞人手牵着人，显然，这是集体舞。舞人头部简化成圆形，头的右边有一支发辫（或饰物），臀部左边有一翘起来的尾状物。两腿微微张开，动作的幅度不是很大，似在轻轻地摆动。从画面可以看得出来，这是一支比较轻快的抒情性的乐舞。舞人女性的可能性大。

1991 年在甘肃武威磨嘴子马家窑文化遗址也出土了一件彩陶盆（图 7-2-3），此盆形状类似于青海大通县出土的那件。盆高 14 厘米，口径 29.5 厘米，底径 11 厘米，盆外部的花纹与青海那盆有很大不同，内壁的舞蹈纹则基本上相似。舞人分成两组，手牵着手，头部的辫子不见了，但有高高的发髻，尾部的装饰没有了，但有三条腿。画成三条腿有两种可能：一种是舞蹈的脚步动得较快，造成三条腿的感觉；另一种则是舞人有一条长长的可抵达脚跟的装饰。值得注意的是，舞人的腰肢很细，而腹部出奇地大，像是裹了短裙，也像是有意装扮成孕妇。

图 7-2-3　甘肃武威磨嘴子出土的舞蹈纹陶盆，采自《中国艺术通史》原始卷，图 1-2-2

1993 年至 1995 年，在青海宗日马家窑文化遗址的挖掘中也出土了一件彩陶盆（图 7-2-4），此盆高 12.5 厘米，口径 22.8 厘米，底径 9.9 厘米。此盆外观与大通县出土的那一件完全一样，内壁也有舞蹈人纹，这一圈舞人分为两组，一组 11 人，共 22 人。舞人也是手牵着人，也是鼓腹，不同的是只有一只脚，像是立定的。

图 7-2-4　青海宗日遗址出土的舞蹈纹陶盆，采自《中国艺术通史》原始卷，图 1-2-3

1994 年，在甘肃会宁头寨乡牛门洞马家窑文化遗址也有一件彩陶盆（图 7-2-5）出土，此盆形制与大通县出土的那件也

图 7-2-5　甘肃会宁牛门洞遗址出土的舞蹈纹陶盆，采自《中国艺术通史》原始卷，图 1-2-4

很相似，它内壁的舞蹈人纹共有舞人 15 位，分成三组，每组 5 人。舞人手牵着手，身体状如立着的燕子，盆中心有一个圆，像是篝火，篝火周围有四个圆圈。整个图案像是围着篝火在跳舞。

这几件彩陶盆上的舞蹈图案，基本风格相似，它所展现的舞蹈比较地轻快，弥漫着一种喜庆的意味。当然它也带有巫术的意味，但是整个气氛是世俗的，平易的，它主要是百姓的舞蹈，娱乐自己的舞蹈。这种舞蹈应是史前舞蹈中的主流。

三、史前舞蹈的特征

史前舞蹈跟今天的舞蹈是不一样的，它具有浓郁的属于它那个时代的特征。

（一）巫术与生活的结合

原始人认为人工创造的形象即摹仿的形象与客观存在的原本可以互渗。这种理论叫“互渗律”。法国人类学家列维－布留尔说：“由于原始人的思维不把形象看成是纯粹的简单的形象；——对他来说，形象是与原本互渗的，而原本也是与形象互渗的，所以，拥有形象就意味着在一定程度上保证占有原本。”[1] 原始艺术均不同程度地具有这种互渗性。基于此，我们就可以理解原始艺术的意蕴了。原来，史前画在西班牙阿尔塔米拉山洞中的野牛，不是用来欣赏的，画家是想用这只艺术的假牛引来真正的野牛。这只假牛背上中了箭，已经跑不动了，困兽犹斗，它意味着有那么一只真牛会中箭，也这样躺在地上，等待人们来最后收拾它。

❶［法］列维－布留尔著，丁由译：《原始思维》，商务印书馆 1981 年版，第 222 页。

在原始人，一切摹仿动物的行径均是在与动物沟通，这样我们就可以理解，为什么尧的乐舞中有“百兽率舞”，那不是真正的“百兽”，而是化装成兽的巫师。巫师披上兽皮或鸟头，就意味能与兽神、鸟神沟通了。

史前的岩画有许多舞蹈的场面，那场面有舞人，也有兽、鸟、鱼等动物。人怎么与兽、鸟、鱼共舞？须知，这是巫术，那兽、鸟、鱼，均是巫师装扮的。云南沧源的岩画（图7-2-6）画在人迹罕至的深山石壁上，场面非常宏大，表面上看似是生活实景，细看是舞蹈，因为动作均是夸张性的，人们在一起，或狩猎，或采摘，或放牧。这种场景，实是巫术，它将人们所希望的丰收场景预先表现出来了。

图7-2-6 云南沧源岩画，采自《中国艺术通史》原始卷，图1-2-12

四川珙县的岩画也具有强烈的巫术意味，其中一幅岩画画着一位女舞人，着短裙，在轻快地跑着，头上长长的发辫向后飘扬。她的前面有两头奔走的野兽，兽背上骑着舞人，长袖飘扬。另一幅分为上下两组，上一组，一舞人拉着一条大鱼。下组中心是一位舞者，他举着两只剑状物，左边是一只兽，似在听他的指挥；右边是两位舞人：一位头上戴着圆圆的动物面具，一位头上有长长的饰物，一只手拎着一个圆状物。这些带有夸张性的动作均表明这是具有巫术意味的舞蹈。

巫术，好像不是生活实际，而是生活的幻想状态，其实它就是生活本身。列维－布留尔引用对史前残留部落的考察报告说苏兹人猎熊时要跳熊舞，有时一连跳几天，直到熊出现时为止。显然，这是一种巫术——摹仿巫术。将熊猎杀之后，他们要向熊神祷告，请求获得宽恕。整个过程中，都有歌舞相伴随。这就是说，原始人生产的全过程中，均具有巫术的性质，也具有艺术的性质。生活巫术化，巫术生活化，这是原始人的生活实际，不独苏兹人如此，史前原始人的生活应该也都如此。

（二）生殖崇拜与恋爱婚姻统一

对于原始人类来说，人的繁殖处于极其重要的地位。许多原始艺术都体现出生殖崇拜性，其中舞蹈更为明显。我们上面谈到马家窑文化彩陶盆上的舞蹈纹，那舞人腹部均是圆鼓鼓的，这很可能是孕妇的形象。也许不是真正的孕妇，是装扮的。在史前，孕妇是值得膜拜的。这是生殖崇拜的体现之一。生殖崇拜的表现方式很多，其中最引人注目的是展露生殖器，展露性交。广东珠海高栏岛上就有这样的史前岩画。最明显不过见出生殖崇拜意味的舞蹈岩画应数新疆呼图壁县康家石门子的岩画。画面人数众多，达数百人，人像有大有小。从夸张的动作看是在舞蹈。这些舞人或站或卧，不少男性舞人还露出生殖器，甚至还表现出交媾的姿态。这样的舞蹈往往与实际生活中的男女求爱相结合。在那个时代，人们是没有现代意识的羞耻感的，裸露生殖部位并不视为猥亵的行为，相反，因为与生殖崇拜相联系，还显得崇高。在现今某些地区的人们，也还通过乐舞的方式表达爱情，只是不再裸露性器官了。

（三）娱神与娱人的结合

史前舞蹈大量的为祭舞。这种以祭祀为主要功能的舞蹈以娱神通神为目的，场面载歌载舞，热烈而疯狂。巫师在祭舞中担任主要角色，其他演员予以配合。《楚辞》中的《九歌》均为祭神的乐舞，屈原对舞蹈的场景

以悬置或者说悬置得不够到位，审美就难以实现了。我们将这种不能充分实现的审美或者说带有功利性的审美称之为潜审美，潜审美是暗含的审美，不那么纯粹的审美。两种审美——审美与潜审美，在生活中较多的还是潜审美。

史前的乐舞还不能说是真正的艺术，它承载着众多的社会功能，又很难将这些功能悬置，因此，它虽然含有审美，但这审美只能是潜在的，也就是潜审美。在狩猎现场，当史前人类戴着动物的面具，披着兽皮，又唱又跳之时，他们的心情是什么呢？高兴、快乐？当然不是，他们的心情是紧张的，焦急的，担忧的，充满着企盼。猎物出现了，他们兴奋，欢呼，这是高兴，这种高兴完全是功利的，不是审美的快乐。但是，我们也不能不承认，审美的快乐就潜存在这功利的快乐之中。在一定条件下，当这功利适当悬置以后，这审美的快乐就冒出来了。

因此，史前乐舞的快乐包含着两个内容：功利与审美，功利是现实的，而审美是潜在的。史前的岩画中的舞蹈场面，较好地表现了史前乐舞中功利与审美的统一。广东珠海宝镜湾岩画中有一女巫形象（图 7-2-9），这女巫一手长袖甩过头顶，另一手自然地向下挥动，两腿张开，半蹲状。

图 7-2-9　甩袖女巫，采自《珠海宝镜湾岩画判读》，P93 图

这女巫是在跳舞，但这舞不是艺术而是巫术。巫术均是有功利性的，女巫是在降神，她紧张而又兴奋，在紧张与兴奋中她似感觉到神降临了。如果说，这中间她感到了某种喜悦，这喜悦是功利性的，不能说是审美的愉悦，但是，你能说这中间就完全没有审美的因素吗？不能，因为这功利的喜悦中就潜在着审美的可能。

第三节 史前雕塑

雕塑是史前人类重要的艺术品种，最早的史前雕塑公认为是奥地利的石雕——维伦道夫的维纳斯，距今30000年至17000年前，属奥瑞纳文化时期。中国还没有发现这个时期的雕塑，在距今18000年的山顶洞人文化遗址，发现有石制的装饰品，为圆球形，似乎还算不上雕塑。真正意义上的雕塑，在中国发现于新石器时代，距今不超过10000年。中国新石器时代的雕塑在其长达万年的发展史上，逐渐形成自己民族特有的题材、主题和审美品格，它对进入文明时期的中国艺术的影响是巨大而深远的。

一、人物雕塑的两种形态

人物是雕塑的主要题材，这一点中西概莫能外。中华民族史前的人物雕塑大体上有两种形态：

（一）单纯的人物雕塑。有陶做的人物，也有玉琢的人物，有立姿，也有坐姿；有全身，也有半身，也有的仅为头部。这类作品中的人物究竟是何角色，目前还不好定论。学者一般愿意将它们看作是巫觋或部落首领。如果是巫觋，那塑造这样的形象就具有原始宗教的意识。

史前初民认为，这陶塑的或玉琢的巫觋也具有灵魂，它们可以出入神、人两个世界，传递神和人的信息。应该说，这种猜测是有根据的，但不是人物雕塑意义的全部，有没有具有纪念意义的或者仅只是为了表达内心情感的人物雕塑，现在无法认定。

（二）以器物为主体的人物雕塑。这类作品最著名的是 1973 年出土于甘肃大地湾仰韶文化遗址的陶瓶（图 7-3-1）。此件作品高 31.8 厘米，口径 4.5 厘米，底径 6.8 厘米。器形为两头尖的长圆柱体，下部略内收，腹部双耳已残。口部做成圆雕人头像，披发，前额短，发整齐下垂。鼻子较为突出，仍合比例。鼻孔和眼均雕成空洞，口微张，两耳各有一小穿孔，这是一位俏丽的少女。

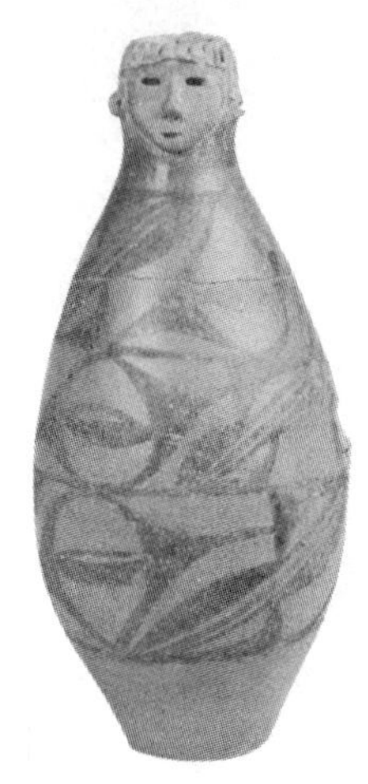

图 7-3-1 仰韶文化早期秦安大地湾人头形器口彩陶瓶，采自《甘肃彩陶》，图 122

此件作品，人体与壶体整合极佳，头顶圆孔做器口，壶体膨出，像是孕妇的腹部；壶体施浅淡红色陶衣，又有用黑彩画出的弧线三角纹和斜线纹组成的二方连续图案，共三组，像是人物的服装。造形以抽象的线条与人头像相结合，极其自然，当是史前工艺精品。

类似大地湾人物陶壶这样造形的作品，还有玉门市清泉乡火烧沟遗址出土一件属四坝文化的陶罐，这陶罐塑成男人形象（图 7-3-2）。

图 7-3-2 四坝文化男人形陶罐，采自《甘肃彩陶》，图 126

与大地湾出土的那件女性陶罐不同，这件陶罐基本上将人体的四肢都塑出来了。塑像两手细长，叉腰，做休闲状，两脚相当粗壮，像是立柱。塑像的腰部收缩，腹部略鼓，乳部有些凸出，因而又有几分像女人。整个塑像不论从其造形，还是从其立意，均体现很高的艺术水准。

1974 年从民间征集到一件陕西洛南出土的仰韶文化陶壶。此件壶体与一般的壶无异，所不同的只是在壶口。陶器制作者将壶的颈部加长，在壶口塑出个美丽的女人

图 7-3-3 陕西洛南出土的仰韶文化陶壶

头来，人头微仰，似在与你说话，非常可爱。真正的壶口隐藏在人头后颈部，这样处理，保持头部塑像的完整性，非常具有创意（图 7-3-3）。

让器物的造形纳入人物或动物的造形，这种手法在原始艺术中是比较常见的。这反映出史前人类审美意识的发展轨迹：情况大抵分为两个阶段：第一阶段，从实用出发，为器物做出形态设计，此为功能设计。第二阶段，兼顾实用与审美，将器物造形适当地改造成人物或动物造形，此种设计为文化设计。

功能设计的目的在功能。用在功能，利在功能。不能说此种造形不美，它也有美，但它的美，美在利，此利可以理解成“善”。而要实现善，必须得遵循一定的客观规律，这规律我们将它概括为“真”。所以，功能设计中的美，是真向善的转化。

文化设计包含有功能设计，因为文化设计的产品仍然是实用品。但是，文化设计的产品不只是实用品，它增加了别的内涵，这内涵或为祭祀，或为纪念，或为审美……总起来可以用“文化”来概括。这些内涵中，审美是关系器物文化品格的关键性的要素，因为审美的投入，器物的所有功能不仅在实用上得以增强，而且发出一种光辉。人们在精神上能感受到这种光辉，从而觉得器物文化品格提升了。审美的投入是文化设计的本质。

如果说，功能设计其美在利，那么，文化设计其美就不只在利而在文化了。

二、女性雕像

人像雕塑有陶塑，也有玉雕，有男性也有女性。最重要的是女性的雕塑。现在发现的著名的史前女性雕塑主要有：

1. 裴李岗文化陶塑人头为迄今所知黄河流域年代最早的一件陶塑人像，于 1977—1978 年在河南密县莪沟北岗遗址发现，属距今 7000 多年前的裴李岗文化遗物。头像用泥质灰陶制成，高约 4 厘米，颈下部分残缺；扁头平顶、宽鼻深目、前额陡直、突颏缩嘴的造形，具有老年妇女的形貌特征。

2. 内蒙古林西县长汗兴隆洼文化遗址出土的石质女性雕像，鼓腹突乳，双臂抱胸，屈腿蹲踞，下端呈圆锥形。头部经过雕刻，身体系敲击而成。此件作品距今约 7000 年。略晚于兴隆洼文化的赵宝沟文化遗址也发现有类似的女性石质雕像。

3. 河北滦平县后台子遗址下层出土四尊女石雕像，均为裸体孕妇圆雕，形象与内蒙古林西县长汗兴隆洼文化遗址出土的雕像相似，距今也是 7000 年左右。

4.1959 年四川巫山大溪 64 号墓出土的石雕人面一件，以质地细腻的黑色火山岩雕成，平面呈椭圆形，高 6 厘米，宽 3.6 厘米，厚 1 厘米，正反两面皆为人面浮雕，脸颊丰腴、瞠目张舌，疑为女性。浮雕顶端有 2 个穿孔，此件属距今 6000—5000 年前的大溪文化晚期遗物。

1973 年在甘肃永昌鸳鸯池 51 号墓也出土一件玉人面，属距今 4300—4000 年前的马家窑文化马厂类型遗物。此件系白云石雕成，高 3.8 厘米，宽 2.5 厘米，平面亦呈椭圆形，在鼓起的正面，用黑色胶状物粘结白色骨珠以表现人面的五官，神态与巫山大溪出土者相似，亦疑为女性。

5. 出土于渭河流域及黄河中游地区的仰韶文化陶塑人像数量较多，形式丰富，通常包括圆雕头像、圆雕人像、浮雕人面，以及装饰着圆雕头像的陶壶、陶瓶等。

仰韶文化圆雕头像以西安半坡出土者年代最早，属距今约6800年前的半坡类型遗物。头像高4.6厘米，用细泥捏塑而成，陶色灰黑，塑工较粗。面部略呈方形，五官皆用泥条或泥片捏合，嘴唇已脱落，眼眶及耳孔皆锥刺而成，头顶到颈部贯穿小孔。其捏塑手法与形貌与裴李岗文化雕塑人头相仿，不少研究者认为这件头像也是氏族老祖母的形象，反映了妇女在当时享有崇高的社会地位。

6. 辽宁喀喇沁左翼蒙古族自治县东山嘴红山文化遗址出土两尊泥塑孕妇像，为裸体立像，头部已残。

7. 辽宁牛河梁红山文化遗址出土的女人头像。此件出土于牛河梁"女神庙"遗址，故名为"女神"像，高22.5厘米，面宽16.5厘米。此像两颧突起，圆额头，扁鼻梁，尖下巴，是典型的蒙古利亚人种，与现代华北人的脸型接近。女神的眼珠用两个晶莹碧绿的圆玉球镶嵌而成，双目炯炯。

和女神头像同时出土的还有6个大小不同的残体泥塑女性裸体群像。众多的女性雕像的出土，其意义非同一般。

第一，它是原始母系氏族社会的遗存。众所周知，原始社会的初期阶段为母权氏族社会，在这个社会，女性受到最高的尊重，部落长均由老年女性担任，他们才是部落最高的决策者。女性之所以受到最高尊重，主要是两个原因:（一）孩子是女人生的。当时人们不清楚孩子出生的原因，因为孩子出自母体，故而认为生孩子只是女性的功能。在极端艰难的生产条件下，劳动力无疑是部落生命维系的支柱了。女人能生孩子，无疑应得到最多的爱护和尊重。（二）当时男性从事的劳动主要为狩猎，由于狩猎手段落后，不一定每天都有收获，而且极易遭受伤亡。女性主要从事种植、畜养等劳动，这种劳动收入相对稳定。主要基于这两个原因，女性在部落中赢得了领导权。

史前的女性雕塑可以看作女性崇拜的体现。这种女性崇拜首先兼有祖先宗拜的含义。从裴李岗文化遗址出土的女性雕像为老年妇女，可以看出女性崇拜这一重要的性质。

第二，它是生殖崇拜的体现。生殖本是男女共同的事业，但在处于原始社会初期的人类来说，生殖被认为是女性特有的功能。生育的年龄主要是在青年和中年，因而青年女子和中年女子成为生殖崇拜的对象。已出土的史前女性雕像，凡是青年女像，多突出发达的乳房和隆起的腹部。孕妇成为生殖崇拜的标准形象。

第三，它是美的象征，体现史前人类对美的热爱。古希腊神话与传说中有美神，美神是维纳斯，又称阿佛洛忒特，她的标准形象是半裸的。将美的代表定为漂亮的女人，是全人类都能认同的。原因很简单，人类最初的美的概念就来自对异性的好感，其根基乃是对性的向往和喜爱。帅气的男子与漂亮的女子均可以成为美的象征，事实上，在古希腊神话与传说中，帅气的男子如大卫也是美的象征。美其实有两种：一种是由女性为代表的柔美，另一种是由男性为代表的壮美。奇怪的是，人类普遍的生理—心理倾向不是壮美，而是柔美。不独男子，就是女人也对柔美更为倾心。因此，自然地，以女性为代表的柔美成为标准的美，而由男性代表的壮美则成为美的另类了。

虽然女性较男性更易受到青睐，但是并非一切女人都能被人们视为美。作为美的代表的女人应该是一位标准的女人。什么是标准的女人，应该是最能体现女性功能的女人。既然女性的功能被定位为生殖，那么，标准的女人应是最能生殖的女人，最能吸引男性的女人，那么，一般来说，她应健康，应年轻，应妩媚，应可爱。我们发现，史前的许多女人雕像符合这个要求。

甘肃礼县高寺头1964年出土的圆雕少女头像是仰韶文化陶塑人像的杰作（图7-3-4）。头像残高12.5厘米，用堆塑与锥镂相结合的手法制成，头像颈下部分已缺，头顶锥刺着一个小孔，前额至后脑堆塑着半圈高低起伏的泥条，仿佛盘绕在额际的发辫。头像脸型丰满圆润，五官部位安排准确，微启的嘴巴仿佛正在娓娓地谈话，神态颇为优美，堪称中国原始社会人像雕塑的优秀代表。值得我们注意的是，这一头像与陕西洛南出土的仰韶文化陶壶上的头像很相似，这种女人形象也许就是仰韶文化地区的标准美女，中国史前的维纳斯。

图7-3-4　甘肃礼县高寺头陶塑人头像

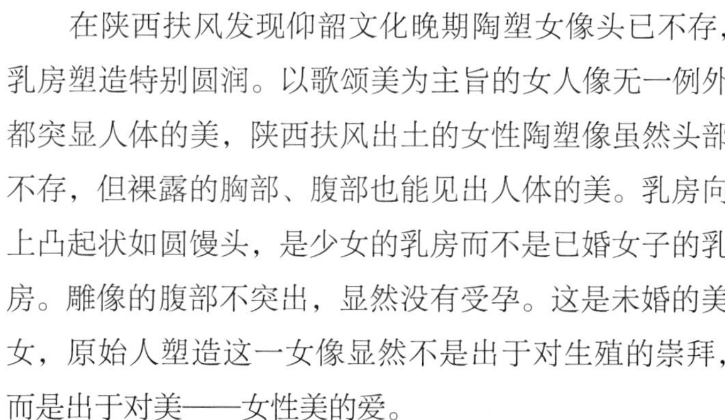

在陕西扶风发现仰韶文化晚期陶塑女像头已不存，乳房塑造特别圆润。以歌颂美为主旨的女人像无一例外都突显人体的美，陕西扶风出土的女性陶塑像虽然头部不存，但裸露的胸部、腹部也能见出人体的美。乳房向上凸起状如圆馒头，是少女的乳房而不是已婚女子的乳房。雕像的腹部不突出，显然没有受孕。这是未婚的美女，原始人塑造这一女像显然不是出于对生殖的崇拜，而是出于对美——女性美的爱。

红山文化牛河梁出土的女性塑像，也并非都是以受孕女子为模特的，其中有一具立像虽头不存，另残一腿，但能清楚地辨认出是少女的形象。乳房并不大，只是略为凸起，手臂特别显得圆润。

对于史前女性雕像尤其是牛河梁女神庙出土的女神头像，有人解释为女神，一般地解释为女神是可以的，作为崇拜的对象，它可以视作祖先神、生殖神、爱神、美神。不过，现在有两种说法值得商榷。一种说法是，牛河梁的女神就是中华民族传说中的女娲氏。不错，女娲氏是中华民族传说中的老祖母，她有补天、用黄土造人两大功绩，但这些均是传说，是神话，没有事实作依据。说牛河梁女神庙出土的女神像是女娲完全没有依据的。另外就是“地母”一说了，说牛河梁女神是“地母”。“地母”的含义有二：一是农业神，二是土地神。虽然在红山文化时期，农业早已出现了，对于万物有灵论的史前人类来说，农业也应有神，但农业神是什么样子，古籍没有记载，将牛河梁出土的女神说成是农业神，同样存在证据不足的问题。再就是土地神了，中国古老的典籍《周易》的确将地看成是母，但这主要是《易传》的思想，《易经》中《坤》卦含地为母的思想，但不明确。《老子》有“玄牝”说，但不是指地，而是指道。中国古籍没有“地母”这样明确的概念。将牛河梁的女神认作土地神而且是地母，没有依据，也缺乏合理的论证，不能成立。

将牛河梁出土的女人头像看作神像应是可以接受的，具体是什么神不能认定。笔者认为，从人类学出发，可以将史前出土的女人像与祖先崇拜、生殖崇拜联系起来，兼顾审美学，还可将它与人们爱美的天性联系起来。从人类学与审美学考察女性雕塑，可以得出史前人类关于女性美观念主要有二：一是女性美美在善于生殖；二是女性美美在合乎女性标准。前者可以导出美在善，后者可以导出美在真。

三、男性雕像

马家窑文化后期（包括半山类型和马厂类型），伴随着父权制的确立，装饰在陶器上的人物，几乎都是男子的形象。

相比于女性雕像，男性雕像意义比较丰富。大体上说，有三种主题：

（一）男性的生殖崇拜的形象

1980 年春，在浙江桐乡罗家角遗址第二层出土一件陶塑男裸像，属距今约 6000 年前的马家浜类型遗物。人像系捏塑而成，陶色浅褐，整体作站立姿态，头及双臂皆残，身高 6.5 厘米，胸腹前鼓，臀部后突，两腿微张，腹下塑出形态夸张的锥形男性生殖器。这件作品可以看作是男性生殖崇拜产物。雕塑类作品体现男性生殖崇拜的作品不是很多，这件作品的出土弥足珍贵。

（二）男性的巫术形象

甘肃东乡、宁定等地出土有 3 件仰韶文化半山类型人头形器盖。这些人物的嘴巴和两腮部位均画有胡须，有的脸上画着黑色的直线纹和锯齿纹，面貌狰狞。有学者认为，这反映远古就有黥面文身的习俗，或者也可以将它理解成装扮成野兽模样的猎人，这可以理解成巫术了。

人物雕塑中，玉雕人物也值得重视。凌家滩文化遗址出土的玉人头为方形，身材基本上合乎比例，人物面容严肃，双手上举做抚胸状。这样的人物，很可能是巫师。石家河文化遗址出土的好几件玉人头，戴着或方或圆的帽子，眼睛圆睁，鼻子宽又尖，口有獠牙，形象有些狰狞，恐怕这都是男人的巫术形象。

（三）男性的日常生活形象

甘肃天水柴家坪 1967 年出土的仰韶文化陶塑人面，残高 25.5 厘米，宽 16 厘米，细泥红陶质，塑工相当细腻，额上有隆起的披发，眉弓清晰，耳垂有穿孔，作张嘴欲语状（图 7-3-5）。

宝鸡北首岭出土有属于仰韶文化半坡类型的人面彩绘雕塑，基本手法与柴家坪的陶塑相同。眼、鼻孔、嘴均镂空，鼻梁捏高，胡子、眉毛用黑色画出，形象十分生动（图 7-3-6）。

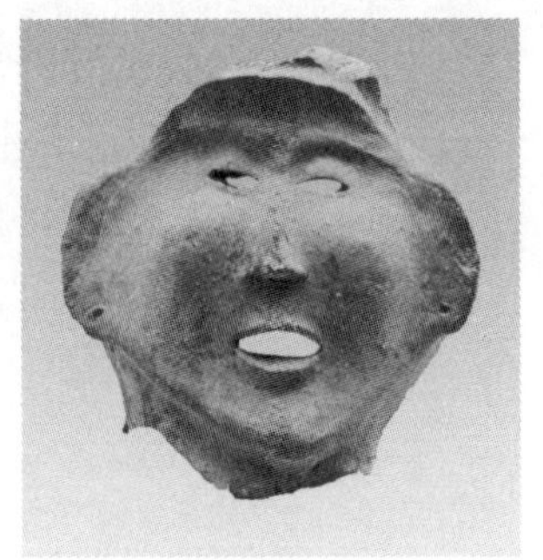

图 7-3-5　甘肃天水柴家坪出土仰韶文化陶塑人面

四、史前动物雕塑

史前雕塑动物形象比较多，有陶塑、石雕、玉雕、骨雕、木雕、牙雕等。技法有浮雕、透雕、捏塑、贴塑、堆塑、锥刺、镶嵌、线刻等。这些动物形象，可以分成两类：

（一）动物形器和动物装饰

图 7-3-6　仰韶文化北首岭人面雕塑，采自《西安半坡博物馆》，P75 图

有人物形器，也有动物形器。陕西华县太平庄出土仰韶文化庙底沟型陶鹰鼎一件（图 7-3-7）。高 36 厘米，作敛翼站立之状，器口开于背上，钩喙有力，双目圆睁，周身光洁未加纹饰，结构简洁，体积感很强，双足与尾稳定地撑拄于地，整个造形充满桀骜凌厉的气势。

图 7-3-7　陕西华县出土仰韶文化庙底沟型陶鹰鼎

这类作品优秀者很多，著名的还有：

江苏吴江梅堰遗址所出的良渚文化水鸟陶壶（图 7-3-8），壶体塑造成水鸟，此鸟，眼小而机警，似在地面小心地窥探什么。此器的尾部为流口，微微上翘。造形极为生动。

图 7-3-8　吴江梅堰良渚文化鸟形陶壶，采自《中华艺术通史》原始卷，图 1-5-9a

山东胶县三里河遗址出土一件属于大汶口文化的猪形鬶。猪的胴体比较地肥硕，头上扬，四足应是稳稳地立在地上。背上有提手，提手与尾之间有一筒形口。这些均是便于器物的提取和取食的。它们与动物造形不仅没有构成冲突，而且还相当和

谐。同样的猪形鬶在山东泰安也出土一件。

江苏新沂花厅出土的猪形罐，小头，大腹，短尾，非常可爱。马家窑文化遗址出土的鸭形尊、石家河文化遗址出土的鸟形陶壶，均成功地将器形与动物形结合得十分成功。

河姆渡遗址发现的一件夹砂红陶盖钮是捏塑成狗的形象，作昂首竖耳的趴卧状。西安半坡的兽形盖钮和大汶口的兽形陶壶，也都像狗的陶塑。

在庙底沟遗址仰韶文化陶器上发现了几件陶壁虎，均是塑在陶器口沿处，有的尾长且直，有的尾弯曲，有的背部刻画着线纹，有的背部戳印圆点，形象真实而生动。如果不是对壁虎的形态和生活习性有细致入微的观察与认识，不会雕塑出如此绝妙的作品来。

以上例子是将器物的整体塑成动物形状。还有一些器物，整体造形还是几何状的，以充分满足器物功能上的要求，但在器物的部件附加一些动物小装饰。这些作为装饰物的动物，也相当生动，有些还给做成了器物应用性的部件，如把手、提梁。

以上两种处理器物与雕塑的关系，在商周青铜器中均得到继承与发展。

（二）独立的动物雕塑

这类雕塑所塑的动物均是与人打交道比较多的，如鸟、鱼、蝉、猫头鹰、羊、猪、象、马、鹿、狗、虎等。史前的艺术家总是带着情感在做这些雕塑，所塑形象极为生动，相当可爱。河姆渡文化出土的一件陶猪，系用红褐陶泥捏塑而成。艺术家显然是轻车熟路，手法干净利落，虽然是不经意为之，但作品相当成功。此猪体长鼻，短腿，体态丰满，低头拱嘴，像是一头驯养的家猪形象。

湖北天门出土的屈家岭文化遗址的小陶象（图7-3-9），大耳，长嘴，四腿张开，憨态可掬，有一种儿童的情趣，怀疑此件作品就是作为玩具而制作的，艺术家做这件作品显然是花了心思，也用了一些时间。

图7-3-9 湖北天门出土的石家河文化陶象，采自《中华艺术通史》原始卷，图1-5-9b

安徽望江汪洋庙遗址出土过一件薛家岗文化的陶塑牛头，虽残但也能看清楚嘴、眼和牛角，像是水牛头。在河姆渡遗址发现了一件陶羊，有头、耳、四肢，作行走状。

在河姆渡遗址发现一件完整的陶鱼立雕品，鱼身浑圆，腹下塑两鳍，张嘴圆眼，通体饰象征鳞片的戳印圆圈纹。在淅川下王岗遗址发现过一件半坡类型的陶蚕蛹，蚕身略扁平，头尖，通体雕刻八道沟槽分为 9 节，侧视非常逼真。

陶塑外，还有不少优秀的动物玉雕，如红山文化的玉鸮、玉龟，良渚文化的玉鸟、玉龟、玉鱼等。以上是真实动物的雕塑，在史前雕塑中，还有一些为想象动物的雕塑，如玉龙、玉凤等。

五、史前雕塑的审美特点

（一）注重亲和世俗

中华民族史前的雕塑多从现实生活取材，动物均是世俗生活中常见的家畜、家禽，人物均是部落中少女、首领等。中华民族史前的雕塑虽然相当一部分具有巫术的色彩，对人难免有些疏离感，但是，总体上来说仍比较具有亲和世俗。西方古代雕塑常见的鬼怪形象在中华民族史前雕塑中基本上见不到。虽然中华民族神话有人兽合体的形象，如伏羲、女娲均是人首蛇身，但是在雕塑中没有这样的形象。史前雕塑中，女性雕像一般都刻画得比较美丽，牛河梁的女神，因为是神，则比较地严肃，但仍见端庄。

孔子说他不语怪力乱神，其实不独孔子，中华民族的先祖也不怎么语怪力乱神。当难以绕过怪力乱神时，先祖们总是想尽办法削减它的恐怖性。中国传说故事中为什么有那么多的妖怪变美女的故事，可能与这传统有关。

值得提出的是，史前期结束进入文明时期，审美风尚有些变化，文明之初，器物的审美风格不是越来越世俗，越来越亲和，倒是一度出现了诡异神秘的风格。作为商代青铜器标志性形象的饕餮图案给人以威压与恐惧。器物上纹饰也多繁复、浓重，这种状况直到周代开始有所变化，而到春秋战国，则又走向世俗与亲和。这种审美风尚的变化值得深入研究。

（二）注重形神兼备

中华民族的史前雕塑，除了像龙、凤这样纯然想象性的动物外，一般还是注重从生活的真实出发，比较地注重写实。人物雕塑，是立体的，则注重各部位的比例，不致太失实。对于人物的面部，注重刻画其表情。我们上面谈到过的甘肃高礼寺和陕西洛南等地出土的少女头像，神情均很有内涵，耐人久久地品赏。即使是动物雕塑，也力求塑造出其内在精神来，比如上面谈到过陶水鸟壶，其鸟首接近地面，向前探寻，眼睛虽小却让人感到目光炯炯，真是传神之作。中华民族美学观注重形神兼备，虽说在理论上提出是在南北朝时期，在实践上应该说在史前雕塑中已见端倪。

（三）注重线刻艺术

雕塑有多种，有重立体的圆雕，也有重平面的线刻。

中华民族史前雕塑，各种技法均有，值得我们注意的是，线刻艺术比较地突出，也比较地发达。河姆渡文化遗址出土有牙刻的双凤朝阳图。线条流畅、简洁，且极为传神。河姆渡出土的陶器上有猪、五叶花等装饰，也都是线刻的，比之于象牙雕上的线条，这陶器上的线条又别具一种情趣。良渚文化遗址出土的玉器上多亦有线刻的图案，其线细小如丝，放大一看非常匀称。

众所周知，中国艺术一大突出的审美特点是重视线的造形。绘画、书法是最为明显的，其他的艺术如戏剧，其唱腔珠圆玉润，其台步走如画圈，亦见出线的意味。雕塑其本质是团块艺术，西方的雕塑就非常看重它的团块感，中国的雕塑不是不重视团块，但更重视线的意味，因而中国的雕塑更像是绘画。

（四）注重美感

中华民族史前的雕刻，虽然如同世界其他各民族的史前艺术一样具有一定的原始宗教性，因而不能不具有一定的神秘意味，也多少带有一定的恐怖性，但是，先民们在创作雕塑作品时，总是自觉或不自觉地追求着美。做法之一是增强人情味，这方面，红山文化中的玉猪龙可谓典型。创作者在为龙雕塑眼睛时，让它眯成一条缝，同时，又精细地刻画出吻部的皱褶。经过这样处理，这玉猪龙（参见图 5-2-3）就显得可爱了。凌家滩文化中的玉鹰也如此，虽然创作者仍然突出着鹰眼的凶猛，但鹰喙却因为加厚，给柔化了，鹰的两翼本是又长又宽的，由于作者的本意不是要雕塑出一只写实的鹰来，因而另做处理，给塑成两只类猪首的东西，宽度也大力减小，适合于佩带，且不失为美。做法之二是加强形式美。创作者熟悉形式美的规律，在器物的制作上，注重平衡、对称、多样统一。良渚文化遗址出土的玉琮可谓形式美的典范。琮的基本造形为方形，但它中部有圆管，是方与圆的组合。方形四条棱又各有不同的装饰，有些将兽、鸟这样的装饰镶嵌进去，融为一体，极为和谐。

第四节 史前岩画

岩画是一种世界性的艺术现象。所谓岩画，就是画或刻在崖壁上的图画，此种图画绝大部分产生于史前，文明时期也有极少数的岩画，但不是岩画的主流，因此，从本质上来看，岩画属于史前艺术。

自 1879 年西班牙史前阿尔塔米拉洞窟和稍后不久的法国拉斯克斯洞窟的岩画发现以来，人们已经在世界各地陆续发现史前岩画。“到目前为止，被公认的世界岩画主要地区有 140 多个，其中美洲 13 个国家 32 个地区，亚洲 12 个国家 32 个地区，非洲 24 个国家 31 个地区，欧洲 14 个国家 31 个地区，大洋洲 6 个国家 15 个地区，共计 69 个国家 148 个地区。”①

中国的岩画分布极广，到现在为止，共有 18 个省区，上百个县旗发现有岩画②。应该说，还有不少岩画被风雨销蚀了，数量无法估计。另外，也可能还有没有被发现的岩画。

①盖山林:《世界岩画的文化阐释》，北京图书馆出版社 2001 年版，第 3 页。

②陈兆复:《中国岩画发现史》，上海人民出版社 2009 年版，第 73 页。

这真是一种奇妙的艺术，在人迹罕至的深山老林、在黄沙漫漫的戈壁沙滩，在阴暗幽深的洞穴，远古人类为什么要在那坚硬的峭壁上留下那样多的气势磅礴的画面，这绝对不是过剩精力的发泄，也不可能是希冀万世留名的壮举，更不可能是追求审美娱乐的奢侈。它的秘密目前远远没有揭出，关于它的探索目前仍然是一道难题，然而许多学者为之孜孜不绝，乐此不疲。这是一种什么样的艺术，为何具有永远的魅力？！

一、中国史前岩画的发现

北魏地理学家郦道元（公元472—527年）在他的《水经注》中记述过岩画，而且多达20余处，涉及的地区有内蒙古、宁夏、青海、新疆、山西、河南、陕西、山东、安徽、广西、四川、湖南、湖北。它所提及的岩画，有些因岁月剥蚀，现在见不到了，但大多今日还可以看到。

如《水经注·河水》中提到贺兰山至阴山一带的岩画："河水又东北历石崖山西。去北地五百里……山石之上，自然有文，尽若虎马之状，粲然成著，类似图焉，故亦谓之画石山也。"[1]

著名的岩画学者盖山林说，"其地约在今宁夏陶乐县至内蒙古磴口县之间，这一带正是中国岩画密集之地"。[2] 有些岩画，郦道元还做了解释，如：

> （广武）城之西南二十许里，水西有马蹄谷。汉武帝闻大宛有天马，遣李广利伐之，始得此马，有角为奇，故汉献赋天马之歌曰："天马来兮历无草，迳千里兮巡东

❶陈桥驿等译注：《水经注全译》上，贵州人民出版社2008年版，第56—57页。

❷盖山林：《世界岩画的文化阐释》，北京图书馆出版社2001年版，第116页。

> 道。”胡马感北风之思，遂顿羁绝绊，骧首而驰，晨发京城，夕至敦煌北塞外，长鸣而去，因名其处曰候马亭。今晋昌郡南，及广武马蹄谷盘石上，马迹若践泥中，有自然之形，故其俗号曰天马径，夷人在边效刻，是有大小之迹，体状不同，视之便别。①

这个故事非常精彩，郦道元要解释的是广武（今甘肃永登县）和晋昌（今甘肃安西县）等地的马蹄岩画。这马蹄岩画不会是汉武帝为纪念天马而画，它应是史前人类的作品，被郦道元附会上汉武帝的故事了。

岩画的记载，那是历史地理学的事，而关于岩画的解释则远超出历史地理学的范围，有些还关涉到中华民族的发生了。《诗经·生民》说："厥初生民，时维姜嫄。生民如何？克禋克祀，以弗无子。履帝武敏歆，攸介攸止。”② “帝武”是天帝的足迹，也就是岩画上巨大的足迹。史前岩画有这样的画，后来的人们认为是天帝的足迹。姜嫄在野外偶然踩上了这大脚印，后来怀上了“稷”——周人的第一代祖先。周族就这样繁殖发育，一代代地“生民”。《史记》将这一传说引入正史。《史记·周本纪》云："姜原（嫄）出野，见巨人迹，心忻然悦，欲践之，践之而身动如孕者，居期而生子。”③

记载岩画并解释岩画的古籍，除《诗经》、《水经注》、《史记》以外，还有《韩非子》、《太平御览》、《太平广记》、《舆地记胜》、《续博物志》、《异闻录》、《徐霞客游记》、《阅微草堂笔记》及各地的方志等。

以现代科学的眼光考察中国岩画始于1915年，这年

❶陈桥驿等译注:《水经注全译》上，贵州人民出版社2008年版，第34页。

❷《诗经译注》卷六，中国书店1982年版，第35页。

❸司马迁著，李全华标点:《史记》，岳麓书社1988年版，第20页。

考古学者黄仲琴对福建华安汰溪仙字潭的岩刻做了考察，1935年在《岭南大学学报》四卷二期发表了《汰溪古文》。1927年，由中国学者与瑞典学者联合组成的科学考察团对中国的西北地区进行学术性考察，其中也考察了岩画。20世纪40年代，中国考古学家石钟健等对四川珙县棘人悬棺岩画做了考察。“中国岩画的大量发现，则是20世纪50年代以来的事。50年代对广西花山岩画的大规模调查，60年代对云南沧源岩画、70年代对内蒙古阴山岩画、80年代对宁夏贺兰山、内蒙古乌兰察布尔草原岩画、新疆阿尔泰岩画的发现与研究，都是卓有成果的。”[1] 著名岩画研究专家盖山林认为，中国岩画虽然分布很广，但集中的则只有阴山、巴丹吉林沙漠、贺兰山、阿尔泰山、天山、沧源和左江。他称它们为中国七大岩画宝库。

史前岩画作为符号，是感性的存在，似是空间的，二维的，形象的，类似于绘画。但是，它却不是后来的绘画，如果要说它是画，其实需要打上引号，原因是它承载的功能，远远超出绘画。然而，它的功能到底是什么，至今我们没有得到确切的解释。

二、中国史前岩画人面形象解读

人面形是岩画中一种比较特殊的题材，通常是只有人头，而无人身。人头形状有种种情况：圆形、方形、三角形，圆形有冠饰，圆形周遭有放射线……另外，有的有轮廓，有的无轮廓，有的只有半轮廓，等等。不管是哪一种，眼睛总是有的，而且很突出，古怪、神秘，甚至有些恐惧。

下面，我们先来看看各种不同的人面头像：

❶盖山林：《世界岩画的文化阐释》，北京图书馆出版社2001年版，第118页。

图 7-4-1 连云港将军崖人面岩刻，采自《中国岩画发现史》，图 4-1

（一）连云港将军崖人面像岩刻（图 7-4-1）

连云港将军崖上的人面像有诸多形状：（1）无轮廓人面像，有两只大眼但无眼珠，鼻子很窄小，左眼下有三个圆点。（2）无轮廓人面像，有眼珠，但无鼻子。（3）有轮廓人面像，圆脸膛，有眼、嘴、鼻孔，但无耳。（4）有轮廓，头上有冠饰。从前额经鼻划一道线直至脖子。（5）人面加植物（禾苗）身子（参见图 10-2-2）。

据陈兆复先生描述，“人面像中最大的一个高 90 厘米，宽 110 厘米，头饰为几何形图案。眼睑用多根线条勾勒，另加三根线条画成眼角的鱼尾纹。从耳朵到脸颊和嘴角，都由许多短线条连接起来。线条刻得很杂乱，可能是表示纹面。这里许多人面像的形象，大都与此相同，只是有的大些，有的小些，有的眼睛是同心圆，有的则只是简单的一个圆点。所有的人面像都有一根长线条，从额头到面颊，一直连到下面的禾苗或农作物上。农作物的图案分为两种：一种由下向上，刻成一组放射状图形，似表现禾苗；另一种在放射状图形下面还有许多三角形和水平线，可能是表示埋在地下的根块。此外，在这一组里还有许多别的符号。”①

①陈兆复：《中国岩画发现史》，上海人民出版社 2009 年版，第 189—191 页。

图 7-4-2 内蒙古阴山岩画，采自《中国岩画发现史》，图 4-4

（二）内蒙阴山人面像岩画（图 7-4-2）

这也有多种形式：1. 人面为三角形，三角形中又套一个三角形，为两只眼及鼻子。2. 与这种形状类似的，是三角形中，一只眼睛独立出来，另一只眼与鼻连为一体。3. 只有两只眼，眼画成三个圈。4. 面形基本上为圆形，有的左边脸有羽毛饰，有的头上有冠饰，有的胡须很长，疑为神的面具。

（三）内蒙古乌海市桌子山人面像岩画（图 7-4-3）

图 7-4-3　内蒙古乌海市桌子山人面像岩画，采自《中国岩画发现史》，图 4-6

1981 年，在内蒙乌海市桌子山发现的人面像岩画特点很突出，其中有些人面周遭有毛，五官不清晰，眼眉为横向线条，贯通脸部；鼻变形很厉害；嘴比较大，隐约可见牙齿。身子也有，但简化成两条线，有的还露出生殖器。

（四）宁夏贺兰山人面像岩画

贺兰山岩画人面像有多种，其中一种形象狰狞，下巴膨出，类猴，眼为两个圆圈。眼外圈的眼睫毛长达发际，与嘴相连，头顶有向外突出的毛。

（五）台湾万山人面像岩画（图 7-4-4）

1978 年，在台湾万山发现史前岩画，岩画中的人面像轮廓完整，五官俱备，有的头上有羽毛饰。

以上只是举例，不是全部。人面像岩画分布极广，形态极为丰富。这些人面像岩画具有什么样的文化内涵、审美意味呢?

图 7-4-4　台湾万山人面像岩画，采自《中国岩画发现史》，图 4-8

首先，它可能寓有人对精神的一种理解。原始人应是相信人是有精神的。在原始人，精神、心、灵魂是一个概念。

人的肉体感官是可以把握的，人的精神则难以把握。套用老子“有”与“无”概念，肉体是“有”，精神是“无”。肉体会死去，精神则会留存。这留存的精神在哪？活着人怎么与它沟通？原始人可能认为，人的面像是精神的家。人的面像不仅可以表情，而且可以表意。表情的主要器官是眼睛，表意的主要器官是嘴巴。本来不可把握的精神通过眼睛和嘴巴就变得可以把握了。因此，眼睛与嘴巴不仅是精神的通道，而且就是精神的代表。

将人的面像，特别是眼睛与嘴巴画在野外的悬崖峭壁上，无异于向天地昭告人的意愿。这是人的宣言。是人向天地发出的信件，不是如某些学者所说是“天书”，而是“人书”。

部落首长当其觉得有必要向天地发布他的宣言的时候，他就命令他的属下在野外的悬崖上刻下人的面像。为了突出眼睛与嘴巴，他也可能将人面的其他部位，如鼻子、耳朵略去，甚至将人面的轮廓略去。

人面像岩画既然可以表示人的意愿，那么，它就可以成为某一部落首领、英雄永恒的纪念。

部落中某一首领死了，部落的人顿时感到没有了主心骨。怎么办？将他的面像刻在崖壁上，让他的眼睛永远看着部落，也让部落的人永远看到他的眼睛，这样，就意味着仍然可以接听到他对部落的指示，感受到他对部落的关爱。

这是一种巫术，属于模仿巫术。只是模仿人的面像，而且主要只是模仿了眼睛，就达到了与真实的人相沟通的目的。当然，这种模仿只是象征性的，不在像不像，而在是不是。如果这一人面像的确指为部落中的某一位首领，那么，这人面像就不只是一般地表示对灵魂的理解，而是对这一逝去的部落首领的纪念。它就是当今的纪念性雕塑。

人的精神寄寓在人的肉体里，但它与肉体并不融为一体，在某种情况下，它也可能脱离人的肉体而独立存在。人的肉体可以死去，人的精神却可以永恒。只要精神活着，这活着的精神竟然可以创造新肉体，借这新的肉体实现愿望，创造奇迹。《山海经·海外西经》中说的刑天的故事，当是最有力的证明。刑天与黄帝争神，黄帝将刑天的头砍了下来，并且将它葬在常羊之山。刑天的肉体可以说死了，但刑天的精神不死，这精神仍要与黄帝一决高下。于是，它让没有头的躯体恢复生命，以双乳为目，以脐为口，操着干戚继续与黄帝战斗。刑天是东夷族的首领，史前连云港这一带的居民当为东夷族，因此，也不排除其中某一人面像就是刑天。

至于人面与禾苗相联缀，学者们基本都说是农业神，“奉植物灵魂为神，祈求谷物丰收增产”。笔者觉得这样说似乎简单了些，首先，将人面像下面联缀的长条状物视为禾苗也证据不足，在笔者看来，它就是一条线，意味着由已经逝去的部落首领、英雄的灵魂联系着大地，联系着人间。

另外，不排除画在崖壁上的人面像是神的面具。史前的巫师在从事巫术活动时须戴上面具，这些面具综合人与动物的形象，具有怪异性、神秘性。东北原始萨满教就有各式各样的面具，这些面具作为巫师的法器具有神奇的功能，它既可体现人的愿望，又可以表达上天的旨意。因此，它是神权兼神力的象征，将这种形象画在野外的悬崖峭壁上其威慑力可想而知。

三、史前岩画动物形象解读

动物是岩画的主体。内蒙古的阴山岩画和乌兰察布岩画，动物岩画占到 90% 以上。动物岩画大体可以分成两类：

（一）野生动物。不同的地区活动着不同的动物，因而各地岩画的动物是不一样的。新疆阿尔泰地区的动物岩画以马、羊、鹿为多，青海岩画则以羊为多。南方的岩画如云南沧源的岩画中的动物则多象、猴、豹、虎等。

（二）家养动物。这以南方为多，这些动物主要有牛、羊、马、猪等。

两类动物以前一类动物为多且更生动。这些动物的描绘大体上可以分为单体、群体两类。单体动物多为大型动物，新疆阿尔泰汗得尕特乡山区的巨石上有一幅岩画（图 7-4-5），画有一头独角鹿，长 120 厘米，高也达 120 厘米。此鹿为新疆岩画中动物形象最大的一个。

图 7-4-5　新疆阿尔泰岩刻大型动物，采自《中国岩画发现史》，图 4-9

不过，动物岩画以群体为多，这些动物或在紧张地奔逐，或在警惕地伫立，或在殊死地格杀，充满着旺盛的生命气息。

动物在史前人类的意识中具有多种重要的意义：第一，动物是人们狩猎的对象。第二，动物是人们崇拜的对象，有些史前部落是以动物作为自己的图腾的，认为自己与某动物有一种血缘关系，甚至认为自己是此动物的后裔，将此动物当成自己的祖先予以尊敬、崇拜、祭祀。中国的神话资料中，有始祖为动物的诸多记载，如：

“庖牺氏、女娲氏、神农氏、夏后氏，蛇身人面，牛首虎鼻。”① “东方句芒，鸟身人面，乘两龙。”② “泰氏，其卧徐徐，其觉于于，一以己为马，一以己为牛。”③ 所以，岩画中的动物有些应该是部落的图腾，是祖先神。第三，动物具有诸多神奇之处，许多方面是人所不及的，比如虎之凶猛，鹰之善飞，鹿之善跑。因此，史前人类普遍认为动物具有神性或者就是神。《山海经》中记载闻诸多神兽。如：

> 西南三百八十里，曰皋涂之山。……有兽焉其状如鹿而白尾。马足人手而四角，名曰玃如。有鸟焉，其状如鸱而人足，名曰数斯，食之已瘿。④
>
> 又西百八十里，曰黄山，无草木，多竹箭，盼水出焉，西流注于赤水，其中多玉。有鸟焉，其状如鸮，青羽赤喙，人舌能言，名曰鹦䳇……⑤

这些动物，今日看来均为怪兽、怪禽，也许它是人们想象中的动物，但也可能确有这样的动物，只是后来消失了。岩画中的动物有些怪异之处，除了从艺术夸张、变形的角度理解外，也可以作这样的理解。

同样，将动物形象画在野外的高山石壁上，也具有不寻常的意义，按照原始宗教的理论，这些涂抹在野外石壁上的动物形象均是神。

四、史前岩画人物生活场景解读

史前岩画大量的有人类生活场景的描绘。

①张湛注：《诸子集成·列子注》3，上海书店1986年版，第26页。

②袁珂校译：《山海经校译》，上海古籍出版社1985年版，第212页。

③陈鼓应注释：《庄子今注今译》，中华书局1983年版，第211页。

④袁珂校译：《山海经校译》，上海古籍出版社1985年版，第23页。

⑤袁珂校译：《山海经校译》，上海古籍出版社1985年版，第23页。

图 7-4-6　内蒙古阴山狩猎岩画，采自《中国岩画发现史》，图 4-19

图 7-4-7　云南沧源狩猎岩画，采自《中国岩画发现史》，图 4-19-1

图 7-4-8　内蒙古阴山战争岩画，采自《中国岩画发现史》，图 4-22-1

（一）生产活动。史前人类的生产活动主要是狩猎、渔牧和种植。岩画表现最多的是狩猎生活，在北方的岩画中这又尤为突出。内蒙古阴山有一岩画（图 7-4-6），描绘的是围猎的场景。左上方一位猎人拿着长长的武器还有盾牌，在向动物进攻；左下一猎人在张弓搭箭，射向猎物。右边一猎人在驱赶猎物。此图下部有一相对独立的画面，为一猎人向一动物进攻的情景。

云南沧源岩画中有一幅围猎图（图 7-4-7）。上部两个猎手张着一张网，左边一猎人张开双臂，显然在驱赶动物，右下方有五只动物正在向着网奔去。

（二）战争。史前部落之间战争不断，战争的目的是争夺地盘，掠夺对方资源、人口。战争的消极成果是造成了人员的大量伤亡，不过也有积极成果，最重要的积极成果是促使部落的融合。胜利的部落为了纪念某次重要战争，会在悬崖上雕塑一幅画，是内蒙阴山的一幅岩画（图 7-4-8），画面表现的是一场战争。双方正在激战，右边的一方看来处于进攻的地位，阵地正向左边一方推进，左边的一方虽然处于弱势，仍在顽抗。图中右上方有一位，头上尾翎飘扬，很可能是指挥官。他的下边前方有两位战士，前面一位站着射箭，后面一位蹲着射箭。前面的一位恰好成为后面一位的掩护，这是一种战斗的组合。下边有两位战士似在肉搏，扭打在一起。他们的弓箭都丢在地下。左下方两位战士在对射，中间似有一人已中箭，正在后倒。最有意味的是图的最下面还有一头野兽，长长的尾巴，半蹲伏着，向着右方的军队狂吠。

云南沧源岩画中的战争画也很精彩。与上面所说的阴山战争画不同的是，此画中表现的不是激战方酣，而是战争结束时的欢呼场面。胜利的一方，人物多为正面。或两手平伸，或两手下按，或一手上扬，或一手下按。阵地躺着几具死尸。 图中有牛，也许是战利品，也许牛也参战了。

（三）祭祀。祭祀是史前人类重要的社会活动，祭祀的对象或为山川，或为祖先，极为隆重。史前岩画将最重要的祭祀场面保留下来。陈兆复先生说："我国的祭祀岩画以广西左江流域崖画为最，其中的花山的崖壁画，以其人物之众多，气势之宏伟，堪称全国之冠。在1000多平方米的崖壁上，密密麻麻地画了1000多个人物，人物不分大小，也不拘正侧，一律高举双臂，蹲踞两腿，整齐划一的动作在画面上重复了千百次。"①（参见图7-2-1）史前人类将祭祀的场面永久性地保留在崖壁上，可能是为了表示对天地神灵的虔诚，企图以之感动上苍。

（四）村落。云南沧源岩画中有一幅画，将整个部落都画进去了，画的中心部位有一个圈，圈中有房子，圈外左右两条线，线上站满了人，靠近村庄的人群中有牛、羊，好像是放牧归来。远处的人们在射箭，似是在打猎。画面下部有两排人物，他们的中心立着一根杆子，杆子上绑着一个人，人头上顶着两排黑白交间的东西。这幅画将史前人类的日常生活尽皆画出，虽然不合

①陈兆复:《中国岩画发现史》，上海人民出版社2009年版，第260页。

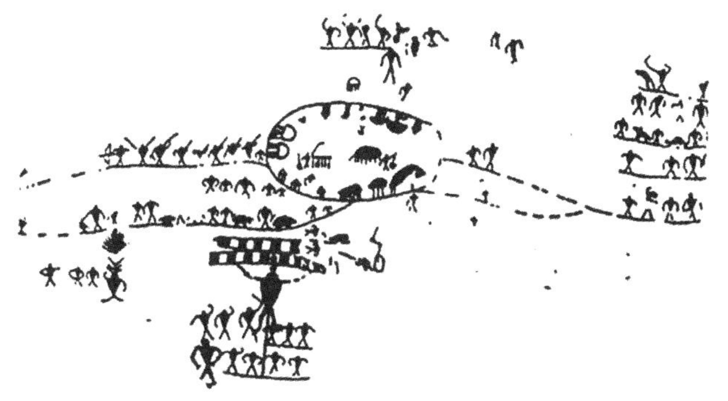

图 7-4-9　云南沧源岩画村落图，采自《中国艺术通史》原始卷，图 1-8-7

比例，但画面仍然比较地有章法，错落有致，清爽醒目（图 7-4-9）。

（五）交媾。性活动是人类的本能，也是人类最基本的生命活动之一。人类的生命，一是个体的生命，另是种族的生命。个体生命的保存是有限的，人类得以生存下去，决定的在种族的保存，而种族生命的保存，决定的又在繁殖。正是在这个意义上，性活动在人类生活中具有极其重要的地位。

史前人类普遍盛行着生殖崇拜。当时他们没有性的羞耻观念，因而不仅在光天化日之下进行着性活动，而且还将性活动情景做成岩画，涂抹在野外的崖壁上。这样做无疑认为这种活动是神圣的。涂抹在崖壁上是将其神化。也许部落定期或不定期地要朝着它祭祀，要对它崇拜。希望得到它的赐福，让部落子孙绵延不绝，人丁兴旺。因此，那涂抹在崖壁上的交媾者，不是普通的人而是生殖之神。各地岩画均有交媾图，大多赤裸裸地表现，如宁夏贺兰山苦井沟崖壁上的交媾图、阴山岩画的群体性交媾图（图 7-4-10）；也有表现得比较隐晦，像珠海宝镜湾岩画中男觋、女巫的形象，隐隐露出生殖器，

图 7-4-10　阴山岩画群体性交媾图，采自《中国岩画发现史》，图 4-24

似也在求交媾。岩画中的交媾图有戴着动物面具的交配活动，可能是一种巫术活动；也有人兽交配，反映出当时的蒙昧状态。

（六）舞蹈。史前人类也有娱乐活动，那主要是舞蹈。马家窑文化出土的陶盆就有舞蹈纹。同样，岩画中也有不少舞蹈的场面。大体上分为两类：一类舞蹈与祭祀联系在一起，其舞蹈实为祭祀的组成部分，我们上面说到的广西花山岩画祭祀场面也就是舞蹈场面。另一类则与祭祀没有关系，它是人们日常欢乐的形式。云南沧源岩画中就有这样的画（图 7-4-11）。

图 7-4-11 分为三组。左上一组为一横排，他们款款而舞，两手分开，身体微微低抑，动作节奏感很强。右上一组为三角形组合，三角形顶尖方一人，似为领舞者。他手臂张开，上扬，臂上有装饰物；靠左偏上方为五人，每人姿态不一，其中一人手持木棒似的道具；靠右偏下方为三人，其中一人两手张开，各持类似武器似的道具。左下一组人数多达九人，场景比较复杂，构图为三角形，处于角上的一位为领舞，他一手挥着盾牌，一手挥着长矛。

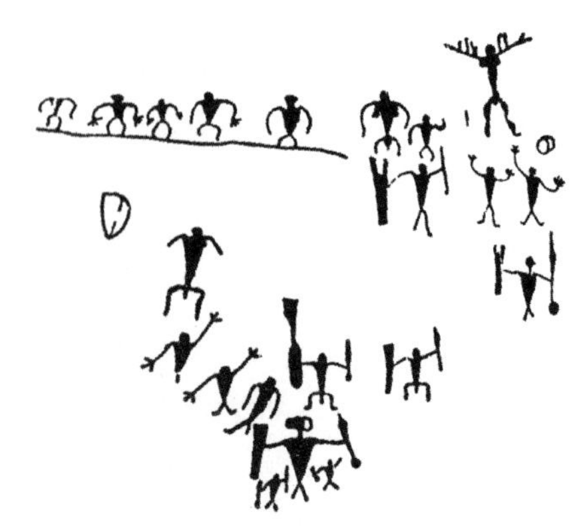

图 7-4-11　云南沧源崖画盾牌舞，采自《中国岩画发现史》，图 4-25

舞队其他舞者也都有这两样道具。看来，这像是一场战争舞蹈。

图7-4-12 宁夏岩刻，采自《中国岩画发现史》，图4-30-2

史前岩画和岩刻中有些舞蹈更像是杂技。如宁夏贺兰山岩刻中的双人（图7-4-12），一人在上，一人在下。下面的人将上面的人双脚托起，而他自己似是在舞蹈，臀部在摆动。动作技术难度非常大，但表演者的姿态非常优美，画面明显洋溢着欢快的情感。同样的画面在广西左江流域的岩画、新疆阿勒泰岩刻、云南沧源崖画，均也可以看到。

舞蹈岩画或岩刻的发现是具有重要意义的。舞蹈必然伴有音乐，虽然音乐无法留存下来，但我们通过舞者的动作，猜测其节奏、韵律，大体上可以想象出音乐的面貌来。舞与乐的结合是艺术的胚胎。这种形式一直流传下来，发展成融诗、舞、乐于一体的乐。在周代，经周公等人的整理，乐成为礼的补充，成为治国的重要手段。战国时期，大儒荀子将乐提到与礼并提的地位，礼乐文化遂成为中华文化的重要传统。

史前岩画和岩刻中的舞蹈虽然有着浓郁的巫术格调，但是仍然洋溢着欢乐的气氛，说明舞蹈已经不完全是原始宗教的手段，而是审美的一种形式了。

五、史前岩画的审美特征

（一）感性思维

史前岩画作为人类早期的艺术其审美特征在某种程度上有些类似儿童画，稚拙，生动，充满着想象力，体现出旺盛的生命力量。但史前岩画毕竟不是儿童画，它是人类童年的作品，却也是那个时代人类精神之花，它充分反映着那个时代人类对周围环境，对人类自身的重要意识。这种意识，从本质上看应是理性的，但那个时代的人类还形成不了严密的理性思维，他们的所有的认识均只能是感性的。虽然是感性的，却不只是感觉与知觉，它也有理解，有思维。比如，对神灵的理解，史前初民已认识到人的命运不能完全掌握在人手中，那么在谁手中呢？初民们想象在神灵手中。神灵是什么样子？初民们无法从理论上概括它，于是就将它描述成既像人又像动物一样的东西。他们认为，这就是神。再比如初民们对太阳的理解：初民们觉得太阳很伟大很神奇，能操纵人的生命，于是恐惧它崇敬它。又怎么表示对太阳的这种情感呢？初民根据对太阳的视觉感受，将它画成圆圈或圆球，为了显示出太阳的光芒，又在圆的四周画上放射状的直线，为了表达对太阳的崇拜之情，就画上一些人对着太阳欢呼，舞蹈。无独有偶，内蒙古阴山岩画中也有类似的画。画中的人物双手合在头顶，身体下蹲，头上有一个圆圈，那就是太阳（图 7-4-13）。

图 7-4-13　内蒙古阴山岩刻，采自《中国岩画发现史》，图 4-23-3

感性思维是史前人类最基本的思维方式。感性思维中有摹仿，有变形，有想象，有拟物，有借代，有象征。这些方式有一个基本点——不离开感性，不离开形象。

（二）巫术意味

史前人类的思维方式是感性的。感性的方式其品格可以是多样的。儿童的思维方式是感性的，儿童可以将花看成是笑脸，也可以将蛙鸣理解成说话。他的这种思维品格属于拟人，就是说，世界上的一切在儿童的思维中都可以人格化，但它不是巫术。巫术思维中也有拟人，但更为根本的是，巫术思维是拟神，巫术思维将这个世界上的一切都神灵化了。巫术认为，神在控制这个世界，也控制着人。神灵至上论是巫术思维的基础理论。

既然神灵至高无上，人的生存就受到限制。一切均需得到神灵的同意、支持方好，那人又怎样才能达到与神沟通呢？——巫术。巫术是一种术——通神术。这种术有一个基本特点，就是感性。巫术思维属于感性思维，与一般的感性思维之不同在于巫术思维也有理性，只是它不是科学理性，而是神学理性。

巫术思维有一个突出特点：独断论。它不需经过科学的验证，主观地认定某物或某人具有神性，于是就崇拜此物，崇拜此人。

在部落中，专职通神的人是巫师。巫师平常是普通人，通神时就不是普通人了。他与一般人有些不同。一是体现在打扮上，他会戴上面具，穿上兽皮，将自己打扮成让人恐怖的形象；二是在发声上，他会说一些谁也听不懂的话，唱一些莫明其妙的歌；三是在动作上，他会合着歌声跳舞，这种舞蹈既然是合着节拍，就有几分节奏感，给人带来兴奋，带来某种欢乐，但更多的是恐惧，是神秘。

画在崖壁上我们称之为艺术的画，一是将史前通神的巫术再现出来；另外，它本身也是巫术，史前初民试图通过这画再次与神沟通。

（三）宏伟气势

史前岩画无疑是天地最宏伟的艺术，在这点上，任何当今艺术与之相比都相形见绌。这里说的宏伟，除了因为有雄奇险峻的大自然作依托之外，还因为它所体现出来的精神气概是宏伟的。试想想，在人迹罕至的高山峻岭之中在顶天立地的悬崖峭壁之上作画，作雕塑，那是怎样一种精神！正是因为难以想象，所以不少岩画被人看作是外星人的杰作。

（四）稚拙情趣

上面我们说到史前人类属于人类的童年期。童年是稚拙的，也是天真的，可爱的。读史前岩画，我们常能感受到这种属于童年的稚拙与可爱。岩画中那些战争图，狩猎图，在今天的人们看来，简直就是游戏图，它原有的恐怖没有了，只有情趣，只有神秘，这一切都潜藏着最可贵的童趣——人类的童趣。

图 7-4-14　新疆阿尔泰岩画，采自《中国岩画发现史》，图 4-15-4

（五）多元风格

史前岩画什么风格都有。写实主义的，有。它可以画得很真实，很合比例，如阿尔泰岩画中那头单峰骆驼（图 7-4-14）。

象征主义的，有。它不在乎真实，只在乎其指意，如云南沧源岩画中的太阳（图 7-4-15）。

图 7-4-15　云南沧源岩画太阳，采自《中国岩画发现史》，图 4-59-1

装饰主义的，有。它可以图案化，让画干净漂亮，如，新疆阿尔泰乌吐不拉克岩画车辆（图 7-4-16）。

图 7-4-16　新疆阿尔泰乌吐不拉克岩画车辆，采自《中国岩画发现史》，图 4-49

抽象主义的，有。它不再写实，而高度概括，不再重再现，而重表现，如宁夏贺兰山石嘴山的舞人岩画（图 7-4-17）。

当然远不止这些风格，如果仔细看，现代主义的各种风格除了极少数的外，我看也都可以找到它的源头。

（六）魅力线条

史前人类相当于儿童，心智并不健全，文化的分化不够明显，因而全世界的原始部落相似的地方远多于相异的地方。就岩画来说，上面说到几个方面各民族的史前岩画似乎都有。但是仔细比较一下史前各民族的岩画，它们还是有些区分的，除了各个地方因为地理条件不同，动物不一样，人也长得不一样之外，我们发现，在造形手

图 7-4-17　宁夏贺兰山石嘴山的舞人岩画，采自《中国岩画发现史》，图 4-36

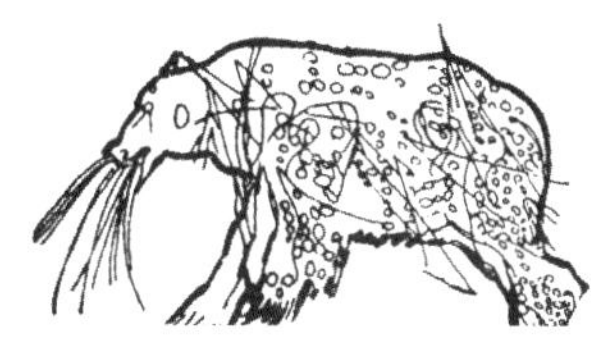

图 7-4-18　法国三兄弟洞窟中的熊图，采自《中国岩画发现史》，图 4-20

图 7-4-19　内蒙古阴山岩刻骆驼图，采自《中国岩画发现史》，图 4-13

段上，中华民族的岩画似乎更看重线条的作用。这只要将史前法国三兄弟洞窟中的熊图（图 7-4-18）与中国内蒙古阴山岩刻的骆驼图（图 7-4-19）做个比较就清楚了。

法国三兄弟洞中熊图，虽然也用了线条，但那线条是不流畅的，法国史前画家看重的是整个动物的造形，而中国史前画家看重的是线条的流畅，不仅在乎动物的造形，它像不像，还在乎这造形的手段——线条有没有趣味。我们再看看内蒙古阴山岩刻的骆驼图和宁夏贺兰山口门沟的狩猎图（图 7-4-20），画家似乎自我陶醉在他的线条了，那一条条线条，舒徐有致，轻松跌宕，你可以感受到画家在拖动线条时那愉悦的心情。

有些岩画其线条不只是线条，还变成块面了，你也可以说那块面不是块面变成线条了。广西花山岩画祭祀舞蹈图就是如此，内蒙古阴山岩画猎鹿图（图 7-4-21）也是如此。

众所周知，重视线条造形是中国绘画的重要传统，这一传统可以溯源到史前岩画。

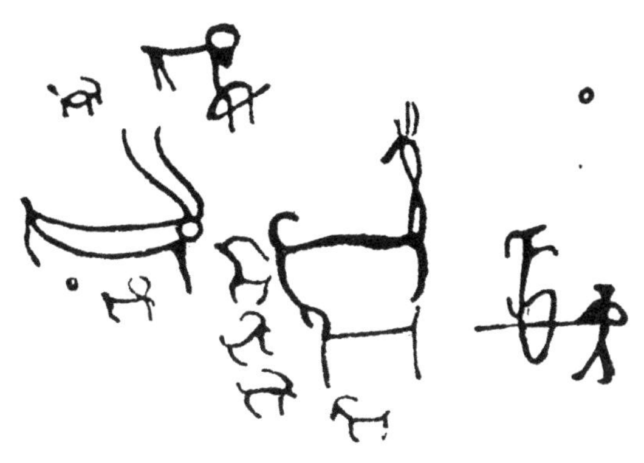

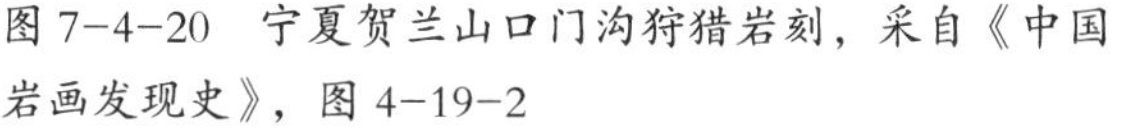

图 7-4-20　宁夏贺兰山口门沟狩猎岩刻，采自《中国岩画发现史》，图 4-19-2

图 7-4-21　内蒙古阴山岩画猎鹿图，采自《中国岩画发现史》，图 4-19-3

文明前的「文明」

中华史前审美意识研究

下

陈望衡 著

人民出版社

马家窑文化漩涡纹陶盆
（见内文图 11-3-11）

马家窑文化马家窑类型陶盆
（见内文图 4-3-12）

良渚文化瑶山遗址玉冠状饰
（见内文图 12-4-1）

凌家滩文化玉人坐姿像
（见内文图 10-1-7）

石家河文化肖家屋脊遗址玉人头像
（见内文图 10-1-1）

石家河文化肖家屋脊遗址玉虎头
（见内文图 10-2-13）

红山文化女神雕塑头像
（见内文图 10-1-4）

仰韶文化早期秦安大地湾人头陶罐
（见内文图 10-1-2）

红山文化女神雕像
（见内文图 10-1-5）

四坝文化足形陶罐
（见内文图 9-4-1）

马家窑文化半山型四大圈旋纹彩陶壶
（见内文图 4-3-7）

河姆渡文化遗址猪纹陶钵
（见内文图 4-2-11）

马家窑文化半山类型圆圈波浪纹陶罐
（见内文图 11-3-13）

半坡类型半抽象鱼纹陶盆
（见内文图 11-2-2）

马家窑文化齐家类型鸟头盖罐
（见内文图 11-3-4）

河南临汝阎村仰韶文化遗址鹳鸟衔鱼纹陶缸
（见内文图 11-2-3）

河姆渡文化鸟形塑
（见内文图 11-1-4）

河姆渡文化陶埙
（见内文图 11-1-7）

河姆渡文化绑柄骨耜
（见内文图 11-1-10）

河姆渡文化圆雕象牙匕形器
（见内文图 11-1-12）

河姆渡文化双鸟朝阳纹象牙蝶形器
（见内文图 10-3-1）

河姆渡文化蚕纹象牙盖帽形器
（见内文图 11-1-11）

河姆渡文化骨哨
（见内文图 11-1-6）

河姆渡文化木蝶形器
（见内文图 11-1-13）

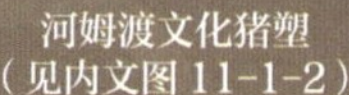

河姆渡文化猪塑
（见内文图 11-1-2）

河姆渡文化羊塑
（见内文图 11-1-3）

大汶口文化 S 纹象牙梳子
（见内文图 12-3-6）

河姆渡文化鸟形盉
（见内文图 11-1-9）

红山文化玉凤饰器
（见内文图 11-2-5）

二里头文化遗址的龙纹绿松石
（见内文图 11-5-7）

疑，《荷马史诗》到底是神话，还是传说？有的民族关于史前的故事，传说的成分比较地重，如中华民族。

中华民族没有一部类似《荷马史诗》的著作，关于史前的描述存在于先秦、汉代的各类著作中，大多零碎，不完整。这其中，有神的世界，最著名的莫过于西王母的故事了，但更多是关于中华民族始祖的故事，将这些散见在各类书籍中关于始祖的故事联缀起来，可以清晰地见出一条历史发展的线索。大体上从有巢氏、燧人氏开始到禹结束，主干部分为三皇五帝的传说。

“三皇”的说法不一样，一种说法是为“天皇”、“地皇”、“人皇”；另一种说法是三位有名有姓的中华民族始祖。到底是哪三位始祖，历史学家许顺湛根据诸多的史料，将其组合成八种：1. 伏羲、神农、燧人。2. 伏羲、神农、祝融。3. 伏羲、女娲、神农。4. 伏羲、祝融、神农。5. 宓戏（伏羲）、燧人、神农。6. 燧人、伏羲、神农。7. 伏羲、神农、黄帝。8. 燧皇、伏羲、女娲[1]。

[1] 许顺湛：《五帝时代研究》，中州古籍出版社 2005 年版，第 5—6 页。

一、有巢氏的传说与“巢居”的意义

大体上可以认定为中华民族最早的传说应该是有巢氏、燧人氏的传说。

关于有巢氏的传说，《韩非子 · 五蠹》、《庄子 · 盗跖》有记载：

> 上古之世，人民少而禽兽众，人民不胜禽、兽、虫、蛇。有圣人作，构木为巢以避群害而民悦之，使王天下，号之曰有巢氏。[2]
>
> 古者禽兽多而民少，于是民皆巢居以避之。昼拾橡、栗，暮栖木上，故命之曰

[2] 王先慎集解：《诸子集成 · 韩非子集解》5，上海书店 1986 年版，第 339 页。

有巢氏之民。[1]

有巢氏是巢居开始时代，这个时代对于初民审美意识的发生具有极其重要的意义。

居，是人生存第一义，人生活在这个地球上，如所有的动物一样，总有一个居住之处。只有居得下来，才能生存下去。动物居，大体上有两种：一种基本上利用自然环境，将就一个居住场所；另一种则是利用自然物质，建设一个居住场所。前者的特点是"就"，后者的特点是"建"。原始人类的居住场所，原来也主要是"就"，比如，住在山洞里，为穴居。当人类觉得这种居住场所不理想，想自己动手做一个屋子的时候，屋子的意识产生了。这个阶段出现巢居。巢居，从上面所引材料的来看，有两种形式：一是筑巢于树上，它的好处是可以防止大型动物的夜间侵袭但并不安全；另一种则是筑巢于地上，这后一种可能是主要的。

从穴居到巢居有一个过渡时期，过渡期的屋子可以称为半穴居。这种半穴居的屋子有一半在地下，一半在地面上，地面上的屋子用泥土、树枝、树叶、干草搭盖。随后则直接在地面上盖房了。

考古发现史前的古村落，能依稀见出地面建筑样式的主要有两处：一是河姆渡文化遗址；另一是半坡文化遗址。河姆渡文化遗址所发现的带榫卯的干栏式建筑在第一期文化中保存较多，建筑排列比较地有规律。第二期文化的建筑遗迹不像第一期文化那样多且有规律，但用的木柱粗大，加工规整，边线整齐，棱角清晰。这个时期的建筑的突出特点是屋子有了木质垫板，说明河姆渡人已经懂得要防潮了。第三期文化房屋建筑遗迹只有零星的柱洞，无规律可寻，但发现了木构水井遗迹，说

[1] 陈鼓应注译：《庄子今注今译》，中华书局1983年版，第778页。

明此时的人们已经懂得挖井了。在居住地挖井，为的是方便生活。说明此时的居，比较地注重质量了。第四期文化的建筑遗迹重要的是柱础的发现。柱础呈坩埚形，里面放置有料土和碎陶片，这种土与陶片的混合物经过砸实。河姆渡人将柱子置于柱础上为的是防止柱子承重下沉以延长柱子的使用年限。半坡文化遗址所发现的建筑遗迹，早期有半穴居的屋子，后期则主要在地面搭建了，房屋样式有圆形和方形两种。

有巢氏的时代可能比河姆渡要早，那个时候的屋子很可能主要还是建在树上，也有建在地面上的，为半穴居式的屋子。巢居可以做狭义与广义两种维度的理解：狭义的巢居，那就是筑巢在树上；广义的理解，则为建房子，包括半穴居、地面上盖屋。巢居的意义主要有三：

第一，有了“家”的概念。家可以分成软件、硬件两个部分。软件为人，以夫妻关系为基本元素的一群人。硬件就是屋子。原始初民在巢居前也是聚族而居的，那不是家，是族，一个老祖母领着她的子子孙孙住在一起，巢居之后，住在一所屋子中的一般只能是一对夫妻。必须强调家的基本元素为一对夫妻关系，当然，这不妨碍他们上面还有父母，下面还有儿女。

家意识是诸多人文意识的摇篮，其中最重要的是道德意识。最早的道德意识产生于家庭之中，具体来说，一是处理夫妻关系的原则，二是处理父（母）子（女）关系的原则。这二者，又以夫妻关系为基础，因为无夫妻则无子女。

夫妻关系建立在男女关系的基础之上，男女关系即动物界的雌雄关系，这是最自然的关系，动物界的雌雄相交即为性，性有自然性冲动，也有情感性的吸引。这样一种关系着生命繁殖的生命活动，在动物，主要是依据自然性的原则进行的，而在人，在自然性的原则之外还有着社会性的原则，这社会性的原则中主要有伦理。男女的结合及其关系的维持，除了自然性的需要、情感性的需要外，还关涉到种种社会利益的考量，一整套相应的伦理原则得以制定出来。男女关系，就这样在自然人性的基础上向着人文意义生成。

这中间，也关涉到审美。本来男女有性的吸引，这种性的吸引中包含有准审美意识，说是准审美意识，因为它基本是自然性的，与动物的性吸引差不多。但是，在有了相对稳定的家之后，男女性爱中原本有的感情因素增强了，性爱发展成情爱，情爱之中又添加了伦理的因素，增强了社会责任感。《周易》中的家人卦准确地描述了夫妻情爱关系的实质。家人卦《象传》云："风自火出，家人。"这说的是家人的亲密关系。《彖传》则云："家人，女正位乎内，男正位乎外，男女正，天地之大义也。家人存严君焉，父母之谓也。父父、子子、兄兄、弟弟、夫夫、妇妇，而家道正，正家而天下定矣。"① 这段话持的立场完全是伦理性的，但是，它对美学有影响。体现在男女之中的以情爱为基础的审美，常常受到这种伦理观念的影响，它或是强化这种情爱，或是抵制这种情爱。中华民族体现在男女之间的情爱经常处于伦理与审美的冲突之中。

第二，有了比较明确的"地"的概念。人类关于天的概念产生比较早。当人们仰望高不可及的苍天时，一种神圣伟大的感觉就升在心头，知道这就是"天"。至于"地"，由于人们居无定所，或山洞，或树上，很难形成明确的概念。而当人们在地上筑屋而居时，"地"的感觉就找到了。"地"，原来是我们脚下这块土地，是支撑着我们身体的力量。当我们的屋子牢牢地立在大地之上，

①朱熹注，李剑雄标点:《周易》，上海古籍出版社 1995 年版，第 90 页。

我们就会感到安全，就有了类似在母亲怀中的感觉。也许不是在巢居之前，而是在巢居之时，“大地——母亲”的概念才得以产生。

《周易》中的坤卦位于乾卦之后，列为二。乾为天，坤为地。《象传》颂“天”：“大哉乾元，万物资始，乃统天。”颂“地”：“至哉坤元，万物资生，乃顺承天。”一为“统天”，一为“顺承天”，天地关系就这样确立了。人就生活在这天地之间，于是，就有了天地人“三才”的概念，由此，引申出天地与人的关系，简称为“天人关系”。中华民族的哲学意识包括审美意识就由这“天人关系”导出。

由于“地”是人们居住之所，人们自然更多地关注“地”，观察“地”，因此，人们对“地”的感情远超过“天”。如果说，人对天的感情，更多的是敬与畏的话，那么对“地”的感情，则更多的是爱，是恋，是依。正是因为对“地”感性多于理性，情性多于知性，因此，对“地”的审美意识远较对天的审美意识要丰富，要深厚。《周易》坤卦的《文言》颂“地”：“美在其中，而畅于四支，发于事业，美之至也。”①

①朱熹注，李剑雄标点:《周易》，上海古籍出版社 1995 年版，第 34 页。

第三，农业发展有了可能。农业生产是人直接在大地上的作业，地不可移动，与此相关，人也必须在距田地不远的地方居住下来。筑巢于地让农业成为可能，这其中，养殖业尤值得注意。当人们以狩猎为生时，人必须随着动物的迁徙而迁徙，而在人们以农业为生活来源之后，原来作为狩猎对象的野生动物成为了家畜，既然是家畜，也必须定居下来。家的概念就不只是人的定居，还有动物的定居。难怪汉字“家”，屋顶下有一头猪。农业对于人类生存发展的意义无疑极其巨大，不要说人类的肉体生命主要靠农业提供的物质来维持，人的精神生命也多从农业中吸取营养。人类至今诸多观念包括审美观念都产生于农业生产活动之中。

第四，空间观念得到发展。2000多年前，古罗马建筑学家维特鲁威说过，建筑具有三个基本要素：适用、坚固、美观。7000年前的河姆渡人的干栏式建筑完全符合这三个要素。基于防潮的需要，河姆渡人用木架搭一个台，铺上地板，人们的居住空间全部建在隔潮的地板上。干栏式建筑长条形，分上中下三层，上层为屋顶，中层为人居住的地方，下屋为堆放杂物的地方，中层住人的空间，高度可达三米，进深约七米，室内四周均有企口板拼接工艺做成的板壁，室内分间并铺上苇席，房门朝向走廊，走廊外缘设有直棂栏杆，住房入口便开在走廊的两头。下层四周均有板桩围护[1]。这种建筑构架在广西少数民族地区还可以见到。河姆渡时代正处于母系氏族社会向父系氏族社会过渡的时代，长条形的大房子可以为一族居住地，但一间间屋子，则可能是一个个小家的住地。一座大约十来平方米左右的住屋，进门处有一个狭窄的门厅，为门与内室过渡的环节。室内中心地为火塘，它是一家人聚会的地方，相当于今天的客厅与饭厅，火塘后部则是睡觉的地方了。这种格局见出中国建筑“前堂后室”的萌芽。为了通风、采光和排烟，半坡的屋子已经有了天窗与烟囱。

❶参见刘军:《河姆渡文化》，文物出版社2006年版，第84—85页。

属于仰韶文化前期的半坡文化，其建筑为单间，而到仰韶文化后期，建筑则出现了套间和多间连接的屋子。在郑州大河村，考古学家发现了三组十二间连间的建筑，房基保存完好。显然，此时人们的空间观念有所变化了。大汶口文化晚于仰韶文化，安徽省蒙城尉迟寺发现的大汶口文化遗址中，有多达十组的建筑群，单体建筑多为长排房，最长的排房达一百米。从这来看已有城市规划的萌芽。龙山文化遗址，出现有高台建筑和砖墙建筑，那分明是宫殿了。

二、燧人氏的传说与“造火”的意义

应该说差不多与有巢氏同时或稍许晚一些，中华民族另一始祖燧人氏出现了。同样，不少古籍对燧人氏有所记载：

> 上古之世……民食果、蓏、蚌、蛤，腥臊恶臭而伤害腹胃，民多疾病。有圣人作，钻燧取火以化腥臊，而民悦之，使王天下，号之曰燧人氏。[1]
>
> 燧人始钻木取火，炮生为熟，令人无腹疾，有异于禽兽，遂天之意，故为燧人。[2]
>
> 昔者先王未有宫室，冬则居营窟，夏则居橧巢。未有火化，食草木之实、鸟兽之肉。饮其血，茹其毛。未有麻丝，衣其羽皮。后圣有作，然后修火之利，范金合土，以为台榭、宫室、牖户，以炮以燔，以亨以炙，以为醴酪；治其麻丝，以为布帛。以养生送死，以事鬼神上帝，皆从其朔。[3]

燧人氏代表中国原始社会的另一个时代——用火时代开始。

火的发明，对人类进化的意义极其巨大，最为直接的意义就是改生食为熟食。人类食物的方式原来与动物

❶王先慎集解：《诸子集成·韩非子集解》5，上海书店1986年版，第339页。

❷夏剑钦等校点：《太平御览》第七卷，河北教育出版社1994年版，第998页。

❸王文锦译解：《礼记译解》，中华书局2001年版，第291页。

是一样的，直接取自然物而食之，而在火的发现之后，人们采取了以火烧烤食物的方式，人类的营养大为改善，促进了大脑的发育，从某种意义上说，正是火烤食物让人从根本上脱离了动物，成为了人。

《韩非子》主要从食物于人肉体生命的关系维度，充分肯定了熟食的意义："民食果、蓏、蚌、蛤，腥臊恶臭，而伤害腹胃，民多疾病。有圣人作，钻燧取火以化腥臊，而民悦之"；而《礼记》则从食物于人的精神生命的关系，充分肯定火食的意义："以炮，以燔，以亨，以炙，以为醴酪。""炮"、"燔"、"亨"、"炙"，这是几种用火烹调食物的方式，"醴"、"酪"是几种精美的食物。食物当其制作趋于艺术化，必然讲究美食。

在中国，美食的意义绝不只在食：第一，它通向礼仪，只有一定政治地位的人才谈得上美食，因而享受美食成为身份地位的标志。孔子对食物非常讲究，说"割不正，不食，不得其酱，不食"[1]，这可能涉及礼仪。第二，它通向祭祀。祭祀需要供品，这供品一般是用火烧烤过的。所以，《礼记》说："以养生送死，以事鬼神上帝"。第三，它通向治国之道。商王汤让他的厨师伊尹为相，而伊尹将制作美食的基本原则用于治国，这在中国历史上成为美谈。第四，它通向哲学。《左传》说晏子与齐侯讨论"和"与"同"的问题："公曰：'和与同异乎？'对曰：'异。和如羹也。水火醯醢盐梅以烹鱼肉，燀之以薪。宰夫和之，齐之以味，济其不及，以泄其过。君子食之，以平其心。君臣亦然……'"[2]"和"与"同"是中国哲学中的重要问题之一，孔子说："君子和而不同，小人同而不和"[3]，看来，这和与同涉及君子与小人的区别，更重要的它涉及君臣关系，推而广之，涉及社会其他人的关系，关涉社会和谐的构建。而这与

❶杨伯峻译注：《论语译注》，中华书局1980年版，第102页。

❷《新刊四书五经·春秋三传》下，中国书店1994年版，第247页。

❸杨伯峻译注：《论语译注》，中华书局1980年版，第141页。

烹汤有某种相似之处。晏子在说明了羹的制作过程中多种元素的作用后，说："先王之济五味，和五声也，以平其心，成其政也。"[①] ——这涉及政治；他又说："声亦如味，一气，二体，三类，四物，五声，六律，七音，八风，九歌，以相成也。清浊、小大、短长、疾除、哀乐、刚柔、迟速、高下、出入、周疏，以相济也。君子听之，以平其心。心平德和，故《诗》曰'德音不瑕。'"[②] ——这涉及审美和道德了。诸多的材料说明，火的发现以及它在中国人生活中的作用远过饮食。中华民族文化及性格中一些深层次的东西与烹饪有着必然的联系。

❶《新刊四书五经·春秋三传》下，中国书店1994年版，第247页。

❷《新刊四书五经·春秋三传》下，中国书店1994年版，第247—248页。

火在中华民族文明史上的重要意义在《周易》贲卦中也有所反映。贲卦上为艮，艮为山；下为离，离为火，为山下有火之象。此卦《象传》云："山下有火，贲；君子以明庶政，无敢折狱。"[③] 又《彖传》云："贲，亨。柔来而文刚，故'亨'。分刚上而文柔，故小利有攸往。天文也。文明以止，人文也。观乎天文，以察时变，观乎人文，以化成天下。"[④] 这几句话十分重要。《象传》说"山下有火"，本卦象的解释，却让我们想象已经会取火的原始人用火的壮丽情景：那或许是在放火烧荒，大火一排海浪似的扑向广阔的草地，火烧过后，留下一片黑色的土地；那或许是在烧烤食物，熊熊篝火上吊着大块大块的肉食，喷发出浓烈的肉香，原始初民围着篝火在狂欢。《象传》以火的光明联系到君子的治国，强调"明庶政"，要求光明正大。而《彖传》将火与文联系起来，文，本义为华彩，天上有华彩，是为天文；社会有华彩，是为人文。天文是太阳造就的，人文是火造就的。《彖传》无异于说，火就是文明创造者。

❸朱熹注，李剑雄标点：《周易》，上海古籍出版社1995年版，第67页。

❹朱熹注，李剑雄标点：《周易》，上海古籍出版社1995年版，第66—67页。

贲卦是讲修饰的卦，为什么要修饰，当然为的是美。

美不能离开文，文不能离开明，明不能离开火。由火到明，由明到文，由文到美。这就是古人对美思考的逻辑。只要不将这个逻辑简单化，当不难接受这个逻辑。不管从哪个意义上讲，火是文明之源，善在文明，美也在文明。作为新石器时代的代表器物陶器不就是火与泥土的交响诗？古人之善用火在彩陶上充分显示出来了。

燧人氏当是最早使用火的氏族，“钻燧取火”是他们取火的一种方式，这种方式的发现也许出于自然界的启迪，是一种偶然[1]。问题是为什么只有人才能从自然界获得如此的启迪而发明了取火的方式，动物不成？又为什么只有燧人氏这一氏族最早发现了用火，而其他氏族没有？

世界上各原始氏族发现取火的方式不完全一样，时间有早有晚。火对他们均带来了巨大的效益，但是各氏族“修火之利”是不一样的，由燧人氏首开的修火之利，应该说为中华民族的文明创造开了一个方向。中华民族的修火之利创造的是中华文明，此一文明与世界上其他文明有共通之处，也有相异之处，它们同与异均可以从修火之利中找到源头。

在中国古代的传说中，教民使用火的始祖有许多位：一位是伏羲氏。《绎史》第1册引《河图挺辅佐》：“伏羲禅于伯牛，钻木取火。”[2] 这话让钻木取火的发明权归之于伏羲。《管子·轻重戊》云：“黄帝作，钻燧生火，以熟荤臊，民食之，无兹胃之病，而天下化之。”[3] 钻木变成了钻燧，且发明权归之于黄帝了。伏羲是其母履雷神的脚印而生的，系雷神之子，他发现火并最早知道钻木可以取火，是可以说得过去的，何况他也是一个美食家，伏羲又名“庖羲”，而“庖羲”又给写成“炮羲”，可见他不仅善品尝美食，而且还善烹制美食。黄帝是主

❶《太平御览》卷七六引《拾遗记》云：“遂明国有大树，名遂，屈盘万顷。后世有圣人游日月之外，至于其国，息此树下。有食啄食，粲然火出。圣人感焉，因用小枝钻火，号燧人氏。”

❷马骕撰，王利器整理：《绎史》第1册，中华书局2002年版，第20页。

❸谢浩范等译注：《管子全译》下，贵州人民出版社1996年版，第1025页。

雷雨之神，同样，说他发明用火也是可以的。但是，伏羲氏、黄帝还有诸多发明，这些发明比教民用火更出名，因而，这教民取火之重大贡献就给埋没了。

炎帝在中国的古籍中也被看作是火师。《论衡·祭意》云："传或曰：'炎帝作火，死而为灶。'"[1]《路史》亦云："（炎帝）于是修火之利，范金排货，以利国用，因时变爍，以抑时疾，以炮以焬，以为醴酪。"[2] 按五德，炎帝为火德，据此将他看作是火神，是中国文化五行逻辑推导出来的，它的出现当不会早于战国。

真正被看作火神与燧人氏共分一杯羹的当属祝融氏。祝融氏，《山海经·海外内经》有诸多关于他的描述，说他"兽身人面，乘两龙"，这当然是神话，不可信的。按历史，实有其人，按史前始祖谱系，他是颛顼的后代[3]。

祝融时代已经有了火食，因此祝融更多被人们看作灶神。由于氏族社会内主炊事的是女人，因此，灶神特别为女人所重视。而作为灶神的祝融也被人看成是女神。灶之于家，就是食之于家，所以灶神是否佑助，关系到家庭、家族能不能生存。诸多史籍说到灶神对于人的重要意义：

> 灶神名禅，……从灶中出，知其名呼之，可除凶恶。[4]
>
> 灶神，……己丑日，日出卯时上天，禺中下行署，此日祭得福。[5]
>
> 灶之神，……每月晦日辄上天言人罪状，大者夺纪，纪者三百日也，小者夺算，算者一日也。[6]

❶袁华中等译注：《论衡全译》下，贵州人民出版社1993年版，第1586页。

❷《路史·后纪三》，转引自刘城淮著：《中国上古神话》，上海文艺出版社1988年版，第254页。

❸《左传·昭公二十九年》云："颛顼氏有子曰犁，为祝融。"又《山海经·大荒西经》云："颛顼生老童，老童生祝融。"

❹应劭撰，王利器校注：《风俗通义校注》，中华书局1981年版，第362页注五。

❺段成式撰：《酉阳杂俎》，中华书局1981年版，第128页。

❻欧阳询撰，汪绍楹校：《艺文类聚》卷八十，引《抱朴子内篇》，上海古籍出版社1985年版，第1375页。

祝融的功能也不仅是充作灶神，因为它主管火，因而也被当作太阳神。《国语·郑语》云："祝融亦能昭显天地之光明，以生柔嘉材者也。"[1] "昭显天地之光明"，正是太阳的功能。而"生柔嘉材"，说明太阳是生命之源。虽然有祝融、炎帝二氏与燧人氏分火神的地位，但是，燧人氏钻木取火的事迹更早，且有更大的影响，因此，祝融、炎帝在火神位置的排列上只能屈居其后。

[1] 邬国义等译注：《国语译注》，上海古籍出版社 1994 年版，第 488 页。

三、走出成人的第一步

有巢氏与燧人氏是不是真实存在的问题，按历史考古学的方式去求解是非常困难的了，但是，从逻辑上来推断，他们的存在完全不是问题。人到晚上需要找一个安全的地方居住，要居住就要建个窝，部落中有那样一位极端聪明的人，最早发明巢居的方式，模仿鸟在树上做一个巢，难道不是可能的吗？自然界的火是以多种方式存在的，闪电过后，雷击过的树干上有火在燃烧。被火烧过的土地上，风一吹，又见火苗乱窜，所有这一切自然界自动生火的方式都会引起人们的好奇，而某一次人们用石头敲击木头时突然有火星迸溅出来，开始可能有几分恐慌，继而肯定为惊喜，经多次试验不断总结经验，然后找到了一种取火的方式。而最先发现这一取火方式的人，被人们尊为部落中的英雄、能人，进而推为首领，或者他原本就是部落首领，这都是可能的。燧人氏这一名字肯定是后人取的，但这不影响历史上真有这样的人的存在。

有巢氏让人从自然中居住进入到人工建筑中居住，他是中华民族建筑之祖。建筑让人与自然区分开来了，它不仅起到保护人类的作用，而且也让人类与其他动物区分开了，说明人类已经不是与自然混在一起的野生之物，而是具有一定文明意识的社会之物。

燧人氏发明了取火且“修火之利”，这利当首先用于烧烤食物，这同样让人与动物区分开来了。动物是不会烧烤食物的，美食与之无缘。民以食为天，中华民族不仅因美食得以繁衍、强大，而且因美食开创了独特的精神文化体系，包括以“羹”为喻的和谐政治学，以“济五味”为喻的和谐哲学，还有以“味”为主要范畴的和谐美学。更重要的，火与太阳联系起来，其意义就远不只是生产与生活了。太阳是天地万物生命之源，崇拜火，就是崇拜太阳，崇拜生命。全人类有诸多共同的崇拜，太阳崇拜不仅是其中之一，而且是最为重要的崇拜。人们将至高的真、至纯的善、至靓的美均全献给了太阳。

尽管建屋、发明用火在人类其后精神的发展上具有重要的意义，但它原初的意义却是让人能够活下来。活下来是所有生物的本能，为了活下来，所有的生物都要尽他们的本能去与自然界进行协调以适应自然界，就这一个基本点而言，人与其他动物无异。人之不同，在于人具有较其他生物远不及的智慧或者说智慧的潜能。筑一个窝让自己有一个栖身之所，这点所有的动物都有，但唯有人能将筑窝发展成建筑。也许有巢氏的筑巢更多地模仿鸟类，然而有巢氏之后，人们就不再在树上筑巢了，而是在地面上建起了屋子。这就不是模仿，而是创造。火对于任何生命都具有重要的意义，可叹的是，除了人没有一种生物善于利用火，当然也不会取火和保存火，然而人会。人凭借自己的智力从自然界偶然事件中获得启发，学会了包括钻木取火在内的多种取火法。因为会用火，人的饮食改善了，肉体强健了，这就大大的利于人的生命的保存与繁衍，进而促进人类精神的发展。

因为有了有巢氏、燧人氏，人类不仅变得强大了，而且开始了脱离动物的第一步。从人的生命生成这个意义来看有巢氏与燧人氏的贡献，可以说，唯有有巢氏和燧人氏才称得上人类的始祖。

第二节 三皇的传说（中）

有巢氏和燧人氏创造了人类最早的文化。生存，是有巢氏与燧人氏时代的主题，生存，最基础的是肉体生命的生存，而肉体生命的生存，重要的是获得最必须的物质生活资料。巢（屋子）、火就属于这种生活资料。因此，有巢氏、燧人氏他们所创造的文化，主要是物质文化。

有关远古的传说中，有巢氏、燧人氏的故事更多地体现为人类与自然的关系，一方面与自然斗争；另一方面向自然学习。向自然学习的途径主要是模仿，将自然的一些过程转变为人为的过程，筑巢、钻木取火，都是向自然的模仿，均是将自然的过程转变为人为的过程。这种行为目的仍然是为了保存并发展人的生命，它们对于史前审美意识发生的意义，主要是将自然美转变为人工的美。

有巢氏与燧人氏之后，有伏羲氏、女娲氏、祝融氏、神农氏等，他们的贡献更多地与中华民族的生产方式、生活方式、思维方式相联系，也就是说，越来越多地体现出中华民族的民族性来。

一、女娲氏和伏羲氏

在中华民族的传说中，女娲是绝无仅有的女性始祖。女娲的事迹主要有二：一是抟黄土造人；二是炼五彩石补天，这两个故事我们认为更多地应视为神话。

女娲比较可信的事迹应是创立了行媒的婚姻风俗：《风俗通义》云："女娲祷祠神祈而为女媒，因置昏姻，行媒始行明矣。"① 这里，有两个要点：一是"置昏姻"；二是"行媒"。"昏姻"即婚姻，女娲求神为女子寻找郎君，说明当时的婚姻是以女方为主的婚姻，不是女方嫁到男方去，而是男方嫁到女方来。这种婚姻制度证明女娲的时代尚是母系氏族社会。二是"行媒"。媒是男女婚姻的介绍人。媒人，也许最初并不是固定的职业，但后来，它成为一种职业。有人专门做这件事，而之所以能成为职业，是因为，中国的婚姻制度不成文地形成了这样一条法律：需要婚姻的男女，要结婚，必须有媒人。这一婚姻制度的产生本是有进步意义的，远古婚姻，原只在部落内进行，不需要媒人。后来，发展到部落外，就需要媒人了。部落内部的婚姻容易造成近亲婚姻，部落之间的婚姻则不太有可能出现这种情况。后来，这一进步的意义淡化了，其干涉男女自由婚姻的消极意义倒是突出了。

女娲氏对于音乐也有重要贡献。《广博物志》说女娲治琴："女娲用五弦之琴于泽丘，动阴声，极其数而为

❶应劭撰，王利器校注:《风俗通义》下，中华书局 1981 年版，第 599 页。

五十弦，以交天侑神。听之，悲不能克。乃破为二十五弦，以抑其情，具二均声。乐底（可能是“成”字之误，《路史》作“成”）而天下幽微，亡不得理。”[①]《世本》则说“女娲作笙簧”[②]，还说她“命娥陵氏制都良管，以一天下之音。又命圣氏为班管，合日月星辰，名曰《充乐》”。[③]

中国史籍喜欢将伏羲氏与女娲拉在一起，大抵有三说：兄妹说，夫妻说，兄妹兼夫妻说。以第三说为多。徐旭生先生注意到包括《淮南子》在内，之前的书称女娲不加氏，《帝王世纪》说伏羲氏“继天而王，首德在木”，而女娲亦为木德，（《史记·补三皇本纪》云：“女娲亦木德王。”）说明伏羲与女娲系同一个氏族[④]。伏羲是东夷族，女娲也系东夷族，东夷集团在与华夏集团争天下时失败，其中一部分逃到南方，成为苗人的祖先。女娲的形象亦是人头蛇身，也以龙为图腾。虽然伏羲与女娲系同一氏族，但并不表示他们生活在同一个时代。

将女娲氏与伏羲氏硬拉扯成夫妻，实在牵强，他们其实各自代表了一个时代，按神话，女娲氏应更早，属人类初生期。女娲的造人、补天，象征着人从动物的世界脱胎出来了，这是混沌的初开，黑夜的微启。伏羲氏则晚多了，它之前应该还有有巢氏和燧人氏。有巢氏、燧人氏的事业基本上承女娲而来，事业的核心价值是保存与发展人的肉体生命，他们与女娲一样，均为人类生命始祖。伏羲氏的贡献就完全不同了，虽然他也发明了一些生产技术，一些生活方式，但是他最重要的贡献还是在精神领域，作为“筮”的始作俑者，他让人有了精神寄托，作为八卦的首创人，它让人有了哲学的思维。因此，伏羲氏是中华民族的人文始祖。

虽然，人们喜欢将女娲与伏羲拉在一起，实际上，

❶董斯张撰:《广博物志》，岳麓书社 1991年版，第 739 页。

❷宋衷注，（清）秦嘉谟等辑:《世本八种》，商务印书馆 1957 版，第 7 页。

❸任明等校点:《太平御览》第五卷，河北教育出版社 1994年版，第 466 页。

❹参见徐旭生著:《中国古史的传说时代》，文物出版社 1985 年版，237 页。

从女娲造人、补天这两桩伟业来看，女娲才是中华民族最早的始祖，而且功劳也远在伏羲之上。试想想，没有人，哪有中华民族？同样，没有完整的天，人怎么能生存？又哪有中华民族？中华民族关于远古人类的传说中，有女娲氏存在，隐约地说明中华民族确存在过女性崇拜，同时，也间接地支撑中华民族史前有过长时期的母系氏族社会存在的观点。

五帝之前的三皇中最著名也最重要的莫过于伏羲氏（庖牺氏）了。按《帝王世纪》的说法，伏羲“燧人氏没，庖牺氏代之继天而王”[1]。这就是说，他的出现应晚于燧人氏。

伏羲氏的诞生充满着神话色彩：“母曰华胥，履大人迹于雷泽，而生庖牺于成纪”[2] 华胥国在何处？这是一个什么样的国？《列子·黄帝》有介绍：

> 华胥氏之国在弇州之西，台州之北，不知斯其国几千万里，盖非舟车足力之所及，神游而已。其国无师长，自然而已；其民无嗜欲，自然而已。不知乐生，不知恶死，故无夭殇；不知亲己，不知疏物，故无爱憎；不知背逆，不知向顺，故无利害。都无所爱惜，都无所畏忌，入水不溺，入火不热，斫挞无伤痛，指擿无痟痒，乘空如履实，寝虚若处床。云雾不硋其视，雷霆不乱其听，美恶不滑其心，山谷不踬其步，神行而已。[3]

这是一个什么样的国度？从描述来看，很像是神仙国，国中之人有特异的本领，“入水不溺，入火不热”。

❶马骕撰，王利器整理：《绎史》第1册，中华书局2002年版，第16页。

❷司马贞著：《三皇本纪·补史记》（百衲本），南宋黄善夫刻版，上海涵芬楼民国二十六年影印，第1页。

❸张湛注：《诸子集成·列子注》3，上海书店1986年版，第13—14页。

作为仙家之书的《列子》这样写，没有什么出奇之处。重要的是，《列子》在此文中透露的具有历史价值的信息。

第一，此国是有名号的，名之为“华胥氏之国”。华胥氏，一听就知道，这是说的中华民族，这个定位极其重要，它说明伏羲氏是中华民族的始祖。

第二，这国突出的特点是“国无帅长”，就是说国人无等级之分，没有阶级分化；“不知乐生，不知乐死”，尚无情感分化；“不知背逆，不知向顺，故无利害”，理智不发达。既如此，这个国家的人与动物没有太大的差别，用《列子》的话来说，“自然而已”。

伏羲氏就诞生在这样国度里。伏羲既然出身在这样的国度里，他所担负的历史重任就显豁了：让人从动物状态走出来，让人成为真正的人。伏羲氏的这一定位，已经明显地高于有巢氏、燧人氏了，有巢氏、燧人氏的贡献主要是让人活下来，重在肉体生命的保存，而伏羲氏则要让人有爱憎，有嗜欲，有喜乐，懂向顺，明利害，明显地重在人的精神生命的发生与发展了。所有古籍对于伏羲贡献的记载与赞颂，都重在这一意义上生发，从这个意义上讲，伏羲氏才是中华民族真正的人文始祖。

关于伏羲氏的出生及形象，司马贞著的《三皇本纪·补史记》是这样介绍的：“太皞庖牺氏，风姓，代燧人氏，继天而王，母曰华胥，履大人迹于雷泽，而生庖牺于成纪，蛇身人首，有圣德。”① 这里说伏羲氏是其母履巨人迹怀孕而生的，也是神话。远古神话均将伟人的诞生归之于天赐，不足为据。不过，伏羲氏之母也许真有过一次这样的经历，在荒漠的沼泽，发现了一个巨大的足印，而且不小心踩上了这足印，只是怀孕与此无关。说伏羲氏的形象为“人头蛇身”，显然是附会上了图

❶转引自袁珂、周明编:《中国神话资料萃编》，四川省社会科学出版社 1985 年版，第 16 页。

腾的意义，伏羲氏族是以蛇为图腾的。蛇一般看作是龙的主要来源，因此，一般将伏羲氏族的图腾看作龙。

此书介绍伏羲，在他的头上加了“太皞”二字，按徐旭生先生的说法，太皞是东夷族的首领，东夷族活动的地域主要在中国的东部——山东、江苏、浙江一带。在伏羲名字上加“太皞”二字，要么是说伏羲属于太皞集团，要么是说伏羲与太皞是一个人。关于此，史籍上的记载扑朔迷离。徐旭生认为：“太皞在后来与伏羲变成了一个人，是齐鲁学者综合整理的结果，较古的传说并不如是。”[1]

伏羲氏的贡献甚多，我们可以将它分成四类：

第一类为生产类，教育人民养蚕，结网、豢养牺牲，服牛乘马、制杵臼等[2]。

第二类为生活类，主要是教民怎么制作美食。制作美食首先是要有好的食料，《孔丛子·连丛子下》云：“伏羲始尝草木可食者，一日而遇七十二毒，然后五谷乃形。”[3] 五谷就是这样发现的。当然，对于伏羲来说，最有名的是他“养牺牲以庖厨”[4]。养牺牲，一是供劳动时驱使，服牛乘马之类，另就是以充庖厨了。中华民族对于食物自远古以来就比较讲究。燧人氏发明用火烧烤食物，可以说是美食之始；伏羲氏重视庖厨，将食物的制作定为专门的手艺，可以说是美食之祖。

民以食为天，可以说，世界各民族均有自己的美食文化而且各有特点，中华民族的美食文化重要特点之一，就是食与治国、与哲学相联系。商代初期，伊尹以精美厨艺得遇商汤，被封为宰相。伊尹将治厨的基本精神用于治国，国竟然达到大治。

关于伊尹的厨艺，《吕氏春秋·孝行览·本味》有伊尹的自白：

❶徐旭生著：《中国传说中的古史时代》，文物出版社1985年版，第49页。

❷司马贞著：《三皇本纪·补史记》载：“结网罟以教佃渔，故曰宓牺氏。”《抱朴子·对俗》云：“太昊师蜘蛛而结网。”又《广博物志》卷七十五引《皇图要览》云：“伏羲化蚕，西陵氏始养蚕。”《路史·后记一》：“（伏羲）豢养牺牲，服牛乘马。”《新论》云：“伏羲制杵臼，万民以济。”

❸王钧林等译注：《孔丛子》，中华书局2009年版，第330页。

❹司马贞著：《三皇本纪·补史记》（百衲本），南宋黄善夫刻版，上海涵芬楼民国二十六年影印，第1页。

凡味之本，水最为始。五味三材，九沸九变，火为之纪。时疾时徐，灭腥去臊除羶，必以其胜，无失其理。调和之事，必以甘酸苦辛咸，先后多少，其齐甚微，皆有自起。鼎中之变，精妙微纤，口弗能言，志不能喻。若射御之微，阴阳之化，四时之数。故久而不弊，熟而不烂，甘而不哝，酸而不酷，咸而不减，辛而不烈，淡而不薄，肥而不腻。肉之美者，猩猩之唇，獾獾之炙，隽觾之翠，述荡之掔，旄象之约。①

①高诱注：《诸子集成·吕氏春秋》6，上海书店1986年版，第141页。

这段文字向来为人所称道，特别是“鼎中之变，精妙微纤”不仅道破了美食的奥秘，而且让人联想到治国，伊尹不就将治厨的道理很好地运用到治国致使国家大治的吗？既然治厨的道理可通向治国，那它就不只是治厨的道理了，它是哲学。

《庄子》中有“庖丁解牛”的故事，其中所蕴含有哲理不只是道家修身养性的圭臬，实际上它成为全人类均认可的最高的精神境界。儒家的创始人孔子也特别讲究饮食，自诩“食不厌精、脍不厌细”，由于这段话载入儒家经典《论语》，因而它的影响远超过饮食本身，其中的治国之理、养身之道为历代儒家阐释得淋漓尽致。

美食文化是中国审美意识的重要源头，中国美学用来表示美感的重要概念“味”就来自美食，没有食而且是美食，哪来“味”这一概念？味之美难以用语言来表达，由此又产生了“妙”这一概念，“妙”与“美”均用来表示事物对于人的具有正面效应的审美感受，但“妙”的地位比“美”要高。烹制美味的关键在“调和”

诸多食物原料，让食物“熟而不烂，甘而不哝，酸而不酷，咸而不减，辛而不烈，淡而不薄，肥而不腴”，也就是“和”，中华美学以“和”为美，“和”的来历就是烹制美食。

第三类为社会制度类的，主要有二：

一是“始制嫁娶，以俪皮为礼”[1]。嫁娶关系人类子孙的繁衍，其重要性是不言而喻的。嫁娶本是自然性行为，如同动物的性交配，而当嫁娶有礼，则就见出了文明，以区分于动物了。为嫁娶制礼是人类走向进步的重要体现。现在我们已经不能具体知道“俪皮为礼”的规定了，也许这就是最早的彩礼。自远古以来，中国的嫁娶之礼屡多变化，但男女订婚，需要由男方向女方行彩礼的习俗，则一直没有变化，说明伏羲氏的“俪皮为礼”具有某种合理性。婚娶之礼是诸礼之始，基于此，不能不给伏羲氏的“始制嫁娶，以俪皮为礼”以最高的评价。

二是“以龙纪官”[2]。伏羲氏的部族已经有官职了，官职均以龙命名，各种不同的龙，名各种不同的官。这说明两点：一是部族内部有了比较严密的秩序，显现出部族内人物的高低贵贱，另，说明部族内部有诸多的公共事务诸如祭祀，需要由部族官员来组织。中国远古社会究竟什么样子，我们不得而知，但可以肯定的是，官员的出现，显示出部落社会已经形成，它是人类进步的体现。二是部族已经有了属于自己的图腾。伏羲氏以龙纪官，是不是就是以龙为部族的图腾呢？我们不是不可以做这种推断的。图腾是部族的精神标志，它有助于部族人员对部族的认同感、归属感，对于部族的团结、发展，其意义无疑是巨大的。

第四类为意识形态类的，包括原始艺术、宗教、哲学等。

❶司马贞著:《三皇本纪·补史记》(百衲本)，南宋黄善夫刻版，上海涵芬楼民国二十六年影印，第1页。

❷司马贞著:《三皇本纪·补史记》(百衲本)，南宋黄善夫刻版，上海涵芬楼民国二十六年影印，第1页。

《史记》说伏羲氏“作三十五弦之瑟”[①]，这三十五弦瑟是什么样的乐器已经不重要，重要的是音乐在部族生活中占据了重要地位。在原始社会中，音乐到底有什么作用？目前我们也只能推测，但是有一个基本点是可以肯定的，音乐是人工制作的美好的声音。诸多的关于史前研究的成果认为，原始音乐具有巫术的功能，它可以用来娱神。这里就预设一个前提，它首先是娱人的，正是因为能够娱人，按照以己推人、以人推神的逻辑，音乐必也能娱神。音乐的出现，充分说明原始人已经具有了审美的需要，而且有一定的审美能力，只是这能力尚未发展成完善的审美意识。

①司马贞著:《三皇本纪·补史记》(百衲本)，南宋黄善夫刻版，上海涵芬楼民国二十六年影印，第1页。

伏羲不仅制作琴、瑟等乐器，还创作了美妙的乐曲。屈原《大招》云:“伏戏(羲)《驾辩》，楚《劳商》只。”这《驾辩》就是乐曲。王逸注:“伏戏，古王者也。使作瑟。《驾辩》、《劳商》皆曲名也。言伏戏氏作瑟，造《驾辩》之曲。楚人因之作《劳商》之歌，皆要妙之音，可乐听也。”[②]

②王逸:《楚辞章句》，见洪兴祖著、白化文等点校:《楚辞补注》，中华书局1983年版，第221页。

《天中记》卷四十引《古史考》说:“伏羲氏作始有筮”，筮是古代担任祭天通神的人员，是部落具有最高权威的人物，通常由部落的首领兼任。据《列子》，伏羲氏所在的华胥国，“无帅长”，大概那还是母系氏族社会，伏羲氏出来后，他就是部落首领了，应该说进入了父系氏族社会。也许正是在这个时候，筮这种人物出现了，筮是部落中最聪明的人，他的工作主要是通天，传达上天的旨意，同时也禀报人民的请求。实际上，筮只不过是假传天意，向百姓发布自己的观念罢了。尽管如此，筮的出现意味着一种原始宗教已经形成，这种原始宗教作为一种意识形态，它起到了提升人们的精神世界，维系部落生存，促进部落发展的作用。伏羲氏作为最早的筮，应该说就是中华民族原始宗教的发明者。原始宗教作为社会最高的意识形态，渗透人们一切的精神生活，决定着并推动着部落各种精神性活动包括祭祀、艺术等活动的发展。审美作为一种精神因子就潜存在这种原始宗教之中。

伏羲氏最大的贡献应该是“始画八卦”，而八卦是《周易》的基础，因此，人们将伏羲氏看作是第一位筮者。也是《周易》的最早创造者。关于伏羲氏制作八卦，《周易·系辞下传》这样叙述：“古者庖牺氏之王天下也，仰则观象于天，俯则观法于地，观鸟兽之文，与地之宜。近取诸身，远取诸物，于是始作八卦，以通神明之德，以类万物之情。”①

《周易》是中华民族自远古流传至今的一部圣书，它的基本精神是论阴阳，阴阳是中国人对于混沌的宇宙世界所做的最初也是最基础的认识，它是中国人哲学观的立足地。尽管《周易》本为卜筮之书，其中难免有诸多神秘的东西，却始终尊为儒家“五经”之首，实际上，它不只是儒家思想之源，还是中国道家、阴阳家诸多学派之源。

本来，伏羲氏制作八卦，其目的只是“以通神明之德，以类万物之情”，所谓“通神明之德”即试图通过八卦达到与神灵的沟通；所谓“以类万物之情”即试图通过制作八卦将天下事物分类以概括出它们的法则。不承想，由八卦演化出来的六十四卦却给了人们诸多的启发。《史记》说“造书契以代结绳之政”，意思是，中国远古是用结绳的方式来表达思想的，伏羲氏在发明八卦之后，人们遂以类似八卦的符号即书契来表情达意了。人们从八卦中受到的启发是很多的。伏羲氏时代，就有人从离卦受到启发，编结绳子作网罟用来捕鱼。伏羲氏之后，

①朱熹注，李剑雄标点:《周易》，上海古籍出版社1995年版，第151页。

受益卦启发，神农氏制作了耜耨教民耕种。他又从噬嗑卦的精神出发，规定日中为市，让百姓来此交易，各得其利。神农氏之后，有黄帝、尧、舜等相继为君，他们的统治都达到大治。他们的治国的基本精神来自乾、坤二卦。这个时代，发明很多，许多发明的灵感来自易卦，如：做船制桨来自“涣”；驾牛乘马来自“随”；重门击柝来自“豫”；制杵挖臼来自“小过”；做弧制矢来自“睽”；造屋筑室来自“大壮”；葬制改革，易之棺椁，来自“大过”；发明书契，治民办事，来自“夬”。《周易》就这样，成为了智慧之源泉，发明之母体，创造之精灵。

《周易》对中华民族文化的影响是全方位的，从某种意义上讲，它是中华民族的重要的精神支柱，中华民族得以传承数千年而不衰，周易的精神在其中起着或显或隐或巨或微的重要作用。就中华审美意识的发生与发展来看，它的意义也是巨大的。其中最为重要的有三：第一，它缔造了中华民族美学精神的基元。这基元由阴阳两重因素构成。阴阳是宇宙、人生精义的高度概括，它既是真之本，也是善之魂，更是美之灵。第二，它缔造了中华民族审美理想的基本品格。这品格就是天地相合，阴阳相交，刚柔相济。用它的话来说，就是“天地感而万物化生，圣人感人心而天下和平”。中华民族的美学就是这样一种充满着生命意味的美学，一种洋溢着和平精神的美学。生命在于阴阳两种因素的相交，和平在于阴阳两种因素的化合。第三，它为中华民族美学提供了一系列的美学概念如阳刚、阴柔、神、感、文、美、化等，还有一系列的美学命题，如“阴阳不测之谓神”、“观乎天文以察时政，观乎人文以化成天下”等。

二、火正、火神兼灶神祝融氏

祝融氏的来历有诸多说法，《山海经·海内经》说他是炎帝之后，而且是好几代了。《庄子》则完全不是这种看法，在《胠箧》中说："子独不知至德之世乎？昔者容成氏、大庭氏、伯皇氏、中央氏、栗陆氏、骊畜氏、轩辕氏、赫胥氏、尊卢氏、祝融氏、伏羲氏、神农氏，当是时也，民结绳而用之，甘其食，美其服，乐其俗，安其居。邻国相望，鸡狗之声相闻，民至老死不相往来。"① 从这个谱系来看，祝融氏就相当地早，它不仅在神农之前，而且在伏羲氏之前。

祝融在古代传说中的出现主要是两种身份：一种是火神，一种是灶神。我们先来看他的火神身份。《山海经·海外南经》云："南方祝融，兽身，人面，乘两龙。"② 郭璞注曰："火神也。"《淮南子·时则训》说："南方之极，自北户孙之外，贯颛顼之国，南至委火炎风之野，赤帝、祝融之所司者，万二千里。"③ 高诱注："祝融，颛顼氏后，老童之子，吴回也，为高辛氏火正，死为火官之神。"

这里有两点值得注意，一是火正，一是火神。火正，是祝融生前在高辛氏时代做的官。火正是一个什么样的官，这涉及远古官位的设置。《左传·昭公二十九年》晋国史官蔡墨谈到"社稷五祀"时说："故有五行之官，是谓五官，实列受氏姓，封为上公，祀为贵神。社稷五祀，是尊是奉。木正曰句芒，火正曰祝融，金正曰蓐收，水正曰玄冥，土正曰后土。"④ 《帝王世纪》说帝喾建"以人事纪官，句芒为木正，祝融为火正，蓐收为金正，玄冥为水正，后土为土正，是五行之官，分职而治诸侯。"⑤ 晋国史官蔡墨说的是帝喾时代官位的设置，

①陈鼓应注译：《庄子今注今译》，中华书局1983年版，第262页。

②袁珂校译：《山海经校译》，上海古籍出版社1985年版，第185页

③刘安等著，许匡一译注：《淮南子全译》，贵州人民出版社1993年版，第315页。

④《新刊四书五经·春秋三传》下，中国书店1994年版，第277页。

⑤马骕撰，王利器整理：《绎史》第1册，中华书局2002年版，第83页。

是不是真实，当然无从考证，但有一点可以相信，蔡墨不会没有根据地乱说，如果真是乱说，一是不会记入像《左传》这样正式的史书，即算记入了，后人也可能会对它提出批评。因此，在没有否定的证据前我们宜暂且相信它是真的。帝喾时代官位按五行设置，说明在那个时代，人们就有五行观念了。众所周知，五行观念是中华民族非常重要的思想，它与阴阳概念组合在一起，构成中华民族思维方式的主干。阴阳是二分，重在对立与和谐；五行是五分，重在相克与相生。阴阳平面展开，取空间的维度，五行历史展开，取时间维度。阴阳与五行组合，一是时间与空间相互转化，二是时间与空间的相互生成。时空的二元性转化成了时空的一元性。中华民族精神世界的一切奥妙均来自于此。中华民族的审美意识中深层的生命意识就因这时空的转化而充满着蓬勃的生机。中华民族是一个多愁善感的民族，这愁与感大多因时间的变化而起，但是，五行的相克相生，却又让中华民族从来不会对未来失去信心与希望。《周易·系辞上传》说的“乐天知命故不忧”，极为准确地揭示了这一审美意识的实质。这“命”就是以“阴阳五行”来概括的宇宙运行的规律，正是因为深信生克相继，故中华民族的人生哲学从来都是警钟长鸣又号角长鸣，其情感的显现从来都是喜中藏忧，忧中寓喜，而基本精神是“乐天”的。乐在天，乐也因天。

祝融为火正，是五行中的一行。它是管火的，火对于人类具有重大的意义，从某种意义上讲，正是因为人类懂得了用火，才能实现从动物到人的转变。关于这我们在谈燧人氏的贡献时谈到过。到祝融时代取火法早就发明了，祝融要做的是如何用好火，让火更充分地发挥它的作用。从史籍上记载，祝融在这方面的贡献似乎主要在用灶上。

《礼记·月令》云："季夏之月……其日丙丁，其帝炎帝，其神祝融……其祀灶。"① 其意是于季夏丙丁日祭火神于灶，将炎帝、祝融都当作灶神来祭。这里有两个问题需要探究一下：一是灶需不需要有神来管？从《礼记》来看，这用灶是一件大事，需要有神灵来管的。祝融就是管用灶的。祝融生前作为火正，大概负责的就是整个国家用火，用火分为生产性的用火和生活性的用火，生产性的用火有用在耕种上的，也有用在渔猎上。生活性的用火，主要为烹调。烹调的食物如果只是让人吃的，可能没有什么问题，然而如果是用来祭祀的，那就需要讲究了。祝融是不是主要管这种灶火的？如果是这样，祝融所担负的工作是巫筮工作的一部分。生前管用灶，死后为灶神，这是顺理成章的。当然，作为灶神，管的不只是祭品的用灶，还有生活的用灶，也许这后者更为重要。百姓要祭灶神，关心的是自己的生活。灶神之所以需要祭，其实不是因为不懂烹饪，担心食物烧不好，而是因为担心有没有食物可烹，这日子还能不能过下去，或者能过下去希望过得更好？所以，用灶的实质是民生，用灶的目的是希望日子过得好。祝融就是这样与民生直接相关的神。

《太平御览》第五卷引《五经异义》有一条记载："灶神祝融是老妇。"② 《酉阳杂俎·诺皋记》上篇云："灶神名隗，状如美女。"③ 又《道藏·太清部·感应篇》云："灶神美如美女，有六女。"④ 类似的说法还有一些。如此说来，祝融原本是女身？这可能吗？应该说有可能。火在原始社会至关重要，保存火种，在某种意义上讲就是保存生命⑤。因此，火种应该是由部落的最高首领保管的。众所周知，原始社会经过由母系氏族社会到父系氏族社会的演变过程，那么，在母系氏族社会掌火的人

❶王文锦译解：《礼记译解》下，中华书局2001年版，第214页。

❷任明等校点：《太平御览》第五卷，河北教育出版社1994年版，第191页。

❸段成式撰：《酉阳杂俎》，中华书局1981年版，第128页。

❹转引自刘城淮著：《中国上古神话》，第249页。

❺这种情况可能具有全人类的意义，据拉法格《宗教和资本》所说，"熄灭的火"与"熄灭的氏族"是同一个意思，见此书308页，生活·读书·新知三联书店1978年版。

只能是担任部落最高首领的老年妇女了，所以说灶神是老妇是可以理解的。周朝实行的礼制，祭灶神也由家庭中德高望重的老年妇女主祭。这点在《孔子家语》中有所记载。是书《曲礼子贡问第四十二》云："夫灶者，老妇之所祭"[①]。后来，母系氏族社会转变为父系氏族社会了，灶神祝融也就由女身转变为男身了。有趣的是，古希腊的灶神原来也是女的，名为赫斯梯亚。这灶神也是很受古希腊人崇敬的，他们通常将祭祀的第一杯酒献给赫斯梯亚[②]。

所以，灶神从根本上讲是生命之神。中华民族是一个非常务实的民族，他们对于生命的理解，将食摆在第一位，而且对幸福的理解，也将食摆在第一位，真所谓"民以食为天"。孟子与梁惠王讨论王道，讨论理想的社会，也非常看重食："五亩之宅，树之以桑，五十者可以衣帛矣，鸡豚狗彘之畜，无失其时，七十者可以食肉矣。百亩之田，勿夺其时，数口之家可以无饥矣。"[③]从幸福生活、美好社会这一角度来看祝融作为灶神的角色，我们也可以将他尊为幸福之神。

中华民族关于上古的诸多神话中，火均处于至关重要的地位。与火相关的始祖不只一位，燧人氏发明取火，祝融氏具体管用火。除了这两位外，炎帝黄帝也是管火的。《左传·哀公九年》云："炎帝为火师。"[④]《管子·轻重戊第八十四》云："黄帝作，钻燧生火，以熟荤臊，民食之，无兹胃之病，而天下化之。"[⑤]又《论衡·祭意》云："炎帝作火，死而为灶。"[⑥]这些说法，几乎将燧人氏、祝融氏的功劳全放在炎帝身上了。

从美学角度言之，祝融的外在形象值得我们重视，上面引文说祝融是美女，那是不足为喻的，重要的是《山海经》说的它"兽面人身，乘两龙"，这形象与良渚

❶《孔子家语》，北京燕山出版社1995年版，第263页。

❷参见刘城淮著：《中国上古神话》，第252页。

❸杨伯峻译注：《孟子译注》上，中华书局1960年版，第5页。

❹《新刊四书五经·春秋三传》下，中国书店1994年版，第345页。

❺谢浩范等译注：《管子全译》，贵州人民出版社1996年版，第1025页。

❻王充著，袁华忠等译注：《论衡全译》下，贵州人民出版社1993年版，第1586页。

玉琮上的神人兽面纹很有些相似（参见图6-2-12），虽然形象不能一一相应，但基本精神是相通的：第一，人兽一体，因人有灵，因兽有威。神就是这两种元素的统一。第二，乘风驾云，飞腾天地。这种形象的意味主要在于精神上的自由。祝融形象不能算是特例，更不是孤例，而应是通例。

祝融还有另一种形象："其帝炎帝者，太阳也。其神祝融。祝融者，属续，其精为朱鸟，离为鸾故。"[1] 这里，炎帝与祝融区分为两人，炎帝高于祝融，它为太阳，祝融与炎帝同类，继承的是炎帝的事业，他的形象是"其精为乌"。"乌"是乌鸦，中国古代的神话说太阳中有乌鸦，仰韶文化中庙底沟类型的陶器纹饰中有以乌为图案的，这是太阳崇拜的体现。说祝融的"精"即灵魂为乌，那无异于说祝融也就是太阳。上引的文字中，还说祝融"离为鸾"。离来自《周易》中的离卦。离的本义是附丽。朱熹的释离："离，丽也。阴丽于阳，其象为火，体阴而用阳也。"[2] 而"鸾"就是鸾鸟，又名朱雀，即凤凰了。按先天八卦的方位图，南为离，为火，为太阳，为朱雀……原来，祝融的形象如此的美丽，难怪后人将祝融说成是美女了。

祝融与凤凰这样一种关系，又导出一个优美的神话：

> 祝融取榣山之榇作琴，弹之有异声，能致五色鸟舞于庭中。琴之至宝者，一曰"皇来"，二曰"鸾来"，三曰"凤来"，故生长子，取名曰琴。[3]

琴的发明，在中国的传说与神话中有种种说法，祝融的这一种是最为美丽的说法。

❶陈立撰：《白虎通疏证》，吴则虞点校，中华书局1994年版，第177页。

❷朱熹注，李剑雄标点：《周易》，上海古籍出版社1995年版，第78页。

❸陶宗仪等编：《说郛三种》（七），上海古籍出版社1988年版，第4583页。

第三节 三皇的传说（下）

三皇的传说中，最靠谱的莫过于神农氏了。《周易·系辞下传》说："庖牺氏没，神农氏作。……神农氏没，黄帝、尧、舜氏作。"按此说法，神农氏是继伏羲氏之后又一位中华民族的始祖。神农的出生，完全神话化了。《太平御览》第一卷引《帝王世纪》云："炎帝神农氏，姜姓。母曰任姒，有蛴氏女登为少典妃。游华阳，有神龙首感生炎帝。"这种与神交配而生伟人的故事是神话的通例，值得我们格外注意的是，神农从小就喜欢农业。《天中记》卷二十二引《帝系谱》："神农生，三辰而能言，五日而能行，七朝而齿具，三岁而知稼穑般戏之事。"[1] 三岁就喜欢玩耕地的游戏，可见与农业特别有缘分了。也许正是因为他与农业特别有缘，他的形象被说成是"神农牛首"[2]。

❶马骕撰，王利器整理:《绎史》第1册，中华书局2002年版，第24页。

❷陶宗仪等编:《说郛三种》(三)，上海古籍出版社1988年版，第396页。

一、农祖神农氏

神农的主要贡献是发明农业。据众多史籍的记载，神农氏对于农业的发明大体上可以分为四个方面：

第一，种植。《新语·道基》云："民人食肉饮血，衣皮毛，至于神农，以为行虫走兽，难以养民，乃求可食之物，尝百草之实，察酸苦之味，教人食五谷。”①这话的意思是此前的人民，均是靠打猎为生的，打猎不容易，不能养活人民。基于此，神农就寻找别的可食之物。他遍尝百草的果实，终于找到可供食用的谷类植物，于是教百姓种植百谷。

第二，育种。农作物的种子从何而来？说法很多。一是神农尝百草之实而采集的。另一种说法则是飞鸟衔来的。《拾遗记》云：“有丹雀衔九穗禾，其坠地者，帝（神农）乃拾之，以植于田。”②再就是天降落下来的。《艺文类聚》卷十一引《周书》云：“神农之时，天雨粟，神农遂耕而种之。”③值得我们特别注意的是，神农还发明了用马尿渍种的办法，当然，此说也很可能是后人的附会。

第三，发明农具、打井等。王充《论衡·感虚》云：“神农之挠木为耒，教民耕耨，民始食谷，谷始播种，耕土以为田，凿地以为井。”④

除农业生产本身外，一些与农业生产相关的知识，据史载，也是神农总结或创建的。主要有：

一、历法：农业重天气，历法对于农业生产来说至关重要，《艺文类聚》卷五引《物理论》云：“畴昔神农始作农功，正节气，审寒温，以为早晚之期，故立历日。”⑤上面引文中也说到神农“因天之时”，这“天之时”主要就是节气了。

二、相地：《太平御览》卷三十六引《春秋元命苞》注云：“白阜为神农图水道之画，地形通脉，使不拥塞也。”⑥《绎史》第1册引《春秋命历序》云：“神农始立地形，甄度四海远近、山川林薮，所至东西九十万里，南北八十三万里。”⑦上面引文中有“分地之利”，这些

❶陆贾撰，王利器校注：《新语校注》，中华书局1986年版，第10页。

❷转引自刘城淮著：《中国上古神话》，第290页。

❸欧阳询撰，汪绍楹校：《艺文类聚》，上海古籍出版社1985年版，第206页。

❹王充著，袁华忠等译注：《论衡全译》，贵州人民出版社1993年版，第336页。

❺欧阳询撰，汪绍楹校：《艺文类聚》，上海古籍出版社1985年版，第97页。

❻王嘉撰，（梁）萧绮录，齐治平校注：《拾遗记》，中华书局1981年版，第5页。

❼马骕撰，王利器整理：《绎史》第1册，中华书局2002年版，第26页。

均说明神农在相地方面具有丰富的知识。这些知识有些属于现代的土壤学、地理学、水利学等。

三、冶炼：《艺文类聚》卷十一引《周书》说神农"陶冶斤斧，为耜鉏金辱"[1]，说明神农时代已有青铜器，并且这青铜器用于生产。关于神农发明冶炼，《路史·后纪三》也有记载："（神农）乃命赤冀创捄铁为杵臼。"[2]这是说神农命赤冀用铸铁制作杵臼，这铁可能是青铜器。青铜器的产生，一般推到新石器时代的晚期。新石器时代晚期有一个铜石并用的时代。这样说来，神农就不应在黄帝之前，而应在黄帝之后了。

虽然神农的贡献是多方面的，但最主要的方面是农业，因而他被推为中华民族的农祖、农神。由于中国幅员辽阔，远古时，在这大片大地上同时存在着诸多的部族，每一部族均有自己的神灵崇拜，关于农神和农祖也就有许多不同的说法。除神农外，主要还有炎帝说、后稷说。炎帝被人尊为农祖，很大程度上是因为后世将他与神农看作同一个人了[3]。

后稷是中国历史上的重要人物，一般认为它是周人的祖先，帝尧时为"农师"即农官，他本名弃，后稷应是官名。据说，弃的子孙世代为农官，也都称之为后稷。直到夏代末年，朝廷发生动乱，当时的后稷不窋弃官逃到戎狄之间，据考证也就是今甘肃庆阳一带定居下来，教民耕种。不窋的孙子是公刘，公刘将部落迁到豳，部落得到很大的发展。《诗经》有诗专门歌颂他的丰功伟绩。公刘之后经数代到古公亶父，再迁到岐。在岐，部落得到更大的发展，成为商的一个方国。古公亶父的儿子三个，一为太伯，二为虞仲，三为庆节。古公亶父看中了庆节的儿子昌即后来的周文王，遂有意先将王位传庆节，为昌的接班准备充足的条件，太伯、虞仲在知道

[1] 欧阳询撰，汪绍楹校：《艺文类聚》，上海古籍出版社1985年版，第208页。

[2] 转引自刘城淮：《中国上古神话》，第294页。

[3] 《世本·帝系篇》云："炎帝神农氏，宋仲子曰：炎帝即神农氏，炎帝身号，神农代号也。"

父亲的想法后，主动逃避到江南。于是庆节顺利接班，后又顺利地传给了昌，昌励精图治，让周成为最强大的方国。到昌的儿子武王姬发接位，周不仅国势强大，而且在诸侯中拥有巨大威望，完全有力量取代已经风雨飘摇的商。这一宏伟的革命事业终于在周武王手里得以完成。自后稷到周武王历经上千年，除开传说中的尧舜禹时代，至少自不窋起，谱系清晰，因此，后稷这一人物未尝不可以看作是真实的历史人物。

从关于后稷的记载来看，我们惊讶地发现，诸多关于教民稼穑的言论几乎都是从神农氏的记载中搬过来。那么，农业的出现到底是在神农时代还是在帝尧时代，也就是说，到底谁才是真正的农业始祖，就成为问题了。据历史学家许顺湛先生的研究，帝尧时代当在公元前2246年至公元前2174年，那就是距今4300年左右。神农氏时代呢？许先生没有考证，但他考证了伏羲期，说是公元前5347年至公元前4088年，也就是距今7400年左右。① 神农氏在伏羲氏之前，也就是距今8000年以上。从现在地下的考古发现来看，距今四五千年的仰韶文化、河姆渡文化，农业已是相当发达了，传为神农发明的耒耜使用得很普遍。考古学家们认为耜是河姆渡文化标志性的器具（图8-3-1）。河姆渡文化遗址出土了大量的稻谷，说明水稻耕种技术已经完备。仰韶文化、河姆渡文化的后期应是帝尧时期，如果这个时期农业才发明，不可能达到如此高的生产水平。因此，“教民稼穑，树艺五谷”这样的功劳不能归功于后稷，后稷只能说是农艺师，他的功劳不在发明了农业，而在于提高了农业。现今考古发现，距今10000年就有农业了，那个时代应是神农时代。所以，真正的农祖应是神农。

农业的发明是人类进步的大事，几乎所有史前的民

①许顺湛:《五帝时代研究》，中州古籍出版社2005年版，第23页。

图8-3-1　河姆渡文化标志性器具——耒耜

族，其生产方式都有过从渔猎到农耕的进步。农耕的出现其意义是伟大的。首先，人类的食物得到了一定的保障，有利于人类的生存与发展。更重要的是，农业作为社会的经济基础，从根本上决定了社会的上层建筑与意识形态。自神农时代开始到上个世纪初叶清王朝灭亡，中国有长达上万年的农业社会。中华民族的哲学观念、伦理学观念、审美观念均植根于农业社会。就这个意义而言，神农作为中华民族的人文始祖之一，有其独特的价值与意义。

农业生产一个重要特点就是特别看重自然条件。一是气候，二是土地，二者均是农业的命脉。与此相关，天地亦即自然，在中华民族的精神生活中具有举足轻重的作用。中华民族的审美观念，极为推崇自然之美。庄子云："天地有大美而不言，四时有明法而不议，万物有成理而不说。圣人者，原天地之美而达万物之理，是故至人无为，大圣不作，观于天地之谓也。"①

农业生产另一个特点就是特别看重时令的变化，与之相关，时空观念中时的观念更为重要，这在根本上影响中华民族的思维方式。中华民族多是从时间的变化来看空间的，因此而决定性地影响中华民族的审美观念。在中华民族的审美观念中，最常见到是由感时、伤时所激起的情感浪花。"春花秋月何时了，往事知多少！"时与事密切相连，时过事移，时过境迁，时简直成了人们心灵中的主宰，是情感的总开关，是艺术的原动力，是审美的魔术师。

农业生产还有一个重要特点就是特别注重家庭关系，这是因为农业生产是以家庭为基本的生产单位的。作为家庭的双元——男人与女人，在农业生产中各自找到了最为合适的位置，一般来说，男人为主要的劳动力，女

①陈鼓应注译:《庄子今注今译》，中华书局1983年版，第563页。

人为辅助的劳动力。与之相关，在生活中也形成了男主外女主内的基本格局。这样一种生活方式同样影响并决定了中华民族的情感模式。这种模式的突出特点是阴阳和谐、刚柔相济、崇阳恋阴。通常说中华民族的美学思想为崇尚和谐，以和谐为美。其实，这样说是不准确的。以和谐为美不独中华民族美学为然，世界一切民族的美学也都如此。重要的不是和也不是谐，而是怎样构造和实现谐。在中华民族，因农业生产这一经济基础所决定，家庭是社会的单元，因此，在和谐的追求上以男女之和为基本的追求。男女之和引申为阴阳之和，于是，阴阳和谐成为中华民族和谐美的本质。阴阳和谐是一种什么样的和谐？是一种交感和谐，是你中有我我中有你的交感和谐。这种和谐称之为“化”。中华民族对于和谐美的描述有一个特殊的概念——“化工”。谁能造就“化工”这种美？——造化，然而造化却又是无需用工的。李贽深得这其中的奥妙，他说：“今夫天之所生，地之所长，百卉具在，人见而爱之矣，至觅其工，了不可得。岂其智固不能得之欤！要知造化无工，虽有神圣，亦不能识知化工之所在，而其谁能得之？”①

①李贽著，夏剑钦校点：《焚书》卷三，岳麓书社1990年版，第96页。

二、药祖神农氏

神农氏不仅是中华民族的农祖，也是中华民族的药祖。《淮南子·修务篇》云：“古者，民茹草饮水，采树木之实，食蠃蛖之肉，时多疾病毒伤之害，于是神农乃始教民播种五谷，相土地宜、燥湿肥垸高下。尝百草之滋味、水泉之甘苦，令民知所辟就。当此之时，一日而遇七十毒。”② 就是说，在教民播种五谷的同时，神农也尝试着为百姓采集药物了。当时没有试验的条件，只

②刘安等著，许匡一译注：《淮南子全译》，贵州人民出版社1993年版，第1132页。

能将自己的身体来做试验。《淮南子》说神农一日遇七十毒，可能有所根据，不是臆想。

神农尝百草事《太平御览》的记载有所不同，是书云："炎帝神农氏长于姜水，始教天下耕种五谷而食之，以省杀生。尝味草木，宣药疗疾，救夭伤之命，百姓日用而不知，著《本草》四卷。"① 说神农教民耕种是"以省杀生"，将佛教观念引入显然是不妥的。另外，说神农著本草四卷也是子虚乌有的事。那时文字也没有，哪来的书呢？《搜神记》将神农尝百草改成另一种说法："神农以赭鞭鞭百草，尽知其平毒寒温之性，臭味所主。以播百谷，故天下号'神农'也。"② "赭鞭"是一种什么样的工具，现在不知。不过，由口尝百草到用赭鞭鞭百草，这是一个极大的进步。如若真如《搜神记》所云，神农则不仅是中国的药学之祖，而且是中国科学之祖了。《述异记》承《淮南子》、《搜神记》所说，在山西找出物证："太原神釜冈中，有神农尝药之鼎存焉。成阳山中有神农鞭药处，一名神农原药草山。山上紫阳观，世传神农于此辨百药。中有千年龙脑。"③

传说中，神农不仅尝百草，而且还把脉探息，开方治病。《广博物志》卷二十二引《物原》云："神农始究息脉，辨药性，制针灸，作巫方。"④ "巫方"具体为何方，今日不得确知。顾名思义，当有巫术在其中，但目的是治病。

全世界各民族均有自己的药物体系。中华民族的药物体系的突出特点是直接从自然界获取药物，"采药"因此成为中国传统文化中的专有名词。本来，直接从自然界采集药物，是全人类各民族都曾有过的做法。但是，后来有些民族逐渐改变了这种做法，他们更多通过化学的方式从自然物提取的一些结晶物，以之来作为药物。

❶任明等校点：《太平御览》第六卷，河北教育出版社1994年版，第612页。

❷干宝著，马银琴等译注：《搜神记》，中华书局2009年版，第2页。

❸任昉撰：《述异记》，中华书局1985年版，第20页。

❹董斯张撰：《广博物志》，岳麓书社1991年版，第455页。

但是，中华民族一直基本上保持原始的制药的方法。这种做法不仅形成了中华民族特有的医学体系，而且对于中华民族审美意识的生成产生了深层次的影响：

首先，它强化了人与自然关系的血缘性，为中华民族特有的身体美学创造奠定了基础。既然直接采自自然的物质能够作为药物治疗人体的疾病，那么，人们有理由认定人体即为自然，自然即为人体。中华美学特有的身体美学就筑基于人体与自然的一体性。长寿、青春、不死，是中华身体美学三大主题。而实现这三大主题的重要途径则是走向大自然，直接以自然物为食。《庄子·逍遥游》中说藐姑射山上有一群神人在那里居住。这神人“肌肤若冰雪，绰约若处子”，也就是青春，美丽。那么，他们怎么能做到这样的呢？庄子说他们“吸风饮露”，直接从大自然吸取所需要的营养。

其次，这种从身体维度强化人与自然一体性的观点，影响到精神哲学。那就是说，既然人的肉体与自然本为一体，那么，精神上就更应做到不分彼此。《庄子》总是说“吾丧我”，这丧，不是将自己灭掉，而是在精神上做到与自然融汇为一。他举声音为例，认为“地籁是众窍是已，人籁是比竹是已”，这两种声音都见出了风与物的磨擦，也就是说见出了二元，庄子是反对二元论的，它主张一元。“天籁”也是声音，但这种声音虽然“吹万不同”，却“咸其自取”，是一元的[1]。当然，实际情况不会这样，但作为理想一直是中国知识分子所追求的最高的人生境界。

❶参见陈鼓应注译：《庄子今注今译》，中华书局1983年版，第33—34页。

三、琴祖神农氏

琴在中华民族的音乐生活中，占据重要的地位，琴的发明，有种种说法，其中一种说法是神农氏，中国最早的也是最权威的字典《说文解字》释“琴”云：“琴，禁也，神农所作。洞越练朱，五弦，周加二弦，象形。”①

神农作的琴是什么样的琴，《世本·作篇》有较为详细的记载。《世本》云：“神农作琴，神农氏琴长三尺六寸六分，上有五弦，曰宫、商、角、徵、羽。文王增二弦，曰少宫、商。”② 不仅做出了琴，而且此琴有五声音阶。此事似是不可信，然而考古发现，距今七八千年前，人们就懂得五声音阶了。有力的证据是1986年至1987年间，在河南贾湖地区发现共计27支史前骨笛，分别出土于三个不同的文化层。早期（前7000—前6000年）出土两支骨笛，分别为五个音孔，发六个音，六个音孔，发七个音。中期（前6600—前6200年），出土14支骨笛，其中M282：20骨笛长22.2厘米、直径1.1厘米至1.7厘米，开有7个音孔，孔径0.4厘米，孔间距为1.7—1.9厘米。这支骨笛经由中国艺术研究院音乐研究所与武汉音乐学院组成的测音小组测试，它能发出六声音阶的声音，也有可能是七声具备的下徵调音阶。既然七声音阶都能发出，遑论五声音阶？

神农氏发明琴，目的当然是用来演奏音乐。那么，演奏音乐的目的又为的是什么呢？《世本·作篇》说：“昔者神农造琴以定神，禁淫僻，去邪欲，反其天真。”③《淮南子》和《路史》也谈到这一问题。《淮南子·泰族训》云：“神农之初作琴也，以归神及其淫也，反其天心。”④《路史》说：“神农氏继而王天下，于是始削桐为琴，绳丝为弦，以通神明之德，合天人之和。”⑤

这里，谈到了音乐的几个重要功能：一是通神功能，二是辟邪功能，三是静心功能，四是返璞功能，而最大

①许慎著：《说文解字》，中华书局1963年版，第267页。

②（汉）宋衷注，（清）秦嘉谟等辑：《世本八种》，商务印书馆1957年版，第7页。

③（汉）宋衷注，（清）秦嘉谟等辑：《世本八种》，商务印书馆1957年版，第7页。

④刘安等著，许匡一译注：《淮南子全译》，贵州人民出版社1993年版，第1193页。

⑤《路史·发挥二》，注引《桓谭新论》，转引自袁珂、周明编：《中国神话资料萃编》，四川省社会科学出版社1985年版，第37—38页。

的功能则是实现天人之和。这种观点与荀子的《乐论》以及公孙尼子的《乐记》的看法是完全一致的。

神农是农祖，他是中国农业的发明者，他做的音乐也与农业相关。《世本·帝系篇》说："神农乐曰扶持。"[1]"扶持"就是扶犁的意思。这首乐曲的主题是表现耕地。关于这首乐曲，《太平御览》载《乐书》引《礼记》云："神农播种百谷，济育群生，造五弦之琴，演六十四卦，承其立化，设降神谋，故乐曰下谋，以名功也。"[2]"或云神农命刑天作《扶犁》之乐，制《丰年》之咏，以荐釐来，是曰《下谋》。"[3]这些话都是解释神农所作音乐的名字与内容的。不管此乐是用来娱神、通神，还是用来庆祝丰收，都是为了让百姓能够有一个好的生活。

神农制琴，是中华民族文化创造中的重大事件，琴是中国人的主要乐器之一，在它身上寄寓着中华民族许多重要的文化品格，诸如雅、洁、静。它不只是一种音乐风格，而且是君子的品格，因此，琴总是与君子联系在一起，成为君子的象征。除此以外，中国人还以琴为题材创作了诸多表现中华民族人文理想的文学作品，如《吕氏春秋》中有《本味》，它写的是伯牙与钟子期以琴会友，以琴相知的故事，赞颂的是两心相知、情投意合的友谊。汉代以琴为题所作的赋，著名的就有刘向的《雅琴赋》、蔡邕的《琴赋》、傅毅的《雅琴赋》。傅毅的《雅琴赋》还特意提到神农，说是"揆神农之初制，尽变声之奥妙，抒心志之郁滞"。

四、神农时代

神农这一概念在中国史前传说中有两种混淆：

一是神农与炎帝经常被说成是一个人。但是，仔细

❶（汉）宋衷注，（清）秦嘉谟等辑：《世本八种》，商务印书馆1957年版，第83页。

❷任明等校点：《太平御览》第五卷，河北教育出版社1994年版，第466页。

❸摹宋本《路史》，赋秋山汇评，西山堂藏板，第11页。

清理他们的谱系发现完全不同。《三皇本纪》为神农排了一个谱系：

> 神农……生帝魁，魁生帝承，承生帝明，明生帝直，直生帝氂，氂生帝哀，哀生帝克，克生帝榆罔，凡八代，五百三十年而轩辕氏兴焉。①

《三皇本纪》是唐代的著作，作者为司马贞。司马贞基于司马迁的《史记》对于“三皇”没有记载，故做补充②。据他自注，此说据自《帝王世纪》及《古史考》。与司马贞差不多同时的孔颖达在为《周易》作《正义》时，也给神农排了一个谱系，不过，他在神农前加上了“炎帝”二字。其谱系大致同于《三皇本纪》③。按这个谱系，神农之后，历八代，530年才出现轩辕氏即黄帝。

其实，炎帝另有一个谱系。据《山海经·海内经》说：“炎帝之妻，赤水之子听訞生炎居，炎居生节竝，节竝生戏器，戏器生祝融。祝融降处于江水，生共工。共工生术器，术器首方颠，是复土穰，以处江水。共工生后土，后土生噎鸣，噎鸣生岁十有二。”④ 炎帝在一些典籍中，也称之为“赤帝”。

将炎帝与神农混为一人，可能始于汉，但即使到汉末，也有一些著作将神农与炎帝视为二人的。孔颖达注《礼记·曲礼》引三国时人谯周的话说：“女娲之后，五十姓至神农，神农至炎帝一百三十三姓。”从史料学的角度，我们倾向于将神农与炎帝分开。

另一混淆是时代与人名的混淆。《庄子》一书比较喜欢讲神农氏，《盗跖》篇说：“神农之世，卧则居居，起则于于，民知其母，不知其父，与麋鹿共处。耕而食，织

❶转引自徐旭生:《中国古史的传说时代》，文物出版社1985年版，第227页。

❷基于《三皇本纪》是对《史记》的补充，有些书将其命名为《三皇本纪·史记补》、《史记·补三皇本纪》或《补三皇本纪》。

❸孔颖达的《周易·系辞下传·正义》所引的《帝王世纪》，其神农谱系为“炎帝神农氏……生帝临魁，次帝承，次帝明，次帝直，次帝氂，次帝哀，次帝榆罔：凡八代，及轩辕氏也。”

❹袁珂校译:《山海经校译》，上海古籍出版社1985年版，第300—301页。

❺陈鼓应注译:《庄子今注今译》，中华书局1983年版，第778页。

而衣，无有相害之心，此至德之隆也。”⑤ 这“神农”就明确地说是时代。但同书的《知北游》中有“婀荷甘与神农同学于老龙吉”，又《刻意》中“神农”与“黄帝”并提，《秋水》中“神农”与“燧人”相联缀。说明神农是人。笔者认为，这种混淆可能不算是混淆。中国远古的始祖诸如有巢氏、燧人氏、伏羲氏、神农氏等，既可以看作人名，也可以看作一个时代。

作为时代，后世的人们根据种种材料，也根据自己的理解与希望，赋予各种不同的色彩，关于神氏时代，人们赋予的色彩是极为美好的。《淮南子》这样描绘神农时代：

> 昔者神农之治天下也，神不驰于胸中，智不出于四域，怀其仁诚之心。甘雨时降，五谷蕃植。春生夏长，秋收冬藏。月省时考，岁终献功，以时尝谷，祀于明堂。明堂之制，有盖而无四方，风雨不能袭，寒暑不能伤。迁延而入之，养民以公。其民朴重端悫。不忿争而财足，不劳形而功成，因天地之资，而与之和同。是故威厉而不杀，刑错而不用，法省而不烦，故其化如神。其地南至交趾，北至幽都，东至旸谷，西至三危，莫不听从。当此之时，法宽刑缓，囹圄空虚，而天下一俗，莫怀奸心。①

何其美好的社会！风调雨顺，五谷蕃植，年年丰收。祭祀以礼，养民以公，上下一心。民风纯朴，政宽刑缓，天下一俗。这样美好的社会，《淮南子》将它归之于神农

❶高诱注:《诸子集成·淮南子注》7，上海书店1986年版，第127—128页。

之治，由此可见对神农氏何等地推崇。

这样一种美好社会，我们从《礼记》找到它的源头。《礼记》也描绘过类似的社会，它将它命名为“大同”。后来，陶渊明在《桃花源记》中生动地描绘了一个与世隔绝的小山村，它就是这种大同社会的形象显现。中华民族的社会理想实肇于此，中华美学的社会美也实肇于此。

第四节 五帝的传说（上）

关于“五帝”有六种说法：（一）黄帝、颛顼、帝喾、唐尧、虞舜[1]。（二）少昊、颛顼、帝喾、唐尧、虞舜[2]。（三）太皞、炎帝、黄帝、少皞、颛顼[3]。（四）黄帝、颛顼、帝喾、唐尧、虞舜、禹[4]。（五）轩辕、少昊、高阳、高辛、陶唐、有虞[5]。（六）黄帝、少昊、帝喾、帝挚、帝尧[6]。以上六说，其第四说五帝多了一位，为六位，出自《孔子家语》中《五帝德》，没有解释这是为什么。第五说也是六位，持此说的郑玄做了解释：“德合五帝坐星者称帝，泽黄帝、金天氏、高阳氏、高辛氏、陶唐氏、有虞氏是也。实六人而称五帝，以其具合五帝坐星也。”[7] 他的意思凡德合五帝者均可以称五帝，不一定数目限于五。所有关于五帝的说法中，

❶据《易传》、《礼记》、《春秋》、《国语》、《史记》诸书。

❷据《拾遗记》卷一、孔安国《尚书序》、皇甫谧《帝王世纪》、孙氏注《世本》诸书。

❸据《孔子家语》，北京燕山出版社1995年版，第157页。

❹据《孔子家语》，北京燕山出版社1995年版，第152—155页。

❺据《尚书中侯敕省图》引郑玄注，转引自许顺湛：《五帝时代研究》，中州古籍出版社2005年版，第20页。

❻据《道藏·洞神部·谱类记·昆元圣记》，转引自许顺湛：《五帝时代研究》，中州古籍出版社2005年版，第21页。

❼《尚书中侯敕省图》引郑玄注，转引自许顺湛著：《五帝时代研究》，中州古籍出版社2005年版，第19页。以上关于五帝说法的资料均来自《五帝时代研究》第二章第一节。

数第一说最为权威。按第一说，五帝中列为首位是黄帝。

著名的历史学家徐旭生先生认为中国古代存在过三个部族集团：其一是华夏集团，其中有两个亚族：一是炎帝部族；二是黄帝部族。主要活动在西北和中原一带。其二是东夷集团，首领是太皞（或作太昊、大皞）、少皞（或作少昊、小皞）、蚩尤。这个集团主要活动在中国东部一带。其三是苗蛮集团，这个集团的首领最著名的有伏羲氏、女娲氏、祝融氏、驩兜、梼杌等。苗蛮集团主要活动在长江以南的地区。

华夏集团是中华民族的主体，他们始祖就是炎帝和黄帝。

一、炎帝

上引关于五帝的说法中，第三说中有炎帝，但仅此一说，这说明炎帝一般不列入五帝之列。但是，我们在谈黄帝时，往往要谈到炎帝，而且炎黄并称，炎帝放在黄帝前面，这说明炎帝非常重要。关于黄帝与炎帝的关系问题，至少有三种说法，一种说法是炎帝早于黄帝。伏羲、女娲氏之后，不知历多少代，部落出了一位圣明领袖炎帝，炎帝之后才是黄帝。另一种说法是炎帝与黄帝同时代，他们是同母异父的兄弟[①]。

《国语·晋语四》云："少典氏娶于有峤氏女，生黄帝、炎帝。黄帝以姬水成，炎帝以姜水成；成而异德，故黄帝为姬，炎帝为姜。"[②]这就是说，黄帝、炎帝本为兄弟，不过，黄帝生长在姬水，于是姓姬；炎帝生长在姜水，于是姓姜。姬水在哪里？不可考。史载周人的祖先弃姓姬，弃住在陕西的邰。另，据史载，黄帝葬于桥山。不过，黄帝的葬地，北宋前说是在阳周县境，阳

❶《贾谊新书译注》："炎帝者，黄帝同母异父兄弟也"，黑龙江人民出版社2003年版，第54页。

❷邬国文等译注：《国语译注》，上海古籍出版社1994年版，第310页。

周在今子长县。《庄子》记载黄帝与广成子在空同有过会见，空同即空峒山，在甘肃镇原县境内。据以上材料推断，黄帝氏族的发祥地当在陕西省的北部甘肃南部一带。

炎帝生长地的姜水，据徐旭生先生考证是渭水的一条支流名清姜河。清姜河畔有一村名姜城堡，此村有一个很大的神农庙，这神农应为炎帝。姜城堡属宝鸡县。以上材料证明，炎帝的发祥地是陕西境内的西部偏南渭水上流一带。黄帝与炎帝的发祥地相距不是太远。

黄帝与炎帝两个部落后来均有迁徙。按徐旭生的研究，黄帝氏族东迁的路线大约偏北，东渡黄河，进入山西，远达河北，抵近辽宁、内蒙古。红山文化疑为北迁的黄帝族参与创造。炎帝氏族也有一部分东移，“他们的路线大约顺渭水东下，再顺黄河南岸向东。因为路线偏南，所以他们的建国有同苗蛮集团犬牙交错的地方”。① 在中原一带，黄帝族与炎帝族交错共存。

据《史记》记载，炎帝、黄帝所处的时代还属于神农氏时代，《史记・五帝本纪第一》说：“轩辕之时，神农氏世衰，诸侯相侵伐，暴虐百姓，而神农氏弗能征。于是轩辕乃习用干戈，以征不享，诸侯咸来宾从。”② 炎帝、黄帝在世的那个时代，天下大乱，部落之间经常发生战争，战争的目的是抢夺财物、人口和地盘。黄帝与炎帝都是兼并活动的积极参与者，按此没有什么区别，不过，炎帝采取的兼并方式是武力，而黄帝采取的方式是仁义。行仁义不是不用武力，只是必须有说得过去的理由，黄帝有一个理由——“以征不享”，就是对不敬神灵的部落进行征伐。这是一个打得出去的旗号，司马迁强调这一点，说明黄帝才是中华文化主流价值的代表者。

炎帝与黄帝的矛盾逐渐激化了，终于发生了一场战

❶徐旭生著:《中国古史的传说时代》，文物出版社 1985 年版，第 46 页。

❷司马迁著，李全华标点:《史记》，岳麓书社 1988 年版，第 1 页。

争。关于这场战争，《史记·五帝本纪》是这样记载的：

> 炎帝欲侵陵诸侯，诸侯咸归轩辕，轩辕乃修德振兵，治五气，艺五种，抚万民，度四方，教熊、罴、貔、貅、貙、虎。以与炎帝战于阪泉之野，三战，然后得其志。[1]

❶司马迁著，李全华标点：《史记》，岳麓书社1988年版，第1页。

这场战争的意义是极为重大的，它是中华民族主流集团——华夏集团形成的标志。华夏族即汉族主要源于这个集团。

在这场战争之前，黄帝族与蚩尤族也存在着严重的矛盾。蚩尤族非常强悍，黄帝族没有能力征伐它。黄帝在打败炎帝实现炎黄两族统一之后力量大增，就认为征伐蚩尤的时候到了。《史记》记云：

> 蚩尤作乱，不用帝命，于是黄帝乃征师诸侯，与蚩尤战于涿鹿之野，遂禽杀蚩尤。而诸侯咸尊轩辕为天子，(伐)[代]神农氏，是为黄帝。天下有不服者，黄帝从而征之。[2]

❷司马迁著，李全华标点：《史记》，岳麓书社1988年版，第1页。

蚩尤属于东夷集团[3]，故而这场战争实质是华夏集团与东夷集团争夺天下，蚩尤失败，余部逃到南方。黄帝趁此时机，又将其他一些不服从统治的部族灭掉了，于是成为天下真正的共主。如果说阪泉之战的积极成果是华夏集团的形成，那么，涿鹿之战的积极成果则是中国大一统的政权出现。国家应该在这个时候出现了。中国的第一个朝代实在应该从黄帝朝算起。

❸也有另一种说法：《路史·蚩尤传》云："阪泉氏蚩尤，姜姓，炎帝之裔也。"参见许顺湛：《五帝时代研究》，中州古籍出版社2005年版，第112页。

炎帝在中华民族形成中的贡献可以分成两个方面：

一个方面可以概括为统一大业。具体来说，一是与黄帝族实现了统一，使得中华民族的主体——华夏集团得以形成。二是与黄帝族一起共同进行对蚩尤的战争，战争后辅佐黄帝建立了中国第一个大一统的政权。另一个方面，则是诸多的发明。值得说明的是，中国诸多的古籍对于炎帝的记载不一样。有古书将炎帝与神农混为一人，称之为炎帝神农氏，从而将神农的诸多发明全归属于炎帝。有的古书又将炎帝与祝融混为一人，同样将祝融的诸多发明归属于炎帝。虽然要严密地考证炎帝与神农、祝融是不是同一个人，目前还缺乏条件，但有一点可以肯定，炎帝是伟大的发明者，这与他与神农、祝融是不是同一人没有关系。

尽管以上说的两个方面已经是非常重要的了，但炎帝对中华民族文化的深层影响也许还不在以上所说的两个方面。以上所说的两个方面是有形的，炎帝对中华民族文化深层次影响更重要的也许是无形的。这主要是，炎帝是太阳的象征。《白虎通·五行》云："炎帝者，太阳也。"

太阳是全人类共同的精神崇拜。太阳可以说是人类文化之源，真善美之源。中华民族太阳崇拜的突出特点之一就是将自然崇拜与祖先崇拜统一起来。这种统一不是简单地等同，而是既分又合，形而下是分，形而上是合的。太阳是物，炎帝是人，他们不是一回事，这可以说是分；太阳与炎帝虽然不是一回事，但他们的精神是相通的，这就是合。如果不局限于太阳、炎帝这样具体的对象，而将太阳泛化为天文，将炎帝泛化为人文，那么，太阳与炎帝的既分又合，就意味着天文与人文的既分又合。中华民族的文化精神就是在天文与人文的分合中实现了自己的建构。这一点，在周易的贲卦中的彖传中阐述得最为充分。贲卦可以说是太阳的赞歌，也可以看成是炎帝的赞歌。此卦下为离，上为艮，离为太阳，为火，艮为土，为山，整个卦象为山下有火或有太阳依山的意境。对于这样一种意境，《彖传》是这样阐述的：

贲，亨。柔来而文刚，故亨。分，刚上而文柔，故小利有攸往，刚柔交错，天文也。文明以止，人文也。观乎天文以察时变，观乎人文以化成天下。①

在这个卦中，太阳的形象是天文，这太阳依着山，在升起或在降落。山下有火的景象是人文：或是人在打猎，烧荒，或是人在篝火旁烤肉，载歌载舞。天文是自然，人文则是文明。观察天文即自然现象包括太阳依山这样的自然现象就会知道时令在变化；而观察人文即人的劳作、休息、饮食等就会知道如何去创造生活。中国人的哲学观就是这样的感性，这样的审美，然而它一点也不简单！在“炎帝者，太阳也”这一判断中，我们可以感悟到中国文化深层次的奥妙。

也许因为炎帝与太阳联系在一起，而太阳在中国文化中又用朱雀这样美丽的动物来象征，朱雀又很容易让人联想到美丽的女孩，因此，有关炎帝的故事都是极为绚丽的，充满着审美的魅力。不少神话说炎帝有一群美丽的女儿，他们的遭遇不一，但有一个共同的特点，就是勇敢执着地追求理想。其中一位名精卫，她衔石填海的故事感人至深；还有一位名瑶姬（又名姚姬），著名文学家宋玉在《高唐赋》中写了一个极为浪漫的爱情故事，故事的主角就是这位名为瑶姬的炎帝之女②。

❶朱熹注，李剑雄标点：《周易》，上海古籍出版社 1995 年版，第 67 页。

❷《文选·宋玉高唐赋》李善注引《襄阳耆旧传》云：“赤帝女姚姬，未行而卒，葬于巫山之阳，故曰巫山之一女。楚怀王游于高唐，昼寝梦见与神遇，自称是巫山之女。王因幸之，遂为置观于巫山之南，号为朝云。后至襄王时，复游于高唐。”见《六臣注文选》，浙江古籍出版社 1999 年版，第 327 页。

从某种意义上讲，黄帝的精神比较地务实，而炎帝的精神更为浪漫。中华民族美学之源也许应该更多地从炎帝那里寻找它的源头。

二、黄帝

黄帝建立的政权是中国第一个统一的政权，何以见得？要看他的政权结构。

《史记·历书》引太史公曰：

> 盖黄帝考定星历，建立五行，起消息，正闰余，于是有天地神祇物类之官，是谓五官。各司其序，不相乱也。民是以能有信，神是以能有明德，民神异业，敬而不渎，故神降之嘉生。民以物享，灾祸不生，所求不匮。①

①司马迁著，李全华标点：《史记》，岳麓书社1988年版，第174页。

这条记载非常重要，它说明黄帝首先是通过考定星历来确定神人之分的。星历来自天象，黄帝根据天象运行的现象找出其规律制定历法，由这历法确定“天地神祇物类之官”，具体为五种官职，这五种官职管的是天地自然的规律，各司其序，不相乱也。于是，民就有则可循，此是天则，天则是可靠的，可信的。掌管天则的是神，神是有明德的，明德保证神所管的天则是有可信的。民神异业，神做神的事，民做民的事，民要敬神，神要佑民。这样，天下就不仅太平，而且物质丰富，所求不匮。“星历”“五行”，概而言之，即自然规律，在此基础上，来安排部落中各种活动，也就是说，天行为则，人行从之。黄帝族对于云最感神秘，《唐律疏议》引应劭云：

“黄帝受命，有云瑞，故以云记事也。春官为青云，夏官为缙云，秋官为白云，冬官为黑云，中官为黄云。”① 不仅以云记事，也以云名官②。五种官代表春夏秋冬四时加一个中。五官分别为五种颜色。

从以上的介绍我们不难看出，黄帝在创建他的政权结构时，是既注意到天人相分，又注意到天人相应的。这相应，有内容区分，春夏秋冬中五官，其职责应是与春夏秋冬中相应的；春夏秋冬中各有其事，不相牵缠。另，这相应也有形式区分的，春为青，夏为缙（赤），秋为白，冬为黑，中为黄。这种天人相应，既具哲学上的意义，又具美学上的意义。战国时邹衍创“五行”学说，五行说因黄帝“五云”的传说赋予了五种色彩。于是，五色渗入了文化内涵，不只是纯粹的色彩，而五行也增加了美学情调，不只是抽象的理念。按邹衍的看法，舜为土，夏为木，商为金，周为火。那么，继周而王的秦就应是水了。秦始皇也果真用上了这一理论，认为自己是水德，相应地崇尚黑色。自秦以后改朝换代时，开国君王均安“五德终始”说来确定自己的“德”，同时也确定代表国家的标准色。

据史料，黄帝不仅以云纪事，名了“五官”，而且根据管理上的需要设置了“六相”，分别管理六项国家事务。《管子·五行》云：

> 黄帝得六相而天地治，神明至。蚩尤明乎天道，故使为当时（管天时——引者注，以下同）；大常察乎地利，故使为廪者（管仓廪）；奢龙辨乎东方，故使为土师（即司空管手工业）；祝融辨乎南方，故使为司徒（管农业）；大封辨于西方，故使为

❶长孙无忌等撰，刘俊文点校:《唐律疏议》，中华书局1983年版，第22页。

❷参见《左传》:“昔者黄帝氏以云纪，故为云师而云名。”

司马（管兵马）；后土辨乎北方，故使为李（狱官）。是故春者土师也，夏者司徒也，秋者司马也，冬者李（通“理”）也。[1]

就分工来说：蚩尤（蚩尤族中的人）管天时；大常管仓廪；奢龙为土师即司空，管手工业；祝融（祝融族中的人）为司徒，管农业；大封为司马，管军事；后土为李，管牢狱。其中春官为土师，夏官为司徒，秋官为司马，冬官为李。这种安排，既与天象相应，又与人事相关，是相当完整的，中国政权结构在黄帝时代基本上奠定了。

最重要的可能还不是政权结构的问题，而是治国理念。从有关史料中，我们发现，黄帝时代礼乐治国思想已经萌生了。《拾遗记·轩辕黄帝》云：

轩辕出自有熊之国。母曰昊枢，以戊己之日生，故以土德称王也。时有黄星之祥。考定历纪，始造书契。服冕垂衣，故有衮龙之颂。变乘桴以造舟楫，水物为之祥踊，沧海为之恬波。泛河沉璧，有泽马群鸣，山车满野。吹玉律，正璇衡。置四史以主图籍，使九行之士以统万国。九行者，孝、慈、文、信、言、忠、恭、勇、义。以观天地，以祠万灵，亦为九德之臣。熏风至，真人集，乃厌世于昆台之上，留其冠、剑、佩、舄焉。昆台者，鼎湖之极峻处也，立馆于其下。帝乘云龙而游。殊乡绝域，至今望而祭焉。帝以神金铸器，皆铭题。及升遐后，群臣观其铭，皆上古

❶谢浩范等译注：《管子全译》下，贵州人民出版社 1996 年版，第 553 页。

> 之字，多磨灭缺落。凡所造建，咸刊记其年时，辞迹皆质。诏使百辟群臣受德教者，先列珪玉于兰蒲席上，燃沉榆之香，舂杂宝为屑，以沉榆之胶和之为泥，以涂地，分别尊卑华戎之位也。①

①王嘉撰，（梁）萧绮录，齐治平校注:《拾遗记》，中华书局1981年版，第8—9页。

这段文字写的当然是后世人想象的黄帝时代，然如果不完全是想象，也有一定的根据，那么，它所反映的黄帝治国，倒是有许多值得我们注意的地方。其中最重要的有五点：

一、“考定历纪，始造书契”。历纪即历法不只是农事的指南，也是治国的指南。因为历法在某种意义上，体现了上天的意志。然而历法不是想象的产物，而是科学研究的结晶。始造书契含发明文字的意思。现在一般认为文字始于商代甲骨文，其实，仰韶文化、大汶口文化均发现有类似文字的符号，而仰韶文化时代即为黄帝时代，因此，黄帝时代出现文字或准文字是可能的。文字在当时是稀罕物，只有君王和极少数的高层贵族能掌握文字，而文字主要用于发布政令，记载重要史实，也就是说主要用于治国。

二、“服冕垂衣”。这说明黄帝时代已经建立了比较严格的礼仪制度了，在古代穿戴不是简单的事，它是人的身份地位的显示，“服冕垂衣”只能是天子的特权。关于黄帝服冕垂衣，诸多史籍有记载。而且黄帝的元妃“教民养蚕，治丝茧以供衣服”，可以说在黄帝时代，不是有没有衣服穿的问题，而是如何穿衣服的问题。是黄帝将穿衣纳入礼制的范围。

三、“神金铸器”。也就是用青铜器铸鼎。鼎本是炊器、食器，原是陶制的，在陶器中本没有很高的地位，到黄帝时代鼎逐渐为人看重。仰韶文化后期出现铜石并用的时代，遂出现青铜鼎。鼎不仅是祭祀祖宗神灵的重要祭器，而且也是权力的象征。天子或制鼎自藏或制鼎赏赐给贵族。用鼎与制鼎成为国家重要的制度，这一制度始于黄帝。黄帝铸鼎的事不少史籍有记载。《世本》云："黄帝作宝鼎三。"《鼎录》具体描写黄帝制的鼎："金华山，皇（黄）帝作一鼎，高一丈三尺，大如十石瓮，象龙腾云，百神螭兽满其中。文曰：'真金作鼎，百神率服。'复篆书，三足。"《玉函山房辑佚书》中《孙氏瑞应图》则将鼎完全神化了，云："昔黄帝作鼎，象太一。……宝鼎，金铜之精，知吉凶存亡，不爨自沸，不炊自热，不汲自满，不举自藏，不迁自行。"①

四、以德治国。上面引文说黄帝"使九行之士以统万国"。"九行"为九种美德：孝、慈、文、信、言、忠、恭、勇、义。这些德行后来完全为儒家所吸收，概括成"为政以德"的理念。

五、居中央。《淮南子·天文训》云："中央土也，其帝黄帝，其佐后土，执绳而制四方"②。从哲学上看，中华民族非常看重"中"，"中"本是空间概念，后衍生出"正"的含义，由"中"导致出中国的"中庸"的哲学，由"正"导出了中国的"正义"学说。从政治学来看，中华民族非常看重中央的地位，中央是国家的统治中心。尊重、维护这个中心的权威成为中华民族传统文化中的重要部分。

从中国史前陶器上的纹饰可知至少在马家窑文化时期，中国人就有明确的中心观念了，陶器上的漩涡纹有一个中心点，由中心点发出二股至四股水流。除此之外，还发现有一具陶器，器上有一个特殊的符号，四个小圆圈，分居正方形四角，用十字线将它们连起来，这样就

①以上三引均转引自袁珂、周明编:《中国神话资料萃编》，四川省社会科学出版社1985年版，第67页。

②刘安著，高诱注:《诸子集成·淮南子注》，上海书店1986年版，第37页。

图 8-4-1　马家窑文化四星中联纹陶器

明显见出一个中心（图 8-4-1）。

六、重视音乐，上面引文有“吹玉律”的话。玉律是管乐器。《太平御览》引古籍《易类谋》说“黄帝吹律以定姓”[1]。中国远古的氏族始祖，大多有爱好音乐制作乐器的记载，说明乐在中华民族的生活中已经得到充分的重视。这在世界文化史上也算是一道奇观。在所有爱好音乐的始祖中，似乎黄帝对音乐的钟情是最为突出的。他有一个臣子名伶伦，是一位音乐家。黄帝令他作律，又令他与荣将“铸十二钟以和五音，以施《英韶》，以仲春之月，乙卯之日，日在奎，始奏之，命之曰《咸池》”[2]。黄帝为什么这样喜欢音乐呢？音乐又能给予他什么呢？有这样几条材料透露了一些信息：

> 太帝（即黄帝）使素女鼓五十弦瑟，悲，帝禁不止，故破其瑟为二十五弦。[3]
>
> 素女播都广之琴，温风冬飘，素雪夏零，鸾鸟自鸣，凤鸟自舞，灵寿自花。[4]
>
> 黄帝习（乐）昆仑，以舞众神，玄鹤二八翔其右。[5]

这两条材料说明了音乐的魅力。音乐的魅力何在？一在动情。素女鼓五十弦，能让黄帝悲伤得不得了，禁都禁不住，说明音乐的情感感染力极其巨大。音乐既然有这样大的情感力，那它就可以用来作为手段，达到统治者希望达到的政治目的或宗教目的。黄帝让他的臣下演奏《咸池》，就是希望让《咸池》的旋律唤起人们春天

❶夏剑钦等校点:《太平御览》第四卷，河北教育出版社 1994 年版，第 18 页。

❷杨坚点校:《吕氏春秋》，岳麓书社 1989 年版，第 34 页。

❸司马迁著，李全华标点:《史记》，岳麓书社 1988 年版，第 219 页。

❹陶宗仪等编:《说郛三种》（七），上海古籍出版社 1988 年版，第 4584 页。

❺夏剑钦等校点:《太平御览》第八卷，河北教育出版社 1994 年版，第 334 页。

的情感，以充沛的激情去生活，去战斗。二在化美。素女鼓琴，能让寒冬吹起温风，夏天飘起素雪。这可是非常奇特的事，诚然，这是不可能的，但这种不可能只能说是在自然界，不能说是在人的心灵世界。音乐在人的心灵播美、创美、化美，这种神奇的力量是其他的物质手段不可能达到的。鸾鸟自鸣，凤鸟自舞，这种非外力作用，纯由自我意志自我意愿生发的歌鸣和舞蹈，难道不是天底下最美的歌鸣和舞蹈？原来黄帝看中的就是音乐这种内动力，这种播美、创美、化美的作用。这就可以解释为什么以黄帝为膜拜对象的孔子也那样喜欢音乐，以至于听《韶乐》三月不知肉味，也才能理解他的名言——“兴于诗，立于礼，成于乐”中，为什么将“乐”放在最高层次。

正是因为音乐能够给予人如此美的享受，所以也用来敬神。黄帝在昆仑习乐，众神都为这绚丽的乐舞陶醉了。天地自然、人神百姓均在美妙的音乐中获得了极大的精神快乐，他们的心相通了，整个社会和谐了，不仅是整个社会和谐了，整个宇宙也和谐了。

如果仅就中华民族的审美意识的发生来说，黄帝这方面的最重要的贡献是为中华民族独特的礼乐美学奠定了基础。礼乐美学的主要持有者为儒家，儒家的先祖周公据黄帝的治国理念，创立了最早的礼乐文化，春秋战国时期，儒家的创始人孔子、孟子、荀子、子思等人，将这一体系完善化了，汉代则又经董仲舒等经学家们加工，为最高统治者所接受，成为国家的意识形态，并一直传承下来，成为国家的主流意识形态。礼乐文化是一个文化整体，不独有美学，还有政治、伦理、管理等诸多形态浑然一体，但整个形态分明具有浓郁的美学色彩，这是中国文化的一个突出特点。

黄帝给我们留下的美好的东西实在是太多了，这样的帝王不应让他死去，所以他最后的结局是升天。《史记·封禅书》生动地描绘了黄帝铸鼎升天的故事：

> 黄帝采首山铜，铸鼎于荆山下。鼎既成，有龙垂胡髯下迎黄帝。黄帝上骑，群臣后宫从上者七十余人，龙乃上去。余小臣不得上，乃悉持龙髯，龙髯拔，堕，堕黄帝之弓。百姓仰望黄帝既上天，乃抱其弓与胡髯号，故后世因名其处曰鼎湖，其弓曰乌号。[1]

这一故事多少有点滑稽，这中间多少包含有司马迁的一些情感。显然他不是在讽刺黄帝，他讽刺的是那些小臣。道家对这一故事特别感兴趣，将它编在自己书中，但意味全然不同了，那是庄严的成仙，是人生的最高最美的境界。《抱朴子》云："黄帝服神丹之后，龙来迎之，群臣追慕，靡所措思，或取其几杖，立庙而祭之；或取其衣冠，葬而守之。"《列仙传》云："黄帝自择亡日，七十日去，七十日还，葬于桥山。山陵忽崩，墓空无尸，但剑舄在焉。"[2]

黄帝是中华民族第一人文始祖，他对中华民族的贡献是全方位的，是深层次的。他与炎帝的联盟所建立的华夏集团不仅是汉民族的主体，而且是整个中华民族的主体。基于些，全球的华人均称自己为炎黄子孙。黄帝所建立的国家应该说已经具备国家的形态，学界基本上认定，黄帝时代大体上与仰韶文化对应，或可延伸到龙山早期[3]。仰韶文化距今6000年左右，所以说中华民族具有5000年的历史当是有根据的。多少年来，考古学界一直热衷于寻找黄帝的故国，黄帝活动的地方虽然很广，但中心地区应是在有熊一带。有熊是黄帝建国之都，黄帝建的国也称之为有熊。不少史籍说有熊在河南新郑，

❶司马迁著，李全华标点：《史记》，岳麓书社1988年版，第218页。

❷葛弘著：《诸子集成·抱朴子》8，上海书店1986年版，第58页。

❸许顺湛说："黄帝时代大体与仰韶文化对应，或可延伸到龙山早期"。见许顺湛：《五帝时代研究》，第59页。

还说新郑有轩辕丘，但是，史书记载的轩辕丘也并非有熊国这一处。值得注意的，《通志·都邑略》说："黄帝都有熊，又迁涿鹿。"① 涿鹿在河北。这就是说，黄帝的都城不只一处，河北也是黄帝活动的中心地区。

❶郑樵著:《通志》，上海古籍出版社 1990 年版，第 240 页。

三、颛顼

五帝中排为第二位的是颛顼，颛顼是黄帝孙昌意的儿子。颛顼的出生亦如其他氏族始祖一样，充满着神话色彩。《初学记》引《帝王世纪》云："颛顼，黄帝之孙，昌意之子，姬姓也。母曰景仆，蜀山氏之女，为昌意正妃，谓之女枢。金天氏之末，瑶光之星，贯月如虹，感女枢幽房之宫，生颛顼于若水……"②

❷徐坚等著:《初学记》，中华书局 1962 年版，第 197 页。

关于颛顼，《史记·五帝本纪第一》有一个基本的评价："静渊以有谋，疏通而知事，养材以任地，载时以象天，依鬼神以制义，治气以教化，絜诚以祭祀。"③ 概括起来就是敬神重教。他的重要事迹为整治政教秩序，古时，民和神不相混杂。人民中，只有极少数人能通神，这人男的叫觋，女的叫巫。此外，还有祝，他懂得的事更多了，而且由他来制定祭祀的各种礼仪制度。这样，天、地、民、神、物这五者分别有人掌管。分工明确，职责清楚。民讲忠信，神有明德。民神事各不相扰，于是，神灵降福，财用不匮，天下太平。然而到黄帝儿子少昊氏即金天氏的时代，这良好的法度衰落了。九黎族乱德，民神杂糅，人人自作祭祀，家家自设巫史。民无诚信，祭祀无法，严重亵渎了神灵。结果，谷物歉收，灾祸频仍，生机丧尽。

❸司马迁著，李全华标点:《史记》，岳麓书社 1988 年版，第 2 页。

在这种情况下，颛顼继位做了国君，他命令南正重主管天与神相沟通；命令火正黎主管地与百姓打交道。天地秩序整顿好了，人间的秩序也整顿好了。天与地、神与民各不相扰，不相侵渎，这就叫作“绝地天通”。

这种作为其意义显然是巨大的，第一是端正了天地（人类社会）的关系。天有天则，地（人类社会）有地规，二者相应但不相扰。第二是端正了神民的关系。神有它的序列，民有它的序列，序列中包含有尊卑之别，高下之别，不可混淆。第三是严肃了祭祀制度，重树神的威严。第四是严肃了政权的职责，重树了政府的威严。颛顼的这一具有改革性质的行为，对于国家的稳固、百姓的安康起到了积极的作用。

“绝地天通”对中华民族以后的意识形态产生了巨大影响。中华民族不否定天国的存在，神灵的存在，但是，不让它侵扰人类正常的生活。人要祭天、祭神，与天与神沟通，但须通过一定的程序，须由专人来做。这样，整个社会就稳定了。考察中华民族的文化我们发现它有两面：一方面讲天人合一，讲神人合一；另一方面讲天人相隔，神人相隔。这两面的关系是既相对，又相补、相应、相成，构成了一个完整的文化生态体系。学术界一直对中华民族有无宗教传统问题兴趣浓厚。虽然，中国这块土地上存在诸多的宗教，但作为全民族的宗教一直没有出现过，短时期内，因某一位帝王的提倡，某一宗教似是成为了国教，但随着这位帝王的退位或死去，这宗教就难以保持国教的地位。原因何在？也许可以追溯到颛顼的“绝地天通”去。如何评价中华民族没有全民族的宗教传统是件难事，可以肯定的是，它在实际生活中的影响是有正反两面的。也许因为这一原因，中华民族传统的审美观念既入世又出世，在入世中出世，在出世中入世。而那些全民族均信奉宗教的民族，其审美观念多是超世或出世的，审美在这些民族只不过是宗教观念的特殊形式。相比于这些民族的审美观念，也许，中华民族的审美观念更具魅力。

在治国理念上，颛顼继承了黄帝的礼乐传统，重礼亦重乐。上面所述“绝地天通”实质是重礼。颛顼像黄帝一样，也特别爱好音乐。颛顼时代，乐器方面不仅有了琴、瑟、律管等管乐器，而且还有了钟和磬这样的打击乐器。《拾遗记·颛顼》描绘了钟磬和鸣的盛大场面:“有浮金之钟，沉明之磬，以羽毛拂之，则声振百里。石浮于水上，如萍藻之轻，取以为磬，不加磨琢。及朝万国之时，乃奏含英之乐，其音清密，落云间之羽，鲸鲵游涌，海水恬波。”①

黄帝时代代表性的音乐为《咸池》，颛顼时代代表性的音乐是《承云》。《吕氏春秋·古乐》云:“帝颛顼生自若水，实处空桑，乃登为帝。惟天之合，正风乃行。其音若熙熙凄凄锵锵。帝颛顼好其音，乃令飞龙作，效八风之音，命之曰《承云》，以祭上帝。”② 可以想见，这飞龙翔天般乐舞是何等的美妙！

❶王嘉撰，萧绮录，齐治平校注:《拾遗记》，中华书局1981年版，第16页。

❷高诱注:《诸子集成·吕氏春秋》6，上海书店1986年版，第52页。

四、帝喾

帝喾在五帝中列于第三位。他又名帝俊。《史记·五帝本纪》云:“颛顼崩，而玄嚣之孙高辛立，是为帝喾。”③ 玄嚣是黄帝的儿子，与颛顼的父昌意是兄弟。玄嚣子为蟜极，蟜极是帝喾的父亲。玄嚣与蟜极均没有得位。按辈份，帝喾是颛顼的族侄。

❸司马迁著，李全华标点:《史记》，岳麓书社1988年版，第2页。

关于帝喾，《史记·五帝本纪》评价也很高:

> 高辛生而神灵，自言其名。普施利物，不于其身。聪以知远，明以察微。顺天之义，知民之急。仁而威，惠而信，修身而天下服。取地之财而节用之，抚教万民而利诲之，历日月而迎送之，明鬼神而敬事

之。其色郁郁，其德嶷嶷。其动也时，其服也士。帝喾溉执中而遍天下，日月所照，风雨所至，莫不从服。[1]

这些话比较地空洞，概念化。其核心的思想是说帝喾顺天、敬神、爱民、遵时，也就是将方方面面的关系梳理得比较妥帖。

帝喾的事迹史料极少，其中最值得称道的是重用了八位人才。《史记·五帝本纪》云："其高阳氏有才子八人，世得其利，谓之'八恺'；高辛氏有才子八人，世谓之'八元'。此十六族者，世济其美，不陨其名。"[2]帝喾的"八元"，《左传·文公十八年》有具体记载，名为伯奋、仲堪、叔献、季仲、伯虎、仲熊、叔豹、季貍。其品德概括为"忠肃共懿，宣慈惠和"[3]。再就是以人事纪官。《帝王世纪》说："高辛氏……以人事纪官，故以勾芒为木正，祝融为火正，蓐收为金正，玄冥为水正，后土为土正，是五行之官，分职而治诸侯，于是化被天下。遂作乐六茎以康位。"[4]这按五行命官，一方面说明官职分工明确；另一方面说明他重视各官职之间的关系。当然，五行是不是出在这个时候还有待考证。这里提到了《六茎》，这是音乐——帝喾创作的音乐，帝喾继承黄帝、颛顼的礼乐传统，既重视礼制，以建立良好的社会秩序，又重视乐舞，以和合百姓的情感。

关于帝喾也有非常浪漫的故事。《山海经·大荒东经》云："东海之外，甘水之间，有羲和之国。有女子名曰羲和，方浴于甘渊。羲和者，帝俊之妻，是生十日。"[5]又《山海经·大荒西经》云："有女子方浴月。帝俊妻常羲，生月十二，此始浴之。"[6]

帝喾的妻羲和竟然生了十个太阳，另一妻常羲还生

❶司马迁著，李全华标点:《史记》，岳麓书社1988年版，第2页。

❷司马迁著，李全华标点:《史记》，岳麓书社1988年版，第5页。

❸参见《新刊四书五经·春秋三传》上，中国书店1994年版，第312页。

❹夏剑钦等校点:《太平御览》第一卷，河北教育出版社1994年版，第684页。

❺袁珂校译:《山海经校译》，上海古籍出版社1985年版，第245页。

❻袁珂校译:《山海经校译》，上海古籍出版社1985年版，第272页。

了十二个月亮。多么美好的神话！有学者说，这是说帝喾家族分出十个以太阳为图腾的子族，十二个以月亮为图腾的子族。

众所周知，中华民族的传统文化是分阴阳的，《周易》的核心就是阴阳，《系辞上传》云：“阴阳不测之谓神。”① 阴阳的来历，有多种说法，其中之一是：阳为太阳，阴为月亮。帝喾作为中华民族的始祖、黄帝之子孙，其妻羲和竟然生了十个太阳，另一妻常羲生十二个月亮，其象征意义极其明显。它无异于说，这整个天地就是华夏民族创生的，华夏民族就是天地的主人。

❶朱熹注，李剑雄标点:《周易》，上海古籍出版社 1995 年版，第 139 页。

阴阳是意味着生命，意味着发展，意味着和合，意味着神奇。这一切用以赞美宇宙是可以的，用于赞中华民族也是可以的。

拥有十个太阳、十二个月亮的华夏民族啊，用尽世界一切美好的词汇，也不能充分赞美你的光明、灿烂、伟大、辉煌和永恒！

第五节 五帝的传说（下）

五帝中最后两位尧和舜，史料比较地多，也许是距文明时代近，他们的事迹更多地具有文明的意味，而且明显地见出中华民族文化中重伦理的特点。五帝中的前三位黄帝、颛顼、帝喾其事迹，神话与史实杂糅，神话多而史实少，或者说史实潜在神话之中，而尧、舜其事迹，虽说神话与史实同样杂糅，但明显地神话少，而史实多，或者神话贴附在史实之上。作为开辟鸿蒙的远古圣王，黄帝、颛顼、帝喾与世界其他民族的远古圣王相似之处较多，而尧、舜的事迹则越来越清晰地呈现中华文化的个性。

一、尧

尧的继位，《史记·五帝本纪》是这样记载的："帝喾娶陈锋氏女，生放勋，娶娵訾氏女，生挚。帝喾崩，而挚代立。帝挚立，不善，而帝放勋立，是为帝尧。"[1]尧是帝喾的儿子，但他不是直接继承帝喾的，而是继承其兄挚的。挚因"不善"而为百姓废弃，转而立尧。

在中华民族的传说中，凡圣王其出生均有不寻常之处。帝尧据说是其母"感赤龙"而生的。他的形象也很特别："尧眉八彩，九窍通洞"[2]，还说他"参牟（眸）子"[3]。关于他，《史记·五帝本纪》有一个基本的评价：

> 帝尧者，放勋。其仁如天，其知如神。就之如日，望之如云。富而不骄，贵而不舒。黄收纯衣，彤车乘白马。能明驯德，以亲九族。九族既睦，便章百姓。百姓昭昭，合和万国。[4]

这些话，前面是歌颂他的个人品德，概括为一个字

❶司马迁著，李全华标点:《史记》，岳麓书社1988年版，第2页。

❷刘安等著，高诱注:《诸子集成·淮南子注》7，上海书店1986年版，第337页。

❸王先谦撰:《荀子集成解》上，中华书局1988年版，第75页。

❹司马迁著，李全华标点:《史记》，岳麓书社1988年版，第2页。

就是“仁”。后面则是歌颂他的政绩，他的政绩也可以用一个字来概括，那就是“和”——和合百姓，和合万国。

仁，后来成为儒家的道德体系，成为儒家思想的核心范畴，溯其源，则为尧。儒家梳理自己的圣贤体系，摆在第一位的就是尧。仁在尧，主要用于治国，至于他如何用于修身，史料倒是不多，唯一让人称道的是当他知道儿子丹朱不肖就不将江山传给他，而传给了品德高尚的舜。尽管舜也出于黄帝之后，但自黄帝至舜已经七世，而且至少有五代均为庶人。始于尧的这种禅让政治，虽然只是在舜手里得到了继承，并没有形成传统，却是历代儒家向往不已的理想政治。

尧时代洪水泛滥，治水成为国家最大的政治。帝尧为此事极为头疼，《史记·五帝本纪》记载，他曾向大臣询问谁可任此事，放齐推荐他的丹朱，尧知道丹朱顽凶，不用。驩兜向他推荐共工，尧说共工此人夸夸其谈，似是诚实，实则欺诳，不可用。他向四岳咨询，四岳给他推荐鲧，尧让鲧去治水，然治了九年，失败了。此时舜向他推荐鲧的儿子禹，尧接受了这一建议。禹采取与其父亲完全不同的策略，不是堵而是疏。终于取得治水的成功。这件事涉及诸多人物，虽然头功为禹，但尧作为决策者，其领导之功不可没。

尧的政绩中改善历法也被司马迁载入史册：“乃命羲和，敬顺昊天，数法日月星辰，敬授民时。……岁三百六十六日，以闰月正四时。”① 在那个时代，有这样高水平的历法让人惊叹。

中华民族始祖均有自己的祥瑞，祥瑞多为自然现象。《拾遗记》卷一云：“尧在位七十年，有鸾雏岁岁来集，麒麟游于薮泽，枭鸱逃于绝漠。有秖支国献重明之鸟，一名‘双睛’，言双睛在目。状如鸡，鸣似凤。”② 又，《述

①司马迁著，李全华标点：《史记》，岳麓书社1988年版，第3页。

②王嘉撰，（梁）萧绮录，齐治平校注：《拾遗记》，中华书局1981年版，第24页。

异记》云："尧为仁君，一日十瑞，宫中刍化为禾，凤凰止于庭，神龙见于宫沼，历草生阶，宫禽五色，鸟化白神，木生莲，萐莆生厨，景星耀于天，甘露降于地，是为十瑞。"[1]

"十瑞"中有些物是神化的动物，如凤凰未必实有，当然也可能是美丽的孔雀或雉鸟，被当作凤凰了；神龙也可能属于此种情况，为鳄鱼或巨蜥等。有些物当是实有的，其中"萐甫"《说文解字》还有所解释，说是"瑞草"，其功能是"扇暑而凉"。《太平御览》第七卷引《孙氏瑞应图》则有另一种解释："萐莆，王者不徽滋味，庖厨不愈深盛，则生于厨，一名倚扇，一名实间，一名倚萐。生如莲，枝多叶少，根如丝转而生风，主于饮食清凉，驱杀虫蝇。"[2] 看来，这萐甫是一种具有实用价值的草，它可以用来扇暑，又可以用来杀虫。尧时这种草突然被发现在厨房里，那真是祥瑞了。

祥瑞文化是中华民族的审美文化之一，它广泛渗透到中国人所有的生活领域。全民族集体认同的祥瑞物如龙、凤成为民族精神的旗帜，对于增强民族的凝聚力、感召力起着重要的作用。中华民族的祥瑞文化溯其源可达黄帝，据《韩诗外传》载：

> 黄帝即位，施惠承天，一道修德，惟仁是行，宇内和平，未见凤凰，惟思其象，夙寐晨兴，乃召天老而问之，曰："凤象何如？"天老对曰："夫凤象，鸿前鳞后，蛇颈而鱼尾，龙文而龟身，燕颔而鸡喙，戴德负仁，抱忠扶义；小音金，大音鼓，延颈奋翼，五采备明，举动八风，气应时雨；食有质，饮有仪；往即文治，来即嘉成。

❶任昉撰：《述异记》，中华书局1985年版，第3页。

❷孙雍长等校点：《太平御览》第七卷，河北教育出版社1994年版，第1032页。

惟凤能通天祉，应地灵，律五音，览九德。天下有道，得凤象之一，则凤过之；得凤象之二，则凤翔之；得凤象之三，则凤集之；得凤象之四，则凤春秋下之；得凤象之五，则凤没身居之。”黄帝曰：“于戏，允哉！朕何敢与焉。”于是，黄帝乃服黄衣，戴黄绅，戴黄冕，致斋于宫，凤乃蔽日而至。黄帝降于东阶，西面再拜稽首，曰：“皇天降祉，不敢不承命。”凤乃止帝东国（囿），集帝梧桐，食帝竹实，没身不去。①

这段话很能见出祥瑞的性质。黄帝即位，德被天下，宇内和平，按说应有凤凰这样的祥瑞出现，然而没有。于是，黄帝问天老凤凰是什么样子。天老将凤凰的形象绘声绘色地描绘了一番，并强调指出凤凰能“通天祉，应地灵”，意思是说凤凰不是一般的动物，而是神物。凤凰的出现是一种祥瑞，作为祥瑞，决定性的需要是“天下有道”，而且，它的出现有种种不同的状况：“过之”、“翔之”、“集之”、“春秋下之”、“没身居之”。所有这些状况与天下有道所达到的层次相应。原来，祥瑞作为自然现象是与社会现象相呼应的。如果说祥瑞是天象，这天象却不是由天决定的，而是由人决定的。中华文化讲“天人合一”，表面上看似是要求人合于天，其实不然，从本质上来看它重视的是人，强调只有将人的事做好了，相应的天象才会出现。黄帝是千古第一圣君，凤凰当然会来的，果然，在黄帝服黄衣戴黄冠致斋于宫之后，那凤凰就遮天蔽日而来，而且全集在黄帝东苑的梧桐树上，不走了。 中华民族最主要的两种神灵崇拜为龙崇拜和凤凰崇拜，史前这两种灵物均以不同的形式存

①韩婴撰，许维遹校释：《韩诗外传集释》，中华书局1980年版，第278—279页。

在过，基本上都是在玉器上，陶器极为罕见。见诸于文字记载的主要是出于汉代的诸多神话与传说。上引《韩诗外传》一条讲凤凰崇拜，将这一崇拜的发生落实在黄帝时代，说明黄帝并不如诸多人认为的只是崇拜龙，其实黄帝也是崇拜凤的。

黄帝这个故事可以视为祥瑞文化之始，这一文化发展到尧就更完备了，尧的祥瑞更多，一天就有十种祥瑞出现。

也许各民族都有自己的祥瑞，但是中华民族的祥瑞文化无疑有自己的突出特点：首先，这些祥瑞均是美好的，尧的"一日十瑞"：嘉禾、凤凰、神龙、历草、宫禽、神鸟、莲花、萐莆、景星、甘露，无一不是美好的，而且它们均是有寓意的。在长期的生活中，中国的祥瑞文化形成了自己的传统，祥瑞物也逐渐走向体系化、程式化。

二、舜

舜在五帝中，是除黄帝以外最具光彩的一位。在他身上集中后世儒家更多的理想。

舜也是黄帝的子孙，但上几代均为平民百姓。他本人则实实在在的是一位农民。《史记》说他"耕历山，渔雷泽，陶河滨，作什器于寿丘"，什么活都干过，可以说社会生活实践经验极为丰富。舜之前的四帝，都没有这样的经历。舜真正地出身于下层。

舜为后世最为称道的是孝。舜母早死，舜的父亲瞽叟再娶妻而生象。不知是何缘故，舜的父亲、继母还有继弟都视舜为眼中钉，即使舜已经被尧看中，将来会接班做国君，他们还要使诡计害他。《史记》载：

尧乃赐舜絺衣与琴，为筑仓廪，予牛羊。瞽叟尚复欲杀之，使舜上涂廪，瞽叟从下纵火焚廪，舜乃以两笠自扞而下，去，得不死。后瞽叟又使舜穿井，舜穿井为匿空旁出。舜既入深，瞽叟与象共下土实井，舜从匿空出，去。瞽叟、象喜，以舜为已死。象曰："本谋者象。"象与其父母分，于是曰："舜妻尧二女与琴，象取之；牛羊仓廪予父母。"象乃止舜宫室，鼓其琴，舜往见之，象鄂不怿，曰："我思舜正郁陶！"舜曰："然，尔其庶矣！"舜复事瞽叟爱弟弥谨。于是尧乃试舜五典百官，皆治。①

❶司马迁著，李全华标点:《史记》，岳麓书社1988年版，第5页。

这个故事最重要的是结尾：一是舜不仅不恨瞽叟和象，而且"复事瞽叟爱弟弥谨"；二是尧为舜的孝行感动，向五典百官推行舜的孝道，这些竟都有效果。按照今天的道德、法律，我们会有许多不同的说法，但几千年来，儒家一直将舜作为孝的典范。显然，舜已经彻底地被后世儒家改造过了。

尧还在位时，就让舜摄行天子政。这里，有三点是值得注意的：

第一，重视祭祀，构建严整的天人关系。《史记·五帝本纪》云：

帝尧老，命舜摄行天子之政，以观天命，舜乃在璇玑玉衡，以齐七政。遂类于上帝，禋于六宗，望于山川，辩于群神。揖五瑞，择吉月日，见四岳诸牧，班瑞。②

❷司马迁著，李全华标点:《史记》，岳麓书社1988年版，第3—4页。

"璇玑玉衡"《集解》引郑玄说，即"浑天仪"，"七政"为"日月五星"。《正义》引《尚书大传》云："政者，齐中也。谓春秋冬夏天文地理人道，所以为政也，道正而万事顺成，故天道政之大也。"舜代帝行天子之政，将祭祀摆在首要位置上，这祭祀包括祭上帝，祭祖宗，祭山川，祭群神，其目的是构建严整的天人关系，以求天地赐福。这种传统，源自黄帝，中经诸帝到舜，一直传下去。中华民族看重的和合之美，首要的就在天（神）人之和。

第二，重视巡狩，构建严整的中央与地方的关系。《史记·五帝本纪》云："岁二月，东巡狩，至于岱宗，柴；望秩于山川；遂见东方君长，合时月正日，同律度量衡，脩五礼、五玉、三帛、二生、一死为挚，如五器，卒乃复。五月，南巡狩；八月，西巡狩；十一月，北巡狩；皆如初。归，至于祖祢庙，用特牛礼。五岁一巡狩，群后四朝，遍告以言，明试以功，车服以庸。"① 巡狩各地，一是会见"东方君长"即东方各地的部落首领，晓谕朝廷法度，统一历法、度量衡，将礼制建立起来。二是祭祀，各地名山均要祭祀，与祭祀相关的制度如"五器"、"五礼"、"五玉"、"三帛"、"二生"、"一死"等均要严格遵循。通过巡狩，让四方诸侯首领来朝觐，进贡，从而构建起严整的中央与地方的关系。

第三，厉行法律，构建健全的人与人之间的关系。《史记·五帝本纪》说舜在代尧摄天子政时，"象以典刑，流宥五刑，鞭作官刑，扑作教刑，金作赎刑。眚灾过，赦；怙终贼，刑。钦哉钦哉，惟刑之静哉！"② 这里，赦刑有别，宽严有别。惩罚中有教化，金钱也可用来赎刑。应该说基本的法治原则在舜时已经建立。

以上三点，舜在代尧摄政时就实行了，而在他正式

❶司马迁著，李全华标点：《史记》，岳麓书社 1988 年版，第 4 页。

❷司马迁著，李全华标点：《史记》，岳麓书社 1988 年版，第 4 页。

履天子位之后，因材用人，将国家大事分别委派给最恰当的人去管，分工明确，责任分明：

> 舜谓四岳曰："有能奋庸美尧之事者，使居官相事？"皆曰："伯禹为司空，可美帝功。"舜曰："嗟，然！禹，汝平水土，维是勉哉！"禹拜稽首，让于稷、契与皋陶。舜曰："然，往矣。"舜曰："弃，黎民始饥，汝后稷播时百穀。"舜曰："契，百姓不亲，五品不驯。汝为司徒，而敬敷五教，在宽。"舜曰："皋陶，蛮夷猾夏，寇贼奸轨，汝作士，五刑有服，五服三就；五流有度，五度三居；维明能信。"舜曰："谁能驯予工？"皆曰垂可。于是以垂为共工。舜曰："谁能驯予上下草木鸟兽？"皆曰益可。于是以益为朕虞。益拜稽首，让于诸臣朱虎、熊罴。舜曰："往矣，汝谐。"遂以朱虎、熊罴为佐。舜曰："嗟，四岳，有能典朕三礼？"皆曰伯夷可。舜曰："嗟！伯夷，以汝为秩宗，夙夜维敬，直哉维静洁。"伯夷让夔、龙。舜曰："然。以夔为典乐，教稚子，直而温，宽而栗，刚而毋虐，简而毋傲。诗言意，歌长言，声依永，律和声。八音能谐，毋相夺伦，神人以和。"夔曰："於！予击石拊石，百兽率舞。"舜曰："龙，朕畏忌谗说殄伪，振惊朕众，命汝为纳言，夙夜出入朕命，惟信。"①

以上是舜在朝廷征询群臣意见，分派臣下具体事务

①司马迁著，李全华标点：《史记》，岳麓书社1988年版，第6—7页。

的情景：大体上，伯禹为司空，负责“美帝功”，相当于掌管文化部；禹负责“平水土”，相当于掌管水利部；后稷负责“播时百谷”，相当于掌管农业部；契负责“敬敷五教”，相当于掌管教育部；皋陶负责刑法，相当于掌管司法部；垂可负责手工业，相当于掌管工业部；益可负责驯养野兽，相当掌管畜牧局；伯夷负责礼仪，相当于掌管整个国家的意识形态工作；夔、龙负责音乐，相当于掌管文化部的部分工作。如此分工明确，用人得当，整个社会出现前所未有的和谐。舜的时代一直为后世儒家赞美为政通人和的理想社会。

尧舜的传说明显具有一种中介性，一方面，它上承黄帝、颛顼、帝喾的传统，爱民、敬天、制礼、作乐等；另一方面，则与进入文明时代以后儒家政治理念相衔接，将仁、孝纳了进来，突出治国以仁，做人重孝。后世儒家不将整个五帝，仅将尧舜纳入自己的道统是很有道理的。

儒家的美学思想大体上在尧舜这里都能找到源头，像上面引文中的“诗言意，歌长言，声依永，律和声。八音克谐，毋相夺伦，神人以和”被儒家视为圭臬，它包含了儒家和谐美学的诸多重要内容。

三、五帝时代与新石器时代

文明社会之前的远古时代，在中国这块土地上存在着诸多的部族集团，按徐旭生先生的研究，主要为华夏集团、东夷集团、苗蛮集团。五帝属于华夏集团。华夏集团之外的东夷集团、苗蛮集团与华夏集团有过诸多的联系包括战争、融合，它们都属于中华民族。

东夷集团活动地域主要为山东省全境，西至河南东部，西南至河南极南部，南至安徽中部，东至东海[2]。

❶参见徐旭生著：《中国古史的传说时代》，文物出版社 1985 年版，第 56 页。

著名的部落首领有太皞（或作太昊）、少皞（或作少昊）、蚩尤。《盐铁论·结和篇》云："黄帝战涿鹿，杀两曎、蚩尤而为帝。"这"两曎"，徐旭生先生说就是"两皞"即太皞、少皞。东夷集团三大部族在涿鹿之战中均为黄帝战败，融入黄帝集团。苗蛮集团古人有时叫作蛮，有时叫作苗，概括两名词，叫作苗蛮。这一集团古代最有名的民族为三苗氏。《山海经》中谈到的驩兜属于这个集团。苗蛮集团活动的地域主要是今湖南、湖北两省。西及南地界，文献无征，难以确说。东面，江西大部分当属于这个集团，再往东则是吴越之地了。北面疆域比较清楚，那主要是华夏集团的领域了[1]。

五帝时代是中国古史中的传说时代，却又很可能是真实存在过的时代。历史学家许顺湛为五帝时代做了一个断代，他说：据古本《竹书纪年》，"黄帝至禹为世三十。"而舜与禹交错，应为同世，也可以说，黄帝至舜为世三十。《春秋命历序》云："黄帝传十世"，"颛顼传九世"，"帝喾传十世"，尧列入帝喾十世之中，帝挚在位只九年，又在尧前，也应归入帝喾十世之中。舜的年寿可能是几代人，但在位年数50年，还是作为一世计算为宜。这样，黄帝十世，颛项九世，帝喾十世，加上帝舜一世，正好是三十世。《夏商周断代工程》把夏始年（禹代舜后）定在2070年，即公元前21世纪。为了计算方便，许顺湛将夏始年加了30年，定为公元前2100年。每一世的时间有长有短，但长不超过50年，根据史料，他推出这样的结果：

帝舜：1世50年，公元前2150年至公元前2100年。

帝尧：包括在帝喾积年内。

帝喾：10世400年，即公元前2550年至公元前2150年。

❶参见徐旭生著：《中国古史的传说时代》，文物出版社1985年版，第56页。

颛顼：9 世 350 年，即公元前 2900 年至公元前 2550 年。

黄帝：10 世 1520 年，即公元前 4420 年至公元前 2900 年。①

当然，这只是一个大概的框架，并不准确，但是因为有了这样一个框架，我们就可以将它与新石器时代文化做一个对应，大体上，仰韶文化、马家窑文化与黄帝时代相对应，大汶口文化与少昊文化相对应，而少昊文化是与黄帝文化平行发展的，山东龙山文化除早期与颛顼时代相对应外，中晚期基本上与帝喾尧舜时代相对应。陶寺文化早期与颛顼时代相对应，晚期则与帝喾尧舜时代相对应。河姆渡文化上下延续了 1500 年，大部分数据属于前五帝时代，有些数据与黄帝时代相对应。良渚文化则与黄帝晚期、颛顼、帝喾、尧、舜时代相对应。②

让人感到不踏实的是，中国古史传说均为战国、汉代人所写，他们所写虽然据自口头传说，但又不可避免地加入了他们的一些猜测，一些认定。因此，其真实性是存疑的。尽管如此，这些传说还是保存了一些真实的史料，只是需要我们去明辨。

四、史前传说中的审美意识

从大量的有关史前的传说中，我们仍然可以看出史前审美意识诞生与存在的一些信息。

（一）史前的审美意识是孕育于人们最基本的生存活动之中，其中最主要的是关涉个体生存的食、居和关涉种族生命繁衍的性。农业生产作为史前人类最主要的生活资料的来源，成为审美意识产生的胚胎。与农业相关的自然物包括农作物、家畜，还有太阳、月亮等星体、

❶许顺湛:《五帝时代研究》，中州古籍出版社 2005 年版，第 169—170 页。

❷以上研究成果均采自许顺湛《五帝时代研究》，参见此书第五章。

风雨等气象，很自然地成为人们的审美对象。有巢代、燧人氏、神农氏、伏羲氏、女娲氏的传说，更多地见出审美意识的自然性、生命性和生活品格。

（二）人类最初的人文性活动是符号的制作，八卦以及它的扩展六十四卦是中华民族最早创造的用来表达意念的符号。中华民族将它推定为伏羲氏的首创，由此将它认定为中华民族的人文始祖。作为人类最早精神产品的八卦以及由它扩充的六十四卦蕴涵着人类当时的真的理念、善的理念和美的理念。

（三）从神农氏开始，人们就对天象产生浓厚的兴趣，一直在探索它变化的规律，由此产生的精神成果有二：一是历法，二是上帝概念。前者为科学，后者为宗教。历法是经过漫长时代而得以完善的，五帝中每一帝都为它做出了贡献，而且均记之于史册。历法的最直接的意义是为农业生产提供指导，然而它的意义远不止此，它为中国的天人合一说准备了科学性的基础，荀子的"天行有常"说就来自于此。中国远古有关上帝的概念也来自天象，然而它的走向不是科学而是宗教，虽然是宗教，在原始社会它的积极意义远大于消极意义，因为通常只能是善行、义举，才被赋予上帝旨意的意义，而恶行、邪辟总是被认定为违背天命。基于原始宗教意义的天人合一思想同样成为中华民族精神文化的重要组成部分，而且其本质也同样是积极的、进步的。中华民族的审美意识与上述两种天象观、天命观具有内在的联系。

（四）自黄帝开始祥瑞文化开始创建，中华民族相信人类社会与自然神灵有一种神秘的联系，自然神灵对于人类社会有种种干预，干预的方式之一就是以祥瑞的方式来表示正面的态度。黄帝时代有凤凰成群地飞来，并且集于东苑的梧桐树上，说明黄帝的德政获得了上帝的首肯。这一种对祥瑞以示褒奖的方式，形成中华民族特有的祥瑞文化。龙、凤、麒麟、神龟成为中华民族特有的祥瑞物。美好的天象、地象也能视为祥瑞。与之相反，一些于人类不利的自然现象被视为神灵的预警，暗示灾祸的不久降临。于是，对自然美的认识中就渗透了这样一种神喻的因素。

（五）中国原始的宗教观念，在“三皇”、“五帝”之中，总是既强调人神合一，又强调民神异业。颛顼发动的宗教改革其重要意义就是要理清天人既相分又相合的这种关系。这一点不仅对于中华民族的哲学观念、伦理观念、政治观念影响深远，而且对于中华民族的审美观念也同样影响深远。

对于神，中华民族的先祖采取的态度是非常讲究的，他们虔诚，礼敬，然绝不沉迷，更不猥亵。他们相信神明更相信人明。他们力求所做的事上应天意，下合民心，犹如《周易》中革卦说的周武王的革命“顺乎天而应乎人”。

（六）中国远古的社会经过母系氏族社会、父系氏族社会，到黄帝时代，类似国家政权的机构已经出现，此时的地下考古材料已证明有着类似阶级的区分，人们占有财富的情况已经相差悬殊，按说应该存在着比较尖锐的社会对立，但是，从史前的传说来看，阶级区分并不明显，阶级对立并不尖锐。史前有关五帝的传说，更多地在赞颂天子对百姓的爱护与敬业。《淮南子·主术训》中说尧“茅茨不翦，采椽不斫，大路不画，越席不缘，太羹不和，粢食不毁，巡狩行教，勤劳天下”[①]。这应是五帝的标准像，不独尧如此，其他帝也如此。与之相应，则是百姓对帝的无比崇敬与拥护。凡此，说明社会的基本制度还是原始公有制。这种制度基础上的人际关

❶刘安著，高诱注：《诸子集成·淮南子注》，上海书店1986年版，第138页。

系总体来说是和谐的。和谐是社会的主题。中华民族几千年持为审美理想的"和谐"，植根应是在原始公有制社会。

（七）中国远古社会比较注重祭祀上的种种规定，颛顼从事构建新政教制度时就提出过要"制神之处位次主"，由此规定不同的神享用不同的牺牲。而祭祀者也相应地分出"昭穆"、"上下"，这应是远古"礼"的萌芽。礼首先在祭祀上见出，后才在政治上见出。礼虽然体现为一定的"仪"，但重要的还是在于心地的虔诚。因此，此时的"礼"并不凸显荀子所说的"分"的意义。五帝时代，如果说有礼的萌芽，此种礼与其说它更多地体现人与人之分，属于善的范畴，还不如说它更多地见出情感与形式相统一的和，见出审美的意味。

（八）中国远古社会普遍地重视乐。乐为歌舞，它既是人自身娱乐的方式，也是人用以娱神的方式。在奏乐、观乐的过程中，人们感受到人人之和、人天之和的幸福与快乐。中国史前先祖莫不重视乐，存在于悬崖峭壁上的大量岩画，不少以群体性的乐舞为主题，而出土于河南贾湖属于新石器时代早期的骨笛已经具备五声音阶，说明七八千年的中华民族初民已经具有很高的音乐水平。而这，在史前的传说中更是得到充分的印证。我们在上面曾引用史前传说材料介绍过黄帝、颛顼、帝喾的乐，其实，五帝均有属于自己的乐且均极为壮美，极为动人。按《风俗通义》，黄帝有《咸池》，颛顼有《六茎》，帝喾有《五英》，尧有《大章》，舜有《韶》。我们前面介绍过黄帝、颛顼、帝喾的乐，关于尧舜的乐，《吕氏春秋》云：

> 帝尧立，乃命质为乐。质乃效山林溪谷之音以歌，乃以麋辂置缶而鼓之，乃拊

石击石，以象上帝玉磬之音，以致舞百兽，瞽叟乃拌五弦之瑟，作以为十五弦之瑟。命之曰《大章》，以祭上帝。舜立，命延乃拌瞽叟之所为瑟，益之八弦，以为二十三弦之瑟，帝舜乃命质修《九招》、《六列》、《六英》，以明帝德。”[1]

舜自己奏乐，《尚书》云：“舜作箫，箫韶九成，凤凰来仪。”中华民族赋予乐至善至美的品德和至高至上的使命。《荀子·乐论》说：“君子以钟鼓道志，以琴瑟乐心。动以干戚，饰以羽旄，从以磬管。故其清明象天，其广大象地，其俯仰周旋似于四时。故乐行而志清，礼修而行成，耳目聪明，血气和平，移风易俗，天下皆宁，美善相乐。”[2]《乐记》将乐提到“和”天的高度，说是“乐者，天地之和也”，“大乐与天地同和”。

三皇五帝的传说，史学界有两种相反的看法，一种看法则认为它是神话，完全没有事实依据。20世纪三四十年代，中国史学界出现了一个疑古学派，对传统的看法进行严重的挑战，将五帝传说的真实性基本上全否定了，疑古学派的首领顾颉刚甚至认为大禹是一条虫。鲁迅先生在小说《理水》中着实将其讽刺了一番。这种看法一直不为主流认可，一种看法认为这是历史，尽管有荒诞的成分，但基本事实或者说事实的主干是可信的。

关于这些传说的可信性，徐旭生先生说：“任何民族历史开始的时候全是颇渺茫的，多矛盾的。这是各民族共同的和无可奈何的事情，可是，把这一切说完以后，无论如何，很古时代的传说总有它历史的质素、核心，并不是向壁虚造的。”[3]这一说法是非常科学的。不要说

❶高诱注:《诸子集成·吕氏春秋》6，上海书店1986年版，第52页。

❷王先谦撰:《荀子集解》下，中华书局1988年版，第381—382页。

❸徐旭生著:《中国古史的传说时代》，文物出版社1985年版，第20页。

口传的史实存在虚假的可能性，就是载入史册的史实也并不一定可靠。从某种意义上讲，口耳相传的史实也许更具有可信性，因为它是大众选择的，而载入史册的历史仅是某一历史学家选择的。重要的是“历史方面的质素、核心”，如果这种“历史方面的质素、核心”根据考古材料，又根据相应的史识，是可以认定或可以推断的，那么，它就应该具有一定的可信性。

第玖章 史前神话与原始审美

第一节 开天辟地的神话

神话是人类童年时期的梦。神话的产生基于人的造神。神是什么？神是超人，伟大的人。人按照自身的生活状况，充分驰骋着想象，构造着超人即神的世界。这就是神话。一般来说，传说是多少有一些史实做根据的，而神话则完全是想象的产物。神话与传说在远古是相混的，我们只能从其内容主旨，大体上区分何为传说，何为神话。

远古神话与传说均具有综合性，它是远古时代人类诸多意识形态大融合的产物，从中我们可以了解远古人类的生产、生活、思想、情感诸多情况，并且辨析出哲学的、宗教的、伦理的、审美的、科学的诸多因素。它们都是民族文化之源、精神之花。

相比较而言，就史实的过滤来说，传说优于神话，中华民族远古最著名的传说系三皇五帝的传说，虽然其中有诸多的想象成分，但是历史学家们均十分重视它，从中辨析出历史发展的轨迹，并试图从考古材料中找到佐证。如果不重在寻找真实的史实，而是寻找民族的精神，特别是民族的情感，那神话优于传说。尽管神话中所保存的人类童年时的生活情景有些破碎，甚至有些错乱，抑或有些颠倒，但存在于其中的情感、思想却是十分真实的，不仅真实而且强烈。也许从史前神话中寻找历史的真实需要慎重，但从史前神话中寻找史前初民的精神却是一条相当可行的道路，探寻史前人类的审美意识，从神话入手简直可以触摸到初民们强劲有力的情感脉搏。

所有人类的神话都以创世为主题，这创世一是创造宇宙，另一是创造人。茅盾先生说："原始人的思想虽然简单，却喜欢攻击那些巨大的问题，例如天地缘何而始，人类从何而来，天地之外尚有何物等等。他们对这些问题的答案便是天地开辟的神话，便是他们的原始哲学，他们的宇宙观。" ①

①《茅盾评论文集》下，人民文学出版社1978年版，第274—275页。

一、盘古开辟天地

中国史前有关宇宙创造的神话，最重要的是盘古的故事。这个故事，有几个版本，大同而小异，《艺文类聚》卷一引《三五历记》云：

> 天地混沌如鸡子，盘古生其中，万八千岁。天地开辟，阳清为天，阴浊为地。盘古在其中，一日九变，神于天，圣于地。天日高一丈，地日厚一丈，盘古日长一丈，如此万八千岁。天数极高，地数极深，盘古极长。后乃有三皇。数起于一，立于三，成于五，盛于七，处于九，故天去地九万里。②

②欧阳询撰，汪绍楹校：《艺文类聚》，上海古籍出版社1985年版，第2—3页。

这里，有一个要点值得注意，盘古在天地中，天地变，他也变。天变大，他就变大，天变高，他就变高。

这就是说，盘古其实并不外在于天地。

上段引文中，虽然盘古并不外在于天地，但是，天地与盘古还是适当分开的，盘古与天地同生，严格说来，上段引文还见不出盘古开天辟地，那天地是自开辟的，连同盘古。

然而在下引文字中，盘古与天地的关系就不同了：

> 元气濛鸿，萌芽兹始，遂分天地。肇立乾坤，启阴感阳，分布元气，乃孕中和，是为人也。首生盘古，垂死化身：气成风云，声为雷霆，左眼为日，右眼为月，四肢五体为四极五岳，血液为江河，筋脉为地里（理），肌肉为田土，发髭为星辰，皮毛为草木，齿骨为金石，精髓为珠玉，汗流为雨泽，身之诸虫，因风所感，化为黎甿。①

《广博物志》卷九引《五运历年纪》的说法与上引文字相类：“盘古之君，龙首蛇身，嘘为风雨，吹为雷电，开目为昼，闭目为夜。死后骨节为山林，体为江海，血为淮渎，毛发为草木。”《述异记》卷上亦说：“昔盘古氏之死也，头为四岳，目为日月，脂膏为江海，毛发为草木。”②

比较上述两说，有两个共同点：

一、宇宙开始于濛鸿或者说混沌，是一个整体。这个观点中国其他的古书也是接受的。《三五历纪》就说过，“未有天地之时，混沌状如鸡子”。《淮南子》还具体说到这混沌是什么样子：“古未有天地之时，惟像无形，窈窈冥冥，芒芠漠闵，澒蒙鸿洞，莫知其门。”③

❶马骕撰，王利器整理：《绎史》第1册，中华书局2002年版，第2页。

❷任昉撰：《述异记》，中华书局1985年版，第1页。

❸刘安等著，高诱注：《诸子集成·淮南子注》7，上海书店1986年版，第99页。

这种描述我们在《老子》一书也看到，老子用它来描述“道”，说：“道之为物，惟恍惟惚。惚兮恍兮，其中有象；恍兮惚兮，其中有物。窈兮冥兮，其中有精，其精甚真，其中有信。”[1] 可见道就是未分时的天地。《周易》说这就是“太极”。太极、道作为宇宙的本体，它是整一的，无限的，无形的，不可把捉的（因为一把捉它就成为有限的了），但又是实际存在的。中国人的哲学一元观就从这开始。

二、宇宙始分为阴阳，阴阳具体化为乾坤，乾为天，坤为地。天上长，地下降。《三五历记》还确定了阴阳的基本性质：阳为清，阴为浊。这个观点《易经》并没有接受，但《易传》接受了，并导出阳尊阴卑即天尊地卑的观点。此观点也成为中华民族传统的哲学思想。

不管从语言表达方式上，还是从思想实质上，盘古生天地的逻辑颇似《周易·系辞上传》中所云：“是故易有太极，是生两仪，两仪生四象，四象生八卦，八卦定吉凶，吉凶生大业。”又，“天尊地卑，乾坤定矣，卑高以陈，贵贱位矣。……在天成象，在地成形，变化见矣。”[2]

《绎史》引《五运历年记》关于盘古的故事，与《艺文类聚》引《三五历记》中关于盘古的故事有一个重大的不同：《三五历记》中的盘古虽随着天地扩大而扩大，但自己不参与天地的创造；而《五运历年记》中的盘古，却以自己的身体参与天地的创造，具体来说，盘古死后，其身体的各部分相应地化成为天地万物，包括让身上的小虫化为黎民百姓。

这一故事，隐含着这样一个观点：盘古与天地是一体的。一方面，天地生盘古，而且，还是天地的第一生物（首生盘古），说明天地是盘古之祖；另一方面，盘古将自己的血肉化为天地中的万物，这可以说盘古生天地，

[1] 陈鼓应：《老子注译及评介》，中华书局1984年版，第450页。

[2] 朱熹注，李剑雄标点：《周易》，上海古籍出版社1995年版，第147、135页。

盘古倒成了“天地万物之祖”[1]了。这种互生说明盘古与天地存在着血缘性的关系，中华民族传统的哲学思想“天人合一”可以溯源到此，具体来说，有这样几个要点：

（一）中华民族的哲学其实是分客体与主体的，天地是客体，盘古是主体。主体是由客体决定的，正如盘古是天地生的，而且是“首生”的。

（二）中华民族的哲学中的客体与主体其实也是可以互生的。一方面，天地生盘古，当盘古生出来后，他可以将自己身上的东西转化为自然物，这种转化有点像黑格尔哲学中的“对象化”理论。黑格尔认为，人是可以将自己的本质对象化的。盘古生天地，实质也是对象化。

（三）中华民族的哲学更为看重人的主体性。虽然中华民族的美学给了天地即客体以本体的地位，承认天地生万物，但是，由于中华民族的哲学也强调人参与宇宙的创造，故而在实际效果上，凸现出的是人的作用、人的精神、人的智慧。上引《五运历年纪》中盘古开天地的故事，虽然故事开头也说到了天地“首生盘古”，但它突出的是盘古如何创造天地。从故事文本来看，宇宙原初元气，它虽自分为天地，但也就到此为止了，并没有创造万物。创造万物的还是盘古。从总体上看，中华民族的哲学更重视的是人的创造精神。《周易》有“三才”说，将人的作用提到与天地并列的地位，宋明理学有“人与天地参”的观点，进一步强化《周易》这一思想。

（四）中华民族的哲学在对人的主体性的重视中最突出的是人的精神。盘古开天地不仅有身体的参与，还有情感的参与。《述异记》中说的盘古开天地的故事中有这样几句话：“盘古氏喜为晴，怒为阴。”[2]又说“盘古泣为江河”，所以，盘古开天地，不只是身体的对象化，还有情感的对象化。也许，在《述异记》所述的盘古开天地

❶《述异记》将这一思想表达得非常明确：“盘古氏，天地万物之祖也，然则生物始于盘古。”

❷任昉撰：《述异记》，中华书局1985年版，第1页。

的故事中，情感虽然在造天地中起到了一定的作用，但是，作用并不突出，但是，在中华民族进入文明期之后，从盘古开天地的故事中更多吸取的倒不是身体变成万物之类的神话，而是喜怒创造晴阴这种哲学。不论是儒家，还是道家，均将精神的力量发扬到极致，以至于让人误认为中华民族的哲学是一种主观唯心主义哲学。

（五）中华民族哲学中很看重天人对应性。盘古开天地的神话中，盘古是将自己的身体转化成相应的自然物的，比如，他将气化为风云、声化为雷霆、血液化为江河，左眼化为太阳，右眼化为月亮，等等。这种对应性的转化，逐渐形成了中华民族一种思维方式：类比思维。类比思维是人类共同的思维方式，不独中华民族有，但只有中华民族能够将类比思维运用到极致的程度，以至于只要一说话，一写文章，首先想到的就是如何找到一个生动恰切的比喻。中华民族的类比思维一般是用自然形象比喻社会事物，用具体事物比喻抽象道理，因而具有鲜明的美学意味。中国最早的诗歌集《诗经》中大量的诗是用这种思维方式来写的。后人总结诗经三种艺术表现手法：比、兴、赋，其中比、兴均属于类比思维。孔子创诗教“六义”说，其中就有比和兴。比和兴就这样成为中华美学的重要范畴，并且形成相当完善的理论体系。

归纳以上五点，可以概括为天人合一思想。一般来说，天人合一思想，不只是中华民族才有，其他民族也有，说明人类对于人与自然的看法，基本上一致，所不同的是对于“合一”如何理解。其他民族诸如古希腊民族，它认为人与自然本为二体，但人通过对自然的研究，可以认识并且掌握到自然的规律，从而使自己思想、行为符合自然的这一规律，达到天人合一。而在中华民族，这合一并不存在人认识自然这一必然环节，人与自然天生一体，这种合实质是自身与自身的合。正如天地生盘古，盘古又生天地一样。当然，这种基于自身与自身的合的天人合一，并不以认识自然为前提。也正因为如此，中华民族讲的天人合一，并没有导向实践，促进科学技术的发展，而只是停留在精神领域，其中主要是审美的领域，这是让人感到非常遗憾的。

二、女娲补天

由盘古开辟的天地本来有序地运转着，但一场人间的战争竟然将这秩序打破了。源起于共工氏与颛顼氏争帝。

共工是水神，模样丑怪，说是“人面朱发，蛇身人手足”[①]，他企图跟颛顼争帝。战争非常激烈，结果是共工大败。共工大怒，触不周之山，致使“天柱折，地维绝”。西北方的天空倾斜了，本来布置得秩序井然的日月星辰乱了章法，位置移动了；东南方的地面陷进了一大块，汹涌的洪水夹着杂物、泥土，呼啸着向它涌来；雷电招致的森林大火漫天燃烧，久久不灭；猛兽疯狂地奔出山林，见人就吃。这是一个什么样的时代啊，真是宇宙的末日，生命的末日！

在这种严峻的情势下，一位拯救世界的女神出来了，她就是女娲氏。《淮南子·览冥》详尽地记载了女娲氏补天救世的英勇行为：

> 往古之时，四极废，九洲裂，天不兼覆，地不周载。火爁炎而不灭，水浩洋而不息。猛兽食颛民，鸷鸟攫老弱。于是女娲炼五色石以补苍天，断鳌足以立四极，杀黑龙以济冀州，积芦灰以止淫水。[②]

①王根林等校点：《汉魏六朝笔记小说大观》，上海古籍出版社1999年版，第56页。

②刘安等著，高诱注：《诸子集成·淮南子注》7，上海书店1986年版，第95页。

女娲的工作主要为四：一、炼五色石以补苍天。五色石是什么石？为什么要用五色石炼？现在只能猜想了。在古人看来，天空不只是一种颜色，如果只是用青石炼成汁水来补天，肯定不行。女娲炼五色石来补天，基于对天的实际色彩的认识，也基于对天的崇敬。人能补天，而且将石头炼成汁水来补，说明当时人们的冶炼技术已经达到一定的水平了，不然不会激发出如此的想象。至少陶器会制作了，陶器是用泥土烧制的，泥土能烧，石头也就能烧。联系盘古开天的神话，这女娲补天还有另一层意思。天地本就是盘古开辟并制作的，既然天地能制作，也就能修补。问题是，盘古是用自己的身体化为天地万物的，而女娲却是用地面上的石头烧化来补天。用人体化物与用物化物在相当程度上体现出古人的进步。人体化物，纯粹是想象，不含科学成分；而以物化物，虽然也是想象，却多少含有一定的物理化学的成分。二、"断鳌足以立四极"，古人认为，天之所以悬在空中不会掉下来，是因为有柱子支撑着。这种理解基于生活中直观的经验。至于鳌足能不能做天柱，那是想象。屈原在《天问》中问："鳌戴山抃，何以安之？"王逸注引《列仙传》："有巨灵之鳌，背负蓬莱之山而抃舞，戏沧海之中，独何以安之乎？"[1] 算是回答了屈原的提问。三、"杀黑龙以济冀州"，"黑龙"在这里是害人之物，代表食人的各种猛兽。四、"积芦灰以止淫水"。

女娲此四大功劳，于天幸甚，于民幸甚！

女娲补天的效果如何呢？《淮南子·览冥》云：

苍天补，四极正。淫水涸，冀州平。狡虫死，颛民生。背方州，抱圆天。和春阳夏，杀秋约冬，枕方寝绳……当此之时，卧

❶洪兴祖撰，白化文等点校：《楚辞补注》，中华书局1983年版，第102页。

倨倨，兴眄眄。一自以为马，一自以为牛。其行蹎蹎，其视瞑瞑。侗然皆得其和，莫知所由生。浮游不知所求，魍魉不知所往。当此之时，禽兽蝮蛇无不匿其爪牙，藏其螫毒，无有攫噬之心。①

①刘安等著，高诱注：《诸子集成·淮南子注》7，上海书店1986年版，第95页。

这天给补好了。因为是用五色石补的，因而，有蓝天白云，云霞灿烂，彩虹高卧。天的四端给竖起来了，天变正了，日月星辰各归其位，日出月落，月出日落，斗转星横，依时而变。滔滔洪水没有了，海水宁静了，冀州平安了，各种凶恶的食人之兽死了，颛顼的百姓得以安生了。春天，和熙欢畅，大地更新；夏天，阳气旺盛，万物向荣；秋天，肃杀凋零，新陈代谢；冬天，简约宁静，孕育新生。一切都循规蹈矩、井然有序地进行着，真是四时行焉，万物生焉。百姓们快乐地生活着，卧则高枕，起则无忧，如此不需操心，混同于牛马之间。魑魅魍魉、毒蛇猛兽也不再伤害人类，天下太平。

——这当然是一种有点夸张的描写，但至少关于天地自然恢复常态的描写是真实的。其实，只要天地自然恢复了常态，哪还有什么比它更让人类省心的呢？

女娲终于做完了她要做的事，然后死了，她的死同样有助于世。《山海经·大荒西经》云："有神十人，名曰女娲之肠，化为神，处栗广之野，横道而处。"② 女娲静静地躺在她修补好的大地上，那是一片广漠的土地，遍长着森林。她死了，犹如当年盘古的死，肉体化成了天地万物。与盘古不同的是，女娲不仅用她的肉体，化出了河流、树林、云霞，等等，还让她的肠子化出十位神人。

②袁珂校译：《山海经校译》，上海古籍出版社1985年版，第269页。

女娲补天的故事与盘古开天地，其事件既见出前后相续，其光辉又如同双璧。它们所体现出的基本意义是一致的，但女娲补天的意义似在盘古开天地意义的基础上有所延伸、拓展。

（一）物质与生命的关系。盘古与女娲都造了天地万物，细比较一下他们造的物，盘古造的物仅为物，一件件的物，文献资料中并没有说这些物构成一个有机整体，它是活的，具有生命的意味，然而女娲造天地万物，不只是一件件的物，还是一个有机的生命体。上面所引《淮南子·览冥》中说到女娲补过的天，不仅恢复了它的完整，而且恢复了它的生命，“和春阳夏，杀秋约冬”，这春夏秋冬的运转都不是物质性的，而且是生命性的，所以有“和”，有“阳”，有“杀”，有“约”。如果仅是物质性的，这些概念有什么意义呢？在中华民族的眼中、心中，这宇宙均是充满着生命的，所以，宋代大画家郭熙说：“真山水之烟岚，四时不同：春山淡冶而如笑，夏山苍翠而欲滴，秋山明静而如妆，冬山惨淡而如睡。”[1] 他认为“画见其大意，而不为刻画之迹，则烟岚之景象正矣”。[2]

（二）人工与天工的关系：这个故事中最值得注意的是女娲补天用的材料，她是从大地取材的，以地材来补天空。这说明什么呢？至少说明地与天具有同一属性，不然怎么能用地补天呢？中华民族的传统哲学中的天地观念可以分为两个方面：一方面，将地与天对立起来，天高地低，天尊地卑，如《周易·系辞上传》所说：“天尊地卑，乾坤定矣；卑高以陈，贵贱定矣。”另一方面，又将地与天贯通起来，天地既相对，又相通，还相成。这女娲用地面上的材料补天不就是一个证明、一个象征？女娲用地上的材料补天，这地面上的材料是经她加工过的。那补天的五色石经女娲炼成液体方能补到天上去。这一点十分重要，它说明，地与天的相通或相成，

[1] 北京大学哲学系美学教研室编：《中国美学史资料选编》下，中华书局1981年版，第13页。

[2] 北京大学哲学系美学教研室编：《中国美学史资料选编》下，中华书局1981年版，第13页。

是经过人工的。人是天地贯通的中介。这一思想直接导致《周易》中“三材”说的产生。“三材”为天、人、地。《周易》六十四卦，每卦六爻，最下两爻为地，最上两爻为天，中间两爻为人。每卦虽然各自说明一个道理，但也是一个相对完整的世界。

其后的发展，则将天与地统一起来，统称天地，或简称为天，而与人相对。中华民族传统的哲学中的天人关系观即由此而来。既然女娲可以将她的创造物补到天上去，人工可以转化为天工，那么，人与天其实是可以相通的，也是可以相成的。不仅人工可以转化为天工，天工也可以转化为人工。中国人将最美的山水说成是“江山如画”；同样，也将最美的人工作品说成是“巧夺天工”。尽管天工与人工可以相成，可以相喻，但天与人还有很大差别的，天是神灵之居所。按《老子》哲学，“人法地，地法天，天法道，道法自然。”天是道的最好体现。所以，天永远是人之师，人工只是对天工的模仿。天工至上，自然至美。中华民族美学观的重要基础之一就是这种天人观。

（三）人心与天心的关系：盘古之开天辟地，女娲之补天救世，一切均匪夷所思。人们瞠目结舌：这世界竟是这样创造出来的？然一切又顺情顺理。难道这样的创造，这样的修补，不正合人心，正合民意，正如你心目中的天理？《淮南子》叙述女娲补天后，说天地秩序井然，百姓们一如牛马，自由自在，没有感到这自然界与自己有什么不切合的地方，可说天地万物“皆得其和”，而女娲则乘雷车，驾应龙，悄然而去，“不彰其功，不扬其声，隐真人之道，以从天地之固然”。如果说天有心，则此心同于人心，中华民族哲学的最高概念——道，既是天心又是人心。宋代理学家张载说：“为天地立心”，之所以这是可能的，是因为天心本就是人心。

现代哲学讲真善美，其真多理解为自然规律，如果不是将“真”局限于当今自然规律，而是理解为宇宙本体，这宇宙本体，在中华民族的哲学中是理解为“道”的，这道既是真之体，又是善与美之源。

三、天地的秩序

天地被开辟之后，迅速地发展成一个完整的体系。在中国神话描述中，这个体系有这样几个突出的特点：

第一，天体系与地体系的对应性

天体系与地体系，一个在上，一个在下，它们是相对的，同时也是相应的，就天体系来说，“天圆而无端，故不可得而观。”[①] 它的基本品格是圆的，无限的。圆天很高很高，所谓“天者，高之极也”[②]。具体如何表述天之高、天之宽，中国人用到了一个数字“九”。九在中国文化中，代表最大的数，意为无限。于是就有这样说法：“天有九重”。[③] “天有九野，九千九百九十九隅。”[④] 九重，言天之高；九野，言天之宽。关于九天，《吕氏春秋·有始览》还按方位赋予了名字：中央曰钧天，东方曰苍天，东北曰变天，北方曰玄天，西北曰幽天，西方曰皓天，西南曰朱天，南方曰炎天，东南曰阳天[⑤]。还有另一种说法：一为中天，二为羡天，三为从天，四为更天，五为晬天，六为廓天，七为减天，八为沈天，九为成天[⑥]。如此高大的天，又如何让它安全地悬在空中而不坠落下来呢？中国人想到了柱子，柱子是用来撑房子的，通常为树木，然而这树木是撑不了天的，于是，想到了大山，这大山就是撑天的柱子。王逸注《楚辞·天问》中“八柱何当”云“天有八山为柱”[⑦]。天虽然有八座大山撑住，但是，这天是旋转的，又怎么

❶刘安等著，高诱注：《诸子集成·淮南子注》7，上海书店 1986 年版，第 253 页。

❷司马迁著，李全华标点：《史记》，岳麓书社 1988 年版，第 155 页。

❸刘安等著，高诱注：《诸子集成·淮南子注》7，上海书店 1986 年版，第 51 页。

❹刘安等著，高诱注：《诸子集成·淮南子注》7，上海书店 1986 年版，第 36 页。

❺参见高诱注：《诸子集成·吕氏春秋》6，上海书店 1986 年版，第 124 页。

❻欧阳询撰，汪绍楹校：《艺文类聚》，上海古籍出版社 1985 年版，第 1—2 页。

❼王逸：《楚辞注》，洪兴祖撰、白化文点校：《楚辞补注》，中华书局 1983 年版，第 87 页。

保证它不会垮塌，中国人想到了绳子。《楚辞·天问》云："斡维焉系，天极焉加？"这绳子重要，《管子·白心》说："天莫之维，则天以坠矣！"绳子又如何系天？《淮南子·天文》提出捆住四角："东北为报德之维也，西南为背阳之维，东北为常羊之维，西北为蹄通之维"[1]。如此想象，天的体系建构成功了。

那么，地呢？古人基本是按照天地相对应的原则来建构的。天既是圆的，那么，相对应的地就是方的。《大戴礼记·曾子天圆》云"地方"，这是对地的基本定位。《楚辞·惜誓》说："睹天地之圆方"，也将地看成是方的。天有九重，地有九州。九州有大九州与小九州之说，大九州是整个世界分为九州，中国名赤县神州是其中之一州，这九不是实数，是虚数，意思是多，无限。《禹贡》将中国分成九州那是实的了，这九州为冀、兖、青、徐、扬、荆、豫、梁、雍，是为小九州。犹如天有八柱撑着的一样，地也有八柱。《楚辞·天问》云："八柱何当？东南何亏？"洪兴祖补注："《河图》言：昆仑者，地之中也。地下有八柱，柱广十万里，有三千六百轴，互相牵制"。[2]地有柱托着，地就不会沉了。

天上的系统与地上的系统如此对立、对应，很能反映中国人的一种思维方式：在对立中求对应，在对应与对立中求和谐。这种思维方式既是哲学的，也是美学的，反映在艺术上，则是平衡对称的形式美规律。应该说平衡对称这一形式美规律不独属于中华民族，它属于全人类，但是中华民族将平衡对称形式美规律用到天地上去了，这种气度却是全人类独有的。

第二，天体系与人间体系的对应性

远古神话所描绘的宇宙图景不仅存在着天体系与地体系的对应性，还存在着天体系与人间体系的对应性。

❶刘安等著，许匡一译注：《淮南子全译》，贵州人民出版社1993年版，第127页。

❷洪兴祖撰，白化文点校：《楚辞补注》，中华书局1983年版，第87页。

这种对应集中表现为天上的帝王体系与人间的帝王体系的对应性。天上有宫殿，为天帝所居，天宫极为宏丽、壮观。地下也有都，昆仑山就是“帝之下都”，这“昆仑之虚，方八百里，高万仞，上有大禾，长五寻，大五围。面有九井，以玉为槛。门有九门，门有开明兽守之，百神之所在。”[1]昆仑山是神之所居，虽然在地上，仍然可以看成天上。值得我们注意的是，历代帝王将自己看作天帝在地面的代表，构建起一个与天庭相一致的体系，并且将自己的宫殿做成想象中的天宫般的美丽。

由于天上的世界是人想象出来的，因此，天庭实际上是朝廷的翻版。这种做法包含有重要的政治目的，即借天上帝王的威严来支撑地上帝王的威严，同时，也借天上的秩序来支撑人间的秩序。出于尊天，人们必然尊君，而尊君又必然导向尊天。天与人就这样相互依存着。

第三，天地人神一体化

天地均有神在管理，天有天神，地有地神。天神中，除了天帝，还有司掌天象的诸神。其中最著名的有照管太阳的神，名羲和。取盘古生天地万物的逻辑，太阳是羲和生的。《太平御览》第三卷引《山海经》郭注云：“羲和能生日也，故曰为羲和之子”，据说生了十个太阳。这羲和还能与地上的人通婚，她嫁给了帝俊，帝俊即帝喾——五帝之一。月亮是由常羲生的，常羲也嫁给了帝俊。《山海经·大荒西经》记载了这一荒诞的故事：“有女子方浴月。帝俊妻常羲，生月十二。此始浴之。”[2]这常羲一口气生了十二个月亮，当月在中天光华遍地之时，她生育结束，也累了，就沐浴着月华洗澡了。

天上有神，地上也有神。地神中最重要的有社神。《初学记》卷五引《物理论》说社神是女的，名为“媪”，“亦名后土”。中华民族在对待天神与地神的态度上略有

❶袁珂校译:《山海经校译》，上海古籍出版社1985年版，第225页。

❷袁珂校译:《山海经校译》上海古籍出版社1985年版，第272页。

区分，虽然对天神与地神都是崇敬的，但是对天神在崇敬中更多的是畏惧，对地神的崇拜中更多是依赖。所以，大地在远古人们的心中是母亲的形象。《周易·说卦传》云："坤，地也，为母。"在以农业立国的中国，社神实际上是农业神。对它的祭祀，是要国君主持的。《礼记·郊特牲》集解云："国中之神，莫贵乎社"。中华民族远古神话，对于天神的来历一般虚置，而对于地神的来历，往往将它与某位先祖联系起来，《左传·昭公二十九年》说："共工氏有子曰句龙，为后土。"① 为什么让共工氏的儿子做了后土，《国语·鲁语上》有个说明："共工氏之伯九有也，其子曰后土，能平九土，故祀以为社。"② 中华民族史前的神话，就这样将神、人、物联通起来，它们既相对独立着，又相互化育着。天地人神合一，这一奇绚的现象，后来竟然在海德格尔的哲学中得到了阐发，尽管海氏的思想并不是出于中国古代的神话，而且内涵也不一样，仍让人惊异不已！

❶《新刊四书五经·春秋三传》下，中国书店1994年版，第277页。

❷邬国义等撰：《国语译注》，上海古籍出版社1994年版，第126页。

第二节 人类创造的神话

婴幼儿总喜欢问妈妈我是怎么来的？妈妈回答孩子这样的提问总是那样的浪漫，那样的美妙，不免让孩子有几分迷茫与不解，然而又能让孩子得到满足，而且总有几分相信。在世界各民族中，几乎全有关于人类如何产生的神话，这正如所有的孩子总是对自己从哪儿来感兴趣一样，而各民族关于人类诞生的神话，也同样如母亲回答孩子的提问那样，浪漫而又美妙。

如果说，天地是如何开辟的是神话的第一题，那么，人是如何来的则是神话的第二题。神话是哲学之母几乎所有民族的哲学均开始于对这两个问题的回答。

一、抟黄土造人

关于人是怎么来的，中华民族神话中有种种不同的说法，当然，最著名也最重要的是女娲氏抟黄土造人。《太平御览》第一卷引《风俗通义》云：

> 俗说天地开辟，未有人民，女娲抟黄土作人，剧务，力不暇供，乃引绳絙泥中，举以为人。故富贵者，黄土人也；贫贱凡庸者引絙人也。①

这里透露出一些重要信息：引文中说“天地开辟，未有人民”。那就意味着先有天地，后才有人民。女娲是第一人，那么，作为第一人，她又是从何而来的呢？当年屈原就提出这个问题：“女娲有体，孰制匠之？”②《抱朴子·释滞》说：“女娲地出。”③ 这一说法非常重要，女娲不是由天降的人，而是由地生出的人。这样说来，大地才是人之母体。地生出了女娲，女娲再用地上的材料造出了人。这一切非常自然，没有丝毫的神秘。凡在大地上立足的生物，应该都是大地的产物。这种生人的

❶夏剑钦等校点：《太平御览》第一卷，河北教育出版社1994年版，第672页。

❷陈子展撰述：《楚辞直解》，江苏古籍出版社1988年版，第141页。

❸葛弘著：《诸子集成·抱朴子》8，上海书店1986年版，第36页。

理论应该说最具唯物主义精神，比之神造人，更能为现代人所接受。女娲造人的方法有两种：一种是用手抟黄泥做人，另一种则是将绳子放入泥浆中，摇动着绳子，绳子将泥水洒落在地，那点点滴滴的泥浆都变成了人。两种方式，前一种方式比较地精致，后一种方式就比较地粗糙了。前一种方式做的人为富贵人，后一种方式做的人为贫贱凡庸之人，于是人就分出了等级。对于此说法，不必过于在意它对穷人的轻蔑，因为即使在远古时代，人也还是有一定的分别的，分别的原则倒不在贫富，因为那时没有私有制，而在与氏族首领的亲疏关系以及在部落中所担任的工作。

女娲地出和用泥做人出自中国远古的大地崇拜。远古人类有诸多的崇拜，其中最重要的是对天空的崇拜和对大地的崇拜。对天空的崇拜产生了最早的神概念，神来自于天空。对大地的崇拜产生了最早的人概念，人来自于大地。《周易》开头的两个卦乾卦和坤卦分别代表着人类的这两种崇拜。乾卦代表着对天空的崇拜，坤卦代表着对大地的崇拜。坤卦对大地有诸多的赞美，其中最根本的是大地具“资生”功能。坤卦的《彖传》云：“至哉坤元，万物资生。”“资生”，说明大地是生命的资源。女娲地出和用泥造人，正好说明了这一点。

值得我们注意的是坤卦在对大地的歌颂之中提到了“黄色”，其六五爻云：“黄裳元吉。”黄裳是用来比喻黄土的，这黄土正是女娲用来做人的原料。黄土在坤卦中喻为黄裳，这是一种美学化的表达，其赞美之意很明显。朱熹解释此卦时说：“黄，中之色也；裳，下之饰也。”“中之色”的“中”具体在此卦中指六五爻，它处于中位。由于黄色实不只是六五爻之色，而是整个坤卦之色以及坤卦所象征的地之色，因此，此“中”也不只是指六五爻，而是指地。春秋战国时期，阴阳家们创五行说，分别为金、木、水、火、土。五行中，金木水火各代表一方，唯土居中，土即地。地居中的地位让帝王们羡慕，他们自认为为天下的中心，由此，将黄色定为帝王的专用色。黄色因此也就成为中华民族最为尊贵的颜色了。《象传》说："黄裳元吉，文在中也。"将"文"与"中"联系起来。"文"在中华民族的传统文化中，含义很丰富，既是文明与进步的意思，也是美与善的象征。《文言》在阐述坤卦的意义时，明确地将"美"这一概念纳入，说："君子黄中通理，正位居体，美在其中，而畅于四支，发于事业，美之至也。"按《文言》的观点，宇宙之内，最美者不是天，而是地！

一切哲学性的思维均从探究宇宙之本或者生命之本开始。作为宇宙第一人的女娲既然从大地自然地生出，此后的人，又是女娲用大地最普通的材料——泥土做出来的，这无异于说，生命始于大地。于是，一个伟大的哲学开始了，这个哲学可以名之曰"自然哲学"，它的创始人是春秋时代的老子，老子设立一个概念——道。老子对道的定位很明确："天地之始"、"万物之母"。女娲抟黄土做人还有炼五彩石补天，可以看作是这一定位的注释。在《老子》一书二十五章，老子对道作了更进一步的论述：

> 有物混成，先天地生，寂兮寥兮，独立而不改，周行而不殆，可以为天地母。吾不知其名，强字之曰"道"，强为之名曰"大"，大曰逝，逝曰远，远曰反。故"道"大，天大，地大，人亦大。域中有四大，而人居其一焉。人法地，地法天，天法"道"，"道"法自然。①

❶陈鼓应著:《老子注译及评介》，中华书局1984年版，第451—452页。

老子再次肯定道是“天地母”。老子认为，宇宙中即“域中”有四个基本的元素：道、天、地、人。人是其中之一。人作为生命体，它的本质又是什么呢？老子做了四个层次追溯，第一层次，追溯到地，继而追溯到天，再继而追溯到道，最后追溯到自然。如此说来，不是地，不是天，也不是道，而是自然，才是生命之本。自然不是物质，而是某种性质、某种状态。自然既然成为宇宙之本，那么，理所当然它也是人类三大价值——真、善、美之本。不管如何追究何谓真何谓善何谓美，最终都会达之于道，进而达之于自然。所以，中华民族美学有一个重要的传统：美在自然。

女娲造人的原料是泥和水，让我们首先想到是陶器的制作，女娲抟泥土做人，某种意义上说，它是史前陶器经济的反映。当然，人的产生应该是在陶器发明之前，因此，也可以反过来说，正是女娲抟黄土造人，开启了陶器的制作。

二、感图腾生人

远古人类有自己的图腾，不同的部族其图腾不一样。所谓图腾，就是原始人所尊奉、所崇拜的某一种自然物，通常以动物为多。舜的诞生，据《绎史》卷十引《刘向孝子传》，说是舜父晚上做了一个梦，梦见一只鸟，自名为鸡，口里衔着米来喂食自己，并且说，鸡就是你的子孙。舜父一看，这不是凤凰吗？后来生下了舜。凤凰是部落的图腾。凤凰是一种想象的动物，其构成元素很多，鸡是其中之一，所以，舜父在梦中将那只喂食自己的鸟认作鸡是可能的。

感图腾生人最有名的故事当属商始祖诞生的神话。

《诗经·商颂·玄鸟》云:“天命玄鸟，降而生商。”[1] 有多种书籍描绘了这样一个美丽的故事，虽大同小异但都很精彩，故摘三条:

> 殷契，母曰简狄，有娀氏之女，为帝喾次妃，三人行浴，见玄鸟堕其卵，简狄取吞之，因孕，生契。[2]
>
> 契母简狄者，有娀氏之长女也。……与其娣妹游浴于玄丘之水，有玄鸟衔卵过而坠之，五色甚好……简狄得而含之，误而吞之，遂生契焉。[3]
>
> 商之始也，有神女简狄，游于桑野，见黑鸟遗卵于地，有五色文……简狄取之，贮以玉筐，覆以朱绂。……狄乃怀卵，一年而有娠，经十四月而生契。[4]

三处记载大同小异，史记的写法也许最可靠吧，玄鸟有人认为是燕子，有人认为应是雉，也许雉比较正确。商人的祖先为简狄，亦作“简翟”,《诗经·邶风·简兮》毛传:“简，大也。”翟,《说文解字》:“翟，山雉尾长者。”[5] 翟，一作狄，同声通用。如《周礼·天官冢宰第一》:“内司服，掌王后之六服，袆衣、揄狄、阙狄……”郑注:“狄当作翟，翟，雉名。”商人因为某种原因，崇拜雉，将雉看作自己的图腾，所以，编出自己的祖先契乃其母吞食雉卵而怀的孕。“玄鸟”的“玄”也许应为神异的意思。也因为契与玄鸟有这样一种亲缘关系，所以，契也号称“玄王”。《国语·周语下》云:“玄王勤商”[6]；另,《荀子·成相》云:“契玄王，生昭明”[7]。商族以“子”为姓，也与“天命玄鸟，降而生商”有关。

❶《诗经译注》卷八，中国书店1982年版，第60页。

❷司马迁著，李全华标点:《史记》，岳麓书社1988年版，第15页。

❸刘向撰，张涛译注:《列女传译注》，山东大学出版社1990年版，第9页。

❹王根林等校点:《汉魏六朝笔记小说大观》，上海古籍出版社1999年版，第503—504页。

❺许慎著:《说文解字》，中华书局1963年版，第75页。

❻邬国义等撰:《国语译注》，上海古籍出版社1994年版，第106页。

❼王先谦撰:《荀子集解》下，中华书局1988年版，第464页。

《白虎通义·姓名》引《尚书刑德考》云:“殷姓子氏，祖以玄鸟子生也。”商朝建国后，也一直奉雉为吉祥的象征,《尚书·高宗肜日》记载有这样的一件事:“高宗祭成汤，有飞雉升鼎耳而雊，祖己训诸王，作《高宗肜日》、《高宗之训》。高宗肜日，越有雊雉，祖己曰:‘惟先格王，正厥事。’乃训于王。”[1]文章中的祖己是商高宗武丁时代的贤臣，祖庚是商高宗的儿子，全文的意思是：商高宗武丁祭祀成汤，有一只野鸡飞到祭祀用的鼎耳上鸣叫，武丁不明主何吉凶，让祖己来教导他的儿子祖庚，祖己就作《高宗肜日》、《高宗之训》两篇训词。高宗举行肜祭这一天，有一只野雉在鸣叫，祖己说，要先宽解君王的心，然后再纠正他不正确的行为，于是教导祖庚。商人将雉看作神鸟，认为它的鸣叫传达神的某种旨意，奉行着雉鸟崇拜。这种源自古代图腾崇拜的雉鸟崇拜影响深远，雉鸟形象后来融入凤凰的造形之中，而凤凰则不独是商族而且是整个华夏族的图腾。

简狄吞食鸟卵生人的故事，在中国历史上影响深广，一些民族也仿造了类似的神话。比如，统一中国的秦，他们就认为，其先祖也是鸟卵变的。《史记·秦始皇本纪》云:“秦之先，帝颛顼之苗裔孙曰女脩，女脩织，玄鸟陨卵。女脩吞之，生子大业。”[2]

感图腾而生人这类神话比较普遍，反映出人在追寻自己的来源时，总是外在地寻找根据。一方面，他们知道人是母亲生的，但母亲为什么生人，他们就不知道了。由于生产、生活的关系，他们与自然界建立诸多的联系，这些联系中，其中某一样自然物与自己这一族类的生命有联系，因而被奉为先祖，奉为神灵，这种自然物通常叫作图腾。图腾是原始人类普遍的精神现象。在中国大地上存在过的史前人类分布成诸多的部落，他们都有自

[1] 江灏等译注，周秉钧审校:《今古文尚书全译》，贵州人民出版社1990年版，第188—189页。

[2] 司马迁著，李全华标点:《史记》，岳麓书社1988年版，第36页。

己的图腾。部落与部落之间经常有战争，当一部落被另一部落打败，而被迫融入其他部落时，他原来所奉的图腾，要么彻底地消失了，要么部分地融入到其他部落的图腾中，于是，原来为实有动物的图腾因为渗入别的图腾因子就变得不伦不类了。凤凰就是这样的图腾，它基本上还是鸟，但此鸟已很难定为哪一种鸟了，商人所说的玄鸟，后人有说是雉，是燕，也有人说那就是凤。舜的父亲梦中见到一鸟，舜父以为是鸡，那鸡自称是凤。这凤就是舜的来源。中华民族是一个大融合的民族，所以，最有资格作为这个民族图腾的龙和凤只能是综合的产物。

舜父梦凤而有舜，简狄吞食鸟卵而生契，这些均可以看作是感凤凰图腾生人的实例，感龙图腾生人的也有不少，像伏羲、女娲神话中都说他们“蛇身人首”，蛇是龙的基本的元素，因此可以说，伏羲、女娲是龙图腾的产物。

黄帝的母亲为附宝，史载：“附宝见大电光绕北斗权星，照郊野，感而孕。二十五月生黄帝轩辕于寿丘。”① 黄帝的形象也是“龙身人头”，所以，应该说他也是其母感龙而生的，那大电光就是龙。

炎帝、尧的产生也是如此。《三皇本纪·补史记》云：“炎帝神农氏，姜姓。母曰女登，有蟜氏之女，为少典妃，感神农而生炎帝。”② 炎帝的母亲有名有姓，她是有蟜氏的女儿，名女登，一天，在游华阳时，与神交配，后来就怀孕生下炎帝。神农的模样一说“龙首”，一说“牛首”③，炎帝的模样自然可知了。

尧的诞生情况也差不多。史载：“（尧）母陈锋氏女，曰庆都，感赤龙，孕十四月而生尧于丹陵。”④尧的母亲为天帝之女，名曰庆都，她一日与赤龙相遇，发生关系，受孕了，十四个月后将尧生下来了。

类似的故事后人还在炮制着。《后汉书·西南夷传》

❶《汉学堂丛书》辑《河图辑命徵》，转引自袁珂、周明编：《中国神话资料萃编》，第66页。

❷司马贞著：《三皇本纪·补史记》（百衲本），南宋黄善夫刻版，上海涵芬楼民国二十六年影印，第2页。

❸参见袁珂、周明编：《中国神话资料萃编》，第33页。

❹《汉书人表考》卷一，转引自袁珂、周明编：《中国神话资料萃编》，第168页。

载："哀牢夷者，其先有妇人名沙壹，居于牢山。尝捕鱼水中，触沈木若有感，因怀妊。十月，产子男十人。后沈木化为龙，出水上，沙壹忽闻龙语曰：'若为我生子，今悉何在？'"[①]这沙壹感龙而生的人就是哀牢夷的祖先，哀牢夷即现今的彝族。

帝喾妃吞日而生子，是不是也可以归入此类？史载：帝喾有一妃，是邹屠氏的女儿。当年黄帝打败蚩尤后，将蚩尤地区内的人民进行迁移，善良的人迁到邹屠一带；凶恶的人迁到有北之乡。这邹屠氏应是迁到邹屠的良民。他的女儿有一桩本事，走路脚可以不沾地，经常腾云驾雾的。一日，她游于伊洛，被帝喾遇上了，帝喾喜欢上她，纳以为妃。这邹屠氏常梦见吞食太阳，梦一次，则生一个儿子。这样的梦一连做了八个，因此，她有八个这样的儿子，世称这八个儿子为"八神"，亦谓"八羿"[②]。太阳是不是帝喾族的图腾，无从知晓，但帝喾族崇拜太阳是可以肯定的。从这一例子，我们也可以推断，远古人类的祖先其实也不一定是图腾，但绝对应是初民崇拜的对象。

❶《后汉书》[九]，中华书局1965年版，第2848页。

❷王嘉撰，（梁）萧绮录，齐治平校注：《拾遗记》，中华书局1981年版，第18页。

三、感神迹生人

图腾主体为自然物，有神性，也有人性。它之能生人是远古人类的一种合理的想象。与感图腾生人相类似，略有些不同的是感神迹而生人，产生神迹的神是什么样子，故事一般就给淡化了。

感神的足迹而生这类故事就好一些，最突出的有伏羲氏的出生。伏羲氏是三皇之一，而且是八卦的首创者，其出生自然应该不平凡。《太平御览》第一卷引《诗含神雾》云："大迹出雷泽，华胥履之，生庖牺"[②]。华胥是

❷夏剑钦等校点：《太平御览》第一卷，河北教育出版社1994年版，第671页。

伏羲的母亲，华胥国在《列子》一书中有具体介绍，说这个国家不知其几千万里也，可见国家很大，坐舟车都不能到达，只能“神游”。“其国无帅长，自然而已，其民无嗜欲，自然而已。不知乐生，不知恶死，故无夭殇；不知亲己，不知疏物，故无爱憎；不知背逆，不知向顺，故无利害。”① 这些描述，说明这个地方的人与动物是差不多的。人性还没有觉醒，文明还没有产生。伏羲氏就出生在这样一个国家。作为伟人，伏羲的出生应该是很奇特的。有意思的是，像伏羲这样的伟人，在某些民族会将它想象成神的儿子，被神送到人世间来，但是，中华民族不这样想。中华民族认定自己的始祖诞生在大地上，是大地的儿子。降生在大地上，是人生的儿子，那又如何见出不是一般人家的儿子呢？于是就想象出感神灵交配或感神迹受孕之类的故事。伏羲是其母华胥在田野踩上一个巨大的足迹而受孕的，这就显得不平凡了。同样的故事，在周代祖先的出生史上又克隆了，周始祖名弃。其母在郊外也踩上一个巨大的脚印，回家后感到身体有些变化，原来受孕了。神迹也可以是神的光芒，感神的光芒而生这类故事更多。伏羲氏出生上面我们说是其母踩上神的足迹而受孕的，其实，他的出生还有一个版本：“春皇者，庖牺之别号，所都之国，有华胥州。神母游其上，有青虹绕神母，久而方灭，即觉有娠。历十二年而生庖牺。长头修目，龟齿龙唇，眉有白毫，须垂委地。”② 黄帝孙子五帝之一的颛顼，出生也是如此。史载：“颛顼，黄帝之孙，昌意之子，姬姓也。母曰景仆，蜀山氏女，为昌意正妃，谓之女枢。金天氏之末，瑶光之星，贯月如虹，感女枢幽房之宫，生颛顼于若水。”③

由感图腾生人，到感神迹生人，似乎发现人的自我意识在生长。图腾是具体的自然物，哪怕是龙、凤这样

①张湛注：《诸子集成·列子注》3，上海书店1986年版，第13页。

②王嘉撰，萧绮录，齐治平校注：《拾遗记》，中华书局1981年版，第1页。

③徐坚等著：《初学记》，中华书局1962年版，第197页。

的想象动物，也还是自然物，这种生人，更多地见出原始人的蒙昧。而感神迹而生人，虽然也见出原始人的蒙昧，但这蒙昧就弱多了，因为这毕竟不是自然物变为人，而是人生成人。前者，自然物（龙、凤等）化成了人的内在因子，后者，自然物（足迹、星光等）只是生人的外在因素。

以上两类故事，仅限于圣人的诞生。这里体现出一个由神得灵到由神达人的一个过程。远古人类普遍相信神，这神有的体现为自然物，自然物中有一些被奉为图腾，有一些则因为其威力无穷，或具有某种神秘性也被人奉为神，除此之外，也还有一些由人想象的超人。超人中有的为部落逝去的祖先，有的为掌管某一些人事或自然现象的神人。与前一类自然神不同的是，这部分神具有人的形象。不管怎样，凡神都是伟大的，既让人恐惧，又让人敬仰，更重要的是，人对于它们有更多的企求，企求保护，企求恩赐，等等。神与人处于两个不同的世界，神的世界高高在上，俯瞰着人类，监督着人类，管理着人类。怎样让神从另一个世界来到这一个世界，让神与人的关系更直接，更亲和，一个重要的途径就是让神生出一个人来。远古人类通过自己的想象，认为让凡人与神或神迹相接触，就可以诞生出一个不一般的人来。这人既然是人生的，他是人，具有人性，但他又因与神相感应或相感触而生的，因而具有神性。这种既有人性又有神性的人，既是人群的首领，又是神灵的代表。这种人通常称之为圣人，伏羲、黄帝、尧、舜均是这样的圣人。人类在进步，时代在发展，虽然人们早已不相信真有神存在，也不相信图腾真的是人的祖先，但是，神人相合的理想仍然以各种不同的方式在中华民族的精神生活中延续着。负面的影响莫过于皇帝号称上天之子以证明其统治的合理性。但正面的影响似乎更大，它孕育着一种具有积极意义的哲学观，这就是《周易》乾卦《文言》所说：“夫大人者，与天地合其德，与日月合其明，与四时合其序，与鬼神合其吉凶。”① 中华民族的天人合一观是包括与“鬼神合其吉凶”这一重要方面的。中华民族语汇中的“神”既具有超越性，又具有经验性，凡超出一般人的思维、智慧、能力的行为都被称作“神”，神虽源自天上，却可落实在地上；神虽不可知，却可感。在中华民族的美学中，凡与神沾上边或者说具有神性的人物、事物均具有放射出奇异的光辉，均具有撼人心坎的魅力，均可以赞之为美。孟子说：“充实之谓美，充实而有光辉之谓大，大而化之之谓圣，圣而不可知之之谓神。”② 这段话中，“美”、“大”、“圣”、“神”均相通了。

在神话中，还有人与动物交而生人的故事。这类故事大多不存猥亵之意。《后汉书·南蛮传》、《搜神记》等还记载有这样一个故事：故事发生在高辛氏即帝喾的时代。帝喾有一犬名盘瓠，经常随侍在帝喾的身边，一天突然不见了。当时，房王正在作乱，帝喾悬赏天下，能取房王首级者，不管是谁，均赐千金、赏美女。群臣均知道房王兵强马壮，无人应话。帝喾正忧心如焚，对于盘瓠的出走并没有在意。不想，几天后，这犬咬着房王的头回来了。帝喾大喜，赏给它肉食，它竟不食。帝喾感到很奇怪，问是不是希望赏美女？这犬竟高兴地跳起来。于是，帝喾封盘瓠为会稽侯，美女五名，食会稽郡一千户。后犬戎生下三男六女。男儿出生时，虽是人形，还有犬尾，女的倒是完整的人形。其后子孙昌盛，号为犬戎国。尽管人与动物交而生人的故事，远古并不存在猥亵意，但毕竟反映的是人类产生之初的蒙昧与原始，

①朱熹注，李剑雄标点:《周易》，上海古籍出版社1995年版，第30页。

②杨伯峻译注:《孟子译注》，中华书局1960年版，第234页。

像犬戎的故事仅此一例，而且说这犬戎国与黄帝有血缘关系，是黄帝的子孙后代[1]。

四、男女交合生人

以上生人的故事，都反映出原始初民的蒙昧，真正懂得人是怎么来的，应该说始于伏羲与女娲夫妻身份的确认。关于伏羲与女娲的关系，一直有三种说法，一是兄妹，二是夫妻，三是兄妹兼夫妻。比较得到多数人赞同的应是第三种说法。汉人画像石有伏羲与女娲交配的图事，画的上方是男女头像，上身也着衣袍，而下身则画成类似蛇交尾的形象。之所以画成蛇身，乃是因为传说中伏羲与女娲均为人首蛇身。有的画，伏羲还手捧太阳，太阳中有金乌；女娲则手捧月亮，月亮中有蟾蜍。

关于伏羲与女娲兄妹兼夫妻的这类故事，汉族地区广为流传，吕振羽在《中国社会史纲》中说在湖南武冈就流传这样的故事："在古人，有次洪水滔天，人们全被淹死了，只留下东山老人和南山小妹俩，他俩为着要传后代，所以同胞兄妹俩就结起婚来，现在的人，全都是他俩留下的种子。"[2]同类故事在西南少数民族中也比较多。

这反映了一个重要的史实，在人类初年，他们的交合，不太在意兄妹关系，也就是说近亲繁殖，社会是允许的。既然社会允许，也就谈不上羞耻。不过，我们在《独异志》一书看到一个关于伏羲与女娲结合的故事，却提到了羞耻心。故事说："昔宇宙初开之时，有伏羲女娲兄妹二人在昆仑山，而天下未有人民，议以为夫妻，又自羞耻。兄即与其妹上昆仑山，咒曰：'天若遣我兄妹二人为夫妻，而烟悉合；若不，使烟散。'于烟四合，其妹

❶干宝著，马银琴等译注：《搜神记》，中华书局2009年版，第250—251页。

❷转引自袁珂著：《中国古代神话》，中华书局1960年版，第46页。

即来就兄。乃结草为扇，以障其面，今时取妇执扇，象其事也。”[1]此故事显然是后人伪托的，当时应该不存在羞耻心，羞耻心是一定的道德出现之后才有的，婚姻有道德，道德分不同的方面，也分不同的层次，最低层次是血缘道德，即自然道德。当初民自觉意识到兄妹、父女、母子之间不能存在性关系时，这种血缘道德就出现了。对于触犯这种血缘道德的行为与想法，就有可能产生羞耻感。然而血缘道德的产生不应太早，女娲造人之时，这种血缘道德应还没有，因此，她与伏羲的结合，当时不应感到羞耻。

羞耻心是人类重要的社会性心理，基于血缘道德产生道德羞耻才使人真正脱离动物成为人。伏羲、女娲均人首蛇身，不是完整的人。

五、行媒制度的产生

女娲造人，并不单是造出了人，还为人的生存发展创造了必须的生活条件，《荆楚岁时记》引《问礼俗》说，女娲造人的次序是这样的：“正月一日为鸡，二日为狗，三日为羊，四日为猪，五日为牛，六日为马，七日为人。”[2]这与《圣经》中上帝造人七日完成异曲同工。《癸巳存稿》卷十一将这种次序扩大，说是“先生鸡，次狗，次猪，次羊，次牛，次马，始生人，次谷，次粟，次麦也。故一鸡，二狗，三猪，四羊，五牛，六马，七人，八谷，九粟，十麦。”[3]这当然均是后世人民的想象，但仍透露了当时人们的某些生活，比如，养殖、耕种几乎就是与人同时产生的，是它们才使人得以在严酷的自然条件下存活下来。

女娲对人类的贡献，不只是造人并为人的生存创造

❶转引自袁珂、周明编:《中国神话资料萃编》，四川省社会科学院出版社1985年版，第14页。

❷陶宗仪等编:《说郛三种》（六），上海古籍出版社1988年版，第3199页。

❸俞正燮著:《癸巳存稿》，辽宁教育出版社2003年版，第318页。

了必要的条件，还为人脱离动物成为有道德的人创造了条件。最突出的表现是首创了婚姻媒介制度。

> 女娲……为女婚姻，置行媒，自此始。①
>
> 女娲少佐太昊，祷于神祇而为女妇正姓氏，职婚姻，通行媒，以重万民之判，是曰神媒。以其载媒，是以后世有国，是祀为皋禖之神。②

行媒有什么意义？首先，血缘内的婚姻得以减少，既然婚姻需要介绍，那主要是部落与部落之间的婚姻。部落与部落之间通婚，兄妹之间的婚姻自然就少了。乱伦的现象少了，不仅正风俗，立道德，也让人口得以健康发展。第二，行媒作为一种正式的婚姻程序，它是需要向神灵祷告并经部落首领认可的，这样的婚姻具有通过某种法律程序的意义，因而它是神圣的。第三，通过行媒而达成的婚姻让女子有了新的姓氏，即男方的姓氏，这叫着“正姓氏”。一个家自此建立，而家道自此奉行。中华民族重视家，家是社会的基本细胞，而国是放大了的家。对于最高统治者来说，他与另一部落的联姻具有部落联盟的意义。

正是基于婚姻的重要性，清代著名学者顾炎武在拜谒女娲庙后写诗，赞道：“里人言是古高禖，万世昏姻自此开。”③

女娲与伏羲的婚姻及她的“行媒”，不仅透露了人类性与婚姻初始的信息，而且透视了人类性与婚姻由野蛮走向文明的发展方向。

人始于动物，动物有繁殖的本能，因此，性欲是人从动物带来的自然本能，天经而地义。在地球上尚只有

①《风俗通义》，转引自刘城淮著:《中国上古神话》，上海文艺出版社 1988 年版，第 573 页。

②《路史 · 后记二》，转引自刘城淮著:《中国上古神话》，上海文艺出版社 1988 年版，第 574 页。

③顾炎武著，华忱之点校:《顾亭林诗文集》，中华书局 1959 年版，第 358 页。

一个男人和一个女人的时代，伏羲与女娲虽然是兄妹，其结合，是自然的，也是正当的。兄妹婚姻系近亲繁殖，于子孙发展不利，原始初民会逐渐认识到了这一点。因此，从外氏族寻找配偶，初衷也许并不带伦理的意义，但是，一旦做出相应规定，成为社会的普适观念，它就具有伦理的意义。女娲首创“行媒”，让一些人成为专职的媒人，为青年男女介绍配偶，从根本上杜绝兄妹婚姻的可能性。另外，让婚姻的意义超出男女结合繁殖后代，而成为家庭之间、家族之间、部落之间联系的纽带。因此，女娲与伏羲的婚姻及她的“行媒”，不仅透露了人类性与婚姻初始的信息，而且透视了人类性与婚姻发展的方向。

六、男女爱情的产生

婚姻是家的缔约，不是一个个男女，而是一个个家组成了社会细胞，由此才有了严密组织的部落，才有了部落联盟，以及由部落联盟组成的国家。而道德总是始于家庭关系的处理。人类最初美的观念应该说并不始于道德，它始于男女之间的爱，它具有性这自然性的基础，但是，人类的爱之所以异于动物的性，根本的在于它具有一定的道德内涵。因此，只有道德，才使男女之间的性欲成为了爱情，由爱情转化为审美。

远古人类所认为的爱情是什么样子，我们从史前神话也能大体窥探一二。如《拾遗记》有这样一段故事：

> 少昊以金德王。母曰皇娥，处璇宫而夜织，或乘桴木而昼游，经历穷桑沧茫之浦。时有神童，容貌绝俗，称为白帝之子，即太

白之精，降乎水际，与皇娥燕戏，奏嫔娟之乐，游漾忘归。穷桑者，西海之滨，有孤桑之树，直上千寻，叶红椹紫，万岁一实，食之后天而老。帝子与皇娥泛于海上，以桂枝为表，结熏茅为旌，刻玉为鸠，置于表端，言鸠知四时之候，故《春秋传》曰“司至”是也。今之相风，此之遗像也。帝子与皇娥并坐，抚桐峰梓瑟。皇娥倚瑟而清歌曰：“天清地旷浩茫茫，万象回薄化无方。浛天荡荡望沧沧，乘桴轻漾着日傍。当其何所至穷桑，心知和乐悦未央。”俗谓游乐之处为桑中也。《诗》中《卫风》云：“期我乎桑中。”盖类此也。白帝子答歌：“四维八埏眇难极，驱光逐影穷水域。璇宫夜静当轩织。桐峰文梓千寻直，伐梓作器成琴瑟。清歌流畅乐难极，沧湄海浦来栖息。”及皇娥生少昊，号曰穷桑氏，亦曰桑邱氏。①

远古东夷族首领少昊氏的母亲皇娥，原是天上的仙女，在璇宫整天织布，太累了，于是乘木筏来银河游玩，溯流而上，经过穷桑树林，直达沧茫的河边。一位神童，容貌不凡，自称是白帝之子，正好降临到水边。皇娥与他一起游玩戏嬉，忘记归去了。那穷桑树，立在西海之滨，高达千寻，叶是红的，果实是紫的，一万年才结果实，吃了后可以与天共老。他们以桂枝为船桅，以香草为旌旗，将一块玉鸠置在船桅上，以辨别方向。这一对青年男女啊，并坐抚瑟，皇娥倚在瑟旁唱起歌来，而白帝之子与之应和。这不就是在谈恋爱吗？多么美丽的爱情！少昊氏就是皇娥与白帝之子爱情的结晶。

①王嘉撰，萧绮录，齐治平校注：《拾遗记》，中华书局1981年版，第11—12页。

史前神话给我们提供的诸多关于人类降生的故事，大体上是分为两类的：一类是普通人的产生，另一类是圣人的诞生。就普通人的产生来说，大致有三个阶段：第一阶段为男女无道德约束地相交，代表性的例子是伏羲与女娲兄妹结为夫妻。第二阶段男女有道德约束地结为夫妻，代表性的事件是女娲创立了行媒制度。第三阶段是男女有爱情地结为夫妻，代表性的例子是皇娥与白帝之子的爱情故事。至于圣人的诞生，虽然可以分为感图腾而生，感神迹而生，实际上都可以统一为感神而生。这一说法自远古一直贯穿下来直到 20 世纪初叶，中国封建社会结束。

这一连串的故事珠光熠熠，令人暇想翩翩。文明就是这样，像一束阳光穿过黑暗的荒原，然后逐渐扩大，扩大……

第三节 太阳月亮的神话

全世界诸民族都有属于自己的关于太阳月亮的神话，而且这些神话均是非常美丽的。而且，我们发现，基于人类只有一个太阳，一个月亮，也基于人类基本生理素质的一致性和心理素质的共同性，我们惊异地发现，太阳、月亮神话其基本精神具有全人类的相通性。几乎全人类都盛行过太阳崇拜和月亮崇拜。各民族关于太阳和月亮的神话的差异性，主要在于故事的情节设计，而这种情节设计之不同，主要因为他们的生存环境不一样，也因为他们的思维方式不一样。中华民族关于太阳与月亮的神话有着自己民族的一些特点，这些神话寄寓着中华民族对美好生活的向往，体现出中华民族独特的哲理情思，曲折而又动人地反映出远古人类的某些生活风情。

一、太阳的家

高悬于天空的太阳，对于史前的初民来说，最伟大，最神圣，也最神秘。在远古的神话系统中，它是与最高神天帝经常联系在一起的，有时它就成为天帝的象征。天帝是什么样子？人们不可能看到，只能在想象中揣测，而太阳是有形象的。因此，太阳享受着人们两份不同的崇敬：对天帝的崇敬，对这个世界光明之源能量之源的崇敬。

太阳周而复始地有规律地运行着。清晨准时从地平线或海平线升起，傍晚又准时从地平线或海平线沉落。太阳这样一种工作状况，首先让人们想到的是它从哪儿来，又到哪儿去，家在哪里。

中华民族关于太阳的神话，不少就是关于太阳家的猜测：

> 大荒之中，有山名曰日月山，天枢也。吴姖天门，日月所入。①
>
> 大荒之中，有山名曰常阳之山，日月

①袁珂校译:《山海经校译》，上海古籍出版社1985年版，第271页。

所入。[1]

大荒之中，有山名曰大荒之山，日月所入。[2]

大荒之中，有山名曰丰沮玉门，日月所入。[3]

大荒之中，有山名曰鏖鳌钜，日月所入者。[4]

东海之外，大荒之中，有山名曰大言，日月所出。[5]

日入于虞渊之汜。[6]

大荒之中，有龙山，日月所入。[7]

……

以上资料大都说太阳是从山里出入的，意思是大山是太阳的家。山似乎不是固定的，山的名字有好几种说法。“日月之山”、“常阳之山”这名字好理解，其他名字就耐人咀嚼。“大言之山”，何谓大言？大言需要言吗？太阳出山虽然壮丽非凡，却是静静的，静而穆，穆而庄，庄而圣。那么，“大荒”呢？何谓荒？荒，古老，无限，无人之谓也！谁也不知道太阳存在多少年了，它永远是这样年轻，这样活跃，这样充满活力，永远不会衰老！“鏖鳌钜之山”，这“鏖鳌钜”三字均为三件金属器具，重要的不是这三件金属器具，而是这三字均与“金”相关，为什么要用三个有金字偏傍的字合在一起来说太阳的家？这大约与太阳的光芒有关。太阳不管什么时候都金光灿烂，尤其是初升和将落时，色彩最华丽，最灿烂，风情万千，魅力无穷。史前陶器上的太阳纹突出太阳的光芒（图 9-3-1）。说太阳入于“虞

图 9-3-1　史前陶器上的太阳纹突出太阳的光芒

❶袁珂校译：《山海经校译》，上海古籍出版社 1985 年版，第 272 页。

❷袁珂校译：《山海经校译》，上海古籍出版社 1985 年版，第 273 页。

❸袁珂校译：《山海经校译》，上海古籍出版社 1985 年版，第 270 页。

❹袁珂校译：《山海经校译》，上海古籍出版社 1985 年版，第 272 页。

❺袁珂校译：《山海经校译》，上海古籍出版社 1985 年版，第 245 页。

❻刘安著，许匡一译注：《淮南子全译》，贵州人民出版社 1993 年版，第 151 页。

❼袁珂校译：《山海经校译》，上海古籍出版社 1985 年版，第 271 页。

渊”，这太阳的家就在水里了。然而也与山有关。屈原的《离骚》说太阳“望崦嵫而勿迫”，王逸注曰：“崦嵫，日所入山也，下有蒙水，水中有虞渊。”“龙山”，出龙的地方，这龙与太阳有什么关系？中华民族一直奉龙为图腾，中华民族的始祖伏羲、女娲、黄帝均“龙身人头”，说太阳之山是龙山，其意义是非常显明的，太阳与我们中华民族有着极其重要极其亲密的关系。太阳出自龙山，无异于说太阳就是我们中华民族的祖源。

由于太阳从山上升起或从山顶落下时，总要擦过树梢，于是人们认为，太阳也许可以挂在树上。既然可以挂在树上，树上一般是鸟栖息的地方，太阳能挂在树上，是不是它就是一只鸟？参照图（4-2-4）这能挂上太阳的树显然不是一般的树，它是一种特殊的树，叫什么名字？神奇的想象就这样开始：

《山海经·海外东经》云：“汤谷上有扶桑，十日所浴。在黑齿北。居水中，有大木，九日居下枝，一日居上枝。”[1] “汤谷”，海名，屈原《天问》中说（日）“出自汤谷”[2]，亦作“旸谷”，《淮南子·天文训》云：“日出于旸谷”[3]，汤谷（旸谷）是太阳的栖身之处，也就是太阳的家。这地方说是在黑齿国北。黑齿国是神话中的国，说黑，会让人想到北方，因为按五行学说，北方为黑。牙齿均为白色，黑牙齿的动物地球上似没有，这就让人想到，它不属于这个地面了，太阳的家不在地球上，在另一个国度。

最具想象力的是认为太阳住在树上。汤谷有一种大树，名扶桑，它下面挂十个太阳，上面住着一个太阳。扶桑树什么样子？《山海经·大荒东经》云：“大荒之中，有山，名曰孽摇頵羝，上有扶木，柱三百里，其叶如芥。有谷曰温源谷，汤谷上有扶木，一日方至，一日方出，

❶袁珂校译：《山海经校译》，上海古籍出版社1985年版，第212页。

❷陈子展撰述：《楚辞直解》，江苏古籍出版社1988年版，第125页。

❸刘安著，高诱注：《诸子集成·淮南子注》7，上海书店1986年版，第44页。

皆载于乌。”[1]《海内十洲记》说：“又有椹树，长者数千丈，大二千余围，树两两同根偶生，更相依倚，是以名之扶桑。”[2]据笔者推测，将树命名为“扶桑”，其“扶”可能与“挂”有关，太阳要在树上挂得住，必须有扶。至于为何取名桑，可能因桑叶阔茂密枝杈较多便于太阳隐藏故。

由树，再生发想象——鸡。鸡是家禽，它的一大功能就是报晓。于是，则有《玄中记》的想象：“蓬莱之东，岱舆之山，上有扶桑之树，树高万丈，树巅常有天鸡，为巢于上。每夜至子时，则天鸡鸣，而日中阳乌应之；阳乌鸣，则天下之鸡皆鸣。”[3]这里说，树上有天鸡，日中有乌鸦。半夜，天鸡先叫，然后太阳中的乌鸦应和；清晨，太阳中的乌鸦先叫，然后天鸡相应和。基于这样的神话，我们通常将史前彩陶上的乌鸦的图案称之为太阳图案。仰韶文化庙底沟型彩陶器上这样的图案比较地多（图 9-3-2）。

图 9-3-2　仰韶文化庙底沟型太阳纹彩陶器，采自《中国彩陶图谱》，插图 82

其他诸民族较少对于太阳的家感兴趣的，而中华民族对此情有独钟，这可能有两个原因：一是中华民族主要从事农耕，农业生产对于气候依赖性很强，白天黑夜、春夏秋冬均直接关乎着农业生产，而这均与太阳的升起与降落有关，因此，对于太阳的家感兴趣。另一个原因则可能是中华民族自身对于家有着浓重的依恋感，由自己的家推想太阳的家，因此生出诸多关于太阳的家的神话。家是一个温馨的话题，远古神话关于太阳家的种种猜测，浪漫，神秘，温馨四溢。

❶袁珂校译：《山海经校译》，上海古籍出版社 1985 年版，第 247 页

❷王根林等校点：《汉魏六朝笔记小说大观》，上海古籍出版社 1999 年版，第 69 页（标点与引书有些不同）。

❸转引自刘城淮著：《中国上古神话》，上海文艺出版社 1988 年版，第 159 页。

二、太阳之神

与全世界其他民族一样，中华民族也是奉行太阳崇拜的。这不仅在史前陶器的纹饰中有突出的体现，而且在《周易》的《易传》中也有明确的表述。《易传》恒卦的《彖传》云："日月得天而能久照，四时变化而能久成。圣人久于其道，而天下化成。"[1] 又晋卦《彖传》云："明出地上，晋；君子以自昭明德。"[2] 离卦《彖传》云："离，丽也。日月丽乎天，百谷草木丽乎土，重明以丽乎正，乃化成天下。"[3] 值得指出的是，《易传》中说到的"日月"其实只是说日。

诸多民族均有自己的太阳神，中华民族也有，中华民族的太阳神是中华民族最为重要的始祖——炎帝[4]。《白虎通·五行》明确地说"炎帝者，太阳也"。

将太阳神的美誉献给炎帝，乃是因为炎帝为人民做了许多好事，概括起来主要有四：一、教民修火之利，用火烧烤食物，既卫生，又健康。二、教民农作，《周易·系辞下传》云："包牺氏没，神农氏作，斫木为耜，揉木为耒；耒耨之利，以教天下。"[5] 三、研习医药，为民治病。《搜神记》卷一云："神农以赭鞭鞭百草，尽知其平毒寒温之性。"[6] 又，《广博物志》卷二十二引《物原》："神农始究息脉，辨药性，制针灸，作巫方。"[7] 四、教民交易。《周易·系辞下传》云："(神农)日中为市，致天下之民，聚天下之货，交易而退，各得其所。"[8] 以上所述，均是关系百姓生存的大事，这不犹如太阳以其巨大能量哺育天下万物吗?

中华民族的始祖均有资格比喻成太阳，不将此一比喻用于别的始祖，独用于炎帝，乃是因为按五行说，炎帝位属南方，南方属火。《淮南子·时则篇》高诱注："其

❶朱熹注，李剑雄标点:《周易》，上海古籍出版社 1995 年版，第 82 页。

❷朱熹注，李剑雄标点:《周易》，上海古籍出版社 1995 年版，第 87。

❸朱熹注，李剑雄标点:《周易》，上海古籍出版社 1995 年版，第 78 页。

❹关于炎帝，主要有两种说法：一种说法，炎帝即神农氏；另一种说法，炎帝与神农氏是两个不同时代的部落首领。传说中他们的事迹是难以分辨的。

❺朱熹注，李剑雄标点:《周易》，上海古籍出版社 1995 年版，第 150 页。

❻干宝著，马银琴等译注:《搜神记》，中华书局 2009 年版，第 2 页。

❼董斯张撰:《广博物志》，岳麓书社 1991 年版，第 455 页。

❽朱熹注，李剑雄标点:《周易》，上海古籍出版社 1995 年版，第 150 页。

位南方，其日丙丁，盛德在火”，云：“炎帝之神治南方也。丙丁，火日也。盛德在火，火王南方也。”①

只要将炎帝与阿波罗比一下，就会发现这是完全不同的形象，阿波罗之所以为太阳神，主要在其精神上朝气蓬勃，充满活力，他的形象为一位男青年；而炎帝之所以成为太阳神，则完全是因为他像太阳一样给人民带来了诸多的利益，他的形象应是一位中年或壮年的男人。从太阳神，我们发现西方文化与中华文化在出发点上就存在着不同。中西方文化的出发点均在人，但西方文化的人是个体的人，而中华文化的人是群体的人。阿波罗之成为太阳神，在其自身的完善；炎帝之成为太阳神，在其对人类的贡献。这种分别影响着两种文化的不同走向。从审美意识来说，阿波罗作为太阳神的美在其青春与靓丽，而炎帝作为太阳神，他的美在其德行之崇高。阿波罗在希腊文化中更多的是恋爱中的男青年的典型，而炎帝在中国人的心目中是圣君的典范，或者说父亲的标本。同样都是理想的男人，或者说男性美的代表，但是阿波罗更多的代表着男性生命力的一面，而炎帝更多地代表着男性社会责任的一面。

虽然太阳神的具体形象诸民族均不同，但太阳神在诸民族的神话中均是伟大的神。在众多的奥林匹斯山神中，主神宙斯和勒托之子阿波罗最受推崇，他是人类的保护神、光明之神、预言之神、迁徙和航海者的保护神、医神以及消弥灾难之神。在印度神话中，太阳神为世界之王，巴比伦将太阳神看作主神。

中华民族上古的祭祀活动中，祭日有着重要的地位。《礼记·祭义》中说：“夏后氏祭其暗，殷人祭其阳，周人祭日以朝及暗。”② 从屈原的《九歌·东君》一诗中，我们可以得知楚国的祭日活动是非常隆重而且热烈

❶刘安著，高绣注：《诸子集成·淮南子注》7，上海书店1986年版，第73页。

❷王文锦译解：《礼记译解》下，中华书局2001年版，第687页。

的。太阳的形象在诗人屈原的审美观察与审美想象中有这样两个特点：一是金碧辉煌，光辉灿烂；二是人日一体，和光同尘。诗末云："青云衣兮白霓裳，举长矢兮射天狼！操余弧兮反沦降，援北斗兮酌桂浆！撰余辔兮高驼翔。杳冥冥兮以东行！"[1] 这种形象与《山海经·大荒西经》中说的"大荒之中，有龙山，日月所入"[2] 恰好相应！

❶陈子展撰述:《楚辞直解》，江苏古籍出版社 1988 年版，第 105—106 页。

❷袁珂校译:《山海经校译》，上海古籍出版社 1985 年版，第 271 页。

三、太阳的负面形象

在有关中国的神话中，太阳的形象大多是正面的，但也有负面的。

虽然太阳于人有巨大的好处，初民有充分的感受和认识，但是，夏天烈日高悬赤地千里的情景更是让人恐惧。因此，关于旱魃的故事则出现了。《说文解字》云："魃，旱鬼也。"[3] 魃的形象很恐怖，据《文字指归》的描述，它为女形，秃顶无发。《诗经·云汉》描绘旱魃肆虐的情景："旱魃为虐，如惔如焚，我心惮暑，忧心如熏。"[4] 这种情况自然让百姓生存极为困难，天帝愤怒了，将旱魃放逐到赤水之北去，然而旱魃还是经常回来[5]。这说明，连天帝都拿旱魃没有办法。然而，百姓是不会屈服的，他们要与旱魃抗争。他们知道，旱魃之所以这样嚣张，是因为太阳在支持它。于是将愤怒转向太阳。夸父追日的故事，在某种意义上反映了人对太阳的抗争。

❸许慎著:《说文解字》，中华书局 1963 年版，第 188 页。

❹《诗经译注》卷七，中国书店 1982 年版，第 21 页。

❺《山海经》云："（魃）所居不雨……（帝）后置之赤水之北。……魃时亡之。"

夸父追日的故事记载于《山海经》。夸父是什么样的人？据《山海经·西山经》："其状如禺而文臂，豹尾而善投，名曰举父（"举父"，郭璞注"或作夸父"）"[6]这样说来，它是兽？其实不是兽，是人。说它"状如禺"，

❻袁珂校译:《山海经校译》，上海古籍出版社 1985 年版，第 28 页。

是说长得像禺，禺为猴类。很可能夸父的部落就是以禺为图腾的。夸父所在的地方，按《山海经·西山经》在“崇吾之山，在河之南”[1]。又，《山海经·中山经》说有“夸父之山”，关于这个地方，刘城淮先生有个考证，他说：夸父山位于平逢山以西六百四十里处，在今河南省境内。崇吾山在黄河南面，也属河南省。河南省有关夸父的传说很多。灵宝县有一个村子名夸父营[2]。

❶袁珂校译：《山海经校译》，上海古籍出版社1985年版，第28页。

❷刘城淮著：《中国上古神话》，上海文艺出版社1988年版，第438页。

那么，夸父为什么要去追太阳呢？只是因为他善走，要与太阳比个高下？显然不是。从《山海经·海外北经》的描写来看，他显然不是在与太阳比速度，而是想追上太阳以制服太阳：

> 夸父与日逐走，入日。渴欲得饮。饮于河渭。河渭不足，北饮大泽。未至，道渴而死。弃其杖，化为邓林。[3]

❸袁珂校译：《山海经校译》，上海古籍出版社1985年版，第201页。

“入日”，意思是赶上了太阳，如果说，这是一场速度的比赛，那夸父是胜利者。然而，这不是在比速度，而是在比能量，看谁制服得谁。太阳发出巨大的热量，让夸父“渴欲得饮”。夸父先去饮黄河，口仍渴；再去饮渭河，两条河流均饮干了，还不能解除干渴。于是，夸父向北方奔去，找大泽要水喝。这一场战斗不就是现实生活中广大人民抗旱的缩影？严重的干旱，让黄河断流，让渭河干涸。中华大地的中部、南部已是赤地千里了。唯一还有水的地方是北方，北有大泽。然而远水能解近渴吗？不行。夸父尚在奔向大泽的中途，就给渴死了。

人与太阳抗争，人不是太阳的对手，夸父逐日，在奔向大泽找水喝的途中倒下了。然而，倒下的只是夸父的身躯，夸父的精神并没有倒。这只要看看他的手杖就知道了。夸父的手杖在夸父倒下的那一刻，为夸父奋力丢弃，这一丢，那杖即刻化为了“邓林”，邓林即桃林。《山海经·中山经》说：“夸父之山……其北有林焉，名曰桃林，是广员三百里，其中多马。湖水出焉，而北流注于河……”[1]就当下的较量来说，夸父没有能够制服干旱，他失败了，但是，从未来来看，夸父胜利了，他丢下的手杖化成了一片森林，而且这森林中有湖水，有河流，这就意味着他战胜了干旱。

据考证，夸父山在今河南灵宝县，此地有一片方圆几百里的桃林，百姓们皆说，此林为夸父手杖所化。尽管夸父追日是神话，但后代并没有将它仅仅看成神话，夸父的精神一直在鼓舞着人们与自然斗争。

后异射日是另一著名的人与太阳抗争的神话。背景仍然是烈日暴晒，天下大旱。《山海经·海外西经》说了一个女丑的故事：“女丑之尸，生而十日而炙杀之。在丈夫北。以右手鄣其面。十日居上，女丑居山之上。”[2]这话是说，这女丑之尸，一生下来就给十个毒花花的太阳给烤死了。她死在丈夫国的北面，死时用右手遮住面孔，十个太阳在天上，女丑原是居在山上的。关于女丑，《山海经》还有两个地方谈到了，一是在《大荒西经》，说“有人衣青，以袂蔽面，名曰女丑之尸”[3]，这是说女丑的形象。另一处在《大荒东经》，说“海内有两人，名曰女丑，女丑有大蟹”[4]。干旱极为严重，这女丑国中的大湖都干涸了，湖中的大蟹无处藏身，尽皆显露出来了。

如此严重的干旱，当然，都是太阳造成的，此时，太阳就成了人们仇恨的对象，成为人们的敌人。后羿射日的故事就是在这样的背景下产生的。《淮南子·本经训》如此叙述后异奉尧命射日的故事：

❶袁珂校译：《山海经校译》，上海古籍出版社1985年版，第122页。

❷袁珂校译：《山海经校译》，上海古籍出版社1985年版，第192页。

❸袁珂校译：《山海经校译》，上海古籍出版社1985年版，第271页。

❹袁珂校译：《山海经校译》，上海古籍出版社1985年版，第247页。

尧之时，十日并出，焦禾稼，杀草木，而民无所食。猰貐、凿齿、九婴、大风、封豨、修蛇皆为民害。尧乃使羿诛凿齿于畴华之野，杀九婴于凶水之上，缴大风于青丘之泽，上射十日而下杀猰貐，断修蛇于洞庭，禽封豨于桑林。万民皆喜，置尧以为天子。于是天下广狭险易远近始有道里。①

❶刘安等著，高诱注：《诸子集成·淮南子注》7，上海书店1986年版，第117—118页。

有关太阳的神话中，这太阳不只是一个，而是十个。这一点，总是让人纳闷。这大概有两个原因：一是盛夏之时，太阳高照，天气极为炎热，人们误认为此时天上有十个太阳。另外，在特殊的气象条件下，天空可能同时出现几个太阳。

后羿射日的故事，早于《淮南子》前，《庄子》、《楚辞》均有记载，可以推测，此故事史前广为流传。夸父追日没有成功，后羿射日倒是成功了。九个太阳落了下来，掉入海中，变成了九座海岛②。

❷《庄子·秋水》，成玄瑛疏引《山海经》："羿射九日，落为沃焦。"又《古小说钩沉·玄中记》云："沃焦者，山名也。在东海南方三万里，海水灌之而即消，故水东南流而不盈也。"

史前中华民族关于太阳的神话不算太多，有歌颂性的也有批判性的，值得我们注意的是，追日、射日这类批判性故事比较地突出。这至少说明两点：第一，太阳虽然给人们带来了巨大的好处与利益，但比之它给人们带来的伤害，却未能在初民的情感上思想上留下更为深刻的痕迹，似是人们对于阳光的酷毒难以容忍。这对于我们研究史前的气象是不是也提供了一些资料？第二，太阳的神话中，人们突出要表现的不是太阳的伟大、神圣，而是人的对太阳的抗争，是人的尊严和伟大。夸父追日的故事，更多地当作一种精神而为后世传颂的；而后羿，却是一位英雄，他不仅射下了多余的九个太阳，而且射杀了许多伤害人民的毒蛇猛兽。搜寻全世界关于太阳的神话，像夸父追日、后羿射日这类与太阳抗争的神话，极为罕见。

尽管有夸父追日、后羿射日这样的神话，中华民族对太阳的崇敬之心丝毫没有受到亵渎。不过，也要看到，夸父追日、后羿射日这样的神话，歌颂的主体变了，不是太阳，而是人，是人中像夸父、后羿这样的英雄。中华民族审美意识中的崇高感应该最早源于此类神话。康德这样描述崇高感："自然威力的不可抵抗性迫使我们（作为自然物）自认为肉体方面的无能，但是同时也显示出我们对自然的独立，我们有一种超过自然的优越性，这就是另一种自我保存方式的基础。……尽管作为凡人，我们不免承受外来的暴力。因此，在我们的审美判断中，自然之所以被判定为崇高的，并非由于它可怕，而是由于它唤醒我们的力量（这不是属于自然的），来把我们平常关心的东西（财产、健康和生命）看得渺小，因而把自然的威力（在财产、健康和生命这些方面，我们不免受这种威力支配）看作不能对我们和我们的人格施加粗暴的支配力，以至迫使我们在性命攸关，须决定取舍的关头，向它屈服。在这种情况下自然之所以被看成崇高，只是因为它把想象力提高到能用形象表现出这样一些情况：在这些情况之下，心灵认识到自己使命的崇高性，甚至高过自然。"[1] 我们可以将夸父追日、后羿射日这样的神话，看作"心灵认识到自己使命的崇高性，甚至高过自然"。因此，像夸父追日、后羿射日这样的神话是中华美学崇高感的源头。

史前考古发现仰韶文化大河村的彩陶器上有太阳纹，但总体来看，太阳纹不是很多，原因当然不会是太阳对于人不重要或不够重要，而可能是作为造形对象它的表

❶［德］康德著:《判断力批判》，转引自《朱光潜美学文集》第四卷，上海文艺出版社1984年版，第399—400页。

现力不太丰富。这只要跟流水相比就很清楚。不能说流水比太阳更重要，但陶器上流水纹远比太阳纹多得多，其原因只能是流水具有极为丰富的表现力。

四、月亮神

许多民族有月亮神，中华民族有没有？明确地定名者，没有。但通常将嫦娥看作月亮神。《淮南子·览冥训》高诱注云："姮娥，羿妻。羿请不死之药于西王母，未及服之，姮娥盗食之，得仙，奔入月中，为月精。"[1] "姮娥"即嫦娥，按此说法，似是嫦娥不对，但是，人们从来不这样认为，为了保护嫦娥的美好形象，还编制出后羿有家庭暴力的故事，目的是支撑嫦娥偷药的合理性。这些都不重要了，重要的是人们仰望天上的月亮，将它想象成美好的仙境。这月上不仅有美丽的女子嫦娥，还有美丽的桂花树、玉兔、仙人吴刚等。人们在红尘向往着美妙的月宫，希望有朝一日也能够飞升到这样的仙境。于是月宫成为人们理想的象征。基于成仙太难，飞升不可能，人们又希望月亮女神嫦娥能够给人世间以帮助，于是，在民间就有了这样的故事："嫦娥上月亮，种桂一株香。每过三十有六年，桂树落下叶两张。叶子落在荒山上，荒山变成花果山。叶子落在大海里，大海成了鱼虾仓。叶子落在田土内，五谷丰盛收不完。叶子落在谁人家，谁人幸福永无疆。"[2]

不仅如此，人们对月亮的感情还常联系着温馨的家。农历八月十五之夜乃一年中月亮最圆的时候，人们都在这一天夜里赏月，于是，这天就成为中华民族传统的合家团圆节。正是因为月亮联系着人们的家园之情，所以，月亮成为思家的触媒，人们睹月兴怀，抒发着各种

❶ 刘安著，高诱注：《诸子集成·淮南子注》7，上海书店1986年版，第98页。

❷《桂叶》，载《民间文学》1957年8月号。

各样不同的情感，于是，就有了诸多千古传唱的咏月名篇，其中不少名句一直活在人们的日常生活里，成为家国之情最好表达。如“海上生明月，天涯共此时。”（张九龄）、“露从今夜白，月是故乡明。”（杜甫）、“明月楼高休独倚，酒入肠愁，化作相思泪。”（范仲淹）、“但愿人长久，千里共婵娟。”（苏轼）……

中国人将月亮神定为女性，而且是青春的美丽的女性，将月亮作为美的象征，这是中华民族月亮崇拜的一个突出特点。如果将月亮崇拜与太阳崇拜比较一下，这种审美分工则十分明显。太阳神为炎帝，为男性，月亮神为嫦娥，为女性。太阳的审美意义不管取其正面的，还是取其负面的，均充满着冲突，展现出一种气势磅礴的美，是为崇高；月亮的审美意义尚没有见到负面的，正面的审美意义，优雅，飘逸，安静，明媚，体现出一种让人梦魂牵绕的阴柔之美，是为优美。

在中华民族的民间，月亮还常与母亲联系在一起，不少地方有月亮妈妈的故事在流传。在广西一带流传的版本是：有一位老妈妈每天都爬上山去，坐在月亮里头，给游客卖水，于是大家都叫她月亮妈妈。“月亮”与“妈妈”联系起来，给人以美的遐想，这并非偶然，这与中华文化有着源远流长的血缘关系。《礼记·祭义》云：“日出于东，月生于西，阴阳长短，终始相巡，以致天下之和。”① 古人称日为“太阳”，月为“太阴”，月亮与妇女，都是阴性的代名词。

将其他民族的月亮神拿来比较一下，中华民族月亮崇拜的柔性意味更显得突出。古希腊的月亮女神阿特柔斯也是女性，不过，她的性格不那么温和，她以猎手的形象出现。印度的月亮神则是一位男性，他有四只手，一只手拿着权杖，一只手拿着仙露，第三只手拿着莲花，

①王文锦译解：《礼记译解》下，中华书局2001年版，第687页。

剩下的一只手处于防御的状态。他驾驭的战车由十匹白马拉着。在传说中，月亮之神在原配妻子外又娶了另一个神的27个女儿，代表着月亮的27天环绕周期。他对原配妻子的宠爱引起其他妻子的嫉妒，她们向父亲抱怨，父亲就让女婿染上麻风病。27个妻子又觉得丈夫可怜，再向父亲求情。父亲不能消除诅咒，但可以减轻痛苦。所以月亮逐渐由银白色变成灰色，继而消失，随后又会恢复银白色，形成阴晴圆缺。这样的故事，就远谈不上美了。

值得我们注意的是，虽然月亮在远古的神话传说中有众多的故事，但是，在史前陶器和玉器的装饰性图案中少见月亮纹。一些纹饰被专家认作月亮纹，理由也不足，因为它也可以被说成别的纹饰。原因是什么，有待进一步研究。

五、阴阳哲学

中华民族以一种怎样的审美心胸来塑造自己的太阳神和月亮神啊？首先是爱，最深、最纯、最挚的爱莫过于对儿女了，于是，她将太阳、月亮说成是人的儿女，当然不是普通人，而是帝王，也不是一般帝王，而是帝王中最懂得爱最懂得美的帝王——帝俊。帝俊特别喜欢与五彩鸟做朋友，这五彩鸟有三种：一为皇鸟，二为鸾鸟，三为凤鸟，统称为凤凰[1]。帝俊有三个妻子，一个叫娥皇。生了一个国家，名三身国，其国民均有三个身子，吃五谷，役使豹子、老虎、狗熊、人熊四种动物。这国的国民都姓姚。著名的大舜就是这个氏族的后代[2]。第二个、第三个妻子就是羲和、常羲了。羲和是太阳的母亲，常羲则是月亮的母亲。

❶《山海经》云:“有五采鸟三名：一曰皇鸟，一曰鸾鸟，一曰凤鸟。”

❷《山海经》云:“帝俊妻娥皇生此三身之国，姚姓，黍食，使四鸟。”

《山海经·大荒东经》云:“东海之外，甘水之间，有羲和之国。有女子名曰羲和，方浴日于甘渊。羲和者，帝俊之妻，是生十日。”[1]天上十个太阳，全是帝俊的妻子羲和生的。耐人咀嚼的是：暴虐的太阳、纯阳纯刚的太阳竟然是纯阴纯柔的女子所生。难怪老子要将产生天地万物的“道”，称之为“玄牝之门”。这中间的况味也许曲折地些微地反映了母系氏族社会的信息，但哲学意义是更伟大的。中华民族奉行的阴阳哲学，阴其实较阳更为根本，阴乃阳之母!

又,《山海经·大荒西经》云:“有女子方浴月。帝俊妻常羲，生月十二，此始浴之。”[2]月亮是帝俊的另一个妻子常羲生的，而且一生就是十二个，恰好每月可以分配一个。

羲和、常羲均是美妙的女子，羲和喜欢沐日色，而常羲喜欢沐月光。中华民族将这地球上的生命之源太阳和月亮均说成是女子所生，可见母性崇拜在中华民族是如何地深厚，源于太阳月亮崇拜的阴阳哲学就这样一出生就显出了浓重的母性崇拜的意味、母爱的意味、感性的意味、美善的意味，而与崇尚理性、崇尚对立、崇尚斗争的西方哲学如此地不同。

太阳与月亮在中华民族的审美生活中占据着重要的地位。古人认为“日者，阳精之宗”，而“月者，阴精之宗”[3]。按中华民族的哲学，阴阳为宇宙构成的两种最基本的元素，或者说最基本的性质。整个宇宙的变化全在阴阳两种力量关系，而这种关系是最为神秘的，难以把握的，即如《周易·系辞上传》所云“阴阳不测之谓神”[4]。阴阳的定性不是固定的，全依与两两相对的因素而定。如天是阳，地就是阴；男人是阳，女人就是阴；主人是阳，奴仆就是阴。这里，又提出太阳是阳，月亮

[1] 袁珂校译:《山海经校译》，上海古籍出版社1985年版，第245页。

[2] 袁珂校译:《山海经校译》，上海古籍出版社1985年版，第272页。

[3]《全上古三代秦汉三国六朝文·全后汉文》1，中华书局1958年版，第777页。

[4] 朱熹注，李剑雄标点:《周易》，上海古籍出版社1995年版，第139页。

是阴。中华民族的阴阳哲学，其基本点是阴阳和谐，反对过阳或过阴。在阴阳两方面，人们一般只注意到阳占主导地位，阴处从属地位。不错，《周易·系辞上传》有这样的话："天尊地卑，乾坤位矣。卑高以陈，贵贱位矣。"[1] 但是，这仅仅在理性上，而在感情上，中华民族更多地倾向于阴。从神话中的太阳的故事和月亮的故事，我们可以看出，人们曾有过对太阳的诅咒与抗争，却从没有过对月亮的埋怨，相反却有着对月宫的无限向往，嫦娥奔月就是证明。从羲和、常羲两位女子分别生出日月的故事来看，也许阴性崇拜对于中华民族来说，乃是更古老的，也许是更根本的。

❶朱熹注，李剑雄标点：《周易》，上海古籍出版社 1995 年版，第 135 页。

第四节 奇人异物的神话

神话的神，不外乎一是人，一是物，人是神之人，物是神之物。几乎所有的神话均如此，但是，中国神话中的人与物有它的特点。中国神话中的人，作为神之人，其神兼有祖先与自然两个方面的内涵，既是祖先神，又是自然神。他们均具有超人的威力，同时又具有人的情感，既是超世的神灵，又是在世的奇人。他们所做的事情大多与人类的生存发展相关，或与某种自然现象相关，哪里像古希腊的神话中的神们整日的追风吃醋，谈情说爱。他们既是初民的代表，又是自然的象征。中国神话中的物，虽然具有一定的幻想性，未必都实际存在，但较多地保留着中国远古的一些天文的、地理的、动植物的资料，因而具有一定的自然科学研究价值。

尽管如此，我们还是认为，神话中的人与物更多的是初民想象的产物，也就是说，神话中的奇人与异物，与其说是现实生活的曲折反映，还不如说它是初民精神世界的真实展示，这其中未必符合客观实际的真，但确实体现出初民对理想生活的追求，从这些神话中，我们能看出中华民族审美意识的滥觞。

一、与动物合体的人

史前神话中的人，不少系与动物合体的人，这种与动物合体的人，又有诸多情况：

（一）一种类似于猿，如：

> 其为人，人面长脣，黑身有毛，反踵，见人则笑，左手操管。①
>
> 有青兽，人面，名曰猩猩。②
>
> 南方有赣巨人，人面长脣，黑身有毛，反踵，见人则笑，脣蔽其目，因可逃也。③

这种形象让我们想到人类的始祖类人猿，史前这种类人的动物是比较多的，已经进化为人的初民，将这种形象也看成是人是可以理解的。

还有一种为不穿衣服的人，不穿衣服意味着没有羞耻感。众所周知，人是有羞耻感的，动物没有羞耻

❶袁珂校译:《山海经校译》，上海古籍出版社 1985 年版，第 219 页。

❷袁珂校译:《山海经校译》，上海古籍出版社 1985 年版，第 298 页。

❸袁珂校译:《山海经校译》，上海古籍出版社 1985 年版，第 298 页。

感。正是因为动物没有羞耻感，所以它不需要穿衣服。所有的动物都没有遮体的习惯，基于此，我们将不穿衣服的裸人看作动物。史前神话中有这样的全身裸体的国度。

> 西方之裸国，鸟兽弗辟，与为一也。[1]
>
> 禹袒入裸国。[2]
>
> 禹入裸国，欣起而解裳。俗说：禹治洪水，乃播入裸国；君子入俗，不改其恒，于是欣然而解裳也。原其所以，当言皆裳。裸国今吴即是也。被发文身，裸以为饰，盖正朔所不及也。猥见大圣之君，悦禹文德，欣然皆著衣裳矣。[3]
>
> 禹之裸国，解衣而入，衣带而出，因之也。[4]

神话安排大禹进入裸国的情节，说明裸国与禹同时，而且明白地说地面在“今吴”。禹时，社会已经进化到接近文明的时期了，但是各部落发展不平衡，禹所领导的部族集团已经知羞耻，懂礼仪，重视服饰，距文明只一步之遥，而地处吴郡地面的裸国还比较地原始，他们不懂礼仪，也不知羞耻，突出的表现就是不穿衣，这就跟类人猿差不多。大禹是穿着衣服来到这个国度的，大禹的到来，意味着一种较高的文明生活的进入，衣饰在这里代表的就是文明。这种进入对于尚处于近似动物阶段的裸国，无疑是一大冲击。非常有意思的是，裸国没有抗拒文明，他们受禹的感召，自动地而且高兴地穿上衣服了。这意味着在进化的途程中，裸国人又有了新的进步。值得我们注意的是，大禹进入裸国，并没有采取高

❶刘安等著，高诱注：《诸子集成·淮南子注》7，上海书店1986年版，第296页。

❷《战国策》2，吉林人民出版社1996年版，第303页。

❸任明等校点:《太平御览》第六卷，河北教育出版社1994年版，第458页。

❹刘安等著，高诱注：《诸子集成·淮南子注》7，上海书店1986年版，第6页。

人一等傲视裸人的姿态，反而为了取得裸人的认同，先将衣服脱了下来。然而在与裸人“原其所以”即探讨到底应不应该穿衣的问题时，裸人竟都认为应该穿衣。最后“悦禹文德，欣然皆著衣裳矣”。大禹“解衣而入”，既是对裸人的尊重，也是对人之本——动物性的尊重。对动物性的尊重，并不意味着不要改进或改掉动物性。所以大禹最后还是“衣带而出”，衣带而出就是文明而出。

（二）合体的动物很可能是部落所尊奉的图腾或神灵。如：中华民族公认的始祖伏羲氏、女娲氏均为人首蛇身。神农氏一说龙首，一说牛首；黄帝氏则说是人首龙身；祝融氏“兽身人面，乘两龙”。几乎所有史前的始祖，其身上均有动物的痕迹。

不仅始祖如此，部族的普通人也说成是人与动物合体的人。如：

> 氐人国在建木西，其为人面而鱼身，无足。①
>
> 有盐长之国，有人焉鸟首，名曰鸟民。②
>
> 蟜，其为人虎文，胫有膂。在穷奇东。一曰，状如人，昆仑虚北所有。③

显然，氐人国是奉鱼为图腾的；盐长国，是奉鸟为图腾的；而蟜人是奉虎为图腾的。神话中，有些人与动物合体的人，其身上的动物部分，不一定是部落所尊奉的图腾的象征，但很可能是部落所敬畏的神灵的象征。如：

❶袁珂校译：《山海经校译》，上海古籍出版社1985年版，第220页。

❷袁珂校译：《山海经校译》，上海古籍出版社1985年版，第298页。

❸袁珂校译：《山海经校译》，上海古籍出版社1985年版，第232页。

❶袁珂校译:《山海经校译》，上海古籍出版社 1985 年版，第 60 页。

❷袁珂校译:《山海经校译》，上海古籍出版社 1985 年版，第 59 页。

又北二百里曰狱法大山……有兽焉，其状如犬而人面，善投，见人则笑，其名曰山猚，其行如风，见则天下大风。①

又北百八十里，曰单张之山，其上无草木，有兽焉，其状如豹而长尾，人首而牛耳，一目，名曰诸犍，善吒，行则衔其尾，居其蟠其尾。②

这里的两种动物，一种也许是狼，另一种可能是豹。这两种动物对于人均有巨大的威胁，人们害怕它，因害怕将其神化。又由于希望获得这种动物神灵的恩赐，因而，在想象中将人的形象附会上去，这就成为人面兽身的形象。

将人描绘成与动物合体的形象，这于人是侮辱还是尊敬？如果放在现在，当然是侮辱，即使放在距今 4000 年前的夏代，也可能会被认为是侮辱。儒家将不懂礼仪的人说成是禽兽，在孔子时代，人如果被说成是禽兽，那是莫大的侮辱了，然而在史前，完全不是这回事。上面说到大禹入裸人之国，开始也将衣服脱下来，以示与裸人一致，也见出对裸人的来自动物的习俗的尊重。

“人猿相揖别”是一个漫长的过程。当人有了一定的自我意识，刚能够将人与动物区分开来的时候，他并没有觉得自己比动物高贵。也许，对于低级的动物，人不会重视它们的存在，也漠视它们的生命，但是，对于猛禽、猛兽或者其特殊本领为人所不及的动物，人是害怕的，敬畏的。因敬畏而将其神化，顶礼膜拜之。

人为了自身的生存要吃动物，然而又害怕动物的报复。两难之间，唯一的办法是向动物祷告，求助动物的谅解与宽恕。这种祷告始于打猎之前，即使打猎结束，动物已被猎杀，也需祷告。因为动物肉体虽死，灵魂还在。法国学者列维－布留尔在他的《原始思维》一书引用了人类学家纳骚的一段考察资料。纳骚说，西非的原始部落猎杀河马后，“猎人光着身子爬进河马肋骨下的体腔内，跪在体腔的血洼中，用血和粪便的混合物来沐浴自己的全身，同时祷告着恳求河马的生魂不要因为杀死了它而对他怀着恶意并因此而妨碍他生儿育女，请求它不要唆使其他河马来反对他，袭击他的独木舟，以此来进行报复。”[①] 像西非那种以猎杀河马为生的部落，实施河马崇拜，奉河马图腾，径直说自己就是河马的后代，当不会不合逻辑。

史前人类奉行的动物崇拜方式是各种各样的，祭祀只是其中之一，祭祀外，像游戏、文身、美容都含有动物崇拜的意味。《酉阳杂俎·黥》引《天宝实录》载：“日南厩山连接，不知几千里，裸人所居，白民之后也。刺其胸前作花，有物如粉而紫色，画其两目下，去前二齿，以为美饰。”[②] 裸国人被发文身，在胸前皮肤上刺花纹，还去其前齿，以此为美饰。这种现象不独裸国有，地球上诸多的史前部落都有。普列汉诺夫在其名著《没有地址的信》中就介绍过这方面的资料。为什么原始部落喜欢文身呢？普列汉诺夫认为这是原始的宗教情感的产物。野蛮人他们在身上描绘的是假想的祖先——动物。“在野蛮人心中产生想在自己的皮肤上涂画或刻出这些图形的愿望，是由于对祖先怀抱着好感，或者是由于相信在祖先和他的后裔之间存在着神秘的关系”。[③] 至于拔掉门牙，非洲三比西河上游地区的巴托克族就有。普列汉诺夫认为，拔掉门牙，是竭力想模仿反刍动物，这是因为这个部落是将牛当作神来崇拜的。

原始初民实施的动物崇拜，均是将动物当成神的，

❶［法］列维－布留尔著，丁由译:《原始思维》，商务印书馆1983年版，第230页。

❷段成式撰:《酉阳杂俎》，方南生点校，中华书局1931年版，第79—80页。

❸［俄］普列汉诺夫著，曹葆华译:《没有地址的信　艺术与社会生活》，人民文学出版社1962年版，第133页。

虽然都是神，却因与人的关系不同，所担当的使命不同成为不同的神。有的属祖先神，就是通常说的图腾；有的属保护神，它的使命就是保护部落的安全；有的属利益神，这种动物并不被认为是祖先，但它能够给人带来各种利益，它也应该受到崇拜。如此说来，几乎所有的动物均可以受到崇拜。史前神话将史前的部落首领描绘成人与动物共体的形象，恰好反映了史前初民的动物崇拜心理。在生产力不够发达，人的精神意识尚不够觉醒的时代，人对动物的崇拜不能说是落后，更不能说是野蛮，而只能说它是人类行进过程中必经的环节。

二、身体畸形的人

《山海经》中的原始初民，其本上是三种形象：一为正常型即正常的人；二为与动物合体型；三为奇异型。奇异的情况是各种各样的。如：

> 三首国在其东，其为人一身三首。[1]
>
> 一臂国在其北，一臂、一目、一鼻孔。有黄马虎文，一目而一手。[2]
>
> 有羽民之国，其民皆生毛羽。有卵民之国，其民皆生卵。[3]
>
> 反舌国在其东，其为人反舌。[4]
>
> 大荒之中……有人焉三面，是颛顼之子，三面一臂，三面之人不死。[5]

诸多的身体怪异的人都不是病人，不是残疾，这样的身体不仅没有给他们的生活带来不便，倒反使他们具有常人没有的特殊本领。这样的人物形象是如何想象出

❶袁珂校译:《山海经校译》，上海古籍出版社 1985 年版，第 185 页。

❷袁珂校译:《山海经校译》，上海古籍出版社 1985 年版，第 191 页。

❸袁珂校译:《山海经校译》，上海古籍出版社 1985 年版，第 258—259 页。

❹袁珂校译:《山海经校译》，上海古籍出版社 1985 年版，第 185 页。

❺袁珂校译:《山海经校译》，上海古籍出版社 1985 年版，第 273 页。

来的，是不是也有一定的根据，关于此，目前已是很难考证的了。

非常有意思的是，在距今大约 3700 年左右的四坝文化遗址中，我们发现一具人足形的陶罐（图 9-4-1），这算不算畸形的人呢？

图 9-4-1　四坝文化足形陶罐，采自《甘肃彩陶》，图 127

当然，正常的人不会是这样的，之所以这样，是人有意为之。人又为什么要将自己肢体弄残（不一定是实际的，也可能是象征性的）呢？这肯定有某种特殊的原因。我们不妨来推测一下，这些自我致残的行为究竟是什么行为。

（一）也许是一种诱捕动物的手段。反舌国的人，其舌是做过改造的，《吕氏春秋 · 功名》说“蛮夷反舌”①，这蛮夷很可能就是反舌国的后代。高诱为这条做注，说：“一说南方有反舌国，舌本在前，末倒向喉，故曰反舌。”②将舌做这种改造，可能是为了发出某种声音，以引诱鸟类，以便捕捉。

①杨坚点校：《吕氏春秋》，岳麓书社 1989 年版，第 14 页。

（二）也许是一种巫术。这种巫术或有利于猎捕动物，比如“一脚人”，其实是将两脚绑在一起的。“一脚人”是在原地上跳舞。按巫术，这可以引出藏在密林中的动物。列维 - 布留尔在他的著作《原始思维》中说，原始部落为了猎熊，常在熊出没的地方，跳一种熊神舞。这一脚人跳的舞，说不定也是一种取悦动物神灵的舞。

巫术也可以用来保护自己。原始初民在获取了某种动物后，担心动物神报复，就要伪装自己，将自己的肢体的真实情况掩饰起来，比如，将两只脚绑起来成为一只脚，动物神就认不出自己了，这样，就可以躲过动物神的报复。

（三）也许出于对动物的崇敬因而模仿动物。《山海经·海外东经》云："奢比之尸在其北，兽身、人面、大耳，珥两青蛇。一曰肝榆之尸，在大人北。"① 对此，唐代学者李冗的《独异志》评说道："《山海经》有大耳国，其人寝，当以一耳为席，一耳为衾。"显然，这大耳，是在模仿猪。人当然不可能有猪那样的大耳，但人可以通过化装的办法做成猪那样的大耳。上面说到的裸国人，将自己的门牙拔掉，很可能是在模仿反刍动物。严格说这也是巫术，不过这种巫术的目的不太功利，只是精神上的崇拜而已。

（四）也许是一种美容的方法。原始人已懂得爱美，也试图美容。普列汉诺夫在其名著《没有地址的信》中就说到诸多原始人美化自己身体的方法，诸如文身、割痕、拔牙、穿鼻以及用各种颜色涂沫身体。除了美化外还兼有别的目的。如黑色皮肤的澳洲人喜欢割痕，这不只是为了美容，它"还表明一个人忍受苦痛的能力"②，也可能是为了获得异性的欢心。弗林德兹岛上的原始部落用一种红色的赭石涂料涂身，当地政府禁止这种做法，"他们几乎暴动起来了，因为青年们说：'这样一搞，姑娘们就不爱我们了。'"③ 根据这种观点，我们可以解释黑齿国的黑齿。所有的牙齿都是白的，变成黑齿是后天的原因。这黑齿国的黑齿很可能是给染黑了，为什么要染黑？很可能为的是美容。

（五）也许是一种病态。《山海经·海外北经》云："拘瘿之国在其东，一手把瘿。一曰利瘿之国。"④ 这拘瘿疑似当今说的大脖子，是缺碘引起的。

（六）也许是一种治病的方法。《山海经·海外北经》载："柔利国在一目东，为人一手一足，反膝，曲足居上，一云留利之国，人足反折。"⑤ 这柔利国在一目国的东

❶袁珂校译：《山海经校译》，上海古籍出版社 1985 年版，第 211 页。

❷［俄］普列汉诺夫著，曹葆华译：《没有地址的信　艺术与社会生活》，人民文学出版社 1962 年版，第 192 页。

❸［俄］普列汉诺夫著，曹葆华译：《没有地址的信　艺术与社会生活》，人民文学出版社 1962 年版，第 192 页。

❹袁珂校译：《山海经校译》，上海古籍出版社 1985 年版，第 202 页。

❺袁珂校译：《山海经校译》，上海古籍出版社 1985 年版，第 200 页。

边，其人一手一足，膝盖是反的，足是弯曲的，且朝上，哪有这样的人！很可能，他们的两手、两足都给绑上了，成了一手一足。膝盖、足都是有意整成这样子的。为什么要这样做？很可能是一种矫正病态的方式。

所有以上的说法，均属猜测。值得我们注意的是，畸形的人在《庄子》一书频频出现，而且这些畸形的人均为或道德高尚或智慧超常的人，他们虽具有人的思想与情感，也生活在人之中，但绝不能将他们看作是普通人，他们实际上就是后来道教所崇拜的神仙。

三、资禀奇异的人

史前神话中，有相当多的人物系资禀奇异的人，他们具有普通人达不到的本领。《山海经·海外南经》说有一个羽民国："其为人长头，身生羽，一曰在比翼鸟东南，其为人长颊。"① 郭璞为之作注云："（羽民国人）能飞，不能远，卵生，画似仙人也。"《博物志》承郭璞说，云："羽民国，民有翼，飞不远，多鸾鸟，民食其卵，去九疑四万三千里。"②

真有这种全身长有羽毛能飞的人吗？当然没有。这种能飞的人是初民想象的产物。初民对于自己不能飞，一直怀有深深的遗憾。除了崇拜能飞的鸟之外，还通过想象创造出能飞的人来。也许，初民们的想象仍然受到现实的局限，没有太放开，所以，这羽民国的人虽然能飞，还是飞不远，所以只能主要生活在地面上。良渚文化出土的玉琮上有神人兽面纹，那神人头上戴的就是羽冠（参见图11-4-2），反映出良渚人对于有羽动物的向往。

神话中的羽民之说，后来为道教所吸收。道教创羽化而登仙的仙话，认为，人通过修行，可以身体变轻，

❶袁珂校译：《山海经校译》，上海古籍出版社1985年版，第183页。

❷王根林等校点：《汉魏六朝笔记小说大观》，上海古籍出版社1999年版，第190页。

能像羽人一样飞升，而且可以任意翱翔天宇。这种羽人就是仙人，仙人是长生不死的。道教讲“羽化”，这“羽”只是说升天，并不指身上长羽毛，而且也不需要长翅膀，也就是说，羽化为仙人仍然是人的形象，只是本领远不是人所能具有的了。也许，现实中不可能看到真正羽化成仙的人，所以，道教的诸多故事给安排在睡梦之中。《异苑》卷七载：“陶侃梦生八翼，飞翔冲天，见天门九重，已入其八，惟一门不得进，以翼搏天。阍者以杖击之，因堕地折其左翼。惊悟，左腋犹痛。”①

汉代哲学家王充对这种羽化成仙的故事是极反感的。他说：“图仙人之形，体生毛，臂变为翼，行于云，则年增矣，千岁不死，此虚图也。世有虚语，亦有虚图。假使之然，蝉娥之类，非真正人也。”② 王充的批评是正确的，从科学的维度看羽人，那当然是虚幻的，不过，如果换一种维度，不将其看成科学的真实，而看成艺术的想象，那是完全可以的。作为艺术想象，这表达了人们的一种理想。像羽人，它表达的是人能在天空飞翔的愿望。想象既是认识的谬误，又是认识的先导。虽然人至今也没有长出羽毛来，也没有生出双翼，但是人凭着飞行器，早就能够飞上天空了。

史前神话中，具有异禀的人很多。能飞的国度除了羽民国外，还有讙头国、三苗国、化民国等等。除能飞这一异禀外，还有不死国。《山海经·海外南经》云：“不死民在其东，其为人黑色，寿，不死。”③ 这一说法，有屈原的《楚辞》相对应。《楚辞·天问》云：“黑水玄趾，三危安在？延年不死，寿何所止？”④ 不仅有长寿不死之国，还有永葆青春之国。《山海经·海内东经》云：“列姑射在海河州中。射姑国在海中，属列姑射；西南，山环之。”⑤ 这姑射国的人均是仙人，他们不仅不死而且不老，永葆青

❶王根林等校点：《汉魏六朝笔记小说大观》，上海古籍出版社1999年版，第660页。

❷王充著，袁华忠等译注：《论衡全译》，贵州人民出版社1993年版，第100页。

❸袁珂校译：《山海经校译》，上海古籍出版社1985年版，第184页。

❹陈子展撰述：《楚辞直解》，江苏古籍出版社1988年版，第132页。

❺袁珂校译：《山海经校译》，上海古籍出版社1985年版，第240页。

春，《列子》、《庄子》均对姑射国的仙人有生动的描绘：

> 列姑射山在海河洲中，山上有神人焉。吸风饮露，不食五谷。心如渊泉，形如处女。不偎不爱，仙圣为之臣。①
>
> 藐姑射之山，有神人居焉。肌肤若冰雪，淖约若处子。不食五谷，吸风饮露。乘云气，御飞龙，而游乎四海之外。其神凝，使物不疵疠而年谷熟。②

这样的神话成为中国道教神仙说的重要源头。神仙的重要特点是在人间却又超越人间，享受人间的一切幸福，却无人间的任何烦恼。做神仙是中国人最高的人生理想，最美的人生无过于神仙人生。

四、有重大创造的人

史前神话中还有一种人，他们对于人类的生活有诸多重大的创造，三皇五帝就是这样的人物。除此以外还有一些人物，他们虽然地位够不上皇，也够不上帝，但他们予人类也有重要的贡献。比如后稷发明种植，被誉为“百谷之神”③。后稷是其母在郊野履巨迹而生的，因此称得上是神话中的人物，不过，后稷在史上可考，为夏的农官，本名为弃，后稷是官名。史前神话中，发明治玉与冶炼的神为蓐收，《山海经·西山经》说他住在泑山，此山“其上多婴脰之玉，其阳多瑾瑜之玉，其阴多青、雄黄”④，显然，此暗喻蓐收是治玉之人。郭璞为《西山经》做的注称为“金神”，又意味着他在冶炼上有重要贡献。

中国早在远古对于数学就有一定的知识了，不然

①张湛注：《诸子集成·列子注》3，上海书店1986年版，第14页。

②王先谦注：《诸子集成·庄子集解》3，上海书店1986年版，第4页。

③夏剑钦等校点：《太平御览》第五卷，河北教育出版社1994年版，第215页。

④袁珂校译：《山海经校译》，上海古籍出版社1985年版，第33页。

如何能制作出精美的石器和陶器？发明数学的人说是名为竖亥。《山海经·海外东经》云："帝令竖亥步，自东极至于西极，五亿十选九千八百步。竖亥右手把筭，左手指青丘北。"[1]这说的是竖亥在丈量。这能凭步量出东极至西极距离的人当不是一般人。远古的数学家不只一位，还有隶、太章。《世本》云："隶首作算数。"[2]《淮南子》说："禹乃使太章步自东极，至于西极，二亿三万三千五百里七十五步。"[3]中华民族很早就发明农业，农业生产对于气象的依赖非常之大，与之相应，中华民族的天文学、历法学比较地发达。远古最早发明历法的据说是太桡，《世本》说"太桡作甲子"[4]，"容成作调历"[5]，容成应是太桡之后于历法有重要贡献的人。除上面所例举的外，像衣服、纺织、养蚕、做酒、制器，均有发明者，这些发明者都是当时部落中的聪明人，在神话中都给神化了。

值得我们注意的是，神话中还有一种人，他们不是具体器物的发明者，却是最早的知识分子，是百姓的老师。《神异经》有这样一条，云：

> 西南大荒中有人，长一丈，腹围九尺，践龟蛇，戴朱鸟，左手凭白虎。知河海水斗斛，识山石多少，知天下鸟兽语言、土地上人民所道，知百谷可食，识草木咸苦。名曰圣，一名哲，一名贤，一名无不达。凡人见而拜之，令人神智。此人为天下圣人也，一名先通。[6]

这条记载特别有意思，它充分表现出中华民族的先民对于知识的崇拜，文中那位天下事几乎无所不晓的人，

❶袁珂校译：《山海经校译》，上海古籍出版社1985年版，第212页。

❷宋衷注，秦嘉谟等辑：《世本八种》，商务印书馆1957年版，第10页。

❸刘安著，高诱注：《诸子集成·淮南子注》7，上海书店1986年版，第56页。

❹宋衷注，秦嘉谟等辑：《世本八种》，商务印书馆1957年版，第10页。

❺宋衷注，秦嘉谟等辑：《世本八种》，商务印书馆1957年版，第11页。

❻王根林等校点：《汉魏六朝笔记小说大观》，上海古籍出版社1999年版，第53页。

自然是部落中最聪明的人，人们称他为圣、为哲、为贤。这样的人，是民族的精英，全民的老师。远古初民在崇敬某一个方面有特殊贡献的人物的同时，对于这种通才式的人物，百科全书式的人物给予更高的尊重。众所周知，实际上百科全书式的无所不晓的人物是不会有的，不过，须明白的一点是，具体知识可能不会都知道，但是各科知识有它们共同的规律，它们内在上是相通的，能够把握这种天地宇宙、自然人生基本规律，通晓事物运行方向的人是最高的智者，他们是哲学家。上段引文中说的“圣”、“哲”、“贤”、“无不达”、“先通”，就是哲学家。

五、奇异的动物

史前神话中有着大量的关于奇异动物的记载，大体上可概括为三种情况：

第一，基本上是动物，但兼有人的因素。上面我们说到，史前神话中有一些人与动物同体的形象，这些形象基本定性是人。现在我们说的是另一种情况：基本定性为动物。但有人的元素。如：

> 又东北一百五十里，曰朝歌之山，潕水出焉，东南流注于荥，其中多人鱼。①
>
> 青丘之山……英水出焉，南流注于即翼之泽，其中多赤鱬，其状如鱼而人面，其音如鸳鸯，食之不疥。②
>
> 又东四百里，曰令丘之山，无草木，多火。其南有谷焉，曰中谷，条风自是出。有鸟焉，其状如枭，人面四目而有耳，其名曰颙，其鸣自号也，见则天下大旱。③

❶袁珂校译：《山海经校译》，上海古籍出版社1985年版，第137页。

❷袁珂校译：《山海经校译》，上海古籍出版社1985年版，第3页。

❸袁珂校译：《山海经校译》，上海古籍出版社1985年版，第9页。

皋涂之山，……有兽焉，其状如鹿而白尾，马足人手而四角，名曰玃如。有鸟焉，其状如鸱而人足，名曰数斯，食之已瘿。[1]

为什么将人身上的元素加到动物身上去？可能有两种情况：一、动物身上的某些部件与人体的某些部件确有些像。比如，说龙侯之山有一种“人鱼，其状如鯑鱼，四足，其音如婴儿”[2]。这音只是像婴儿的声音而已。另外，某些动物的面与人的面也是有些像的。二、为了突出动物的神性。在初民看来，人体具有某种动物的元素，意味着人具有了神性；同样，动物身体如具有人体的某种元素，意味着动物具有了神性。具有神性的兽，可能是瑞兽，也可能是邪兽。

第二，基本是某一种动物，却综合进别种动物的元素。如“浮玉之山……有兽焉，其状如虎而牛尾，其音如吠犬。”[3]体如虎，尾如牛，吠像犬，这的确是怪物了。又如“姑逢之山……有兽焉，其状如狐而有翼，其音如鸿雁。”[4]这兽更奇怪，因为它还有翼，而且声音像鸿雁。再比如，“杻阳之山……有兽焉，其状如马而白首，其文如虎而赤尾，其音如谣，其名曰鹿蜀。”[5]

这种动物也可以做两种理解：一、确有这样的动物，它不是多种动物元素的综合，只能说，此动物的某些因素与另一种动物的这一元素相像。当时的人们不能认识这种动物，误以为两种或多种动物的合体了。二、为了神化此种动物。就是说，本来世界上没有这种动物，为了造出一具神兽来，就有意识地将诸多动物的元素拼在一起，以见出与普通的动物不同来。《山海经·西山经》中有一兽其形象是：“其状如犬而豹文，其角如牛，其名

❶袁珂校译：《山海经校译》，上海古籍出版社1985年版，第23页。

❷袁珂校译：《山海经校译》，上海古籍出版社1985年版，第66页。

❸袁珂校译：《山海经校译》，上海古籍出版社1985年版，第5页。

❹袁珂校译：《山海经校译》，上海古籍出版社1985年版，第95页。

❺袁珂校译：《山海经校译》，上海古籍出版社1985年版，第2页。

曰狡，其音如吠犬，见则其国大穰。”[1]也是诸多动物的综合体，此怪物与西王母生活在一起，理所当然，它也就是神了。

史前神话中，动物与人的关系是多种多样的，有的食人是恶兽；有的益人是瑞兽。有的兽是某种自然现象出现的预兆。如西王母住的玉山上有一种鸟，其状如翟而赤，名曰“胜遇”。它以鱼为食，如果它出现就意味着要发大水了[2]。崦嵫山有一种鸟，其状如猫头鹰，有一张人面，尾像犬。它名为“自号”，它如果出现这个地方就出现干旱了[3]。

在原始人的意识中有两个东西最为重要：就客体来说，是动物。它是实实在在的，与人的生活发生直接的关系，由于动物与人均有生命，且人的生命是从动物的生命发展而来的，人天然地觉得与动物存在沟通的可能性。当原始人类将非生命的自然现象如风、云、雷、电均想象为动物的时候，神秘的宗教意识以及潜存的哲学意识就萌发了。中国人特有的哲学观——天人合一论，应该说首先产生于这种万物有灵论的原始宗教意识之中。就主体来说，当然是人自身。原始初民之所以是人而不是动物，根本的一点，就在于它能够将自身与外界区分开来，它有了主体的意识，它希望周围的一切——客观世界能够有利于它，有用于它，为之，它需要极大地发挥可能有的主观能动性，或现实地或只是想象地征服对象。

史前人类对于外界事物的审美中最具变数的是动物，这是因为动物与人的关系太重要，也太复杂了。人类所有的感情——喜怒哀恶恨等等，均可以在动物身上找到。其最美最善者——凤凰是动物。《山海经》说：“是鸟焉，饮食自然，自歌自舞，见则天下安宁”[4]，然而最丑最

❶袁珂校译:《山海经校译》，上海古籍出版社 1985 年版，第 31 页。

❷袁珂校译:《山海经校译》，上海古籍出版社 1985 年版，第 31 页。

❸袁珂校译:《山海经校译》，上海古籍出版社 1985 年版，第 38 页。

❹袁珂校译:《山海经校译》，上海古籍出版社 1985 年版，第 8 页。

恶者——狍鸮也是动物。《山海经》说它“状羊身人面，其目在腋下，虎齿人爪，其音如婴儿，名曰狍鸮，是食人”[1]，多么怪诞，又多么可怖！

❶袁珂校译:《山海经校译》，上海古籍出版社1985年版，第64页。

六、奇异的植物

史前神话中的奇异的植物也很多，可以分为树木、花草两类。奇异的树木有四种情况：

（一）太阳栖息之树，这里指的是扶桑。《山海经·海外东经》说:“汤谷上有扶桑，十日所浴。在黑齿北。居水中，有大木，九日居下枝，一日居上枝。”[2]这扶桑树上能栖息十个太阳，可以想象它是如何地广大。《山海经·大荒东经》说它“柱三百里，其叶如芥”。三百里高的树，叶又如此之小，可以说，将整个天空都遮蔽了。《玄中记》还说，树巅有天鸡，每夜至子时，就鸣叫起来，太阳中的乌鸦给叫醒，与之应和，再随之，天下的鸡也应和，这时间约为丑时，太阳起床，开始工作了。

❷袁珂校译:《山海经校译》，上海古籍出版社1985年版，第212页。

扶桑另有一名为若木。《淮南子·地形训》:“若木……末有十日，其华照大地。”据高诱注:“若木端有十日，状如莲华，华犹光也，光照其下也。”[3]《山海经·大荒北经》描绘若木的色彩，说是“赤树，青叶，赤华”[4]，这可能是太阳照的，不一定是若木的本色。关于日月出入之树，《山海经》还有一些别的说法，《大荒西经》就说:“西海之外，大荒之中，有方山者，上有青树，名曰柜格之松，日月所出入也。”[5]这青树应就是扶桑。

❸刘安著，高诱注:《诸子集成注》7，上海书店1986年版，第57页。

❹袁珂校译:《山海经校译》，上海古籍出版社1985年版，第287页。

❺袁珂校译:《山海经校译》，上海古籍出版社1985年版，第270页。

能作为太阳栖息之所的树，当然是神圣的。在某种意义上，这树就是太阳的家。在中国人的文学艺术中，扶桑一直作为最美的形象而出现，屈原的《东君》云:

暾将出兮东方！照吾槛兮扶桑。抚余马兮安驱？夜皎皎兮既明。驾龙辀兮乘雷，载云旗兮委蛇。[1]

❶陈子展撰述:《楚辞直解》，江苏古籍出版社1988年版，第103—104页。

（二）连接天地的树，这主要指建木。建木是一种神木。《淮南子》云：“建木在都广，众帝所自上下。日中无景，呼而无响，盖天地之中也。”[2] 建木是非常直的，中午，立在树下看不到影子；建木周围无边无际，大声呼喊，竟然没有回声。建木立于“天地之中”，它充当着天地之柱，撑起天空。不仅如此，建木还是沟通天上与地面的梯子。天上的诸位帝君，均可以利用建木上上下下。

❷刘安著，高诱注:《诸子集成·淮南子注》7，上海书店1986年版，第57页。

《山海经·海内经》是这样描绘矗立有建木的这“都广之野”的幸福与欢乐：

西南黑水之间，有都广之野，后稷葬焉。其城方三百里，盖天地之中。素女所出也。爰有膏菽、膏稻、膏黍、膏稷，百谷自生，冬夏播琴。鸾鸟自歌，凤鸟自儛。灵寿实华，草木所聚，爰有百兽，相群爰处，此草也，冬夏不死。[3]

❸袁珂校译:《山海经校译》，上海古籍出版社1985年版，第297—298页。

显然，这是一个乐居的环境，不仅适于人生存、发展，也适于动物生存、发展，人与动物、植物和谐相处，共同繁荣。用今天的话来说，这是一个理想的生态环境。在这个环境中，建木立在城之中，它起到什么作用呢？且看同一书同一章的描述：

有木，青叶紫茎，玄华黄实，名曰建

木，百仞无枝，上有九欘，下有九枸，其实如麻，其叶如芒。太皞爰过，黄帝所为。[1]

建木的意义就在“太皞爰过，黄帝所为”。太皞即伏羲氏，黄帝为轩辕氏。伏羲在此“过”，过是什么意思？是横向的经过，还是纵向的登降？可能是纵向的登降。著名的神话学家袁珂先生说：“史传称庖羲‘继天而王，为百王先’（《汉书》、《帝王世纪》），神话上他就该是第一个缘着建木上下的人。”[2]黄帝“所为”的“为”也宜做“登降”的理解。

《山海经》中还谈到一些大树，如三桑、寻木，均具有阶梯的功能，供神灵上下。

（三）于人有某种特殊功效的树，如：

仑者之山……有木焉，其状如谷而赤理，其汁如漆，其味如饴，食者不饥，可以释劳。其名曰白䓘，可以血玉。[3]

柄山……有木焉，其状如樗，其叶如桐而荚实，其名曰茇，可以毒鱼。[4]

放皋之山……有木焉，其叶如槐，黄华而不实，其名曰蒙木，服之不惑。[5]

崦嵫之山，其上多丹木，其叶如谷，其实大如瓜，赤符而黑理，食之已瘅，可以御火。[6]

浮戏之山，有木焉，叶状如樗而赤实，名曰亢木，食之不蛊。[7]

以上列举的这些树木都与人有关系，它们的树叶

❶袁珂校译：《山海经校译》，上海古籍出版社1985年版，第298页。

❷袁珂著：《中国古代神话》，中华书局1960年版，第53页。

❸袁珂校译：《山海经校译》，上海古籍出版社1985年版，第9页。

❹袁珂校译：《山海经校译》，上海古籍出版社1985年版，第117页。

❺袁珂校译：《山海经校译》，上海古籍出版社1985年版，第125页。

❻袁珂校译：《山海经校译》，上海古籍出版社1985年版，第38页。

❼袁珂校译：《山海经校译》，上海古籍出版社1985年版，第126页。

果实或者可以充饥，或者可以治病，或者可以用来毒鱼……功用非常大，史前初民对于这种树木感到神奇而不可理解。自然，他们也会将它们当作神灵来膜拜，但是与上面所谈的扶桑、建木不同的是，这些树都是实有的，而不是想象的，它们切近人们的日常生活，因此更得到人们的珍惜。事实上，《山海经》在描述这些树木时就带着情感，并且描绘着它们的姿态和色彩上的美丽。

值得我们注意的是，史前神话中关于奇树的介绍，极少没有谈到它们在建筑上的用途。

史前神话中，奇异的植物包括了花草，《山海经》中有大量的关于奇异花草的介绍，如：

> 其首曰招摇之山……有草焉，其状如韭而青华，其名曰祝余，食之不饥。①
>
> 符禺之山……其草多条，其状如葵，而赤华黄实，如婴儿舌，食之使人不惑。②
>
> 天帝之山……有草焉，其状如葵，其臭如蘼芜，名曰杜衡，可以走马，食之已瘿。③
>
> 太山，有草焉，名曰梨，其叶状如荻而赤华，可以已疽。④

这些材料应是有所根据的，几乎所有奇异花草均与人的生命有关，或作为食物，或作为药物。远古神话中，关于神农的介绍，其中特别谈到他在医药方面的贡献，《三皇本纪》说炎帝“始尝百草，始有医药”，其实远古时尝百草的岂只有神农一人？无数的初民都在尝百草。他们没有试验室，没有化学药品，全是用自己的身体在做试验。史载神农尝百草，一日中七十毒，当不完

❶袁珂校译:《山海经校译》，上海古籍出版社 1985 年版，第 1 页。

❷袁珂校译:《山海经校译》，上海古籍出版社 1985 年版，第 21 页。

❸袁珂校译:《山海经校译》，上海古籍出版社 1985 年版，第 22—23 页。

❹袁珂校译:《山海经校译》，上海古籍出版社 1985 年版，第 126 页。

全是夸张之语。中华民族的初民对花草的兴趣，可能始于它能治病，也许同时也为它的艳丽所吸引。功能上有益与感官上的快适很难判定谁先谁后。因为功能上的有益，它能让人产生视觉上的注意，进而进入审美；然感官上的强烈刺激，也能让人产生视觉上的注意，由审美进而探索其对人的功利性。

中华民族爱花，仰韶文化的彩陶器上诸多的纹饰取材于花。在史前人类的审美生活中，植物多为美的形象，中华民族最喜欢花，自称为花的民族，花即华。中华民族至今还这么称呼着自己。

第五节 山川河海的神话

山川河海神话在神话中占相当地位，在中国史前神话中，有一部书集中辑录了这方面的神话，这就是《山海经》。作者原署名为夏禹、伯益。禹，众所周知，他是夏代开国之君启的父亲，治理天下洪水的功臣。伯益又名柏翳，是颛顼的后代，秦的先人。伯益是个非常聪明的人，"能议百物"[1]，又知禽兽之语，是禹的重要辅佐，禹曾经想将天下授予他，大禹死后，伯益逃到箕山，避免与禹的儿子启发生矛盾。从《山海经》的内容来看，

❶邬国义等撰:《国语译注》，上海古籍出版社1994年版，第488页。

夏禹、伯益都当是该书最佳的作者，但是学者们说这不可靠。那么，真实的作者是谁呢？已经无从可考了。书中各篇完成的年代也不一致，袁珂认为“内中《五藏山经》可信为东周时代的作品；《海内外经》八卷可能作成于春秋战国时代；《荒经》四卷及《海内经》一卷当系汉初人作。”[1]《山海经》所记录的内容基本上可以认定属于史前，因此，它在相当程度上反映了史前中国山川河海的状况、动物、植物的状况。既然是神话，荒诞处不少，但深入研究则发现有诸多内容系真实的存在。这项工作早就有学者在做，而且也很有成绩。其实，如若从美学的维度去看这部书，当发现这部书其实真实地反映了史前初民的审美世界：书中的那些人，那些物，那些故事，全都联系着史前初民的感官、情感、理智，我们从中可以看出他们的惊讶、兴奋、迷惑。那是儿童般的观察，天真而又烂漫。一个光怪陆离的世界，一个生机盎然的世界，它未必全是真的，却全都是善的、美的。除了《山海经》，中国还有大量的关于史前的山川河海的神话，这些神话中所透示的审美信息同样是丰富的。

❶袁珂著:《中国古代神话》，中华书局 1960 年版，第 21 页。

一、水神

原始初民持万物有灵论，天地万物均有神，总神为天帝，其他则为部门神。各神的名字不一定要冠上它所管理的物，《山海经·海外东经》说：“朝阳之谷，神曰天吴，是为水伯……其为兽也，八首人面，八足八尾，皆青黄。”[2]此神名“天吴”，称之为“伯”，也许在神话作者看来，它在神仙的等级中，属于“公侯伯子男”爵位系统中的伯这一等级。

天吴作为水神，不是水物而是兽，这是很奇怪的，

❷袁珂校译:《山海经校译》，上海古籍出版社 1985 年版，第 211 页。

更重要的是它有“人面”。有人面意味着它具有人一样的思想、情感。也许正是因为此，天吴才有资格作神。中国史前的神话说水神是人变的。《楚辞·九章·哀郢》王逸注云：“阳侯，大波之神。”[①]阳侯的来历，据应劭为《哀郢》作的注，他是古代的诸侯，有罪，自投江，化为水波之神。持同样的看法的还有为《淮南子》作注的高诱。这样一种说法，在中华民族的神话创作中是很有传统的。著名的浙江潮，就有神话说是春秋时吴国大臣伍子胥变化而成的。伍子胥冤枉而死，这铺天盖地的大潮代表着他无尽的怨愤。

将自然景物人格化，人情化，进而为它找出一个实在的人来，这种想象，既奇异，又真实；既陌生，又切身。这就是神话魅力！

水神有多样，犹如人，或凶恶，或善良，或丑怪，或美丽。我们且来看看这些水神：

水神之一“冰夷”，它“人面”，“乘两龙”，居住之地“从极之渊，深三百仞，维冰夷恒都焉”。[②]

水神之二“冯夷”，它“乘云车，入云霓，游微雾”，“经纪山川，蹈腾昆仑，排阊阖，沦天门”[③]，风光无限。

水神之三“河伯”，为《淮南子》作注的高诱则认为他就是冯夷，而且说他是华阴潼乡堤首里人[④]。也有学者认为河伯是水神的泛指。

水神之四“河伯使者”，它“乘白马朱鬣，白衣玄冠，从十二童子，驰马西海之上，如飞如风”。它走到哪，就将水带到哪，“马迹所及，水至其处。所之之国，雨水滂沱，暮则还河”[⑤]。

水神之五“天吴”。《山海经》云：“朝阳之谷，神曰天吴，是为水伯。……其为兽也，八首人面，八足八尾，皆青黄。”[⑥]

❶王逸著:《楚辞章句》，见洪兴祖撰，白化文等点校:《楚辞补注》，中华书局1983年版，第134页。

❷袁珂校译:《山海经校译》，上海古籍出版社1985年版，第233页。

❸刘安著，高诱注:《诸子集成·淮南子注》7，上海书店1986年版，第2—3页。

❹参见刘安著，高诱注:《诸子集成·淮南子注》7，上海书店1986年版，第197页。

❺王根林等校点:《汉魏六朝笔记小说大观》，上海古籍出版社1999年版，第55页。

❻袁珂校译:《山海经校译》，上海古籍出版社1985年版，第211页。

水神之六“鱼伯”。《古今注》云：“水君，状如人乘马，众鱼皆导从之。一名鱼伯，大水乃有之。”[1]

有些动物如鼍、鳖、乌贼也充当河伯的使者或小吏[2]，它们也可以看作为水神。

这些水神，有时善，有时恶。善时，“润泽万国，福庇兆民”；恶时，则毁田倒屋，吞食生民。这方面的记载非常之多。由于中国河泽纵横，水网密布，经常发生水灾，因此，与水神的关系极为密切。龙，其实也是水神，因为它上升为中华民族总图腾，其功能不只在管水，所以，我们这里不把它列为水神，但其实中国各地绝大多数的祭龙活动，其直接出发点还是在治理水患或干旱求雨。

按道理说，水神的功能不是水利就是水患，但是中华民族关于水神的故事很多离开了这一主题，别有意义了。首先，水神被美化了，通常为女子。水神中，数洛神最为美丽。《文选·洛神赋》李注引《汉书音义》：“宓妃，宓牺氏之女，溺死洛水，为洛神。”[3]从这看来，洛神是非常古老的神，在史前就在民间流传了。当然，洛神之出名，而且演绎成美丽的故事，靠曹植的名篇《洛神赋》。是赋将洛神描绘得十分美丽，赋云：

> 其形也，翩若惊鸿，婉若游龙；荣曜秋菊，华茂春松；髣髴兮若轻云之蔽日，飘飖兮若流风之回雪。远而望之，皎若太阳升朝霞；迫而察之，灼若芙蓉出渌波。秾纤得中，修短合度。肩若削成，腰如约素。延颈秀项，皓质呈露。芳泽无加，铅华弗御。云髻峨峨，脩眉联娟。丹唇外朗，皓齿内鲜。明眸善睐，靥辅承权……[4]

[1] 王根林等校点：《汉魏六朝笔记小说大观》，上海古籍出版社1999年版，第234页。

[2] 《中华古今注·虫鱼》云：“乌贼鱼，一名河伯度事小吏。……鳖名河伯从事。江东呼……鼍为河伯使者。”参见王根林等校点：《汉魏六朝笔记小说大观》，上海古籍出版社1999年版，第242—243页。

[3] 转引自刘城淮著：《中国上古神话》，上海文艺出版社1988年版，第113页。

[4] 朱东润主编：《中国历代文学作品选》上编第二册，上海古籍出版社1979年版，第190页。

在曹植的笔下，这洛神只是生活在洛水上，她并不管水，严格说来，她不是水神，而从曹植对她的无比爱恋与向往来看，她实成为了爱神。这当然是曹植的创造了，人们会迷茫地问：史前的水神也会是爱神吗？无法回答，也许是，因为水太美丽了！试看看马家窑陶器上的各种水纹，波诡云谲，飘逸潇洒，何其迷人！

我们一般讲的水神为江神、湖神，海神则属另外，《山海经》讲水神不算太多，而讲海神处特别多：

> 东海之渚中，有神，人面鸟身，珥两黄蛇，践两黄蛇，名曰禺猇。①
>
> 南海渚中，有神，人面，珥两青蛇，践两赤蛇，名曰不廷胡余。②
>
> 西海渚中，有神，人面鸟身，珥两青蛇，践两赤蛇，曰弇兹。③

所有的海神，均耳上戴蛇，手中握蛇。海神后称为龙王，这说明龙的形象与蛇有着极密切的联系。不管龙的形象来源有多少，蛇是最基本的元素。

值得我们特别注意的是，《山海经》将黄帝与海神拉在一起，说海神的祖先是黄帝："黄帝生禺虢，禺虢生禺京，禺京处北海，禺虢处东海，是为海神。"④ 这一说法，非常重要，它无异说，中华民族的生活领域不只是陆地，还远及大海。有海水处即有华人。中华民族不只是陆地民族，也是海洋民族。

❶袁珂校译：《山海经校译》，上海古籍出版社1985年版，第247页。

❷袁珂校译：《山海经校译》，上海古籍出版社1985年版，第259页。

❸袁珂校译：《山海经校译》，上海古籍出版社1985年版，第271页。

❹袁珂校译：《山海经校译》，上海古籍出版社1985年版，第247页。

二、大禹治水

有关水的神话中，史前还有洪水的故事。许多史书记载了大禹治水的丰功伟绩。大禹作为中国第一个可以断代的朝代——夏朝的实际开创者，他的事业是从治水开始的。说到治水，我们会首先想到黄河、长江。黄河、长江，号称为中华民族的母亲河，系中华文化的摇篮，然在大禹治水前，它们经常泛滥成灾，是大禹将这两条大河基本上治理好了的。大禹治水，还远不止是治这两条河。当时中国的水患几乎遍及全国。孟子说到那时的情景，是“洪水横流，泛滥于天下”，以至于“兽蹄鸟迹之道交于中国”[①]。大禹治水，北至河北，南至湖南，西至巴蜀，东至海隅，足迹几遍中国大地，可以说，中国半壁江山经过了他的整治。

❶杨伯峻译注:《孟子译注》上，中华书局1960年版，第124页。

从某种意义上讲，中国现今的地理格局是他参与奠定的。诸多的山水地理名胜，诸如黄河上的壶口、砥柱、龙门、伊阙，长江上的巴东诸峡均是大禹的杰作。从史学的角度讲，大禹是中国大地诸多景观的创作者，特别是黄河长江的景观的创造者，而众所周知，正是这些山水地理名胜，孕育了王勃、李白、杜甫、苏轼这样伟大的诗人，吴道子、范宽、黄公望这样伟大的画家，还有王羲之、怀素、颜真卿这样伟大的书法家。而且正是这些山水地理名胜，为中华民族的审美心胸铸造了灵魂。品赏诸多关于黄河、长江的壮美诗篇和雄奇画卷，我们都能清晰地感受到大禹奔走在中国大地上那坚实沉稳的脚步声。

大禹治水的事迹，基本上属于史实，但其中也有不少神话的因素，一些神话特别美丽，如鱼跳龙门的故事：

> 龙门山在河东界。禹凿山断门，阔一里余，黄河自中流下，两岸不通车马……每岁季春有黄鲤鱼，自海及诸川争来赴之

一岁中，登龙门者，不过七十二。初登龙门，即有云雨随之，天火自后烧其尾，乃化为龙矣。①

❶李昉等编：《太平广记》第十册，中华书局1961年版，第3839页。

鱼登龙门即化为龙，这神话含义极为深刻，中国哲学尚变化，周易作为中国哲学的奠基之作，其主题就是“变化”，故而《周易》译成英文，其书名成为“The Book of Changes”。讲变化不独中国哲学然，但中国哲学讲变化有其突出的特点：一是将变的根本原因归结为阴阳两种力量的矛盾，而这两种力量的矛盾与冲突，极其微妙与丰富，难以把握，《周易·系辞上传》云：“阴阳不测之为神。”二是特别看重变的结果为“化”，化意味着事物发生质的改变，一事物变成了另事物。这鱼登上龙门后则变成了龙，性质完全不同了。这种对变化的理解，切合自然界实际，说明中华民族对于自然界的运行规律有深切的把握。生命在变化中发展，希望在变化中生成，幸福在变化中出现；当然，反面的东西也在变化中出现，如何让变化朝着对人有益的方面发展，这就需要对变化的规律有更深入的了解，切实把握好时机，恰到好处地用好力量。不是所有的人都能成功的，争赴龙门的黄鲤鱼成千上万，成功者也不过七十二尾。

大禹治水，产生诸多龙的故事：

夏禹治水，有应龙以尾划地，即水泉流通。②

禹南省方，济乎江，黄龙负舟。舟中之人，五色无主。禹仰视天而叹曰：“吾受命于天，竭力以养人。生，性也；死，命也。余何忧于龙焉？”龙俛耳低尾而逝。③

❷王逸：《楚辞章句》，见洪兴祖：《楚辞补注》，中华书局1983年版，第91页。

❸高诱注：《诸子集成·吕氏春秋》6，上海书店1986年版，第260页。

> 斩龙台，（巫山县）治西南八十里错开峡，一石特立。相传禹王导水至此，一龙错开水道，遂斩之。故峡名错开，台名斩龙。①

龙，在中华文化中具有丰富的内涵，它是神物，而且是法力无边的神物，诸多的神话中，人们崇拜龙，恐惧龙，匍匐于龙的淫威之下，龙是人的主宰。然而在大禹治水的故事中，龙绝没有这样的地位。它或听命于大禹，充当治水的先锋，如果犯了错误，则会受到严厉的处罚。它或为大禹的敌人，但慑于大禹的神威，不敢与之交锋。大禹是神，但更重要的他也是人。这样的故事，弘扬的是人的伟大。这样一种主体性哲学，史前人类就已生成，难能可贵！

治水的神话不独有大禹的故事，还有共工的故事。共工所属的族原本是奉水为图腾的。《左传》言："共工氏以水纪，故为水师而水名。"②共工的共字，当是洪水的洪字。共工的时代，中国大陆到处是水，《管子·揆度第七十八》说："共工之王，水处十之七，陆处十之三。"③《淮南子·本经训》亦云："共工振滔洪水，以薄空桑……民皆上丘陵，赴树木。"④共工比大禹早数千年，他也治过洪水，他治水方式主要是筑堤拦洪，虽然未必能彻底战胜洪水，也取得了一定的成效，共工因此也被称为水神。

三、神山

大体上，进入史前神话中的山有三种形态：

一、一般性的神山，凡山皆有神，凡神均有特异

❶《巫山县志》，转引自刘城淮著:《中国上古神话》，上海文艺出版社 1988 年版，第 398 页。

❷《新刊四书五经·春秋三传》下，中国书店 1994 年版，第 236 页。

❸谢浩范等译注:《管子全译》，贵州人民出版社 1996 年版，第 926 页。

❹刘安著，高诱注:《诸子集成·淮南子注》7，上海书店 1986 年版，第 118 页。

功能，人们要畏它，敬它，不可怠慢它。如"《中次七经》苦山之首，曰休与之山，其上有石焉，名曰帝台之棋，五色而文，其状如鹑卵，帝台之石，所以祷百神者也。"[1]又"堵山神天愚居之，是多怪风雨。"[2]

二、圣山，神山中地位特别高影响特别大的，就称之为圣山了。圣山应是大家公认的。原始初民是不是就形成了圣山概念？没有文字资料可证。但是，中华民族确实有自己的圣山。那就是昆仑山。

关于昆仑山，有着诸多的神话。《山海经·海内西经》云：

> 海内昆仑之虚，在西北，帝之下都。昆仑之虚，方八百里，高万仞。上有木禾，长五寻，大五围。面有九井，以玉为槛。面有九门，门有开明兽守之。百神之所在。[3]

这里肯定昆仑是天帝在人间的首都。刚刚从蒙昧中醒来的原始初民，对于宇宙的一切是极为恐惧也是极为敬畏的。他们从人类部落中必有首领这一事实出发，想象，这宇宙的一切必然有一个至高神存在，这至高神就是帝，它应住在天上，掌管着地面上的一切包括人。人当然极有必要与帝取得沟通，求得帝给予人更多的恩赐与方便。然而要与远在天上的帝取得沟通是极为困难的。首先，有没有一条可以登天的道路？人们想到了山。但是不是所有的山均可以作为登天之梯？当然不是，只是那极为高峻的山才有可能。昆仑山以其终年积雪、高耸入云，且气候变化莫测而成为了人们的首选。进而人们想象，那住在天上的帝是不是也有可能来到人间？如果来到人间，他是不是也走这条道？再进一步想象，帝来

❶袁珂校译:《山海经校译》，上海古籍出版社1985年版，第124页。

❷袁珂校译:《山海经校译》，上海古籍出版社1985年版，第124页。

❸袁珂校译:《山海经校译》，上海古籍出版社1985年版，第225页。

到人间后，是不是也有可能在人间找一个地方作为他的临时的住处，如果要找，那又非昆仑莫属了。这便是昆仑为“帝之下都”的来历。

这样的帝之下都应该有城阙，有宫门，一切如同人间的君王，只是更豪华，更巨大，更有气势。生活在这里的神呢？不应完全是人的形象，按照原始初民的意念，应是人与动物合体的形象。在他们看来，这种形象才是最伟大、最神奇的。因为它既能通人性，通人情，又具有人所不及的某些动物的本领。

为了突显昆仑山的威严，神话中说昆仑山有神把守，这神的名字为陆吾，他的形状是虎身而九尾，人面而虎爪。非常可怕。

生活在昆仑山上的最高神为西王母。她是怎样的形象呢？《山海经·大荒西经》有描写：

> 西海之南，流沙之滨，赤水之后，黑水之前，有大山，名曰昆仑之丘。有神——人面虎身，有文有尾，皆白——处之。其下弱水之渊环之，其外有炎火之山，投物辄然。有人戴胜，虎齿，有豹尾，穴处，名曰西王母。此山万物皆有。[1]

这段描写耐人寻味。粗粗一看，这西王母是虎豹合体的猛兽，然而，文本明明白白地说它是人，是女人。作为女人，西王母天生地爱美，她头上“戴胜”。“胜”是什么？胜为女人的首饰。按《尔雅翼》的说法，有一种鸟名“戴鵀”，此鸟“似山鹊而尾短，青色，毛冠俱有文采，如戴花胜”[2]。由此可见，西王母不是一般地爱美，而且很善于打扮，很懂得装饰。大量的考古发现，

❶袁珂校译：《山海经校译》，上海古籍出版社1985年版，第272页。

❷罗愿、洪焱祖编：《尔雅翼》第二册，商务印书馆中华民国二十八年版，第175页。

史前人类玉器相当一部分属于装饰件，其中就有头饰器，良渚文化反山、瑶山两处遗址均发现各种各样的冠状饰，非常精美。所以，西王母的形象应该说与史前考古在总体精神上是切合的。

值得我们注意的还有西王母居住的这座山——昆仑山，它既神秘又美丽。其中特别提到“此山万物皆有”，这正是华夏子孙理想所在。《山海经》之后，种种新神话陆续出现，山上的奇花异卉说得个天花乱坠，《淮南子·地形训》说：“珠树、玉树、琁树、不死树在其西，沙棠、琅玕在其东，绛树在其南，碧树、瑶树在其北”[①]，宫殿甚多，金碧辉煌。《葛仙公传》说，“一曰玄圃台，一曰积石瑶房，一曰阆风台，一曰华盖，一曰天柱，皆仙人所居。”[②]《海内十洲记》云：“昆仑……其一角有积金为天墉城，面方千里。城上安金台五所，玉楼十二所。”[③]有这样多的宫殿，自然山上所住的仙人就不只是有西王母了，群仙驾龙乘鹤，游戏其间。西王母的形象也大为改观，不再是虎豹共体的猛兽，而是面目慈祥、体态绰约、满身珠光宝气的皇太后形象了。

昆仑山的神话在中华民族的文化中具有重要的意义：第一，它是中华民族最早确立的天国。这天国既是地面上君国的支持者，又是地下君国的理想。天国的最高神为西王母。之所以是女性的王母，而不是男性的玉帝，这是母系氏族社会在中华民族文化中的遗存。一般来说，母系氏族社会的遗存，汉代前都比较地突出，此后就弱了。这也体现在后人对天国的重新描述中，汉代以后的天国，最高神就不是西王母而是玉帝，西王母还在，只是改名为王母，成为玉帝的妻子了。第二，在神话中，昆仑山的地理位置在大地的中心，《艺文类聚》卷六引

❶刘安著，高诱注：《诸子集成·淮南子注》7，上海书店1986年版，第56页。

❷欧阳询撰，汪绍楹校：《艺文类聚》，上海古籍出版社1985年版，第130页。

❸王根林等校点：《汉魏六朝笔记小说大观》，上海古籍出版社1999年版，第70页。

《搜神记》云："昆仑之山，地首也。"[1] 又《楚辞·离骚》洪补引《禹本纪》云："大五岳者，中岳昆仑，在九海，中为天地心，神仙所居，五帝所理。"[2] 中华民族认昆仑山为自己的圣山，而昆仑山居于大地的首脑、天地的中心，这无异于说中华民族是大地的首脑、天地的中心。中国的概念实来于此。第三，昆仑山是中华民族精神的重要支柱，某种意义上讲它也是国家的象征，政权的象征。第四，昆仑山后来成为中华民族自己的宗教——道教的圣山，最重要的神仙居于此山，最重要的仙草如灵芝生长于此山。昆仑山相当于佛教的须弥山，它既是中华民族共同认可的精神支柱，又是中华民族共同向往的人生境界。

就一般意义言之，史前神话中的山之所以受到初民们的崇拜，主要在其高，特别是一些大山，高可及天，而天，史前初民认为那是神灵所在。所以，山人与天沟通的主要通道，诸多的史料都强调昆仑山作为"天中柱"的价值。如《艺文类聚》卷七引《龙鱼河图》云："昆仑山，天中柱也。"[3] 《离骚》洪补云："《河图》云：昆仑，天中柱也，气上通天。"[4] 其次，就是山之藏了，山有丰富的资源，而且它不都显露出来，更多的藏于山中，这就让初民们对山感到莫大的兴趣，激发起探索、开发的无穷愿望。《周易》的大畜卦某种意义上可以看作是大山的赞歌。此卦上卦为艮，艮为山，下卦为乾，乾为天，卦象为天在山中。天何其丰富，竟藏在山中！"大畜"之所以为大畜，道理就在这里。《彖传》誉此卦云："刚健笃实辉光，日新其德。"[5] 大畜卦上九爻曰："何天之衢，亨。"《象传》释此爻："何天之衢，道大行也！"[6] 由山之高能达天界，联想到人间正道，那也是畅达无碍的。

❶欧阳询撰，汪绍楹校：《艺文类聚》，上海古籍出版社 1985 年版，第 206 页。

❷洪兴祖撰，白化文等点校：《楚辞补注》，中华书局 1983 年版，第 43 页。

❸欧阳询撰，汪绍楹校：《艺文类聚》，上海古籍出版社 1985 年版，第 130 页。

❹洪兴祖撰，白化文等点校：《楚辞补注》，中华书局 1983 年版，第 43 页。

❺朱熹注，李剑雄标点：《周易》，上海古籍出版社 1995 年版，第 73 页。

❻朱熹注，李剑雄标点：《周易》，上海古籍出版社 1995 年版，第 74 页。

四、山神

上古原始人类最早生活的地方主要是山林。山林对于原始人类，是非常神秘的，种种无法预测的幸运与灾祸均可能从山林中生出，且会莫明其妙地降临到自己身上。人们对山林的感情是极为复杂的，既爱山恋山，又怕山畏山。他们将这一切复杂的情感转化为对山神的崇拜。种种对山神的祭祀活动，应该说是人类最早的祭祀活动之一。

在山神的崇拜中，原始人类想象中的山神，就外在形象来看有三个特点；

第一，以动物为基础的形象。如："自钤山至于莱山，凡十七山，四千一百四十里，其十神者，皆人面而马身。其七神皆人面牛身，四足而一臂，操杖以行，是为飞兽之神。"[1] 也有纯为动物的形象。而纯为动物的形象，不是某一实有的动物，而是诸多动物的合体，如"有天神焉，其状如牛，而八足二首马尾，其音如勃皇"[2]，这山神集牛、马于一体，而且声音特别，是典型的怪兽。

第二，威力巨大。山神出现，不是狂风，就是暴雨，掀天揭地，如"光山，……神计蒙处之，其状人身而龙首，恒游于漳渊，出入必有飘风暴雨。"[3] 有些山神，其出入均有光，如："丰山……神耕父处之，常游清泠之渊，出入有光。"[4] 这"出入有光"是什么意思呢？那是说，山神身上特别有光辉，它出入时光芒闪耀，非同寻常。

山神的形象是中华民族造神的典型手法，不外乎是人的形象加上动物的形象，然后将其怪异化、神秘化、威力化。但在涉及山神与人的关系时，则有些小心翼翼，

❶袁珂校译:《山海经校译》，上海古籍出版社1985年版，第27页。

❷袁珂校译:《山海经校译》，上海古籍出版社1985年版，第30页。

❸袁珂校译:《山海经校译》，上海古籍出版社1985年版，第129—130页。

❹袁珂校译:《山海经校译》，上海古籍出版社1985年版，第138页。

他们将大多数的山神描绘成善神，如“和山……吉神泰逢司之。其状如人而虎尾。是好居于萯山之阳，出入有光。泰逢神动天地气也。”[①]和山之神泰逢是吉神，它能“动天地气”，也就是呼风唤雨。对于以农为生的中华民族初民来说，还有什么比及时雨更宝贵的呢？

❶袁珂校译：《山海经校译》，上海古籍出版社1985年版，第115—116页。

事实上，大山能够对天气起到调节作用，中华民族的初民也早就知道了这一点，他们想象中的许多大山之神就管理着诸多天象，如：

> 钟山之神，名曰烛阴，视为昼，瞑为夜，吹为冬，呼为夏，息为风。不饮，不食，不息，身长千里，在无启之东。其为物，人面，蛇身，赤色，居钟山下。[②]
>
> 西北海之外，赤水之北，有章尾山。有神，人面蛇身而赤，身长千里，直目正乘，其瞑乃晦，其视乃明。不食，不寝，不息，风雨是谒，是烛九阴，是谓烛龙。[③]

❷袁珂校译：《山海经校译》，上海古籍出版社1985年版，第200页。

❸袁珂校译：《山海经校译》，上海古籍出版社1985年版，第287页。

钟山的神为烛阴，他睁着眼，就是白天，闭着眼，就是黑夜。他吹气为云，呼气为夏。他的气息就是风。章尾山的山神也同样有这样的功能，只是他的威力更大，能揭起风雨，照亮许多阴暗的地方。它的名字叫烛龙。烛龙作为山神，在中国文化史上比较出名，汉代郭璞有《烛龙赞》，赞云：“天缺西土，龙衔火精。气为寒暑，眼作昏明。身长千里，可谓至灵。”[④]又《乾坤凿度》也说：“烛龙行东时肃清，行西时嘔燠，行南时大�，行北时严杀，此言日之四游也。”[⑤]这是在说这大山东南西北不同的方位的气象了。

❹欧阳询撰，汪绍楹校：《艺文类聚》，上海古籍出版社1985年版，第1663页。

山神中也有一些为凶神，比如，“槐江之山……有天

❺俞正燮著：《癸巳存稿》，辽宁教育出版社2003年版，第171页。

神焉，其状如牛，而八足二首马尾，其音如勃皇，见则其邑有兵。”[1]又如“丰山……神耕父处之，常游清泠之渊，出入有光，见则其国为败。”[2]这样的山神就见不得了。

众多山神，不管其品德为善还是为恶，其形象都是狰狞的，实际上，初民们多是将山神想象成男性的，但是，在稍后的神话中，山神的形象就有些变化了，其中有女性的山神，而且形象多清丽可喜，最有名的当数巫山神女。关于她的来历，《山海经·中山经》说：“姑媱之山，帝女死焉，其名曰女尸，化为䔄草，其叶胥成，其华黄，其实如菟丘，服之媚于人。”[3]《水经注·江水》有类似的说法：“天帝之季女，名曰瑶姬，未行先亡，封于巫山之阳，精魂为草，实为灵芝。”[4]瑶姬演化出诸多的故事，传说中，她曾帮助过大禹治水，《太平广记》卷五六引《集仙录·云华夫人》记下了这个精彩的故事：

> 时大禹理水，驻山下，大风卒至，崖振谷陨不可制，因与夫人（指瑶姬）相值，拜而求助。即敕侍女，授禹策召鬼神之书，因命其神狂章、虞余、黄魔、大翳、庚辰、童律等，助禹斫石疏波，决塞导阨，以循其流，禹拜而谢焉。[5]

这个故事具有男性的阳刚色彩，故事中的瑶姬像一位热心肠的侠客，一位英雄。但此后关于瑶姬的故事，则更多地朝着爱情方向发展了。故事将她设为巫山的神女，巫山濒临三峡，风景极美。唐代诗人李端有《巫山高》一诗，诗中云：“巫山十二峰，皆在碧虚中。回合云藏月，霏微雨带风。猿声寒过涧，树色暮连空。愁向高唐望，清秋见楚宫”。[6]瑶姬生活在这样美丽的环境之中，

❶袁珂校译：《山海经校译》，上海古籍出版社1985年版，第30页。

❷袁珂校译：《山海经校译》，上海古籍出版社1985年版，第128页。

❸袁珂校译：《山海经校译》，上海古籍出版社1985年版，第125页。

❹郦道元著：《水经注》，时代文艺出版社2001年版，第257页。

❺李昉等编：《太平广记》第二册，中华书局1961年版，第347页。

❻《全唐诗》上，上海古籍出版社1986年版，第722页。

自然就越发动人了。神话附会楚襄王夜梦瑶姬的故事，襄王在极尽男女欢乐之后，询问瑶姬的踪迹，瑶姬答道："在巫山之阳，高丘之阻，旦为朝云，暮为行雨，朝朝暮暮，阳台之下。"[1]如此回答既生动真切又扑朔迷离，就更让人着迷了。千古以来，巫山云雨就这样成为一个人们世世代代所追求的梦，美好的梦！史前神话中的可怕的山神就这样给人们改造过了。

❶萧统选编，李善等注:《文选》，浙江古籍出版社 1999 年版，第 327 页。

五、山神话与水神话

将山神话与水神话组合来看，我们更能发现中华民族文化一些本质的东西。山神话与水神话共同的地方，就是山神与水神基本上都是人与动物合体的形象。山神话与水神话最大的不同，山神话多与虎、鹿、狐、豹这样的兽相联系，山神多为人面兽身，而水神话多与蛇、鱼这样的水族相联系，水神多为人面蛇身。进一步，我们还发现山神话还多联系到鸟，鸟虽然飞翔在天空，但栖息所是在山；水神话还多联系到龙，龙虽然能升天入地，但水才是它的故乡。由此，联系到中华民族的最主要的两种图腾崇拜——龙图腾崇拜和凤图腾崇拜，它们分别联系着水与山。

中华民族主要是以农业为主要生产方式的民族，视水为生命，水神话与山神话相比较，水神话要胜一筹，不仅量多而且包含的文化内涵要更为深刻，更为丰富。这其中最为重要的是中华民族的阴阳哲学。中华民族很早就具有阴阳两分的思维模式，阴阳两分基本要点有二：一、阴阳共同来自于太极，太极为一，这个一决定了这世界不管如何分，最终要回归到一。二、阴阳相互作用，相生相克相成。这里，有一个特别值得注意的地方，就是阴阳二者阴总是被列在阳的前面，不称阳阴，而称阴阳。这个原因很可能与水相关。水是阴的象征。中华民族作为以农耕为主要生要方式的部族，对于水有一种特殊的依赖性，由此产生了类似对母亲那样的依恋感。除此以外，远古经常出现的特大洪水，也使人感到水特别可怕。中华民族最早的哲学思想就孕育在对水的恐惧、依恋与崇拜之中。老子哲学就是水的哲学。老子比谁都懂得水的伟大，他说："天下莫柔弱于水，而攻坚强者莫之能胜，以其无以易之。"[①] 正是因为始于远古的水崇拜，也正是因为有老子哲学为中国人的哲学思维立本，中国文化自远古以来一直偏于阴性。

虽然中华文化传统偏于阴性，但中华文化的阳刚精神却一直未见衰弱，这与中华民族远古山神话的影响分不开。山给人最突出的视觉感受就是顶天立地，中华民族的传统文化非常看重这顶天立地，作为一个民族要顶天立地，作为一个人要顶天立地。昆仑山是顶天立地的山，是中华民族的主心骨，是中华民族的象征。昆仑形象的树立意味着中华民族真正完成了自我意识的觉醒。中华民族历数千年历史，饱经忧患，中华大地也曾多次出现过让人伤心裂肺的分裂，但是，因为有昆仑形象在，有昆仑精神在，中华民族并没有被打垮，并没有消亡，总是经过一段时间的疗伤，整顿而重新站立起来，并且创造出新的伟大业绩，实现国家、民族的复兴。与顶天立地这一基本形象相关，山的重要优点就是坚定。中华民族非常看重坚定性。一个民族、一个国家、一个人在重大的问题上都需要坚守原则，立场坚定。孔子有一名言："知者乐水，仁者乐山。"[②]众所周知，仁是儒家哲学的核心，也是做人的根本。在孔子心目中，做仁者无疑比做知者更重要。

❶陈鼓应著:《老子注译及评介》，中华书局1984年版，第472页。

❷杨伯峻译注:《论语译注》，中华书局1980年版，第62页。

山神话与水神话共同铸造着中华民族的灵魂，山神话不朽，水神话亦不朽！

自然在中华民族初民的眼中，与其说是母亲，还不如说是情人。人们爱它又怕它，想与它结合，又怕遭到拒绝。

第拾章

史前宗教与原始审美

第一节 祖先崇拜

中华史前文化绚丽多姿，千奇百幻，充满着浓郁的神秘色彩，它是先民心目中一块精神天地，是他们所理解的宇宙、自然和社会，而流动于其中且让这一切闪闪发光生意盎然的，乃是先民们所理解的神灵。先民们认为，他们所面对并在其中生活的这个世界，全是神灵的世界，神就像空气，无处不在却又不可得见。神与人同存这个世界，只是神是世界的主宰，而人要想生存下去甚至生存得好，非要得到神的理解、支持、佑助不可。与神沟通，与神交流，取得神的欢心，成为人的第一要务。那么，神在哪里？神又是什么样子？先民们在苦苦地寻觅着，实际上是创造者。他们凭着极度的虔诚和无与伦比的创造力，在精神中描摹着他们所理解的神的形象，并且将它们制成图画，涂在崖壁上，陶器、玉器的表面上；或是塑成偶像放置在神庙里、部落聚会的大坪中。

一、神的形象

先民们对神灵的理解，不可避免地要从人自身出发，他们首先探寻的是神在想什么，神有着怎样的精神世界，他们从人的善恶出发，将神想象成善神与恶神，善神则集中着人世间能有的一切善，而且将其无限地放大；同样，恶神则集中着人世间能有的一切恶，而且将其极度地夸张。神性就这样成为放大了的人性。人的一切优点神全有；人的一切缺点神也全有。神可能是最好的人，也可能是最坏的人。

神是什么样子，谁也回答不上来，因为没有谁见过神。一切神的样子全是人想象出来的。想象要有根据，根据有二：一是人自身的形象；二是自然物的形象。先民们创造神的形象兼取两者为材料。这样做出来的神的形象，只能是三类：第一类是人的形象，基本上不取自然物的材料；第二类则为自然物的形象，基本上不取人的材料；第三类则为人与自然物综合的形象。不同的神具有不同的形象，大凡祖先神，基本上为人的形象，也有人与自然物综合的形象。自然神，基本上取自然物为形象。这自然物，可能为单一的自然物，也可能综合几种自然物，是一个想象的形象。不管取什么样的形象，都是活生生的生命。有思想，有情感，有欲望，有意志，实际上所有的神均是人的翻版——只是极度放大了或者说夸张了的翻版。

在人类的心理中，神有三类：一类是至高神，天帝、上帝等；一类为祖先神，即逝去的祖先、部落首领、英雄等；第三类为自然神灵，如日神、月神、山神、水神、雷神、动植物神灵等。三类神灵，其形象构成因素均是人与自然物。相比较而言，最切近人的应是祖先神。祖先神，原本是人，死了化为神，因此，他们不仅具有人的思想情感，而且还具有人的形象。中国人心目中也有天帝、上帝这类至高神，但至高神是什么样子总是语焉不详，它们不可能是某一自然现象或动植物的形象，事实上也没有这样的形象，如果有的话，人们多是将其想象成人，也就是说，上帝、天帝也是人的形象。

当然，我们也充分注意到，在原始初民的心目中，祖宗神灵的形象也有被看作是人与动物合体的，在史前神话中，伏羲、女娲均为人首蛇身，黄帝轩辕氏、炎帝神农氏也给描绘成牛首人身。但这只是在神话中，而神话虽然说的是史前的事，成书却是在文明时期，而史前考古中，这样的人与动物合体的神灵形象罕有发现①。神话中的人物与考古发现的人物造形明显不同，值得我们进一步研究。

①庙底沟出土的一具陶瓶，上面绘有一类似鲵鱼状的动物，有人认为鲵鱼头是人首（参见图4–2–14），故称之为人面鲵鱼纹，仔细辨识这具陶瓶上的纹饰，只能说这鲵鱼头有点像人首。这纹饰的意义至今还没有揭晓。马家窑文化中舞蹈陶盆，舞人有长尾巴，那是化妆所致。史前诸多人物造形中的动物装饰均能明显见出这种化妆术。

中华民族的史前文化遗址中，出土了不少人物雕塑，有泥塑，有陶制，也有玉制。这些人物雕塑或是单独存在，或是与器物造形结合在一起。一般来说，单独存在的人物雕塑应是作为神人而存在的，在祭祀活动中他就代表神，是人们祭祀的对象。辽宁丹东东沟兴隆洼文化遗址出土三件滑石人头像，这是距今8000年前初民的作品，这件作品表现的是什么呢？大概不能说是普通的人物创作，而只能说是神的形象。这种单独的人物造像，在史前有诸多发现，大体上均可以认定为神。新石器晚期肖家屋脊石家河文化遗址出土的玉制人头像（图10–1–1），面目狰狞，形象冷酷，透出与人的一种隔膜感，更是可以认定为神了。

图10–1–1　石家河文化肖家屋脊遗址玉人头像，采自《古玉鉴别》上，图八六

与器物造形相结合的神像一般只作为神物而存在，也就是说，它并不代表神，只是这物具有神性，或体现有神意。在祭祀活动中，它一般只作为供物。大地湾出土的一件陶罐（图10–1–2），其口部与颈部被塑造成人头，这件陶罐不应是一般的用品，而应是一件神物。

人物雕塑，不论是作为单独造形，还是结合器物造形，均有整体造形与局部造形两种，整体造形一般来说突出的是头部，而局部造形也多取头部。台湾万山岩雕群中有好些神像只有头部，史前文化出土有人头形盖的陶器，虽然就整体来说，盖的大小比器体小，但从视线吸引力来说，这较小的器盖却吸引着人全部的视力。

图 10-1-2 仰韶文化早期秦安大地湾人头陶罐，采自《中国古陶器》，P138 图

原始初民已经意识到人有头部智慧的源头，而且在人体中它具有最大的魅力。在将人像替代神像的时候，无疑应该突出头部。原始初民是不是隐约地感受到精神的力量？神的本质其实是在精神，因为神是看不到的，神只能让人在精神上认为它的存在，将它显现为具像其实已经是对神的亵渎了。既要让神显身，又要让人不至于误解为神就是具体的人，那就只有突出神的头部，而尽量地将其身体虚化或弱化了。大地湾文化遗址出土的人头陶瓶（图 10-1-3），瓶身是人物身体，取其大体相似，而瓶口作为人物的头部则精心刻画。这是一具美丽的少女的头，由此可见，神的形象在初民的心目中不全是狰狞可怖的。

图 10-1-3 仰韶早期秦安大地湾人头陶瓶局部

以人的形象来塑造神的形象，将对人的审美心理移置并提升为对神的审美心理。这是中华民族审美意识又一个突出特征，这一审美意识的形成，至少可以追溯到五六千年前的红山文化。关于红山牛河梁女神庙中的女神雕像，著名的考古学家苏秉琦先生有一句很经典的话，他说："女神是由 5500 年前的'红山人'模拟真人塑造的神像（或女祖像），而不是由后人想象创造的'神'，'她'是红山人的女祖，也是中华民族的'共祖'。"[①] 牛河梁女神庙中的女神不只一具，有很多具，只是都已残缺。虽然残缺，女性特征还是很鲜明。手臂有直有弯，肉质感极强，乳房有大有小，看来，分属六七个个体。依规模可以分成三类，一、与真人同大；二、相当于人体的二倍；三、相当于人体的三倍，这是庙内最大的一

①郭大顺著:《红山文化考古记》，辽宁人民出版社 2009 年版，第 66 页。

尊神像，它处于主室。可惜的是，这神像仅存一残耳一残鼻了。上面我们谈到的具有完整头部的女神像是在主室的西侧，它与真人同大。红山文化中的女神形象几乎以真人为模特，这样的神形象，在史前文化中是不少的，凌家滩文化遗址发现的几尊玉人形象均为神。这些玉人造形逼真，可以说就是当时南方人模样的翻版。

以人为模特的神均为祖先神。将神的形象想象为人的形象，充分说明史前先民审美心智已经成熟。在现实的人与想象的神之间寻找联通，这既是宗教的萌生点，也是审美的萌生点。

二、红山文化的女性祖先神

当然，最精美也最经典的女神形象莫过于红山文化牛河梁神庙中的女神像了。参与此次发掘的考古学家郭大顺如此生动而又详尽地描绘这尊女神出土的情景以及女神头像的细部：

> ……渐渐一个人头的轮廓显现出来了，真有完整的人像保存下来吗？挖掘剥离更加小心翼翼，接着，头额、眼部已显露出来了。一尊女神像终于问世了。她仰面朝天，欲笑欲语，似流露着经漫长等待后又见天日的喜悦。……头像存高 22.5 厘米，正好相当于真人原大。为高浮雕式，从贴在墙上的背部的断面看，是以竖立的木柱作支架进行塑造的，这同中国传统泥塑技法完全相同。面部呈鲜红色，唇部涂朱，为方圆形扁脸，颧骨突起，眼斜立，鼻梁

低而短，圆鼻头，上唇长而薄，这些都具有蒙古人种特征。头像额部隆起，额面陡直，耳较小而纤细，面部表情圆润，面颊丰满，下颌尖圆，又深富女性特征。艺术表现手法极度写实，却更有相当丰富而微妙的表情流露。①

①郭大顺著:《红山文化考古记》，辽宁人民出版社 2009 年版，第 61—63 页。

图 10-1-4　红山文化女神雕塑头像

这具女神像（图 10-1-4）被置入面积极为窄小的女神庙中，为高浮雕，背部紧贴后墙。这样的女神庙是不能让很多人同时进入的。这样做，史前初民肯定有所考虑的，也许为的是突显女神的神秘性，由神秘导出崇高；也许就只容许主祭者（部落最高首领）进入，体现祭祀权的专一。祭祀权应该是部落政权之一，甚至它还是部落政权的最高体现，就相当于权杖。

那么，这女神究为何神？学界也是有不同说法的。郭大顺先生认为是祖先神。他说：

把牛河梁女神像的性质确定为祖先崇拜的偶像，还可以从中国古代发达的祖先崇拜得到进一步的证明。一般认为，中国历代都以维系人世间血缘关系的祖先崇拜为祭祀的主要形式，它起源于父系氏族社会。进入文明社会，宗庙已是政权的象征。但考古学上迄今为止尚缺乏明确的宗庙发现，商代卜辞记载对先公先王们的奉祀是国家大事，礼繁而隆重，殷墟王陵区和宫殿区发现的成百上千的祭祀坑就多与祭祖有关，但宗庙在殷墟尚无明确发现。早商时期的河南二里头遗址和西周早期的陕西岐山的凤雏遗址都发现过规模和特征近于宗庙的建筑，但都不能确认，主要是缺少有关祭祀、特别是祭祀祖先的证据。一般认为，人像雕塑和有关的偶像崇拜在中国历来并不发达。殷商时期对先公先王的祭祀是以设置木、石的祖位作为祖先神灵替代物的，“宗”中的“示”就是神主象征。牛河梁女神庙发现最重要的意义就在于，不仅发现了明确的庙宇，更发现了庙内供奉的神像，它已具宗庙雏形。这就改变了中国奉祀祖像的宗庙从上古到近古迄无例证的状况。①

①郭大顺著：《红山文化考古记》，辽宁人民出版社2009年版，第64—65页。

郭先生的分析是深刻的。以郭先生的研究成果为基础，我们可以从中推导出距今5000年前原始初民的关于神灵的审美意识。

前面我们谈到有三类神灵：至高神、自然神和祖先神。几乎所有的民族，其史前的宗教心理中，均有这三类神的存在，但是，不同的民族所看重的神灵类型是不一样的。也许古希腊人最为看重的是至高神——宙斯，其次是自然神灵，这只要去看看古希腊的神话就很清楚。但中华民族似乎不是这样。中华民族最为看重的神灵是祖先神。

中华民族对祖先神的情感来自对祖先的情感，这种情感有什么特点呢？主要有二：首先是血缘性的依恋感，祖先是我们生命的源头，我们的肉体、精神均是从祖先那里衍生出来的，因此，对于祖先天然地具有血缘性的亲和性和依恋性。其次是视为超人的敬畏感。祖先既然是神，它就具有一般人不可能具有的本领，能克服人所不能克服的困难，因此，祖先神在初民心目中的地位超过了英雄，它不仅是敬畏的对象，而且是膜拜的对象。

中华民族对于神的这种情感后来泛化为对天地、对自然的情感。将天地、将自然看作是人的祖先，看作是人的母体，于是，“天人合一”、“道法自然”就成为人内心的需求。为什么中华民族的“天人合一”、“道法自然”具有那样浓郁的血缘意味和情感色彩，究其源头，还在中华民族先民心目中的神，其代表性形象是祖先。

红山文化遗址有大型的祭台，有神庙，出土的神像比较多。牛河梁遗址发掘始于 1983 年，其第五地点出土一件小型女性塑像，体态丰腴，身姿优美。此前的 1979 年东山嘴遗址发掘时就有人体的神像发现。其中有两件为孕妇雕像。一尊残高 7.9 厘米，体较为修长，外表不经打磨（图 10-1-5）；另一尊残高 5.8 厘米，体较胖，通体经过打磨，非常光滑（图 10-1-6）。这两尊女像女性特征都很鲜明，而且突出下体部，腹部隆起，臀部凸出，大腿部位肥硕，腹下部各有表现女阴的符号：其中一尊呈不规则的放射状的刻线；另一尊则为一压印的三角形窝纹。这样两尊雕像，到底是人像还是神像？从它们出

图 10-1-5　红山文化女神雕像，牛河梁遗址第五地点出土

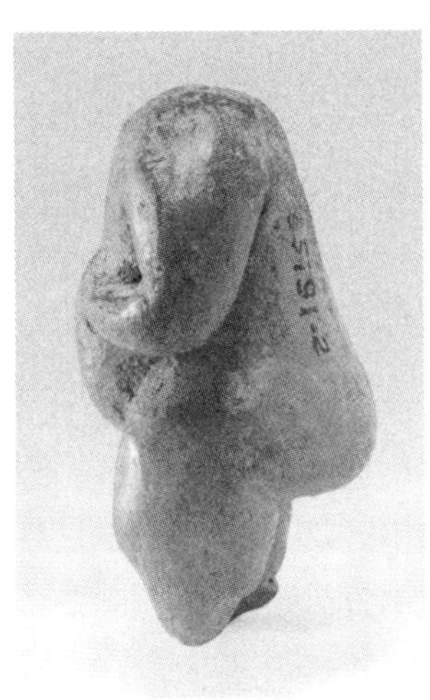

图 10-1-6　红山文化女神雕像（侧面），东山嘴遗址出土

土时所在的部位来看，是在祭坛的一个圆形的砌石址旁边，因而可以确定为神像。

在祭坛上放置这样孕妇的神像，体现出什么样的意思呢？很显然，这不是一般的女性崇拜，而是生殖崇拜。中国史前的生殖崇拜基本上有两种形式，一为男根崇拜，另为女阴崇拜。考古所发现的陶器与石器中的男根崇拜不是很多，比较多的是在岩画中，单独的女阴崇拜也不是很多，比较普遍的是生殖崇拜与女性崇拜结合在一起，以女性形象表现出来。一般突出乳房，再就是腹部与臀部。这样的形象以红山文化遗址发现得多。

从牛河梁女神雕像我们有一个发现，红山文化所奉行的女性祖先崇拜并不单是权力崇拜，虽然在母系氏族社会，女性的部落长具有很大的权力。与在良渚文化遗址贵族墓葬中发现体现权力的玉钺不同，在红山文化的女神庙中没有发现体现权力的物件，而女性独有的孕育孩子的功能倒是张扬到极致，另外就是女性体态特有的魅力。这是为什么？也许，在初民看来，生孩子这一功能才是女人最重要的功能，也正是因为唯有女人才具有这一功能，才让女人居于部落的最高权力的地位。女性祖先崇拜实质是女性生殖功能的崇拜。

中华民族非常看重部落人丁兴旺状况，将人口视为部落最大的财富。母系氏族社会，人们不知道生孩子是男女双方共同的事，而只认为是女方的事，故而片面地崇拜女性，奉女人为部落最高统治者。后来，人们逐渐明白了生孩子是男女共同的事，加上诸如战争这样关系部落生死存亡的事，更需要男性发挥作用，部落的领导权逐渐转移到男性手里，父系氏族社会逐渐建立。虽然母系氏族社会过渡到了父系氏族社会，对于生孩子这样的大事，部落并没有丝毫的轻视，史前各部落之间战争频繁，决定战争胜负的主要因素就是谁的兵力大。即使不是打仗，而是生产劳动，由于生产手段的原始落后，决定能否有所收成和收成多少的条件，除自然之外就是劳动力的多寡了。中华民族长期以来处于小农经济的发展水平，且战乱不断，人口问题一直是摆在第一位的重要问题。“人多好办事”、“众人拾柴火焰高”成为中华民族人尽皆知的格言。如果仅仅如此，人多人少只是决定事情办得好不好罢了，于人格是没有损害的，然而并不是这样。众所周知，儒家文化以孝为本，不孝视同禽兽，不足以为人。对于如何才算孝，儒家有种种规定。孔子说：“不孝有三，无后为大。”有没有男儿继承香火，竟成为孝不孝的第一条件，这无异于说，有没有生出男儿，决定了你有没有做人的资格了。

正是因为人口问题在中国社会的特殊重要性，不要说即使进入父系氏族社会，就是进入文明社会，女性崇拜并没有遭到摈弃，以女性为代表的阴性文化一直在中华民族的文化中占据重要的地位。《周易》是产生于商周之际的一部占筮之作，也是中国古代最早的一部哲学著作。《周易》哲学的核心为“阴阳”。阴阳概括性极大，几乎可以囊括天地万物，但它的出发点，是人分男女这一基本事实。这部占筮书保留大量的史前审美信息。其第二卦坤卦是纯阴之卦，此卦六五爻为卦主，其爻辞云：“黄裳，元吉。”这黄裳，可以理解为女神的装饰，关于“黄”，《文言》曰：“君子黄中通理，正位居体，美在其中，而畅于四支，发于事业，美之至也。”[1]“黄”为“美之至”，无异于说，女神美之至。在中华民族，善与美是统一的，至美即至善，因此，中华民族的审美意识与道德意识更多地具有阴柔的特性。这，正源自中华民族史前的女神崇拜。

❶朱熹注，李剑雄标点:《周易》，上海古籍出版社 1995 年版，第 34 页。

三、凌家滩文化、石家河文化的男性祖先神

大约在距今5000年前，中华民族陆续进入父系氏族社会。在黄河流域主要有仰韶文化，仰韶文化与传说中的黄帝时代同一个时期，黄帝是男性，他的至尊地位的确立，说明他所属的那个时代应该是父系氏族社会了。黄帝之后的几位帝王均是男性，一直到夏启建立夏朝，父系氏族社会的传统从没有中断过。父系氏族社会的确立，使得中华民族史前神先崇拜由对女性祖先神的崇拜转入到对男性祖先神的崇拜。见之于史册的对男性祖先神的崇拜始于对黄帝的祭祀。《礼记·祭法》云:“有虞氏禘黄帝而郊喾，祖颛顼而宗尧。夏后氏亦禘黄帝而郊鲧，祖颛顼而宗禹，殷人禘喾而郊冥，祖契而宗汤，周人禘喾而郊稷，祖文王而宗武王。”[1]这段文字中所说到的名字均是华夏族的祖先，他们均受到崇拜。根据他们与族属的关系的远近与亲疏，其享受祭祀的规格有所不同。以有虞氏为例，有虞氏举行谛礼时，配以黄帝。禘礼是祭天的，黄帝是祖先神，因为这禘礼本就不是祭他的，所以只能处于配祭的地位。郊祭是祭上帝即至高神的，配祭的是帝喾，帝喾也是祖先神。以上二祭，或祭天或祭上帝，是祭祀的最高级别，分别将祖先黄帝、帝喾配上去，意味着黄帝、帝喾享有准天、准上帝的地位。有虞氏还有纯粹的祖先祭祀，称之为庙祭。在庙祭中，他以颛顼为祖，以尧为宗。之所以有此分别，因为颛顼是远祖，而尧是近祖。《礼记·祭法》中还说:“天下有王，分地建国，置都立邑，设庙祧坛墠而祭之，乃为亲疏多少之数，是故王立七庙，一坛、一墠。曰考庙，曰王考庙，曰皇考庙，曰显考庙，曰祖考庙，皆月祭之。远庙为祧，有二祧，享尝乃止。去祧为坛，

[1] 王文锦译解:《礼记译解》下，中华书局2001年版，第669页。

去坛为墠，坛、墠，有祷焉祭之，无祷乃止。”[1] 从这段话看，对于祖先的祭祀还要分为若干级别的，一是国君、诸侯、公卿、大夫等不同等级人有区别；二是所祭祖先与现今人们的关系远近有区别。这些均要在庙坛的数目上体现出来。天子当然是最高级别的祭主了，他可以设七庙二祧，另一坛一墠，总共有十一种对祖先的祭祀。其中五庙的次序是：考庙为父庙，王考庙为祖父庙，皇考庙为曾祖庙，显考庙为高祖庙，祖考庙为始祖庙。这五庙都是每月祭一次。远祖庙为祧，二祧是为四亲庙以上的两世而设的，一为高祖之父，一为高祖之祖。二祧庙只是每季度祭一次。种种祭祀不一而足。当然，这些祭祀是周代的，不能说是史前的，但是，周代建立的这种祭祀制度是有渊源的，它当然可以上溯到史前。

[1] 王文锦译解：《礼记译解》下，中华书局 2001 年版，第 671 页。

史前考古目前还没有发现父系氏族社会的有力证据，但有一点是很鲜明的，那就是自仰韶文化始直至夏，像红山文化遗址所发现的女神雕像极少发现了，倒是男性神雕像则陆续有所发现，其中，最重要的是凌家滩文化遗址的发现。凌家滩文化遗址位于安徽省含山县铜闸镇西南凌家滩村，1985 年被发现。经测定距今约 5600 年至 5300 年，是长江下游巢湖流域迄今发现面积最大、保存最完整的新石器时代聚落遗址。该遗址面积 160 万平方米，已发掘面积 2200 平方米，发现新石器时代晚期的氏族墓地 1 处、祭坛 1 座、红陶块铺筑的 3000 平方米神庙或宫殿遗迹 1 处、红陶块砌筑的水井 1 口、巨石遗迹 3 处，出土各种精美玉器与其他珍贵文物 1500 余件。在凌家滩发现一座大型的祭坛遗址，这是我国目前已知的规模最大、年代也较早的一处祭坛遗址。凌家滩祭坛为正南北向的长方形，现存面积约 600 平方米，原面积约

1200 平方米，位于凌家滩遗址的最高处。在祭坛上发现有用于祭祀的“积石圈”和 3 个长方形的祭祀坑，在祭坛的东南角发现有红烧土和草木灰遗迹，草木灰堆积很厚，呈灰黑色，推测这里可能是祭祀时用火的地方。整个祭坛的形制和特征都表明它是凌家滩遗址中极为重要的一处举行宗教仪式的场所。

凌家滩墓地出土玉器多达 600 件，且品位之高，技艺之精，是新石器时期其他史前文化遗址难以匹敌的。其中有三件东西特别值得注意：一是玉龙，虽然中国史前各个不同时期均有龙的形象出现，红山文化还出土了著名的玉猪龙与 C 形龙，但是，这些龙与进入文明时期以后夏商周三代的龙有许多不似，而凌家滩文化遗址出土的圆雕玉龙（图 5-3-10），却强烈而鲜明地表现出中国龙的传统特征，与人们想象中的龙的形象非常相似。二是玉鹰（图 5-3-11）。此玉鹰造形奇特，翅膀作猪首形，腹部有一个圆圈，圈内有八角星。这一造形应作何解释，现在还没有定论，学者们基本上可以认定的是，这玉鹰很可能是部族的族徽。三是玉人，凌家滩出土玉人六件，风格写实，长方脸、浓眉大眼、双眼皮、蒜头鼻、大耳、大嘴，上唇留有八字胡。玉人头上戴着圆冠，腰部饰有斜条纹的腰带。玉人两臂弯曲，五指张开放在胸前（图 10-1-7）。

图 10-1-7　凌家滩文化玉人坐姿像，采自《古玉鉴别》下，彩版二七

这玉人是什么人？有学者说是巫师，我认为应该不是，巫师是祭祀的司祭者，而玉人是受祭的对象，地位远比巫师高得多。也有学者说是部落酋长，我认为也应该不是。部落酋长同样是祭祀的司祭者，虽然酋长在部落中的地位比巫师高，但也不可能自己既

是司祭人，又是受祭者。最合理的解释，这玉人是神，而且最大的可能是祖先神。凌家滩遗址出土玉器多达600余件，而且有玉龙、玉鹰这样具有图腾性质的玉器，说明此地的最高主人绝非一般的酋长，很可能是统管一方的王侯。既然是王侯，他的庙就不会祭一般的神灵，只会是祭黄帝、颛顼、帝喾、尧、舜、鲧这样的祖先神。凌家滩文化应该是父系氏族社会了，男性的尊严与地位已经树立起来，因此，凌家滩初民所尊奉的祖先神，不是女性而是男性。

距今4700年至4400年前的石家河文化也出土了大量精美的玉器，它所出土玉龙与凌家滩玉龙非常相似。值得特别注意的是，石家河不仅出土了玉龙，还出土了玉凤。虽然，史前文化遗址也出土过类似凤这样的物件或图案，但是，均与后来定型的凤的形象有较大距离，唯有石家河的玉凤与后来定型了的凤形象特别相似。拥有玉龙、玉凤的地区显然不是一般地区，与同凌家滩有可能是王侯的都城一样，石家河也可能是王侯之都。无独有偶，凌家滩文化遗址出土了玉人，石家河文化遗址也出土了玉人。不同的是，凌家滩文化遗址出土的玉人为全身形，而石家河文化遗址出土的玉人只有头部（参见图10-1-1）。笔者认为，石家河文化遗址出土的玉人也同样可能是祖先神。

进入文明社会以后，礼制受到统治阶级的高度重视，到周代，已经基本上形成了包括祭祀在内的一整套礼制体系，从《周礼》中我们发现祖先崇拜是中华民族崇拜体系中的核心，而诸多的祭祀中也以对祖先的祭祀为核心。由此，影响了中华民族全部的精神文化包括审美文化。儒家文化之所以在中华文化中占据主流地位，历数千年而不衰，主要原因就在于儒家文化重视的是以血亲为纽带、以爱为核心、以家庭为本位的价值体系，而这一套体系与源自史前的祖先崇拜是一脉相承的。

第二节 自然崇拜

原始宗教突出特点是万物有灵论，人死去的祖先可以有灵，诸多的自然物也可以有灵，既然有灵，就可以成神。天地万物，诸多自然物无不有神。在人的能力尚不足以抗衡自然界的情况下，自然神的产生是不可避免的，自然崇拜必然成为史前初民十分普遍的精神崇拜方式。

一、天象崇拜

（一）太阳崇拜

天象是史前初民主要的崇拜对象。浩瀚的天空对于初民来说，既是伟大的，更是神秘的，在它的面前，初民只有顶礼膜拜。诸多的天象包括太阳、月亮、星星、云霞，乃至雨滴，均在初民们各种视觉符号诸如陶器、玉器的纹饰、岩画中有所体现。这其中，对太阳的表现是最为突出的。

太阳几乎是全人类共同崇拜的对象，各民族史前均有太阳崇拜，但各民族史前的太阳崇拜有相同的地方，

图 10-2-1 仰韶文化大河村太阳纹陶罐，采自《破译天书》，第二章图八

也有不同的地方。相同的地方就是太阳的意象基本上是圆圈外加上放射线，代表光芒。仰韶文化大河村遗址上的陶器上纹饰就是圆圈外加放射线（图 10-2-1）。

太阳形象除了单独存在外还有与别的形象相结合的。这可以分出诸多情况：

1. 太阳形象与植物结合。如江苏连云港将军崖上有一组史前崖刻，刻的一组植物，其中一些植物，其长长的茎杆连着一圆球，圆球中可以分辨出两只眼睛，但又像太阳，可以理解成太阳神（图 10-2-2）。如果这样的理解能够成立的话，此雕刻的意义就显豁了，它要表达的其实就是我们很熟悉的一句歌词："万物生长靠太阳。"

2. 太阳形象与动物形象相结合。最有名的数河姆渡文化遗址出土的骨片上的刻纹，两只相对的鸟头围着太阳。太阳由几重圆圈画成，外面放射光芒。有人将此图取名为双鸟朝阳，不太准确，因为太阳不在鸟头上方，而是化为鸟的腹部，按图取名，应为双鸟孵卵。这卵类太阳，因此，也可以理解成双鸟孵日。《山海经·大荒东经》云："羲和者，帝俊之妻，生十日。"[1] 帝俊为殷人

❶袁珂校译:《山海经校译》，上海古籍出版社 1985 年版，第 245 页。

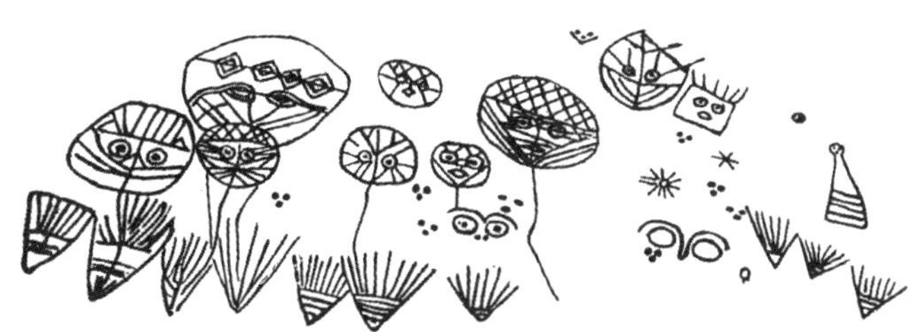

图 10-2-2 江苏连云港将军崖岩刻，采自《中国岩图发现史》，图 3-165

的祖先神，殷人自认为是鸟的后代，这河姆渡骨片上的鸟是不是就是羲和的形象呢？

中华民族崇拜太阳，然并不将太阳看作至高神，反而将它看作是自己的祖先神所生的神。这一独特的文化现象引起我们深思。这是亵渎太阳吗？当然不是，它只能说明两点：第一，中华民族是非常崇敬自己的祖先的，凡是美好的东西都归属于祖先，甚至像太阳这样伟大的自然物也说成始祖创造的。第二，说明人与太阳有一种血缘关系。这种血缘关系的认同，是不是构成了一种图腾崇拜呢？又似乎难以确定，因为这毕竟只是一种神话，未必是部族的共识。

3. 太阳形象与人形象相结合。云南沧源岩画中太阳画作圆球外加放射线，人像为全身，或在太阳之中，或一手持太阳，还有一图将太阳移为人头（图 10-2-3）。

最为诡异的岩画当属宁县贺兰山贺兰口人像岩刻。人像的头顶有两重圆弧线，穿过两重弧线向外放射数道光芒。人像的两只眼睛由两个圆圈构成，其实也可以理解成太阳。人像的鼻子，只留两孔，嘴唇阔大，两腮鼓胀（图 10-2-4）。难道这就是先民心目中的太阳神的形象？

图 10-2-3　云南沧源岩画，采自《破译天书》，第二章图一

图 10-2-4　宁夏贺兰山贺兰口岩画人像岩刻，采自《古代岩画》，图三四

中国史前考古留下的太阳神的形象杂多，不能见出一致。这与史前神话中，太阳的形象杂多不能见出一致是相应的。史前神话中既有羲和生日这样体现人与太阳亲和的神话，也有后羿射日、夸父追日这样见出人与太阳对立的神话。

（二）月亮崇拜

月亮对于史前初民既神秘又亲切。也许，他们最初将月亮看成是晚上的太阳，后来发现，黄昏时分它们竟然可以同时出现在天边，于是明白这是两个不同的星球，它们轮流出现在天空上，白天是太阳，晚上是月亮。太阳的基本形象是圆的，极少出现日蚀的现象，而月亮在一个月内不断地由圆变缺，又由缺变圆。于是，先民们对月亮产生了好奇，由好奇发展出崇拜。史前考古中，诸多陶器、玉器的造形少有见到月亮纹的报告。其实，月亮纹不是很少，而是它往往被人看作是别的纹饰了。一般来说，看到圆圈状的纹饰，总是说成是太阳纹，看到半月形的纹饰，总是说成是花瓣纹或女阴纹。

庙底沟类型的出土陶器中，有一件器物，在沿口宽带纹下面，有一弯眉毛状的纹饰，弯眉下有一圆点（图10-2-5）。我认为此纹应为月纹，它表现了月的两种形态：圆和缺。将半月形与圆点形整齐地排成横排，使之交叉出现，这种纹饰在庙底沟类型陶器中较多。我认为，它可以理解成月纹，也可以理解成日月纹。

在中华民族的传说中，月亮与蟾蜍联系在一起。《楚辞·天问》云："夜光何德，死则又育？厥利维何，而顾菟在腹。"[1]"顾"就是指蟾蜍。《淮南子》中说"月中有蟾蜍"[2]，又《酉阳杂俎·天咫》亦说"月中有桂、有蟾蜍"[3]。月

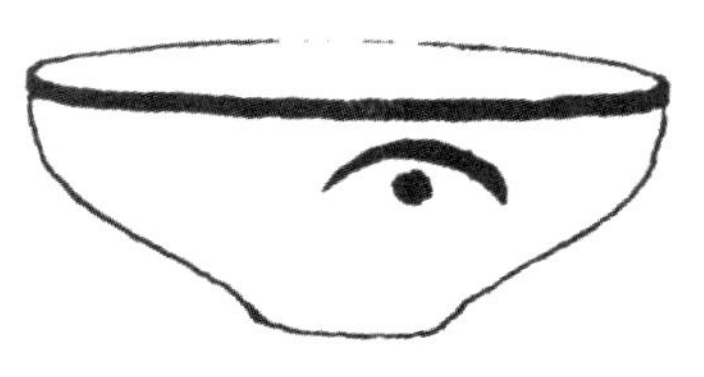

图 10-2-5　庙底沟类型月纹陶钵，采自《破译天书》，第二章图三六

❶陈子展撰述：《楚辞直解》，江苏古籍出版社1988年版，第125页。

❷刘安著，高诱注：《诸子集成·淮南子注》7，上海书店1986年版，第100页。

❸段成式著，方南生点校：《酉阳杂俎》，中华书局1981年版，第9页。

中蟾蜍说法是如何来的，现在是不得而知了，可能是远古人类看见月上的阴影所生发的一种想象吧。但这让我们联想到在马家窑文化中较多存在的蛙纹，这是不是月亮崇拜的曲折反映呢？

史前人类崇拜月亮的理由可以找出千万条，其中最重要的当属晚上给人们照明。因为有了月亮，黑夜也就不再让人感到一味的恐怖了，它不仅给旅行者照路，给劳动者掌灯，更重要的，有了月亮就有了人们野外的社交生活，这种轻纱般的朦胧，特别适合于青年男女的谈情说爱。于是，人们又给月亮生发出许多美丽的故事。其中最为著名的是嫦娥奔月的故事。月亮应该是最适合仙女居住的地方，《太平广记》中说："（月宫）仙女数百，皆素练宽衣，舞于广庭。"[1]《楚辞·天问》由月亮在天庭中移动，想象它应是驾着一辆车，这驾车的驭者，名字为望舒。望舒是什么人？望舒是一位女人，她亦名纤阿[2]。纤阿又是谁？"纤阿，山名，女子处其岩；月历岩度，跃入月中，因名月御也。"[3]这样，月亮就成为美的象征。她拥有许多美丽的名字：金镜、宝镜、婵娟、银台、玉台、玉钩、银钩、金钩、清光、金波、银波、金盘、玉盘、斜轮、悬轮、玉轮、玉弓、团扇，等等。

阴阳概念生发时，初民又将太阳派属为阳的代表，月亮派属为阴的代表。于是，太阳和月亮就演绎成一对哲学概念，由此演绎出中华民族一整套哲学体系。

中国远古有诅咒太阳的故事，却罕见诅咒月亮的文字；后羿射日，嫦娥奔月，人们的情感色彩是如此分明。充分说明，月在中华民族的审美心理中，就是至高无上的美的象征，善的象征。

与同太阳在神话被说成是中华民族的始祖生的一样，月亮也被认为中华民族始祖的女儿。《山海经·大荒西

❶李昉等编：《太平广记》第一册，中华书局1961年版，第147页。

❷《初学记》卷一，引古本《淮南子》："月御曰望舒，亦曰纤阿。"转引自刘城淮著：《中国上古神话》，上海文艺出版社1988年版，第174页。

❸《史记》索隐，转引自刘城淮著：《中国上古神话》，上海文艺出版社1988年版，第175页。

经》云："帝俊妻常羲，生月十二"[1]，帝俊就是帝喾，他的妻子羲和生了十个太阳，另一个妻子常羲生了十二个月亮。中国的图腾崇拜不只说是图腾物生人，也说人生图腾物，这大概也是一个特点吧。

[1] 袁珂校译：《山海经校译》，上海古籍出版社1985年版，第272页。

二、地象崇拜——流水崇拜

史前初民不仅崇拜天象，也崇拜地象。地象崇拜中有流水崇拜与高山崇拜，而以流水崇拜为突出。中华民族的发源地主要为黄河流域、长江流域。其中，黄河流域开发较长江流域要早。中国北方的大地湾文化、裴李岗文化、老官台文化、磁山文化、仰韶文化、马家窑文化、大汶口文化、龙山文化均属黄河文化。中国南方的城背溪文化、大溪文化、宜都文化、屈家岭文化、石家河文化、河姆渡文化、凌家滩文化、北阴阳营文化、薛家岗文化、良渚文化、崧泽文化、马家浜文化等均处流域之内，整个地属于长江文化。红山文化虽然不属于黄河文化，但处于辽河流域内，也是水文化，所以，我们可以说中华民族史前文化的主体是水文化。

中华民族的古史传说和神话故事中，洪水主题极为突出。参与治水的诸祖先神中，有共工、尧、鲧、禹等，还有诸多动物神灵。因诸多伟人治水的努力，特别是大禹治水的成功，才让中国大地的山川河流有了合理的格局，而华夏子孙也终于有了一块生息繁衍的美好土地。中华民族以农业为主要产业，水正是农业的命脉。正因为如此，在史前的诸多自然崇拜中，流水崇拜十分突出。

中华民族史前文化中的流水崇拜，一是在传说、神话中有所反映；二是在陶器、玉器等制品中有诸多的体现。在所有史前文化遗存中，流水意象表现得最突出、也最为精彩的数马家窑文化陶器上的纹饰了。马家窑文化陶器上的纹饰，基本上以流水意象为主题。

大体上来说，流水纹在马家窑陶器上的表现形态有四种：

第一种为平行流水状。有单层的也有多层的。多层的，每一层的流水纹不一样，在整齐中见出变化，多样中见出统一。

第二种为圆圈状，由多层圆圈构成基本形象，中心有一个黑点（图 10-2-6.2）。这种纹饰多见于陶盘。

第三种为漩涡状。纹饰或有一个中心圆，或有几个中心圆。均由圆心向四周生发出束状曲线，这束状的曲线，按流力的方向，向外伸展，铺满整个器表。极为繁复的图案中，能见出由漩涡中心为主要组织力的结构（图 10-2-6.5）。

第四种横行巨波状，纹饰由一个横行的 S 构成，S 纹的两个勾勒处各裹一个圆。这种图案的创意显然来自波浪，但是，它高度抽象化了，变成了 S 形，见出阴阳鱼太极图的雏形（图 10-2-6（3、4））。

图 10-2-6　马家窑文化陶器漩涡纹示例

除此之外还有各种综合状，变化极多，难以备述。

流水崇拜在哲学上启发了道家的创始人老子，他据流水意象创造了以柔制刚、以阴御阳的道家哲学，此哲学在中国人的思维方式上产生重大影响，进而全面影响到中国人的政治观、军事观、养身观、审美观以及艺术观。

进入文明社会后，流水纹在青铜器中转化为雷纹、窃曲纹，而在中国古代的诗词歌赋中，流水成为一种意象范型。多少名句均为流水意象，诸如“孤帆远影碧空尽，唯见长江天际流”。“问君能有几多愁，恰似一江春水向东流”。“遮不住的青山隐隐，流水悠悠”。“秦汉兴亡付流水，神仙消息问桃花”……

流水意象范型生发出一种审美心理，那就是偏向阴柔，婉转、伤感、缠绵的。这种审美心理进而影响到对中国古典美学最高范畴意境的解读。从审美品位上来看意境，意境偏于柔，偏于隐，偏于优美。

中华民族的地象崇拜中，当然也有山岭崇拜，这一点在神话中有突出体现，神话中的昆仑山就是中华民族的圣山。但是在史前考古所发现的器物中，难以找到山岭崇拜的明显证据，也许陶器中那种曲折状的山形纹就是山岭崇拜的一种体现。

三、植物崇拜——花朵崇拜

中华民族的先民什么时候对植物产生了兴趣，是一个很值得研究的问题。从现在的考古发现，可以认定，至少距今七八千年前，人们就对植物的美产生注意了。证据是属于老官台文化的秦安大地湾遗址，就出土好些装饰有花瓣纹饰的陶盆。有些花纹很规整，由两片花瓣拱对着构成一个八字形，横向排列，有些花纹就显得比较地灵动，那不是一两片花瓣的排列，而是一丛丛鲜花的抽象形态了（图 10-2-7）。河姆渡文化遗址出土的陶片上面就有很好看的花草（参见图 4-2-5、图 4-2-6）

图 10-2-7　秦安大地湾文化花叶纹陶罐

仰韶文化的庙底沟型陶器的花瓣纹饰更是绚丽多姿：有的很规整，也有的很散漫，似不见经心却极为潇洒，然无不仪态万方（参见图 4-2-7）。大汶口文化遗址出土的陶器亦有精彩的花瓣纹（图 10-2-8）。看得出来，大汶口陶器上的花瓣纹与庙底沟型陶器上花瓣纹有一种传承关系，但明显地显得更为规整，更平易，更世俗，神的意味淡薄了，而更具人性色彩。

图 10-2-8　大汶口文化花叶纹陶瓶

花瓣纹审美，一个突出特点就是优美，它给予人的审美心理就是愉悦，这是一种最具普遍人性也最具永恒性的审美，它可以超越人与人之间的诸多的区别，也可以超越时代的区别。史前人类为什么会对花如此倾心并且将它表现得如此之美妙呢？是花有一种特殊的用途，对人有益？好像不是。也许有人说花可以做药，不错，某些花是可以制药的，但能治病的花毕竟只是花中的极少数。笔者认为，史前初民对花的倾心应该是不抱任何功利性的。花以它的鲜艳的色彩、芬芳的香气，强烈地刺激着初民的感官，让初民们产生了强烈的快感。应该说，这种快感是没有多少社会性的内涵的。然而这种刺激多了，花与人的关系密切了，文化性的内涵也就悄悄地给寄寓进去了。

普列汉诺夫在他的《没有地址的信》中谈到过初民对动物与植物的审美，他认为所有的审美均跟人类的生产方式相关，“那从动物界取得自己题材的原始的——更确切些说，狩猎的——民族的装饰艺术中，植物是完全没有地位的。”[1]他还引用原始人类学家艾恩斯特·格罗塞的话“狩猎的部落从自然取得的装饰艺术的题材完全是动物和人的形态。”[2]对于这种用生产方式来解释人类审美心理的做法，笔者取怀疑的态度。笔者承认生产方式对审美有一定的影响，但是，人类的审美心理取决于诸多的因素，生产方式只是其中之一。人有功利性，但并不只有功利性。

考察审美心理必须充分注意人的生理基础，因为审美心理就建立在生理基础之上。人的感官本是由动物的感官进化而来的，保存着一定的动物性，这种动物性我们可以叫它生理性。人在接受外界信息时，其感官会产生一定的生理性的反应——快感或不快感。这快感或不快感作用于传导神经，会达之于人体的各个部分，人体各个部分也都会产生相应的反应，共同参与美感的制造。尽管参与美感制造的因素很多，但基础的却是由生理性所决定的快感与不快感。

花作为审美对象，它对人的美感的产生有它特殊的优越性。首先，一般的花与人无害，人在接受花的刺激时，就少了一份防御心理。其次，花的形状、色彩对于人的感觉有强烈的吸引性。正是因为如此，对花的审美具有全人类性、超时空性。

中华民族生活的地域主要是温带、亚热带，一年四季均有鲜花开放，自然也就特别喜欢花了。中华民族号称华族，华即花，花崇拜通向图腾崇拜。中华民族其实也可以说是花的传人。

中华民族的植物崇拜中，应该也有草类、树木，《山海经》中有诸多异草、异木的介绍，这其中一些很可能

❶［俄］普列汉诺夫著，曹葆华译:《没有地址的信　艺术与社会生活》，人民文学出版社1962年版，第36页。

❷［俄］普列汉诺夫著，曹葆华译:《没有地址的信　艺术与社会生活》，人民文学出版社1962年版，第36页。

也是史前初民崇拜的对象，只是这在史前考古出土的文物中难以找到佐证。

四、动物崇拜

（一）蛙崇拜

史前文化中，蛙的形象比较地引人注意。诸多不同形态的史前文化遗址均有蛙的形象出现，这说明蛙比较早地进入了人类的生活，且受到人的喜爱。

图 10-2-9　马家窑文化变形蛙纹陶盆底部纹饰

马家窑文化陶器中蛙纹的比例很大，有的较为写实，但大多已经变形，而且变形的方式很多，难以概括。之所以能确定为蛙，一是看它的爪，蛙爪是很有特点的，一般不会混同于别的动物爪。像这具马家窑的陶盆底部的纹饰（图 10-2-9），虽然造形方式主要为圆圈，但依稀能见出蛙的意味。而且不只是一只蛙，而是三只蛙，它们叠合在一起。

有些蛙纹重在突出蛙眼，蛙眼也是很有特点的，有些纹饰之所以能判定为蛙纹，主要就在它有一对大大的蛙眼。

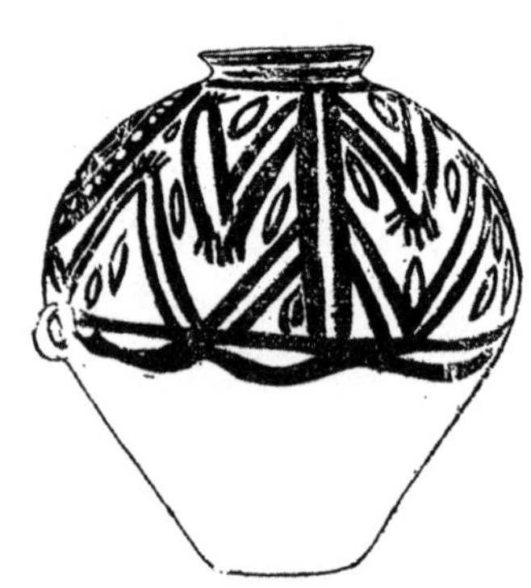

图 10-2-10　马家窑文化马厂型变形蛙纹陶器，采自《中国新石器时代陶器装饰艺术》，图 85

马家窑文化马厂类型的陶器，器表多背面造形的蛙纹，这种蛙纹作匍匐状，有的有背脊，有些没有背脊，躯干很像人。这种蛙纹，有的有头部，有的无头部（如图 10-2-10 上图）。

马家窑文化特别是其中的马厂型文化遗址出土的陶器中，蛙纹占的比例之大，让人吃惊。如果不是特别喜爱这一纹饰，或者说不是因为这一纹饰对于部落特别重要，是不可能有这么多的，我们可以认定它是生活在这一地区的部落的图腾。

广西左江崖壁画表现盛大的舞蹈场面，舞蹈场面中的主角为蛙神。“当蛙神起舞的时候，在弥漫着神秘气氛的舞人群体中，威严英武的蛙神总是处于中心，头饰华丽，腰佩刀剑，形象高大，地位突出。他们是领舞者，也是神灵，显得威风凛凛，有着一种不可抗拒的力量。”①

❶陈兆复著:《古代岩画》，文物出版社2002年版，第146页。

蛙虽然柔弱，力量不是很大，但蛙是两栖动物，这一非凡的本领让原始初民很是羡慕。另外，蛙的繁殖力极强，史前人类对之也甚为敬畏。人们希望子孙繁庶，能如蛙一样，这种心理的产生，除了人本来就有的动物心理（动物有繁殖后代的自然欲望）外，还跟当时的生活条件极为恶劣有关。为了让生命得以继续延续下去，原始初民只有将希望寄托在神灵的佑助上了。因此，蛙实际上也被人们看成是生育神。

（二）虎崇拜

虎是史前初民重要的动物崇拜之一。《山海经·大荒西经》中有一则关于昆仑山的神话，其中两处谈到了虎：

> 西海之南，流沙之滨，赤水之后，黑水之前，有大山，名曰昆仑之丘。有神——人面虎身，有文有尾，皆白——处之。其下有弱水之渊环之，其外有炎火之山，投物辄然。有人戴胜，虎齿，豹尾，穴处，名曰西王母，此山万物尽有。②

❷袁珂校译:《山海经校译》，上海古籍出版社1985年版，第272页。

众所周知，昆仑山是中国的神山，甚至称得上祖源。这山上有神，为人面虎身；有人为虎齿豹尾。这神与这人，均为人与虎合体的形象。这一神话足以说明中华民族是崇拜虎的。这种猜测在地下考古中得到了证实。在河南濮阳西水坡仰韶文化遗址发掘了重要的史前墓葬，墓葬中发现三组蚌砌的龙虎图案：第一组图案见之于45号墓，墓主人为一男性，身高1.84米，其身左由蚌壳摆塑一虎，头北面西，二目圆睁，张口龇牙，做下山状；其身右由蚌壳摆塑一龙，头北面东，昂首弓背，做入海状（图10-2-11）。第二组图案见之于距45号墓南20米外的一处墓穴。墓中有用蚌壳砌成龙、虎、鹿和蜘蛛图案，龙虎呈首尾南北相反的蝉联体，鹿则卧于虎背上，蜘蛛位于虎头部，在鹿与蜘蛛之间有一精制石斧。第三组图案见之于此墓穴再往南25米处的一条灰坑中，这组图案为蚌塑人骑龙和虎（图10-2-12）。

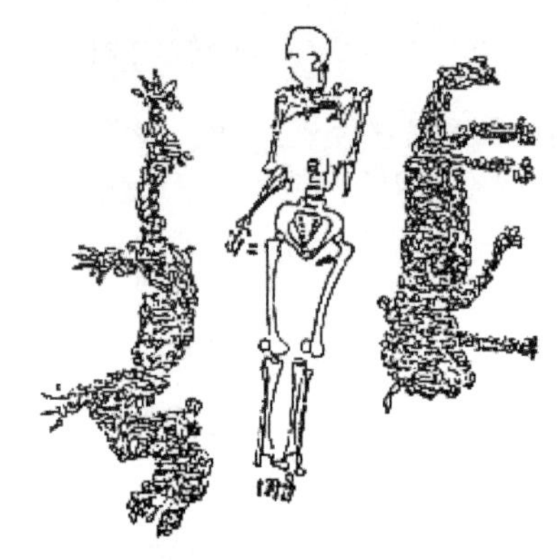
图10-2-11　河南濮阳西水坡仰韶文化遗址45号墓，墓穴主人和蚌砌龙虎图案

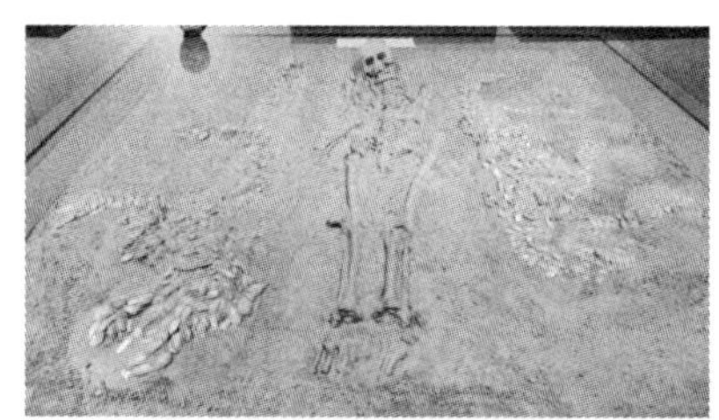
图10-2-12　河南濮阳西水坡仰韶文化遗址45号墓穴蚌砌人、龙、虎图案

三组以龙虎组合的图案究何含义，至今还是一个谜。不过，有一点可以肯定，龙虎组合在中国的风水学中影响深远。传为郭璞所著的《葬书》云："天光发新，朝海拱辰。龙虎抱卫，主客相迎。四势端明，五害不亲。十一不具，是谓其次。"[①]就特别说到"龙虎抱卫"这种形势为最好的风水宝地。

距今4700年至4400年的南方石家河文化遗址也发现有虎的雕塑（图10-2-13），此为玉饰件，共发现了9件，在同一遗址还发现了玉龙、玉鹿、玉蝉、玉鹰饰件，在某种程度上照应了濮阳西水坡的蚌塑图案。这说明史前人们崇拜

图10-2-13　石家河文化肖家屋脊遗址玉虎头。采自《古玉鉴别》下，彩版二八

①王玉德编著：《古代风水术注评》，北京师范大学出版社、广西师范大学出版社1992年版，第75页。

的不只是一种动物，而是诸多动物，这些动物之间构成某种神秘的关系，共同为人所用。

虎的地位至少在仰韶文化时期是与龙相媲美的，后来，显然不敌龙了，但是，在商代青铜器中，虎的形象仍然比较突出，妇好墓就出土有著名的虎食人卣。在中国西南很多少数民族一直奉行着虎崇拜。

第三节 龙凤崇拜

在对天地万物普遍崇拜的基础上，史前初民的自然崇拜逐渐地朝着与自己部族的生命有着某种特殊关系的自然物集中，这就有了图腾崇拜。图腾崇拜与自然崇拜在很多情况下是统一的，受到崇拜的自然物既是伟大的自然神灵，又是伟大的部族图腾。

关于图腾崇拜，英国人类学家弗雷泽是这样说的："图腾崇拜是半社会——半迷信的一种制度，它在古代和现代野蛮人中最为普遍。根据这种制度，部落和公社被分成若干群体或氏族，每一个成员都认为自己与共同尊崇的某种自然物象——通常是动物或植物存在血缘亲属关系。这种动物、植物或无生物被称为氏族图腾，每一个氏族成员都以不危害图腾的方式来表示对图腾的尊敬。这种对图腾的尊敬往往被解释为是一种信仰，按照这种信仰，每一个氏族成员都是图腾的亲属，甚至是后代，这就是图腾制度的信仰方面。至于这一制度的社会方面，它表现在禁止同一氏族成员之间通婚，因此，它们必须在别的氏族中寻找妻子或丈夫。”[1]按弗雷泽的说法，图腾崇拜有三个特点：第一，须认为图腾物与自己的部族存在血缘关系；第二，要以不危及图腾物的方式对图腾物表示尊敬，这种尊敬要提升到信仰的程度；第三，影响社会上的一些制度，比如同一氏族的成员不得通婚。

[1] 转引自［苏］海通著，何星亮译:《图腾崇拜》，广西师范大学出版社 2004 年版，第 2 页。

中华民族有对某些自然物象特别尊崇的传统，也认为自己这个部族与某些自然物存在着某种血缘关系，但并不绝对地不伤害这种自然物，也未必达到绝对信仰的程度，即使是对龙。中华民族中的龙分两种，一为祥龙，一为孽龙，对于前种龙是尊敬的，但对于后一种龙，则不仅不尊敬，还诅咒，甚至编出故事将其斩杀。此外，中华民族对自然物的崇拜、对龙凤的崇拜也没有影响到社会的制度，反过来，倒是社会制度影响到对自然物的崇拜、对龙凤的崇拜，所以，西方人说的图腾崇拜中华民族不完全具备。

尽管如此，要说中华民族没有图腾崇拜，也缺乏足够的说服力。西方学者说的图腾崇拜未必是放之四海而皆准的真理。在笔者看来，只要某一种神物，不管是自然实存的还是人们想象的，为某部族认定为自己部族的始祖之一或者说有血缘关系，从而被部族看作是本部族的精神支柱、保护神，就可以看作是本部族的图腾。按照笔者这样一种对图腾的定义，中华民族是有自己的图腾的，而且图腾物不止一种。当然，最有资格成为整个中华民族图腾物的第一是龙，其次是凤。

一、龙崇拜

在中华大地上，最早的龙造形是一条由大小均匀的红褐色石头堆砌而成的蛇状的龙，长 19.7 米，宽 1.8 至 2 米。同时出土的还有龙纹陶片两件，其龙纹也类似蛇。此件龙发现在辽宁阜新查海原始村落遗址，距今约 8000 年，属于红山文化。史前最接近后世龙形象的龙形物是红山文化的三星他拉龙，又称 C 形龙（图 5-2-4），距今 5000 年左右。此龙玉制，墨绿色，半圆形。其造形特点有两点：一、身体呈长条状，显然不是兽类动物，只能是爬行类动物；二、其首似兽类动物。这样的造形切合龙，因此，几乎毫无争议地认定它是龙。

关于史前的龙崇拜至少有两个问题值得深入讨论：

（一）龙形象的来源问题

龙形象的来源很多，具体有哪些，目前没有定论。但有两点需要提出来讨论：

第一，能不能认定水族特别是蛇是龙的基本来源。笔者确定水族是龙体的主要来源，主要基于水在中华民族生存与发展中的重要地位。中华民族生存区域均是有水的地方，其中最重要的水是黄河、长江，这两条大江被誉为中华民族的母亲河。这两条大河无疑成为中华民族传统文化的灵魂。龙作为中华民族的最主要的图腾物，说它主体来自水族，比较地说得过去。关于此，中国诸多的古籍也有明确的表述，如《左传·昭公二十九年》云："龙，水物也。"[①]《管子·形势解》："蛟龙，水虫之神者也。"[②]

《礼记·礼运》说："何谓四灵？麟、凤、龟、龙，谓之四灵。故龙以为畜，故鱼鲔不淰；凤以为畜，故鸟不獝；麟以为畜，故兽不狘；龟以为畜，故人情不失。"[③]这里，就很明确地将龙派属于水族，而且它就是管鱼虾的。

❶《新刊四书五经·春秋三传》下，中国书店 1994 年版，第 277 页。

❷谢浩范等译注：《管子全译》，贵州人民出版社 1996 年版，第 732 页。

❸王文锦译解：《礼记》，中华书局 2001 年版，第 302 页。

水族很多，如果仅就对人的实际价值来说，也许鱼要置于首位，但是，作为图腾，更重要的也许更应是它的神秘性以及人不能及的非凡的本领。综合诸多因素做全面的考量，的确，也还只有蛇最具作为人类图腾物的资格。其实，根本不必去做这种分析，我们的祖先已经选定蛇作为自己的图腾物，这已是有文字为证的了。诸多的古籍说我们的始祖伏羲氏、女娲氏、神农氏等为人面蛇身[1]。

第二，龙头为兽类，这没有问题，具体是何兽，就有多种说法。但遍观史前文化所有龙的造形，其首均难以认定为某一具体的兽。

红山文化的三星他拉龙，其首一度认定为猪，因而最初将它划入猪龙类，后来又说它像熊。史前中国北方，熊这种动物很多，先民们与它关系很密切，说不定熊就是当时部落的图腾之一。更重要的是，黄帝属有熊氏，黄帝部落崇熊。基于此，著名的考古学家郭大顺先生说："红山文化中的玦形龙，就是我们正在寻找的以熊为原形的玉雕龙。"[2]尽管郭先生说的有道理，但是，红山文化中的玦形龙，其首还是难以认定为熊，因为这龙首有长鬣。安徽含山凌家滩遗址出土一件玉龙（图 5-3-10），此龙有两角，有背鳍。吻部突出，这龙首像什么呢？也难以认定，有学者说像牛，有一定道理，中国古代神话中，神农氏为牛首（一说龙首）。但是，只要仔细观察此玉龙，当不难发现，这龙首与牛首还是有相当的距离。石家河文化遗址也出土了玉龙（参见图 5-3-12），龙首像什么就更难说了。

史前龙的造形，可谓形形色色，不能定于一尊，这说明龙的形象在演变，在发展。进入文明时期，龙的形象终于定型了，但仍然是一个综合性的形象，如《涌幢小品》所说："鹿角、牛耳、驼首、兔目、蛇颈、蜃腹、

❶如《列子·黄帝》云："庖牺氏、女娲氏、神农氏、夏后氏，蛇身人面，牛首虎鼻。"《天中记》卷二二引《帝系谱》云："伏羲人头蛇身"。

❷郭大顺：《龙出辽河源》，百花文艺出版社 2001 年版，第 124 页。

❸《涌幢小品》卷卅一，转引自刘城淮著：《中国上古神话》，上海文艺出版社 1988 年版，第 24 页。

鱼鳞、虎掌、鹰爪，龙之象也。”③

龙形象的构成，重要的一是它的综合性。综合性指诸多现实中动物的综合，反映出中华民族是重综合、重大全、重和谐的民族。中华民族实际上是由多部族组成的，在长期共同生活的过程中，生活在同一区域的诸多部族有冲突，有合作，但最终走向合，融为一体。中华民族重视的合，有两个目标：一是求全，二是求和。全，重在量；和，重在质。

二是它的创造性，虽然龙是综合性的形象，但综合成一个动物，它是活生生的，充满生气，尽管它是想象中的动物，就好像实际上存在有这样一个动物一样，这充分反映出中华民族高度的创造才能。综合性与创造性的统一，充分见出中华民族的审美理想。

（二）关于龙的精神问题

龙的精神是可以作出诸多概括的，在笔者看来，龙的精神最重要的是它的自由性，龙可以下潜至水，又可以飞腾至天，它无所不至，无所不能。关于这一点，许慎的《说文解字》说得最到位：“龙，鳞虫之长，能幽能明，能细能巨，能短能长。春分而登天，秋分而潜渊。”①自由，是人精神上的最高追求，哲学家们将它看成是人的本质，同时也看成是美的本质。

①许慎著：《说文解字》，中华书局1963年版，第245页。

关于龙精神的自由性，我们经常用“飞”一词来表述，值得我们注意的是，龙善飞，却没有一对能飞的翅膀。这一点，与西方的龙迥然有别，西方的飞龙均是有翅膀的。这是为什么？

这里，关键是对自由的理解，也许在中华民族看来，升天入地，未必是真正的自由，龙的升天入地其实也只是自由的一种象征。真正的自由，并不在有形的升天入地，而在心灵上自由驰骋，而这心灵上的自由，是不需要借助翅膀的。关于这一点，战国时代的庄子做过最深刻的论述。在《逍遥游》一篇中，他谈到好几种游也就是自由：一是鹏之游，二是舟之游，三是列子之游，这三种游，别看或威武雄壮，如鹏之“背负青天而莫之夭阏者”，或潇洒轻松，如列子“御风而行，泠然善也”，它们都离不开物质条件。鹏的飞离不开风，“风之积也不厚，则负大翼也无力”；舟之游离不开水，“水之积也不厚，则其负大舟也无力”。至于列子，他的“泠然”而行，也离不开风。庄子认为，这三种游，其实都不是“逍遥游”，真正的逍遥游是不需要这些物质条件的，那么，逍遥游就完全不需要条件吗？需要的。庄子说：“若夫乘天地之正，而御六气之辩，以游无穷者，彼且恶乎待哉？故曰：至人无己，神人无功，圣人无名。”[1]这里说的“天地之正”、“六气之辩”即为宇宙规律，要做到逍遥游，这宇宙的规律是要“乘”、“御”即掌握的，这是条件之一，条件之二“无己”。什么是“无己”？整个《庄子》这本书都在讲它，它的关键处是“坐忘”，即破除人我之别，在心灵上进入主体与客体无差别的境界，用他的话来说就是“相忘于江湖”。中华民族对于自由的理解就是“相忘于江湖”。禅宗说的“破执”，其实也是这个意思。《坛经》云：“内外不住，来去自由；能除执心，通达无碍。”[2]这与庄子的思想是相通的。中华民族对自由的这种理解也许还有它的局限性，但积极性的一面无疑是主要的。中华龙以它的形象恰到好处地体现出中华民族的自由哲学。

❶陈鼓应注译：《庄子今注今译》，中华书局1983年版，第14页。

❷慧能著，郭朋校释：《坛经校释》，中华书局1983年版，第56—57页。

二、凤崇拜

凤是中华民族仅次于龙的另一图腾崇拜。凤在神话中也区分雄雌，雄为凤，雌为凰，统称凤凰，简称为凤。

凤的基本形象为鸟，为何种鸟说法很多，有鸡、乌、雉、燕、孔雀、鹰、鸿、雁等。笔者认为，也许不必认定为一种鸟，应理解为鸟的综合形象，凤有雉的美丽，燕的轻灵，鸿的优雅，鹰的矫健……除鸟之外，凤的形象还吸收了兽类一些因素。《说文》是这样描述凤的：

> 凤之象也，鸿前麐后，蛇颈鱼尾，鹳颡鸳思，龙文虎背，燕颔鸡喙，五色备举，出于东方君子之国，翱翔四海之外，过昆仑，饮砥柱，濯羽弱水，莫宿风穴，见则天下大安宁。①

①许慎著:《说文解字》，中华书局1963年版，第79页。

考古发现的鸟形文物是非常普遍的，但是按凤的标准形象来考察，真正称得上凤的其实并不多，而且我们发现，陶器上纹饰基本上没有凤，只有骨器和玉器上有凤。

最早的凤形象也许应为河姆渡文化遗址出土的骨器上的双鸟纹（图10-3-1）。雕刻双鸟纹的骨器为象牙。图案中的两鸟其喙像鹰喙，尾翎有些像雉、孔雀。这正切合凤的特征。

全面见出凤特征的史前文物应属石家河文化中的玉凤。这是一枚玉饰，凤的身体团成一个圆圈。此凤头像鹰，但比鹰头显得温柔，身子像雉，但比雉显得修长，

图10-3-1　河姆渡文化双鸟朝阳纹象牙蝶形器，采自《河姆渡文化精粹》，图39

尾翎像孔雀。应该说，它几乎拥有凤的主要特征，因此，此凤才真正是“中华第一凤”（参见图 5-3-13）。

在史前传说中，许多部族自称为鸟的后代。其中最大的部族是东夷集团，东夷集团生活在中国东南沿海一带，他们奉鸟为图腾。东夷集团的始祖为五帝中的少昊氏，《左传·昭公十七年》说，少昊氏“以鸟名官”。究其来源，说是“高祖少皞挚之立也，凤鸟适至，故纪于鸟，为鸟师而鸟名”[1]。所以，在中华民族中最早奉凤为图腾的应是东夷集团。

[1]《新刊四书五经·春秋三传》，中国书店 1994 年版，第 236 页。

东夷集团后来归入炎黄集团。归入炎黄集团后，东夷集团所尊奉的凤图腾并没有因此而消失，因为它为炎黄集团所接受，成为包括炎黄集团在内的整个华夏民族的另一图腾。于是，华夏民族共同尊奉着两大图腾，一是主要由炎黄集团创立的龙图腾，二是主要由东夷集团创立的凤图腾。

中华文明开始的夏商周三代，大体上龙凤并崇，但各代略有侧重，夏代侧重于崇龙，商代侧重于崇凤，周代侧重什么不很明显，但周代的青铜器上，凤的装饰要更多，更美，也许说明周人也是侧重于崇凤的。夏商周三代没有为龙凤排出一个位置，大约到汉代，龙的地位就明显地较凤胜出，成为中华民族的第一图腾了。这大概与汉代独尊儒术，强调君王的绝对权威有关系。

凤虽然未能在政治地上达到至尊的地位，但是它在别的方面拥有更多的优势。

第一，凤至善。龙虽也善，但龙有祥龙与孽龙之分，孽龙就是恶龙了，凤则没有这种区分，从总体上讲，凤是善的化身。凤至善其善在德，德在爱，爱在和。和是放大了的爱，是遍及天下万物的爱，正是因为有了这种爱，才有了天下万物之和。和既是合乎人性的，又是合乎自然的，当然也是合乎生态的。

第二，凤至美。龙虽也有美，但龙的美属于崇高。从美学的维度来看崇高，崇高的构成因素既有美也有丑，是美与丑的统一体。其美固然让人欣慕，其丑就让人恐惧。所以，对龙的审美就比较地复杂。而凤，它的美为优美。优美是一种比较纯粹的美，比之崇高，更切合人性，更亲和人性，因此，它是一种让人心悦的美、心醉的美。

第三，凤至贵。在神话中，凤“非梧桐不栖，非竹实不食”，[①]是一种高贵的鸟，它脱凡绝俗，在人们心目中，是至洁至尊至雅至纯的君子形象。

第四，凤至福。《山海经·南山经》云:“是鸟也，饮食自然，自歌自舞，见则天下安宁。”[②]《海外西经》云:“诸夭之野，沃民是处，鸾鸟自歌，凤鸟自舞，凤皇卵，民食之；甘露，民饮之。所欲自从也。”[③]《淮南子·览冥训》也说:“凤皇之翔，至德也。雷霆不作，风雨不兴，川谷不澹，草木不摇。”[④]诸多的赞语表达同一个主题：凤代表着吉祥，代表着幸福。

龙的主体是水族，凤的主体是鸟族。水族与鸟族作为先民渔猎的对象，是人们生活的主要来源。龙凤崇拜的实质是渔猎生产方式的反映。

在龙凤崇拜上，中国人有崇龙恋凤的倾向。对龙表现为理性上的尊崇，情感上未必亲近；对凤则不仅在理性上是尊崇的，在情感上也是爱恋的，亲和的，这种情况类似对待父亲与母亲。整个中国文化均有崇阳恋阴的倾向，崇龙恋凤只是它的表现之一。

龙凤文化是中国传统文化的两翼，它们从两个不同的方面展现中华文化的精神：

龙：天、帝、父、权力、凶悍、战斗、伟力、进取、崇高、威严、至尊……

凤：地、后、母、幸福、仁慈、和平、智慧、谦让、

❶《十三经注疏》上册，中华书局1980年版，第547页。

❷袁珂校译:《山海经校译》，上海古籍出版社1985年版，第8页。

❸袁珂校译:《山海经校译》，上海古籍出版社1985年版，第192页。

❹刘安著，高诱注:《诸子集成·淮南子注》7，上海书店1986年版，第93页。

优美、亲合、至贵……

在龙凤身上，寄寓了中华民族自帝王将相到市井百姓全部的人生理想。龙与凤像两面鲜亮的旗帜，高扬在中华民族漫长的艰难奋进的历史征途上。

第四节 生殖崇拜

史前初民的原始宗教生活中生殖崇拜是重要内容。原因很简单，史前人们特别感受到生育的可贵。严酷的自然条件，低下的生产力加之部落之间的争战，使得初民们的生命难以得到保障，不少人活不到应该活的年龄就夭折了。为了种族的保存与发展，史前人类唯一能做的就是希望神灵赐福，让部落的女子能够更多地也更好地生育。遍看全世界各民族史前的考古发现和各民族有关史前的神话、传说，都能发现大量生殖崇拜或与生殖崇拜相关的内容，诸如第八章、第九章谈到的女娲与伏羲兄妹通婚、女娲行媒，还有大量的远古圣人均为其母感神迹而生的故事。中华民族史前生殖崇拜在史前考古中也得到证实。

一、史前考古中的女性雕像

史前考古发现一定数量的女性雕像，这类雕像多发现在新石器时代的早期、中期的偏早期。从这些雕像我们可以发现史前一些有关生殖崇拜的信息。

女性雕像无例外地夸张与生育相关的部位，如乳部、腹部和阴部。比如，内蒙林西县西门外兴隆洼文化遗址出土有圆雕女性半身雕像，系距今 7000 年至 8000 年的作品，此雕像裸体，耸肩，双臂一高一低抱着腹部，乳房突出，臀部肥大，一眼看去，就知道这是孕妇形象。河北省滦平后台子遗址在 20 世纪 90 年代初，发掘了四尊石雕女性像，两尊残毁，两尊保存完好，从保存完好的两尊塑像来看，其基本特征同于兴隆洼遗址出土的女性雕像，也是鼓腹突乳，也是双臂抱腹，也是臀部肥大，双腿盘坐，能见出阴部的记号，显然，这也是孕妇的形象。

20 世纪 80 年代，在辽宁、内蒙红山文化遗址发现了许多的女神雕像，这些雕像距今六七千年左右，虽然晚于兴隆洼文化一千多年，但风格与兴隆洼文化的女性雕像基本相似。其中东山嘴遗址出土的两件女性陶塑雕像是标准的孕妇形象，身体肥硕圆胖，左臂曲于胸前，做保护腹部状，而腹部圆鼓，臀部肥大凸起，有明显的阴部记号（图 10-4-1.1）。牛河梁第五号地点二号墓出

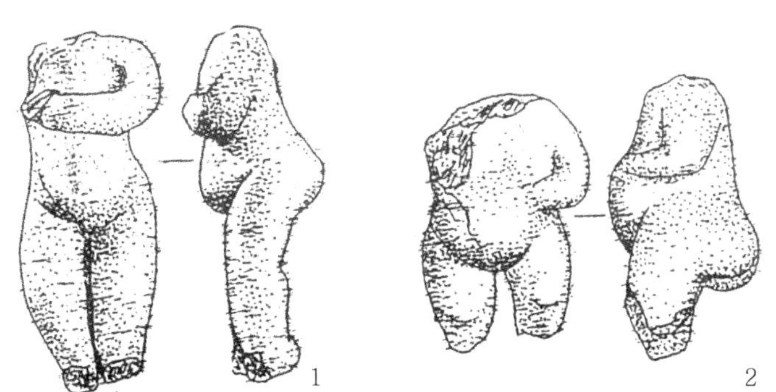

图 10-4-1　辽宁喀左县东山嘴红山文化女性雕像，采自《中国艺术通史》原始卷，图 1-5-20

土一小型女性像，为泥质红陶雕塑，头部及右下肢残缺，外表打磨光滑，乳房丰满，腹部微凸，显然这是怀孕不久的青年女子雕像（参见图 10-1-5）。

史前女性雕像直至新石器中期也还有发现，陕西扶风案板遗址出土的仰韶文化晚期陶塑裸体孕妇像一尊，虽然此像头部和四肢残缺，但仅从保存较好的躯干来看，这也是一尊孕妇像。她体态丰腴，乳房饱满，腹部隆起，腰部曲线优美。

为什么史前的女性雕像要突出与生育相关的部位，要塑造成孕妇的形象呢？显然这是出于生殖崇拜的目的。这怀有身孕的女子就是人们最喜爱的女子。为她们塑像，并且将像置于神庙中或置于祭坛上，那就是将她们视为女神了，不是一般的神，而是生殖神。人们供奉她，祭拜她，是希望她能赐给部落更多新的生命，让部落人丁兴旺。对于想生儿育女的人来说，这些女神就是送子娘娘。

史前对孕妇的崇拜是全人类共同的文化现象。20 世纪二三十年代，在世界各地发现了不少史前的女性雕像，无一例外，均为孕妇形象。著名有维林多府维纳斯，这是发现在奥地利的一件史前艺术作品，圆雕，身材矮小，身体肥胖，裸体，乳房和腹部突出。另，在法国洛赛尔地区也发现一件史前的女性雕像，这是一尊浅浮雕人像，雕像为一年轻的女子，右手持牛角，人称“持角杯的维纳斯”，此雕像与生育相关的部位——乳房、腹部和臀部也都很突出。凡此种种，说明生殖崇拜是全人类史前共同的崇拜。这种崇拜在相当程度上决定着当时人们的女性审美观。什么样的女人是美的女人？当时唯一答案就是最能生孩子的女人最美。

二、史前考古发现的性崇拜

除了女性崇拜，特别是孕妇崇拜外，史前人类还盛行生殖器崇拜与性交媾活动崇拜。

最早的生殖器崇拜是女阴崇拜。史前考古发现的女阴造形有多种形式：有的连着人形，在相应的部位，夸张地表现出女阴，如西藏日土县日松区所发现的岩画上，有一女性浅刻像，其阴部用两个圆圈表现（图 10-4-2）。

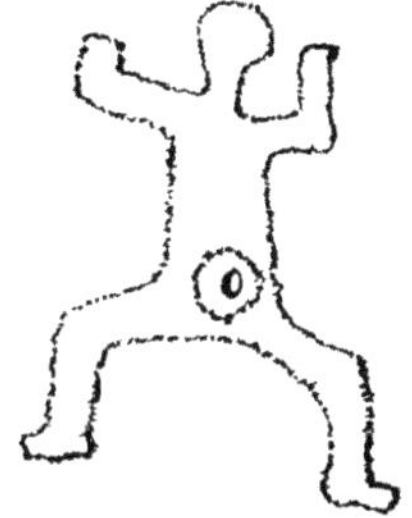

图 10-4-2　西藏日土县日松女阴岩画，采自《民间性巫术》，P46 图

基本上属于这种类型的还有广东珠海宝镜湾岩画中的一具女雕像，此具女雕像呈半蹲状，右手的舞袖甩过头顶，其身体下部露出女阴部，此女阴不做圆圈状，而为窄门状。有学者说她应为处女。

神话专家萧兵先生说："女巫本来多由处女、美女或老女、残疾妇女等身份殊异者担任。初民认为处女由于没有丧失其珍贵的精血（主要指处女膜未破损，有时还要在未到月信来潮之龄），保留了图腾氏族的精华；如果再加上身份'尊贵'（例如其先世担任酋长、祭司，或传说其为神祇的后代），外貌奇丑或特美，或体表畸形，殊异等等，那就最有资格担任神职，当'圣舞女'或女巫。"[①]内蒙古阴山达尔罕茂明安联合旗岩画中有一具裸体女人像，头小，个子高，下腹部膨大，四肢张开，腋下分别为两个圆球，为乳房，胯下有两个小圆点，类水滴下。这分明是女阴崇拜的形象（图 10-4-3）。

图 10-4-3　内蒙古达尔罕茂明安联合旗裸体女人岩画，采自《世界岩画的文化阐释》，图 234

有的女阴造形，没有人像，就只有女阴的抽象性的符号。仰韶文化庙底沟类型陶器就有这样符号，它往往被人们判为花瓣纹，其实看成花瓣纹也不错，中国古代本就有用花比喻女阴的说法。基于此，我认为庙底沟的彩陶器上的玫瑰花纹也许寓含有女阴崇拜的意味。另外，中华史前彩陶器上有诸多的贝叶纹，它也通常被看作是

①萧兵著:《楚辞与神话》，江苏古籍出版社 1986 年版，第 292 页。

女阴纹，图 10-4-4 为马家窑文化马厂型彩陶壶，壶身涂上硕大的贝叶图案，专家们认为它是女性生殖器的符号。

女阴崇拜盛行于母系氏族社会，父系氏族社会出现后男根崇拜就很盛行。原始岩画中男根造形非常多，绝大多数造形与男性的身体一起出现，男根特别突出，如图 10-4-5。

图 10-4-4 马家窑文化马厂型彩陶女性生殖器纹壶，采自《马家窑彩陶鉴识》，P172 图

单独的男根造形也有，为石器，称之为“石祖”；或为陶器，称之为“陶祖”；或为玉器，称之为“玉祖”。红山文化出土的玉器中，有一男根造形，做工相当精致，基本写实，但缺装饰味。

图 10-4-5 内蒙古阴山几公海勒斯太沟猎人岩画，采自《古代岩画》，图一

从考古发掘来看，仰韶文化晚期男根遗物就陆续有发现，如河南淅川下王岗、陕西铜川李家沟、临潼姜寨、秦安大地湾等。大汶口文化、屈家岭文化也都有男根的发现，男根的代表物是各种各样的，除了各种石祖、陶祖、木祖、玉祖、铜祖外，凡呈突出状的物件，在特定的情境下，都可以看作男根的象征。

进入文明社会后，人们仍然崇拜男根，河南二里岗商代遗址发现有男根，新疆罗布淖尔汉代遗址出土有“木祖”，河北满城和西安三家村汉墓出土有“铜祖”。

在母系氏族社会进入父系氏族社会后，对于生育人们的观念有所变化，原来认为这全是妇女的功劳，因此崇拜女阴。后来发现生育实是男女结合的产物，出于父系在氏族社会中地位的提高，人们对男女在生育中的地位的看法，由重女方移到重男方，认为孩子是男方的种。这种观点一直影响至今，成为男尊女卑的支柱之一。

20 世纪 70 年代中期，青海乐都柳湾曾出土一件引

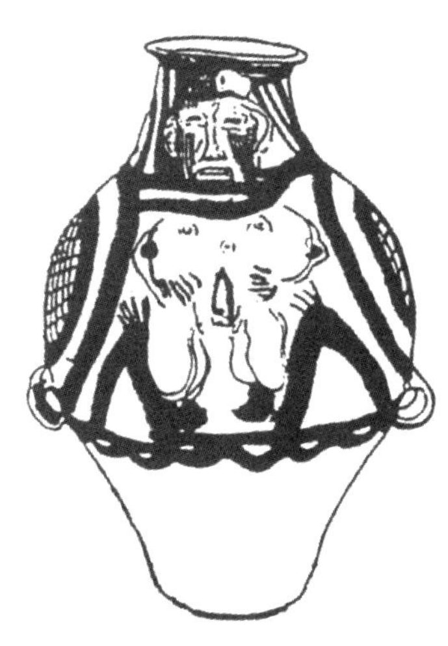

图 10-4-6　青海乐都柳湾马家窑文化马厂类型墓葬中出土的裸体人物彩壶，采自《中国艺术通史》原始卷，图 1-5-7

人注目的人像彩陶壶，属距今 4000 多年前的马厂类型遗物，作者运用浮雕与彩绘相结合的手法，在壶颈和壶腹上部，堆塑着一位正面站立的裸体人像，不少研究者根据人像嘴旁涂黑彩和乳房很小等特征分析，认为是男子形象，反映了当时流行男性崇拜的习俗；但是从刻画的性器官形状来看，有的研究者又认为是女性的形象，或认为兼有男女两性特征的复合体（图 10-4-6）。

这种形象的出现耐人寻味，是不是反映了从母权氏族社会到父权氏族社会的某些变化？李仰松、宋兆麟等先生都认为是代表男女两性同体。李仰松先生说："仔细观察了实物，认为陶壶上这个塑绘人像是男、女两性的'复合体'。人像的胸前有一对男性乳头，另外，在两边还有一对丰满的女性乳房（乳头用黑彩绘成）。人像的腹部似为男性生殖器，又为女性。"[①]宋兆麟先生也说："其生殖器又像男性，又像女性，说明是一种'两性同体'形象。"[②]

❶李仰松:《柳湾出土人像彩陶新解》,《文物》1978 年第 4 期。

❷宋兆麟:《巫与民间信仰》,《文物》1978 年第 4 期。

直接表现生殖器，这在史前初民不是猥亵，而是一种崇拜——对生殖的崇拜。值得我们更为重视的，史前岩画中，有不少描绘性行为的图画。新疆塔城地区裕民县巴尔达湖岩画上有一男女性诱惑的画面。女性跪在地上，两臂上举张开，肥硕的臀部很突出，男性背转过身子，男根已经突起。两臂张开，做放松状（图 10-4-7）。

图 10-4-7　新疆裕民县巴尔达湖岩刻，采自《中国岩画发现史》，图 4-24

史前岩画表现的男女交媾多在野外进行，而且是群体性的，1987 年在新疆呼图县康家石门子发现的一处岩画，面积 120 平米，画上人物 200 多个，有的如真人大，有的则只有一二十厘米，他们或站或卧，生殖器裸露，有的正在进行交媾。史前人类性行为多在野外进行，可能有两个原因：第一，此时的人类尚距动物不远，尚无性的羞耻感，不需要遮掩，回避。第二，母系氏族社会，由一对对夫妻组成的小家庭还未形成，整个氏族就是家，氏族中的人员按支系群居。一般来说，氏族内的男女是不能通婚的，而与外氏族的男女恋爱，均在野外进行。只有在基本上可以结成较为稳定的婚姻关系时，方让男方进入女方部落的住地。

《周礼·地官·媒氏》对于男女野合有记载："中春之月，令会男女。于是时也，奔者不禁。"[1]看来，在一定的时令男女野合是合礼的。将野合的时令定在仲春，这是非常恰当的。仲春是一年中最美好的季节，万物生长，欣欣向荣。如此美好的景色定然撩动青年男女的情怀，风流浪漫之事就在田野、山林、溪水边进行了。

青年男女的这种浪漫极具美学价值：首先，从本质上来看，美总是对生命的肯定，最高的美总是向上的生长着的生命。青年男女的性行为，从本质上来说是一种创造新生命的行为。其次，青年男女的性行为，不只是生物性的性欲本能的宣泄，而是情爱的升华。虽然动物也有性生活，但是这种性生活基本上只是生物性的本能，它是没有思想性和情感性在内的，而人的性行为渗透着情感性和思想性。因此，人的性行为可以发展成爱情。爱情是美的大本营。人类最初的审美意识其实主要来自对异性的爱情。人类文学艺术中的永恒主题则是爱情。所以不仅现实生活中的审美，而且文学艺术中的审美，基于男女爱情产生的美是审美的主要内涵。《诗经》中就有不少这样歌颂男女爱情的诗歌，由于《诗经》表现的

❶钱玄等注译:《周礼》，岳麓书社 1991 年版，第 130 页。

时代西周距史前不是太远，因此，在相当程度上，这些爱情诗也揭示了史前青年男女恋情的热烈、真诚与美好。《野有蔓草》是表现男女青年在田野会合的诗：

野有蔓草，零露漙兮！有美一人，清扬婉兮！邂逅相遇，适我愿兮！

野有蔓草，零露瀼瀼！有美一人，婉如清扬！邂逅相遇，与子偕臧！①

①《诗经译注》卷三，中国书店1982年版，第26页。

这爱情所表现出来的美，是人性的升华，纯真，自然，丝毫没有受到丁点污染。由于这样美好的爱情是在大自然中进行的，因此，人性的美与自然的美不只是相得而彰，而且相渗、相融。这新的美透现出自然的真谛、生命的美妙。

三、史前文物诸多造形中的生殖崇拜

史前初民的生殖崇拜是通过诸多方式表现出来的，制作或描绘生殖器这种方式是很有限的；赤裸裸地描绘性交媾行为也只是出现在岩画之中，这岩画更大的可能产生于旧石器时代或新石器时代早期。新石器时代中期以后赤裸裸地表现性交媾的艺术基本上没有了。新石器时代中期以后的生殖崇拜，多取隐晦的含蓄的方式，那种崇拜，不是宣言，而只是意味。

史前初民通过许多方式在自己的作品中表达生殖崇拜的意味。

（一）鸟造形中的生殖崇拜意味

这可以以河姆渡文化遗址出土的象牙蝶形器上的双鸟朝阳纹为代表（参见图10-3-1）。浙江省考古研究所的发掘报告认定这一纹饰为“连体双鸟太阳纹”[①]。双鸟，这没有问题，有问题的有二：一、双鸟相向的五周圆圈是不是太阳；二、双鸟是不是连体。笔者认为，认定双鸟相向的五圆周为太阳，根据不足。如果是太阳，就这图形来说，因为双鸟相向，均对着太阳，还可以说得上有崇敬意，然而河姆渡还出土了一件双鸟纹匕柄，这柄上的双鸟的头反向，它们也连体，连体处也被刻成圆圈。那这圆圈是不是太阳？如果是太阳，两鸟头并不朝向太阳，这怎么说得上尊敬、崇拜？

❶《河姆渡——新石器时代遗址考古发掘报告》，文物出版社2003年版，第284页。

河姆渡器物上的图纹，有圆圈的很多，情况各不相同：有独立的，如太阳纹象牙蝶形器（图10-4-8），它为六周的圆圈（不是双鸟太阳纹的五周圆圈），圆圈下面为数条横向长线纹，第五第六两条长线间有短线纹。也有不独立的，它成为别的图案的一个部分，如上面说的双鸟连体太阳纹，还有圆角方形钵上的猪纹，圆圈在猪的腹部。如是仅从双鸟连体太阳纹来说将圆圈理解成太阳是可以的，然而将独立地压在数条横向长线上的六个圆圈说成是太阳就显得武断，而将猪腹部画的圆圈说成是太阳就很不妥当了。

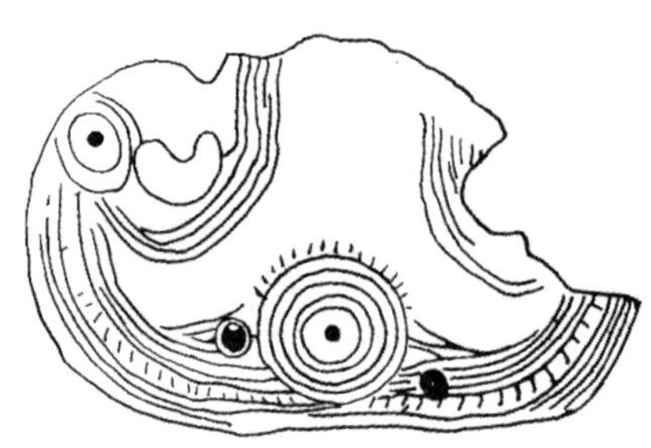

图10-4-8 河姆渡文化太阳纹象牙蝶形器

笔者认为，虽然中国古代有太阳崇拜的习俗，但没有根据将河姆渡文物上的圆圈全说成是太阳。圆圈的具体含义要从它图案的总体构思中去理解，可能每一图案有不同的含义。就“双鸟连体太阳纹”来说，这图案中的五个圆圈，可以理解成鸟卵，圆圈最外一圈上的长短不一的纵向短纹，不是火焰，而是羽毛。两鸟身体变形处理，其基本意思应是交配，两鸟交配意味着繁殖，所以，这幅图含有生殖崇拜的意义。鸟的繁殖力是很强的，原始人类生命短暂，对于子孙后代的繁衍自然十分看重。因此，全世界的原始人类均都有生殖崇拜，河姆渡遗址出土有陶祖，说明河姆渡人也是崇尚生殖崇拜的。

鸟的造形在史前诸文物中是比较普遍的，大体上有三种形态：其一作为图案绘制在陶器、骨器或玉器的表面上，仰韶文化庙底沟类型陶器上就有诸多不同方式的鸟纹图案；其二是作为器物的造形，大汶口文化、龙山文化中有许多鸟型的鬶；其三是作为艺术性的雕塑而存在，这在玉器中较多，玉鸟的具体用途不是很清楚，可能是祭器、礼器，也可能是佩饰。

关于史前文物中的鸟造形，解释也很多，大多数学者认为那是图腾。中华民族中有好些部落是以鸟为图腾的，如东夷族；另外，也有相当一批学者认为那是太阳崇拜。鸟其实是乌。中国神话中有太阳中有乌的故事。这些解释都是有所根据的，但是，不要忽视鸟在中华民族的精神生活中还有生殖崇拜的意义。鸟在汉语中也被说成是男性生殖器。另外，中国远古的神话中，有好些吞鸟卵而生圣人的故事。其一说殷契母简狄吞食了玄鸟的卵而怀上了契；其二说秦人始祖为女修，一日女修在从事纺织时，正好有玄鸟从空中飞过，掉下一枚卵，女修吞食了，后来生了一个儿子名大业，这大业就是秦人的先祖。鸟卵的故事之所以多次地克隆传颂，是因为古人已经对鸟卵产生了一种神秘的观念，认为它是人之源。基于此，不能排除我们远古的祖先那样热衷于制作鸟的形象是出于一种生殖崇拜的观念。庙底沟彩陶上的鸟纹其包在鸟外的圆圈未尝不可以看作是鸟卵。也许这更切合原始初民的实际。

（二）葫芦造形中的生殖崇拜意味

葫芦是史前初民喜欢选用的造形之一，有的用作陶器或玉器上的花纹，有的则用作器具的造形。甘肃秦安大地湾文化二期出土一件葫芦形陶瓶，瓶口为一女子头像，圆鼓鼓的瓶身被看作为女子的腹部，显然，这是怀孕的女子的形象。此葫芦瓶突出宣示着生殖崇拜的主题。当然，更多的葫芦形陶瓶并没有将瓶口做成女人的头像，但是葫芦本身的特点还是很容易让人联想到怀孕的女子。像姜寨出土的葫芦瓶，大头，鼓腹，隐隐见出初期孕妇的意味。

许多民族的神话和民间故事中都有“葫芦生人”的故事，说明人们早就赋予了葫芦生殖崇拜的内涵。中华民族的始祖女娲与葫芦也有不解之缘。女娲的“娲”字读音如“瓜”，中国民间传说人从瓜出。女阴也称之为瓜，破瓜则意味着生孩子。闻一多先生甚至还认为伏羲与女娲名虽有二义实只一。二人本皆谓葫芦的化身，所不同者，仅性别而已。按闻一多的说法，女娲和伏羲都是葫芦变的，既如此，葫芦不就成为了中华民族始祖了吗?

（三）小孩面造形的生殖崇拜意味

中华民族的民间艺术中喜欢用活泼可爱的娃娃表达生育的主题。这一艺术传统其实完全可以追溯到史前。

在甘肃出土的一件系马家窑文化的陶盆中，我们看到一种以孩子的面孔为主要题材作的花纹。孩子的面部为椭圆形，眼睛、嘴唇、额头留海非常突出，其他均略去，孩子的嘴唇呈向上的半月形，笑意盈盈。一共画了三张孩子的脸，其他地方画了水，圈案中心为一朵花（图 4-2-17）。如果说，此图案仅此一例，那也说明不了什么，问题是，这种构图在马家窑文化的陶器中多处发现，榆中马家寺遗址出土的陶盆也有类似的花纹，这就不能不让人深思，史前人类何以要以孩子的面孔作为图案的主要因素，他们试图说什么？显然，他们想表达的是孩子很可爱，要多生这样的孩子。

（四）鱼图案造形中的生殖崇拜意味

鱼图案在史前彩陶纹饰中是出现得非常之多的，尤其是仰韶文化半坡类型的陶器，那简直是鱼的世界！初民们在鱼图案的创作上尽情地发挥着自己的才华，种种不同形制的鱼，均生意盎然，意蕴丰厚，耐人寻味。

鱼在中华民族的文化中有着浓郁的生殖崇拜的内涵。一、鱼产卵极多，繁殖能力很强。人希望自己也能像鱼一样繁衍，故而视鱼为生殖神，崇拜它；二、鱼是女阴的象征。特别是双鱼，当其合在一起的时候，象征意味更为明显。史前陶器上有一些这样的纹饰，由于像贝叶，因此，也被人称作贝叶纹；三、鱼与水的关系，被人用来比喻男女之爱。

《诗经·陈风·衡门》有诗曰："岂其食鱼，必河之鲂？岂其娶妻，必齐之姜？岂其食鱼，必河之鲤？岂其娶妻，必宋之子？"[1]诗以食鱼作为娶妻的比兴，看来不是偶然的。它反映出鱼在古代人民的心目中所具有的象征美好爱情、婚姻的意义。

值得我们注意的是，史前陶器的纹饰中有一种由鱼与鸟组合在一起的图案。陕西宝鸡北首岭出土一细颈壶，壶壁腹面绘有一条横卧的鱼纹，鱼尾后面又绘有一鸟纹，鸟之喙啄住了鱼之尾（参见图 11-2-6）。

这一陶瓶中上鱼鸟纹究何含义？有些学者从自然现象中鸟与鱼的关系去理解，不是没有道理，自然界中确有一些水鸟是能啄到鱼的。也有一些学者从部落之间的兼并去理解，说是鸟图腾的部落打败了鱼图腾的部落，胜利一方做此图案以示纪念。笔者这里试图提出另一种解释：鸟是天上飞之物，鱼是水中游之物，两物在性质

❶《诗经译注》卷三，中国书店 1982 年版，第 94—95 页。

上是相对的，既然鸟可以理解成男根，鱼可以理解成女阴，这鸟与鱼交战岂不可以理解成男女交媾？

鱼类中有一种娃娃鱼，学名为鲵鱼，它的图案也出现在陶器上，甘肃谷西坪遗址出土中国最早的属于仰韶文化的鲵鱼纹陶瓶，甘肃武山傅家门遗址也出土一件鲵鱼纹陶瓶，属马家窑文化石岭下类型。两件陶瓶上的鲵鱼纹造形基本相似，说明它们有一种承接的关系（图 10-4-9）。

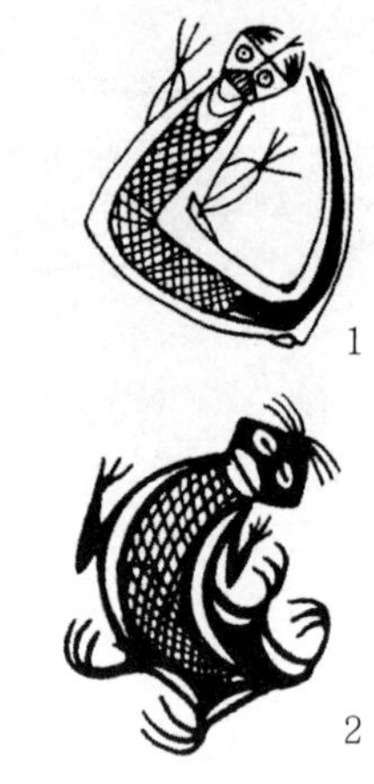

图 10-4-9　鲵鱼纹 1. 谷西坪陶瓶；2. 傅家门陶瓶，采自《中国彩陶谱》，插图 91

这种图案有一个突出的特点：像孩子，那稚气可掬的圆脸，那蹒跚学步的样子，无不像可爱的孩子，这种综合了人、鱼、蛙的形象，应该说寓有一种美好的意愿，那就是多生健康活泼的孩子。

（五）蛙图案造形中的生殖崇拜意味

蛙在史前文化中的地位亦很重要。对于以农耕为主要生产方式的中华民族来说，喜欢蛙是可以理解的，因为蛙吃害虫，有益于农作物的生长，而且蛙也是人的美食。但是，更重要的，对于史前初民来说，蛙具有生殖崇拜的意义。蛙多子，这点与鱼很类似。基于此，史前初民将蛙当作生殖神来崇拜。在器具上画上蛙纹，寓意多子多福。所以，蛙纹是吉祥的符号。

蛙纹普遍出现在马家窑文化马厂型的陶器上，风格不一，绚丽多姿，堪为蛙艺术之大观。马家窑文化的蛙纹重在线条造形，比较抽象，但许多蛙纹兼顾了人的造形，堪称人形蛙。有些蛙则画出大眼，突出硕大的腹部，腹内为网格，意味着多子。此蛙的生育寓意就更显豁了。

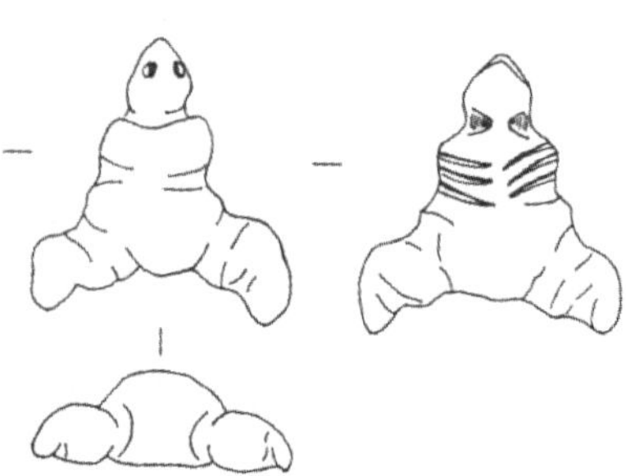
图 10-4-10　江苏江阴祁头山出土马家浜文化蛙人玉饰件，采自《古玉鉴别》上，图 40

值得我们注意的是马家浜文化中有一种蛙人造形的玉器（图 10-4-10），

图 10-4-11 陕北民间剪纸蛇盘蛙，采自《民间性巫术》，P12

这有什么寓意呢？按笔者的看法，它也很可能具有生殖崇拜的意义，蛙与娃同音，将蛙与娃同体，那是最巧妙的创意了，史前初民做这样的玉器作为佩饰以寓多子多福的意义。

蛙文化在中华民族的文化中一直得到传承，特别是在民间。陕北的民间剪纸喜欢用蛙作题材，图 10-4-11 为陕北民间剪的蛇盘蛙，将蛇与蛙组合在一起，结构十分和谐，蛙的腹部有一个梅花造形，寓意更为丰富。

（六）花朵图案中的生殖崇拜意味

花在中华民族的文化中是最受喜爱的，花纹在史前也比较多见，其中相对集中的是在仰韶文化庙底沟类型的彩陶器上。中华民族爱花，原因可能是多种多样的，花的感性形象也的确具有强烈的视觉或嗅觉的冲击力，从而激发原始人的审美感觉。但是，我们也不要忘记，中华民族的传说中也喜欢将花与女阴联系在一起。其实，花本就是植物的子宫，孕育着诸多的种子。由此，花的审美中，就暗含有性的意味、生育的意味。既然文明时期花能作为女阴的象征，史前为什么又不能呢？根据推测，史前彩陶器上花的图案有可能寓含生殖崇拜的意味。

史前原始宗教在生殖崇拜方面的体现应是所有原始崇拜中最为丰富的，它的表现形式多种多样，或直白或借喻，或显或隐。在原始宗教的几种崇拜中，它的意义也最为重要，因为它关涉人类种族的赓续与发展。人类由原始时期进入文明时期以后，具有宗教意义的崇拜并没有因为科学的进步而消失，只是以新的形式存在着。

面对着无限的宇宙，人类无法摆脱命运的控制，只能不断地向着无限宇宙继续崇拜并不断探索。

第五节 走出蒙昧

在持万物有灵论的初民看来，灵即神与人的关系是相当微妙的。一方面，神与人生活在两个不同的世界。人看不见神，也摸不着神。但是，另一方面，神的世界与人的世界是可以借助一定的手段相通。通神的手段多样，总起来说都属于巫术。巫术的基本原理，按英国人类学家詹·乔·弗雷泽的说法主要为两个方面："第一是'同类相生'或果必同因；第二是'物体一经互相接触，在中断实体接触后还会继续远距离的互相作用'。前者可称之为'相似律'，后者可称之为'接触律'或'触染律'。"[1]不管是相似相生，还是相触相生，都以一个假设为前提，那就是神灵的世界与人的世界是具有诸多共同点的，神也像人一样，有思想，有情感，而且许多爱好也是一样，比如，人喜欢舞蹈，神应该也是，所以，娱人的舞蹈可以用来娱神；人喜欢猪牛羊等美食，神也应该是，所以，祭供时，献给神的祭品是猪牛羊等美食。

原始巫术既是怪诞的神奇的，也是有一定程序、规范的。从前者我们可以看出，虽然初民们已经进化为人，

❶［英］詹·乔·弗雷泽著，徐育新等译：《金枝》上，中国民间文艺出版社 1987 年版，第 19 页。

然而仍然摆脱不了动物式的蒙昧，他们的思维是混乱的，但是，因为有后者，我们看出初民们虽然蒙昧，却在努力地摆脱蒙昧，即使探寻神的世界，也力求找出一个规律来，这足以见出初民精神世界逐渐走向文明与有序。

一、“绝地天通”与文明的演进

远古之时通神是需要专门的人来做的，这专门的人，女的为巫，男的为觋。

巫觋是部落中最优秀的分子，不是什么人都可以为巫觋的，必须是“精爽不携贰者，而又能齐肃衷正，其智能上下比义，其圣能光远宣朗，其明能光照之，其聪能听彻之”[①]，才能做这份工作。

①邬国义等撰:《国语译注》，上海古籍出版社1994年版，第529页。

然而，这种秩序后来给破坏了。

> ……及少皞之衰也，九黎乱德，民神杂糅，不可方物。夫人作享，家为巫史，无有要质，民匮于祀，而不知其福。烝享无度，民神同位，民渎齐盟，无有严威，神狎民则，不蠲其为。嘉生不降，无物以享。祸灾荐臻，莫尽其气。颛顼受之，乃命南正重司天以属神，命或。正黎司地以属民，使复旧常，无相浸渎，是谓绝地天通。[②]

②邬国义等撰:《国语译注》，上海古籍出版社1994年版，第529页。

家家设祭，人人为巫。民神同位，亵渎神灵。天怨人怒，百谷也不长了。是时正是颛顼为帝，他采取断然措施，禁止普通人通神。将通天神的工作归之于大臣重统管，通地的工作归之于大臣黎统管。在这个时候，不要说普通的人不能通神，就是巫觋如果不经最高首领授权也不能通神。天神的通道被设了一重大门，天与人被隔开了，此项事件被后世称之为“绝地天通”。这一事件可以理解为宗教权被部族联盟最高首领收回。

良渚文化的考古发现为我们透视了这其中之一斑。良渚文化的反山遗址一共出土了九座墓葬，均为贵族的墓，墓中均有大量的玉器随葬物，九座墓均有显示贵族身份的冠形器，其中五具墓葬中有象征王权的钺，计M14、M17、M12、M16、M20。九座墓中，只有M17这座墓葬中有玉龟。在中国传统文化中，龟通常被看作是通神之物。随葬品中有玉龟，意味着墓主人生前是巫师。这位拥有玉龟的墓主人，还拥有玉钺、玉冠状饰、三叉形器、琮等。琮不是巫师专用物，但巫师通神，也需要运用琮。以上事实充分说明M17的主人不仅是巫师，还是部族联盟的最高首领。

九具墓葬中，拥有玉钺、玉器冠状饰、琮、三叉形器的，还有四座，然而它们没有玉龟。这说明，即使是部族联盟最高首领，也未必是巫师。巫师与部落中首领存在着一定的叠合关系，但并不完全叠合。那么，是部族联盟的最高首领不愿兼任巫师，还是他的某些条件不够做不了巫师呢?

良渚文化之后，是尧舜禹时代，尧舜禹均是部族联盟的最高首领，他们被后世誉为圣人，按品德、能力足以担当巫师，但他们不是巫师。看来，良渚反山遗址有玉钺而无玉龟的四座墓葬M14、M12、M16、M20，其主人的个人品德、能力、威望未必低于M17墓的主人。这四座墓主人，也许不是做不了巫师，而是不愿做巫师或者说有意识地拒绝做巫师。

颛顼“绝地天通”举措，是有利于社会的稳定还是不利于社会的稳定呢？显然是有利于社会稳定的。

“绝地天通”在中华民族文明的演进上意义是重大的。

第一，它显示出社会由母系氏族社会进入到了更高一级的父系氏族社会。

《淮南子·齐俗训》云：“帝颛顼之法，妇人不辟男子于路者，拂于四达之衢。”[1]对于这句话，徐旭生有一个分析，他说：“辟即避的本字，‘拂’《御览》作‘祓’当是。大约帝颛顼之前，母系制度虽然已经逐渐被父系制度所代替，但尊男卑女的风习或尚未大成。直到帝颛顼才以宗教势力明确规定男重于女，父系制度才确实地建立。”[2]

❶刘安著，高诱注：《诸子集成·淮南子注》7，上海书店1986年版，第174页。

❷徐旭生著：《中国古史的传说时代》，文物出版社1985年版，第85页。

第二，它确定了政治与宗教适当分离但又能控制宗教的灵活体制。

远古，政教原是统一的。黄帝不仅是部族联盟的最高首领，也是部族联盟的大巫师。《淮南子》载：

> 昔者黄帝治天下，而力牧、太山稽辅之。以治日月之行律，治阴阳之气，节四时之度，正律历之数，别男女，异雌雄，明上下，等贵贱，使强不掩弱，众不暴寡，人民保命而不夭，岁时孰而不凶，百官正而无私，上下调而无尤，法令明而不暗……于是日月精明，星辰不失其行，风雨时节，五谷登孰。虎狼不妄噬，鸷鸟不妄搏，凤凰翔于庭，麒麟游于郊……[3]

❸刘安著，高诱注：《诸子集成·淮南子注》7，上海书店1986年版，第94页。

从这段记载可以看出，黄帝其实什么都管的，既做巫师，又做最高统治者。他的助手力牧、太山稽也不只是玩巫术，也治理政事，不仅国家治理得非常好，大自然也被治理得风调雨顺，真正地天人和谐。

这种情况到他的孙子颛顼就有所变化了。颛顼基于国家政教不分弄得天下混乱的局面，决定将宗教的权力收回，将通天地神灵的事交给他最信任的大臣重，不要说，老百姓不能自做巫师了，他自己也不再兼做巫师了。

这是不是说颛顼的权力削弱了呢？表面看，是这样，其实不是这样。因为他不再兼任巫师，并不意味着他就不再干预宗教事务了。作为最高统治者，他仍然有权力调控、指导宗教事务。不同的是，以前由他本人宣示神谕，从这以后，他不再亲自宣示神谕，而由专职巫师重来宣示神谕。自然，重宣示的神谕就是他的旨意。

就全人类史前文化的宗教现象来看，均有过宗教与政治合一这种情况，部落或部族的最高首领兼为巫师的现象几乎是普遍的，据英国人类学家詹·乔·弗雷泽的研究，“把王位称号和祭司职务结合在一起，这在古意大利和古希腊是相当普遍的。在罗马和古罗马其他城市都有一个祭司被称之为‘祭祀王’或‘主持祀仪的王’，而他的妻子则拥有‘主持祀仪的王后’的称号。”①

西方一直没有实现政教在功能上的区分，长期纠缠于政法与宗教的斗争之中。虽然后来政教还是实现了分离，但这种分离不是宗教的削弱而是宗教的加强。信仰基督教的欧洲国家，其最高统治者的登基均要接受罗马教皇的加冕。直到今日，在西方，宗教的势力仍然在相当程度上干预政治。

西方文化深受宗教影响，有人称西方文化具有“两希精神”。“两希”一为古希腊，一为希伯来。希伯来文化就是基督教文化。基督教精神深入到西方文化的每一个角落，成为西方人精神的血肉。西方的艺术基本上以基督教为主题，在审美上，至少在14世纪文艺复兴前，长达千年的中世纪，一直将美之渊薮归之于上帝。

而在中国，宗教远没有这样的权威，艺术长期以来

①［英］詹·乔·弗雷泽著，徐育新等译：《金枝》上，中国民间文艺出版社1987年版，第16页。

不是服务于宗教，而是服务于政治。政治与宗教的分离肇始于颛顼的宗教改革，正是从这个意义上，我们高度评价颛顼“绝地天通”政策的提出与实施。

值得指出的是，中国的政治与宗教是早就分离了，但政治与道德一直合一，没有分离开来，中国封建社会的政治实质是道德政治，孔子称之为“德政”。直到现代国家的出现，道德与政治才实现分离。

第三，它为科学技术与文学艺术的发展创造了有利的条件。

史前社会中，巫是社会上最聪明的人，他们担负着通神的重要工作。要通神，就需要有一定的本领，这本领最主要有两个方面：一个方面要懂得一定的自然知识，这就需要观察天象、地象，从天象地象的运行中找出规律来，让人很好地利用这规律为自己服务。巫向神祈祷，祈祷什么？其中最重要的一项就是“风调雨顺”，所谓“风调雨顺”实质就是大自然朝着有利于人生存的方向运行。颛顼之前，人人为巫，哪能做到如此专业？颛顼将为巫的权利收回了，用王权的名义确定谁为巫，这为巫者自然是最聪明的人，他们既然以巫为职业，自然生活上有一定的保障，就可以专心致志地去钻研他们的业务，更深入地研究天文地理，这就推动了科学技术的发展。

颛顼确定南正重和火正黎为部落最高的巫，这南正重和火正黎在天文历法上做出了重要贡献。《山海经·大荒西经》说：“颛顼生老童，老童生重及黎，帝令重献上天，令黎邛下地，下地是生噎，处于西极，以行日月星辰之行次。”[1] 这话的意思是，重与黎均是颛顼的后代，他们分别主管天地，而且黎的后裔噎还管理着日月星辰的运行。重、黎可以说是中华民族最早的科学家。他们之所以能成为科学家，就因为通天地是他们的专职工作。

[1] 袁珂校译：《山海经校译》，上海古籍出版社1985年版，第271页。

徐旭生先生说:“重与黎以宗教事务为专业，当然免于生活琐碎事物的扰乱。他们祭神也需要每年有一定的时间，因此也就会促使他们对于岁和月的长度作一些观测。迟之又久，对于岁和月的长度可以得到比较精确的认识。《尧典》所说‘朞三百有六旬有六日’，这就是说一年的岁实是三百六十六天，这大约就是重和黎及其后人积累很长时间的经验所得到的结果。我国谈历算历史的人几乎全体总是一开始就说到南正重及火正黎，并不是没有道理。”[1]史前对历法做出贡献的人很多，《世本》说“太桡作甲子”、“容成作调历”[2]这两人也应都是巫。

巫的另一本领就是擅长文学艺术，文学主要是诗，但那时没有文字，诗只是口头上的，用于演唱，为歌词；艺术则包括绘画、雕刻。所有这一切均是通神的手段。试想，如果人人都为巫，人人都去做诗人、艺术家，虽然也有助于文学艺术的发展，但是，这发展的水平确定不高，确定专业人士为巫，等于确定了专业的诗人、艺术家，这专业的诗人、艺术家本就具有这方面的天赋，另就是有充足的时间从事这方面的工作，自然，这艺术水平就远非普通百姓可比。仰韶文化之后的陶器、玉器之所以造形、纹饰越来越精美，是因为有了专业的工艺设计师，这工艺设计师中地位最高者应是巫。

❶徐旭生著:《中国古史的传说时代》，文物出版社 1985 年版，第 85 页。

❷转引自刘城淮著:《中国上古神话》，上海文艺出版社 1988 年版，第 329 页。

二、祭坛神坛与宗庙社稷

考古发现，距今 5000 年前的红山文化遗址，就有专门从事宗教活动的场地：祭坛和神庙。红山文化的祭坛是 1979 年在东山嘴发现的，“那是一座直径 2 米的小型圆坛，它周边以石头相砌，坛面铺一层鹅卵石。它的正北，是一座大型石砌方形建筑址。”[3]这种一南一北，南

❸郭大顺著:《红山文化考古记》，辽宁人民出版社 2009 年版，第 44 页。

圆北方的建筑格局，让人立刻想起中国古老的天圆地方概念，这东山嘴的祭坛格局是不是有意识地取这一观念？如果是，说明天圆地方的概念至少在距今5000年前就有了。众所周知，天圆地方的概念远不只是一个建筑规划的概念，它涉及中国人的哲学思想、宇宙意识、宗教观念以及礼制，而它在审美意识上的影响更是十分深远。

《周易》第一卦乾是讲天的，第二卦坤是讲地的。说天时，它用上“大明终始”这样的字句，隐含着圆；而讲地时，它则说“直方大”，明确揭示地球的基本形象是方的。中国远古玉器中的重要礼器琮，它的造形恰好综合了圆与方二者，琮之美也正好体现在这里。哲学讲辩证法，辩证法的核心是对立统一，对立统一不仅深刻地揭示了世界诸多事物的关系属性，因而可称为真；而且它揭示出这世界诸多事物的审美属性，因而也可称为美。

红山文化的祭坛不只这一座，它的第二座祭坛也为正圆形，直径达22米，规模远大于东山嘴的祭坛，是东山嘴祭坛的十倍。这座祭坛不是简单地砌出一个圆圈形的场地，而是砌出规整的同心三重圆。这三重圆的直径分别为22米、15.6米和11米。每层台基以0.3—0.5米的高差，逐层升起。坛的顶面铺石，比较地平坦。这是真正的坛了。关于这座祭坛的意义，考古学家郭大顺有精彩的分析。他认为，起三层台基是中国建筑礼制中的一个重要界限，红山文化牛河梁遗址的祭坛为三层台基，说明中国建筑礼制的三层台基制至少可以溯源到距今5000前的红山文化。体现“三”这一重要数目的建筑不只是祭坛，牛河梁的积石冢也普遍使用三层台基[1]，说明红山文化时期，人们对“三”这个数目已经起了敬畏感。《周易》有“三才”说，“三才”为“天”、“地”、“人”，又《周易》的卦，基础的经卦每卦为三爻。经卦两两重

❶郭大顺:《红山文化考古记》，辽宁人民出版社2009年版，第45—46页。

叠，为六爻。共有 64 卦，即共有 384 爻，加上乾坤两卦多了“用九”、“用六”两爻，那就共有 386 爻，这 386 爻大体上能概括地说明宇宙自然的变化，回还往复，极具魅力。

郭大顺先生还认为，“研究中国天文史的学者将三重圆的直径比例与天象相联系，因为 15.6 比 22，与 11 比 15.6 的比值大约相等，而祭坛外圈的直径又恰巧是内圈的一倍，可见，三重圆的直径并非随意而为，如是，则牛河梁祭坛与北京天坛确具有相同的祭天功能了。”①

郭先生联系英国 5000 年前的巨石阵，也是由立石圈成，不只是一圈，而且附近有相关的积石墓群，形成巨石阵与积石墓的组合，这与红山文化牛河梁遗址的祭坛与积石冢女神庙的组合具有某种类似之处，郭先生合理地生发出想象，说：“虽然牛河梁的环形立石祭坛远没有英国列石那么巨大，而是发展了更高层次的祭礼中心——女神庙。还有日本的环状列石遗构，也集中出现于日本列岛北部的北海道和本州的北部，时间也在公元前 2000 年间。也许，在距今四五千年前，在地球的北半部从大西洋沿岸到太平洋沿岸，早已有某种信息相通吧。”②

史前的宗教建筑陆续有所发现，除了红山文化有外，良渚文化遗址也有发现。“这里除了反山、瑶山和汇观山等以玉器为主的高台墓地，还有仲家山、文家山等十余处埋没了墓葬的台地遗址。从空间分布的特征来看，这一区域的高台墓地及台形遗址以莫角山遗址为中心形成一个高密度的集群，瑶山和汇观山遗址中均发现了祭坛，除此以外，莫角山北侧的卢村也发现了一处祭坛遗址。”③“值得注意的是，一部分高台墓地，特别是一些发现了所谓祭祀遗址的墓地，在营建上是遵循了一定的设计理念展开的，瑶山、汇观山、大坟墩、龙潭港、赵

①郭大顺：《红山文化考古记》，辽宁人民出版社 2009 年版，第 45—46 页。

②郭大顺：《红山文化考古记》，辽宁人民出版社 2009 年版，第 48 页。

③刘恒武：《良渚文化综合研究》，科学出版社 2008 年版，第 103 页。

陵山即是如此。"[1]其中，瑶山、汇观山、大坟墩和龙潭港土台的平面上，发现有回字形的祭坛痕迹，这到底是什么意义，至今还没有定论。

祭坛是专门用来从事祭祀活动的地方，不同的祭祀在不同的祭坛进行，不同地位的人从事不同的祭祀只能在相应的地方举行。于是，祭坛就有了功能分工，有了地位尊卑的区分。按周代礼制，"君子将营宫室，宗庙为先，厩库为次，居室为后。凡家造，祭器为先，牺赋为次，养器为后。无田禄者不设祭器，有田禄者先为祭服。君子虽贫，不粥祭器；虽寒，不衣祭服；为宫室，不斩于丘木。"[2]国家政权就建立在以祭祀为体制的基础上。

周代的祭祀首先在祭祖先，因此，首先在为祖先建一个固定的庙即宗庙。《周礼·王制》云："天子七庙，三昭三穆，与大祖之庙而七。诸侯五庙，二昭二穆，与大祖之庙而五。大夫三庙，一昭一穆，与大祖之庙而三。士一庙，庶人祭于寝。"[3]看来，只有普通百姓祭祀祖先在家中进行，所有贵族均需建有属于自己的宗庙，祭祖在宗庙中进行，一年四季，均有不同名目的祭祖活动。宗庙在某种意义上是政权的象征，宗庙在，政权在；宗庙毁，政权失。这一体制虽然在周代确定下来，但可以追溯到史前。红山、良渚等文化遗址的祭坛中，说不定就有祭祖先的宗庙存在，只是因为年深月久，我们无法找到确切的证据了。

除了祭祖先，周代的天子还要祭天地，祭四方，祭山川，祭户、灶、门、中霤、行等五神。诸侯不能祭天地，但可以祭山川，祭户、灶、门、中霤、行等五神。大夫则不仅天地不能祭，山川也不能祭，只能祭户、灶、门、中霤、行等五神。地位低于大夫的士，天地、山川、五神都不能祭，只能祭祖先[4]。

祭祀在古代是国家的根本制度，《国语·鲁语上》

❶刘恒武:《良渚文化综合研究》，科学出版社2008年版，第125页。

❷王文锦译解:《礼记译解》上，中华书局2001年版，第41页。

❸王文锦译解:《礼记译解》上，中华书局2001年版，第172页。

❹参见王文锦译解:《礼记译解》上，中华书局2001年版，第52页。

云："夫祀，国之大节也；而节，政之所成也，故慎制祀以为国典。"[1]"凡禘、郊、祖、宗、报，此五者国之典祀也。"[2]所有的祭祀均有相应的祭坛。祭天地的祭坛通常在王城的郊外，故祭天地称之为郊祭。诸侯、大夫、士的祭祀各有专用的祭坛。

祭坛的存在意味着稳定的政权存在，所以，中华民族的政权制度其实是可以追溯到距今8000年前的红山文化的。

❶邬国义等撰：《国语译注》，上海古籍出版社1994年版，第126页。

❷邬国义等撰：《国语译注》，上海古籍出版社1994年版，第126页。

三、祭祀方式与礼乐文明

中国古代的祭祀极多，仅就祭天来说，就有郊祭、季节性常祀、封禅大典等。每一类中又有诸多细目，像季节性常祀，又有孟春祈谷、仲夏大雩、季秋大享明堂和四时迎气、祭日、祭月等等。这些祭祀是需要一定的程序来保证的，这些程序表现出浓郁的美学意味。

（一）人与自然的和谐。各种祭祀均有一定的时间规定，这时间与祭祀的对象相关。春天祭春神，夏天祭夏神，秋天祭秋神，冬天祭冬神，一点也不会乱。不同的祭祀放在不同的地方进行，或在明堂，或在野外。《后汉书·祭祀志》中云：

> 立春之日，迎春于东郊，祭青帝句芒。车骑服饰皆青。歌《青阳》，八佾舞《云翘》之舞。
>
> 立夏之日，迎夏于南郊，祭赤帝祝融。车骑服饰皆赤。歌《朱明》，八佾舞《云翘》之舞。
>
> 先立秋十八日，迎黄灵于中兆，祭黄

帝后土。车骑服饰皆黄。歌《朱明》，八佾舞《云翘》、《育命》之舞。

立秋之日，迎秋于西郊，祭白帝蓐收。车骑服饰皆白。歌《西皓》，八佾舞《育命》之舞。

立冬之日，迎冬于北郊，祭黑帝玄冥。车骑服饰皆黑。歌《玄冥》，八佾舞《育命》之舞。[1]

这里说的是汉代的祭祀，不是史前的祭祀，但是，我们可以想象，史前的祭祀，其形式大体上也会是这样的。在大自然之中，祭自然神灵，感受相应时令的自然之美，这种祭祀实际上也是一种郊游。事实上，祭祀活动结束之后，人们便在自然山水中徜徉。王羲之著名的散文《兰亭序》便是这样祭祀兼旅游活动的产物。

史前人类创造的各种主要用于祭祀的器物中，动物纹饰是最丰富的，此外，还有各种动物雕塑，红山文化玉器中有玉鸟、玉龟、玉鹗、玉蝉、玉鳖、玉鱼、玉龙、玉猪龙等。良渚文化玉器中，也有玉鸟、玉鱼、玉龟、玉蝉等玉器。初民为什么这样喜欢以动物为题材做这样的艺术创作呢？不是为了审美，而是为了通神。张光直先生说："在渔猎时代，我们的祖先跟自然界动物之间的关系是非常密切的。动物是人在自然界里面的伙伴。在萨满文化里，通天地的主要助手就是动物。在中国，这种动物的特性常常被忽略了。"[2]这其中，龟是通神最重要的工具，有些地方，可能还要加上鸟。红山文化积石冢中玉器的摆放有一定的讲究，玉龟、玉鸟攥在墓主人的手中，很可能他生前就是用玉龟和玉鸟来从事巫术的。

人类在通神的巫术活动中，广泛运用动物形象。《尚

❶范晔撰，李贤等注：《后汉书》第11册，中华书局1965年版，第3181—3182页

❷张光直著：《考古学专题六讲》，生活·读书·新知三联书店2010年版，第7页。

书》中说的“百兽率舞”，实际上是装扮成动物形象的舞人起舞。在从事各种祭祀活动中，呈上各种动物形象的制品，按照摹仿巫术的说法，动物形象的制品虽不是动物，却是动物的摹本，它们也能召来动物的灵魂，让动物充当人与天沟通的使者，如是这动物本就是人所要祭祀的神，那么，这动物形象的制品就是神灵的替代者。

史前人类的原始宗教中，认定某些高峻的山岭为神山，某些深邃的湖泊为神湖，某些古老的树木为神树，让它们担当起通天通神的功能。进入文明社会之后，这些地方就成为统治者祭祀天地的地方，也成为人们极为向往的神仙境界。

（二）礼与乐的统一。从《礼记》、《周礼》等古籍所介绍的周代祭祀来看，几乎所有的较为大型的祭祀活动都体现出礼与乐的统一。礼在这里是指有关祭祀的种种规定，这是非常具体，十分繁琐的，但一点都不能乱。比如祭祀社神、谷神，天子用的祭品是猪牛羊三牲，名曰大牢；诸侯用的是羊猪二牲，名曰少牢。天子祭天地用的牛，要用刚长角的，角小得像蚕茧，像栗子；祭宗庙用的牛，那牛的角要刚好一把长；宴飨贵宾用的牛，牛角要一尺来长。礼越隆重牛越小，这根据的是以小为贵的礼规。祭祀中礼的讲究，还表现在用语上，凡是祭宗庙用的东西，都不能用平时的说法，比如，牛要称为“一元大武”，猪要称为“刚鬣”，羊要称为“柔毛”，鸡要称为“翰音”，狗要称为“羹献”，酒要称为“清酌”，稻要称为“嘉疏”，稷要称为“明粢”……除此以外，祭祀活动还需要乐的配合，不同的祭礼需要有不同的乐。这种盛况，在史前文物中有所体现。比如，马家窑文化遗址出土的陶盆上，就有手牵着手的成行舞女形象，舞女的头上、臀部有长长的装饰物。歌舞的目的当然是娱神，但既然能娱神，当然也能娱人。

（三）礼与仪的统一。古代，不仅祭祀是要讲究礼仪的，而且日常生活也是要讲究礼仪的。礼仪既要切合主题，表现内容与形式的合一，还要与人在情感上相沟通。因此，礼与仪的统一总能见出一种整体和谐来。《礼记·月令》介绍不同季节不同的礼仪，比如，它说夏天的礼仪生活：夏天天帝的主宰是炎帝，地神的主宰是祝融，人们的祭祀活动主要就是祭这两位神了。用什么做祭品呢？主要用羽类动物；用什么音乐呢？主要用徵音。在生活上，夏季天子乘的车为红车，驾的马是枣红马，车上插的旗是红旗，冠玉佩玉是红玉。当令的食品主要是豆饭与鸡。这个月，天子要命令乐师修治好小鼓与大鼓，调试好琴、瑟、双管、排箫、检试好舞蹈用的盾、斧、戈和羽毛，还有铜钟、石磬等，以备夏天举行雩祭时用。一年的中央在五行中属土，天帝的主宰是黄帝，地神的主宰是后土。这个时期，人们生活的礼仪别有不同："其虫倮，其音宫，律中黄钟之宫。其数五。其味甘，其臭香。其祀中霤，祭先心。天子居太庙太室，乘大辂，驾黄马骊，载黄畤，衣黄衣，服黄玉，食稷与牛，其器圜以闳。"[①]这整个的是黄色的世界了，与夏天红色世界构成鲜明的对比。史前人们的生活是不是也是这样的礼与仪的统一，我们尚缺乏足够的资料。但是，我们可以做这种追溯。

①王文锦译解：《礼记译解》上，中华书局2001年版，第217页。

四、远古活化石——萨满教

在中国东北华北地区曾经长期盛行一种古老的宗教——萨满教，至今还能看到它的孑遗，我们可以将它看成是远古的活化石。从萨满教我们可以猜度到远古人类生活的某些情形。

这种宗教突出特点是奉行自然崇拜。举凡自然界的一切，在萨满教看来，全是神灵的寄身之所。萨满教自然的崇拜，基于一种泛人论的观念。他们以人的眼光看待世界，并且将整个世界人化。人有人性，大自然也有人性；人有精神，大自然界的万事万物也有精神。如达尔文所说："野蛮人倾向于想象性地认为，一切自然物体和自然力量，由于精神的或一种生命的元气从中起着作用，才显得活泼而充满生机。"[1]由将大自然人化，他们进而将大自然神化，那就是山有山神，水有水神，树有树神，花有花神，无物不似人，无物也不有神。于是顶礼膜拜在大自然面前，企求自然神灵的赐福。这种情况在史前是很普遍的，出现在史前器物上的种种自然性的图案与独立的雕塑就是证明。

萨满教不只崇拜自然物，还实施神偶崇拜，他们将自己在想象中的神即"瞒爷"制作成神偶（图 10-5-1、图 10-5-2）。这些神偶有些类人形，有些为人兽合体形。

❶［英］达尔文著：《人类的起源》上，商务印书馆 1986 年版，第 139 页。

图 10-5-1　萨满教的神偶，采自《萨满艺术论》，图 31

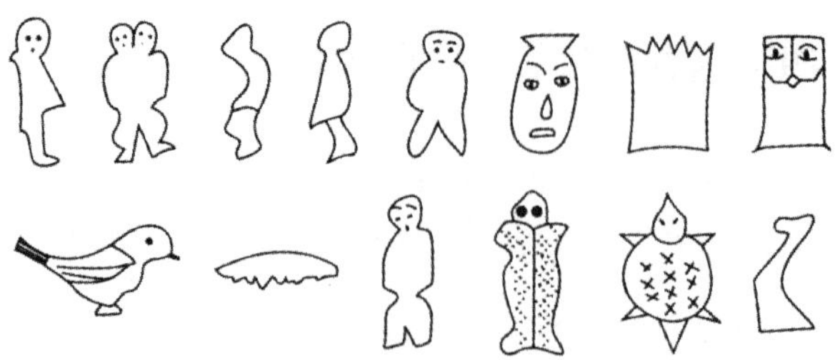

图 10-5-2　达斡尔族萨满教的神偶，采自《萨满艺术论》，图 33

神偶的用途也多种多样，有的只是为某人或某家某族禳灾除祸，有的则为整个部族禳灾除祸。神偶的作用有仅为一时一事的，也有长久且普遍的。一般来说，只有那些长久且普遍的神偶才会保留下来，成为全部落共同敬奉的神。神偶在部落中的地位是崇高的，“各族萨满与族众都将本族所奉祀的诸满爷神体，视为神圣不可侵犯、神威无敌的圣物，虔诚敬祀不衰，代代相因，视如族魂与生命，引为阖族之荣耀！许多部族首领、族众在征杀、御敌、狩猎、守卡、谋生等事务上，只要见到偶神形体或身佩神体，便焕发出势不可挡的智慧与威力和勇气，成为无声的领袖与侍卫。”① 由此我们想到，良渚文化反山遗址十二号墓出土的玉琮上的神人刻像，那肯定也属于此类神。

❷富育光著:《萨满艺术论》，学苑出版社2010年版，第137页。

奉行萨满教的人很重视服饰，萨满神服是从事神事行为专事的服装，神服上的种种装饰均具有通神的作用，我们发现那些装饰许多类似于史前陶器和玉器上的图案，不外乎动物的造形，云气、水波的造形等等。服饰中，神帽居于首要地位，不同的民族与部落都有它们自己的神帽，有鹿角神帽、鹰鸟神帽等。神帽平时不戴的，只有在重大的祭祀场合才戴。富育光先生说，近些年来，还在民间搜集到一些鹰鸟神帽。这种情况，又非常类似于良渚文化中的神人刻像。良渚神人刻像上那冠饰正是羽毛。看来，崇拜鸟，希望借鸟羽通神是中华民族史前非常普遍的巫术现象。

萨满文化既然相信神灵，自然也相信灵魂不灭。部落中的人死了，运送尸体的瓦罐或圆木筒上均钻有小孔，为的是让死者的灵魂自由出入。这种情况，我们在史前文化也有所发现。半坡文化遗址出土的人面鱼纹陶盆，那上面均有孔。这盆不是用来装水的，它是瓮棺的盖子。

瓮棺中葬的是小孩。半坡人认为，孩子虽然死了但灵魂不死，他的灵魂是可以从这孔出入的。

萨满教从事大型的祭祀活动有固定的地方，这就是祭坛。据满族富察氏家族遗留的《满族跳神发微》记述："古重山野堆石祭坛，意在祭天敬地，罗拜星辰万物，此盖生民生存依赖之母。故此，古设祭坛，不重奢华靡费，只求荒朴淳敬，裸拜而不耻，狂舞而不忌，渴求饮血食肉，永谢苍天之恩也。"又，据满族民俗笔记《吴氏我射库祭谱》："祭坛，满语窝陈巴纳。太初亦盛，传袭古今不衰。古择祭地，皆为鸟兽生聚之乐壤福祉，筑高坛，塑神像，雕百牲柱，耸百宝楼，载歌载舞，神人共享，福寿其昌。"[①]这种情况同样可以在史前考古中找到相应证据。红山、良渚的祭坛不就是这样的吗？广西花山岩画那载歌载舞的情景应该就是祭祀的真实写照。从某种意义上可以说，整个史前文化包括那让我们惊叹不已的艺术都囊括在如火如荼的原始宗教活动之中，在蒙昧、野蛮甚至有些恐怖之中逐渐地走向文明。

萨满教文化中最重要的东西也许应该是它的符号。这些符号多为写实的。萨满教研究学者富有光在他的《萨满艺术论》中说："萨满图饰符号，完全是这种岩画的写意风格，而且不少人物、动物等极其相似。我们可以预想到，原始时代人与人之间的情感与观念交流，在智能与思维不甚发达的阶段，图像符号是最形象、最明快、最醒目的标志，具有警示性，增强记忆力，一目了然，要远比声音保留的时间悠远。"[②]

据此，我们可以理解史前的岩画。它可能就是图像式的历史记录，相当于文献。部落曾经发生过什么重大的事件，诸如重要的战争、祭祀、新的部落主登位，或者圣明的部落主诞生，都有可能绘成图画，刻在岩壁上。

❶转引自富育光著:《萨满艺术论》，学苑出版社2010年版，第272页。

❶富育光著:《萨满艺术论》学苑出版社2010年版，第104页。

❷富育光著:《萨满艺术论》，学苑出版社2010年版，第102页。

也据此，可以理解史前陶器、玉器上那些精美的图案。虽然它们远不如岩画那样雄伟，在记事上有相当的局限，但并不妨碍它们充当某一重大事件纪念物。像仰韶文化陶缸上的鹳鱼石斧图就很可能是某一重大事件的记录。再者，也未必要如实地记录，象征性记事，作为纪念就是了。

当然，史前的岩画、陶器和玉器上的图画，也可能是一种巫术，画一只鸟就代表鸟，画一只兽就代表兽。按巫术相似律，这种画，可以招来真的鸟、真的兽，让狩猎者获得丰收。不过，这种源自西方的巫术理论，我总是有些怀疑，中华民族是一个更重历史的民族，因此，我认为，岩画、陶器、玉器上的图案其记录功能与纪念功能可能要重于巫术功能。

值得我们进一步思索的是，这些图画也可能是远古的文字，当它们串联在一起的时候，就会成为一句话，表达一个完整的思想。图 10-5-3 是萨满的记事符号，这样的符号，我们在仰韶文化、大汶口文化、龙山文化的陶片遗存中也可以找到。

原始宗教是人类史前普遍存在过的文化现象，中华民族也是一样。如果要说有什么特点的话，那就是中华

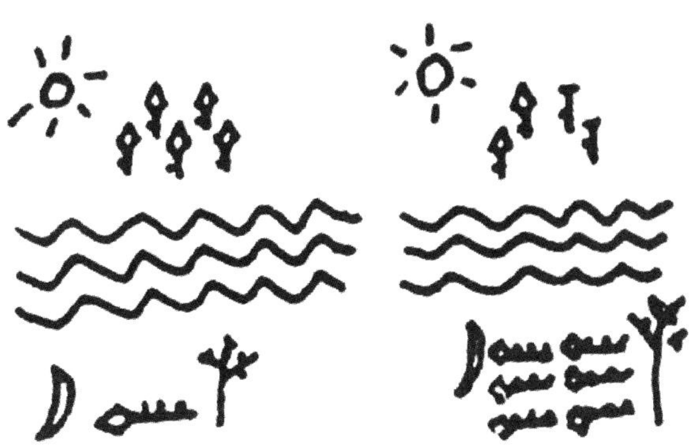

图 10-5-3　萨满记事符号，采自《萨满艺术论》，图 12

民族的史前宗教在其发展的过程中，表现出不断祛魅的现象。所谓祛魅，在这里主要指不断地去除原始宗教中的巫术色彩、神秘色彩，而彰显出近似文明的意味来。这里集中体现在比较地注重对自然规律的探索倾向，如颛顼“绝地天通”中“南正重的司天以属神”、“火正黎的司地以属民”。另外，就是与大自然相亲和的审美倾向。这主要表现在不同的时节有不同的祭祀，还有不同的生活方式等。更重要的原始宗教在其发展过程中表现出与政治的某种脱离，宗教相对独立，然而又听命于政治，服务于政治。就这样，史前宗教逐渐走向解体，而初民逐渐从蒙昧走向解放。

第壹章

史前审美意识例论

第一节 河姆渡文化：审美的滥觞

中国的新石器时代始于12000年前，一般将12000年至7000年前这一段称为新石器早期，将7000年至5000年前这一段称为中期，5000年至4000年前这一段称为晚期新石器时代。

早期文化也可以分成早期、中后期两个阶段，早期的遗址已发现的主要在华南地区，以广东阳春独石仔遗址、广西柳州白莲洞遗址为代表。这一时期，陶器还没发明，只出现磨制的石器。中期陶器已出现，由于尚处于发明阶段，制作原始，质地粗疏，夹砂，胎厚薄不均。主要有广东翁源青塘遗址、广西柳州大龙潭鲤鱼嘴遗址。后期，陶器制作仍保留很多原始性，但有明显进步，特别是器表有了美丽的装饰性纹饰。后期文化在黄河流域见出的主要有老官台文化、磁山文化、裴李岗文化、北辛文化等；在长江流域见出的主要有彭头山文化、皂市文化、河姆渡文化等；在北方见出的主要有兴隆洼文化、新乐文化等。另，广西桂林的甑皮岩遗址、广东潮安海角遗址也都见出新石器时代早期的后期文化。[1]

从审美意义上说，河姆渡文化是中国新石器早期文化的卓越代表。

❶关于新石器时代的分期，有不同说法，此采纳向绪成的说法，见向绪成编著:《中国新石器时代考古》，武汉大学出版社1993年版，第14—15页。

河姆渡新石器遗址是1973年发现的。这年春夏之交，浙江省余姚县罗江公社的社员在姚江北岸渡头村西端建一座排涝站，在施工中发现了一些石头、瓦片和动物骨头。县里的文物干部得知后即赶赴现场，经初步踏查，认为是一处古文化遗址，上报到浙江省文物部门。1973年11月9日至1974年1月10日，由浙江省考古研究所会同余姚县文物部门，进行抢救性挖掘，获得大批重要的文物，初步认为这是一处属于新石器时代的遗址，文化层可分为四层，第一、二层的遗物主要为陶器，颜色为红、灰褐、外红内黑，其文化性质与杭嘉湖平原的马家浜文化、崧泽文化近似，属于新石器时代的晚期，距今5000至4000年；第三、四层出土了大量的木桩、骨器、陶器、木器，还有炭化了的稻谷、稻秆遗物，属于新石器的中期偏早，据碳十四测定，最早距今6955±130年，最晚距今年6570±120年，也就是距今7000年左右。1976年4月5日至12日，在杭州召开“河姆渡遗址第一期发掘工作座谈会”，会上将河姆渡遗址和第三层第四层命名为“河姆渡文化”。[1]

①参见刘军：《河姆渡文化》，文物出版社2006年版，第11页。

河姆渡文化是中国新石器时代文化中最为重要的发现之一。遗址出土的“双鸟朝阳”蝶形器反映中国最早的凤凰崇拜以及相应的礼神敬天制度；遗址出土了大量具有审美意味的艺术作品，虽然在当时未必为纯艺术品，但显示出原始初民具有很高的艺术造形能力、审美能力。此外，还发现了骨笛，说明当地的音乐也很发达。河姆渡文化有中华民族稻作文化最早也最为丰富的遗存，遗址中出土的以家畜和稻作物为题材的艺术作品是中国农业文明的审美开显。所有这些，说明距今7000年前我们的祖先已经具有审美意识。将河姆渡的艺术成就的意义定位为中华民族审美意识的滥觞，也许并不为过。

一、具有审美意味的艺术的诞生

河姆渡出土文物能见出艺术品位的主要是两类艺术：一类是美术，主要为线刻和圆塑；另一类是音乐，由出土的乐器见出。

（一）线刻

河姆渡的线刻艺术主要有这样几件作品：有稻穗刻纹的陶敛口钵、有野猪刻纹的圆角长方钵、有五叶刻纹的马鞍形陶块、有鸟刻纹的象牙蝶、有几何形刻纹的象牙匕形器、有蚕刻纹和几何刻纹的盖帽形器、有双鸟朝阳刻纹的象牙蝶形器等。

河姆渡艺术作品写实的水平非常高，形神兼备。可以先看著名的象牙蝶形器上的双鸟朝阳纹中的鸟（参见图10-3-1），一共是两只鸟，鸟头重在写实，说是写实，也不是不分主次地一一细描，而是省略掉许多东西，注重表现鸟的喙、眼，还有头部的轮廓。鸟喙长而尖利，呈鹰勾状；鸟眼炯炯有神，两只鸟其眼神不一样。头部轮廓也十分准确。有人据此判断为鸠鸟。

再看猪纹圆角长方钵（参见图4-2-11），这具钵两面均有猪纹。猪用线刻就，外部轮廓基本写实，最为生动也最为传神的是长长的嘴巴。猪嘴较长，但它不是野猪，因为此猪比较地肥。其次是猪耳，尖形，再其次是背部的鬃毛，刚直如针。这猪有些部位是夸张、失实的，如眼睛，显然画得太大。当时猪的驯化程度不很高，故此猪较多地保留着野猪的特征。猪的轮廓和主要部位是写实的，而且注重传神，但是，猪嘴和猪身上的皮毛，却将它图案化了：猪肩部与臀部的花纹为双叶纹，并叠合成多层次；猪腹部有多层次的圆圈纹。圆圈纹上下均有斜线纹。这种处理方式跟中国民间艺术如剪纸很相似。

图 11-1-1　河姆渡文化人首塑，采自《河姆渡文化精粹》，图 141

图 11-1-2　河姆渡文化猪塑，采自《河姆渡文化精粹》，图 143

图 11-1-3　河姆渡文化羊塑，采自《河姆渡文化精粹》，图 144

图 11-1-4　河姆渡文化鸟形塑，采自《河姆渡文化精粹》，图 146

（二）圆塑

圆塑作品主要有：人首塑（图 11-1-1）、猪塑（图 11-1-2）、羊塑（图 11-1-3）、鸟塑（图 11-1-4）、兽形器、鱼塑等。

河姆渡文化的圆塑作品，写实水平也很高。我们来看猪塑，塑的猪，嘴较短，向前拱着，似在探寻食物。它身躯肥大，腿很短，蹒跚地前进着。羊塑基本形制同于猪塑，但羊头上举，警觉地注视前方，身体似是在颤动，是发现了什么危险，还是前方出现了什么新的情况？鸟塑在鸟身上钻上许多小孔，创造出毛茸茸的感觉。猪塑、羊塑和鸟塑均形神兼备重在传神。人首塑基本上写实，突出高高的颧骨、低凹的鼻梁、硕大的嘴巴。

不论是线刻作品还是圆塑作品，都具有浓郁的写意味道。意有两种：一是属于艺术家个人的；一是属于当时全部落的，即集体意识。

拿双鸟朝阳纹为例，艺术家似乎最感兴趣的是鸟首，其中又主要是鸟喙，他将这一部位刻画得逼真传神，鸟的其他部位，则将它抽象化了，图案化了。这似是在传达属于艺术家本人的意识，然而整个构图似是在传达一种属于本部落的集体意识。

再来看陶钵上的猪纹。猪的轮廓是写实的，猪眼则有意夸张，画得很大，显然，这表达了一种属于艺术家个人的情感，他喜欢的猪应该这样。刻猪纹而不刻别的，而且这猪纹刻在这主要用来盛食物的陶钵上，这所传达的意识就不是艺术家个人的意识，而是部落的集体意识了。

猪的轮廓基本写实，猪的身上则画有图案。其中最显眼的是圆圈，其次是双叶。关于这图案，看法是有分歧的，分歧集中在这圆圈上。主要有三说：一种说法：圆圈是太阳，将图案的意义归之于太阳崇拜。另一种说法：圆圈为猪的心脏。将心脏的部位标出来，其意是让人射中这个部位。第三种说法：圆圈为水滴，猪是水畜。三说均比较牵强，其实，图案只是美化而已，不一定有明确的意义。圆圈、双叶是河姆渡人用得最多的两种装饰符号，什么地方用，什么地方不用，似乎更多地从审美上考虑。仔细观看此幅作品，细想想，猪的腹部还是用圆圈来装饰比较得体。猪好吃，猪的腹部一般较圆，人们希望将猪养得肥一些，在猪的腹部上刻上圆圈，这完全可以理解。猪的肩部与臀部用双叶纹，是从猪的肌肉纹理出发的，与猪的骨架、肌肉纹理比较地契合。猪身前后各有一双叶纹，中间为圆圈纹，这样，比较地对称，具有形式美感。

河姆渡文化一期出土一件兽形塑（图 11-1-5），遍体是斜线为主的花纹，其躯干有多层圆圈纹，兽首较小，身躯庞大，四肢臃肿。整个形象看来不是以写实为主，而是以写意为主。这意主要是艺术家个人之意还是部落集体之意，就难以知晓的了。

图 11-1-5 河姆渡文化兽形塑，采自《河姆渡文化精粹》，图 139

写实主要手法是摹仿，摹仿讲究真。写意的手法不仅有摹仿，还有想象。想象必变形。河姆渡的雕刻艺术中，变形的艺术作品很多，像一体两头的双鸟朝日纹就是变形的；河姆渡的圆塑中有一种双头猪塑，同样是变形了的。为什么要变形？显然是为了表达某种理念。目前我们很难猜定是何种理念，可以肯定的是，它具有神灵的意味。

河姆渡雕刻艺术所显示出来的造形水平，不仅体现在写实与写意的水平上，而且也体现在艺术表现的具体方法与技能上。

雕刻造形手法基本上有两种：一种偏重于团块造形，讲究立体感、光感等等，另一种偏重于线条造形，讲究平面感，重视线条本身的韵味。河姆渡文化的雕刻，两种手法都有，以后一种手法见长。这里最值得称道的是双鸟朝阳纹，仿佛不是用石刀刻的，而是用毛笔画的。线条不只是流畅，而且疾徐、轻重、粗细均有致。最为精彩的一是表现鸟喙的曲线，刚劲有力，见出喙的坚硬锐利；另是鸟头部的轮廓线，圆转自如，流畅迅利，一气呵成。这种表现手法让我们想到了中国画。中国画线条之美应该可以追溯到这幅雕刻。

就中华美术的起源来说，河姆渡的雕刻还不能说是最早的源头，因为它的水平已是很高的了。

（三）乐器：骨哨和陶埙

河姆渡文化遗址还出土了160多支骨哨（图11-1-6）。这些骨哨都是用飞禽的肢骨做成的，大多数有手指一般粗，10厘米左右长。骨哨钻的孔不一，有二孔、三孔、四孔，其中有一支骨哨有七孔，一孔为吹孔，六孔为音孔。

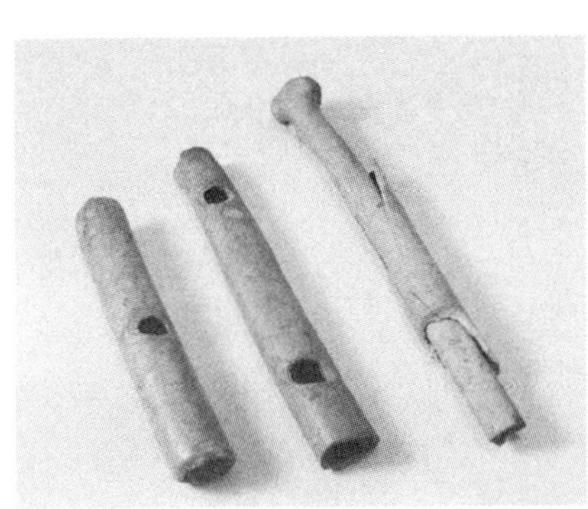

图11-1-6 河姆渡文化骨哨，采自《河姆渡文化精粹》，图23

骨哨是当时的乐器，它能不能发出声音来呢？陆州先生曾经做过一个试验，他在赵松庭先生的指导下，仿河姆渡出土的四孔骨哨，用鸡腿骨也做了一支，其孔的位置、大小均同于河姆渡的骨哨，试着吹奏，能吹出高昂、脆亮的声音。“通过指法变换能吹出一组完整的五声音阶，一个低音；右手大拇指运用按半孔技法，还能吹奏出七声音阶、部分升降音；骨哨还能逼真地摹拟自然界的鸟喧、虫鸣的音响。”①

①陆州、华光:《原始艺术科技的结晶——河姆渡出土骨哨》，《河姆渡文化研究》，杭州大学出版社1998年版，第245页。

河姆渡遗址还出土有陶埙（图11-1-7），此埙长9厘米，腹径5.5厘米，孔径1.1厘米，它同样可以吹奏出音乐来。

图11-1-7　河姆渡文化陶埙，采自《河姆渡文化精粹》，图138

音乐在人类的生活中占据很重要的地位，在人类诸多艺术中它最能曲尽其微地表达人细致的情感。人的声音器官是天然的乐器，直接受控于情感，因此，几乎不需要进行专门训练，一任情感的自由抒发，就可以唱出歌来。仅就抒情来说，没有比声乐更好的了。当人们不满足于声乐，还需要创制乐器，以便更好地发出一种声音时，它对音乐的追求，就不只是抒发情感，还追求声音的美了。而当美成为人类的自觉追求时，艺术就产生了。

音乐是原始人类最早发明的艺术，开口即可说话，也可唱歌。说话主要是表意，唱歌主要是抒情。虽然主要是抒情，也可表意，于是，在诸多的艺术中，音乐自然胜出了。20世纪80年代在河南舞阳贾湖遗址发现了距今9000年的骨笛，那是目前已知的最早的骨笛了。值得我们捉摸的是，在离贾湖上千里的河姆渡，也发现骨笛，而且这骨笛的造形、笛孔的设置、所能达到的音阶的水平，均具有相同性，这就不能不让人思考，河姆渡人与贾湖人或许有着某种联系，甚至河姆渡人是贾湖人迁徙而来的，也未必不可能。

二、专业艺术家的出现

河姆渡文化的雕塑应该不是普通人所为，它是专业艺术家的作品。只有专业的艺术家，才能达到那种运用线条造形从心所欲不逾矩的地步，才能那样准确地把捉被雕对象的形与神，采用恰到好处的手法，将它表现出来，达到栩栩如生的地步。同样，骨哨与陶埙也不是普通人可以制造，可以演奏的，制造者与演奏者也许是同一人，他理所当然是专业的音乐家。

专业艺术家的产生必须有两个条件，一是确有可能。所谓可能，就是说部落基本上能为艺术家提供生活的必需物品，让其专心致志地从事艺术活动。从河姆渡出土的物件来看，那个时候，河姆渡人的生活条件是不错的。耕作物有稻谷，家畜有猪、羊，因为居住地多水面，鱼也相当多。出土的一件陶器残片上还有没有食完的锅巴。既然食品供给不愁，部落主很可能会让一些有才能的人专门从事一些精神方面的工作，如祭祀、雕刻、绘画、歌舞之类；二是确有必要。众所周知，对于史前人类来说，讨天地神灵的欢心是至关重要的事，为此，必须采取各种方式去通神、娱神。雕刻、绘画、歌舞主要用于巫术、祭祀之中，是娱神的必要手段。这类活动不仅一点都不能马虎，而且要力求做得精美，这就需要专门的人员来做了。

虽然人人都有艺术的素质，能唱、能画、能刻，但那只是一种自我表现罢了，未必能获得别人的赞扬。只有音乐家的歌声才获得普遍的喝彩，因为它确实动听；同样，也只有雕刻家的作品才有资格刻在部落用以祭神的陶器上，因为它确实好看。

艺术不仅是天才的事业，只有具有这方面天赋的人才可能成为艺术家，艺术还是需要经过专门训练的工作岗位，不经过专门训练，成为不了艺术家。参见图4-2-5上的五叶花纹，画面虽然简单，但构图匀称，明显地见出此艺术家已懂得一些形式美原理，线条流畅洒脱，挺拔圆活，整个画面透出的意味是静中显动，柔中寓刚，洋溢着一派春天的气息。没有经过一定的专业训练决不可能做出这样的作品来。

一方面是社会对艺术的需要，另一方面是艺术自身发展的需要，促使了艺术家的诞生。河姆渡的雕刻、绘画的水平，能够说明它只能是专业的艺术家（当然可以兼若干项事务包括农业劳动）所为，而不可能是普通人所为。

虽然原始艺术的目的主要用于娱神，但娱神的前提是娱人。因此，主要用于娱神的艺术在制作之前是经过了一个娱人的阶段的，而且在祭祀、巫术活动之后，某些艺术如岩画、歌舞，也许还有雕刻，仍然可以发挥娱人的作用。

艺术家无疑是部落审美修养最好的人，他不仅要为娱神兼娱人提供优秀的作品，而且实际上还担负两项重要的工作：一是为社会制定审美标准和艺术标准，他们是社会的美学兼艺术的立法者；二是以自己的作品和其他方式提高整个社会的审美水平与艺术欣赏水平。他们实际上是整个社会的美学兼艺术的老师。

三、华夏始祖崇拜的审美雏形——凤凰造形

在河姆渡出土的艺术性文物中，最重要的莫过于鸟的种种造形了。鸟的形象在河姆渡文化的骨器、陶器、木器中均存在。基本造形主要有六种：

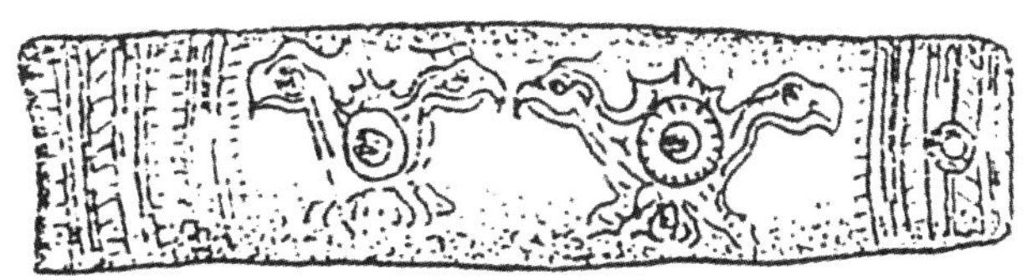

图 11-1-8　河姆渡文化骨器上的双鸟反向连体雕刻

（一）双鸟头相向共体，如双鸟朝阳纹蝶形器

（二）双鸟头反向共体，如双鸟纹匕柄（图 11-1-8）

（三）单鸟有头有身无腿，如圆雕鸟形象牙匕、象牙鸟形匕

（四）单立鸟，如圆塑鸟

（五）双飞鸟，如双飞燕堆纹器盖

（六）鸟的抽象造形，如蝶形器、猪嘴形支架（参见图 2-2-3）、鸟形盉（图 11-1-9）

这些鸟的造形有的具象有的抽象，其意义非同寻常。它当是河姆渡居民神鸟崇拜的体现。据气象学与地理学研究，地球从距今 10000 多年前气温升高，在距今六七千年前达到最高峰，全年平均气温摄氏 18—20 度，比现在高 3—4 度；最冷的月份，气温也达摄氏 10—11 度，比现在高 6—7 度。另外，河姆渡地处中国的东部，近海，受海洋性季风影响，全年雨量丰沛。正因为如此，这块地方森林茂密，河港交织，是各种适宜于温热带动物的天堂，鸟类是极其多的。人类跟当时与之共处的各种动物，关系是不一样的，感情也不一样。大型哺乳动物，如爪哇犀、亚洲象、圣水牛、虎等，虽然形象威武，能让人产生敬仰感，但它们对人具有威胁性，因而人对它们感到害怕。昆虫之类，形象一般丑恶，对人也有某种伤害，故人

图 11-1-9　河姆渡文化鸟形盉，采自《河姆渡文化精粹》，图 125

们一般不喜欢昆虫，甚至厌恶、害怕昆虫。唯独鸟，人们对它具有特别的好感。鸟对人一般无害，而且鸟、鸟蛋是人们精美的食物。更重要的是，鸟能在天上飞，无限的天空是人们无限想象所寄予的对象。还有什么比天空更伟大、更神奇的呢？正是因为鸟能飞，而且也因为鸟的体形和羽毛惊人的美丽，故而人们无比地崇拜鸟，视鸟为神物。如果天空中有看不见的神灵，那飞鸟就是神灵的使者。

在那个时代，人几乎崇拜一切自然物。崇拜是以敬畏为核心的，各种不同的自然物，人们对它的敬畏是不一样的。人们对鸟也敬畏，但相比于对别的动物的敬畏，对鸟的敬畏更多地渗入一种喜爱之情。正是这份喜爱之情，让人对鸟感到亲和，鸟也就更多地进入了人的精神世界；同样，也正是因为这份喜爱之情，使得人们对鸟的崇拜倾向于审美，其性情由崇高之畏感导向优美之亲感。

因此，要说原始人的审美意识的觉醒，其中对自然物的审美觉醒，也许首推对鸟的审美了。

我们知道，中华民族的始祖不只是一位，而是有许多位，伏羲、女娲、黄帝、炎帝、太皞、蚩尤、少皞、颛顼、帝尧、帝舜、帝禹均是。他们生活在不同的时代，也生活在不同的地方。不同的始祖由于其所处的地域不同，生活资料的来源不同，因而有着不同的自然崇拜。黄帝、炎帝部落是中华民族的主体，历史学家称之为华夏集团，华夏集团主要活动在中国的中部——黄河中上游一带，崇拜的自然物主要为牛、熊、狮、蛇等，后来创造出龙的图腾形象。中国的东南部，也就是长江中下游一带，生活着的中华民族的另一始祖——东夷族，历史学家称之为东夷集团。“这一集团较早的氏族，我们知道的有太昊（实即大皞），有少皞（或作少昊，实即小皞），有蚩尤。”[1]河姆渡居民属于东夷族，是以鸟为图腾的。历史学家认为，古越国的祖先应是河姆渡人，古越国是以鸟为图腾的。浙江绍兴一座战国时期的古墓中，出土了一件鸟图腾柱。图腾柱立在铜质房屋上，顶上有一大尾鸠。[2]

据此，可以推断，河姆渡文化出土的鸟的各种图形，均为鸟图腾。以鸟为图腾既是以鸟为尊，也是以鸟为美的。现在我们需要解释的是被定名为“双鸟朝阳纹”（参见图10-3-1）的含义。

此纹刻在残缺的象牙片上。对于这一图案，浙江省考古研究所的发掘报告认定为“连体双鸟太阳纹”[3]。双鸟没有问题，问题有二：一、双鸟相向的五周圆圈是不是太阳？二、双鸟是不是连体？笔者认为，认定双鸟相向的五圆周为太阳，根据不足。如是太阳，就这图形来说，因为双鸟相向，均对着太阳，还可以说得上对太阳具有崇敬意，然而河姆渡还出土了一件双鸟纹匕柄，这柄上的双鸟的头反向，它们也连体，连体处也被刻成圆圈（参见图11-1-8）。那这圆圈是不是太阳？如果是太阳，不是鸟头而是鸟的尾巴朝向太阳，这怎么说得上尊敬、崇拜？

河姆渡器物上的图纹，有圆圈的很多，情况各不相同，主要有两种情况：独立的圆圈纹，如太阳纹象牙蝶形器，它为六周的圆圈（不是双鸟太阳纹的五周圆圈），圆圈下面为数条横向长线纹。非独立的圆圈纹，其圆圈为别的图案中的一部分，如前文说的“双鸟连体太阳纹”（参见图10-3-1）；还有圆角方形钵上的猪纹，圆圈在猪的腹部（参见图4-2-11）。将这些圆圈说成是太阳，恐怕不很妥当。

笔者认为，圆圈的具体含义要从图案的总体构思中

❶徐旭生:《中国古史的传说时代》，文物出版社1985年版，第48页。

❷《绍兴306号战国发掘简报》,《文物》1984年第1期。

❸《河姆渡——新石器时代遗址考古发掘报告》，文物出版社2003年版，第284页。

去理解，可能每一图案有不同的含义。就“双鸟连体太阳纹”来说，图案中的五个圆圈，可以理解成鸟卵，圆圈最外一圈上的长短不一的纵向短纹，不是火焰，而是羽毛。两鸟身体做了叠合处理，其基本意义应是在交配，交配的产物就是卵。

太阳的含义，在远古人类也是多方面的。在中华民族精神生活中，它并不全是顶礼膜拜的对象。据《山海经·大荒东经》：“羲和者，帝俊之妻，是生十日。”[①]人生日，就常理是不能理解的，所以，有学者为它做出种种解释，有将“十日”理解为10个人的，也有将“十日”解释成十天干的。我认为，神话思维本就不是常规思维，它是一种奇妙的想象。在神话思维中，作为神的帝俊之妻，就为什么不能生日呢？神话中的后羿就曾射下过九个太阳，只留下一个。这两个神话故事是配套的。“帝俊妻生十日”，这一文化现象非常重要，按这一神话来理解这“双鸟连体太阳纹”，可以将此纹的意义理解为双鸟育日。神话中的“帝俊”是殷人的祖先神，殷人的最高祖少皞名挚即鸷，《左传·昭公十七年》云：“我高祖少皞（昊）挚之立也，凤鸟适至，故纪于鸟，为鸟师而鸟名。”少皞氏也是东南夷的首领，河姆渡人作为东夷族之一支，说不定就创造了这一神话。

关于双鸟朝阳纹，笔者暂设定为两种理解：一是双鸟交配而产卵，二是双鸟育日。不论是交配而产卵，还是育日，都与生殖崇拜相关。

仔细观察图案中的双鸟，还能隐约分出雌雄来，右边的那只可能是雄鸟，左边的那只可能是雌鸟。连体的形象在河姆渡动物造形中比较地普遍，不仅有连体的双鸟，还有连体的双猪，双蚕。它们都具有生殖崇拜的意义。

① 袁珂校译：《山海经》，上海古籍出版社1985年版，第245页。

双鸟连体应为双鸟交叠，实为双鸟交配，这种意念既可以具象化，也可以抽象化，做成蝶形器。蝶形器实为鸟形器，只是它不是一只鸟，而是两只鸟，蝶的两翅即为两鸟，蝶的身体即为双鸟身体的交叠即交配。

从生殖崇拜的角度去理解“双鸟连体太阳纹”，也可以从古籍中找到佐证。《说郛》卷三十二《琅寰记》中说：

> 南方有比翼鸟，飞止饮啄，不相分离。雄曰野君，雌曰观讳，穤名曰长离，言长相离着也。此鸟能通宿命，死而复生，必在一处。

这当然是神话，但用它来解释“双鸟连体太阳纹”不也合适吗？

中华民族因为由诸多的部落、氏族构成，其图腾崇拜是多种多样的，但是随着部落的融合，其图腾形象也逐渐地融合，逐渐地以龙和凤为主要的图腾。龙和凤均是诸多动物的融合，龙的主体为蛇，凤的主体则为鸟。河姆渡文化的鸟图腾是凤图腾的重要来源之一。关于凤的来源，《艺文类聚》卷九十引《庄子》佚文，特别强调为南方的鸟。文曰：“南方有鸟，其名为凤，所居积石千里，天为生食，其树名琼枝，高百仞，以璆琳琅玕为食。”[1]凤凰是成对的，它们象征着阴阳和合，吉祥、平安、幸福。《淮南子·览冥训》云“凤皇之翔至德也；雷霆不作，风雨不兴，川谷不澹，草木不摇”[2]。

河姆渡文化中的神鸟崇拜成为中华民族凤凰崇拜的重要源头之一，开启了中华民族崇尚和谐、幸福、安康的审美传统，而以双鸟交配图案所表现出来的生殖崇拜

❶转引自刘城淮著：《中国上古神话》，上海文艺出版社1988年版，第53页。

❷高诱注：《诸子集成·淮南子注》7，上海书店1986年版，第93页。

意味又开启了中华民族珍视生命延续、发展的可贵传统，为中华民族特有的生命美学奠基。

四、华夏农业文明的审美开显——稻谷与家畜的写形

河姆渡出土的我们今日可以称之为艺术的作品，主题是神鸟崇拜，其次，则是农作物与家畜的崇拜了。

有一件属于河姆渡文化第一期的长方形圆角敛口钵，钵身外侧刻了稻穗纹（参见图 4-2-6）。纹饰面积很大，几乎占满钵体的一侧。严格说来，它不是装饰性的图案，就是一件雕刻作品。

这件作品的构思是：一束稻穗立放着，让其两边分开，中间单立着一支。两边分开的稻穗颗粒饱满，沉甸甸地，将穗压成弧形，中间立着的一支似是才扬花开穗。看这幅雕刻，一个强烈的感觉就是丰收。

此雕刻具有强烈的艺术性，整体构图大胆而又别致，正面两分，但又不是简单的左右对称，避免对称构图常有的呆板。对于稻穗的表现，艺术家采用具象与抽象相结合的手法，用长线间加点的方法，既具有视觉识别性，又具有审美的观赏性。线条舒展，大气，斜点干净、利落，行刀走笔之中极见专业的功力，而欣赏者又似是感受到雕刻家极为愉快的心绪。

不要说在原始艺术中这是精品，就是放在人类至今的整个艺术长河中它也是精品。当然，最为重要的，还是它如此热烈、如此奔放地表现了对人类最早的稻作物的赞美。也许这是人类第一幅赞美水稻的艺术作品。

水稻的耕作在人类的历史上具有极其重要的意义。原始人最初的经济活动为“采集经济”，直接从自然界获

取食物其中包括野生的稻米；这样一种经济是难以维持人类的生命的，更不消说种群的发展了，后来原始人开始了种植，一是将从自然界获得的植物的种子种植在开垦过的土壤中，经过精心的耕作，让其果实比野生的植物更丰富，更饱满，另是将野生的动物豢养为家畜、家禽。这种经济称之为“种植经济”。种植经济中，最为重要的种植是水稻的种植。众所周知，现在地球上几乎占三分之二的人群其主要的食物为大米。中国是最早进行水稻种植的国家之一。目前的考古发现，可以将中国的水稻种植推向10000年前。湖南道县的玉蟾岩古人类遗址和江西万年仙人洞遗址均发现有水稻种植的遗迹[1]。这两处古人类遗址属于新石器时代早期，距今10000年了。早于河姆渡文化遗址1000年左右的湖南澧县彭头山、河南舞阳贾湖等文化遗址也发现有稻作遗存[2]。

尽管如此，河姆渡文化遗址的史前稻作遗存的发现仍然具有极其重要的意义：其一，它发现的量大，第一次考古发掘的630平方米内，稻谷堆积物达400余平方米，厚度在20—50厘米之间，据推测，稻谷当多达120吨。其二，稻谷保留较好，尚可以见出颖壳、稃毛，外稃乳突。张文绪、汤圣祥、刘军经过扫描电镜观察得出结论，它类似梗型的稻谷[3]。稻谷中籼梗分化是稻作科学中的重要问题之一。其三，在河姆渡文化遗址的稻谷遗存中还发现了野生稻谷，这同样具有重要的科学意义。其四，也是最重要的，在河姆渡发现了大量的配套的水稻耕作的农具，其中最为重要的是耜，有骨耜（图11-1-10）、木耜、石耜。其中骨耜是最重要的农具，其保存量之大，制作之精美，在拥有稻作遗存的新石器遗址中，堪为第一。

大量的稻作农业遗存在长江中下游一带的新石器遗

❶周季维:《长江中下游发现出土稻谷考察报告》,《云南农业科技》1981年第6期。

❷裴安平:《彭头山文化的稻作遗存与中国史前稻作农业》。《农业考古》1989年第2期。

❸张文绪、汤圣祥、刘军:《水稻品种和河姆渡出土稻谷外稃乳突的扫描电镜观察》,《河姆渡文化研究》,杭州大学出版社1998年版,第55页。

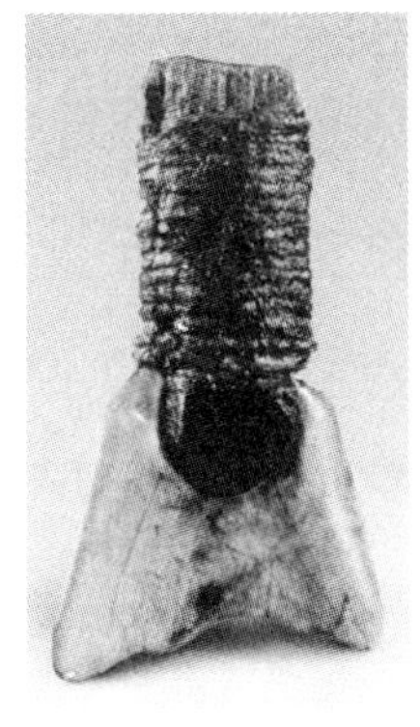

图11-1-10　河姆渡文化绑柄骨耜，采自《河姆渡文化精粹》，图20

址发现，说明中华文明的起源地并不是只有黄河流域一个中心的，堪与黄河流域并列的还有长江流域。[1]北方的粟作农业和南方的稻作农业共同哺育着中华儿女，为中华文明的发展做出了同等的贡献。

河姆渡不仅有中国最早的稻作遗存，而且也有中国最早的家畜遗存。据考古发现，这里有大量的猪、羊、水牛的骨头残片，说明当时的河姆渡人已经在豢养家猪、羊和水牛了。河姆渡第一期的出土物中，有一件圆角方形钵，此钵方形的两面均刻了一只猪（参见图 4-2-11）。这两只猪的隽刻，其艺术性同样很高，风格类似于稻穗的雕刻，疑为出于同一艺术家。猪是六畜之首，猪的家养在人类的文明史上其意义十分重大。人类的肉食来源原来均是靠狩猎，狩猎不仅危险，艰苦，而且往往无所得，有了猪的家养，吃肉就可以不靠狩猎了。河姆渡遗址发现有水牛的骨头残片，但无法确定是家养的。

河姆渡地处亚热带、热带，雨量丰富，湖泊、河汊星罗棋布，适宜于猪的生长，于牛羊则不是太适合。故在中国的南方，猪的地位高于羊。猪在中国文化中的影响是很大的，汉语的“家”字就是宝盖头下边一个“豕”字。在中国人的礼仪生活中，猪与牛、羊共为“三牲”。重大祭祀中，三牲一般是不可缺的；但在中国南方，羊可以用鱼或别的物品代替，而猪绝对不可缺。《淮南子·氾论训》云：“飨大高者，而彘为上牲。”[2]又《淮南子·时则训》云：“立夏之日……天子以彘尝麦，先荐寝庙。”高诱注云：“是日麦始升，故以豕尝麦，豕水畜，宜先荐寝庙，孝之至也。”[3]这里强调的是猪宜“先荐寝庙”，说明猪在祭品中的重要性。在有些地方猪还代表寿。浙江嘉兴一带，祭祀天地神灵时，作为供品的猪必须头肥耳大，状如元宝，猪头

❶据游修龄、郑云飞：《河姆渡稻谷研究进展及展望》，中国新石器时代有稻谷的遗址累积到 1992 年止共达 112 处。见《河姆渡文化研究》，杭州大学出版社 1998 年版，第 37 页。

❷❸刘安著，高诱注：《诸子集成·淮南子注》7，上海书店 1986 年版，第 231、73 页。

上皱纹多，称之为“寿字头”[1]。有学者认为，商周青铜器上的饕餮纹，其来源之一可能是猪的形象[2]。最为重要的，是猪进入到中国最古老的哲学经典《周易》。猪为水畜，八卦中的坎卦其象为水，也为豕。水是生命之源，在人类文化中具有极其重要的意义。就中国文化来说对水的重视实际上远超过山。黄河、长江流域是中华文明的两大最主要的发源地，这两条河也就一直为中华民族歌颂着，被誉为中华民族的母亲河、父亲河。

与农业文明相关的图案还有蚕纹，它出现在河姆渡文化第二期的一件象牙盖帽形器（图 11-1-11）上。双蚕连体共首，数对连缀成一周。蚕纹的发现具有重要的意义，众所周知，蚕丝直到今日仍然是极为珍贵的衣料，河姆渡人是不是会养蚕了？地下考古材料尚不能充分说明，但将蚕刻在玉器上，至少说明河姆渡人已在驯化蚕。据《崧泽——新石器时代遗址发掘报告》，距今 6000—5500 年前的崧泽人已经在种植桑树了，而且有一定的规模[3]，崧泽距河姆渡不是很远，它们同属于长江下游区域，这两种文化应该是有关系的。崧泽人的养蚕种桑事业是不是从河姆渡传过来的？虽然目今还没有实据可凭，但不是不可以推测的。

刻在圆角方形钵上的稻穗纹、猪纹，还有刻在象牙帽形器上的蚕纹均是农业文明的审美符号。这些符号在当时是充当什么作用的呢？可能主要是作为神灵的形象予以崇拜的，稻穗纹代表着稻神，猪纹代表着猪神，蚕纹代表着蚕神。值得指出的是，这三种神灵不是自然神灵，而是作物神灵。人将自己的作物——稻、猪、蚕加以对象化、神化，顶礼膜拜之，以企求它们的佑助。而按英国人类学家詹·乔·弗雷泽的巫术理论，这属于模仿巫术，以模仿之物引被模仿之物，以取得农业的好收成。

❶龚宏勋：《嘉兴猪的形成及其演变》，《农业考古》1986 年第 1 期。

❷俞为洁：《河姆渡文化猪塑及猪形图案装饰器新探》，《河姆渡文化研究》，杭州大学出版社 1998 年版，第 202 页。

❸《崧泽——新石器时代遗址发掘报告》，文物出版社 1987 年版，第 135 页。

在中国新石器时代的农业遗址中，河姆渡的农业文明是比较丰富的，它有农产品遗存，主要为稻谷；有制作精良的农具，主要为骨耜；有可以让人定居的屋宇，为干栏式建筑。值得我们注意的是，河姆渡的农业文化还可以联系到中华民族的一位祖先——大舜。大舜约摸生活在新石器时代的后期。他的出生地有种种说法，司马迁说他是生于冀州，孟子说他是东夷人，而在河姆渡所在的地区又有舜生于上虞的说法。《会稽志》载："舜，上虞人，去虞三十里有姚丘，即舜所生地也。"《括地志》亦云："越州余姚县有历山、舜井，濮州雷泽县有历山、舜井，二所又有姚墟，云生舜处也。"当今学者史树青、杨成鉴等认为姚丘（姚墟）就在河姆渡[1]，如果真是这样，那么，河姆渡的农业文明就跟中华民族的正史挂上勾了。中国的历史传说中有舜耕历山且用象耕田的说法。历山在哪里？也有多种说法，其中之一乃为余姚说。舜用大象耕地，从河姆渡出土有象骨且有象牙雕刻来看（图11-1-11），当不是传说。很可能当时的人们已能驯象并且让象成为人们的劳动工具了。在余姚，一直流传有舜教百姓耕作的故事。这些，如若有进一步的资料佐证，那河姆渡文化的意义就更重大了。

图11-1-11　河姆渡文化蚕纹象牙盖帽形器，采自《河姆渡文化精粹》，图40

[1] 杨成鉴：《河姆渡遗址文化与越族先民》，《河姆渡文化研究》，杭州大学出版社1998年版，第185页。

五、华夏礼仪制度的审美萌芽——礼器初现

河姆渡出土大量的建筑遗存，第一期又尤其多，这些遗存说明当时就有一种干栏式的建筑供河姆渡人定居。河姆渡人是聚族而居的，其建筑类似马来西亚的长屋，可以住很多人。住在一起的族人，是需要有一定的组织

的。种种迹象说明，当时的社会是母系氏族社会，族主是一位德高望重的老祖母。整个族群有一定的尊卑区别。如何显示族人的身份？河姆渡人制作了一些器具，这些器具或是握在手中，或是佩在衣服上，其中主要的有象牙匕形器和蝶形器。

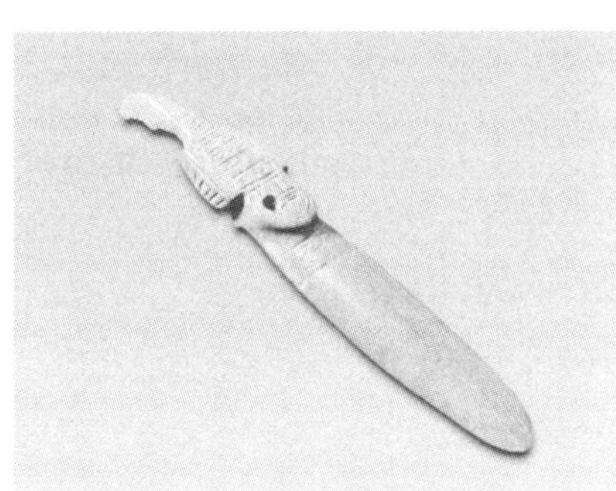

图 11-1-12　河姆渡文化圆雕象牙匕形器，采自《河姆渡文化精粹》，图 32

图 11-1-13　河姆渡文化木蝶形器，采自《河姆渡文化精粹》，图 61

河姆渡文化第一期出土了三件圆雕象牙匕形器（图 11-1-12），其中完整的有二件。整体造形为长扁形，类似匕首。器的上部较为复杂，顶端为鸟头，有尖利的鹰嘴，大眼。鸟头下，器体鼓出，似为鸟的腹部，器体刻有弦纹和斜线纹。腹部下有突脊，脊上有圆孔，可能是用来穿绳的。腹部后有一收缩，然后是宽宽的尾翎。整个造形，从背部观看，像长尾鸟，如孔雀、野雉等。

匕形器是做什么用的，至今没有一个说法，笔者认为，它可能是一种显示主人身份的标志物，相当于权杖。不同造形的匕显示不同的身份。基于部落以鸟为图腾，因而拥有鸟头造形匕形器的人，定然是部落的首领。

蝶（鸟）形器是河姆渡文化中标志性文物，一、二、三期均有发现。第一期发掘出 13 件，用整个木头雕成。其造形有二式：其一式双翼展开，中部有比较宽的突脊，左右对称（图 11-1-13）。

其二式中部有突脊，但突脊不如第一式宽，脊两旁的翼变成了一边类鸟首，一边类鸟腹，有孔。整个造形像一只蹲着的鸟。

第二期发现蝶（鸟）形器 8 件，其中象牙材质为

6件，器的造形，为圆角倒凸字形，器体正面大多刻以重圈纹、多重弧线纹图案，也有鸟形图案。骨材质2件。

象牙蝶（鸟）形器中，最重要的一件刻有“双鸟连体太阳纹”（参见图10-3-1）。这件蝶形器是残缺的，仅余下半部。器的上方有四个孔，下方有两个孔。①

第三期发现蝶（鸟）形器一件，“高岭土化火山岩，石色灰白。器形小而规整，正面呈球面形而器背平整。蝶（鸟）身短而肥胖，两翼偏上且狭而短小，右翼残损。蝶（鸟）身中心偏上端处钻有圆窝一个，其外阴刻有断续的短弧线组成的圆圈纹，左翼上下各钻圆窝一个，上圆窝外又阴刻同心圆纹两圈，蝶（鸟）身之下部边缘刻短线纹一排。背腹中部有并列的横向突脊两道，其上各对钻有纵向圆孔两个，其中各外侧的一孔均残损，背腹下端正中斜向对钻圆孔一个。残长9厘米，宽6.5厘米。”②

河姆渡文化第四期没有发现蝶（鸟）形器。虽然蝶形器具体形制不一，图纹也不同，但有几点是一样的：第一，均由比较珍贵的材质——象牙、兽骨、火山岩等制成。第二，显然不是工具。第三，均钻有圆孔。第四，制作均很精致。蝶（鸟）形器到底是做什么用的，现在难以知道了，它可能是一种佩件，挂在人的身上，也可能是某器物的构件。如果是人身的佩件，它肯定用来显示主人的身份，或者有辟邪的作用；如是器物的构件，这器物很可能与礼仪相关。

河姆渡第四期文化虽然没有重要的艺术品出土，但有制作比较精美的陶鼎、陶豆、陶釜、陶盉、陶杯出土，这些均是青铜礼器的雏形。其中陶鼎的制作更具匠心，基本形制与青铜鼎相近。第四期还出土了很多从鼎器上

❶参见《河姆渡——新石器时代遗址考古发掘报告》，文物出版社2003年版，第284页。

❷《河姆渡——新石器时代遗址考古发掘报告》，文物出版社2003年版，第321页。

脱落的鼎足，鼎足有各种形态：圆锥形足、扁锥形足、鱼鳍形足、三棱形足、舌形足、凿形足、丁字形足、扁柱形足等[1]，充分反映出鼎的繁盛。众所周知，青铜鼎为青铜礼器之首，河姆渡的陶鼎文化中应该包含有某些礼制的因素。

盉、杯均是酒器，酒器在青铜礼器中很有地位，虽然河姆渡文化中的酒器不是很丰富，但其意义不可低估。特别值得一说的是，这些酒器制作均很精美。

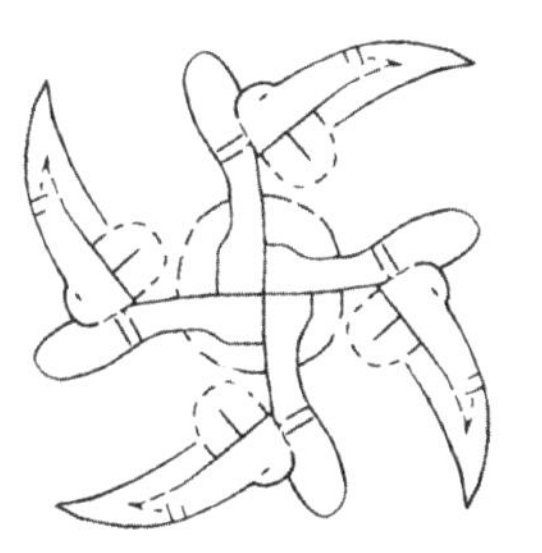
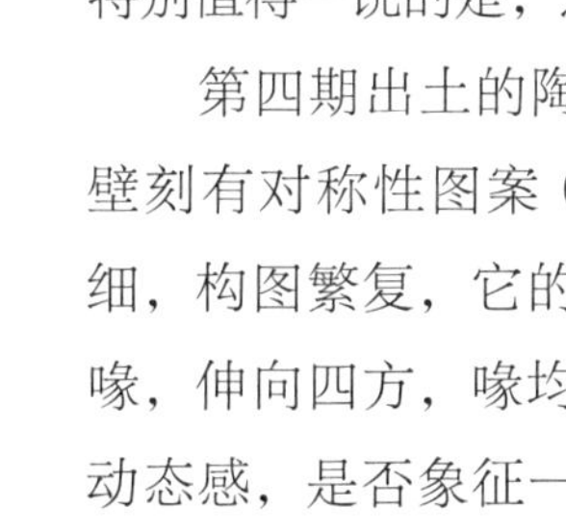

图 11-1-14　河姆渡文化陶豆内壁四鸟头图案

第四期出土的陶豆中，有一件陶豆其内壁刻有对称性图案（图 11-1-14），线条纤细，构图繁复，它的主体为四只鸟头，有长喙，伸向四方，喙均向着顺时针方向，极具动态感，是否象征一年之春夏秋冬，或者太极中的四象？

严格的礼制在河姆渡文化中应该说还没有产生，但是礼制的萌芽应是有了。如果能认定舜为河姆渡人的首领，那从《尚书》中我们发现舜时已经有礼乐了。《尚书·虞夏书》云：

> 夔曰："戛击鸣球，搏拊、琴、瑟、以咏。"祖考来格，虞宾在位，群后德让。下管鼗鼓，合止柷敔，笙镛以间，鸟兽跄跄，《箫韶》九成，凤凰来仪。
>
> 夔曰："於！击石拊石，百兽率舞。庶尹允谐。"
>
> 帝庸作歌。曰："敕天之命，惟时惟几。"乃歌曰："股肱哉！元首起哉！百工熙哉！"
>
> 皋陶拜手稽首扬言曰："念哉！率作兴事，慎乃宪，钦哉！屡省乃成，钦哉！"乃

[1] 参见《河姆渡——新石器时代遗址考古发掘报告》，文物出版社 2003 年版，第 339—340 页。

赓载歌曰："元首明哉，股肱良哉！庶事康哉！"又歌曰："元首丛脞哉！股肱惰哉！万事堕哉！"

帝拜曰："俞，往钦哉！"①

①江灏、钱宗武译注：《今古文尚书全译》，贵州人民出版社1990年版，第65—67页。

这段文章主要说的是乐。众所周知，儒家文化中，乐与礼是相配的，因此我们可以认定在大舜时代应有礼的存在。当然，这个时候的礼乐是粗糙的，但它是周公制礼作乐的重要来源。礼乐两者均具有浓郁的美学意味，或者说它就是美学——一种具有深刻的伦理内涵且通向等级政治的美学。

六、华夏审美意识的滥觞

河姆渡文化是中国新石器时代具有重要代表性的文化，它的文化可以分为四期，从新石器时代的中期一直贯穿到新石器时代的晚期，也就是说从距今7000年一直到距今4000年。虽然它第三、第四期文化的归类目前仍有一些分歧，一些学者认为，只有第一期、第二期的河姆渡文化遗存才算是河姆渡文化，它的第三期、第四期文化则不是。有人主张将它划到邻近的马家浜文化中去，但是，更多的学者认为，河姆渡文化的前后四期是有联系的，它们是一个体系，故而可以统称为"河姆渡文化"。

从美学上讲，河姆渡文化前后四期，最有价值是第一期和第二期，优秀的艺术作品均出于这两期，如上面说到的稻穗纹敛口钵、猪纹圆角长方钵、五叶纹陶片均出于第一期，双鸟朝阳纹蝶形器、蚕纹象牙盖帽形器则出自第二期。

第三期、第四期没有精美的雕刻，但是，其陶器、石器的制作，工艺更为精湛。陶器中有一异形鬶，两袋足，第三足与把手相连，整个形状像一蹲着的鸟。最值得注意的是第三期出现了陶鼎，众所周知，鼎在青铜器礼器中位列第一，青铜鼎的形制可追溯到陶鼎，而河姆渡文化第三期的陶鼎明显地见出与青铜鼎的承继关系。河姆渡文化第三期的陶鼎中有一具釜形鼎，膨腹，缩颈，有口沿，三足直而微向外弯，整体形象端正而不失亲和，与青铜鼎的一味威严似不相同。第三期和第四期中还出土了一些玉器比较地精美。

河姆渡文化四期，艺术精品集中在距今最远的第一期、第二期，距今近的第三期、第四期，尤其是第四期几乎没有什么像样的艺术品，这一事实似乎让人难以接受。造成这事实的原因有待进一步探寻，但有一点可以肯定，艺术的发展与经济的发展是不同步的。河姆渡文化的第一期、第二期，其经济水平是赶不上第三期、第四期的，然而其艺术水平远远超过第三期、第四期，这是不争之事实。

河姆渡文化的第一期、第二期虽然与第三期、第四期有明显的差别，但也有明显的联系，像蝶（鸟）形器，这是河姆渡的标志性遗存，不仅第一期、第二期有，第三期也有，唯第四期虽没有发现蝶（鸟）形器，但仍然有鸟形图案，可见鸟崇拜是贯穿河姆渡四期文化的主题。

河姆渡艺术作品均显示出重自然、重生活的气息。河姆渡时代人们应该有一定的神灵崇拜了，线刻中的稻谷、五叶花、猪、鱼及鱼藻都可能具有神意，但没有被神秘化，它们均是自然与生活中实际事物的艺术性的反映，体现出一股轻松活泼的生活气氛。这正是刚走出自然的早期人类精神状态的真实写照。这个时候的人类相当于人类的幼儿时期，蒙昧然不失单纯，稚拙却不乏创造。

河姆渡的雕刻艺术集中在第一期、第二期，不论是线刻还是圆塑，均表现出高度的艺术造形水平，显示出极为丰富的想象力，尤其是线刻，形神兼备，精致严谨。其线的流畅滞涩、轻重疾徐，达自由写意的高度，本身已具独立的形式美，实是中国传统艺术重线造形的滥觞。

艺术的发生是多元的，审美虽然只是其中一元，却是关键性的一元。早期人类审美的需要多处于隐性的地位，显性的需要则是各种具有原始宗教性的活动。所以，我们在解析史前的岩画、陶器、玉器上的纹饰时，多联系着初民原始的宗教意识，诸如自然崇拜、图腾崇拜、生殖崇拜之类。然而，如果艺术仅只是为了宗教性的需要，那是不需要讲究艺术性的。神灵只是想象的产物，谁真知道它需要什么样的艺术呢？然而，如果这艺术还联系到人的审美需要时，它就需要讲究艺术性。艺术作品要做得很精致，很美，很有感染力。既然我们认为河姆渡的艺术做得很精致，很美，很有感染力，那就只能说明河姆渡人不仅有了审美需要，而且审美的水准已经相当高了。

中华民族审美意识的萌芽可以推到旧石器时代，但审美意识滥觞，当可以定在河姆渡文化的第一期，距今7000年前。

第二节　仰韶文化：华族的开始

仰韶文化是最早发现的中国新石器时代的一种文化，它的核心地带是在黄河流域，而影响极大，它上溯新石器时代早期的裴李岗文化，而下达中国文明时代的开始——夏代文化，可以说，它是中国新石器时代的主体。中华民族史前的历史，一直处于云山雾罩之中，因为它的发现而被缓缓地揭开了面纱。

1921 年 4 月，瑞典科学家安特生作为北洋政府的矿业顾问来到河南渑池县，他的目的是为中国政府寻找矿藏，却在一个名为仰韶村的小村，意外地发现了不少史前陶片、石器。具有丰富史前文化知识的他，立即清楚地知道，他将为人类揭开一个重要的秘密。回到北京，他立即向中国政府报告并且申请发掘，得到中国政府批准后，于同年的 10 月他再次来到仰韶村，这次他带来了一支考古发掘队，其中有六位中国学者和两名外国学者。12 月 1 日，历时 36 天的挖掘工作全部结束。这是一次成果极为丰硕的发掘，11 个大箱满载着各种出土文物，被运到北京。1923 年，安特生根据他的调查和发掘资料，发表了《中华远古之文化》一书，书中他正式提出“仰韶文化”这一命名。其后，中国学者在黄河流域一带发现了诸多的类似仰韶文化的遗址，与之相伴的则是丰硕的研究成果不断产生。于是，一个特征鲜明、地域广阔的中国史前文化得以确定。

经碳十四测定的年代（经树轮校正），仰韶文化早期年代为公元前 5210 年—前 5279 年，而晚期年代为公元前 2890 年—前 2581 年。大约经过了 2000 年时间。关于它的渊源，学者们认定为裴李岗文化，裴李岗文化最晚年代为公元前 5380 年—前 4940 年，仰韶文化略晚于它。裴李岗文化上限为距今 8630 年—8370 年，属于新石器时代早期文化。中原地区的仰韶文化后接河南龙山文化。龙山文化得名此文化的遗址——山东省章丘县龙山镇城子崖。龙山文化 1930 年首次发现，主要地域为山东省一带，后考古学家在河南发现与龙山文化类似的文化遗址，将之命名为“河南龙山文化”。“它是从当地仰韶文化继续和发展而形成起来的一个新型的文化共同体，而与山东龙山文化没有渊源关系。”[1]河南龙山文化早期阶段的绝对年代为公元前 2700 年。甘肃青海一带的仰韶文化后接马家窑文化，马家窑文化后接齐家文化。河南龙山文化、甘肃齐家文化其后期与夏代文化已经部分地相叠合了。基本上与仰韶文化同一时期存在的大汶口文化、屈家岭文化、大溪文化均受到仰韶文化的影响。仰韶文化实是中国大地上占主体地位的史前文化。

仰韶文化历经母系氏族社会向父系氏族社会的过渡，也存在氏族、胞族、部落到准国家形态的过渡。基于它的存在形态的多样性，专家们根据不同的标准，将它分为半坡类型、庙底沟类型、后岗类型、大司空村类型等等。从中华民族审美意识的形成这一维度来看仰韶文化，它是中华民族审美意识胚胎大体形成的时期，中华民族审美意识的基本性格初具端倪。

❶郑杰祥:《新石器文化与夏代文明》，江苏教育出版社 2005 年版，第 233 页。

一、彩陶的出现与兴旺——审美意识觉醒的主要标志

人的审美意识始于何时，学术界似无定论，按笔者的看法，只要人从本质上告别了动物成为了人，就有了审美意识。以什么来标志人有了审美意识？主要有三：一是工具的美化，包括注意工具的造形和表面的光洁度以及某些纹饰等；二是人自身的美化，包括纹身和使用装饰物；三是原始艺术的出现。这些在旧石器时代就有发现了，不过，在旧石器时代，人的审美意识没有觉醒，它要么作为工具服务于实际功利的目的，如美化工具；要么作为巫术的手段达到某种实用的目的，这主要体现在文身和装饰物的佩带。原始艺术虽然其造形水平让今天的艺术家惊叹不已，也仍然只是一种巫术，企图通过艺术的手段达到与自然神灵沟通的目的。中国各地出现的史前岩画基本上均应做如此解释。

距今 12000 年前，陶器就有了。但是，彩陶发明就晚得多，“最初的报道中，磁山遗址发现了一片红彩折纹陶片，随后被确认是晚期文化混入的彩陶，渭河流域大地湾文化的每一个遗址中都发现有彩陶，时至今日，在我国各省区发现的所有史前文化中，7000 多年以前的彩陶只有大地湾文化中有，无疑，它是我国最早的彩陶。”①

①郎树德、贾建成:《彩陶的起源及历史背景》,《马家窑文化研究文集》,光明日报出版社 2009 年版，第 126 页。

彩陶艺术兴起主要在仰韶文化。彩陶的出现，陶器的面貌可谓焕然一新。无论器型、纹饰都让人强烈地感受到美。

陶器本是实用性器具，史前人类生产陶器本来不是为了审美，而是为了实用。就实用性来说，彩陶虽然在坚固性方面是胜过一般陶器，但是，这方面的优越性并

不很突出，最为突出的还是纹饰。陶器生产之初，人们并不看重纹饰，因为纹饰毕竟与陶器的实用性没有关系，不过也还是做了一些纹饰，制作的方式要么是手指的捏、按，要么是用编织物或石片在陶胚上按压、刻画。这样做出来的纹饰就比较地粗糙。彩陶就不一样了，彩陶上面的纹饰是陶器工艺师用毛笔绘上去的。有两种做法：一是在陶胚上作绘，然后投入窑内烧制；二是陶器烧好了，再在器表上绘。前一种做法，涉及一些物理学、化学方面的问题。众所周知，在高温下一些颜色是会变的。这里，至关重要的是炉温的控制。史前制陶人当然认识到了这一点，并且懂得了颜色变化的规律。后一种做法的关键是这直接涂上去的颜料怎样才不会脱落。凡此种种，均需要一定的科学技术水平做保证。

可以肯定的是，彩陶的制作成功经历了无数的磨难，那么，史前人类如此百折不挠地去努力，究竟为的是什么？可以找出很多原因，但是最重要的原因是爱美。美是彩陶创作的原动力。

彩陶艺术与仰韶文化紧密相连。完整的彩绘纹饰出现在仰韶文化的早期，濮阳西水坡、安阳后岗和淅川下王岗一期遗址出土的陶器，都有用黑色红色颜料绘制的几何形纹饰。仰韶文化中期，彩陶出现了繁荣，纹饰更为美观，具象的动植物纹饰和抽象的几何纹饰争奇斗艳。有些陶器表面还涂上白色的或红色的陶衣，显得更美观了。无论是就造形还是就纹饰来说，庙底沟类型彩陶堪称仰韶彩陶艺术的代表。庙底沟以陕县庙底沟遗址而得名。从文化内涵上来说，庙底沟类型文化是在半坡类型文化的基础上发展起来的，其器类、纹饰也多类同于半坡。但是，就彩陶艺术来说，它远超过半坡，主要表现在：一、器型优雅，庙底沟类型陶罐，腹部鼓胀，腹下

图 11-2-1　庙底沟花瓣纹彩陶罐

则收缩，器口敞开，口沿略略外翻。如果制器者没有非常高的审美修养，没有极强的造形能力，是不可能做成这个样子的。二、纹饰富有意味。庙底沟陶器的纹饰不再追求具象，也不再追求画面的对称、匀称，似是漫不经心却极见讲究（图 11-2-1）。

进入仰韶文化晚期，彩陶艺术达到鼎盛。陕西大河村三期出土了大量的陶器，其中彩陶占到全部陶器的 41%，画面趋向繁缛，纹饰品格多样，出现了锯齿纹、同心圆纹、舟形纹、六角星纹、古钱纹、昆虫纹、横 S 纹和 X 纹等，可谓大千世界，洋洋大观。

凡事达鼎盛就要求变，不能变就会走向衰落。果然，大河村四期遗存中彩陶量锐减，只占全部陶器的 6%，绘画技法也显得粗糙。显然，有新的文化形态在吸引当时的人们，他们的文化心智有所转移了。陶彩与仰韶文化真个同命运。郑杰祥先生说："在中原地区，新石器时代的彩绘陶器随着仰韶文化的产生而形成，随着仰韶文化的繁荣而繁荣，又随着仰韶文化的消亡而衰落。"①

①郑杰祥著：《新石器文化与夏代文明》，江苏教育出版社 2005 年版，第 150 页。

人类审美意识虽然萌发于旧石器时代，但全面觉醒却是在新石器时代，其主要标志为彩陶的制作与应用。

二、中华吉祥意识的苏醒

仰韶文化彩陶上的纹饰以花纹、鱼纹最为经典，这两种纹饰在中华民族是作为吉祥符号来对待。花叶纹、鱼纹在仰韶文化彩陶器上大量出现，意味着中华民族吉祥意识已经苏醒。

（一）花叶纹。早于仰韶文化的河姆渡文化陶器也有花纹，只是河姆渡文化陶器上的花纹表现的主要是叶，称之为叶纹也许更为准确。显然，花瓣比叶美丽，仰韶文化庙底沟的花纹有两种，一种比较注重描绘花瓣，有一种则比较注重描绘叶片。花纹广泛出现在仰韶文化早、中、晚各个时期的陶器上，说明对花的喜爱已经凝结为一种民族的吉祥意识。

众所周知，中华民族对花情有独钟。3000 年前即有荷花的栽培，现今在辽宁及浙江均发现过碳化的古莲子，可见其历史之悠久。在长期与花打交道的过程中，中华民族逐渐地将自己的思想情感渗透进花的意蕴之中，以至于形成独特的花文化。形成于宋元之际文人画主题“四君子画”中，除竹以外均是花。荷花虽然没有列入四君子之列，但其地位、影响不在“四君子”之下。“四君子”中的梅、兰、菊，还有荷花，主要以气节胜，独得知识分子的喜爱，而在普通百姓中，牡丹以其艳丽而冠绝天下并赋予富贵的内涵。世界上几乎所有的民族均爱花，在这点上，中华民族与世界上别的民族没有什么不同，不同的是，别的民族均能找出一种受到全民族共同崇敬的花，此花通常被名为国花；中华民族崇敬的花太多了，因此定国花就相当难。华夏族，一个爱花的民族。著名的考古学家苏秉琦先生说：“仰韶文化诸特征因素中传布最广的是属于庙底沟类型的。庙底沟类型遗存的分布中心是在华山附近，这正和传说华族（或称华夏族）发生及其最初形成阶段的活动和分布情形相像。所以，仰韶文化的庙底沟类型可能是形成华族核心的人们的遗存：庙底沟类型的主要特征之一的花卉图案彩陶可能就是华族得名的由来，华山则可能是由于华族最初所居之地而得名；这种花卉图案是土生土长的，在一切原始文化中是独一无二的，华族及其文化也无疑是土生土长的。”[1]

[1] 苏秉琦:《关于仰韶文化的若干问题》，《考古学报》1965 年第 1 期。

图 11-2-2 半坡类型半抽象鱼纹陶盆

（二）鱼纹。鱼纹主要出现在西安半坡仰韶文化遗址。鱼纹有具象的也有抽象的，还有间于具象与抽象之间的，一共有十几种（图 11-2-2）。半坡的居民为什么对鱼情有独钟呢？原因可能有三：一、鱼是半坡居民主要的食物，而且是美食。半坡村近临渭河的支流——产河，产河丰富的鱼类正是半坡居民捕捞的对象。二、鱼是繁殖力很强的动物，史前人类普遍盛行生殖崇拜，鱼多子，自然成为人们崇拜的对象。三、鱼能生活在水中，在水中自由自在。人虽然也能游水，但与鱼相比就相差得太远了，人们羡慕鱼的善游，将鱼神化了。

《山海经·大荒西经》还说了这样一个故事："有鱼偏枯，名曰鱼妇，颛顼死即复苏。风道北来，天乃大水泉。蛇乃化为鱼，是为鱼妇，颛顼死即复苏。"[1]这故事的含义非常深刻。这故事说，颛顼与鱼有着血缘关系，他本是由鱼变来的，而鱼是蛇变来的。颛顼死后又化为鱼，为枯鱼，因为天上下来一场大雨，这枯鱼活了，复苏为人。颛顼是中华民族的始祖，黄帝的孙子，五帝之一，这故事无异于说鱼对于中华民族来说具有图腾的意义。

❶袁珂校译:《山海经全译》，上海古籍出版社 1985 年版，第 273 页。

鱼、花对于中华民族都具有图腾的意义，后来虽然没有发展成为图腾，却成为中华民族最重要的吉祥物。花纹、鱼纹在仰韶文化陶器上的大量出现，应看作是中华民族吉祥意识的苏醒。

三、国家王权意识的产生

20 世纪 70 年代末，考古工作者在河南临汝阎村仰韶文化遗址发现了一具陶缸。"此缸为夹砂泥质，手制，仅在口部有慢轮加工的痕迹。器表呈黯红色，敞口，圆唇，直腹，平底，口沿下有四个不对称的鹰嘴状鼻纽，口径32.7厘米，底径15.5厘米，宽44厘米，通高47厘米。”[①]陶缸的腹部有一幅彩色画，画面高37厘米，宽44厘米。全画以淡橙色的缸面为地，画面左边是一只向右立着的白鹳，细颈长喙，口里叼着一尾大鱼。鱼全身涂白，不画鳞片。显然是一条死鱼。鱼的旁边是带柄的石斧，斧柄是一根加工过的木棒。木棒的上边凿有孔，是为了绑绳子用的。木棒的下部握手处有菱形的纹饰。木棒的中部有一个X形的标志（图11-2-3）。

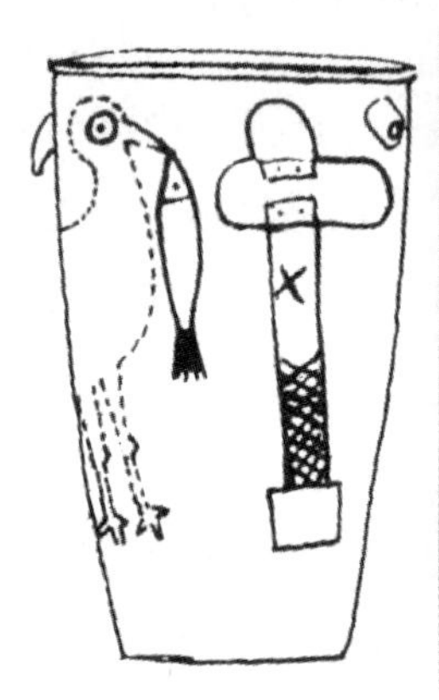

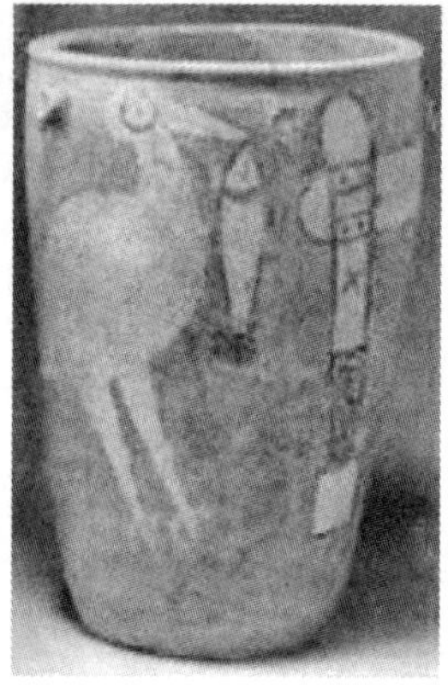

图11-2-3 河南临汝阎村仰韶文化遗址鹳鸟衔鱼纹陶缸

这幅画是什么意思，涉及这缸是做什么用的。郑杰祥先生说，这种形制的陶缸以20世纪50年代末和60年代初较多地发现于伊川县的上门遗址而著称于世，因此，当时的学术界曾习惯地称其为“伊川缸”，这种伊川缸实际上是一种葬具。“它主要用来埋葬成人的尸体，这是‘阎村类型’的人们一种颇具特征的葬俗。尽管缸的形体较大，毕竟容纳不下整个成人的尸体，因此这里的成人瓮棺葬，都是实行二次葬。其葬法大致是待死者尸体腐烂之后，将其主要尸骨放入缸内，放置的方式是先把肋骨、脊椎骨等小块骨头放于缸底，上面竖直放着盆骨和四肢骨，头骨则置于缸的中央部位。缸上有盖，缸、盖的口沿都有四个左右的鹰嘴状鼻纽，便于上下捆绑，不使尸骨外流；缸的底部钻有圆孔，原始人信仰灵魂不灭，这个圆孔是供死者灵魂出入用的。”[②]

❶《临汝阎村新石器时代遗址调查》，《中原文物》1981年第1期。

❷郑杰祥著：《新石器文化与夏代文明》，江苏教育出版社2005年版，第205页。

这具缸绘上如此精美的图画，显然葬的不是一般人，棺主人应是部落首领。郑杰祥先生认为，这画上的鹳鸟应是棺主人的所属氏族的图腾，是族徽。鹳鸟嘴里叼着的那条鱼，应也是某一部落的族徽。鹳鸟叼着鱼，意味着以鹳鸟为图腾的氏族打败了以鱼为图腾的氏族。所以，鹳鸟叼鱼反映了当时氏族与氏族之间的战争。郑先生还具体地说，这以鹳鸟为图腾的氏族，很可能就是我国古代文献中说的驩儿族的祖先。

据《山海经·海外南经》和同一书的《大荒南经》介绍，这驩儿族人“人面有翼，鸟喙”[①]，是一种半人半鸟的形象。这种说法与这画似是相合。《山海经·大荒北经》说“颛顼生驩头，驩头生苗民。”[②]按中国古代传说，颛顼是黄帝之孙，五帝中排在黄帝之后，为第二位。这样说来，这拥有鹳鸟图陶缸的主人可能是黄帝之后。

又，《山海经·大荒南经》说：“大荒之中，有人名曰驩头（儿），鲧妻士敬，士敬子曰炎融，生驩头。”[③]按此说法，驩头（儿）是鲧的后人，鲧也是黄帝这一族的人，《山海经·海内经》云：“黄帝生骆明，骆明生白马，白马是为鲧。”[④]

这种推断如果能成立，生活在阎村一带仰韶人应是黄帝的后裔。从阎村出土的陶缸上的鹳鸟衔鱼纹来看，此时的仰韶人应该有了权力的意识。

权力以什么来象征？在不同的时代有不同的标志物。在阎村遗址这个时代，权力是以石斧来做标志的。立在鹳鸟旁边的那柄石斧画面上的寓意就是显示墓主人的权力。画家有意将那柄石斧画得特别大，大到上下顶着画面。画家的意思无非是张扬墓主人生前的显耀与高贵。

原始社会自进入氏族制后，大致经历了氏族、胞族、

❶袁珂校译:《山海经校译》，上海古籍出版社1985年版，第184页。

❷袁珂校译:《山海经全译》，上海古籍出版社1985年版，第287页。

❸袁珂校译:《山海经全译》，上海古籍出版社1985年版，第260页。

❹袁珂校译:《山海经全译》，上海古籍出版社1985年版，第300页。

部落、部落联盟和部族五个发展阶段。在这个发展过程中，社会权力产生与移交有一个过程。最初，由血缘关系认定，不管是母系氏族社会还是父系氏族社会，那位在氏族中子孙最多的老祖母或老祖父自然地成为首领。后来，出现了选举制，氏族最高首领由选举产生。虽然氏族首领承担着领导氏族的重大使命，为此，需要为氏族付出较一般人大得多的努力，但也往往能谋得比别人大得多的利益。使命与利益二者，更为诱人的往往是利益。氏族首领出于私心，不愿意实施选举制，想将权力移交给自己的儿孙或兄弟。这就是世袭制的由来。

在仰韶文化的中后期，选举制与世袭制的斗争非常激烈，在这个斗争过程中，世袭制逐步战胜了选举制。专制国家的初级形态已经出现。权力崇拜明确地体现出王权崇拜的色彩。因此，鹳鸟石斧图不仅体现史前晚期权力崇拜的时代主题，而且显示出在这个时候君主制已经出现，初级形态的国家已经形成。

四、民族图腾标志的建立

中华民族公认有两大图腾——龙、凤。一般来说，龙摆在首位，中华民族均自称为龙的传人。

龙凤均是传说中的神物，现实生活中没有龙凤这样的动物，从现在已经定型的龙凤形象来看，龙的基本形制不兽首蛇身，这兽也很难说是哪一种兽，一般认为是马头，其实与马区别很大，马头上没有角，而龙头上有角。蛇身也只是近似的，蛇无脚，而龙有四条腿。有人认为龙身不应说是蛇身，而应说是鳄鱼身或蜥蜴身。凤的基本形制为鸟，就华丽的羽毛来说，凤近雉也近孔雀，就眼、嘴、脚爪来说，凤更近于鹰。

史前遗址中，比较接近后世定型了的龙形象的文物，最重要的有两件：一件是红山文化遗址出土的三星他拉玉龙，另一件就是仰韶文化遗址出土的蚌砌龙（参见图 10-2-11）。仰韶文化的蚌砌龙发现于河南濮阳西水坡，时间是 1987 年。据考古发掘报告，墓主人为一壮年男性，身长 1.84 米，仰身直肢，头南足北。“在墓室中部壮年男性骨架的左右两侧，用蚌壳精心摆塑龙虎图案。蚌壳龙图案摆于人骨架的右侧，头朝北，背朝西，身长 1.78 米、高 0.67 米。龙昂首，曲颈，弓身，长尾，前爪扒，后爪蹬，状似腾飞。虎图案位于人身架的左侧，头朝北，背朝东，身长 1.39 米，高 0.63 米。虎头微低，圜目圆睁，张口露齿，虎尾下垂，四肢交递，如行走状，形似下山之猛虎。”①

①濮阳市文物管理委员会等:《河南濮阳市西水坡遗址发掘简报》,《文物》1988 年第 3 期。

这一墓穴中，蚌砌龙虎图案共有三组，此为第一组形象。三组图案的组合都有玄机。仅就龙的形象来看，它给我们的启示至少有二：

一、龙的基本造形在仰韶文化时期已经完成了，此蚌砌的龙，头较长，似马，但口甚阔。龙身较长，弓背曲颈，前后各有两腿，总体形象更类鳄，如果单就尾巴来说，鳄鱼没有这样长且有力的尾巴，这样的尾巴应属于狮、虎、豹。

后于仰韶文化的马家窑文化遗址中，有一种蛙纹，有研究者说它是龙的原型，这显然不妥。蛙纹显然与龙的基本造形相距太远，而且既然仰韶文化时期龙的形象基本上定型了，就根本不需要再从蛙纹开始去发展龙的形象。

二、墓主人以龙的形象作为陪葬，显示其身份不同寻常。那么，他有可能是谁呢？颛顼的可能性最大。颛顼是黄帝的孙子，黄帝是以龙为图腾的。神话中说他是雷神，雷神是什么样子呢？《说郛》卷三十一引《奚囊橘柚》说雷神为“龙身而人头”，这无异于说，黄帝龙身人首。黄帝最后是铸鼎成功后乘龙升天的。颛顼作为黄帝的后人也是崇龙的。《大戴礼记·五帝德》云：“颛顼……乘龙而至四海，北至于幽陵，南至于交趾，西济于流沙，东至于蟠木。”①据碳十四测定，西水坡遗址的大墓距今约6500年，与传说中的黄帝、颛顼的时代相近。重要的根据是《左传·昭公十七年》记载：“卫，颛顼之虚也，故为帝丘。”②这话说卫国位于颛顼的废墟上，所以称为帝丘。当代学人赵会军说，濮阳“当地还有许多关于颛顼的传说，如濮阳县城南十八里的瑕丘，传说为颛顼的避暑胜地；县城东南的高阳城，传为颛顼高阳氏都于此而得名，现村名为高城村。”③从以上资料来看，大墓的主人是颛顼的可能性很大。

大墓中，除了蚌砌龙以外，还有蚌砌的虎。这又做何解释呢？其实，在黄帝颛顼时代，龙与虎都是部落的图腾，它们的地位差不多，后来，龙的地位提升，成为部落主要的图腾，而虎则从神坛上下来，不再被视为图腾了。

黄帝、颛顼时代相当于仰韶文化的中期偏晚，仰韶文化晚期是尧舜的时代，尧舜承接的是黄帝的正统，因此，以蛇为基础的龙的形象在仰韶文化时期定型无异是说中华民族文化性格在仰韶文化时代就基本上形成了。

中华民族另一重要图腾是凤，凤作为中华民族的图腾也有一个形成的过程。凤是传说中的形象，但它的基本形制是鸟，因此，凡鸟都可以看成是凤的来源。虽然相对来说，南方的史前文化遗址如河姆渡文化遗址、良渚文化遗址，鸟的造形要更多一些，但北方的史前文化遗址中，鸟纹亦不鲜见。仰韶文化中，鸟的造形以庙底

❶转引自袁珂、周明编:《中国神话资料萃编》，四川省社会科学院出版社1985年版，第126页。

❷《新刊四书五经·春秋三传》下，中国书店1994年版，第237页。

❸赵会军著:《发现仰韶》，中国国际广播出版社2010年版，第75—76页。

沟类型的陶器上鸟纹为代表。庙底沟类型陶器上的鸟纹有具象、抽象两类，具象的鸟纹，有些像燕，圆圆的头，尖尖的喙，长长的翅膀。一般做站立状。抽象的鸟纹则变化成波形，难以辨认了。

鸟在史前，普遍受到人们的喜爱进而尊崇。“四帝”（少昊、颛顼、帝喾、帝俊）之一的少昊氏就以鸟为自己的图腾。《左传·昭公十七年》说：“高祖少昊挚之立也，凤鸟适至，故纪于鸟，为鸟师而鸟名。”[1]少昊将一大批官职名为鸟，如“凤鸟氏，历正也；玄鸟氏，司分者也；伯赵氏，司至者也；青鸟氏，司启者也”[2]。实际上，少昊部落下属的诸氏族各以某一种鸟为图腾，这些氏族的首领分别在少昊的部落中承担某一种官职。《尔雅》据《左传》将少昊部落下的某些氏族何以某鸟为图腾加以阐述，比如其中的祝鸠氏，它是以鸠为图腾的，在少昊部落担任司徒官职。为什么呢？“祝鸠氏，司徒。祝鸠即鵻。其夫不孝，故为司徒也。”[3]“鹘鸠氏，司事也。……春来秋去，故为司事也。”[4]

从这些介绍来看，作为氏族图腾的鸟是那些能给人带来某种实际功利或某种精神启迪的鸟。这些鸟外表并不怎么漂亮，像鹘鸠，似山雀，短尾，青黑色，但它春来秋去，客观上为人报告时令的变化，因而它成为氏族的图腾，少昊也以此名给予这个氏族的首领一个相应的官职。

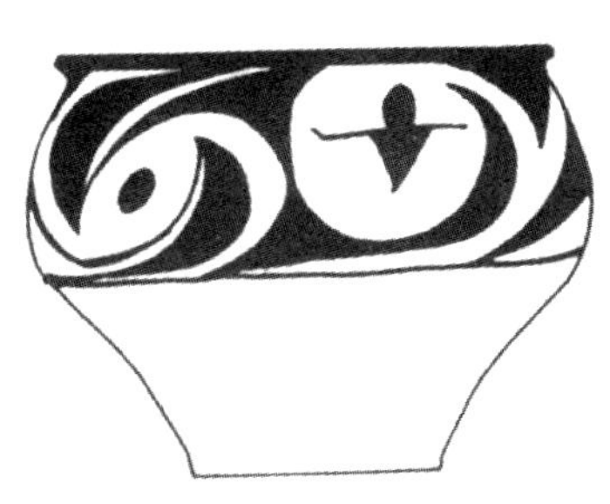

图 11-2-4　仰韶文化庙底沟类型太阳鸟陶器

仰韶文化的庙底沟类型出土的陶器有鸟的纹饰（图 11-2-4），这鸟不像后来定型的凤凰，更像燕，值得注意的是，这燕纹多与太阳纹在一起，有人根据中国古代神话，说在太阳中的这鸟是乌，名为太阳乌。尽管庙底沟陶器上鸟纹

❶《新刊四书五经·春秋三传》下，中国书店 1994 年版，第 236 页。

❷《新刊四书五经·春秋三传》下，中国书店 1994 年版，第 236 页。

❸《十三经注疏》下册，中华书局 1980 年版，第 2648 页。

❹《十三经注疏》下册，中华书局 1980 年版，第 2648 页。

不像后来的凤凰，但可以认为是凤凰的源头之一。凤凰本就是集多种鸟及某些兽的形象而创造出来的非现实形象。

史前地下考古证明，鸟较之龙更受到各部落的喜爱，鸟虽然美丽，但没有龙那样强势，因此，由鸟演变而成的凤凰就成为中国阴柔文化的象征，而龙则成为中华文化阳刚文化的象征。

值得说明的是，虽然在仰韶文化时期各部落普遍地崇拜鸟，但是，此鸟的造形基本上像燕，它与后来成型的凤凰形象有一些差距。所以，只能说这个时期的鸟造形是凤凰造形的雏形，还不能说是凤凰。同样，龙造形也远没有达到标准化的地步，即使是濮阳西水坡的蚌砌龙也只是有龙的意味。比较接近标准化的龙和凤，分别发现于凌家滩文化、石家河文化的玉器佩饰中，距今4000年左右。那个时候接近于夏代开国了。

关于龙凤的地位关系问题，以阴阳文化产生后，它们就与阴阳文化结下不解之缘：

（一）龙阳凤阴

什么时候人们开始将龙凤与阴阳联系起来，没有充足的根据。不过，有一个重要的事实：那就是在史前龙从来没有跟生育联系在一起，而凤则与生育联系在一起。距今6300—6000年的河姆渡文化第二期遗址出土的象牙蝶形器上的双鸟纹，说明当时的人们已经有了“双”概念。这“双”主要指男女。学者将它命名为“双鸟太阳纹”。我则认为它是雌雄凤凰交配产卵图。圆不是太阳，而是鸟蛋。图中凤凰能隐约分出雌雄来，右边的那只可能是雄鸟，左边的那只可能是雌鸟。两凤相对的圆不是太阳而是卵，此图案主要体现出生殖崇拜的意味。

红山文化牛河梁第16地点四号墓发现有一件玉凤饰

图 11-2-5 红山文化玉凤饰器

品（图 11-2-5），此玉凤昂首，体态丰满，作匍匐状，似在孵卵。距今为 5000 年左右。

凤崇拜的源头在母系氏族社会，凤崇拜中寓含有生殖崇拜的内涵。原始人很长时期认为生育是妇女独自的本领。这为以后将凤派属于阴、雌奠定了基础。

目前没有发现龙有生殖崇拜的材料。后来，人们认识到生育是男女共同的事，将龙派属为阳，雄性。红山文化中出土有 6000 年的 C 形龙玉佩（三星他拉龙）（参见图 5-2-4），高 26 厘米，通鬣 21 厘米。总体形象类似团起来的蛇，其首类兽，有长鬣，鬣尾上翘，有飞动感，具刚性的意味。红山文化还出土多件玉猪龙（首类猪），此龙呈三角状，有尖锐感，也应视为刚性。

按阴阳文化，男为阳，女为阴。也许在仰韶文化中晚期父系氏族社会出现后，龙凤就具有了阳性与阴性的区别。龙凤分别成为阴阳文化中阳与阴的代表。

（二）龙尊凤卑

《周易·系辞上传》云："天尊地卑，乾坤定矣。"天、乾——阳；地、坤——阴。此处的尊卑主要指高下，后来引申到社会地位上，则有阳尊阴卑的意义。

河南濮阳西水坡仰韶文化型墓葬遗址发现有巨大的蚌砌龙，然没有发现凤的造形。此墓主人为男性，说明凤不适合作为男人的象征。墓主人应该是部族最高统治者，作为部族最高的统治者，他身份的象征不是凤，而是龙。如此推断，龙至尊。虽然凤在部族中也是图腾，也是尊贵的，但相对于龙，它为卑。

（三）龙刚凤柔

距今 4700 年至 4400 年前的石家河文化，有龙的造形，也有凤的造形，凤的造形远较龙的造形美丽。

舜祭祖，“箫韶九成，凤凰来仪”。夏代主要崇龙，也崇凤；而商代则主要崇凤，《诗经》云：“天命玄鸟，降而生商”。周有“凤鸣岐山”的佳话，认定凤是自己部族的吉祥神。周代青铜器的纹饰中凤凰占据十分突出的地位，且极为美丽。

《周易》乾卦的审美性质主要为崇高——阳刚之美，坤卦的美学性质主要为优美——阴柔之美。坤《文言》云：“君子黄中通理，正位居体，美在其中，而畅于四支，发于事业，美之至也。”既然是“美之至”，那就是最高的美了。

将乾坤两卦的阴阳性质与龙凤联缀起来，阳为龙，凤为阴，那么，龙的审美性质为阳刚之美，凤的审美性质为阴柔之美。龙——崇高的象征；凤——优美的象征。

（四）崇龙恋凤

在龙凤崇拜上，中国人有崇龙恋凤的倾向。对龙表现为理性上的尊崇，情感上未必亲近；对凤则不仅在理性上是尊崇的，在情感上也是爱恋的，亲和的。整个中国文化均有崇阳恋阴的倾向，崇龙恋凤只是它的表现之一。

（五）龙凤和鸣

仰韶文化半坡类型北首岭遗址发现一具陶瓶，纹饰为鱼与鸟，那鸟啄住了鱼尾（图 11-2-6）。此纹饰有鱼鸟相逐而乐的意味。鱼是龙的源头之一，鸟是凤的

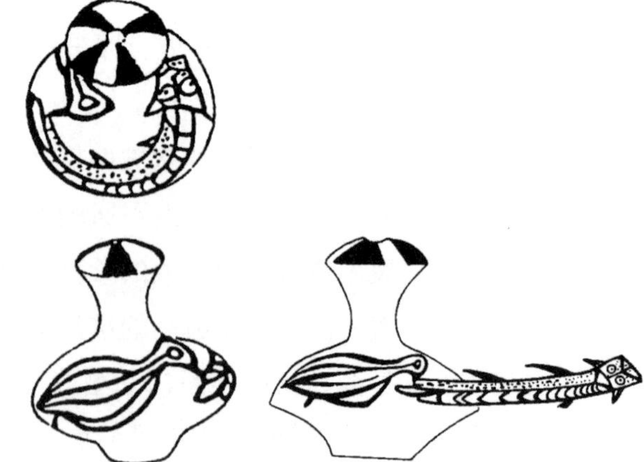

图 11-2-6　仰韶文化半坡类型北首岭遗址鱼鸟纹陶瓶，采自《破译天书》，第六章图一

源头之一，故这纹饰隐含龙凤和鸣的意义。

图 11-2-7　马家窑文化马家窑类型陶器上的双凤纹

马家窑文化（距今 5000—4000 年）陶器中，有诸多不同风格的双凤纹（图 11-2-7），虽然系同一物种，但因为设计成相对而又相反的飞翔姿态，就具有阴阳的意味。

马家窑文化中双凤绕着飞的图案，在商代青铜器纹饰演绎成龙凤绕着飞。值得我们高度注意的是，这龙与凤是合体的（图 11-2-8）。

图 11-2-8　商代青铜器上龙凤合体纹

龙凤合体含义极为丰富：从民族学来说，它说明中华民族多民族长期融合的产物。从哲学意义来说，充分地揭示阴阳和合的最高境界是“一”。老子说：“道生一,一生二,二生三,三生万物。”

从美学意义上来说，龙与凤的配合是绝佳的配合，这种配合最能体现中华民族的审美理想，这是阳刚与阴柔的统一。

龙凤文化是中国传统文化的两翼，它们从两个不同的方面展现中华文化的精神：

龙：天、帝、父、权力、凶悍、战斗、伟力、进取、崇高、威严、至尊……

凤：地、后、母、幸福、仁慈、和平、智慧、谦让、优美、亲合、至贵……

在龙凤身上，寄寓了中华民族自帝王将相到市井百姓全部的人生理想。龙与凤像两面鲜亮的旗帜，高扬在中华民族漫长的艰难奋进的历史征途上，龙凤文化肇始于仰韶文化，这是仰韶文化作为华族开始的重要标志之一。

五、城垣宫室——国家意识的物化形态

中华民族的建筑文化始于有巢氏的筑巢而居，经过巢居与穴居，初民们终于在地面上筑屋了。建筑虽然是实用物，但它却是一定的意识形态的反映。

考古发现，半坡人已经在地面筑房了，半坡村有100多座屋子，分为五组，每组有大、中、小型20座左右。大型房间70—160平米左右；中型房间20—40平米左右；小型房间10—15平米左右。每组房间之间有一些空隙，房间的门均对向广场。据学者研究，大房间住着氏族首领、老年男女和小孩，中小型房间住着部落的一般人员。这个时候，人们的婚姻关系不稳定，男子白天在自己的氏族干活，晚上到外氏族的女子住处过夫妻生活。一个男子可以与多个女人交往，同样，一个女子也有多个男性情人。仰韶文化早期社会结构还是母系氏族社会，半坡村的建筑布局与半坡这种社会结构是相吻合的。

半坡的房屋为圆形和方形两种（图11-2-9）。圆形屋有一个尖笠状的顶，方形屋的屋顶有两面坡，近似今天的屋子。屋内多有火塘。从总体来看，房屋建筑比较地粗糙。

仰韶文化晚期，社会进入父系氏族社会，男性的权

图11-2-9　半坡遗址房屋模型

威树立起来了，部落与部落之间结成联盟，是为部族；部族与部族之间也结成联盟，是为王国。黄帝就是中国中原一带最大的部族集团的首领，实际上，黄帝就是华夏王国的王。与这种社会模式相适应，王国就需要建都了。都城中有宫殿，宫殿既是国王及其家庭居住的地方，也是国王处理政务的地方，同时也是王国举行重大国务活动的地方。

史前考古发现仰韶文化晚期的城市遗址多座，其中具有王城规模的主要有两座：

1984 年在河南郑州附近的西山发掘了一处属于仰韶文化的居住区遗址，距今 5300—4800 年左右。它的平面近圆形，有城壕、城墙。城壕深 5.57 米，深约 4 米。残存的城墙265米，宽3—5米。总面积达34500平方米。从规模与形制来看它像一座城。有学者认为，它可能是黄帝时代的古城。

当代学人赵会军说："西山城址所在的位置正在黄帝族的范围之内。迄今所知，西山城址属于仰韶文化秦王寨类型（或称大河村类型）遗址发现的唯一城址。从秦王寨类型的仰韶文化遗址分布来看，有熊国的地域并不局限于新郑，它至少还应包括新密、郑州和荥阳等地，均可称为有熊国。在有熊国所辖的区域内（即秦王寨类型分布区），其文化遗址应属于有熊国文化，当时的氏族部落应属于有熊国组成部分。在西山发现的古城只能是有熊国的城，如果别处没有第二座城的发现，西山古城极有可能是有熊国国都。黄帝都有熊，是有熊国君，因此，把西山古城称为'黄帝城'是无可非议的。"①

2000 年，考古学家在河南灵宝市阳平镇西坡发掘了另一座仰韶文化遗址。在此遗址，考古学家清理了 34 座

①赵会军著：《发现仰韶》，中国国际广播出版社 2010 年版，第 110—111 页。

初民的墓葬，出土了一批重要文物，其中17号墓有玉钺和象牙镦。玉钺不是一般的礼器，它是王权的信物，就是说，谁握有玉钺就意味着谁就是王。这17号墓主显然不是一般的贵族，它就是王了。

在西坡遗址，考古学家发现有宫殿遗址。现在清理出的房屋基址共五座。五座房屋面积不等，最小的仅52平方米，最大的竟达516平方米。这最大的房屋，结构复杂，规模庞大，为半地穴式与地面式相结合，坐西朝东。四周设有回廊，室内有带柱础石的柱洞，近门处有火塘一个，地基和居住面处理得十分考究，整体布局合理。特别值得提出的是这大型屋子为四阿式建筑，四阿式又名四阿顶即庑殿顶。庑殿顶是中国宫殿建筑中的最高规格。超大型房屋前面还有一个广场，这广场也应是整个宫殿系统的组成部分，相当于明清宫殿前的天安门广场。五座房屋及大型广场的布局透露出的信息是：这不是一般的住宅，而是宫殿，这宫殿是不是古代的明堂呢？清代学者阮元认为，明堂是上古君主所居之处，又用于宣颁政令、举行各种重大的活动与典礼。到了后世，重大活动与典礼另有场所，明堂就只具象征意义了[①]。按《白虎通·辟雍》的介绍，说“明堂上圆下方，八窗四闼，布政之宫，在国之阳。上圆法天，下方法地，八窗象八风，四闼法四时，九宫法九州，十二坐法十二月，三十六户法三十六雨，七十二牖法七十二风。”[②]当然，这样完备的明堂现在不可能找到了，这西坡遗址发现的大房子能不能找到一些迹象呢？

人们猜测阳平的西坡遗址是黄帝的都城，除了建筑形制类似于后来的宫殿外，还有一个重要的理由：传说中黄帝铸鼎的地方——铸鼎原距此遗址很近。《史记·封

❶参见阮元:《明堂论》,《研经堂文集》卷三,《丛书集成新编》第69册，台湾新文丰出版公司1985年版，第49页。

❷陈立注疏:《白虎通疏证》，中华书局1994年版，第266页。

禅书》:“黄帝采首山铜铸鼎于荆山下。鼎既成，有龙垂胡髯下迎黄帝。”① 铸鼎原一直流传着大量的与黄帝相关的传说，周边山名、地名多与黄帝文化有关，比如，这里有三座并列的山峰，分别名蚩尤山、轩辕台和夸父山。这里的黄帝庙一直香火旺盛。

距铸鼎原很近的西坡遗址，其文化属于庙底沟类型的仰韶文化，其绝对年代与黄帝时代能够对应。据历史学家许顺湛的研究，仰韶文化晚期，铸鼎原聚落群有 87 个部落，1309 个氏族，26 万多人口，居住在 1000 多平方公里内。他们具有共同的文化、习俗和信仰，已经是一个庞大的族团了。许顺湛说:“在这个庞大的聚落团中，出现了‘金字塔’形的聚落群结构，出现了明显等级差别的权贵者的居址，出现了礼器，同时还有凝聚 87 部落的祖庙和祭坛，这样的社会状况，必须有酋邦国家一级的政权机构，才能驾驭 87 个部落、1300 多个氏族、26 万多人的社会。这时的社会，从考古学的角度说属于庙底沟类型仰韶文化晚期，从历史角度说属于五帝时代的黄帝时期。”②

在河南发现的两座仰韶文化城址——郑州西山仰韶文化城址和灵宝阳平镇西坡仰韶文化城址都有相当的规模，到底哪一个地方是真正的黄帝城，现在难以确定，但是，它们的被发现，充分说明仰韶文化后期，中国确实有国家政权出现了。

建筑与礼制紧密结合，是中国古代建筑文化的重要特点，也是中国古代的政治美学在建筑中的突出体现。看来，中国古代的建筑文化、中国古代的政治美学，可以溯源到仰韶文化晚期。

仰韶文化之后为龙山文化，严文明先生认为，“仰韶文化和龙山文化的时代可以统称为晚期新石器时代，其

①司马迁著，李全华标点:《史记》，岳麓书社 1988 年版，第 218 页。

②许顺湛:《五帝时代研究》，中州古籍出版社 2005 年版，第 524 页。

中包括铜石并用时代”[①]。“铜石并用时代晚期相当于龙山时代，这时的考古学文化，在中原地区为中原龙山文化……这个时期的年代约为公元前2600年—前2000年前，约当我国第一个有历史记载的夏王朝的前夕”[②]。据此，仰韶文化应视为先夏文化。

虽然，仰韶时代尚不属于文明时代，但离文明时代不远了。仰韶文化有资格被称为“文明前的‘文明’”。也许它缺一道光芒，这光芒就是文字[③]，如果有文字这一道光芒射过来，那文明前的“文明”也应成为文明了。

从某种意义上说，仰韶文化为华族奠定了基本性格。“黄帝时代大体与仰韶文化对应”[④]，因此，仰韶文化的出现，实质是华族的开始。

❶严文明:《论中国的铜石并用时代》,《史前研究》1984年第1期。

❷严文明:《史前考古论集·中国新石器时代聚落形态的考察》,转引自《新石器时代与夏代文明》，江苏教育出版社2005年版，第237页。

❸考古也发现一些仰韶文化时代的类似文字的符号，但不能认定它就是文字。

❹许顺湛:《五帝时代研究》，中州古籍出版社2005年版，第59页。

第三节 马家窑文化：彩陶艺术的巅峰

1923年，时任北洋政府地质矿产顾问的瑞典人安特生先生，来到甘肃省临洮县马家窑村，发现了一片远古时期的陶片，陶片的精美让他无比兴奋，他确信史前人类定然在此生息过，并且留下了极为辉煌的遗存。第二年即 1924 年，安特生再次来到甘肃，他在广河县半山村发现了与马家窑文化遗存类似却又有些不同的史前陶罐。同年，他又田野考古于临近的青海省，在湟水流域发现了另一史前人类文化遗址。安特生认为，这三处人类史前文化遗址应属同一个体系，然而又是不同的类型。他将它们分别命名为马家窑文化马家窑类型、半山类型和马厂类型。其后，中国的考古学家在甘肃、青海境内又发现了一些史前文化遗址，它们与马家窑文化有着明显的内在联系，随着研究的深入，这一史前文化的性质、面貌也大体清晰。经碳十四测定，马家窑文化距今 5000 年左右，具体来说，马家窑期，公元前 3290 年一前 2880 年；半山时期，公元前 2655 年—前 2330 年；马厂时期，公元前 2330 年—前 2055 年。它们处于中国新石器时代中期的晚期。

就陶艺来说，马家窑的陶器为史前陶艺的巅峰，虽然以后龙山文化的彩陶也相当辉煌，但就纹饰来说，远不及马家窑文化的彩陶灿烂，就总体来说，龙山文化的陶艺不能与马家窑文化的陶艺相比。马家窑文化在中华民族史前文化中处于特殊重要的地位。它将主要滥觞于中国新石器中期由仰韶文化奠定的中华民族的文化性格进一步予以肯定并且朝着夏商文化性格的方向发展。中华民族的一些基本传统是在马家窑文化奠定基础的，而这一切均以审美的方式表现出来，并集中体现在它的彩陶艺术之中。无论就丰富性还是就深刻性而言，马家窑文化不仅是中华民族从史前蒙昧走向文明的重要中介，而且是中华史前审美文化之渊薮。

一、承“韶”接“夏”

众所周知，史前文化最为重要的历史阶段是新石器时代中期。这个时期，在中国的版图，主要的文化有仰韶文化、大汶口文化、红山文化、马家浜文化、大溪文化等。其中，仰韶文化最为重要，这是因为它存在于中国版图的中心地带中原一带，是夏商周文化的基地。

仰韶文化的代表物是陶器，它有两个重要的类型：一是半坡型，一是庙底沟型。半坡型的陶器，其代表器是尖底瓶、折腹圜底盆、直口圜底钵、卷唇圜底盆、葫芦形器、小口长颈壶等类。它的代表性纹饰是人面纹、鱼纹和鹿纹等。与这些纹饰相联系的植物纹饰是由直线三角形、斜线三角形所组成的花纹。仰韶文化虽然主要存在于中原一带，它的实际影响决不只是这些地区，甘肃青海也有仰韶文化。

严文明先生说：“截至目前为止我们所知道的甘肃最早的彩陶文化是仰韶文化半坡类型的，其出土地点有天水刘家上磨、柴家坪、平凉苏家台、石柏阙、礼县寨子里和石嘴村等处。分布限于陇东，这是头一点要注意的。这些彩陶全部为红色、黑彩，有鱼纹、变体鱼纹和宽带鱼纹等，和西安半坡类型典型遗址出土的彩陶别无二致，这是又一点值得注意的。根据这两点，我们很有把握的说，甘肃的这些彩陶，是属于以关中平原为中心的仰韶文化半坡类型的有机组成部分。”[1]马家窑文化晚于仰韶文化，它的马家窑类型文化也有半坡类型仰韶文化的某些器型，如尖底瓶、圜底盆，也发现有某些类半坡类型的纹饰，说明马家窑文化与仰韶文化半坡类型存在某种联系。

不过，对马家窑文化影响最大的还不是半坡型文化，

[1] 严文明:《甘肃彩陶的源流》,《文物》1978年第10期。

而是仰韶文化中的庙底沟类型文化。庙底沟型文化陶器代表物是卷唇曲壁盆、弇口小平底钵、双唇尖底瓶等。代表纹饰为鸟纹、蛙纹、花叶纹以及抽象的圆点纹、凹边三角形等。石兴邦先生认为："半坡类型是代表以鱼为图腾的氏族部落，庙底沟类型是代表以鸟为图腾的氏族部落，二者是仰韶文化时代部落联盟下的两个分支，或者是同一部落的两个胞族组织。它们可能在同一时期存在于不同地区，也可能存在于同一地区。很可能庙底沟第二期文化就是第一期文化的直接继续。"[①]还有许多考古学家认为，马家窑文化与庙底沟类型早期关系非常密切。"马家窑文化的典型器物如卷唇曲壁盆、敛口钵和小口长颈瓶，与庙底沟同类器物相同或相似，两者的彩陶纹饰与作风均有相同之处，尤其是母题及其演变规律也相同，更不是偶然的事情。如果彩陶花纹确是族的图腾标志，或者是具有特殊意义的符号，那么我们可以说，马家窑文化早期即马家窑类型阶段的人们共同体，是仰韶文化中同一图腾部落的一个地方分支，只是崇拜的鸟类品种不同而已。"[②]

马家窑文化经历过三个发展阶段：马家窑型、半山型和马厂型，历时近千年，至马厂期已分化成东西两区，向东发展为齐家文化，向西发展为四坝文化。齐家文化和四坝文化的年代，据碳十四测定和树轮校正，大约分别在公元前2050年—前1900年和公元前1950年—前1500年之间，基本上与夏王朝相终始。这就是说，马家窑文化之后中国就进入文明时期了。

文明时期是以青铜器为代表的。一般认为，中国青铜时代始于夏代，终于战国。然而，在甘肃东乡族自治县林家村马家窑文化遗址也发现有青铜器残片。这是铜与锡的合金片，据测，锡含量在6%—10%之间，已经

❶石兴邦：《有关马家窑文化的一些问题》，《马家窑文化研究文集》，光明日报出版社2009年版，第23页。

❷石兴邦：《有关马家窑文化的一些问题》，《马家窑文化研究文集》，光明日报出版社2009年版，第24页。

达到青铜所要求的合金比例。这片青铜是一柄金属刀，长 12.5 厘米，宽 2.4 厘米。这刀不是用来作战的，而是用来割肉的，属于食具。林家村马家窑文化遗址距今约 5000 年，那个时候，人们能够锻炼出青铜来吗？据韩烨研究，烧制铜器温度一般需达到摄氏 950—1050 度，这个温度相当接近于熔化铜矿石所要的温度了。[①]

马家窑文化之后的齐家文化是铜石并用的时期，青铜器已经出现。甘肃康乐县苏集乡塔关村齐家文化遗址出土有铜刀，它的造形优于马家窑文化林家村遗址出土的青铜刀，说明它比马家窑文化的青铜器进步。但是，陶器却在齐家文化时期走向衰落。齐家文化遗址出土的陶器不论从造形还是从纹饰，都远不及马家窑的陶器精美。道理很简单，陶器已经不足以成为时代文明的标志了。齐家文化实际上已经进入青铜时代了。

二、动物崇拜

一切原始文化均存在动物崇拜，马家窑文化所体现的动物崇拜是极为丰富的，这种崇拜以彩陶器上的纹饰表现出来，其中最突出的有四种：

（一）鱼崇拜。这种崇拜承接仰韶文化。仰韶文化中的半坡类型其代表性纹饰是鱼纹，发展到马家窑文化，仍然有鱼纹。

（二）鲵崇拜。马家窑文化的陶瓶上有一种鲵纹。鲵的头部有些像人的头部，叫声也有些像娃娃的哭声，故俗称为娃娃鱼。鲵是史前人类崇拜的对象之一。《史记·周本纪》云：“周后稷，名弃。其母有邰氏之女，曰姜原。姜原为帝喾元妃。”[②]姜原的“原”亦作嫄，嫄通螈，螈即为鲵。拥有这种陶瓶的部落很可能是周始祖后

❶韩烨：《试论马家窑文化青铜器的发现及其意义》，《马家窑文化研究论集》，光明日报出版社 2009 年版，第 203 页。

❷司马迁著，李全华标点：《史记》，岳麓书社 1988 年版，第 20 页。

图 11-3-1　马家窑文化鲵鱼纹陶瓶，采自《甘肃彩陶》，图 23

稷的先人。

鲵纹的表现形式比较多样，有的突出鲵的一张娃娃脸（参见图 4-2-14），有的则突出鲵的柔软丰满的身子，如图 11-3-1，也不忽略画出鲵的人头和蛙状的爪子。

（三）蛙崇拜。马家窑文化陶器上的蛙纹比较地引人注目，尤其是马厂型的陶器，几成为标志。蛙纹在马家窑文化陶器上有两种形态，一种为圆圈加上蛙头和蛙腿，一般出现在在盆中底部（图 11-3-2）。马家窑类型陶器中，这种纹饰较多。另一种形态为折线纹（图 11-3-3），像山形也有些像人，因为有蛙爪，故而可以认为是蛙纹。

蛙纹与鲵纹的性质相同，可以认定为某一部落的标志，在陶器上绘上蛙纹可以理解为图腾崇拜。史前人类为什么崇拜蛙并视蛙为先祖，可能与蛙所具有的两种性质相关。一、蛙具有很强的繁殖力；二、蛙具有两栖生活的本领。前者与原始人类普遍都有的生殖崇拜相关，后者同样体现出史前人类对自由的向往。这种对自由的

图 11-3-2　马家窑文化变形蛙纹

图 11-3-3　马家窑文化马厂类型折线蛙纹陶瓮

向往，从精神上通向龙。蛙与鱼一样，未必是龙外形构成上的元素之一，却可能是龙的精神构成上的元素之一。

图 11-3-4　马家窑文化齐家类型鸟头盖罐，采自《马家窑彩陶鉴识》，P137 图

（四）鸟崇拜。马家窑文化陶器中有一种鸟形器，或取鸟头或取鸟身，隐约见出鸟的意味（图 11-3-4）。马家窑文化陶器也有鸟纹的，有的比较具象，有的则比较的抽象。

鸟受到崇拜在史前相当普遍。正如鱼能在水中获得自由一样，鸟能在天空中获得自由。对这种自由人羡慕，由羡慕进而崇拜，由崇拜进而神化。神话中的鸟不仅善飞，而且美丽、吉祥。这种鸟后来成为中华民族的集体图腾——凤凰的来源。《山海经·西山经》云："西南三百里，曰女床之山……有鸟焉，其状如翟而五采文，名曰鸾鸟，见则天下安宁。"[1]人们观察太阳、月亮中有黑影，以为是鸟。另外人们认为，太阳、月亮之所以能在天空移动，是因为有鸟驮载。《山海经·大荒东经》云："汤谷上有扶木，一日方至，一日方出，皆载于乌。"[2]所以，对鸟在鸟的崇拜中，隐含有对太阳、月亮的崇拜。远古神话中，太阳中的鸟有三足，其中的一只其实不是足，而是生殖器，先民将它看成是男根。对鸟的崇拜也隐含有对男性生殖器的崇拜。

（五）蛇崇拜和蜥蜴崇拜。马家窑文化陶器中也有蛇纹（图 11-3-5），蜥蜴纹。

图 11-3-5　马家窑文化半山类型蛇纹陶罐

以上这些动物崇拜并不是始于马家窑文化，溯其渊源，可以经仰韶文化、老官台文化、直达距今 8000 年前的大地湾文化，甚至更早。虽然这些图腾崇拜远古有之，但是到马家窑文化才集其大成。而且，隐约地可以

❶袁珂校译：《山海经校译》，上海古籍出版社 1985 年版，第 26 页。

❷袁珂校译：《山海经校译》，上海古籍出版社 1985 年版，第 247 页。

看到它向着中华民族两大集团图腾——龙凤发展。这里必须说明的是，龙的形象一直没有定稿，即使在汉代也众说纷纭，不过基本形象东汉时应完成了。王充说：“龙之象，马首蛇身。”这大概就是龙外形的主要特点。至于龙的本事，最突出的是自由，能升空也能入水。这一点在《易经》中就定了下来，《易经》乾卦以龙为喻，其第四爻云“或跃于渊”，说的就是龙升天入水的本领。正是因为龙是一个综合性的形象，它的来源就是多元的。将龙的形象锁定为某一种动物显然不妥当。马家窑文化陶器中的鱼纹、鲵纹、蛙纹、蜥蜴纹、蛇纹都有可能成为后人创作龙的素材，但绝不能说是龙的唯一来源或者说主要来源。也许，鱼、蛙、鲵、蜥蜴、蛇作为龙的素材主要不在其外形上，而是在其本领上，那种为人所羡慕的自由性是龙更为重要的来源。

图 11-3-6　马家窑文化凤凰纹

龙之源一是神奇的动物，另是人——先祖圣人。神话中的中华民族先祖圣人不止一位，而是有许多位。其中最为重要的是伏羲和女娲，他们的形象在神话中均为“蛇身人首”，均可以看作是龙。而这两位先祖，神话中记载均为甘肃天水人，天水正是马家窑文化中心地域。结合伏羲女娲的传说，根据马家窑文化，将甘肃看作是龙图腾的重要发源地，当是可以成立的。

图 11-3-7　马家窑文化双凤凰纹

让我们特别感到惊喜的是，马家窑文化陶器中有凤凰纹（图 11-3-6，图 11-3-7），说是凤凰纹而不称之为鸟纹，是因为这种纹饰有长长的尾巴，确实类似于凤凰了。马家窑中的凤凰纹，丰富多彩，不拘一格，或偏于具象，或偏于抽象，其神韵则基本上是一致的，那就是飘逸，绚丽，灿烂。值得我们注意的是，马家窑文化中的凤凰纹多为双凤，这双凤相对而飞，明显地体现出阴阳相反相成的意味。

龙凤均是中华民族的图腾，这一图腾可以溯源到新石器时代早期文化，到新石器时代中期的仰韶文化已经开始初步成形。从河南濮阳西水坡的仰韶文化遗址出土的蚌砌龙来看，龙的形态初定，似鳄鱼，接近后世的龙形象。但凤的形象没有定，在仰韶文化出土的陶器上很难找到比较接近后世凤凰形象的纹饰。这种状况在马家窑文化中发生有趣的变化。龙的形象呈多元发展的态势，很难找到类似鳄的龙纹。被一些专家认定为龙形象之源的蛙纹距鳄的形象差距甚大，其姿态多为立着的，可以说一点也不像龙。有一件陶器上的蛙纹是横置的，被一些学者认为是蛙纹向龙纹发展的中介（图 11-3-8）。

图 11-3-8　马家窑文化马石型蛙纹陶罐

非常有意思的是，在马家窑时期，凤凰纹倒是与后世的凤凰形象靠近了。是什么原因促使鸟纹迅速地向着凤凰纹变化，这是一个非常有趣的问题，值得我们探讨。

三、礼乐之光

歌舞起源是很早的，它具有多种意义：在劳动中，歌舞可以起到减轻劳动强度，协调肢体动作的作用；在从事打猎这样的劳动中，人们可以用模仿动物声音和动作的歌舞以引诱猎物，这种歌舞相当于巫术。劳动之余，歌舞可以起到休息、娱乐的作用。日常活动中，人们也常用歌舞来表达情感，传递信息。当然，更重要的是，祭祀场合，歌舞可以起到娱神的作用。

从神话来看，中华民族很重视歌舞，几乎从盘古开天地始就有乐舞。《吕氏春秋·淮南子》载："昔古朱襄氏之治天下也，多风而阳气畜积，万物散解，果实不成，故士达作为五弦瑟，以来阴气，以定群生。昔葛天氏之乐，三人操牛尾以歌八阕，一曰《载民》，二曰《玄鸟》，三曰《遂草木》，四曰《奋五谷》，五曰《敬天常》，六曰《达帝功》，七曰《依地德》，八曰《总万物之极》。"[1]以下，陶唐氏、黄帝、帝颛顼、帝喾、帝尧、舜、禹、汤、周文王、周武王、成王均有自己的歌舞。自朱襄氏开始的歌舞，有一个共同特点，就是歌颂自然，歌颂劳动，期盼神灵赐福，五谷丰登，家畜兴旺。

原始歌舞具有浓郁的巫术色彩，特别是用于祭祀的歌舞。巫术活动多启用动物，在原始人看来，动物或是神灵的使者，或就是神灵。与动物共舞，有助于将人的意愿传达给神灵。《尚书·虞夏书》载人与兽共舞："夔曰：於！予击石拊石，百兽率舞。"[2]这里说的是百兽，百兽应该包括鸟，因为人们也是视鸟为神灵或神灵的使者的。当然，事实上人不可能与兽鸟共舞，兽鸟只能是巫师所扮的，也就是化妆成兽、鸟的舞者。这种情况，恰好在马家窑的陶器纹饰上有所表现。图 7-2-2 陶盆上的舞人，均有一条鸟的尾巴，头发做成鸟的尖喙，这就是化妆成鸟的舞者。这鸟可以理解为《吕氏春秋》中所说的"凤鸟天翟"。

这种化妆成神鸟神兽的乐舞当然就不是一般的歌舞了，它具有神圣性，具有娱神的功能，通天的功能。古人认为装扮成神鸟就仿佛成为神鸟，至少可以让神鸟视为同类，就可以与它交流，就可以像它一样翔于天空，实现人最向往的自由。

❶杨坚点校:《吕氏春秋》，岳麓书社 1989 年版，第 33—34 页。

❷江灏、钱宗武译注:《今古文尚书全译》，贵州人民出版社 1990 年版，第 33 页。

也有一种舞人头发没有做成鸟喙状，臀部也没有尾巴装饰，如图 7-2-4，但他们有一个圆鼓鼓的臀部，可以将它理解成裙子，也可以理解成装扮成孕妇，如是前者，那可以看作是中国裙子的起源，裙子具有多种效果，其一是美，舞蹈着裙子可以创造一种特别的美学效果。如是后者，这具陶盆上的舞人纹就显然具有生殖巫术的意味了。

中华民族有礼乐文化传统，礼来自史前社会的等级制度，而乐则来自史前的歌舞。史前的礼和乐均具有原始的巫术性，以通神娱神为主要功能。而到周代周公试图建立礼乐制度时，巫术性就被削弱甚到废弃了，它强调的是现实社会中君主与百姓的合理关系。礼乐这两者，礼强调社会上各色人等其身份地位享受等方面的不同，重在分；乐强调的则是社会上各色人等在情感上、审美上、娱乐上的相通，重在合。礼乐虽然由周公最早提出，但只有到先秦儒家孔子、孟子、荀子那里才发展成为完善的理论体系，此体系后来发展成为中国社会的基本制度。中国封建社会得以维持几千年，其重要原因就在这里。

马家窑文化中的舞蹈陶盆具有极其重要的史料价值，在此前没有发现这样纹饰，它说明中国的礼乐文化至少可以溯源到距今 4000 年前的马家窑文化时期。

四、阴阳思维

马家窑文化陶器纹饰中抽象纹以漩涡纹最为突出（图 11-3-9），漩涡纹来自水波纹。风格多样、形式多样的漩涡纹大量

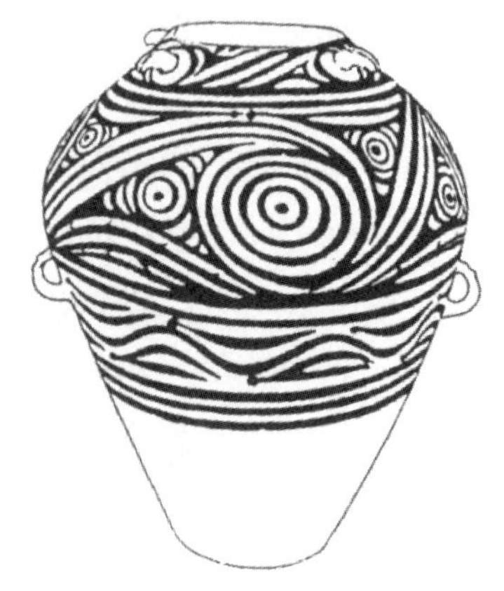

图 11-3-9　马家窑文化马家窑类型漩涡纹陶瓶

出现在马家窑文化陶器上，当不是一件偶然的事，它说明两点：

第一，水，特别是具有漩涡的大水，在当时严重地影响到人们的生活，成为人们关注的中心。这水，可能首先是黄河。当年的黄河，水量巨大，汹涌澎湃。黄河带给马家窑人民的是福祉还是灾难？可能两者兼有，这陶器上的水纹不能简单地理解成对黄河的礼赞或是对黄河的谴责。现在一般将漩涡纹理解成水崇拜是不准确的。也许，对马家窑初民心理上造成最大影响的不是水的一般形态，而是水的特殊形态——漩涡。漩涡太可怕了，只要落入漩涡中心，人、还有巨型动物如牛等，均是凶多吉少。因此，黄河两岸的初民对漩涡有一种巨大的恐惧感，进而将漩涡神魔化。在陶器上画上漩涡的形象恐怕是一种复杂的社会心理所致，基本的心理是对漩涡的崇拜。

有些陶器上的漩涡纹竟然简化成太极图中的阴阳鱼纹，如：马家窑文化陶器中有一种卍字纹符号，有学者将它理解成女阴崇拜，也有将它看成飞动的鸟，由鸟崇拜导出太阳崇拜。这些均是一种想象，没有充分的根据。其实，卍字纹就是两个交叉的S，它是漩涡纹的变体。

这些以S形为基础的各种漩涡纹具有多种意义：当然首先是对水流的一种感性认识，其次是对力的相互作用的一种认识，在此基础上进而形成了一种思维方式。这种思维方式我们可以归纳出几个要点：

第一，宇宙现象繁复，但无不可分为阴阳。阴阳是宇宙构成的两个基本因素，它们的相互作用构成了大千世界。这从漩涡纹总是将水流分成两个不同的方向可以看出。

第二，阴阳作用的基本规律是相互对立，相互含有，相互生成。这从漩涡纹中的水流在行进中总是表现出一定的向对方回归可以看出。另外，从阴阳鱼陶盆可以看出，那分别处于两个漩涡中心的点，有阴中有阳、阳中有阴的意味。

第三，阴阳相互作用的趋向是动态的和谐。这从漩涡纹中的圆圈可以见出，这圆圈既是力的出发点，也是力的归结点。这种和谐不是静态的，这从圆圈总是有水流离去可以看出。

这种思维方式在马家窑人是以漩涡纹来表达的，以象寓理，到商周之际，首先有《易经》用阴阳符号对这种思维方式予以概括。由于《周易》毕竟是占筮之作，对阴阳关系的表达难免有神秘的意味，而产生于春秋之际的《老子》则是纯粹的哲学著作，它对阴阳关系的论述则更为深刻。它说："万物负阴而抱阳，冲气以为和。"[1]这"负"与"抱"见出阴阳的亲缘性的关系，而这"负"与"抱"的意味在阴阳鱼纹中表现得非常充分。

❶陈鼓应著:《老子注译及评介》，中华书局1984年版，第459页。

五、线的艺术

马家窑文化陶器上的纹饰虽然有具象的，类似绘画，但更多的是抽象，应是图案。不论是绘画，还是图案，其造形的方式均以线条为主。线条造形成为马家窑文化纹饰的一大特色，要说线条造形，仰韶文化、河姆渡文化中的纹饰也是如此，但仰韶文化、河姆渡文化的线条造形，毛笔的意味不是太明显，但马家窑陶器纹饰的线条造形，其毛笔的意味则非常明显。这只要将马家窑的陶器与半坡的陶器、河姆渡的陶器比较一下就非常清楚。河姆渡陶钵上的猪纹是浅浮雕。刻前的纹样，像是用树枝蘸颜料画上去的；半坡陶盆上的鱼纹，线条生硬，虽然不是刻的，用的不是毛笔，而是某种硬性的木棍或石片。马家窑陶器上纹饰之所以说它是用毛笔绘制的，主要是因为线条流走之时颜色有深浅之别，而且特别流畅（参见图4-2-16）。

线条造形是中国绘画艺术的主要传统之一，这一传统滥觞于新石器时代的陶器上的纹饰造形，延续下来，到唐代达到巅峰，构成中华绘画的基本特色。唐代的人物画家吴道子、阎立本、张萱和五代的周文矩、顾闳中等为线条艺术均做出重要贡献。线条艺术始于史前陶器的纹饰，成就于唐代的人物画，泽及山水画。又由画影响到中国的雕塑艺术，甚至音乐、戏剧等非造形艺术，成为中华美学的一种风格，而与西方美学重画面造形、色彩造形区别开来。

线的艺术，重线本身的意味，这里线由造形的工具变成了审美的本体。这就好像京剧的唱腔，本来演唱是为了演绎故事，然而演唱的故事倒不是重要的了，演唱的声韵成了欣赏的主要对象。中国艺术在某种意义上讲是一种高度形式化的艺术。

线是空间的存在，但是，它的流走则成为时间的轨迹，线的艺术尽管仍然是空间的艺术，但因为线的流动意味，竟获得了时间艺术的品格。所以，欣赏中国的线条艺术，哪怕是写实性的绘画，也能产生如聆听音乐的感觉。这一点，在中国独特的艺术——书法中体现得最为突出，因为书法是典型的线条艺术。

六、艺术巅峰

从艺术来看，马家窑文化彩陶达到了彩陶艺术的巅峰。

第一，陶器的造形达到尽善尽美的地步。即使是在仰韶文化中出现过的尖底瓶，在马家窑文化中虽然基本上延续其造形，但也能见出它较仰韶文化的尖底瓶要更匀称，更稳健，更美妙（参见图3-3-1）。

从审美价值来说，马家窑文化彩陶中，造形最美的莫过于各种瓶，瓶之美，关键在瓶颈的造形，一般来说，瓶颈应较为修长，但亦要有度。这度的把握，十分重要，其次是纹饰与器型的配合，需要自然贴切，相得益彰，像这件陶瓶（图11-3-10），就达到极为和谐的境地，不要说，在史前文化中，就是在今日，它也是难以企及的艺术珍品。

图11-3-10　马家窑文化漩涡纹彩陶瓶

第二，陶器上的纹饰达到了出神入化的美妙境地。

纹饰的题材主要是水，水最富有变化，最灵动，而且也最具哲理性，选择这一题材作陶器的纹饰，为纹饰设计师的审美创造提供了无限广阔的空间。事实上，马家窑文化陶器上水纹确达到出神入化的境地，不要说水纹千姿百态，也不要说水纹灵气洋溢，更不要说水纹神秘莫测，单就其对形式美的运用来说，已达到从无法中见有法，有法中见无法的境地。只要做较为细心的解析，任何复杂的水纹都可以简化。而任何简单的水纹又可以激起人们丰富的想象。这样的技巧让人惊叹不已！

纹饰的构图也极为匠心。一般来说，纹饰只是饰，它是一件作品中的辅助部分。但是，对于马家窑文化彩陶上的纹饰，还不能都这样看。马家窑文化彩陶上的纹饰有一部分不只是装饰，但具有独立的审美价值。

这部分纹饰有两个突出特点：

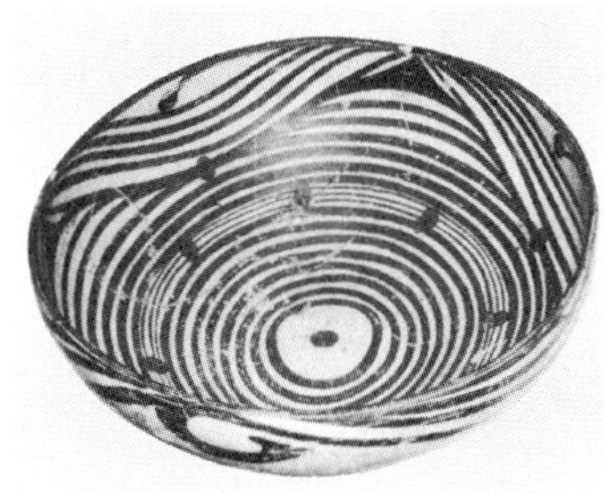

图 11-3-11　马家窑文化漩涡纹陶盆

一、面积较大。这些纹饰有的占器物表面的二分之一，有的占三分之二，还有一些，布满整个器具的表面，如这具陶盆（图11-3-11），遍身布满漩涡纹，极具视觉的冲击力，它简直就是一幅绘画了。

图 11-3-12　马家窑文化彩陶上花瓣漩涡纹

二、别具情味。比如这具陶器上纹饰（图 11-3-12），非常耐人品读。如果你想获知它到底在摹仿什么，那是不容易得出结论的。事实上，它既不是波浪的写形，也不是花瓣的传神，更不是星星的摹仿。然而这些东西的意味，它似乎都有。纹饰似是在传达一种意味：是自然的韵律，还是生命的脉动，兼或是神灵的游戏？一时难以确定。眼光与它相遇，只是感到有诸多的线条在旋转，在流动，既复杂又有序，既丰富又简单，既有限又无限。

三、重视构图。构图主要有三种：一种几何形的，另一种是自然形的。几何形的多是图案的构图，自然形的构图则多是绘画的构图，马家窑文化彩陶上的纹饰构图虽然仍然以第一种居多，但也有第二种构图，比如，在陶器表面绘上奔跑的鹿、太阳等。还有第三种构图，将雕塑与绘画结合在一起，有具陶瓮，颈部绘有人面，瓮的肩部绘有人物，其他部位均绘有漩涡。整具瓮让人感到似是一个人的造形。如此构图，含义深邃而又神秘。马家窑文化陶器纹饰的构图特别注重与器型的配合，像这具器（11-3-13），从上而下俯视它，就很能见出陶器工艺家的匠心。

图 11-3-13　马家窑文化半山类型圆圈波浪纹陶罐

马家窑文化的彩陶风格丰富，或华丽，或朴素，或亲和，或神秘。它的造形，它的纹饰，均可圈可点，美不胜收，而无一不是陶器工艺师自由心灵的写真。这些作品如此精美，几乎让我们产生错觉：产生这些作品的年代是一个幸福的年代。精神的超前，思想的升华，审美的超越，是不受时代的经济发展水平限制的。

七、彩陶之歌

在人类发展史上，陶器的创制具有极其重要的地位。陶器发明前人类的生产工具主要是石器，生活用具一般也直接采自自然界。真正利用自然界的原料，按照人的需要，创造一个东西，应是始于陶器。所以，可以说，陶器的创制是人类第一个创造性的活动。新石器时代的标志，与其说是磨制石器还不如说是陶器。

陶器是世界上所有人类都曾有过的发明，但是，各地的人发明陶器的时间不一致，中国是最早使用陶器的地区之一，从地下考古发现，在距今 14000 年左右，活动在中国版图上的史前人类已经在使用陶器了。1955 年在湖南道县玉蟾岩发现的史前人类遗址，其中的陶片，经拼接，复原为两件陶釜，经碳十四测定，距今为 1.232 万年 ±120 年和 1.481 万年 ±230 年[1]。尽管陶器发明的时间早达万年前，但彩陶发明的时间要近得多。据现在的考古成果，只在距今 7000 年前大地湾文化中发现彩陶片。

彩陶的发明在人类的用陶史上具有极其重要的意义。这涉及什么是彩陶。彩陶的突出特点是它表面上有精美的图案，这图案不是用器物或手在器表刻画、滚压而成的而是绘上去的。其做法有两种：一、先在陶胚上绘上

[1] 郎树德、贾建成:《彩陶的起源及历史背景》,《马家窑文化研究文集》,光明日报出版社 2009 年版，第 124 页。

图画或图案底子，陶胚煅烧后，器表上就出现符合人心意的图画或图案。二、陶器烧制后，用颜料将图画或图案直接画到器物上去，这颜料一般不会脱落或变色。这种纹饰的出现表明人的审美意识加强了。

审美意识作为人的意识之一，它的出现应是与人之脱离动物成为人处于同一时期。属于旧石器时代的阿尔塔米拉山洞中的岩画，其水平之高让今天画家惊叹。尚处于猿人阶段的山顶洞人就知道用赤铁矿粉染过的石珠来作装饰物，足以证明他们也有审美的需求。值得强调的是尽管人的审美需求与人是同时产生的，但是人的审美需求并不是都能得到现实的满足。审美需求具有超前性、超现实性。具有超前性、超现实性的审美需求在一定程度上能够成为创造性活动的指导与助力。有理由认为，彩陶的出现是史前人类进一步发展的审美需求的产物。史前人类不满足于陶器上的纹饰，认为它不够美，不管是自觉还是不自觉，他都会去寻求更美的纹饰。也许某次，他偶然地发现，在陶器胚子上用某种矿物颜料留下的痕迹烧制过后所形成的纹饰特别美，于是就刻意寻求制作这种纹饰的方法。当然，这是一个艰难的漫长的过程。但是它终于取得了成功。彩陶的成功在技术上必须有三个支撑点：第一，具有一定的化学知识，知道某些矿物颜料经过一定的温度煅烧后变成什么样的颜色。第二，具有一定的物理知识，知道如何将陶胚打磨到一定的光洁程度，以保证涂抹上去的线条在煅烧时不致脱落。第三，知道如何控制温度以保证陶器烧制成功。在一定的科学技术条件具备之后，史前人类才在纹饰的造形上下更多的功夫。

现在已有充足的材料证明，马家窑文化的彩陶在史前彩陶中是最为辉煌的。

第一，彩陶在全部陶器中占的比例是最大的，马家窑文化的陶器中，彩陶占到30%多，而仰韶文化中彩陶占的比例不过3%。龙山文化中陶器主要是黑陶，彩陶占的比例更少。龙山文化的黑陶基本上不施彩绘，它主要以造形取胜。

第二，彩陶的纹饰最为绚丽，形式美的法则运用得最为纯熟。这其中，虚与实、繁与简、统一与变化、协调与对比、交错与重叠等法则的运用已达炉火纯青的地步，几可与现代艺术的水平相抗衡。这里特别值得提出来的，一是它的原创性。现在我们发现的马家窑文化的陶器，其纹饰基本上没有重复的，几乎每件作品上的纹饰都是一个创造。而现代艺术上的纹饰摹仿的很多，重复的更多。二是它对法则运用的灵活性。几乎每一法则在史前陶器工艺师那里都没有当作一成不变的教条，而是根据具体情况灵活运用。像平衡对称，这是一条形式美法则，但是马家窑文化陶器上的纹饰并不严格地遵守这一法则，它将平衡改成均衡，将对称改成匀称，就是说，只要大体上见出平衡对称就行了。对于美，马家窑文化的陶器工艺师似乎更看重动态的美、有生命活力的美、含蓄的美、有意味的美、圆球形的美——具有女性阴柔意味的美。所以，这些已经初步见出中华民族审美传统的某些重要特色。

第三，彩陶中纹饰似是具有某种精神内涵，这里尤其在人物纹饰和动物纹饰上比较突出。马家窑文化陶器中的精神内涵是丰富的，可能有自然图腾的意味，但也有现实生活的意味。同是人头造形的纹饰，出现在大地湾文化陶器上就古怪神秘得多，而出现在马家窑文化陶器上则显得亲和。最能说明问题的是，青海大通县孙家寨出土的马家窑型陶盆上的人物歌舞纹，已经在相当程度上摆脱了原始神秘性而体现出生活的意味。马家窑文化遗址的墓葬中，彩陶并不鲜见。有的墓主人的头部竟然放置七具彩陶器，这说明彩陶已经成为珍贵的器物。故墓主人将它当作身份和财富的象征带到墓穴。如果马家窑文化时代已经出现了等级的差别，那么，彩陶的拥有当是等级差别的标志。

从以上的分析，我们可以看出，马家窑文化的陶器实际上是一身兼有真（科学技术）、美（形式）、善（精神内涵）三种意义。这其中，我们认为美是集中的体现，美虽在形式，但不只在形式，任何形式都有精神性内容存在，而且必须有一定的科学技术条件做支撑。彩陶作为生活器具当然有它的实用性，但实用性不是彩陶的基本功能，显然，仅为了实用，不必生产彩陶，彩陶当然也可能是某种祭祀的用具，其动物纹饰也可能有图腾崇拜的功能，但是，仅为了图腾崇拜也不必要生产彩陶。彩陶的生产根本的是审美的需要，也正是因为彩陶美，它才具有宗教祭祀的功能、图腾崇拜的功能、显示社会等级的功能等。彩陶的这一性质在相当程度上影响到青铜器，影响到整个中华民族的文化。

人类进步总与工具的进步联系在一起的，彩陶是史前文化的一个相当长的时期的卓越代表。虽然马家窑文化之后，人类是进步了，生产也发达了，但是彩陶却衰落了，新的生产方式需要有新的生产工具来代表。马家窑文化之后，虽然也有彩陶，但不仅从总体来看，远不及马家窑文化彩陶般的绚丽多姿，而且仅就个体来看，也没有发现哪些作品超过马家窑文化彩陶的艺术水准。所以，我们有把握地说，马家窑文化彩陶是中国史前彩陶艺术的巅峰。

第四节　良渚文化：礼玉精神的代表

良渚是现今浙江余杭县的一个地名，1936年原浙江省西湖博物馆的施昕更在这一带进行考古，发现十余处遗址，随后出版了《良渚（余杭县第二区）黑陶文化遗址初步报告》。其后，又在这一带发现同一文化类型的遗址100多处，1960年，夏鼐在《长江流域考古》一文（《考古》1960年第2期）中，正式提出："良渚文化"这一概念。

良渚文化距今5200—4000年前[①]，位于长江下游的太湖流域与杭州湾地区。这个地方近海，基本地形为平原，也有小丘陵，更有大片的湿地，当时气候温润，雨量丰沛，因而动植物极为繁茂，是适合于人类生息的好地方。处于新石器时代的中期偏早的河姆渡人、新石器时代中期偏晚的崧泽人和中期的马家浜人均生活在这片地域内。有学者认为，这几种文化之间有一种继承发展的关系。

在已发掘一百多处良渚文化遗址中出土了大量极其

❶方西生:《良渚文化年代学的研究》,《良渚文化论坛》，中国文化艺术出版社2003年版，第75页。

珍贵的玉器。在所有的史前文化遗址中，无论就量来说，还是就质来说，良渚的玉器都当得上史前玉文化的高峰之一，堪与北方的红山文化相媲美。在史前出土物中，玉器无疑最为珍贵，它是史前精英文化的标志。良渚文化遗址还发现了类似文字的符号、城堡和祭坛的遗存。种种迹象说明良渚文化已经距文明时代不远了，良渚文化称得上文明的曙光。

一、人性初醒

在良渚文化中，诸多玉器均有兽面纹或神人兽面纹。兽面纹出现得最多，它的基本形制是两只大眼，有一横梁连接，类似眼镜的横梁，横梁中部连一短柱，类鼻，柱下连一横梁。两横梁夹一柱，类工字。工字下有一横梁，较长。此种造形，大致类似兽面（图 11-4-1）。

图 11-4-1　良渚文化玉器上的兽面纹

兽面纹最具特征的两个部件，一是眼，为两圆圈；二是横梁，或连接两眼，或处于眼下，类似嘴唇。

兽面纹广泛出现在各种玉器上，形状大同小异。这种纹饰，从形象来看的确很像是兽面抽象的结果，它让人首先想到的是虎面。虎有一双锐利的大眼，兽面纹也以两只眼最为突出，因此，说兽面纹为虎面的抽象，应是说得过去的。

图 11-4-2　良渚文化反山遗址 12 号墓玉琮上的神人兽面纹

良渚反山遗址 12 号墓出土的玉琮及柱形器上的“神人兽面纹”是一种复合图案（图 11-4-2），它将兽面纹包括在内，此外还有神人的形象，它的完整表现在号称为“琮王”的玉琮上。《良渚遗址群考古报告之二：反山》（上）是这样描绘这一图像的：

> 图像主体为一神人，其脸面呈倒梯形，重圈圆眼，两侧有小三角形的眼角，宽鼻以上以弧线勾出鼻翼，宽嘴内由一条长横线、七条短竖线刻出上下两排十六颗牙齿。头上所带，内层为帽，线刻卷云纹八组，外层为宝盖头结构，高耸宽大，刻二十二组边缘双线、中间单线环组而成的放射状“羽翎”（光芒线）。脸面与冠帽均为微凸的浅浮雕。神人上肢以阴纹线刻而成，作弯曲状，抬臂弯肘，手作五指平伸。上肢上密布由卷云纹、弧线、横竖直线组成的繁缛纹饰，关节部位均刻出外伸尖角（如同小尖喙）。在神人胸腹部位以浅浮雕琢出兽面，用两个椭圆形凸面象征眼睑，重圈眼以连接眼睑的桥形凸面象征眼梁，宽鼻勾出鼻梁和鼻翼，宽嘴刻出双唇、尖齿和两对獠牙，上獠牙在外缘伸出下唇。下獠牙在内缘伸出上唇。兽面的眼睑、眼梁、鼻上刻有由卷云纹、长短弧线、横竖线组成的纹饰。在分为两节呈角尺形的长方形凸面上，以转角为中轴线向两侧展开。每两节琢刻一组简化的、象征性的神人兽面纹图案，四角相同，左右对称，上节顶端有两条平行凸起的横棱，每条横棱上均有六条细弦纹、横棱之间刻纤细的连续卷云

纹（含小尖喙），这是神人所戴宝盖头冠的变体。神人简化成两个圆圈和一条凸横档组成的人面纹。圆圈为重圈，两边有小尖角，表示眼睛。凸横档上填刻卷云纹、弧线、短直线，表示鼻子。下部分由两个椭圆形凸面、一个桥形凸面和一条凸横档组成兽面纹，椭圆形凸面表示眼睑，中有重圈表示眼睛，桥形凸面表示眼梁，凸横档表示鼻子。这些凸面和凸横档均填刻由卷云纹、弧线、短直线组成的纹饰。在兽面纹的两侧各雕刻一鸟纹，鸟的头、翼、身均变形夸张，刻满卷云纹、弧线等。①

这种图案做何种解释，可谓众说纷纭。笔者认为，这实际上是两个图案，一个是兽面图案，一个是神人图案，合起来，应是神人驭兽腾空的形象。神人头上戴着羽冠。中国历史上有“羽人”这一称呼，通常用来称仙人。良渚的神人，应不是，他只是头上载着羽冠而已。头上戴羽冠，具有多种意义，一是护首，二是巫术，三是美化，是鸟崇拜的一种体现。萨满教中的巫师也有戴羽冠的。

神人两只长长的手臂分别拿着两个眼状物。眼状物中间有一道横梁，横梁中间连着一粗竖柱，竖柱下连着横短梁。短梁下面又有一横梁，与上面的短梁不连。这图案有相对的独立性，一般均认为它为兽面纹，《良渚遗址考古报告之二：反山（上）》也是这样认为的。但笔者认为，它不是兽面纹，而是双鸟纹，关于这，笔者将在下文中进一步说明。现在，且按兽面纹来理解。将两个圆圈认作兽眼，神人的双手各执兽首的眼部，意味着他

①《良渚遗址群考古报告之二：反山》上，文物出版社2005年版，第43—59页。这一图像，该报告称之为“神人兽首纹”，笔者虽然不完全认同此报告对这一纹饰的理解，但为了行文方便，还是采用这一称呼。

在驾驭着兽头。神人驾驭着兽头在做什么呢？按笔者的仔细辨识，神人应是握着兽头跨在巨大的鸟身上。从正面看，是很难看出鸟来的，但是图案下部露出了鸟爪，另外，图案下部各个角均露出尖尖的羽翎，从整体效果看，神人应是跨在鸟的身上，鸟载着神人在飞翔。

如果这种解释尚可的话，此图案见出三种意义：

第一，人的觉醒。虽然我们将图案中的神人，称之为神，实际上它是人。人驾驭着兽头，跨在鸟身上，在天上飞，这意味着什么？只能是意味着人的伟大。

第二，动物图腾意识淡化。从史前文化的一般情况来看，良渚人应该有过动物图腾。有学者说，良渚兽面纹的原型是老虎，体现出良渚人有过虎的图腾崇拜。也有学者说良渚的兽面纹有鸟的意味，体现出良渚人有过鸟的图腾崇拜。这些说法均不无道理，良渚地处江南丛林，既是华南虎出没之处，又多鸟。兽面纹上也的确可以品味出虎的威严与鸟的轻灵来，但是，兽面纹上既不能看出一只完整的虎来，也不能看出一只完整的鸟来。

历史发展到良渚这个时代，人类意识有较大的发展，逐渐摆脱野蛮与蒙昧，良渚人虽然崇拜虎，崇拜鸟，却不再将虎和鸟看作是自己的祖先了。他们不愿意在作为自己族徽的图案上刻画出一个完整的虎或鸟，清楚不过地表达了这样一个信息：良渚时代图腾意识在淡化。

第三，尝试创造人与兽、鸟既分离又综合的形象。从人类学来看，人类对自身形象的表现经过这样两个阶段：第一阶段，人与兽鸟合体，这在中国的神话中有许多记载，比如《列子·黄帝》云："庖牺氏、女娲氏、神农氏、夏后氏蛇首人身，牛首虎鼻。"[1]第二阶段，人兽分离，人是人，兽是兽。这也有两种情况：一种是人兽虽分却相关、相连，另一种人兽彻底分离，不相关不相

[1]《列子集释》，中华书局 1979 年版，第 84 页。

连。良渚的“神人兽面纹”显然属于第二阶段中的第一种情况。这幅图案中，人的形象是独立的、完整的，兽与鸟并不构成人体中的一部分，只是兽首为人手所执，鸟背为人所骑，因此而显示人与兽鸟相关、相连。

这种情况显示出人的觉醒，人试图将自身与动物区分开来。

原始人均有过动物崇拜的阶段。原始人的动物崇拜应分为两个阶段：

第一阶段，动物是作为图腾而受到崇拜的。图腾含义很多，基本的含义是将动物看成是与自己有血缘关系的始祖。

第二阶段，动物是作为灵物受到崇拜的。动物不再是人的祖先，但因为它具有某种人特别向往的本领，因而被人看成灵物。这个时候，动物不是人，是神。

良渚人对动物仍然有崇拜，但不是图腾崇拜，而是灵物崇拜。

有一种观点认为，“良渚文化中鸟、兽、人由亲和到融合的逻辑发展演进历程为：鸟、兽、人有形实物组合——鸟、兽、人有形实物合体——鸟、兽、人图案组合——鸟、兽、人图案融合为一体。”[1]与之相应，“可以将良渚文化中原始宗教基本理念的逻辑的发展历程概括为：多神教崇拜——鸟、兽、人崇拜（或鸟、兽、人亲和）——鸟、兽、人融合三个阶段。”具体来说，良渚“神人兽面纹”中的“神人羽冠”显示出“鸟与人的亲和与融合”、“兽面纹”显示着“鸟与兽的亲和与融合”，而其中的“人”显现为“鸟、兽、人三者之间的亲和与融合”，并将这种现象视为“原始宗教”的第三阶段[2]。

这种观点的根本失误在于，将人与鸟兽的融合看成是原始宗教中的最高形态。文明进程恰与之相反，将人

❶王书敏：《鸟、兽、人的亲和与融合——良渚文化原始宗教的发展与演进》，《良渚文化论坛》，中国文化艺术出版社2003年版，第202页。

❷参见王书敏：《鸟、兽、人的亲和与融合——良渚文化原始宗教的发展与演进》，《良渚文化论坛》，中国文化艺术出版社2003年版，第202页。

与鸟、兽融合为一体是原始宗教中比较低的形态。人的进步不是将自身更多地融入动物，而恰好是将自己从动物中分离开来。良渚遗址中的“神人兽面纹”其实并不是将人体与兽体、鸟体合为一体。从总体上来看，人还是独立的，只是这人还不是完全脱离动物信仰的人，因此，它要坐在动物的身体上，借动物之力而飞腾。另外，这人还要装饰着动物的毛羽，借助巫术的方式从动物那里获得帮助。

整个形象表示的这样一个主题：人在驾驭着动物，人在利用动物神灵。此图案见出良渚时代人性的觉醒已达到很高的层次。它距文明只差一步，下一步，它会将动物与自身彻底分开来，即算它仍然会视动物为神灵，但在神灵界，动物的神灵是级别低的神灵，最高神灵的模样只能是人的神灵，它有着人的模样。再进一步，在现实生活中，不仅不会视动物为神灵，还会视动物为卑贱物，强调起人与禽兽之别了。骂人，最狠毒的，莫过于骂人是禽兽的了。

出现在反山 12 号墓玉琮上的神人兽面纹其实是神人与兽面两种纹饰的组合，其形象的基本意义是神人驭兽。这种纹饰在良渚玉器中出现得不是太多的，比较多地出现的一是神人纹，另是兽面纹。

独立的神人纹多出现在冠状饰（参见图 5-3-7）、（图 11-4-3）上，对神人纹来说，最重要的特征是神人的面部和羽冠。神人的面部为倒梯形，可能这是良渚人比较普遍的脸形。另是羽冠，良渚人是崇拜鸟的，用羽冠来装饰自己既是一种巫术，也是一种美化。不是什么人都能戴羽冠的，羽冠很可能是部落高层首领标志物。实际上，神人就是部落最高首领的形象。将部落最高首领神化，也是将神人化。人的神化是人性的张扬，神的人化是神灵的祛魅。

良渚玉器中出现最多的是兽面纹兽。面纹广泛出现在各种玉器上，有的素面无底纹，有的充填着各种底纹；有的较为抽象，有的较为具象，均具有一定的骇异性。瑶山 10 号墓出土有玉三叉形器（图 11-4-3），器上的兽面纹，器面填满各种纹饰，神人的眼睛、鼻、嘴部位很鲜明。由于受器形的限制，兽面纹的形象并不完整。

兽面纹突出的特征是两只重圈的眼睛。只要有两只眼睛，就可以认定为兽面纹。

兽面纹有各种变体，变体的兽面纹，其鼻、嘴有不同情况的变形，但是重圈的眼睛纹基本上是不变的。这重圈的眼睛纹似乎在一定程度上独立化了，成为一种纹饰，它可以构成兽面纹，也可以构成鸟纹。也许，良渚玉器装饰图案中最突出的就是这眼睛纹了。

良渚玉器上的兽面纹与广泛出现在商代青铜器上的饕餮纹似乎存在一种传承或者说影响的关系。这两种纹饰有一个共同点：眼睛特别大，面目狰狞。

对于兽面纹来说，是兽目还是鸟目并不重要，重要的是眼睛，它圆睁着，大大的，初看让人感到恐惧，然多看看，又觉得有几分天真，似是儿童的眼，惊愕地观看着这世界。这是不是在某种程度上反映了良渚人的心

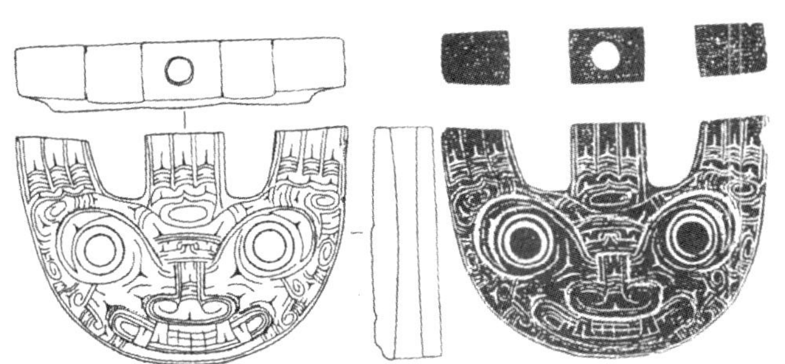

图 11-4-3　良渚文化瑶山 10 号墓兽面纹玉三叉形器，采自《古玉鉴别》上，图四三

理？一方面，开始将自然作为客体与自己区别开来，意味着人的独立，主客两分，这是人性觉醒的显现；另一方面，在对与自身区分开来的客体作审查时，感到惶惑、恐惧，显示出人性觉醒之初的稚嫩与脆弱。虽然稚嫩与脆弱，但这只是人性开始觉醒的状况，正如种子才发芽，风风雨雨中，它定然会变得刚健，变得强大，变得成熟。

原始的兽面纹是让人骇怖的，写实的意味较多，但是，逐渐地，这种兽面纹朝着抽象化方向发展，越来越图案化，其让人骇怖的成分就越来越少了。

二、祭天礼地

人类的意识可以分为自我意识与对象意识，自我意识是对自我的感受与认识；对象意识是对环境的感受与认识。对象意识的产生以自我意识的产生为前提，而自我之所以称自我，是因为有对象。因此，实际上自我意识与对象意识是同时产生，并无先后的，在逻辑上他们相互为前提。

对于原始人类来说，最大的对象莫过于头顶上的天与脚底下的地了。这是他们的生存空间，是他们的环境。这天是太伟大了，日月星辰云霞出入其间，给大地带来光明与黑暗，也带来梦幻与联想；地虽然没有天那样神秘，但地也同样极为伟大。海水、湖泊、河流、平原、森林，还有那千奇百怪的动物、花草均在这大地上，成为人触手可亲的真实的世界。原始人最为崇拜的对象无疑就是天地了。

崇拜总是首先表现为祭祀，在良渚的莫角山遗址发现有巨大的土台，考古学家认为它就是良渚人的祭台。良渚人就是在这里祭祀天地的。具体的祭祀情景我们已是不可知了，但是，它们留下的两种重要的祭器，这就是玉璧与玉琮。玉璧是用来祭天的，而玉琮是用来祭地的。

关于用玉来祭祀神灵，《周礼·春官宗伯第三》有记载：

> 大宗伯之职，掌建邦之天神、人鬼、地示之礼，以佐王建保邦国，以吉礼事邦国之鬼神示：以禋祀祀昊天上帝，以实柴祀日月星辰，以槱燎祀司中、司命、风神、飌师。以血祭祭社稷、五祀、五岳。……以玉作六瑞，以等邦国：王执镇圭，公执桓圭，侯执信圭，伯执躬圭，子执谷璧，男执蒲璧。……以玉作六器，以礼天地四方，以苍璧礼天，以黄琮礼地，以青圭礼东方，以赤璋礼南方，以白琥礼西方，以玄璜礼北方，皆有牲币，各放其器之色。[1]

[1] 钱玄等注释:《周礼》，岳麓书社 2001 年版，第 178—183 页。

这段文字记的虽是周代的祭天地之礼，但我们也可以据此猜测良渚的祭天地之礼。

良渚出土物中有大量的璧，其造形基本上一致，为薄圆形，中有孔，素面。以反山 12 号墓为例，此墓出土玉璧两件，均大孔，出土于墓主人右臂部位，可能铺垫于或系于右臂之下（图 11-4-4）。估计墓主人祭天时是用右手握住玉璧的。

图 11-4-4　良渚文化反山遗址玉璧

此墓出土有玉琮 6 件，其中 M12：98 位于头骨一侧，正置，纹饰朝上。此具玉琮造形中圆外方，整器呈扁矮的方柱体，中有对钻的圆孔。南瓜黄，有不规则的紫红色瑕斑。

整器重6500克，形体宽阔硕大。通高8.9厘米，上射径17.1—17.6厘米，下射径16.5—17.5厘米。孔外径5厘米，孔内径3.8厘米。此具玉琮刻纹饰最为繁复、精美，它除了在四个角上刻有兽面纹外，还在每一面的中部凹槽上下两部位刻有神人兽面图案，共8个。此件玉琮为考古学家称为“琮王”（图11-4-5）。

图11-4-5　良渚反山遗址12号墓玉琮，采自《反山》下，彩版一四一

12号墓出土玉琮最大的置于墓主人左臂上方，上压成组的椎形器，其余的五件与大孔玉臂、镯形器为邻，大致位于墓主人左右上肢两侧。可见琮左右手均可用，因为璧为右手用，所以，琮主要还是左手用。

琮的基本形制为方，说明它主要用来祭地，然而它内有圆孔，也就兼含天的意义。琮既然兼有地与天两重意义，用作墓主人的身份的标志，自然比璧合适。

按《周礼·春官宗伯第三》的说法：“以天产作阴德，以中礼防之。以地产作阳德，以和乐防之。以礼乐合天地之化，百物之产，以事鬼神，以谐万民，以致百物。”[①]意思是，祭天地时，用天产的动物“六牲”之类作为“阴德”即昏礼上的供品，以中礼来防止淫佚；以地产的谷物作为“阳德”即乡射、乡饮酒礼上的供品，以和乐来防止争执。总之，以礼乐来整合天地，事奉鬼神，谐和万民，实现丰收。良渚时代的祭礼具体如何进行我们不得而知。可以推定的是，它必然也是有许多讲究的，表现为繁缛的礼节。

❶钱玄等注释:《周礼》，岳麓书社2001年版，第183页。

天与地，在中华民族传统文化中处于至高无上的地位。中国最古老的经典《易经》第一卦为乾，歌颂的是天；第二卦为坤，歌颂的是地。有天地，就有了宇宙，就有了人类。所以，最高的神为天神和地神，最高之道为天地之道。自古至今，祭天礼地是中华民族最为重要的礼仪活动。从良渚出土的玉璧和玉琮来看，祭天礼地的礼仪制度在那个时候就已经奠定了。

三、制礼作乐

玉钺是良渚器物中最高贵的。它是权力的象征，根据权力的大小高低，钺的质地不同，有石钺，也有玉钺，只有王才能拥有最好的钺——玉钺。钺在中国古代也称之为戚，它本是一种武器，即斧头，陶渊明有诗云："刑天舞干戚，猛志固长在。"后来，戚成为古代君王权杖。

良渚反山遗址 12 号墓玉钺一套 3 件，由钺、瑁、镦组成，它们位于墓主人身体左侧，刃部朝西。从古代以左为贵来看，玉钺居左，也见其尊严。

玉钺通长 17.9 厘米，上端宽 14.4 厘米、刃部宽 16.8 厘米，最厚 0.9 厘米，孔径约 0.55 厘米。

此钺整器呈"风"字形，两侧略向内凹弧，左右不对称，南瓜黄色，有透明感。上部有孔，但很小，显然，不是用来悬挂和捆扎用的，那么，它到底作何用？是装饰，还是别的？不得而知。

这具钺最突出的地方是它的刃角上部有神人兽面纹，下角为浅浮雕鸟纹。神人兽面纹与玉琮上的神人兽面纹完全一样，很可能它是墓主人的标志，或者还是这个部族的标志（参见图 6-3-2），

鸟纹比较地抽象，然喙部很清晰，具有鲜明的标识性。其腹部像是一枚鸟蛋，中部是目纹，这种目纹与兽面纹上的目纹没有区别，核心是重圈的两个圆，有一个完整的椭圆形圈，其靠外的一端，再叠上椭圆形的尖角（参见图 6-2-8）。看来，这种目纹具有普遍性。鸟图案通身刻有卷云纹。

神人兽面纹与鸟纹在这面钺上分别置于刃角的上下方，它们是有不同的功能的。神人兽面纹是族徽或者说墓主人个人的标志。而鸟纹很可能才是真正的神，是历代良渚人共同的信仰。这种鸟纹在玉琮中不独立出现了，它被整合到神人兽面纹之中，而在这儿单独出现了。它说明虽然鸟图腾的意识在这个时候已经淡化，但并没有消除。

良渚反山 12 号墓出土的玉钺（参见图 6-3-2）还配有瑁和镦，均为黄色，瑁外形像舰首，似是良渚出土的冠形器的一半。瑁身上也有神人兽面图案，通体刻有卷云纹，可以想象，当这具钺捆绑在把柄上，柄的顶上戴着玉瑁，底部插入镦中，整具器通体金光闪闪，何其华丽！

参加良渚考古发掘的刘斌先生说："通过反山的发掘，我们还复原了整体安把形式的玉钺，在反山 M12 中，还出土有类似钺端饰的适于纵向观看的冠状饰。其上所刻的沿鼻线对折到两面上的神灵图案，正说明了这种钺端饰所表示的内涵。……如果将冠状器称作是横向的神冠，那么钺端饰则是纵向的神冠。将玉钺的前端装上这种代表神冠的玉饰，从而在玉钺的整体造形上，完成了神权与政权的融合。也正是祀神被植寓了玉钺的整体构形之后，玉钺才真正超脱了兵器的范畴——而成为一种权杖。"①这种见解是深刻的。

钺不仅是权杖，还是舞具。在古代参加乐舞的或为巫女，或为巫师，也有君王。而且在古代君王也是巫师——最高的巫师。参加具有巫术色彩的歌舞时，君王执的舞具就是钺。《礼记·祭统》云："及入舞，君执干戚就舞位，君为东上，冕而揔干，率其群臣，以乐皇尸。"②戚也可以为乐师所执，《礼记·月令》："是月也，命乐师脩鞀、鞞、鼓，均琴、瑟、管、箫，执干、戚、戈、羽，

❶刘斌：《神巫的世界——良渚文化综论》，浙江摄影出版社 2007 年版，第 78 页。

❷王文锦译解：《礼记译解》下，中华书局 2001 年版，第 511 页。

调竽、笙、篪、簧，饬钟、磬、柷、敔。”① 舞干戚而舞的舞，一般为武舞。《礼记·祭统》云：“朱干玉戚以舞《大武》，八佾以舞《大夏》，此天子之乐也。”② 这些材料足以说明戚即钺的重要功能。国君亲自参加的乐舞当然不是一般的娱乐活动，它是祭祀活动中的一部分。乐舞的主要目的是娱神，当然在娱神中也会达到娱己的目的。

在中国古代两件事最为重要，一是祭祀，一是战争。祭祀排在战争的前面，因为只有祭祀才能获得神灵的佑助，而能不能获得神灵的佑助是部落能不能得到发达的根本。从文献资料看，中国远在尧舜禹三帝之时，就已经有以乐舞祭神的形式了。而实物的佐证就是良渚出土了玉钺。良渚时代当是早于禹的尧舜时代，有学者甚至认为，良渚部落就是大舜的部落。从良渚反山发掘的十几座古墓来看，只有五座墓出土了玉钺，每墓一件，可见它极为珍贵。

中国的政治文化集中体现为礼乐，它在西周得到官方的肯定，并经周公整理，成为国家的根本制度，这一制度溯源至少到良渚。礼乐制度的突出特点是审美性，乐作为歌舞，不消说，它是审美的；就是礼，因为总是体现为一定的仪式，所以也具有一定的审美性。

中国的政治文化由礼乐来担当，无异于将审美提升到为政治服务的高度了，这是中国传统政治突出的特点。关于此，《乐记》有明确的表示。《乐记·乐本篇》说：“钟鼓干戚，所以和安乐也。”③《乐记·乐论篇》云：“乐至则无怨，礼至则不争，揖让而治天下者，礼乐之谓也。”④ 中国古代将礼乐与天地相配，《乐记·乐论篇》云：“乐由天作，礼以地制……明于天地，然后能兴礼乐也。”⑤ 联系到良渚祭天礼地活动，我们发现，中国祭

①王文锦译解：《礼记译解》上，中华书局2001年版，第211—212页。

②王文锦译解：《礼记译解》下，中华书局2001年版，第725页。

③吉联抗译注：《乐记》，人民音乐出版社1982年版，第7页。

④吉联抗译注：《乐记》，人民音乐出版社1982年版，第10页。

⑤吉联抗译注：《乐记》，人民音乐出版社1982年版，第13页。

祀、礼乐活动的雏形当在良渚已经具备。

学者们一般看重钺体现礼制这方面的功能，这诚然不错，但不能忽视钺还是重要的舞具，中国古代，歌舞乐三位一体，总称为乐。礼与乐共同构成中国古代的政治文化。礼别异，强调的是社会上人的等级，以维护统治阶级的威权和地位；而乐则重在和乐人们的情感，让社会各色人等在同乐的情景下实现和谐。

四、鸟的崇拜

良渚遗址有着丰富的艺术品，给人印象最深的是以鸟为题材的艺术作品。

良渚以鸟为题材的艺术品有多种形态：

（一）独立的鸟纹图案。反山 12 号墓出土的玉钺上有独立的鸟纹的图案（参见图 6-2-8），这种鸟纹的图案是比较完整的，给人印象最深的是身体呈卵圆形，其形制完全同于兽首纹中的眼。这就让人思考：到底是鸟纹搬用了兽面纹中的眼纹还是兽面纹搬用了鸟纹？这谁为最先不是没有意义的。如果鸟纹在先，那兽面纹就成了鸟纹的变体——复合的双鸟纹。如果良渚人的意图不是刻画兽面，而是刻画双鸟，那此纹的意义就完全不同了，也许它就不宜称之为神人兽面纹，而应称为神人驭鸟腾空纹了。

（二）独立的双喙鸟纹。反山 12 号墓出土的玉琮上有独立的双喙鸟纹（图 11-4-6），它的造形为两个圆圈，无卷云纹填充，左右各有一尖状物，类似鸟喙。

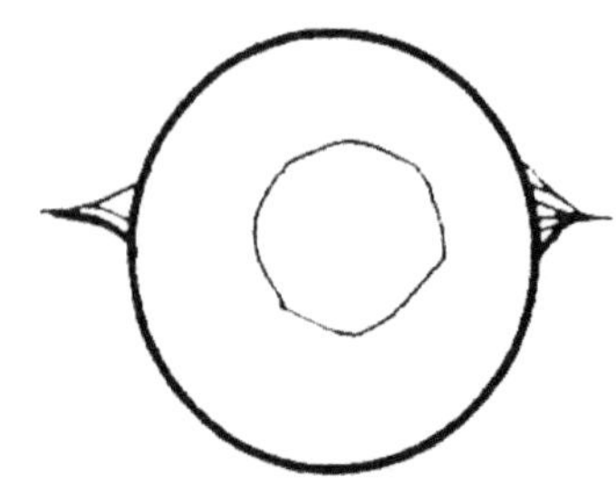

图 11-4-6　良渚文化双喙鸟纹

（三）非独立的尖喙鸟纹。反山遗址出土的玉琮、玉钺上的神人兽面纹上，神人跨腿处左右各有一个尖喙的鸟纹。

（四）非独立的尖翎鸟纹。反山遗址出土的玉琮、玉钺上的神人兽面纹上神人的上臂靠近肘部左右各有一个尖翎鸟纹，神人兽面纹的下部左右下腿近爪处也有一个尖翎鸟纹。

（五）飞翔状的圆雕玉鸟（参见图 5-3-8）。在反山、瑶山遗址共出土 5 件，这些玉鸟均作展翔高飞状，头部有尖喙、大眼，两翅展开连成半月形。腹部尾翎或长或短。鸟的腹部均钻有牛鼻状的隧孔。出土时均位于墓主人的下肢部位，其寓意十分明显，那就是墓主人能骑着飞鸟飞腾。这种寓意与神人兽面纹的寓意是完全一致的。

图 11-4-7　良渚文化瑶山遗址三号墓三叉形器，采自《古玉鉴别》下，彩版二一

（六）三叉形器。良渚诸多墓穴出土了三叉形玉器（图 11-4-7），这种器是做什么用的，至少没有定论。比较普遍的看法是，这种三叉形玉器是良渚人的冠饰，不是一般人，而是部落首领将其载在额头上。这种说法不是没有道理的，三叉形器不多，一般一墓只有一件，且放置在墓主人的头部。各墓出土的三叉形器体制差不多，不同的主要是中间的竖梁，有长有短。三叉形器的造形类似汉字“山”。如果将它与圆雕玉鸟比对一下，当发现它们其实是很相像的，所不同的，仅在于玉鸟的双翅是平的，而三叉形器的类翅的两叉向后弯曲，如果将三叉形器理解成飞鸟的造形，那么这双翅的靠后就有点变形了，这种变形为的是突出鸟飞得快。

（七）立鸟纹。良渚晚期的琮和璧上刻有一种立在台上的鸟纹。这种鸟纹基本上写实，它立的台，可以理解成祭坛。祭坛上有立着的似人似鸟的刻纹，当是装扮成鸟形的巫师。这里的鸟应理解成神鸟。立在那样的高坛上，头向上，我认为是在接受上天的信息。巫师通过祭拜这样的神鸟图像，就能通过神鸟获得天神的旨意了。

鸟在远古是神异的，《山海经》中有不少异禽的记载。《山海经·南山经》云：“凡鵲山之首，自招摇之山，以至箕尾之山，凡十山，二千九百五十里。其神状皆鸟身而龙首，其祠之礼，毛有和一璋玉瘗，糈用稌米，一璧，稻米、白菅为席。”[1]这种鸟身龙首的神，是不是有点类似玉琮上的兽面纹呢？《山海经·大荒西经》还说：“有玄丹之山，有五色之鸟，人面有发，”[2]“北海之渚中，有神，人面鸟身，珥两青蛇，践两赤蛇，名曰兹。”[3]这种具有人面的鸟是一种什么样的鸟呢？它让我们联想到玉琮上面的神人纹。

❶袁珂校译：《山海经》，上海古籍出版社1985年版，第3页。

❷❸袁珂校译：《山海经》，上海古籍出版社1985年版，第272、285页。

鸟形象在良渚文化中是各式各样的，有比较怪异的也有比较亲和的，有比较写实的也有比较抽象的，有整体性的有局部性的。一方面体现出良渚人丰富的想象力，另一方面也见出鸟在人们生活中的普适性。这些不同造形的鸟的艺术品充分说明鸟在良渚人生活中的地位。我们还注意到，良渚文化中的各种艺术性雕刻，对于尖喙性造形有着特殊的爱好。反山12号墓中的神人兽面纹的顶部就有一个尖喙，构成尖喙的两条线平向展开，就像鸟的两翼，使得整个造形体现出飞鸟的意味。

良渚人是喜欢鸟、崇拜鸟的。这与中国古代神话和传说中记载东夷族、越族以鸟为图腾相吻合。良渚人按地望应属于东夷族、越族，他们与河姆渡人应是同一种族，有着文化的传承关系。河姆渡人是崇鸟的，河姆渡文化遗址中出土的众多器物上有着鸟的造形，与良渚文化遗址中的鸟的造形相比较，河姆渡文化遗址中鸟的造形就具象得多写实得多，而良渚文化遗址中鸟的造形就抽象得多写意得多。思维上由具象到抽象是一种进步，因为抽象显然包含的内容更为丰富，不就事论事了。

良渚的鸟崇拜集中在鸟卵崇拜上。这主要体现在良渚玉器的兽面纹中两只眼和鸟纹中的鸟身，均很像鸟卵。鸟是卵生动物，一鸟能产很多卵，相比于哺乳类动物，鸟的繁殖能力强得多。且鸟有翅膀，能飞，远较哺乳动物神秘。也许，在良渚人看来，鸟就是神，或是神灵的使者。这样说来，良渚人崇拜鸟，包含有生殖崇拜和灵物崇拜两个方面的内涵。

中华民族远古不同的部落有不同的图腾，在部落融合的过程中，其图腾也实现融合。中华民族主要图腾龙和凤均是融合了诸多动物元素的产物。良渚人对鸟的崇拜应看成是中华民族凤崇拜的先声。

良渚玉器中也有龙的图案，主要出现在玉镯形器、玉璜、玉圆牌等器的边缘上。瑶山一号墓出土的玉镯形器外缘刻有四个凸面，分别刻出四个龙首。又如瑶山二号墓出土的玉圆牌，其边缘也有三具龙首纹。

这种龙纹在反山遗址也有发现，如瑶山遗址 22 号墓出土的 6 件玉圆牌上均雕刻有龙首纹。这是反山遗址发现的唯一一组龙首写实纹饰。

中华民族中崇龙的部族多在西北，南方的部族一般崇鸟，以凤为图腾。然而，在良渚文化遗址中发现龙首纹，这又作何解释？只能有两种解释：一是北方的龙文化南下，良渚文化受其影响；二是良渚本就有崇龙的文化。第一种解释目前虽然没有找到确切的根据，但这个推测是可以成立的，因为当时的人们流动性很大。仰韶文化就从陕西、河南一带扩展到山东、河北，乃至辽宁、内蒙古，怎么就不可能南下到良渚一带呢？第二种解释，有人试图从史料中找寻根据。众所周知，中华民族始祖之一伏羲是崇龙的，伏羲氏的故里，现在一般认为是在中国的西北，但是浙江的董楚平先生却认为伏羲氏也可能是越人，是良渚人的始祖。他的根据是《山海经·海内东经》云："雷泽中有雷神，龙身而人头，鼓其腹。在吴西。"雷泽在吴西，即太湖，郭璞注《山海经》引《河图》云："大迹在雷泽，华胥履之而生伏羲。""华胥"可以读作"姑苏"。又《列子·黄帝篇》说华胥氏之国在"台州之北"，台州在浙江。据这些蛛丝蚂迹可以猜测伏羲是这一带的人了。另，伏羲的名字有古越语的特点。董楚平据此认为良渚文化遗址中的神人兽面纹有龙身。伏羲不仅崇龙，也崇鸟，伏羲风姓，风字从鸟。所以，神人兽面纹中也有鸟纹。[1]顾希佳先生从浙江的民间故事中也找出一些根据说明伏羲氏也有可能是越人始祖[2]。伏羲是传说中的人物，历史上是否实有其人已是不可考的了，遑论是不是越人？不过，从良渚文化出土的大量文物来看，它上面的龙首纹、兽面纹与我们在商代青铜器上看到龙纹、饕餮纹有某种类似之处，我们可以将它看作是商代龙纹、饕餮纹的前身。

良渚文化遗址出土的器物上的图案，较多的还是鸟纹。在良渚被命名为兽面纹的图案，其实也是可以归入龙首纹的。从汉代《说文》、《淮南子》等文献对龙凤的描绘来看，良渚的龙首纹、兽面纹还不够像龙，鸟纹也还不够像凤，但它们是龙凤的雏形。龙尚变化，龙尚进取，集中体现中华民族的阳刚精神。凤则尚和美，尚吉祥，它集中体现中华民族的阴柔精神。龙腾凤翥成为中华民族幸福的象征。而这，正是中华美学的灵魂。良渚文化纹饰中虽然有龙的雏形，但不很突出，良渚文化的灵物崇拜主要是鸟崇拜，鸟崇拜可以看作是凤凰文化的源头。

❶参见董楚平:《伏羲:良渚文化的始祖神》,《杭州师范学院学报》1999年第4期。

❷顾希佳:《良渚文化神话母题寻绎》,《良渚文化论坛》,中国文化艺术出版社2003年版,第152页。

五、礼玉精神

中华民族的玉文化源远流长，新石器时代的早期就有了玉器，红山文化可为这一时期玉文化的卓越代表，到临近文明时期的良渚文化、凌家滩文化、石家河文化，玉文化蔚为大观。从新石器早期到新石器晚期，其玉文化既有一脉相承性，又有发展性。新石器早期的玉文化侧重于以玉事神，其玉器本质上为巫或神，可名之为巫玉或神玉，而新石器晚期的玉文化则侧重于以玉成礼，其玉器的本质应为礼，应名之为礼玉。良渚文化、凌家滩文化、石家河文化都以玉器著名，其玉器也多以礼为本质，相比较而言，良渚文化更为突出，可谓礼玉文化的代表。

良渚的礼玉蕴含着中华民族一些非常重要的精神：

第一，天地至尊精神。在中国文化中，天地不只是地理概念，还是哲学概念、人文概念、宗教概念。作为哲学概念，天地是宇宙万物之本，故《周易》中将代表天地精神的乾坤二卦置于其首。作为人文概念，天地是人性修炼的最高境界，冯友兰称之为天地境界。作为宗教概念，天地是至高神，名为天神地祇，也统称之为天帝。孔子有三畏，第一畏即为“畏天命”，说是“获罪于天，无所祷也”。华夏民族的审美观念，将天地之美视为最高美。天地之美，一是天地物产之美，那就是自然美；二是天地精神之美，统称之为道，在美学中根据不同的品位也称之为神，称之为妙，称之为逸，称之为清。人类社会所有的美，其根源莫不来自天地。

王夫之说：

> 天地之生，莫贵于人也。人之生也，莫

贵于神矣。神者何也？天之所致美者也。百物之精，文章之色，羞嘉之气，两间之美也。函美以生，天地之美藏焉。天致美于百物而为精，致美于人而为神，一而已矣。[1]

良渚文化遗址的重要玉器玉琮与玉璧是祭天之物，特别是玉琮很可能兼有祭天与祭地两重功能，其地位之重要无可比拟。它是天地精神最切的概括、最佳的象征。

良渚的玉琮造形极美，外方内圆。这方圆合体因暗合对立统一的规律，不仅在形式美上具有一种既整齐又灵动的美感，而且在内容上具有深邃的哲理，耐人寻味。从中国古代哲学来说，它让人想到阴阳、四象、八卦。

第二，礼乐教化精神。良渚出土大量的礼器，这些礼器从其形制来看，均是有规格的，体现出用器者的身份与地位。像钺，它是最高的玉器，它不仅是墓主人的身份的显示，而且它就是权力的代表，应是部落主才拥有它。另外还有石钺，据刘斌研究，良渚文化遗址中的石钺大致可以分成三类[2]：A 型，仿制玉钺的石钺。这种石钺的原料为流纹岩或凝灰岩，质地细腻，抛光后表面多呈灰绿色，类似玉，比较地美观。这种石钺一般出自中等级的墓地中身份地位较高的墓葬之中，也有出自高等级的大墓之中的。它可能是玉钺的替代品。B 型，花斑石质的圆角石钺。这种石钺的原料为花岗斑岩或安山岩，多含有玉的成分，可能是玉的伴生矿。它质地坚硬，表面呈紫褐色或灰紫色。这种钺刃角呈圆弧状，明显地无使用功能，是种礼器。钺的上部有大穿孔，整体形象方中见圆，厚重朴实。这种石钺出土于高等级的大墓之中，在少数墓主人身份地位较高的中等级墓中也有发现，

❶王夫之:《诗广传》卷五《商颂三》、《船山全书》第三册，岳麓书社 1992 年版，第 513 页。

❷刘斌:《神巫的世界》，浙江摄影出版社 2007 年版，第 127—128 页。

它在墓中数量较多，少则几件，多则上百件，因而可能是军队首长的象征物之一。C型，小墓中的石钺。原料多为粘板岩或页岩，质地坚硬，纹理细腻，灰黑色，形制类“风”字。此种钺有刃口，平直，有较大的穿孔。器体扁平，形制规整。它多出土于小墓之中，一墓也只有两三件。拥有这种石钺的墓主人可能生前为低级的军官或部落中的低级管事人员。

以上情况足以说明在良渚时期已有明显的等级制度了。中华民族既重视礼，也重视乐，乐不只是歌还有舞，歌舞一体。歌舞的作用，一是娱神，二是娱人。世界上诸民族，在其原始部落阶段，均有以歌舞娱神兼娱人的现象，华夏民族与其他民族之不同，在于娱神与娱人的歌舞中含有情感陶冶与思想教育作用。《尚书》中记载帝舜时代的歌舞，说：“帝曰：夔，命汝典乐，教胄子。”有专家考证，帝舜时代应与良渚时代相当，而且帝舜也很有可能是良渚人的部落长。如果这一说法有一定的可取之处，那么，良渚人的歌舞应也是教胄子的手段之一。华夏民族的乐教源远流长，文字记载至少可以推到黄帝，《庄子》中有“黄帝张乐于洞庭之野”的记载，那么，实物上，至少可以推到新石器时代的晚期，良渚文化遗址中的玉钺不只是一般的礼器，是舞具也是乐器，《乐记》云：“钟鼓管磬，羽龠干戚，乐之器也。”在娱神或是某种重要的场合，部落长本身手握玉钺，欢欣起舞。众乐手相伴奏乐，歌舞，其场面当如《尚书》所描绘的“击石拊石，百兽率舞”。考古发现，良渚存在相当规模的祭坛，可以想象祭祀活动是隆重而又频繁的。

良渚文化存在的年代最近为距今3700年，已经与夏王朝有些重叠了。有些学者基于良渚文化已经具有文明的性质，主张良渚存在国家政权。虽然，这一说法有待更多的考古材料佐证，但是，众多的考古发现，足以支撑这样一个结论：良渚文化晚期已经显露出文明的灿烂曙光了。

第五节 龙山文化：迈进文明的门槛

龙山文化以 1928 年在山东省历城县龙山镇发现城子崖文化遗址而得名。

山东龙山文化的年代有 48 个碳十四测定数据，“这 48 个数据中，如果按高精度树轮校正值的上下限的平均值计算，有 9 个超过公元前 2000 年，有 9 个在公元前 2000 年之内，其余数据在公元前 2600—前 2000 年之间。”据此，“可以把山东龙山文化的绝对年代推定在公元前 2600—前 2000 年之间，前后发展了约 600 年的时间。”①

①王守功：《山东龙山文化》，山东文艺出版社 2004 年版，第 121 页。

龙山时代基本属于尧舜时代，尧舜之后禹继位，禹的儿子启建立夏，国家形态完全建立。考古发现的二里头文化，学界已确认为夏文化。按现在对社会的认识，青铜时代属于文明时代，二里头文化为铜石并用的时代，新兴的生产力既已出现，那夏就归属于新的时代——文明时代了。龙山文化是最后的一个史前文化形态，实际上它不仅叩开夏代的大门，而且已经登堂入室了。

一、龙山文化与史前其他文化

龙山文化的发掘与研究历经数十年，人们对它的认识也逐步深入，但诸多问题直到现在还难以定论。

龙山文化首先在山东发现，后来又在中国很多地方发现类似的文化遗存，但无法确定其他地方的龙山文化是由山东龙山文化传过来的，因此，专家们遂将山东的龙山文化称之为“典型的龙山文化”，其他地区的龙山文化称为泛龙山文化。其中主要有三个类型：庙底沟二期文化、河南龙山文化（中原龙山文化）、陕西龙山文化、龙山文化陶寺类型等。

严文明指出，现在人们说的“龙山文化”其实是一个庞杂的复合体，其中有许多自己的文化特征十分鲜明，不宜统属在龙山文化之内。与龙山文化基本上同时的文化形态很多，有良渚文化、屈家岭文化、石家河文化、齐家文化等。基于它们在同一个时代，应有一个名称，这个名称可以定为“龙山时代”①。

关于龙山文化与史前同一时期中其他文化的关系，学界的看法也一直有所变化。20世纪50年代，大家基本上认同梁思永先生的看法。梁先生认为，龙山文化与仰韶文化是两个不同的文化传统。仰韶文化由西向东发展，龙山文化由东向西发展。50年代以后学者们的看法陆续有所修正，现在一般认为仰韶文化在前，龙山文化在后。龙山文化基本上是承接大汶口文化发展而来的，它

❶参见严文明:《龙山文化与龙山时代》,《文物》1981年第1期。

们的诸多器型很相似（图 11–5–1，图 11–5–2）。

龙山文化的经典形态在山东，其弥散状态是在中原。中原地区原是仰韶文化一统天下，而在仰韶文化后期则发生了重要的变化。第一，陶器群不再以红色为主体，而以灰色及黑色为主体；第二，陶器的彩陶纹饰迅速销声匿迹，以篮纹、绳纹、方格纹为主体的拍印纹饰广泛流行，似是返璞归真，又回到了彩陶之前。第三，袋足器鬶、鬲、甗流行，这种器具是山东龙山文化的典型器皿。与山东龙山文化的陶器制作非常精细相比，河南龙山文化的陶器制作则比较粗糙。

图 11–5–1　大汶口文化大汶口遗址出土橙黄陶袋足鬶

然而，另一种更先进的文化——青铜器却在悄悄兴起。人们称之为“铜石并用时代”，这时代就包括了龙山文化。严文明先生说：“龙山时代属于铜石并用时代”，“铜石并用时代只是一个过渡时代，它有时可以包括在广义的新石器时代之中……仰韶文化和龙山文化的时代可统称为晚期的新石器时代，其中包括铜石并用时代”[1]。严先生还认为，铜石并用时代晚期相当于龙山时代，这时的考古学文化在中原地区为中原龙山文化。这个时期的年代约为公元前 2600 年—前 2000 年前，约当我国第一个有记载的夏王朝的前夕。

图 11–5–2　龙山文化姚官庄遗址出土的橙黄陶乳钉纹鬶

❶严文明:《论中国的铜石并用时代》,《史前研究》1984 年第 1 期。

二、精美绝伦的蛋壳黑陶杯——中华酒文化的标志

仰韶文化的主要特征是彩陶，而龙山文化的主要特

征是黑陶。黑陶中以蛋壳黑陶杯为主要代表。1975 年在山东日照市东海峪龙山文化墓葬出土了一具蛋壳黑陶杯（参见图 3-3-11），“这件杯高 22.6 厘米，口径 9 厘米，为泥质黑陶，器表乌黑光亮，宽斜口沿，深腹杯身，细管形高柄，圈足底座，杯腹中部装饰六道凹弦纹，细柄中部鼓出部位中空并装饰细密的镂孔。貌似笼状，其内放置一粒陶丸，将杯子拿在手中晃动时，陶丸碰撞笼壁会发出轻脆的响声。杯子站定时，陶丸落定能够起到稳定重心的作用，其造形设计十分巧妙。”[1]

[1] 王守功:《山东龙山文化》，山东文艺出版社 2004 年版，第 27 页。

堪与这件杯相媲美的还有山东潍县姚官庄遗址出土的大宽沿蛋壳黑陶杯（图 11-5-3），它完全是另一种风格，端方、稳健、大方。

图 11-5-3　山东姚官庄遗址出土的龙山文化蛋壳黑陶杯

黑陶高柄杯并不始于龙山文化，大汶口文化就有了，只是不能做到薄如蛋壳。杯是饮酒器，陶杯制作如此精美，说明饮酒已经成为社会较高档次的生活享受了。

龙山文化中的酒器很多，它大致可以分为三类：一是饮酒器，有杯等；二是盛酒器，有陶鬶、陶罍、陶尊等；三是酿酒器，有甗等。

在这些酒器中，陶鬶可能是最具代表性的酒器，此种酒器的突出特征是有袋足，流为尖嘴，类鸟喙。器具朝前倾，有动态感。1960 年山东考古队在山东潍县城南姚官庄发掘了一处龙山文化遗址，出土了大量的陶鬶。

中华民族的食器，自史前始一直以主要用来盛谷物与盛水的罐、瓮、盆最为发达，随着礼制的出现，主要用来盛肉食的鼎受到关注。在相当长的时期内酒器是缺位的，原因主要是酒没有发明，或者虽发明但制作不精良。大汶口文明晚期酒器就增多了，说明制酒的技术问题解决了，酒进入了人们的生活，而且成为一种享受。

在史前，凡是被认为是享受的生活，初民们就要将它奉献给神灵。因此，酒与猪牛羊等三牲一并陈列在神灵的祭坛上。1979 年在山东莒县陵阳河遗址 17 号墓葬发现有一大口尊，尖顶，器壁较厚，深圆腹，颈部刻饰一周凹弦纹，器表及底部均饰有篮纹，上腹刻绘有一“享”字的酒神图像，说明酒是祭祀的重要供品。

既然酒的地位提高了，酒器的地位就提高了，成为了礼器。于是，工匠遵照部落主的意旨，在酒器的制作上下功夫。也许是工匠们本身也爱酒，抑或是饮酒时不停地把盏，于人的动手的配合有许多讲究，其中有大量的人机工程学的原理在，所以，酒器的制作就显得格外讲究了。像龙山文化的高腰长柄酒杯，其腰、其柄的制作就很见匠心（图 11-5-4）。比之食器，酒器的艺术性更高，发展到商周，在青铜器礼器的制作上几乎成为一种传统。那些器型诡异、纹饰繁复，让人惊叹的器具绝大部分系酒器。

图 11-5-4　龙山文化高腰黑陶杯

酒广泛地进入人们的生活，由日常饮食到文学，到艺术，到祭祀，到政治。当酒进入政治生活，其功过是非就成为关系国家民族命运的大问题。夏代的开国之君启好酒，《墨子·非乐上》云：“启乃淫溢康乐，野于饮食。将将铭苋磬以力。湛浊于酒，渝食于野，万舞翼翼，章闻于大，天用弗式。”[1]墨子在这里，对启做了批判。夏代之后的殷代，也是好酒成风。殷代最后一位君主商纣王建酒池肉林，遭千古骂名。周代此习俗仍然在蔓延，周公感于商纣亡国的教训，撰《酒诰》一文，告诫贵族们一定要戒酒。尽管如此，酒并没有戒下来，酒文化一

[1]《诸子集成·墨子闲诂》4，上海书店 1986 年版，第 161—162 页。

直延续下来，并且在这个过程中得到丰富，成为中华民族传统文化的重要部分。

三、鸟首鼎足与鸟首鬶——中华民族鸟圈腾的体现

鸟崇拜在史前比较普遍，但它在各地意义不完全一样。学者一般认为，山东龙山文化中所在地属于少昊族亦即东夷族生活地方，少昊族最有名的祖先为蚩尤，他曾率部众与炎帝、黄帝联盟有过一场激战，蚩尤虽然被战败，但少昊族仍在。《周书・尝麦篇》说，黄帝“乃命少昊清司马鸟师，以正五帝之官，故名曰质。天用大成，至于今不乱”[1]。这少昊清即少昊质，是少昊族的另一位英雄，在蚩尤被杀后，他受黄帝之命，继续领导这个部族，一直到颛顼强大以后才衰弱。

少昊部族崇鸟是以鸟为图腾的。诸多的史书记载，少昊对于鸠鸟特别青睐。《拾遗记》说了一个动人的故事，大意是，少昊的母亲名皇娥，一日乘桴木而游，遇容貌绝俗的白帝之子。二人一见钟情，来到西海之滨。这个地方名为穷桑，有孤桑之树，上面结了鲜红的果实，二人摘下吃了。随后游玩在大海之上，“以桂枝为表，结薰茅为旌，刻玉为鸠，置于表端，言鸠知四时之候”。

皇娥为纪念此次出游，将儿子少昊名为穷桑氏。少昊登位之时，有五只彩凤飞来，集于他的宫殿，故少昊又名曰凤鸟氏。

鸠有多类，其中之一为鷗鸠，《尔雅翼》说鷗鸠春来冬去，很守时，故少昊氏将他的司事之官名为鷗鸠氏。

另，有佳鸠，又名祝鸠，是孝鸟，少昊氏将他的司徒名为佳鸠氏[2]。看来，出现在龙山文化中的鸟形象可

❶转引自徐旭生:《中国古史的传说时代》，文物出版社1985年版，第50页。

❷袁珂、周明编:《中国神话资料萃编》，四川省社会科学院出版社1985年版，第120页。

能主要是鸠。

中国史前文化诸多器物的造形包括纹饰均有鸟的身影。这种情况不独南方，北方也一样，红山文化遗址就出土有玉鸮，仰韶文化中的庙底沟类型几乎可以将鸟纹看成是陶器的标志性纹饰。

龙山文化的陶器中鸟首的造形很突出，一是体现在鼎足上，龙山文化时期，陶鼎的种类比较多，鼎足有各种造形，其中最引人注目的是鸟首形，鸟首上两只眼睛分外突出。

另是体现在鬶的造形上。鬶是大汶口文化代表性的陶器，龙山文化遗址仍然有大量的出土。两种文化中的陶鬶大同小异，均为袋足，有向上挑出的尖状的流，从总体造形看，它类似一只站立的鸟（图 11-5-5）。

图 11-5-5　龙山文化姚官庄遗址出土的白陶鬶

鸟文化到龙山文化达于全盛，像鬶这样一种鸟的造形可以说达到了审美的极致。一方面，它是亲和的，平易的，因为它只是盛酒器，其造形像对于人类从来没有伤害性的可爱的鸟，然而，它仍然能够给人视觉以强烈的冲击力，它的确也像一个怪物，似鸟又似兽。这种造形在日常生活中是见不到的。这种将平易与艰难、亲和与恐惧结合在一起且实现高度统一的艺术，正是审美最高境界的体现，龙山文化的鸟形陶鬶当得上史前审美的绝艺！

龙山文化的玉器虽然数量上不是太多，但是，在制作的精美上，特别是在文化内涵的深度上超过了此前的大汶口文化，甚至超过了良渚文化。

龙山文化玉器中，有人首形饰。目前已出土的有四件，这四件作品均藏于美国。栾秉璈说：“这四件人首形

图 11-5-6　龙山文化玉圭上的鸟纹，采自《古玉鉴别》下，图三二

饰，日本学者林巳奈夫提出是山东龙山文化玉器。人首形饰有三个特点：戴羽冠，有飞鬓与耳佩环。这些大都与鸟文化相关，具有东夷族的山东龙山文化崇拜鸟神的（鸟图腾）文化特色。”①

龙山文化中的玉器也有鸟形的饰件。山东胶县三里河的龙山文化墓葬中出土了 4 件鸟形饰。值得注意的是，龙山文化中的鸟纹圭，其鸟纹造形远较良渚文化玉器上的鸟纹美观（图 11-5-6）。

1991 年湖南澧县孙家岗 14 号墓出土了一件透雕凤形玉佩，专家认为它属于龙山文化时期的文物。此件由乳白色高岭玉雕成，缕空透雕。凤头饰羽冠，长喙曲颈，凤尾卷起，展翅欲鸣，整个形象华丽美妙。鸟崇拜发展到凤凰崇拜，意义就不一样了，在某种意义上，它说明中华民族整体的图腾形象已经完成。

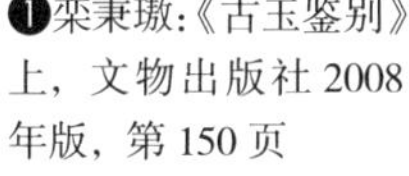
①栾秉璈：《古玉鉴别》上，文物出版社 2008 年版，第 150 页

四、“中国龙”绿松石——中华民族龙圈腾的体现

图 11-5-7　二里头文化遗址的龙纹绿松石

二里头文化距今约 3800 年至 3500 年。这一文化是建立在在河南龙山文化的基础上的，又吸取山东龙山文化的一些因素，所以，虽然属夏文化，但具有浓厚的龙山文化色彩。

二里头文化遗址还出土一件被学者们称之为“中国龙”的绿松石装饰物（图 11-5-7）。这件绿松石总长 70.2 厘米，由 2000 余片各种形状的绿松石片组合而成，每片绿松石的大小仅有 0.2 至 0.9 厘米，厚度仅 0.1 厘米左右。图案上的龙，蛇身、兽头，有鳄鱼式的短足，虎豹式的长尾。它腾行于云中，身姿矫健，气宇轩昂。

据此文物的发现者许宏博士介绍，它是在二里头宫殿区一座高等级贵族墓葬中被发现的。当时它被放置于墓主人骨架之上，由肩部至髋骨处。这引起了专家学者对绿松龙的用途及墓主人身份进行种种猜测。二里头文化遗址发掘者之一杜金鹏研究员推测，它是一个在红漆木板上粘嵌绿松石而成的“龙牌”，色彩艳丽，对比强烈，富有视觉冲击效果，是在宗庙祭祀典礼中使用的仪仗类器具。

龙的形象，早在红山时代就出现了，但是，不管是红山文化的玉猪龙、C 形龙，还是马家窑文化中的蛙龙，均较后代定型的龙差距甚大。这块用绿松石雕刻的龙倒是比较地接近后代定型的龙了。这条龙不仅各部位齐全，而且有云相配，所谓“云从龙，风从虎”，龙的形象不能没有云。

专家们称这条龙为“中国龙”，为什么要强调“中国”二字？“中国”二字最早出现在西周青铜器何尊的铭文中，中国，国之中的意义。二里头地处洛阳平原，正在国之中。因此，考古学家主张将这块绿松石上的龙称之为“中国龙”。中国社会科学院历史考古所的研究员杜金鹏先生说：从文化传统的亲缘关系上看，只有中原地区发现的龙，从夏、商、周到秦汉一脉相承，从这个意义上讲，发现于二里头的龙形器是中华民族龙图腾最直接、最正统的源头。这一说法是成立的。

五、文字的发现——中华民族步入文明的标志

从史前人类所创造的陶器、石器、玉器的水平来看，

当时的人们应该有文字了，因为这些器具的制作涉及诸多人的合作，因而，不仅思想交流是不可少的，而且有必要将思想交流的结果用文字表示出来。所以，文字的存在是应然的，也是必然的，只是目前的考古尚未能支撑这一点。

“最早的龟甲刻画符号是在河南舞阳贾湖遗址发现的，距今7500—6500年前。刻画着符号的龟腹甲和龟骨残片出土于裴李岗文化的墓葬中，上面的符号其中一个很像甲骨文的‘目’字，一个很像甲骨文的‘户’字，它们的构形方法据称也与甲骨文十分相似。它们与汉字之间是否存在渊源关系？由于可供比对的资料太少，这一发现到底具有怎样的意义，还有待进一步的研究。”①

①李学勤主编:《中国古代文明的起源》，上海科学技术文献出版社2007年版，第247页。

刻画在陶片上的类似文字的符号，最早在河姆渡文化遗址发现，这些符号距今7000年至5000年（图11-5-8）。

仰韶文化晚于河姆渡文化2000年左右，在属于这一文化的半坡遗址发现更多这样的文字符号（图11-5-9）。

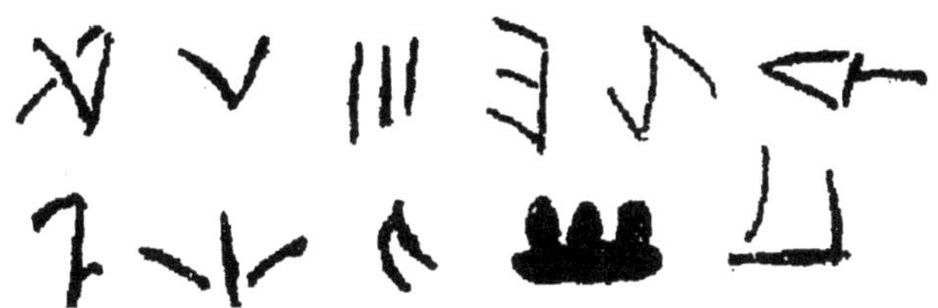

图11-5-8　河姆渡文化遗址陶片上的文字符号

图11-5-9　仰韶文化半坡类型西安半坡遗址发现的陶文

这些符号刻在陶钵外口沿的黑宽带纹或黑色倒三角纹上，每钵一个符号，极少两个符号刻在一起，一共发现113个符号。半坡类型的其他遗址长安、临潼、铜川、宝鸡、郃阳等也都发现类似的符号。

与半坡陶文类似的符号在秦安大地湾文化遗址、马家窑文化遗址、大溪文化遗址也都发现过。这些符号比较抽象，更多地像数字符号，因此，学者们对它们是不是文字持谨慎的态度（图11-5-10）。

图 11-5-10　马家窑文化遗址发现的文字符号

20世纪50年代大汶口所发现的一些类似文字的符号引起了人们最大的兴趣。基本上为学者确定为文字符号的共六个。其中四个是在莒县陵阳河遗址发现的，一个是在诸城县前寨遗址中出土的陶器残片上发现的；还有一个出土于大汶口遗址的75号墓，是用红色的颜料写在灰陶背壶上的。六个字中有两个字是由三个像形的符号组合而成，三个符号是：太阳、月亮（也有人说是火）、山（图11-5-11）。

图 11-5-11　大汶口文化陵阳河遗址发现的“日月山”符号

1992年1月考古工作者在龙山文化丁公遗址做第四次发掘时在一片灰陶片上发现有11个字，分为五行。自右至左竖书，各字多连笔，类行书，学术界称之为丁公陶文（图11-5-12）。关于丁公陶文的看法只有极少数学者持怀

图 11-5-12　龙山文化丁公遗址有文字符号的陶片

疑的态度，绝大多数学者认为已经是汉字，具体又分两种观点：一种观点认为，它与古汉字属于同一系统。另一种观点认为丁公陶文与古汉字不属于同一系统，裘锡圭认为，丁公陶文是“已被淘汰的古文字”，王恩田认为是“东夷文化系统文字”[1]。

大体上来说，文字的产生经历了四个阶段：一是实物阶段，以人的表情、语音、动作，还有物件来表达思想与情感。二是图画阶段，以图画来表达思想情感。史前的诸多绘画均有表意的作用。三是符号阶段，创造一些符号来表达思想与情感。四是文字阶段。将符号规范化、规律化，则成为文字。大汶口文化陵阳河遗址发现的日月山符号属于第二阶段，而丁公陶文介于第三阶段与第四阶段之间。

文字的发现其意义之大是不言而喻的。语言是思想的现实，文字是思想的记录。文字的发现，说明史前人类已经能够抽象思维，也正是因为有这种思维能力做支柱，文明才得以产生。所以，一般将文字的产生看作是文明的开始。龙山文化已经有了文字，只是不够系统，但可以说它的一只脚已经步入文明的殿堂了。

六、祭天与祭地——中华民族天地崇拜的确立

《礼记·祭法》云：“燔柴于泰坛，祭天也。瘗埋于泰折，祭地也。”[2]这里说的“泰坛”是祭天的场所，“泰折”是指一个大而方的地方，是祭地的场所。

中华民族从什么时候开始了天地之祭现在还不能确知，但至少在龙山文化时代就有了，1989 年，河南的考古人员在河南杞县鹿台岗遗址发现了属于河南龙山文化时期的“泰坛”和“泰折”。

❶《专家笔谈丁公遗址出土的陶文》，《考古》1993 年第 4 期。

❷王文锦译解：《礼记译解》下，中华书局 2001 年版，第 670 页。

“该遗址高出当时周围的地面约 1 米左右，是一内墙呈圆形、外墙呈方形、外室包围内室（圆室）的特殊建筑。其中内墙直径约 4.7 米、墙宽约 0.2 米，在其西面南面各设有门道。圆室内有一呈东西——南北向的十字形‘通道’，宽约 0.6 米，土质坚硬，土色为花黄土，与房内地面呈灰褐色土迥然不同。此外，十字形通道的交叉点附近有一柱洞，西面一侧也有柱洞。外墙略呈圆角方形，墙宽 0.2 米，仅存东西南三面墙，北墙的一部分已被可能压在现存大树及校舍（遗址在村小学下面——引者注）下面。已发掘的部分，南墙 6.5 米，东墙残长 4.15 米，西墙残长 3.7 米。在其西墙和南墙中部亦各有一缺口。由于外室西墙缺口又与内室南门及十字形通道南端在一线上，且三者宽度也相同；同样，外室南墙缺口又与内室南门及十字形通道南端在一直线上，且三者的宽度也相同；还由于内室与外室的中心点亦相同，故知内、外室及十字形通道应属同一时期建筑。”[①]这一建筑遗址是做什么用的呢？发掘者匡喻等认为是“人们祭祀天地的自然崇拜的遗迹”[②]。

这处祭天的建筑遗迹其平面布局为圆形内含十字形通道。郑杰祥先生认为：“鹿台岗 1 号遗址上的圆形遗迹即象征着天，方形遗迹即象征着地，上面的十字，则应是指的四方。因此，这处的遗址应是一处完整地表示着天圆地方的形象。”[③]

中华民族很早就有祭天地的仪式。《礼记》将天地之祭推到有虞氏即夏代的祖先，天地之祭与祖先之祭结合在一起。《礼记·祭法》云：“祭法：有虞氏禘黄帝而郊喾，祖颛顼而宗尧。夏后氏亦禘黄帝而郊鲧，祖颛顼而宗禹。殷人禘喾而郊冥，祖契而宗汤。周人禘喾而郊

❶河南大学考古专业等:《河南杞县鹿台岗遗址发掘简报》,《考古》1989 年第 4 期。

❷匡喻等:《鹿台岗遗址自然崇拜遗迹的初步研究》,《华夏考古》1994 年第 1 期。

❸郑杰祥:《新石器文化与夏代文明》，江苏教育出版社 2005 年版，第 310 页。

稷，祖文王而宗武王。”[1]“禘”是祭天之礼，“郊”是祭上帝之礼。中国古代在奉行祭天之礼时要配上始祖之所出即民族共祖来祭。有虞氏、夏后氏的禘礼配上祭黄帝，因为他们认为，黄帝是始祖之所出，即他们民族的共祖。殷人与周人要晚得多，所以他们祭天时就不需要追溯到黄帝那里去，配祭喾就可以了。郊礼是祭上帝之礼，这种祭礼要配上祭本族开创基业的始祖。

这种祭法虽然文字上有记载，但是一直没有找到实物的证明，如果鹿台岗的遗址 1 号遗迹真是祭天的地方，那应该是有虞氏在此奉行禘祭与郊祭。

2 号遗迹即为“泰折”遗址。“该遗迹由 11 个圆形土墩组成。其中部为一大圆墩，直径为 1.48 米，深（高）0.4 米。在其周围均匀分布有 10 个直径为 0.60—0.65 米、深 0.4—0.5 米的小圆墩。10 个小圆墩形成一个大圆圈。最大直径为 4.40—4.50 米。这些圆墩的建造方法均为先挖圆坑，再在坑壁上涂抹上一层黄褐色的草拌泥，层层夯打高出地面，一般有 4—5 个夯层。整个遗址不见柱洞、墙基、烧土面等居住痕迹，只在东南部圆墩外侧约 1.5 米的范围内，发现有一层厚约 2 厘米的烧灰，另在西南圆墩外侧约 2 米处，发现与 2 号遗迹时代相同的长方形屋基 F16。此房南北长 2.25 米，东西宽 2 米，四周有墙，墙之西角有柱洞，北墙西端有一宽 0.60 米的门道，正对着 2 号遗迹，二者应有一定的关系。”[2]这里的建筑遗址，考古学家疑为泰折，泰折即为社坛。社坛是社祭的地方。

社祭是中华民族先民重要的祭礼之一。社本为土地神，社祭就是祭土地神。这种祭应是农业社会的产物，农业文明实质是土地文明。热爱土地进而崇拜土地，以至祭拜土地，这是很自然的事。中华民族一直以农业立

[1] 王文锦译解：《礼记译解》下，中华书局 2001 年版，第 669 页。

[2] 河南大学考古专业等：《河南杞县鹿台岗遗址发掘简报》，《考古》1989 年第 4 期。

国，因此，社祭是国家的大祭。历代的国君均要在一定的时节奉行祭地大典。土地关系国家的命脉，更关系百姓的生存，因此，早在国君祭地前普通百姓就祭地了。百姓祭地的地方，就在田野，原本没有固定的场所，后来立有土地庙，就在庙中祭了。

逐渐地，祭地成为一种礼制规定下来。《礼记·祭法》云："王为群姓立社，曰大社；王自为立社，曰王社；诸侯为百姓立社，曰国社；诸侯自为立社，曰侯社；大夫以下成群立社，曰置社。"[1]这"大社"、"王社"、"国社"、"侯社"、"置社"就是不同层次的社祭。社祭的普遍性与等级性充分显现出来了。

社的出现在中国文化中有着极其重要的意义。社祭本来是祭土地神的，由于土地不是一般的自然，它与农业密切相关，因此它不只是一种自然崇拜，也是一种社会崇拜。土地神后来演变成地区神，地区有大有小，大到国家，小到村落。这样，社祭就含有爱国、爱乡的意义。更重要的是，由于社祭是分成不同等级的，与此相关人也是分成不同等级的，不同等级的人生活在不同等级的生活圈子，于是就形成了各种不同的社会。有大的社会，它相当于国家，也有各种不同层次的小社会，最小的社会为家庭。于是，社会就成为整个社会结构的代名词。 如何认识不同生活圈子的人们，如何处理各种不同生活圈子人们的关系，如何将所有的人组织到一个系统之中去，就成了一切社会科学的由来，也成为一切政治制度的由来。由于中国的国家制度在很大程度上与社祭相关，因此，社礼的出现可以看作是国家起源的先兆。

天关涉人与自然的关系，中国人敬天，以天为高，天即自然。对自然重在遵依，以天人合一为最高境界；社，关涉到人与人的关系，中国人重社，即重人群。对

❶王文锦译解:《礼记译解》下，中华书局2001年版，第673页。

人重在和，重在爱，以“和为贵”。中华民族的审美意识与天地意识有一种内在的联系。其中关于天的崇拜导引出道家的美学观，庄子云：“天地有大美”，由此派生出自然至美论。而关于地的崇拜则导引出儒家的美学观，其中最为重要的是“里仁为美”。里仁为美实质就是等差有别的爱之美。

除此以外，中国的天地之祭还涉及祖先崇拜。祖先崇拜又必然以祖先的英雄故事做支撑，这中间洋溢着民族的自豪感与自信心，崇高这一种审美意识在很大程度上来自于祖先崇拜。

七、宫殿与宗庙——中华民族大一统的国家象征

关于龙山文化与夏文化的关系，除了严文明先生外，还有相当多的学者认为河南龙山文化的晚期为夏文化，明显地体现出夏文化特征的是二里头文化。

在二里头文化发现前，有二里岗文化的发现，这一文化以 1950 年首次发现于河南郑州二里岗而得名。通过历史学家多年的研究，确定此一文化为商代早期文化。

那么夏文化遗址在哪里呢？1953 年，考古学家在河南登封县王村发现了一处文化遗址，认为它的文化可能是夏文化。1956 年，在郑州西郊洛达庙又发现了同类文化的遗存，被命为“洛达庙类型文化”。1959 年，著名的历史学家徐旭生和他的团队在河南偃师二里头村又发现了同类文化遗址，这处遗址规模更大，出土的文物更多且文化特色更鲜明。学界倾向二里头即夏的都城所在，原来的“洛达庙类型文化”遂更名为“二里头文化”。

二里头文化开启了中华文明的曙光。其中最具意义的是大型宫殿建筑遗址的发现。在二里头文化遗址发

现有两座大型的宫殿建筑遗址。其中一号宫殿建筑基址“是一座大型的夯土台基，形状略呈正方形，方向352度，在东北部向西凹进一角，东西宽20.08米，南北长47.8米，台基西边长98.8米，北边长90米，东边长96.2米，南边长107米，总面积达9585平方米。”[1]基座四周围绕着一周大型柱洞，这是主殿堂的回廊柱。回廊柱的外侧还发现有回廊挑檐柱的柱洞。根据回廊柱的廊柱和廊柱外侧挑檐柱的设施推测，宫殿的屋顶应该是四面坡式的建筑。主体建筑正对着宫殿的正门——南大门，南大门与主体建筑之间是一片开阔的庭院。南大门之外是条呈缓坡状的路土面，这是人们进入宫殿的大道。

郑杰祥先生说：“一号宫殿建筑基址是我国迄今所发现的最早、规模最大而且保存较好的一座大型宫殿建筑基址。”[2]如此规模的宫殿建筑遗址的发现，不仅说明远在3000年到4000年前中华民族已经具有很高的建筑水平，而且说明，在那个时候宫殿作为国君生活与工作的居所，其形制已经基本确立。关于王宫建制，《周礼·考工记》说：“夏后氏世室，堂修二七，广四修一。五室，三四步，四三尺。九阶。四旁两夹窗，白盛。门堂三之二；室，三之一。”[3]一号宫殿建筑应是夏后氏的世室。戴震注《考工记》说：“王者而后有明堂，其制盖起于古远。夏曰世室，殷曰重屋，周曰明堂，三代相因，异名同实……明堂在国之阳，祀五帝、听朔，会同诸侯，大政在焉。”由此可见，这世室正是夏后氏会同天下诸侯发号施令的地方，这样的地方当然就是主殿，犹如明清宫中的太和殿。

根据《考工记》中关于“夏后氏世室”记载，著名的建筑史家杨鸿勋先生对二里头文化遗址中的一号宫殿遗址进行过建筑还原。他说：“《考工记》中关于‘夏后氏

❶郑杰祥：《新石器文化与夏代文明》，江苏教育出版社2005年版。

❷郑杰祥：《新石器文化与夏代文明》，江苏教育出版社2005年版，第409—410页。

❸钱玄等注译：《周礼》，岳麓书社2001年版，第430页。

世室'的记述，显然是指在一栋建筑物中解决朝、寝实用处理方式，也就是说，它是说明兼作朝寝之用的一座宫室的内部之间的组织情况。紧接夏代的早商宫室遗址，也可以按照'前朝后寝'亦即'前朝后室'的格局，参考上述文献，结合柱网的布置进行复原。复原与文献所记夏世室的'五室''四旁''两夹''堂三之二'（堂占进深的2/3）'室三之一'（ 堂占进深的1/3）的布局情况可以吻合。"[1]杨鸿勋先生观点很清楚，他认为，一号宫殿其实已经具有了后代宫殿"前朝后寝"的礼制了，这无异于说，二里头文化遗址中的一号宫殿实就是中国最早的宫殿。宫殿体制既然都有了，国家也当然有了。《吕氏春秋》云："古之王者，择天下之中而立国，择国之中而立宫，择宫之中而立庙。"[2]

二里头文化遗址中的二号宫殿面积小于一号宫殿，据专家推测，它很可能是宗庙。中华民族是非常重视祖先祭祀的。宫殿建筑均包含有宗庙建筑。《考工记》云："匠人营国，方九里，旁三门，国中九经九纬，经涂九轨。左祖右社，面朝后市，市朝一夫。"[3]这"左祖右社"就是说左边是祭礼祖先的宗庙，右边是祭祀土地神的社庙。《周礼・春官》也说："掌建国之神位，右社稷，左宗庙。"[4]也许，全世界的各民族其国家的出现都伴随着宫殿的出现，但只有中华民族，不仅有宫殿的出现，还有宗庙的出现。祖先崇拜是中华民族重要的文化传统，一直延续到至今。

近年来，在陕西神木县石卯遗址有史前文化的重大发现，最突出的发现是一座基本上可以肯定为属于龙山文化晚期的城池。这座城池由"皇城台"、内城和外城三个部分组成，内城城内面积约210余万平方米，外城城内面积约190余万平方米，石峁城址总面积超过400万

❶《杨鸿勋建筑考古论文集》，清华大学出版社2008年版，第95页。

❷《诸子集成・吕氏春秋》6，中国书店1986年版，第211页。

❸钱玄等注译:《周礼》，岳麓书社2001年版，第429页。

❹钱玄等注译:《周礼》，岳麓书社2001年版，第185页。

平方米，它是目前所知我国规模最大的新石器时代城址。

石卯遗址外城东门址位于遗址区域内最高处，由“外瓮城”、两座包石夯土墩台、曲尺形“内瓮城”等部分组成，基本构局与后代的城门相同。“皇城台”为一座四面包砌护坡石墙的台城，大致呈方形，石墙转角处为圆形，台顶面积 8 万余平方米，位于内城偏西的中心部位。皇城台依山势而建，城墙大部分处于山脊上，现存长度 5700 余米，宽约 2.5 米，保存最好处高出现今地表 1 米有余。无疑，皇城台是这座城池最为重要的部位。它具体做何用处，尚无定论，很可能是宫殿遗址，也可能是祭坛。

石卯遗址还出土了大量的玉器，可惜早在 20 世纪二三十年代就散落在欧美各地，据陕西省考古人员说，不下 4000 件。国内搜集也有百余件。另外，此地还出土了壁画，色彩鲜丽。目前，有关石卯古城的秘密还待进一步揭开，相信它还会给我们带来更多的惊喜。

相比于玉器、青铜器的发现，城池、宫殿的发现具有特殊的意义，它说明酋长制的部族社会已经发展为王国。二里头宫殿、石卯古城遗址都充分说明其实在进入夏代前，中华民族大一统的国家已经形成了。

龙山文化是史前最接近文明的文化形态，它气势磅礴地拉开了中华文明的大幕。

天亮了，绚丽的霞光映红了天际!

第拾贰章

史前审美与中华文明

第一节 人性的觉醒

人类的审美意识基本上是相同的，这是因为人性是相同的，史前人类都经历过一个人性苏醒的阶段，恰如婴儿刚从睡梦中醒来，以一双迷离的眼睛打量着世界：陌生中有几分新奇，恐惧中有几分愉悦。

在从动物进化为人的过程中有必要引入人性这一概念。人性原本在动物性之中，从动物性中生成，这生成不是彻底抛弃动物性，而是将动物性提升到新的高度，比如性，人与动物均对异性有要求，这种要求可以称之为动物性。人类学家在区别人与动物在性的问题上的区别时，往往引入感情与本能这两个概念，将人对性的要求看成感情，而将动物对性的要求称之为本能。其实这种区分是不妥当的，对于异性，人固然有情感上的要求，但这情感正是建立在性本能的基础之上的，离开了这种本能就不能称之为性了。同样，虽然不是所有的动物对异性有感情上的体现，但某些高等的哺乳动物在求偶时的确表现出类似人的情感来。应该承认，人性与动物性存在一个混沌的中介状态，就好比河流进入大海，河水与海水总是难免会混杂的。

一、人性从动物性中觉醒

人性不是在人成为人之后突然生出来的，在动物阶段人性就潜在着，只是它未苏醒，也未发生质变。在人由动物逐渐向着人进化的过程中，潜藏在动物性中的人性逐渐苏醒，演变为人性，史前人类距动物不远，比之现在的人，其人性与动物性更多地体现为混沌的状态，从他们的活动，从他们的创造物，我们能发现人性逐渐苏醒的过程。

人性有一个内与外的关系问题，内在的人性为心理，包括感知、情感、想象与思维等，展现为人对外界事物的认识和对自身的反思。所有人的内在心理均会以人的活动方式体现出来，成为内在心理的物态化、对象化，所有这一切均可归之为生命活动。初民们的生命活动可以分成两个层次：

第一，生存的现实抗争。人作为物种是自然的产物。自然创造人，是各种物质与力量综合、共同作用的结果，它是无心的。自然将人抛在这个世界上，意味着人在这个世界有生存的可能性。虽然有生存的可能性，但未必有生存的现实性，生存的可能性要转化成生存的现实性，需要人去奋斗。人作为类，奋斗对象主要是自然。自然不会自动地满足人，人要从自然中获得于生存不可缺的资料，就需要与自然奋斗。人对自然的抗争，其根本目的是开辟生命之路，首先是个体的生命，然后是种族的生命。

第二，生存的自我品赏。人不仅能在现实中为生存抗争，而且也能在现实的抗争之中或阶段性的抗争之余，反观自我的抗争历程，用各种不同的方式，做自我品赏。比如，将生存抗争中所观察到的现实对象加以表现，或具象为绘画雕塑，或抽象为图案符号；还可将生存抗争中的感受化为歌舞，宣泄情绪，表达情感。

相比于动物，也许生存的自我品赏更具人性，因为动物不会做这样的自我品赏。也许人性真正的苏醒，正在人对自己生命的认识、肯定、品赏之中。这里有两个方面：

一方面是人性在动物性中苏醒。人逐渐地将自己与动物区分开来，将自己看得高于动物，优于动物。这里又可以分为两个层次，第一层次，人运用体力，但更重要的是运用智慧战胜动物。狩猎无疑是人最为得意的事业，因为在这里充分显示出人对动物的优势，显示出人的英雄本色。史前绘画中之所以出现大量的狩猎图不是偶然的，它是人性的自豪宣示。

在征服动物进而驯服动物豢养动物的过程中，动物成为了人的生活资料，动物形象在岩画中变得对人亲和了。瞧，新疆阿尔泰岩画中的鹿群，高高地竖起弯弯的长角，在草地愉快地轻松地行进着，其意味颇似一群可爱的孩子（图 12-1-1）。

图 12-1-1　新疆阿尔泰岩画，采自《中国岩画发现史》，图 4-15-2

观察史前初民们创作的各种动物形象，不管是纹饰还是绘画抑或是雕塑，均具有亲和性，可爱、可近、可亲，这说明人与动物关系的变化。当然，有些绘画或雕塑也张扬动物的威猛，如这幅内蒙古阴山的岩画（图 12-1-2），画的是一只老虎，很威猛，虎的后腿下有两只倒在地上的鹿，那是虎的猎获物。读这幅画，任何人都会感觉到虎的威

图 12-1-2　内蒙古阴山岩画，采自《中国岩画发现史》，图 4-14-5

猛，但不知何时那威猛竟移到了自己身上，你会感到自己也威猛起来了。

在奴化、驯化动物的过程中，也同时神化着动物，神化的不是所有的动物，而是其中一部分动物，那动物要么是对于初民来说具有威慑性、神秘性，要么初民认为与本部族有某种特殊的关系，于是，要么将它视为灵物，视为图腾，视为部落的保护神。不少史前文化遗址发现有龟的雕塑，难道龟有什么特别的本领？遇与外敌进行生死较量，龟其实并不具很强的攻击性，但是龟最能保存自己，更重要的是龟长寿。于是，初民们越发感到龟的不平凡了。不平凡即通神，所以龟在史前被视为神物。良渚文化的玉龟，造形精美，可以想见良渚玉器匠人在它的身上投入的心血。蝉，在初民心中也具有神秘性，因此，良渚文化遗址、石家河文化遗址中均有玉蝉的发现。

动物中受到初民们普遍青睐的是鸟和鱼，它们以多种身份出现在史前人类的生活中，一是作为食物，它们是美食。人除了用来自己享受外还用作祭品，请神享用。人与鸟、鱼的这重关系，是最平易的也是最亲和的。二是作为神物，它们是人崇拜的对象。鸟能高飞，鱼能潜水，这两种本领均是人极为羡慕而又无法达到的，于是，鸟和鱼就成了神物，受到人的崇拜。就人与鸟、鱼这重关系而言，它是神秘的、疏离的。

二、人性在神性的创造中觉醒

另一方面，人性在神性的创造中觉醒。

人与自然的关系是人的诸多关系中最基本的关系，它是人的生存之本。无论是人对自然的抗争还是对自我生命的品赏，第一个要面对的均是大自然。道理很简单：人的一切生活资料均来自自然，人要生存必须取得自然界的认同。事实上，自然界也以它的慷慨，赐给人类诸多的生活资料，让人类得以生存；然而自然界并不完全认同人类，种种自然灾难，还有猛兽、毒蛇等危害人生命的动物，均对人类的生存造成严重的威胁。而在当时，人类根本没有力量驾驭自然。在与自然做顽强甚至殊死抗争的同时，人又不能不乞求自然界的赐福。想象中，有能帮助人的神灵在这世界上与人共在，只是人不能看见他们。这神灵，有至高神也有自然神，还有祖宗神。

神灵的出现以主客两分为前提，主为人，客为自然。认识到主客并不一体，而是二体，人才感到需要去认识自然，征服自然。在人的力量远不足以认识自然和征服自然的时候，人就将自然神化，对它顶礼膜拜。借助于从动物阶段带来的人与自然一体的心理痕迹，以为自然与人是相通的，自然能懂得人，人也应懂得自然。这种人与自然一体的心理痕迹，经过放大，强化，则是自然的神化。初民在将自然神化的过程中，出于祭祀活动的需要，要将神形象化。神的形象是什么？如何将之造为形象？这个过程正是最初的艺术实践。

这里表现为一个过程。

首先，径直将自然物直接想象成神，以自然形象为神的形象。这一点，为动物神造像是最明显的。岩画中有许多动物造像，写实而又逼真，也许在初民看来，画得越像，这动物就越有灵性，就有资格充当动物神。欧洲旧石器时代岩画中，有许多狮、犀牛、大象、野马、熊的形象，均相当生动。

这样的造像在中国史前岩画中也有，像内蒙古白岔河流域克什克腾期石板房的岩刻上的鹿群、阴山岩刻的骆驼、甘肃嘉峪关市黑山岩刻上的野牛、虎，还有贵州关岭县崖画上的野马，均画得很逼真，很生动。

第二步，将动物的形象与人的形象进行综合，造出神的形象来。这种半人半兽的形象，对于上面所说纯动物形象造神是一种进步。它说明原始初民已经意识到神灵构成的要素中，应该也有人，换句话说，神中有人。甘肃贺兰山贺兰口人面像岩刻是典型的人面与兽面的统一体。这兽面极像熊，然而这人面像的头顶有两个圈，从眼睛的上部发射出诸多的光线，穿过头顶两个圈，这又是什么形象呢？它让人联想到太阳，莫非这兽面人是太阳神？如果这个理解不错的话，这具像应是人面、兽面、太阳的综合体。这样的形象当然只能是神的形象。

中华民族史前传说中的伏羲、女娲、黄帝、炎帝等始祖均是人与动物合体的形象。这一方面说明，在那个时代，动物仍然具有很高的地位，人们并不认为自己是动物的后代而羞耻，反而感到光荣。动物不仅是人的衣食之源，也是人的保护神。这当然是蒙昧，却也是人性的一种显现。另一方面，它说明人们已经不满足于将动物当作神，人觉得人自身也有资格参与到神的形象创造之中去，虽然尚不能以人的形象完全取代动物的形象，但至少可以成为构成要素参与神的形象创造。这也是人性的觉醒，较之仅将动物当作神，是更高一个层次的人性的觉醒。

良渚文化反山遗址出土的玉琮上的神人兽面纹（参见图6-2-12），虽然具体解释很多，也许就是造像的史前艺术家也未必能说得清楚他做的是什么形象，他可能会说，这一形象其实并不是他创造的，而是前代传下来的。

虽然我们不可就这一形象的具体解释趋于一致，但有一点是大家都承认的，那就是这一形象是人的形象与兽（鸟）的形象的统一，较之贺兰山贺兰口的人像岩刻，这一形象更具有人的特征，其基本轮廓可以明显地看出人来，但是，人像的双腿盘曲，似是坐在一只大鸟的身上，又像是这人像的下部就是一只腾飞的鸟。人像的面部，铜铃般大的眼睛，蒜头形的鼻子，厚实的嘴唇，似人又似兽。身体全是回字形的纹饰，似是纹身，又似是穿着满是回字形纹饰的服装。人像的两只手各拿着一个圆，这两个圆中间有工字形的梁联系起来，工字的下部隔了一段空间，有一横梁。这两圆加工字形的结构又组成一具兽面。这形象就越发怪诞了。人像的头部有冠状的头饰，头饰硕大，横向展开，宽度超过肩膀。此具神像，就其整体形象来说，它的结构是：人中有兽，兽上有人，人兽合体。

这一形象是不是也反映出人性的觉醒？它是不是至少含有这样的意思：人驾驭着动物，人凭借动物在飞腾，在通天。人是伟大的，伟大的人就是神。

第三步，将自然物的形象与人的形象分别开来，不再将动物看作神，也不再将动物的形象综合到人的形象中来，只是适当地夸张人的某个部位，造成与现实人的某种距离，然而在这种人的形象之中注入神性，让他成为神——纯粹人形的神。比如，龙山文化玉器中的人首形饰，制器者有意为人做出两颗獠牙，显示出它与动物神的关系，而与普通人不同，但是，这人显然不被看成动物。

动物的形与神淡化了，人的形与神强化了。这种现象的出现是不是人性的另一种觉醒？更高的觉醒？

以上三步，主要为逻辑上的顺序，并不完全表现为时间的先后。在造神上所体现的人性的觉悟体现了一个否定之否定的过程，每一过程都是对前一个过程的进步。值得说明的是，新与旧的关系并不表现为简单的替代，新的神出现了，原有的神仍然存在。所以，整个史前的神灵形象就显得极为丰富，极为绚丽。

在造神中显现人性，是史前人性苏醒的一个突出的现象。再进一步就是人与神的分离，人真正的独立。这个过程具体表现为一系列的人征服自然的斗争，而且也取得了胜利。当人意识到自己的智慧、自己的力量并且相信凭借自己的努力也能取得改造自然的成功之时，人性当是完全地觉醒了。当然，在史前，人的这种觉醒不可能是全面的，彻底的，不要说在史前不可能做到这样，即使是进入文明时代之后，人也不能说自己是万能的，因此，神总是存在的。只是神的地盘在不断地缩小，神在不断地后退。由于世界的无限性，人永远只能认识世界的一小部分，也永远只能在有限的领域生存着，因此，神永远会存在，当然是在人们的意识中存在。

这个世界本无神，是人创造了神。人如何造神？人按照自己的性质创造神，因而神性是人性的曲折反映，说是曲折，因为这神性不是现实人性的反映，而是理想的人性的反映。现实人性是受到种种约束的，有生老病死，认识能力与实践能力均有许多局限，而神无生老病死，在认识能力上与实践能力上均没有局限。自由，对于人是理想，而对于神是现实。

神性作为理想人性，是不可能在人身上实现的。想象中的神性永远只是在彼岸，对于现实的人可望而不可即。那就是说，人想象出理想的人性了，然而这人性并不属于人自己。所以，这想象中的理想的人性不是正常的人性，而是异化了的人性。虽然是异化了的人性，仍然是人性。人性的觉醒走的就是这样一条道路：蒙昧的人性——神性（异化的人性）——文明的人性。这是人性苏醒的必由之路。

几乎所有的史前人类都有一个万物有灵论的思维阶

段，几乎所有的史前人类都曾将自然界看成神，并认为这个世界由神主宰。表面上看这似是人性的被压抑，殊不知这正是人性的觉醒，因为史前人类其实是按照人的理解来塑造神的。正是在这个过程中，最初的审美意识萌生了。这是一条全人类共同走过并仍在走着的道路。

与别的民族不同的是，中华民族的神性观念相对来说要淡薄得多，从史前文物中，我们更多感受到的竟然不是诡异可怖的神性，而是在人性与神性复杂的关系中另一种重要的关系在悄然生成着，它就是功利与善美。如果说，人性与神性的关系，立足于处理人与自然的矛盾，表现为人性的外向性；那么，功利与善美的关系则立足于处理人自身肉体与精神的关系，肉与灵的关系。

三、人性在善与美的追求中觉醒

无可否认，史前人类的生存条件是极为恶劣的，他们不能不将主要精力放在谋生上，然而这不是全部，他们还有精神上的追求。这精神上的追求，可以分成两个方面——善的追求和美的追求。善的追求涉及面比较广，主要涉及个体与部落其他人的关系，涉及地位、荣誉等。这中间关涉到具体的实际利益比如食物，但更多的是精神上的满足。人是社会动物，社会性是人的本性，任何人哪怕是原始初民都希望在群体中得到尊敬，得到拥戴。为此，他对群体要有超出常人的付出。正是在对善的肯定基础上，原始初民建立了最初的礼制，礼制的实质是社会共认的价值体系，这套社会公认的价值体系体现在物件上则有礼器。礼器虽然来自实用，但一旦成为礼器，则与实用脱节，成为一种精神上的象征。石器中是不是有礼器，现在还不好认定。薛家岗文化二期的石刀，做得很精致，刀上有孔，孔钻得很规整，从3孔到13孔，多的不觉其多，少的不觉其少。这恐怕不是实用器而是礼器吧！另外，像北阴阳营锄形石器，那中间开的口，不大也不小，位置很适中，且孔的椭圆形状与锄形相和谐，这中间难道没有精神的东西存在？即使如此简单的造形都费尽心思，更何况复杂得多的玉器呢！

陶器、玉器中有大量的礼器，陶器中，像龙山文化的黑陶蛋壳杯绝对不可能是用来喝茶的，它只能用作礼器，代表主人的身份与地位或者财富。玉器大部分属于礼器。良渚文化出土的玉琮只有贵族才能拥有，而且，它也是祭器，具有通神的功能。玉钺显然是权力的象征，不是一般贵族必须是王至少是将军才能拥有此器。龙山文化出土的玉器中，玉圭最为重要。玉圭造形精美，上面有人面纹、兽面纹、凤纹、鸟纹等。

玉器考古学家尤仁德先生说，新石器时代末期出现的玉圭，当来源于玉斧或玉铲。山东龙山文化玉圭，似直接来源于大汶口文化玉铲（如泰安大汶口10号及117号墓所出者）。斧与铲均出自实用，刃口向下，即使为玉斧、玉铲，没有实用功能了，也还保持原来的模样。龙山文化时期，玉斧、玉铲的刃口就有向上的了。刃口向上，显然别有用意。“上”在中国文化中有重要的意义，它代表天、君、尊。尤仁德先生说：“石玉斧、铲的刃口向上，表达挺拔和向上的力度及人们对这些生产工具体现实用价值的关键性部位（刃口）的崇尚（借以象征权势者的权力），与由此而产生对它们的审美观念的崇拜。由玉斧变为玉圭，是使重要工具人为地第一次历史性的分化。玉圭刃口向上，表明它完全脱离了原来玉石斧、铲实用工具的有效性，并体现出精神与物质、实际力量与神秘力量、实用价值和象征价值的同一性的社会观念的形成。”[1]“玉圭的象征价值与审美价值，表现出人们尊仰和崇拜财富、等级、权力及社会秩序（即礼和礼制）观念的确立。玉圭是文明起源的重要标志。”[2]

❶❷尤仁德:《古代玉器通论》，紫禁城出版社2004年版，第58页。

史前美的观念的产生较善的观念还要早，旧石器时代就有装饰物出现了，山顶洞人的遗物中就有染上赤铁石粉的小圆石，这些小圆石有些还钻了孔，它们显然不是工具，只能是初民们的装饰物。它是不是也包含有某种神秘观念？也可能，但是首要的这小圆石的确能给人带来快感。肯定不是神秘观念的需要，而是美的诱惑，让山顶洞人选择了它。原始初民美的观念在陶器与玉器中得到更为充分的展现。彩陶在实用方面未必比素陶更好，但是，彩陶上有更好看的花纹，有更美的底色，因此它比素陶受欢迎。原始初民宁愿花费更多的精力与财力去制作彩陶，也说明原始初民更为看重的不是实际的功利价值，而是精神上的价值中包括审美的价值。

玉器更是审美的产物，玉器中除礼器外就是装饰品，有些礼器也兼为装饰物。杨伯达先生说：玉石分化有三个标准：美、神物和德。第一个标准是美。他说："玉石分化必须有一定的标准作尺度，以衡量其是玉还是石。它的第一个也是最原始的标准就是美与不美（丑）。原始人在接触石材过程中，由于玉石的色彩、质地、光泽、形状均有差异，这便促使原始人逐渐形成美与丑的两种不同感觉，天长日久，随着观察体会所获印象逐步积累，他们渐趋承认美的石头就是玉。”[3]制玉无疑需要耗费大量的心力与体力。有时简直不可想象，在食不果腹、衣不蔽体的原始社会，部落主竟然让一些人不去从事物质生活资料的生产而专门从事这纯然满足精神需要的玉器的制作。制玉始于制石，制石当然首先是实用的需要，但是在这个过程中悄然生长的审美需要，不仅使得器具

❸杨伯达:《杨伯达论玉》，紫禁城出版社2006年版，第243页。

在实用上更具功利性，而且使得器具增添了审美的功能。红山文化、良渚文化的玉器之所以那样精美，跟制玉的工艺有极大的关系，而工艺的提高又以审美需要为动力。

检阅史前诸多文物所体现出来的审美意识，我们发现，审美意识与其他意识的关系呈现出极为复杂的关系。首先，审美意识具有独立性、非功利性。它是可以不依附别的意识而存在的。这从山顶洞人专门制作供装饰用的小石珠以及用红色的颜料涂红小石珠可以得到证明，彩陶的产生也足以说明审美的独立价值，但是，更多的情况下，审美意识是渗入别的意识特别是宗教意识之中的，这种渗入不能将审美意识看成次要的、服务性的，实际上，审美意识与宗教意识是互渗，是相互介入。一方面，审美意识增强了宗教意识，表现出审美为宗教服务；另一方面，是宗教意识增强了审美意识，表现出宗教为审美服务。美不只是形式还有内容。宗教全方位地影响审美，其中主要是内容，也有形式；同样，宗教不只是内容，也有形式，而审美全方位地影响宗教，其中主要是形式，也有内容。审美与政治的关系，大体上也可以作如是观。

远古人类在思维方式、科学技术等方面远不能与现代人比，唯一能与现代人较量的是审美，是审美的结晶——艺术。史前人类在这方面的创造力不仅不在现代人之下，在某种意义上它还在现代人之上，因为他们的创造基本上都是原创。面对着史前人类的艺术，现代人除了惊叹还是惊叹。真不知这样的佳构是如何想象出来的，又是如何制作的。史前人类的经济水平是很低的，然而艺术却可以达到很高的水平，经济生产水准与艺术生产水准可以不同步，这说明艺术生产并不决定于经济生产，艺术生产自有它的一套机制。科学与艺术是人类精神生活的两翼，它们其实也是不平衡的。史前人类的科学认识水平是很低的，由此也可以认定，他们的理性思维不很发达，但是，史前人类的艺术创作水平是很高的，由此也可以认为，他们的想象力很发达。史前人类，当他们主要用感性把握世界时，他们的想象力得到极其充分的发展，从而创造出让现代文明人甘拜下风的艺术来。人性苏醒原来并不是始于理性，而是始于感性。

人性的觉醒所带来的审美世界极具震撼力，由于这人性只是苏醒，尚处于睡眼蒙眬之中，因此，人性、动物性、神性纠结在一起，你中有我，我中有你，光怪陆离；也由于功利与精神、善与美同样纠结在一起，分分合合，分中有合，合中有分，更是纷纭复杂。这是一条原生态的河流，时而清流激湍，纯真得可爱；时而浊浪掀天，让人心惊胆裂。朴素简陋有之，绚丽璀璨也有之，狂野荒蛮有之，清雅秀丽亦有之……这就是人性苏醒的创造，就像一个满是泥污、闪吧着亮晶晶大眼，作着鬼脸的光屁股的小男孩。

第二节 以农耕为本

影响史前人类审美意识发生的一个重要因素是人类的生产方式，不同的生产方式决定着审美意识的性质。

张光直先生说："从全世界看，农业生产即所谓新石器文化。一般在 12000 年至 10000 年前开始生成，这是在几个农业起源的中心地点已经确立的事实。"[1]中华民族史前的审美意识在很大程度上决定于农耕这一生产方式和生活方式，可以说，农耕是中华民族史前审美意识之本。

❶张光直:《考古学专题六讲》，生活·读书·新知三联书店 2010 年版，第 25 页。

一、农耕与陶器文化的产生

众所周知，中华史前文化，以陶器为代表，陶器贯穿新石器时代整个时期，领风骚达数千年。考查它的产生，也与农业相关。农业生产从根本上改变了人们的饮食方式，由生食到熟食，而熟食必须由合适的器皿来充当炊器，陶器就应运而生了。《中国陶瓷史》的两位作者吴仁敬、辛安潮说得好："上古之民……对于一切之努力，大都以饮食为中心耳。食物既为当时努力之中心，则凡对于饮食有关系者，初民必当竭尽心力以求之，于是釜瓮之属，因需要之急迫，渐有发明矣。初民，因生食之致病也，乃求熟食之方，因食物之易腐败也，乃思久藏之方。其初，则抟土为坯，日晒干之，成为土器，及神农、伏羲时，则掘土为穴灶，以火烧土，使成为素烧之陶器。用以烹饪，用以贮藏。……燧人、神农二氏之前，必有类乎釜瓮之雏形之物，为二氏所本，因采其旧法，而加以新意，以成釜与瓮之物，可断言也。而吾国陶器，发源在燧人、神农二氏之前，亦可推知可断言也。"[2]

❷吴仁章、辛安潮:《中国陶瓷史》，商务印书馆 1998 年版，第 1—2 页。

陶器之产生本为实用，然而在制作的过程中，初民们将自己的情趣加之于上，使之成为艺术品。我们观察陶器的造形，既适合于它的用途，又亲和人们的视觉，可以说兼得适用与审美之二用。就器的造形来说，就精美程度来说，以酒器为最。龙山文化发现的蛋壳陶杯即为酒器。炊器中鬲的造形很能见出中国人的创造，此器下为三个袋足，设计成这个样子，便于器物内的食物受热均匀。这种袋足既不能做得挺直，又不能做得臃肿。挺直，不能做到受热面积最大，臃肿则难看。要在这两者之间找到一个中点。大汶口文化和龙山文化均出土有一种名之曰鬶的炊器兼食器，它除了有鬲烧煮功能外，还有饮酒功能。初民们将它做得极为美观。对于鬶不只在袋足上做文章，而重在壶嘴上做文章，有些嘴像鹤喙，让人联想到引颈向天的白鹤，极具审美魅力（参见图3-1-18）。不仅是鬲、鬶这样功能比较特殊的陶器，初民们非常注重它的造形，力求做到功能与审美最为完美的统一，就是罐、瓮、钵、壶这样普通的器物，也做得极有品位且风格多样，即使是同一类型的文化，同样的器具，也尽量做得有个性。

更重要的，制陶艺术家利用陶器的内外面施展其绘画的天才，将其对天地自然、人物鬼神的感受化为或具象或抽象的画面，经过烧制，永远地保留在上面。这些图画所储藏的信息是极为丰富的。尽管我们不能一一解释其中所包含的自然的、人文的信息，但我们能感受到它的美。与人类相关的所有信息中，唯有审美的信息是可以穿越时空的，它不为地域所局限，生活在东半球的居民可以接受西半球的美，不管是人文美还是自然美；它也不为民族所局限，我们能接受能理会非洲黑人的艺术，能感受到它的美；它也不为时间所局限，今天我们来欣赏几千年前初民们的艺术时，仍然会眼光发亮，心旌摇荡，感到美。

二、农耕与审美视野的开辟

生产方式一方面影响着人们的思维方式，另一方面也影响着人们的生活方式。新的审美视野就此打开。

首先，围绕着农业这一中心，人们对自然界的注意形成了一个特定的领域。举凡与农业关系不大的自然界不去关心它，即使就在身边，也予以陌生化，而与农业相关的自然物则变得亲切起来，这一个领域遂成为人们审美的中心领域。这其中天体方面主要有太阳、月亮、星星等；气象方面主要有风、雨、雷、电、霜、冰、雪等；地象方面主要有山岭、河流、树木、花草、动物等。

史前考古发现，诸多陶器上的纹饰有太阳纹、月亮纹、星星纹。辛店文化有一件陶罐，上面清晰可见太阳的图案。太阳纹图案在大河村遗址仰韶文化陶片上有很多发现。大汶口陶器上的八角星纹成为大汶口文化的标志性的纹饰之一。马家窑文化一具陶罐上在横纹上缀以十字形的符号（图 12-2-1），也有些专家认为它应是星星。

基于农业生产的需要，初民们对于天体星象的运行应该是极为关注的，他们不只是简单地崇拜太阳，崇拜月亮，崇拜星星，而是做一定的科学研究，企图从中发现一些规律。据说，五帝的颛顼时代就设置了“火正”一职，专门观察火星运行的规律，其结果就是将火星从东方地平线升起的黄昏时候定为一年的开始。《尚书·尧典》详细地记载帝尧如何安排他手下的大臣们分别担负观察天象的工作的。是书说，帝尧让羲和推算出日月星辰运行的规律，制订出历法来。让羲仲居住在旸谷，恭敬地迎接日出，并且测定太阳东升的时刻；让羲叔居住在南方的交趾，恭敬地迎接太阳南行，并且测定太阳南行的规律；让和仲居住在西方的昧谷，恭敬地送别落日，并且测定日落的时刻；让和

图 12-2-1　马家窑文化横纹缀星星纹陶罐

叔居住在北方的幽都，恭敬地迎接太阳北行，并且测定太阳北行的规律。就这样，帝尧将春分、夏至、秋分、冬至这一年中四个重要的节分找出来了。最后帝尧说："咨，汝羲暨和，期三百六旬有六日，以闰月定四时，成岁，允厘百工，庶绩咸熙。"[1]历法就这样定下来了，帝尧不仅根据历法来指导农事，还用它来规范百官职守，是典型的遵天法地了。

[1] 江灏等译注：《今古文尚书全译》，贵州人民出版社 1990 年版，第 15 页。

《尚书》中关于帝尧制定历法的记载当不是空穴来风，如果这记载有事实的根据，我们可以推定，史前的天文学已经相当发达了。

水对于农业来说同样十分重要，但也有个分寸，水之过少与水之过多皆不利于作物生长。水纹在马家窑陶器中普遍出现，且多姿多彩，可能全世界没有哪一个民族对水的艺术表现堪与之相提并论了。马家窑的水纹中漩涡纹最具特点，从视觉上来说，漩涡最具冲击力，漩涡似眼，这眼直逼人目，让人心惊肉跳。细观之，漩涡表现出两种反向的力，一力自右向左呈抛物线发出，一力自左下向右呈抛物线发出，漩涡纹用一束线条将这两个力运行的方向表达得非常清楚。那么，这样一种双向作用的力来自自然界本身，就自然科学来说，它具有力学研究的价值。事实上，物理学存在这样一种学科，专门研究涡流的力。也许对于史前人类来说，哲学上的价值更高，因为这样一种构图已经近似于阴阳鱼太极图了（图 12-2-2）。

图 12-2-2　半山型漩涡纹陶罐，采自《马家窑彩陶鉴识》，P68 图

事实上，史前初民对于这样的双向力的相互作用特别感兴趣，早已从涡流抽象为哲学概念了，虽然那时未出现后来才出现的阴阳鱼太极图，但是我们在

许多图案中感受到阴阳鱼太极图的存在。如马家窑彩陶器上的双凤纹（参见图 11-3-6）。

将农作物和家畜的形象直接描绘在器物上，在史前的陶器的纹饰中也偶有所见。距今 7000 年前的河姆渡文化遗址就出土有刻着猪纹的陶方钵，也有刻有稻穗纹的陶钵。这可能与祈求农业丰收的巫术相关。有学者说，猪是水畜也是灵畜，在陶钵上刻画上猪纹，将它用在巫术活动中，就起到了祈雨的作用。这种说法当然也是可以成立的，但是，在笔者看来，陶钵是用来盛食物的，食物中最好吃的莫过于猪肉了，在陶钵上刻上猪纹，属于摹仿巫术。意思是，巫术中作为艺术形象的猪可以导引着现实的家猪迅速地成长。陶器上的稻穗纹也应做如此的理解。

虽然不是直接描摹农作物而是描摹花，也是与农业文明相关的。普列汉诺夫在他的关于人类学的著作中，引用著名的人类学家格罗塞的话："狩猎的部落从自然取得装饰艺术的题材完全是动物和人的形态，因而他们挑选的正是那些对于他们有最大实际趣味的现象。原始狩猎者把对于他当然也是必要的采集植物的事情，看作是下等的工作交给了妇女们，自己对它一点也不感兴趣。这就说明了在他们的装饰艺术中，我们甚至连植物题材的痕迹也见不到，而在文明民族装饰艺术中，这个题材却有着十分丰富的发展。事实上，从动物装饰到植物装饰的过渡，是文化史上最大的进步——从狩猎生活到农业生活的过渡——的象征。"①

虽然未必一定要到农业社会，初民们才用植物作装饰，但是，确实进入农业社会后，初民们对于植物的美有了更多的关心。

中华民族史前文化遗址中，植物装饰最早见于河姆

❶［俄］普列汉诺夫著，曹葆华译：《没有地址的信　艺术与社会生活》，人民文学出版社 1962 年版，第 36 页。

渡文化。1977年在河姆渡文化遗址出土的一件陶器残块，上面有完整的五叶纹。同一地层出土有大量的炭化了稻谷粒，距今7000年左右。河姆渡文化也许是植物装饰出土较多的史前文化遗址，除了五叶纹外，还出土鱼藻纹陶钵，那鱼藻纹的构图似是散漫，却极见精心。

仰韶文化彩陶器上普遍出现花叶饰。其中庙底沟类型陶器的一种纹饰极似花瓣（参见图4-2-7），苏秉琦称它应是蔷薇科和菊科植物的花朵。以花朵为图案与农业文明有什么关系呢？吴汝祚先生说："蔷薇科植物开花的季节是在春天，因此，此图案预告人们可以春耕了；而菊科植物开花的季节是在秋天，所以它预告人们应该准备秋收了。可见这种彩陶器具应是春耕、秋收时举行巫术活动的一种用器。"[1]庙底沟类型陶器上的这种纹饰在大汶口文化陶盆上也有。

❶中国社会科学院考古研究所、中国社会科学院古代文明研究中心编:《古代文明研究·中华古代文明与巫》，文物出版社2005年版，第5页。

史前陶器、玉器中有一些动物造形，这些动物绝大部分与农业相关。马家窑文化马厂类型陶器上蛙纹很多，很可能与农业有关。蛙的出现说明春天来到了，而春天正是播种的季节。红山文化、河姆渡文化中之所以有猪的造形，是因为猪已经成为部落中最重要的家畜。大汶口文化遗址出土了好些精美的狗形陶鬶，说明此时狗已经成为人类的好朋友，在农业社会养狗成为风俗。

三、农耕与审美意识的构建

农业文明不仅产生了诸多直接属于这一文明的艺术，而且也构建了诸多与这一文明相关的审美意识。其中最为重要的有四种审美意识：

第一，天地之美。农业生产的突出特点是对天地的依靠，天指包括太阳、月亮等星体，风霜雨雪等气象，春夏秋冬等季节变化等。地主要指土地、水流、湖泊、山岳、动植物等。农业生产在很大程度上依靠这些自然条件。由于这些条件对于农业生产的重要性，也由于它们的诸多不以人的意志为转移的客观性，人们就设想着天、地均有神灵。因此，对天地的自然崇拜就转变为天地神灵的崇拜。

“天”的概念史前就已产生，最早的文字就有“天”字。先秦的古籍普遍谈到天，并且承认“天命”的存在。《墨子》认为天有志，为“天志”，并且创造“上帝”这一概念，上帝就是天神——最高神。《墨子·天志下》说：“今人皆处天下而事天，得罪于天，将无所避逃之者矣。”[1]天具有绝对的权威性，即使是号称天子的君王也在它的掌控之中，所谓“天子有善，天能赏之；天子有过，天能罚之。”[2]远古就有祭天的活动，不少史前文化遗址发现有玉璧，这玉璧按《礼记》的说法，它是祭天的法器。广西宁明县左江花山岩画中的群舞的场面，最大可能是祭天的仪式。

对于地，中华民族也一直极其崇拜。《周礼·大宗伯》云：“大宗伯之职：掌建邦之天神、人鬼、地示之礼，以佐王建保邦国。”[3]这祭地与祭天的工作都由大宗伯担任。这祭地的祭法是“以血祭祭社稷、五祀、五岳”。“社稷”的“社”即为地神，“稷”为谷神。祭社稷需要将牲畜的血撒在地上，称之为血祭，这里的含义是让大地享受牲畜的美味。祭地的仪式很多，血祭只是其一，其他还有牲祭、禽祭、酒祭、瘗埋等。关于祭地，古籍中有诸多记载，《礼记·郊特牲》说：“地载万物，天垂象。取财于地，取法于天，是以尊天而亲地也。”[4] 这里，将尊天敬地的道理说得很透彻。史前文化中对地的礼拜通过诸多方面体现出来，《周礼·春官宗伯第三》说“以苍璧

❶周才珠等译注:《墨子全译》，贵州人民出版社 1995 年版，第 249 页。

❷周才珠等译注:《墨子全译》，贵州人民出版社 1995 年版，第 251 页。

❸钱玄等注译:《周礼》，岳麓书社 2001 年版，第 178 页。

❹王文锦译解:《礼记译解》，中华书局 2001 年版，第 342 页。

礼天，以黄琮礼地”[1]。琮在良渚文化中多有出土，造形均极为精美，反山十二号墓出土了一件号称琮王的玉琮，成为良渚文化的标志。马家窑文化陶器中的绚丽多姿的漩涡纹其实也可以看成是大地崇拜的体现。

源自远古史前的天地崇拜思想后集中体现在《周易》的乾坤两卦之中。乾坤两卦为《周易》之首，也可以说为《周易》之总纲。乾卦是天的赞歌，主题为“天行健，君子以自强不息”[2]，天道的美美在“行健”。“健”，不仅说明天道运转具有永恒性，还说明天道运转具有规律性。春去夏来，夏去秋来，终而复始，这就是“天则”。人效法天道，不仅需要“自强不息”，还需要“与时偕行”[3]。自强不息、与时偕行，均是农业生产不可缺少的。《乾卦・文言》云：“见龙在田，天下文明”[4]。所谓“见龙在田”，联系农业，可理解为人在田野上劳作，这劳作就是“文明”的创造，可见，在《周易・文言》看来，农业是文明之始。

坤卦是对地的赞颂，主题是“地势坤，君子以厚德载物”[5]。农业生产是人与大地的对话，土地是农业之本，故坤道与农业更是息息相关。坤之美，一在大地本身之美，其中最重要的是生物之命，而生物之美主要在生命之美，有大自然律动的生命，那是原生态自然物之生命，也有人参与创作的生命，那是农作物之生命——第二自然之生命。前一种生命，美在天；后一种生命，美在天人合一。坤之美，二在君子之美，那就是像大地一样，“厚德载物”、“含弘光大”。德在“厚”，物在“载”，弘在“含”。这样一种美后来为儒家所传承。何谓君子之风？这就是君子之风。

由乾卦与坤卦集中体现出来的天地情怀正是农业文明的结晶。这样一种情怀在史前考古所发现的文物中，

❶钱玄等注译:《周礼》，岳麓书社 2001 年版，第 182 页。

❷朱熹注，李剑雄标点:《周易》，上海古籍出版社 1995 年版，第 26 页。

❸朱熹注，李剑雄标点:《周易》，上海古籍出版社 1995 年版，第 28 页。

❹朱熹注，李剑雄标点:《周易》，上海古籍出版社 1995 年版，第 28 页。

❺朱熹注，李剑雄标点:《周易》，上海古籍出版社 1995 年版，第 31 页。

是以物化的形式而凝聚着，象征着。这其中出土于大汶口文化的陶器上现命名为“日月山”的陶文（参见图11-5-11）可以说最为全面地反映了史前初民的天地情怀。日月，无疑是指天了，山峰，无疑是代表地了。这样的符号不是全面地准确地表达对天地的尊崇吗？

中华文明是一个宏大的体系，这一体系的基础是尊天法地。尊天，尊的是天时；法地，法的是地理。中华民族尊着天时，法着地理，建立起自己的文明体系，上至天道下至地道、人道。老子说的“道法自然”，这“自然”的根本点就在天地;《周易》说的“乐天知命”，这“天”涵盖“地”。中国文化所理解的“天”不只是空间概念还有时间概念。“天”的重要内涵之一是“时”。“时”也不只是时间概念它包含有哲学上讲的“条件”、“规律”的含义。在中国哲学，“乐天知命”与“与时偕行”是相通的。而“乐天知命”也好，“与时偕行”也好，均可以归结为“尊天法地”，而用老子的话说，就是“道法自然”。

第二，中正之德。中正是一种美好的品德，这样一种美好的品德,《周易》是在占筮中，以象数理的形式显现出来的。中既指每爻的二、五爻，又指行事恰到好处。正指得位，阴爻在阴位，阳爻在阳位，同样引申为做事得体。这样一种美好之德行，源自大地。《周易》坤卦第二爻云“直方大，不习无不利”[1]，即是说大地就具有正直、方正、宏大的品德。天然具有，不需修习。而于六五爻，坤卦《文言传》说是“黄中通理，正位居体美在其中，而畅于四支，发于事业，美之至也”[2]。这“中”既是说六五爻居中位，又是说行事恰到好处，不偏不倚。儒家的中庸之德就源于此。

《周易》是文明社会之初中华民族的最高的精神代

❶朱熹注，李剑雄标点:《周易》，上海古籍出版社1995年版，第31页。

❷朱熹注，李剑雄标点:《周易》，上海古籍出版社1995年版，第34页。

表，实际上，它概括并总结了人类史前全部的文明成果，因此，我们认定它含有史前文明的精髓。这中正之德，看似出于对坤卦二、五爻的阐述，实则也是对农业生产经验的总结。农业与渔猎完全不一样，对于农作物的种植，家畜、家禽的喂养，非常需要这种中正之德，农事活动是培育生命的活动，对于农作物的生命，要像对于人的生命一样予以珍惜。因此，农业劳动，不只是体力劳动，也是心力劳动，而且还是与农作物情感交流的活动。温和的情怀，得体的行事、精当的作风在农事活动中太重要了！

中华民族以农养人，以农育族，以农立国，长达10000多年的历史，因此农业活动所培养的这种中正之德早已内化为民族的精神血液。

也许在史前文物中，要直接找出体现中正之德的器物很难，但是，几乎在任何一件陶器或玉器上你都能感受到稳健、适宜的意味，不管它本是工具或本是装饰物。

第三，家庭之道。中国的家庭出现于何时也还是一个值得深入讨论的学术问题，在笔者看来，只有夫妇成为独立的经济实体且独立过日子时才有家的存在。河姆渡文化时期，显然还只有由一个老祖母领导的大家庭存在，夫妻关系并不稳定，那干栏式的建筑住的是一个家族而不是由一对夫妇组成的家庭。仰韶文化半坡类型大概也是这种情况。 仰韶文化晚期就有些不同，父系氏族社会逐渐确立，由一对小夫妻组成的家庭就出现了，“河南郑州大河村仰韶文化遗址，曾发现许多分间式房屋。这些房屋的布局，或为套间，或为连间，还有后来扩建的迹象，这反映了家庭人口数量的增加和组成结构的变化；而有些双间房子，还附带有窖穴或小型库房，表明这种家庭已经是相对独立的经济实体。河南淅川下王岗遗址，甚至出现了一座长 85 米、深 6—8 米、面阔 29 米的带门厅的长屋，其中有双间套房，也有单间套房和单间房。从房中的情况看，每一种自成单元的房子的居民，都是一个基本独立的生活单位；这些房屋的面积差异，当与居住者的家庭人口数目有关，而房屋的结构差异，则与家庭成员的构成情况有关，这表明，当时的家庭形态，已有对偶制的核心家庭、多偶制家庭或扩大家庭出现。”①

①李学勤主编:《中国古代文明的起源》，上海科学技术文献出版社 2007 年版，第 172 页。

中华民族的农业生产长期以来以小农经济为主，小农经济最适合小家庭为生产单位。于是，农业与家庭结下不解之缘。农业生产所需要的人与人的关系内化为家庭的道德规范，又催化出一种特殊的审美意识。众所周知，家庭道德最重要的是孝、悌。孝是下辈对长辈的道德规范，悌是对平辈的道德规范。长辈也有道德规范，那就是慈。将孝、悌两种道德规范引向社会，则有忠、义。于是，孝、悌、忠、义就成为社会最重要四种道德规范。理想的家庭，则是父慈、子孝、弟悌；理想的社会，则是君明、臣忠、友义。中华民族对于社会美的理解就产生于这几对道德规范之中。

第四，饮食之美。人类最早是靠渔猎采集过活的，食物品种、制作的方式均比较简单。农业的发达则让人的食物品种大为丰富了。仰韶文化时期已有发达的农业，粮食作物主要是粟与黍，在半坡 11 号窖穴发现数斗粟壳堆积物，姜寨发现有黍。在下王岗遗址还发现有稻谷遗迹。当时还种植蔬菜，半坡 38 号房子的一个小罐装满了已经碳化的白菜或芥菜之类的菜籽。除了农业生产，仰韶人还从事采集与渔猎，采集物有榛子、栗子、松子，还有水中的螺丝和植物的块根，渔猎的对象有鱼、斑鹿、水鹿、竹鼠、野兔、狌、獾、羚羊、雕等，可见食物是很丰富的。虽然世界不少史前民族都有陶器的制作，但中华民族史前的陶器种类是最为繁多的，如此繁多的陶器类型，适用于各种不同的食物制作与盛储。再就是用火，火的使用，在人类发展史上具有极其重要的作用，火的使用其中之一是烹调。用火的技术，直接关系着食物的味道。中华民族的烹调术，其关键处则是控制火候。《礼记·礼运》说到古代圣人的贡献，特别提到“修火之利”，而在“修火之利”中，又谈到烹调:“以炮以燔，以烹以炙，以为醴酪”①。

各个民族均有自己的饮食文化，无疑，在世界各民族饮食文化之林中，中华民族的饮食文化最为丰富多彩，最具魅力。值得我们注意的是中华民族的饮食文化通向哲学、政治学、美学等。《左传·昭公二十年》载晏子与齐侯论和，晏子说“和如羹也”②，认为只有差异的统一才是真正的和，好比是做羹，羹料应该不只一样，但经烧煮后，融为一体。它与同不一样，同是同一增加。从事政治，要善于听取各种不同的意见，而不是弄一言堂。

老子论道，运用了“味”这一概念，说道“淡乎其无味”，提出“味无味”。“无味”即为“恬淡”，因此又说“恬淡为上”③。于是“味”不仅是哲学中的重要范畴，表示对道的认识方式，而且成为了美学的重要范畴。南北朝时的钟嵘提出“滋味”说，唐代司空图提出“韵味”说，皎然提出“风味”说，宋代欧阳修提出“真味”说……种种关于艺术美的理论不一而足，而这均从味上生发。

中华民族的传统文化包括审美是在农耕文明中孕育的。现在来看中国的传统美学发现具有浓郁的农耕文明色彩。比如，中国美学特别重视人与自然的关系，视自然为人之本，提出“道法自然”的哲学观念。既然自然是一切文化之本体，那也就是审美之本体了，所以，“道

❶王文锦译解:《礼记译解》，中华书局2001年版，第291页。

❷《新刊四书五经·春秋三传》，中国书店1994年版，第247页。

❸陈鼓应著:《老子注译及评介》，中华书局1984年版，第454页。

法自然”的必然结论是“美在自然”。再比如，中国美学特别看重亲情关系，将立足于血亲情感的仁爱视为美，这也与农业经济相关，中国的农业经济是小农经济，小农经济的突出特点是家庭本位，家庭既是生活单位，也是生产单位。所以，一切情感中最浓重的情感莫过于亲情了。

再看中华民族的色彩感。众所周知，中华民族崇尚黄色，黄色是大地的颜色，上面我们谈到《周易》歌颂大地的卦——坤，坤卦将大地的品德与君子联系起来，说是“君子黄中通理”。值得我们注意的是，古代的蜡祭，不仅与儒家的仁义德教相关，而且与耕地的农夫相关，而此祭，用的祭服是黄色[1]。五行学说盛行后，黄色派属于五行之一——土，因土居五行之中，地位顿时高贵起来，直至成为帝王的专用色。

❶《礼记·郊特牲》云:“蜡之祭，仁之至，义之尽也。黄衣黄冠而祭，息田夫也。野夫黄冠。黄冠，草服也。”

中华民族在进入文明社会之前，有过长过一万年的农业生产的历史，这个历史所创造的文化对于中华民族传统文明的创建无疑具有奠基的作用。

四、农耕与审美共通性的形成

无可否认，人类的审美存在诸多共同之处。人类审美的共通性有诸多的原因，根本的原因当然是共同的人性。此外与史前几乎全人类都经历过一个农耕时代有很大的关系。为什么几乎在差不多的时间史前人类均进入农业时代？应该说，这与地球在这个时候变得适合于农业生产密切相关。首先是大地上的山川也基本上定型，自然灾害也不再像过去那样频繁而且剧烈；其次是气候温润，雨量充沛，适合于作物生长。英国植物学家罗伯特·怀特 1977 年在《人类生态学》杂志上发表一篇文章《植物学上的新石器时代革命》，在这篇文章中，他提出一个很重要的观点：更新统末期人类栽培植物的最终因素是地质学的。按地质学上的大陆漂移学说，地球原是一个整体，后来分裂成几块，经过海上的漂移，形成了现在的基本格局。这种变化带来的不只是地壳面貌的改变，还有气候的变化。这其中因喜马拉雅山的造山运动，导致了中亚细亚的干燥化和季节的变化。怀特认为："这种造山运动形成的新的压力，也导致整个旧石器时代植物的变化。在更新统末期即一万多年前，大量多年生的植物在干燥气候的压力之下，变成一年生植物。这些一年生植物中有不少有潜力可供栽培的植物，而这时人类文化的装备恰好发展到能够栽培植物的水平。怀特认为：在这种条件下，在干燥地区的边缘地带，小米、大米、小麦等等植物的栽培便大致同时产生了。"[①]在当时，整个地球形成了几大作物栽培中心，按俄罗斯植物学家瓦维洛夫（N. I. Vavilov）观点，全世界有八个作物栽培中心，它们是中国中部、西部山区及附近的低地，印度、中亚、近东、地中海沿岸、非洲埃塞俄比亚、中美、南美等[②]。栽培的作物许多是相同的，如高粱、小麦、稻谷、豆类、燕麦、薯类、白菜等。之所以农业在更新世末期全球得到发展，除了地球的自然条件适合种植外，还跟旧石器时代晚期人类对环境熟悉、对植物、动物的熟悉有关，由于人类较别的动物更善于利用环境，能"广幅地利用资源"[③]，人类得到很大的繁衍，渔猎生产根本不能保证人类的生活需要。在需要与可能的双重力量下，农业迅速在全球得到发展，成为新石器时代主流的生产方式，这种生产方式的普遍性、共同性，从根本上参与铸造人类的各种意识包括审美意识。史前人类因农业文明而导致的审美的共同性我们暂且不去说它了，就中国来说，当时的中国并没有强大的统一的政权，散

❶转引自张光直:《考古学专题六讲》，生活·读书·新知三联书店2010年版，第30页。

❷参见张光直:《考古学专题六讲》，生活·读书·新知三联书店2010年版，第33—35页。

❸转引自张光直:《考古学专题六讲》，生活·读书·新知三联书店2010年版，第28页。

布在各地的史前文明犹如满天繁星，他们之间的联系是松散的，然而，我们惊奇地看到在农耕文明这一共同的背景下，他们的审美又是如此之相似。陶器和玉器的形制、纹饰具有很大的相似性。当然不排除不同地域的文化存在相互交流相互影响的可能，不过，也许更重要是共同的生产方式让不同地方的居民想到一块去了。

张光直先生在谈到中国古代文明形成时，也强调文明的区域性与相互影响性。他具体介绍了两种关于史前史研究的基本概念。其一是由约瑟夫·考威尔（Joseph R. Caldwell）提出的交互作用圈（interaction sphere）。这一理论认为，“地域相连而各具特征的区域性文化同时存在、同时发展，彼此之间的交互作用使它们对于其他地域关联较远的文化来说形成一个整体”。[①]其二是由秘鲁考古学家班内特（W.C.Bennett）提出来的区域共同传统。这一理论认为：“一个地区长时间互相关联的诸文化相勾连而构成历史的整体单位。”[②]张光直认为：“这两个概念实际上相同的，即一个流域内的许多不同区域性的文化，它们彼此之间的交往对于形成这个地域的共同特征具有很大作用。”[③]

这里，我们尚不说史前中国与西亚、欧洲、美洲的文化交往（这种交往是存在的，在中国发现的岩画在欧洲、南北美洲也有发现），就中国内地来说，史前生活着的诸多的部落，它们之间也存在着诸多的联系。史前传说中，中国大地上存在着诸多部落集团，其中主要的就有华夏集团、东夷集团、苗蛮集团，它们之间战争不断也交易不断。战争与交易中促进了它们之间的联合与分化，这中间就有诸多的属于文化方面的交流。红山文化腹心地系东北辽宁、内蒙古，距仰韶文化的腹心地陕西、甘肃、河南千余里，然而，在这里发现了与仰韶文化相

❶张光直:《考古学专题六讲》，生活·读书·新知三联书店2010年版，第45页。

❷张光直:《考古学专题六讲》，生活·读书·新知三联书店2010年版，第45页。

❸张光直:《考古学专题六讲》，生活·读书·新知三联书店2010年版，第46页。

似的陶器。有学者说仰韶文化之一支东移后又北上抵近红山文化区。

研究人类的审美意识，我们常常惊异于不同地域居民之间的共通性。史前全球存在过一个相似的农耕时代为我们寻找审美共通性提供了一条途径。

第三节 阴阳的萌生

阴阳观念是中华民族哲学精神的核心，这一观念的起源，人们一般只是追溯到《周易》,《周易》成形于商末周初，而据《周易·系辞下传》说,《易》是远古圣王包牺氏即伏羲氏创造的。包牺氏是中国远古传说中的人物，具体不可考。又《周礼·春官宗伯第三》云“掌三《易》之法，一曰《连山》，二曰《归藏》，三曰《周易》”[①]。这话的意思是《周易》之前还有两种《易》——《连山》和《归藏》。《连山》、《归藏》在什么时代，说法不一,一种说法是《连山》在夏代,《归藏》在商代,然而另一种说法则是《连山》包牺所创,《归藏》黄帝所创。所有这些说法，均将阴阳观念的产生追溯到史前，由于史前没有文字，这些说法均只是传说，许多学者认为不可靠。然而，如果我们换一种思路，不是非得要找

❶钱玄注译:《周礼》，岳麓书社 2001 年版，第 223 页。

到确切的文字记载，那么，现在出土的史前文物已足以证明史前早已存在阴阳观念。

一、从凌家滩文化的玉版看阴阳观念

寻找史前有没有阴阳观念，当然最好的途径是寻找史前有没有类似《周易》八卦这样的符号。虽然目前的史前考古，八卦这样的符号还没有发现，然而，某些史前文物中的图案，是明确地传达出阴阳的意味来的，这其中最重要的莫过于凌家滩文化玉版（图 12-3-1）。

此玉版出土于安徽凌家滩含山遗址，标本编号为 87M4：30，长 11 厘米，宽 8.2 厘米，厚 0.2—0.4 厘米，颜色牙黄。玉版主要由两个元素构成：方形与圆形。这方与圆可以理解成宇宙创立最初的分，也可以理解为阴阳之分，中国古代神话有天圆地方之说[1]，如果此玉版具有观测天地之功能，或具有占筮之功能，也未尝不可以将这玉版的方形理解为地，而将圆形理解为天[2]。至于这样理解是否存在天在地中的困惑，那倒是不必担心的。《周易》中的大畜卦，它的卦象下为乾为天，上为艮为山，整个卦象就是天在山中。方圆设置只是为了明理，并不是写实。

方框形的玉版内有两层圆，里层的圆中有八星状物，八星中有一个方形。图案所显现的方圆关系具有多层次性：一是就最外层的方与最外层的圆的关系来看，是方中有圆；二是就最里层的圆与最里层的方来说，是圆中有方。这方中有圆、圆中有方的图案结构，与阴阳观念的阴中有阳、阳中有阴正相切合。玉版正中部位的方虽然面积很

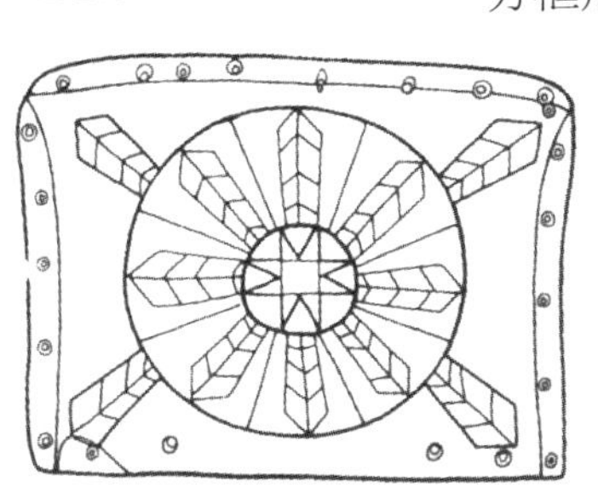

图 12-3-1　凌家滩文化玉版，采自栾秉璈:《古玉鉴别》上，图八零

❶《淮南子·兵略训》云:“天圆而无端，故不可得而观。”

❷玉版出土地为新石器时代一处较大的墓葬地，墓葬中心有祭坛。祭坛长方形，面积达 600 平方米，有积石圈和祭祀坑。玉版出土于墓葬中，出土时，被夹在玉龟的背甲、腹甲之间。参见安徽省文物考古研究所编:《凌家滩——田野考古发掘报告之一》，文物出版社 2006 年版。这足以证明玉版是祭祀的工具，应具有某种神秘的通天地鬼神的意义。

小，但居于核心地位，其作用、意义不可小看，它是影响全局的因素。

外部方框与大圆之间的四角各有一圭状物，头部是尖的，后面则是倒梯形，倒梯形边线延伸必然相交，出现尖状。由于倒梯形的边线止于圆的边线，故没有出现尖，但是，这尖是可以在人们的心理中完成的，相比于直接呈现于视界的尖——实有的尖，这只是浮现在人们心理中的尖是虚的尖。圭状物所体现的阴阳意味又是很多的：一是尖形与梯形的关系：阴阳相成。二是实尖与虚尖的关系：阴阳相反。

圭状物不只出现在方框与大圆之间，还出现在两圆圈之间，形状完全一样，只是数目不同，外圈圭状物为四支，内外圈之间圭状物为八支。

玉版向外凸起，其上部、左右部自然形成一条直线，这直线与框边构成一个空间，上边空间有八个孔（可以看出九个点，然而右角两个点相叠，疑是钻错地方补正造成的，故正确的点数应为八）下部的边，钻有四个孔，左右边各钻五个孔。

这里体现出来的数字关系是耐人寻味的。上八下四，让人联想到阴阳生四象，四象生八卦。这上下数字的关系，体现的是分的观念，是动，是发展；左右边孔均为五，它们的数字关系体现出来的是合的观念，是静，是稳定。所以，这上下左右的数字关系，总体上体现出来的是平衡中发展，和谐中前进，稳定中前进。这正切合阴阳观念。

八这个数在此玉版用了三处：八个孔、八个尖头圭状物、八只尖角。中华民族对于八这个数情有独钟。联系文明时代出现的《周易》，我们合理地推测，八的最重要含义就是《周易·系辞上传》中所说的“是故《易》

有太极，是生两仪，两仪生四象，四象生八卦，八卦定吉凶，吉凶生大业”[1]。

大汶口文化的陶器中凡是制作比较精美的均有八角星的装饰，其八星的造形与凌家滩文化中玉版中八星造形完全一致，星的中部也是四方形，这当然很可能是不同地域的文化存在相互影响所致，但它说明，史前虽然中华民族统一的国家政权还没有出现，或者只是有准国家的政权，但它并不妨碍具有全民族的思想观念存在，像八角星纹肯定具有特定的含义，而且这一含义为全民族首肯。

玉版四角各有一个圭状物，这四支圭状物连着玉版外圈的大圆圈，大圆圈与其内的小圆圈之间有八支圭状物，说明圈外的四支圭状物是统领圈内的八支圭状物的；也可以理解为圈内的八支圭状物是圈外的四支圭状物发展出来的。这切合“四象生八卦”的意思。四，在《周易》的阴阳观念中意义重大。虽然世界万物是八卦生出来的，但四是生八的关键。无四就无八。

五这个数在玉版中出现了两处，除了上面说的它表示均衡、对称、稳定、和谐之外，联系《周易》它还有别的意义。《周易·系辞上传》说“天数五，地数五，五位相得而各有合”[2]。如果这样，这玉版的左右两边的五各代表天与地了。如果是这样，这玉版其实不应平放的，它应竖着放，上边五孔，下边五孔。左边八孔，右边四孔。上下各五孔用来标志天地，左右一八孔，一四孔，用来表示天地变化之规律。

二这个数虽然没有明确显示，但实际上是显示了它就是圆与方。二具有最大的概括性，在《周易》中它名为阴阳。宇宙万物中，只要是具有一定的相对性，不管它是什么，均可以将它们联系起来，用阴阳来表示。

❶朱熹注，李剑雄标点:《周易》，上海古籍出版社 1995 年版，第 147 页。

❷朱熹注，李剑雄标点:《周易》，上海古籍出版社 1995 年版，第 142 页。

凌家滩含山遗址出土的玉版上的数字关系，让我们联想到《河图》。《周易·系辞上传》云："河出《图》，洛出《书》，圣人则之"[①]。又曰"天一、地二，天三、地四，天五、地六，天七、地八，天九、地十。天数五，地数五,五位相得而各有合，天数二十有五，地数三十。凡天地之数五十有五。此所以成变化而行鬼神也"[②]。凌家滩的玉版在数字关系上有些像河图，特别是五这个数字。玉版左右边各有五个孔，河图上下边也各有五个孔。如上所言，玉版不应平放而应竖放，那么，这种数字关系就完全同于河图了。《周易·系辞上传》说的"天数五，地数五,五位相得而各有合"[③]就也体现在玉版上。我们是不是可以大胆地猜测：凌家滩的玉版就是远古的《河图》呢?

凌家滩含山遗址还出土有玉龟甲二片，标本为87M4：35为背甲，长9.4厘米，宽4.6厘米，高7.5厘米，厚0.6—0.7厘米；87M4：29为腹甲，长7.9厘米，宽7.6厘米，厚0.5—0.6厘米。龟甲上有孔，背甲的上方四个孔，左右两边各两孔，一共八孔；腹甲上方一个孔，左右两边各两孔，共五孔。这八、五两个数目正与玉版上的主要数目相应。出土时玉版置于两龟甲之间。这说明玉版与龟甲是配合着用的。在中国古代，龟甲均是用来占卜的，因此，玉版与龟甲最大可能是占筮的用具。既然玉版最大的可能是筮具，那么，我们可以猜测，玉版上的尖头圭状物，很可能是占筮要用到的蓍草[④]。

无独有偶，凌家滩含山遗址还出土一件玉鹰（参考图5-3-11），标本为98M26：6，通高3.6厘米，宽6.35厘米，厚0.5厘米，玉色灰白，体扁平，鹰做展翅状，鹰喙如钩，两翼为猪首状，腹中有一圆圈，圈内有八角星，与玉版不同的是，此八角星中不是由纵横直线构成，因

❶朱熹注，李剑雄标点:《周易》，上海古籍出版社1995年版，第147页。

❷朱熹注，李剑雄标点:《周易》，上海古籍出版社1995年版，第142—143页。

❸朱熹注，李剑雄标点:《周易》，上海古籍出版社1995年版，第142页。

❹有学者认为这圭状物是"太阳闪光的图案，是东夷人太阳崇拜的反映"，见李修松:《试论凌家滩玉龙、玉鹰、玉龟、玉版的文化内涵》,《海峡两岸古玉学会议论文专辑》(一)，台北，2001年，第248页。

此，它的中心没有构成一个四方形，八角星的中部特意画了一圆圈，圆圈中心有一圆孔。此八角星与玉版上的八角星的含义应是一样的，但因为此八角星的中部不是方形，而是圆形，整个图案的含义就应有所不同。虽然此八角星的中部不是方形，而是圆形，但三角与圆的关系仍属于阴阳关系。因此我们认为，这图案仍然含有阴阳观念。值得我们注意是鹰首与猪头的组合。鹰是飞禽，猪是走兽，已豢养为家畜。这一禽一兽的组合，就其具体的意义来说，它可能寓有渔猎与养殖两种生产方式的统一，反映了当时的物质生产水平；但如就其抽象意义来说，它仍然含有阴阳的观念。鹰与猪分别为阴阳象征物。

玉鹰与玉版不出土于同一墓，说明它们是分开用的。玉鹰是不是占筮的用具就难说了，它作为佩饰的可能性更大。即使它不作为筮具用，它的图案中所包含的阴阳信息仍然具有沟通天地神灵的功能。

含山遗址出土有玉巫师多尊，结合此遗址所出土的玉版、玉龟、玉鹰等物，可以想象此地的筮风是炽烈的，占筮成为部落中的重要事务，也许除了例行的日常生活外，其余的事情均要以占筮来决定。正是因为这个原因，促使占筮理论的产生,《易》原本是占筮理论。既然凌家滩出土了成套的筮具，说明在这个时候就应有占筮理论的产生了。从筮具玉版所透露的信息来看，它的占筮理论与后代的《周易》是相通的，理论基础是阴阳观念。

阴阳观念要义：一是相分而相合，因分而合，因合而分，分与合可以都是实在的或只是意义上的，也可以一是实在的，另只是意义上的。玉版图案充分体现出这分合之道。二是相反而相成。“反”为道之动，“成”为道之功。这点在玉版上也体现出来了，玉版上的对立事物，它们力的方向是相反的，但其合力却创造了新的事物（意义）。尖头圭状物所体现的力外向拓展；圆所体现的力内在收敛，而其合力则体现在圆中的方形上。这种构图与古阴阳鱼太极图有异曲同工之妙，阴阳鱼太极图的奥秘在两只鱼眼，它们分别为阴中之阳，阳中之阴。它们均是阴阳合力的产物，作为新质，它们是发展，是创造；作为关键，它们又是推动事物向着更高层次发展的核心动力。

凌家滩文化距今 5000 年左右，据《凌家滩——田野考古发掘报告之一》载：“中国文物研究所对墓地的两件标本进行了碳十四测年。其中红烧土层下木炭标本，14C 测定为距今 4960±180 年。树轮校正年代为距今 5560±195 年。墓地探方地层出土木炭标本，14C 测定结果为距今 4725±160 年，树轮校正年代为距今 5290±165 年。依据以上两个碳样测试数据，凌家滩遗址年代约为距今 5600—5300 年左右。凌家滩遗址年代与红山文化年代相当，而早于良渚文化年代。”

从凌家滩的玉版、玉龟、玉鹰，我们有根据说，5000 年前，中国人就已经有了阴阳观念，有了初步的阴阳哲学。当然，那时还没有阴阳这两个名词。

二、从史前陶器的诸多构图看阴阳观念的产生

众所周知，最准确地概括并表达阴阳观念的是名之曰阴阳鱼的太极图图案，中国各地的道教寺院均有这样的图案，通常有东西太极图（阴阳鱼左右对峙）和南北太极图（阴阳鱼分居上下）两种模式。虽然模式不同，基本思想是一致的。

中国史前文化诸多图案具有这样的太极图意味。仰

图 12-3-2 半坡人面双鱼纹，采自《中国新石器时代陶器装饰艺术》，图版 3

韶文化西安半坡遗址出土一种陶盆，陶盆内除了有一对人面鱼纹外，还有一对鱼纹。此相对的两条鱼，方向不同，可以试着在它们之间画一条 S 形的曲线，那么，它就是一幅阴阳鱼太极图（图 12-3-2）。

史前陶器的纹饰中，有一种鸟啄鱼的图案，此图案的意义通常理解为以鸟为图腾的部落与以鱼为图腾的部落的交战，这种理解不能说没有道理，但如果深层次去领会，它似也包含有阴阳的观念。鸟与鱼，一为禽类，一为水族，它们之间的关系隐隐地指向阴与阳的冲突。北首岭遗址出土一件仰韶文化半坡类型的蒜头壶，壶身就有这样的图案，从壶的上面俯看此图案，能看出阴阳鱼太极图的意味（参见图 11-2-7）。

我们知道，中华民族最重要的崇拜为龙崇拜与凤崇拜。龙凤均为想象的动物，龙基本上为水族，而凤则为禽类，龙与凤的关系就是阳与阴的关系。因此，北首岭出土的这件鸟啄鱼图案，堪为龙凤崇拜的原型。

如果说，半坡的陶盆和北首岭的陶瓶，其图案只是能看出阴阳鱼的意味的话，那么，在马家窑文化中许多陶器纹饰则能看出阴阳鱼太极图的形式。

马家窑文化遗址出土有一件陶盆。图案的核心是两组曲线，每组曲线均是三条线，这三条线束成一组，头尾部展开，而在中部则束成一团，成了一条线了。仔细观赏会发现，这图案很像是两只背飞的鸟（图 12-3-3）。从它的抽象意味来说，与阴阳鱼太极图极为相似。两只鸟眼分别是阴阳鱼的眼。从阴阳观念来看，两鸟相背具有阴阳反向运动的意味。这反，在阴阳观念中十分重要，似是反，实是合，或者说正是因为反，它才能合。《周

图 12-3-3　马家窑陶器双鸟纹图案

易》坤卦六二爻辞“不习无不利”，“不习”是“习”之反，就因为有这个反，才能“无不利”。《老子》举出若干这样的例子，如“明道若昧，进道若退”[1]。宇宙就是靠这种反向的力推动才得以运行的。所以，《老子》说“反者道之动”[2]。马家窑人既然能做出具有“反者道之动”意味的图案，就说明他们对于“反者道之动”的哲理有所把握。

再看马家窑一组关于鸟造形的陶器纹饰（图 12-3-4）：

这些图案构图的元素均为鸟，但都抽象化了，抽象的程度不一样，有些仅为一条曲线，有的则还能看出鸟的头部和尾翎。这些图案有一个共同特点，均为二（或二组）鸟构图，在二鸟关系的处理上，隐约见出阴阳观念。这里，可以分为几种情况：一是阴阳相反。东乡林家遗址出土的第一型是这样的，它的构图为双 C 相背，所体现的阴阳意义是“反”。二是阴阳相交。东乡林家遗址出土的第二、第三、第四型都是这样的。其中二、三型基本上一致，只是第二型相交部位有一个记号，这记号也可以看作是鸟头。阴阳相交在阴阳哲学中非常重要。泰卦与否卦

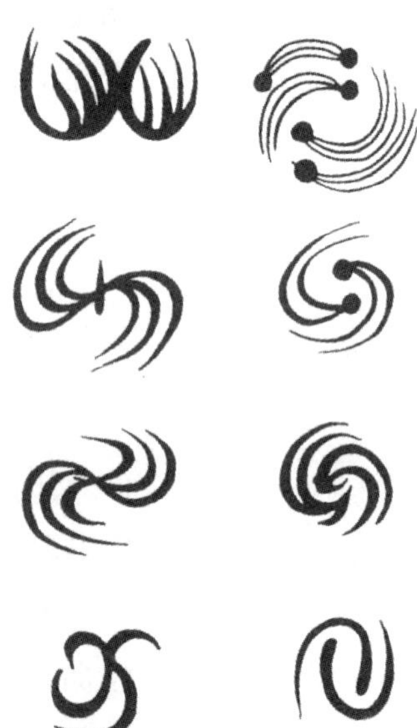

图 12-3-4　马家窑文化马家窑类型彩陶双凤纹：右系列均为东乡林家遗址出土；左系列（自上而下排列）1. 秦安田家寺出土，2. 兰州红山大坪出土，3、4. 东乡林家出土。采自张朋川:《中国彩陶谱》，插图 86

❶陈鼓应著:《老子注译及评介》，中华书局 1984 年版，第 227 页。

❷陈鼓应著:《老子注译及评介》，中华书局 1984 年版，第 223 页。

的区别就在于泰卦的上三爻与下三爻是相交的，而否卦的上三爻与下三爻是不交的，阴阳相交者则吉。三是阴阳相应。上图右系列四幅图均属于此类。这阴阳相应，即《周易》中说的“鸣鹤在阴，其子和之”[①]。在阴阳哲学，阴阳是否相应十分重要。阴阳相应，生命才有可能，吉利才有可能。《老子》说：“万物负阴而抱阳，冲气以为和”[②]。“负阴”，背对着阴；“抱阳”，正对着阳。这“负”与“抱”，生动地说明了阴阳之间的相对、相反、相应、相交的关系，阴阳的这些关系产生的最高效果是“冲气以为和”。“和”是阴阳哲学所追求的最高境界。

表现出阴阳意味的不止是鱼纹、鸟纹和鱼鸟组合纹，还有漩涡纹。马家窑文化陶器是以漩涡纹为其代表性纹饰的。漩涡纹多姿多彩，不拘一格，气象万千。尽管细节有诸多不同，但有一个共同的构图格式——横S形。横S形一方面是水波的准确抽象，另一方面它又是阴阳观念的符号式的表述。横S可以看作两个反向运动的力。虽然相反，却又相连相通。因相反而产生张力，从而实现相成。这就让人联想到阴阳的互化：阴可以成阳，阳可以成阴。阳极生阴，阴极生阳。

马家窑文化陶器上的漩涡纹还有这样一种形式：有一个中心，为圆点或圆圈，由这中心旋转发出两条或四条抛物线状的水流（图12-3-5）。这种纹也强调有一个力的中心点。阴阳两力的运动中，存不存在这样一个力的中心点呢？应该是存在的，《周易·系辞上传》说的“易有太极，是生两仪”[③]，这太极就是力的中心点。作为中心，它也是源，源是“一”。《老子》说“道生一，一生二”[④]。“一”是动之源，它本身却是静的。动由静生，因静而生动。中国哲学不论是儒家哲学还是道家哲学都贵静，贵的就是这作为动之源的“一”。清代画家石涛提

❶朱熹注，李剑雄标点：《周易》，上海古籍出版社1995年版，第129页。

❷陈鼓应著：《老子注译及评介》，中华书局1984年版，第459页。

❸朱熹注，李剑雄标点：《周易》，上海古籍出版社1995年版，第147页。

❹陈鼓应著：《老子注译及评介》，中华书局1984年版，第632页。

出“一画”论，说“一画者，众有之本，万象之根”[1]，这“一画”也就是《老子》说的道，周易说的“太极”。

马家窑纹饰中还有一种“卍”字形。这“卍”字形的具体含义是什么，说法很多，有人说它为太阳的符号，有人说它为飞翔的鸟，笔者却认为，它是一种具有阴阳观念的符号，符号体现相反相成、多样统一的意义。

大汶口文化出土的一件象牙梳子，那上面的图案，也能明显地看出阴阳鱼的味道（图 12-3-6）。

图 12-3-5　马家窑文化马家窑类型陶器上的漩涡纹

三、史前阴阳观念的产生

从理论上来说，阴阳观念的产生应是农耕文明的产物，这只是一个推论，不能找到文字的依据，因为史前还没有完整的文字系统。尽管如此，我们可以借助地下考古的器物，结合有关远古的神话，分析出阴阳观念与农耕文明的内在关系。

第一，天体与气象的循环运行让初民产生相反相成、循环往复的概念。农业生产非常看重天体、气象的变化。天体中，日月星辰无时无刻不在运行，这其中最为重要的是日月的运行。白天是太阳的天下，夜晚是月亮或星星的天下。这日月迢递昼夜交替，对于初民的印象是极为深刻的。除此之外，还有春夏秋冬的变化。在这些变化中，初民们有两个重要的感悟：一是事物均是两两相对的，日与月、昼与夜、

图 12-3-6　大汶口文化S纹象牙梳子

[1] 北京大学哲学系美学教研室编:《中国美学史资料选编》下，中华书局 1981 年版，第 327 页。

春与秋、夏与冬……二是两两相对的事物是缺一不可的，它们之间的关系非常丰富，概而言之则是相反相成。三是事物的运行是循环往复的。《周易》中的剥卦与复卦恰到好处地表述了一年阴阳变化的过程，如朱熹所说："剥尽则为纯坤，十月之卦，而阳气已生于下矣。积之逾月，然后一阳之体始成而来复，故十有一月，其卦为复。"①

这样一种思想在史前又是如何体现出来的呢？这里有必要借助一下神话。《山海经·大荒东经》云："大荒之中……有谷曰温源谷。汤谷上有扶木，一日方至，一日方出。皆载于乌。"②这话说，遥远的蛮荒之中，有一个叫汤谷的地方有扶木，一个太阳刚回到树上，另一个太阳就从扶木上出发了。它们都是乘着乌飞行的。这"一日方至，一日方出"，体现出循环的意思。类似的神话见之于《玄中记》："蓬莱之东，岱舆之山，上有扶桑之树。树高万丈。树巅常有天鸡，为巢于上。每夜至子时，则天鸡鸣，而日中阳乌应之；阳乌鸣，则天下鸡则鸣。"③这里说到的"阳中乌"在史前陶器的纹饰中有所体现，仰韶文化庙底沟类型这样的纹饰很多，如图 12-3-7。

图 12-3-7 乌在太阳中，可谓"阳中乌"；图 12-3-8 太阳在乌的背上，这正好说明《山海经·大荒东经》

❶朱熹注，李剑雄标点:《周易》，上海古籍出版社 1995 年版，第 69 页。

❷袁珂校译:《山海经校译》，上海古籍出版社 1985 年版，第 247 页。

❸《古玉图谱》卷二四引《玄中记》，转引自刘城淮著:《中国上古神话》，第 159 页。

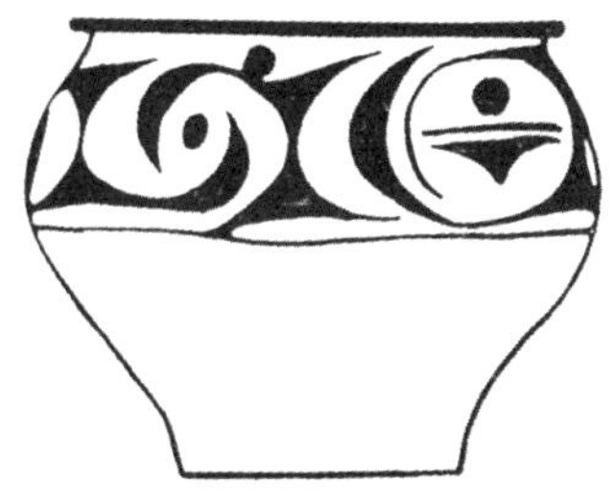

图 12-3-7　华阴西关堡庙底沟类型太阳乌陶罐，采自《中国彩陶谱》，插图 82

图 12-3-8　庙底沟类型太阳乌纹

上的“一日方至，一日方出，皆载于乌”。

第二，男女交合而生子女让初民产生最初的阴阳相交方可生物的概念。人是怎么来的，史前初民开始只知道人是女人生的。据《吕氏春秋·恃君览第八》：“昔太古尝无君矣，其民聚生群处，知母不知父，无亲戚、兄弟、夫妻、男女之别，无上下、长幼之道，无进退、揖让之礼，无衣服、履带、宫室、蓄积之便，无器械舟车城郭险阻之备。”[①]所以，很长一段时期奉行的是女性崇拜，具体到什么时候人知道须男女交合才能生子，现在还不能确知。不过，距今7000年的河姆渡文化遗址出土的双鸟纹，让人们感觉到此时的人们已经有了“双”概念。石兴邦先生在考察河姆渡文化遗址后说：“这里值得注意的是鸟纹都是双双对对出现，且为同一形象，共同守护或围绕同一事物。究竟意味着什么，值得深思，也许是同一胞族中两个女儿氏族在共同信念和共同生活条件下的写照。”[②]石先生这段话的前一半是没有问题的，后一半结论性的话可能不对。因为这“双”更大的可能是当时人们对于男女的觉醒。鸟是分雌雄的，正如人分男女。之所以鸟纹要成双成对地出现，是因为只有成双成对的鸟才能生育。因此，此纹的寓意不是太阳崇拜，而是生殖，双鸟所护的圆形物，不是太阳，而是鸟卵。

氏族社会的演化经过母系氏族社会和父系氏族社会两个阶段。母系氏族社会是女性掌权的社会，外族的男子可以与此氏族的女子同居，但是生下的儿女却属于女子的氏族。父系氏族社会则反过来，氏族的大权由男子掌领，此氏族的男子与外族的女子同居，生下的儿女应属于男方的氏族。不过，这种子女所有权的问题与知道男女交然后有子女并不是一回事。所以，不能判定母系氏族社会的人们不知道男女的事。重视男女交欢最有力

❶高诱注:《诸子集成·吕氏春秋》6，上海书店1986年版，第255页。

❶石兴邦:《我国东方沿海和东南地区古文化中鸟类图像与鸟祖崇拜的有关问题》，田昌武、石兴邦:《中国原始文化论集》，文物出版社1989年版，第239页。

的表现莫过于史前岩画，史前岩画有好些男女交媾的直接描绘。

另外，有关民族始祖或圣人诞生的神话，不少涉及男女关系。比如，伏羲与女娲的传说，《独异志》、《风俗通》等古籍均说他们既是兄妹，又是夫妻。帝尧的产生，说是其母“感赤龙孕十四月而生”[1]，这“感赤龙”就是与赤龙交媾。

❶转引自袁珂、周明编:《中国神话资料萃编》，四川社会科学院出版社 1985 年版，第 168 页。

马家窑文化马厂类型陶器中有一件纹饰特别与众不同。此纹饰主体由三组两两相对的鱼状物组成，图案中部上下各有一张人面，人面有眼睛和嘴。这幅图案被专家们看成是男女双体图，而在笔者看来，应是男女同体图。图案主体下部的两条鱼形物，可以看作是两条人腿。上下结合部的三个点可以看成是男女交媾的符号。主体图案外有许多剪刀式的交叉符号，喻示着男女交媾。

男女关系是阴阳观念的重要来源。《周易 · 系辞上传》说“乾道成男，坤道成女。乾知大始，坤作成物”[2]。众所周知，乾是纯阳之卦，坤是纯阴之卦，它们是阳与阴的代表，而且作为《周易》的开头两卦，实际上是整个周易六十四卦系统的总纲，也是周易所表述的阴阳哲学的总纲。

❷朱熹注，李剑雄标点:《周易》，上海古籍出版社 1995 年版，第 136 页。

关于阴阳观念的产生，《周易 · 系辞下传》有个说法:“昔者包牺氏之王天下也，仰则观象于天，俯则观法于地，观鸟兽之文与地之宜，近取诸身，远取诸物，于是始作八卦，以通神明之德，以类万物之情。”[3]按照《系辞下传》的这个说法，阴阳观念主要来自两个方面，一是天地自然变化，即所谓“远取诸物”，二是人自己的生活，即所谓“近取诸身”。这人自己的生活其中主要是夫妻生活。这两个方面，在笔者看来也许这后一方面更为重要。按《周易》阴阳哲学，阴阳各有其位，须得

❸朱熹注，李剑雄标点:《周易》，上海古籍出版社 1995 年版，第 150 页。

位才吉。家庭以夫妻为本，夫妻分属阳与阴，他们应该各在其位，家人卦就很强调家庭人员的正位问题。家人卦的《彖辞》曰：“家人，女正位乎内，男正位乎外，男女正，天地之大义也。父父、子子、兄兄、弟弟，夫夫、妇妇，而家道正，正家而天下定矣。”[1]除家人卦外，咸卦、恒卦也是专说男女关系问题的卦，咸卦说的是少男少女的关系，恒卦说的是长男长女的关系。

中华民族传统文化十分重视家庭。事实上，作为中华民族文化主体的儒家文化就立基在家庭关系的正确处理上。对家庭文化的重视，应该不是从孔子所处的东周时代开始的，它可以追溯到史前。兴隆洼文化处于新石器早期，距今7000年，考古发现，那个时候的房屋遗址有家庭生活的痕迹。根据对房址的测量，房间面积为13平方米左右[2]。居住在内的人员应该不会超过4—5人，相当于一个家庭的住所。“距今7300—6100年左右的北辛文化遗址中，发现房屋面积比较小，一般只有4—6平方米，超过10平方米的极少”[3]，这样的房间只给一人住不太可能，最大的可能是一对男女住。大汶口文化晚期、仰韶文化晚期、马家窑文化、屈家岭文化遗址所发现的建筑遗址，供一个家庭住的房间很普遍。“从埋葬习俗来看，这一时期，单人葬开始大量流行，并逐渐取代以往普遍流行的多人合葬与同性合葬，另有一些成年男女的合葬墓出现，据推测应该是夫妇合葬。这表明，以个体核心家庭为主的家庭经济，已经日益巩固。”[4]

从总体倾向来看，周易的阴阳哲学更多地来自处理以男女为基础的人际关系的经验和智慧，这一经验与智慧应该源自史前。

❶朱熹注，李剑雄标点：《周易》，上海古籍出版社1995年版，第90页。

❷中国社会科学院考古研究所内蒙古工作队：《内蒙古敖汉兴隆洼遗址发掘简报》，《考古》1985年第10期。

❸李学勤主编：《中国古代文明起源》，上海科学技术文献出版社2007年版，第171页。

❹李学勤主编：《中国古代文明起源》，上海科学技术文献出版社2007年版，第173页。

四、中华民族崇阳恋阴文化的源头

“关于新石器社会组织的性质，学界一般认为是母系氏族社会。”[1]直到新石器的晚期，才开始向父系氏族社会过渡。如此长的母系氏族社会给中华民族的文化带来的影响是深远的。

[1] 李学勤主编:《中国古代文明起源》，上海科学技术文献出版社2007年版，第169页。

史前的考古发现，人们所奉行的神灵崇拜以女神为多。最著名的当然是距今7000年前红山文化所出土的女神雕像了。除红山文化女神雕像以外，河北滦平后台子遗址出土新石器时代裸体孕妇像六件，其中有四件保存完好。陕西扶风案板遗址出土仰韶文化晚期裸体孕妇像残体，仅存躯干，乳房饱满，腹部隆起，腰部微曲。另外，内蒙古林西县白音长汗兴隆洼文化遗址一座半地穴式房子中出土有一石雕半身像孕妇造形。女神像的出现也是母系氏族社会中女性崇高地位的反映。

仰韶文化半坡类型属于母系氏族社会，在这里，考古工作者发现有女孩厚葬的例子。M152墓葬的主人是一年约三四岁的女孩，她的葬具为木棺，而男孩死去葬具为瓮棺，至于成人，死去什么葬具也没有，为土坑。这女孩的木棺葬具内，随葬品非常丰富，有陶罐、尖底瓶、陶钵、石珠、石球、玉耳坠等，总数多达79件，而成人的陪葬物平均只有2.6件，由此可见女孩在部落中的地位之高。姜寨M7也是一座厚葬墓，墓主人是年约十六七岁的少女。她的随葬品也相当丰富，有陶罐、尖底瓶、玉坠饰、石球等物22件，还在胸、腰部随葬骨珠8577颗。

女性崇拜在史前是以多种方式进行的，上面所说的直接表现女人形象只是其中之一，也许更多地是以隐喻的方式进行的，像贝叶纹，许多人类学家、考古学家就认为很可能是女阴崇拜的一种隐喻方式。大地湾文化就有这样的贝叶纹的陶器，而且制作相当精美。

葫芦造形在史前有诸多的发现，大地湾文化、仰韶文化、马家窑文化均发现精美的葫芦瓶，这种造形也许直接来自葫芦的启示，干葫芦有储水的功能，自古至今一直为人们所利用。因此，史前初民用葫芦造形应该没有什么神秘之处。但是，中华民族的民间文化总是将葫芦看成是多子的象征，不能排除史前的葫芦造形含有生殖崇拜、女性崇拜的可能。

尽管母系氏族社会是全人类均曾经有过的文化现象，但它在中国有着独特的影响，一是它持续的时间很长，更重要的是，在进入父系氏族社会后，母系氏族社会的许多重要传统并没有完全退出，比如女性崇拜，虽然它渐渐地淡出了初民们的生活，但女性中的母亲在生活中的地位仍然很突出，甚至很神秘。

商周民族仍然相信着他们的始祖是其老祖母与某种神灵交接的宁馨儿。《诗经·商颂·玄鸟》云："天命玄鸟，降而生商。"[①]又《史记·殷本纪》云："殷契，母曰简狄。"[②]在《拾遗记》、《列女传》等书中更是绘声绘色，将它演绎成一个美好的故事：简狄是有娀氏长女，一日与姐妹们在玄丘的一面湖中洗澡。忽然天空飞来一只黑色的鸟，那鸟衔着一枚卵，在经过简狄的头顶时，鸟卵坠落下来，刚好为简狄所得，那枚鸟卵上有五彩花纹，简狄十分喜爱，怕姐妹们来要这枚卵，就将它含在口中，不料将它吞下去了，后来怀孕了，生下了契。这契就是商人的祖先。显然，这鸟卵不是一般的鸟卵，它是神特意送来的，富有神性。无独有偶，周人的祖先也是其老祖母姜嫄与神灵交接而产生的。传说是姜嫄在野外踩到一个巨大的足印，回来后就怀上了孩子，这孩子就是周人的祖先弃。

❶程俊英、蒋见元著：《诗经注析》下，中华书局1991年版，第1030页。

❷司马迁著，李全华标点：《史记》，岳麓书社1988年版，第14页。

虽然，契、弃的诞生均是神灵赐予的灵气，但是，它毕竟是在母亲的腹中孕育的。简狄、姜嫄的重要性不能低估。这让我们联想到女娲，女娲抟黄土制作了最初的人，她是人类的创造者，是人类的母亲，而简狄、姜嫄感神迹孕育了商人和周人的祖先，商与周是中华民族进入文明社会后最重要的两个朝代。这个神话无异于表白：女人才是文明的创造者。

事实上，中华民族在进入文明社会后，虽然主要为男性执掌国家政权，是真正的男权社会，但也不是没有女人掌权的朝代。更重要的是哲学观念。中国最古老的哲学著作《周易》以阴阳为基本概念。这阴阳二字，是将“阴”放在前面的。实际上，在《周易》的制作者们看来，阴才是世界的本原，潜台词即是：女人才是人类之母。

这种思想也影响了《老子》，老子以“道”为世界本原。《老子》第四章说：“‘道’冲，而用之或不盈。渊兮，似万物之宗；湛兮，似或存。吾不知谁之子，象帝之先。”[1]“象”是什么，“帝”是什么，王安石有一个理解，他说：“‘象’者，有形之始也；‘帝’者，生物之祖也。故《系辞》曰：‘见乃谓之象。’‘帝出乎震。’其道乃在天地之先。”[2]作为“天地之先”的道，它又是什么呢？《老子》第一章的说法，既是“无”，又是“有”。无与有是从不同的角度来说的，“故常无，欲以观其妙，常有，欲以观其徼”[3]。“无”与“有”、“同出而异名，同谓之玄。玄之又玄，众妙之门”[4]。这“玄之又玄”的门，又是什么呢？《老子》第六章中有明确的说明：“谷神不死，是谓玄牝。玄牝之门，是谓天地根。绵绵若存，用之不勤。”[5]说来说去，原来，这为产生天地万物的门为“玄牝之门”——巨大而又深邃的女阴。玄牝是天地

❶陈鼓应著：《老子注译及评介》，中华书局1984年版，第75页。

❷陈鼓应著：《老子注译及评介》，中华书局1984年版，第76页。

❸陈鼓应著：《老子注译及评介》，中华书局1984年版，第53页。

❹陈鼓应著：《老子注译及评介》，中华书局1984年版，第53页。

❺陈鼓应著：《老子注译及评介》，中华书局1984年版，第85页。

之根，是万物之本，生命之母。老子在论述道的性质与品德的时候，事实上将女性的性质与品德概括进去了，他撰写的这部亦名为《老子》的哲学著作实质为阴柔哲学，阴柔的典型形象，在人为女性，在物为水。从文学角度认识《老子》这是一部女性之歌，水之歌。

《老子》的崇阴哲学显然是母系氏族社会的产物，尽管老子活在父权制的社会且已经进入了文明时代。老子的崇阴哲学一直受到中华民族的尊崇，当然，由于社会性质的变化，女性崇拜事实上也让位于男性崇拜了。始于史前的崇阴哲学也就逐渐地发生了一些变化。这一点突出表现在《易传》之中，《易传》的产生远较《易经》为晚，它的思想比较复杂，有道家的思想，也有儒家的思想，观点不很统一。其中关于天地、乾坤尊卑问题，《系辞上传》说："天尊地卑，乾坤定位。卑高以陈，贵贱位矣"[①]。由"天尊地卑"得出乾尊坤卑，由乾尊坤卑又必然得出阳尊阴卑，男尊女卑。这一思想就与《易经》本意相差很远了，也与《老子》的思想格格不入。

这就给人们的思想带来了混乱与困惑，到底是阴阳还是阳阴，是阴尊阳卑还是阳尊阴卑？这一问题似乎一直没有得到透彻的论述。虽然哲学理论上存在着严重的矛盾，但在现实生活中人们似乎并没有感到存在有什么困惑。

在现实生活中，人们对尊阳还是尊阴的问题取宽容灵和的态度。一是将一般情况与特殊情况既区分又统一起来。一般来说尊阳，但并不排斥在某种特殊情况特别是必要的情况下尊阴。人们一般不会主张女人干政，但武则天做皇帝，反对的人并不很多。二是将理性与情感既区分又统一起来。理性上人们尊阳，情感上人们爱阴。理性与情感虽存在一定的区分，但不将这种区分发展到

①朱熹注，李剑雄标点:《周易》，上海古籍出版社 1995 年版，第 135 页。

对立的地步，而在总体思想上将它们统一起来：阴阳和谐、刚柔相济。

中国人对待阴阳的这样一种灵和态度几乎在生活的每一方面都体现出来：治国，皇上主政，太后听政；治家，男主外，女主内。审美表现更为丰富。艺术创作既崇志又尚情，既主气又恋韵，既用刚又兼柔。欣赏山水，孔子有语："仁者乐山，知者乐水。"[1]水柔也，为阴；山刚也，为阳。所有这些对待阳与阴的思想，概括起来，可用"崇阳恋阴"来概括。崇阳基于阳代表着发展的意志、进取的力量，这就是《周易》中乾卦的《象传》所说"天行健，君子以自强不息"[2]；恋阴则基于阴代表着和美的理想、友爱的情感，这就是坤卦的《象传》所说"地势坤，君子以厚德载物"[3]。

相当漫长的母系氏族社会给予中华民族带来巨大的影响，这其中最为重要的影响就是它的阴阳观念，中华民族崇阳恋阴的人生哲学在很大程度上就来自史前的阴阳观念。

❶杨伯峻译注:《论语译注》，中华书局1980年版，第62页。

❷朱熹注，李剑雄标点:《周易》，上海古籍出版社1995年版，第26页。

❸朱熹注，李剑雄标点:《周易》，上海古籍出版社1995年版，第31页。

第四节 礼乐的出现

如果说中华民族的哲学观念主要是阴阳观念，那么，中华民族的政治观念则主要是礼乐观念。礼乐虽然主要施之于治国，但实际上它广泛渗透于中华民族诸多的生活方面，成为中华文化的重要传统。一般说，中国的礼乐传统始于夏，成于周。这在文献上是有记载的。生活于春秋时期的孔子说："夏礼，吾能言之，杞不足征也。殷礼，吾能言之，宋不足征也。文献不足故也。"[①]虽然夏朝之前的礼，孔子没有说他能知，但是他也没有否认夏代之前有礼。大量的史前考古材料证明，礼以及乐早在夏代之前就已经开始了。

①杨伯峻译注：《论语译注》，中华书局1980年版，第26页。

一、远古存在礼器的可能性

礼这个概念，按王国维的理解："禮从示从豆"、"豊象二玉在玉之形，古者行礼以玉"，"奉神人之事通谓之礼。"[②]

②王国维：《观堂集林》第一辑，中华书局1959年版，第290页。

按此说法，只要是用玉奉神事就都称之为礼了。这显然过于宽泛，当然，用玉通神通常也归入礼的范围，但作为礼，重要的不是祭神的行为，也不是祭神的用具，而是祭神的权利。显然，即使在远古，虽然人人都需要敬神，也都可以祭神，但是祭祀是分等级的，不同的等级的人从事不同地位的祭祀，也就是说，这祭神的权利是不一样的。像郊祀这样的祭天大典，只有天子才能主持。不仅祭祀的主祭者对身份有所要求，对于陪祭人员也有一定的身份要求。

祭祀在远古人类的社会活动中诚然占有重要地位，但它并不是唯一重要的活动。当时社会组织形式——族群、部落、部落联盟的管理包括生产、战争的指挥、财富的分配等都需要有一定的规章可循，承担这种规章的制定与操控的人，无疑是社会上最有权势的人了。凡能体现权势的行为方式与物件存在，均见出礼来。

以神定礼还是以权定礼，见出对礼的两种不同理解。

也许两者不相矛盾，但无疑后者才是最根本的，荀子讲的礼似是为后者。从这个角度去理解礼，凡能见出人的地位区分的一切规则均可以归属为礼。这规则在远古不是用文字来说明的，而是用行动与相关物件来表明的。今天，我们当然无法知道当时人们的行为，但是，地下考古发现的物件可以在一定程度上说明当时的礼制。

礼使用的领域十分广阔，祭祀、宴亨、庆典、结盟、丧葬、婚庆、教育是礼运用得最多的领域，但并非只有这些领域才是礼通行的领域，日常生活、生产劳动、军事活动中也有礼。

礼有四个层面：理的层面，礼是建立在理的基础上的，这理不一定要用语言表述出来，但它存在着。制的层面，礼需要作为规定，向社会发布，让大家遵守。象的方面，礼需要见之于外。外有象：人的象，物之象。人之象包括人的视听言动等，物之象包括各种仪式、场面，以及用于仪式场面的器物包括艺术等。心的层面，对礼的敬畏和认同礼的心理。

考古从诸多方面证明史前是存在礼制的。像丧葬，在中国古代有诸多规定，这些规定属于礼。《礼记·檀弓上第三》云："有虞氏瓦棺，夏后氏塈周，殷人棺椁，周人墙置翣。周人以殷人之棺椁葬长殇，以夏后氏之塈周葬中殇、下殇，以有虞氏之瓦棺葬无服之殇。夏后氏尚黑，大事敛用昏，戎事乘骊，牲用玄，殷人尚白，大事敛用日中，戎事乘翰，牲用白。周人尚赤，大事敛用日出，戎事乘騵，牲用骍。"[1]这段话是说有虞氏、夏后氏、殷人、周人的葬礼的。有虞氏指舜，属于史前了，夏后氏的禹也属于史前。几个时代，它们葬先人，这棺木的做法不一样。有虞氏烧土作棺，那是瓦棺，也就是陶棺。夏后氏烧砖砌在棺的四周，殷人用木材做内棺外椁，而

[1] 王文锦译解：《礼记译解》上，中华书局2001年版，第63页。

周人在灵柩四周围上木框布屏，并且用上翣扇，那翣扇上画着云气花纹。周人用殷人的棺椁来葬埋十六岁至十九岁的孩子，用夏代的砖砌瓦棺来葬埋十二岁至十五岁或八岁至十一岁的孩子，用虞代的瓦棺来葬埋不到八岁的孩子，这不到八岁的孩子死去，不用丧服，称之为无服之殇。夏代崇尚黑色，丧事入殓用日落时刻，打仗骑黑马，祭祀杀的牲畜用黑毛的。殷人尚白，丧事入殓宜在中午，太阳当顶，打仗骑白马，祭祀杀的牲畜用白毛的。周人尚红，丧事入殓选的时间宜太阳刚出的时候，打仗骑红马，祭祀杀的牲畜用红毛的。

如此看重葬制，其实并不始于有虞氏，至少在仰韶文化时期这葬就有礼制了。西安半坡遗址发现一座仰韶文化时期的公共墓地，墓穴排列有序，多数取向西或近西的方向，这肯定包含有某种观念。葬式以单人仰面直肢为主，也还有少量的俯身葬（15 座）、屈肢葬（4 座）。半坡还盛行二次葬，人死后，先作临时埋葬，等尸体完全腐烂后再将尸骨捡起来，做另一次埋葬。半坡有合葬墓两座，一座为两位男性的合葬墓，年龄四十岁左右；一座为四位女性的合葬墓，年龄约为十五六岁。在半坡，小孩葬有其特殊之处。成人无葬具，直接埋入土坑，而小孩有葬具。这里，孩葬中男孩与女孩有区别。男孩用瓮棺，瓮棺上面盖上陶盆。陶盆有人面鱼纹，盆中有孔。这孔显然是让孩子的灵魂自由出入的。女孩用木棺，随葬品远较男孩甚至成人丰富。如此种种不同的葬式当然有某种道理在，说明半坡时就有葬制。

山东泗水尹家城遗址发现属于龙山文化墓葬 65 座。学者将这些墓葬分成三等七级。第一等的有 5 座墓，又分为两级，第一级的墓一座，两椁一棺，墓穴最大，达 25 平方米以上，随葬品丰富，且品质优良。第二级的墓四座，墓穴较大，为10平方米左右。一椁一棺。第二等有29座墓，为中型墓，分为三级。此等中的第一级有11座墓，墓穴约5平方米，随葬物10件以上。第二级11座墓，墓穴约3平方米，随葬品三至五件。第三级的墓7座，墓穴3平方米左右。除个别死者手持獐牙外，均无随葬品。第三等21座，为小型墓。墓穴在2平方米以下，仅能容尸，无葬具。它又可以分为两级，第一级尚有极少的随葬品，为生活用具，以陶钵为主。第二级的，什么随葬品也没有。

墓葬等级如此分明，可以推定当时的社会已经形成了贵贱的等级区别。这墓葬体现出一种与半坡墓葬完全不同的礼制，半坡的葬制说明男女有别，小孩与成人有别。这是母系氏族社会礼制的反映。而泗水尹家遗址墓葬所体现出来的礼制则见出阶级分化，说明原始社会快结束了，奴隶制社会已经或正在到来。上面引《礼记》的文字中说到夏后氏尚黑，龙山文化已经一脚跨入了夏代，龙山文化的标志性的器物为黑陶，也许这是夏后氏尚黑的来源之一。

中国古代的礼制文化涉及大量的日常生活问题，像装饰，它就不只是一个审美的问题，还是礼制的问题。装饰有种种，其中有冠饰。中国远古非常重视冠。《礼记·冠义第四十三》云："'冠者，礼之始也。'是故古者圣王重冠。"[1]也许日常生活中戴什么冠不必太讲究，但在礼仪场合这冠却不能乱戴。不同的冠称呼也不同。天子戴的冠称之为冕，天子在不同的礼仪场合戴不同的冕。《周礼·春官宗伯第三》云："王之吉服：祀昊天上帝，则服大裘而冕，祀五帝亦如之；享先王，则衮冕；享先公、飨射，则鷩冕；祀四望山川，则毳冕；祭社稷、五祀，则希冕；祭群小祀，则玄冕。"[2]

❶王文锦译解:《礼记》下，中华书局2001年版，第909页。

❷钱玄注译:《周礼》，岳麓书社2001年版，第199页。

这体现在戴帽上的礼制是不是也可以在史前找到呢？阎步克先生结合文献与地下考古做了深入的研究。他说："对鷩冕，应注意《礼记》中的'有虞氏皇而祭'之说，'皇'是一种羽毛装饰的冠，也可以认为是一种冕。郑玄：'皇，冕属，画羽饰焉。'今人也把'皇'看成一种冕。'皇'上面那个'白'，本来就是羽冠形象。还有一个'翌'字，上部为羽，下部为王，暗示羽冠是王者的首饰。此字读皇，实即'皇'的异体字。用艳丽的羽毛饰冠的习俗，又古老又普遍。大汶口文化有个陶文符号，李学勤先生认为是羽冠形象。良渚文化的玉钺、玉琮、玉冠状器上的神人浅浮雕，有宽大高耸的羽冠，安徽凌家滩出土的玉人头像，饰有羽冠；四川金沙遗址出土的青铜立人像，也有羽冠。史前及三代有羽冠存在，殆无疑义。"①

①阎步克：《服周之冕》，中华书局2009年版，第47页。

阎步克先生的这种说法的确是可以从史前考古中找到相应的证据的。像良渚文化反山遗址出土的玉琮上神人兽面纹，那神人头上有一顶宽大的羽冠，我们完全有理由认为，这神人实际上是按照部落长的形象来描绘的，那羽冠就是部落长戴的礼帽。良渚文化反山遗址、瑶山遗址出土的三叉形器（山形器），学者们猜测它就是部落首领冠上的装饰。不同形制的三叉形器以及器上不同的纹饰与刻镂是礼制的反映。

有礼，就有相应的器。人们一般将用于生产与生活之中的器具称为用器，用于礼制的器具称为礼器。当然有专门的礼器，如玉琮、玉璧、玉圭，但值得我们注意的是，礼器多是从用器演变而来的。这种演变主要是舍弃取用器的用途单取用器的形制。良渚文化反山遗址十二号大墓出土一件玉钺，众所周知，钺是兵器，然而用玉来制钺，这钺显然是不能用来杀人的，它只能是某种意义的象征。考虑到作为兵器的钺除了用于杀人外还用于仪仗队，因此，我们认为，这玉钺很可能是将军权力的凭证。大汶口文化遗址出土有精美的玉斧，斧是生产工具，通常是用石头做的，用玉这样昂贵的材料来做斧，此斧当然不会用于生产，同样只能是礼器。

礼器既然不用在生产、军事和生活之中，只用来象征某种意义或显示主人身份与地位，其地位高贵可想而知。地位高贵，在用料上，在制作上就不能不讲究。这样，礼器就与审美相通了，礼器首先要求美，而且是超凡脱俗的美、奇美。只有美才能谈得上贵。于是，礼器在更大程度上通向艺术了，礼器必然是艺术品，而且是艺术珍品。

二、史前礼器的主体为玉器

地下考古发现的远古人类的实物，就制作的原材料来说，有石器、木器、陶器、玉器等。大体上，石器和木器主要用于制作实用的生产工具与生活器具，除极为精美者外一般是不能成为礼器的。陶器主要是生活器具，极精美者可能是礼器，如龙山文化中的高柄黑陶杯。

最能见出器物的礼品格的，应属玉器。史前礼器的主体是玉器。著名的美术史家巫鸿说：

> 将礼器仅仅视为礼仪中实际“被使用”的物体则会失于简单，中国古文献中的“器”这个字可以从字面的和比喻的两个方面来理解。作为后者，它接近于“体现”（embodiment）或“含概”（prosopopeia），意思是凝聚了一个抽象意义的一个实体。

> 因此，礼器被定义为“藏礼”之器，也就是说将概念与原则实现于具体形式中的一种人造器物。由于这一观念暗含在中国古典礼器艺术的整个传统之中，追溯它的起源就变得极为重要。在中国，礼器艺术的起源实际上等同于艺术的起源，也就是在这个关键点上，我们找到了玉器。[1]

[1] 巫鸿:《礼仪中的美术》下，生活·读书·新知三联书店2005年版，第535页。

考古发现的中国史前玉器不下2000件，其中最著名的玉器发现遗址有红山文化、凌家滩文化、良渚文化、石家河文化、大汶口文化、龙山文化等。

这些文化遗址发现的玉器基本上可以分成四大类：第一为饰玉，它是装饰物，用来装饰人的身体；第二为佩玉，它主要为人们赏玩的对象，也可以佩带在身上；第三为神玉，它是祭祀时巫师的用具；第四为权玉，它是某种权力的象征。四类玉均在不同意义上体现出礼制的色彩。

我们先来看饰玉，史前人类早就有爱美的心理需求，已经有以玉作装饰的习俗。最早发现的饰玉是距今8000年的兴隆洼文化的玉玦，据专家研究，它是耳部的装饰器。由于年代久远，兴隆洼文化的这块玦现在来看似是有些风化，只晚了2000年的马家浜文化的玉玦就保存得非常好，相当精美了。红山文化绝对年代距今6000—5000年，主要分布在辽河流域。它出土的玉器很多，其中勾云形佩其基本功能可能是装饰，从其造形来看，作为头饰的可能性很大。

良渚文化的绝对年代为距今5000—4000年，主要分布在太湖流域一带。良渚文化中出土的饰玉很多，其中之一为冠状饰，它有好几种不同的形制，就良渚文化

图 12-4-1　良渚文化瑶山遗址玉冠状饰

的瑶山文化遗址来看，基本形制为倒梯形，有的上部边线中间有一括号形，有的为水平线。冠状饰多刻有兽面纹，有的则为素面。高度均在 2.8 厘米左右，宽度在5.5厘米左右，厚度一般为 0.2—0.4 厘米，器的下部均有钻孔（图 12-4-1）。

佩玉可以看成是一种装饰，也可以看成是一种把玩。红山文化发现的 C 字形玉龙、猪形的玉龙、玉鱼、玉鳖、玉鸟、玉鸮应是佩玉。

良渚文化遗址发现的玉璜也很可能是佩玉。璜这种玉器为半圆形，仰韶文化、良渚文化的瑶山遗址五座墓，除五号墓不出玉璜外，其他五座墓均出玉璜，总共十件。玉璜大小、精美度均有不同。能够佩戴这些玉器的人们肯定不是部落中的一般人，而只能是部落中有权力的人，他们佩戴着这些玉器，除了显示出对美的爱好外，还体现出一种身份与地位。因而，这样的饰玉也未尝不可以看作是礼玉。

神玉是用来从事祭祀活动的玉器。最具代表性的神玉是琮，一般认为，它是祭地的器物。琮有内圆外方形和圆形两种，内圆外方形又分大孔小孔两种。琮的高度也有区别，有矮身琮，有高身琮；再其次，琮的表面，纹饰也有种种区别，有的为单层，有的为双层，有的纹饰复杂，有的较为简单。种种区别，也许因为祭祀的规格不同，但也可能是从事此项活动的巫师的地位不同，良渚文化中的反山 M12 出土玉琮六件，是各墓中最多的，其中编号为 M12：98，号称“琮王”。

权玉是能体现权力的玉器。在远古，权力是依杖军事力量来维持的，因此，很自然地，兵器成为权力的象征。在众多的兵器中，史前人类逐渐选择钺这种器具作为权力的象征。良渚文化反山南北两排九座墓葬中发现有玉钺五件，分别为这五座 M12、M14、M16、M17、M20。这些墓都伴有玉琮、三叉形器、锥形器（头部装饰）等，足以证明墓主人生前的权威。

徐世炼先生认为，“钺与神没有直接关系，它只是世俗权力的一个象征，显示持有者的身份和特权”。[①]徐先生还认为，“以钺为中心的和以琮为中心的分属于两个不同的用玉体系。钺是表示等级身份的器物组合核心。琮有时加强这种组合的地位。如果钺代表的是世俗的权力，琮则代表了宗教的权力。而两者合用则可以理解是政教合一的标志。”[②]

龙山文化是距文明最近的史前文化。龙山文化时期，玉器是最主要的礼器，礼器的价值不只是决定于人们赋予它的象征意义，还决定于它制作的工艺水平。就玉器制作的工艺水平来说，龙山文化达到了史前制玉的最高水平。朱封 202 号大墓有一件头饰，它由乳白色佩形玉件和顶端有榫口的墨绿色簪形玉件嵌合而成，通高 23 厘米，周身遍布阴刻短折纹和由镂孔组成的兽面纹；正反两面左右两侧镶嵌着四颗绿松石圆粒。器物精巧秀雅，堪谓龙山文化玉器的代表作。如此精雕细琢，说明人们已经不满足于仅仅将玉器作为神器、礼器，还需要它进一步提升艺术品格，以满足人的审美需要了。

❶徐世炼:《从工具礼器化到兵器礼器化》,《中国玉文化玉学论丛》，文物出版社 2006 年版，第 109 页。

❷徐世炼:《从工具礼器化到兵器礼器化》,《中国玉文化玉学论丛》，文物出版社 2006 年版，第 121 页。

三、史前的乐

中国传统文化既讲礼，又讲乐。乐为歌舞，如同礼发生于史前一样，乐也早在史前就发生了。那么，史前的乐即歌舞是什么样子的？凭借考古也凭借文献，我们可以做一个猜测。

1986—1987年在河南舞阳贾湖裴李岗新石器文化遗址中发现的骨笛（参见图7-1-1），共25支，其中完整的17支，残器6支，半成品2支。这些骨笛最早的距今约9000年，是用鹤骨制成的。这些笛大多有7个音孔，少数的为5孔或8孔。研究人员尝试着用这笛吹奏，还能吹出完整的乐曲来。河南汝州中山寨新石器时代遗址也出土了属于裴李岗文化的骨笛，据碳十四测定，距今6955—7790年。骨笛长15.6厘米，直径1.1—1.3厘米，音孔分两行交错排列，一排五孔，另一排为四孔。笛身已残，只能说基本上保存了原貌。

舞阳贾湖骨笛的出土证明，早在史前期，中华民族就有7声阶的认识，已经能够曲尽人们各种细致的情感，展现出宏大丰富而又秩序井然的音乐天地。

史前的岩画以形象的手法展现了史前人类载歌载舞的场面。著名的广西花山崖壁画以歌舞为主题，据发现者杨成志介绍：

> 花山石壁高约200公尺，宽约300公尺。石壁下部约6000平方公尺的面积里，现尚清晰可见的约1000多个人物形象。其中位置最高的一个，离河面90公尺。人物的形象大小不等，大的约三个人大，小的也有约半个人大。像武士形状的正面男人最多，画面人物有的排列成行，有的像集体舞蹈。又有像狗的动物形象和各种像铜鼓面形或盾牌形的圆圈。由这些不同的形象看来，或许是与作战时集体会师或举行庆祝大会和舞蹈的表现有关。①

❶《花山崖画资料集》，广西民族出版社1963年版，第17页。

虽然歌舞的具体场面，各部落有所不同，但在各种重要的场合举行盛大的歌舞当不只是花山地区独有的。据各种文字资料记载，歌舞在史前人类生活中比较普遍。不仅庆典有歌舞，作战前有歌舞，祭祀有歌舞，而且在从事某项重要的生产活动前也有歌舞。此种歌舞的功能是多方面的，学者们一般看重它的通神的巫术功能，但是，它在沟通情感，实现全部落心志的统一上，具有不可忽视的重要作用。

据记载，传说中的三皇五帝均有属于自己部族的歌舞，而且对于音乐均有自己的贡献。

伏羲是中华民族公认的始祖，据说他与女娲既是兄妹又是夫妻。伏羲氏发明网罟，教民捕猎；又创造八卦，以通神明之德；造书契以代结绳之政，始制嫁娶，以俪皮为礼。从某种意义上讲，伏羲是中华民族人文始祖。《史记·补三皇本纪》云伏羲“号曰龙师，作三十五弦之瑟”[①]。传说，伏羲的歌舞为《扶来》又名为《凤来》。《凤来》顾名思义，凤凰来贺，显然是一种欢庆的歌舞。唐代诗人元结有《补乐歌十首》，首章《网罟》，序称《网罟》为伏羲氏之乐歌也。女娲氏也有自己的歌舞，名《充乐》。相传女娲氏发明竽、笙，这种乐器盛行于南方少数民族的音乐生活之中。

神农氏是中华民族重要的始祖之一，虽然有的史书将它与炎帝并为一人，有的将他与炎帝区分开来，基本倾向均认为有这样一位始祖存在。神农氏在中华民族的发生发展史中最大的贡献是教民耕稼即发明农业，与之相应，相传神农氏的歌舞为《扶犁》(又名《扶持》、《下谋》)。《太平御览》载《乐书》引《礼纪》云：“神农播种百谷，济育群生，造五弦之琴，演六十四卦，承基立化，设降神谋，故乐曰《下谋》，以名功也。”[②]“或云神农命刑天

❶转引自袁珂、周明编:《中国神话资料萃编》，四川省社会科学出版社1985年版，第16页。

❷任明等校点:《太平御览》第五卷，河北教育出版社1994年版，第466页。

作扶犁之乐，制丰年之咏以荐釐，是曰下谋也。”[1]这里说的“刑天”可能就是被天帝断其首后仍“操干戚以舞”的那位英雄。从他“操干戚以舞”可以看出他与音乐的密切关系，即使头颅不在了，也要生活在音乐的世界中。关于神农造琴，《世本》也有记载，说是“琴长三尺六寸六分，上有五弦，曰宫商角徵羽”[2]。《世本》还说神农作琴。神农造琴做什么用呢？《琴清音》说“昔者神农造琴以定神，禁淫僻，去邪欲，反其天真”[3]。这里，“反其天真”一语含义丰富，它意味着：音乐能净化人的灵魂，回归人的本性，实现人与自然、人与人以及人内心的和谐。

黄帝是中华民族中最重要的始祖。中华民族称自己为炎黄子孙，炎是炎帝，黄是黄帝。黄帝有诸多重要的发明，其中最值得重视的是做了三座宝鼎。鼎在中华民族的人文生活中，占据重要地位，它是礼制的代表。《玉函山房辑佚书》辑《孙氏瑞应图》云：“神鼎者，质文精也。知吉凶存亡，能轻能重，能息能行，不灼而沸，不汲自盈，中生五味。黄帝作鼎，象太一。禹治水，收天下美铜，以为九鼎，象九州。王者兴则出，衰则去。”[4]鼎本为炊器、食器，然而，当它成为国家政权的象征，就神秘化也神圣化了。黄帝的时代约摸为仰韶文化的时代，距今5000年左右，现今人们将中华民族的历史推至5000年也就是推到黄帝时代。

礼在黄帝时代有了，那么乐呢？据史载，黄帝时代的“国乐”为《云门大卷》，简称《云门》。《左传·昭公十七年》云：“昔者黄帝氏以云纪，故为云师而云名。”[5]作乐以祀云可能与黄帝为雷雨之神有关系，引申开去，说明黄帝崇天道。以乐祀云，也就是以乐颂天。

黄帝时代有了专门的乐官，名伶伦，据《吕氏春秋·仲夏纪第五》，“黄帝令伶伦作为律”，又命他与荣

❶赋秋山汇评、摹宋本：《路史·后纪》之三，西山堂藏板，第11页。

❷宋衷注，秦嘉谟等辑：《世本八种》，商务印书馆1957年版，第355页。

❸宋衷注，秦嘉谟等辑：《世本八种》，商务印书馆1957版，第7页。

❹转引自袁珂、周明编：《中国神话资料萃编》，四川省社会科学出版社1985年版，第67页。

❺《新刊四书五经·春秋三传》下，中国书店1994年版，第236页。

将“铸十二钟以和五音，以施英韶。以仲春之月乙卯之日，日在奎始奏之，命之曰《咸池》”[1]。《咸池》的主题，《白虎通·礼乐》说是“天之所生，地之所载，咸蒙德施也”，这就是说，《咸池》是黄帝向广大百姓实施教化的音乐，施德也施恩的音乐。

❶高诱注:《诸子集成·吕氏春秋》6，上海书店1986年版，第52页。

《史记·封禅书》云:“太帝（黄帝）使素女鼓五十弦琴，悲，帝禁不止，故破其瑟为二十五弦。”[2]这里，隐约透露出黄帝的音乐观点，看来，黄帝是不喜欢悲哀之音的，他希望音乐更多地抒发欢悦之情，让臣民在音乐中获得精神上的愉快与陶醉。

❷司马迁著，李全华标点:《史记》，岳麓书社1988年版，第219页。

黄帝的孙子五帝之一的颛顼也喜好音乐，他的音乐名《承云》，关于这一音乐的来历，《吕氏春秋》说:“帝颛顼生自若水，实处空桑，乃登为帝，惟天之合，正风乃行。其音若熙熙凄凄锵锵。帝颛顼好其音，乃令飞龙作效八风之音，命之曰承云，以祭上帝。”[3]颛顼从大自然的风声获得感发，令飞龙效仿这种声音作《承云》。于是，从黄帝传下来的效仿自然之声作乐成为一种传统，最突出的是帝尧“命质为乐，质乃效山林溪谷之音以歌”[4]。效仿大自然作歌，它的直接效应乃是与天和，也就是说，在精神上实现了与自然、与天地神灵的统一，这正是古代人们所企盼的。这是一种天人合一，以音乐的方式在精神上所实现的天人合一。

❸高诱注:《诸子集成·吕氏春秋》6，上海书店1986年版，第52页。

❹高诱注:《诸子集成·吕氏春秋》6，上海书店1986年版，第52页。

大禹作乐基本上也持这种传统，但是增加了一个重要内容，那就是歌颂帝王的英明。《吕氏春秋·仲夏纪第五》说:“禹立，勤劳天下，日夜不懈，通大川，决壅塞，凿龙门，降通漻水以导河，疏三江五湖注之东海，以利黔首。于是命皋陶作为夏籥九成，以昭其功。”[5]这又形成一种传统。后来，商汤伐夏桀，功名大成，命伊尹作《大濩》；周武王伐商纣，深得民心，命周公作《大武》。

❺高诱注:《诸子集成·吕氏春秋》6，上海书店1986年版，第53页。

这种以歌颂圣明君王为主的音乐，它传达的是另一种更为深刻的意义：那就是《周易》革卦《彖传》所说“顺乎天意而应乎民心”。

音乐的突出效应是和谐，一是人与天和（含人与神和），一是人与人和。当然，这种和是情感上的想象中的，未必实际，但能发挥最大的效应，不仅淡化乃至解构由礼带来的人与人之间的隔膜与对立，而且也给人们带来审美的愉快。

四、礼乐传统

礼，中国文化重要特质之一。关于礼，荀子有一个很经典的说法。荀子说：“礼者，养也。……君子既得其养，又好其别。曷谓别？曰：贵贱有等，长幼有差，贫富轻重皆有称者也。”[1]

按荀子的说法，礼的本质是别。别就是分类，首先是人要分类，见出贵贱贫富之不同；再就是事要分类，见出轻重缓急之不同；三就是理要分类，见出管属大小之不同。没有分，就不可能有群，没有群，就无法在严酷的自然条件下生存，更不要说发展了。

礼广泛地体现在人们的生活中，不仅政治权利、经济待遇、宗教活动要体现出差别来，就是生活用具也要有所不同。像鼎这种器具具体用途不过是煮肉盛肉，但不同的人用的鼎有重大区别，不仅大小、规制、造形有别，而且使用起来也有诸多讲究。按西周礼制，只有天子祭祀才可用九鼎，配以八簋，而最低档次的士只能用一鼎一簋，而百姓根本不能用鼎。孔子很重礼，吃肉，“割不正不食”[2]，原因是不合礼制；穿衣，说“君子不以绀緅饰，红紫不以为亵服”[3]。因为绀緅这两种颜色近于黑

❶蒋南华等注译：《荀子全译》，贵州人民出版社1995年版，第393页。

❷杨伯峻译注：《论语译注》，中华书局1980年版，第102页。

❸杨伯峻译注：《论语译注》，中华书局1980年版，第99页。

色，黑色是正式礼服的颜色，不可用来做装饰；红色与紫色也是贵重的颜色，只能用作朝服，不能用作日常服装。

礼制的意义当然首先是政治的，中国政治其基本的方式为礼治。礼治首先用来治人，其次用来治群，这群，小而言之为家，大而言之为国。当人们用礼来治理自身也治理社会的时候，这社会就一切显得有序了。礼在政治上的最大好处是规定了社会上的各种规制，让人们的言语行动有章可循。自然，这于社会的稳定与社会的发展和进步具有重要的意义。中华民族之所以数千年而不衰，应该说与中华民族崇尚礼治有很大关系。

从美学上来看礼，礼的审美本质也在于秩序感。秩序感是审美的重要规律之一。礼具有实践可操作性，当它成为人的行动时，就具有一定形式。审美是不能离开形式的，美感虽不只是形式感却不能没有形式感。践礼的典范为仪，通常礼与仪合称。礼是有规范的，因而见出一种秩序感。秩序感是感性的也是理智的。通过事物感性的形式，进而把握事物内在的规律，不仅是认识所追求的，也是审美所追求的。在这一点上，求真与审美实现了统一，如果要说求真与审美在这里有什么不同的话，那只能说，求真中理智可能将感觉屏蔽掉，直接体现出理性自身的意义；而审美理性潜在地存在于感性的活动中，几乎是无意识地发挥着对感性的调控作用。秩序感在一定程度上见出事物规律性，体现出一种简单性，有利于主体精力的节省。因此，面对有秩序的事物时，主体自然而然地产生一种愉快。

中华民族不仅重视礼治也重视乐治。乐本义为音乐，在中国古代它也指歌舞以及作为歌词的诗。先秦的《诗经》本来是歌谣的歌词，也属于乐，不过，在其脱离歌舞而独立以后，就往往不被人看作为乐了。荀子著《礼论》，也著《乐论》。荀子认为：“夫乐者，乐也。人情之所以必不免也。故人不能无乐。”[1]乐的最大好处是沟通人情，实现人际间的和谐。荀子说：“乐在宗庙之中，群臣上下同听之，则莫不和敬；闺门之内，父子兄弟同听之，则莫不和亲；乡里族长之中，长少同听之，则莫不和顺。”[2]“和敬”、“和亲”、“和顺”，这乐的构和功能多么地优秀！一般来说，乐具有公众性，特别是大型的乐舞，不管是用于祭祀，还是用于庆典，抑或是用于娱乐，均具有和悦大众的意义，所以，孟子一再强调“与民偕乐”，说是“独乐乐”，不如“众乐乐”。

礼与乐，一重在别，一重在和。前者体现社会对秩序的需求，后者体现社会对和谐的需求，两者均是社会稳定不可缺乏的方面。所以，礼治与乐治缺一不可，中国传统也将二者并提，称之为礼乐。礼之本在善，审美的意义是附加的；乐之本在美，求善的意义是附加的。二者互补、互渗、互促，共同合作，促进了社会的进步与发展。

在缺乏民主、平等、公正的社会里，礼总是最大地服务于统治者的利益。当礼将社会上的人们分成各种等级并按照这种等级来安排人的生产生活时，它的正负两面的意义同时显露了，正面的如上所说，它有可能让社会安定，让统治者的统治地位得到保障，也能让社会生活见出一种秩序感，从而让人们产生一定的美感。但是由于这种划分本质上就是不合理的，因而必然造成人与人之间的隔膜感、陌生感、对立感，进而发展成不满、愤怒，乃至冲突，造成社会的动荡。如何在肯定人与人之间的差别的同时，又能尽可能地消除人与人之间隔膜。我们的古人采取了很多办法，办法之一就是尽量地发挥音乐和同人心的作用。

中华民族对音乐的热爱与重视应该比礼制的建立要早。礼制建立前的音乐直接出自于情感抒发的需要，这情出自人性，主要是自然的情感，它不具功利性，而在

[1] 蒋南华等注译：《荀子全译》，贵州人民出版社 1995 年版，第 425 页。

[2] 蒋南华等注译：《荀子全译》，贵州人民出版社 1995 年版，第 426 页。

礼制出现之后，经由统治者创作或推崇的音乐就具有为礼制服务的功能。

音乐为礼制服务具有多种方式，它可能是自觉的，音乐的内容与形式切合某一礼制的需要，因而直接起到服务礼制的作用，也可能是非自觉的，音乐的内容与形式虽然未必切合某一礼制，但音乐本身所具有的抒情作用，不仅有助于人的不良情绪的宣泄，而且有助于人与人之间情感的沟通与感染。

史前的音乐多与舞蹈联系在一起，以载歌载舞为主要形式，而且多为群歌群舞。史前的群歌群舞一般出现在部落的集体活动中，或为祭祀，或为庆典。这样的场合部落的首领与普通百姓均同场歌舞。也就是在这同场歌舞中，由礼带来的人与人之间的等级区分打破了，大家按着同一的节拍，唱着同一首歌，跳着同一曲舞，情感借着歌舞在抒发着，也在交流着，沟通着，和谐在音乐的世界中得到了实现。

第五节 民族的童年

人类的童年在某种意义上类似于个人的童年，那个时代科学技术不发达，生产力水平也很低，然而，艺术包括工艺却能取得令人难以想象的巨大成就。首先是原创性。史前基本上没有模仿性的作品，几乎每件作品都是唯一。其次，想象奇特与构图完整的统一，这说明原始人的心智发展其实也是平衡的，如果仅仅感性发达，构图不可能做到完整。再其次，技术难度极高工艺却极为精湛。那时没有金属器具，玉器上那微细的纹线到底是如何刻出来的，让人百思莫解。

虽然只是匆匆地浏览史前的艺术，我们却不能不承认史前初民具有极其卓越的智慧和巨大的创造力，他们的艺术之所以取得令人难以理解的成就，在审美上也有着出人意料的追求，是因为他们处于一个特殊的时代——人类的童年时代。

一、史前审美意识的基础

从唯物史观的立场来看史前审美意识，我们发现史前人类的审美意识的产生是有一定的基础的，它有两个基础。

（一）基于人性

人性可分为自然人性与社会人性。史前人类距动物阶段相对较近，因而较文明时代的人类保留有较多的动物性，这种具有动物性的人性，我们称之为自然人性。

自然人性的基本点是生存需求，它可以分成两个方面：一是个体生命的保存，二是种族生命的保存。

就个体生命的保存来说，其中最重要的莫过于食了。食是审美意识产生的基础。史前人类文化遗址以食器出土最多，食器中主要有盛贮器和炊器。盛贮器造形美观，器表多有花纹，反映出初民们对食的重视。新石器时代的中期，盛贮器中以水器最为精美，最具代表性的是仰韶文化中的尖底瓶。这尖底瓶除了盛水外还有何功能，至今还是个谜。

新石器后期盛贮器以酒器最为精美。大汶口文化已出现薄胎高柄杯，到龙山文化，这种杯的制作达登峰造极的地步，其中两城类型蛋壳高柄杯陶胎厚度只有 0.5—1 毫米，杯沿厚仅 0.3 毫米，真可用薄如蝉翼来形容。中国在进入文明时代后，青铜礼器中也数酒器最精美。从史前陶制酒器到青铜酒器，明显地存在着一条继承发展的线索。

炊器主要用来烧制食品。从炊器的造形可以见出他们对美食的重视，炊器中的鼎主要是用来煮肉的，它腹部圆鼓，一般三足，火从足下烧起。鼎的造形十分有利于将肉煨煮成肉羹。烹羹的过程中，鼎中之物的细微变化均是重要的，这关涉到羹的质量。由此，中国古代还产生了“鼎中之纤”这一成语。这说明中国古人对于美食是十分讲究的，烹调术之高可谓叹为观止，而“鼎中之纤”这一成语不只是用来说明烹制食物，还用来说明要注意事物细小的变化。

诸多的先秦文献记载，远古人类对于羹这种食品特别喜欢。而做羹不仅对炊器有特殊的要求，而且于火候、调料、做法也均有诸多讲究，由羹导出“和”这一概念。《左传·昭公二十年》记晏子与齐侯论“和”:“公（齐侯）曰:‘和与同异乎？’对曰:‘异。和如羹焉。’”[1]晏子与齐侯讨论的“和”是个哲学概念，也是一个社会学的概念，后来也引申为美学概念。

中国最早的哲学著作《老子》中有“味”这一概念，其三十五章云:“‘道’之出口，淡乎其无味，视之不足见，听之不足闻，用之不足既。”[2]“味”在这里当然不是饮食概念，而是哲学概念，但它的确是借用了饮食概念。

❶《新刊四书五经·春秋三传》下，中国书店 1994 年版，第 247 页。

❷陈鼓应:《老子今注今译》，中华书局 1984 年版，第 456 页。

中华民族的食物结构中羊占有重要地位。主要生活于黄河流域的中华民族初民视羊为美味，由此派生出善与美两个重要概念。善与美均以羊字为组成部分，实际上，羊在中华文化中不仅是美味，而且是吉祥的象征。羊所构成的字也不只是善与美两个字，值得特别指出的是，由羊组成的字其意义都是正面的、美好的。

自然人性中与种族生命保存相关的就是男女之性爱了。史前文化中的重要主题之一就是生殖崇拜。诸多的纹饰暗喻着生殖的意义，如鱼纹、蛙纹和鸟纹，岩画中赤裸裸的男女交媾的画面，还有诸多的以突出生殖部位为特征的女人雕塑，都说明史前初民对种族生命保存的关注。

人性有群体性也有个性，凡人都有这两个方面，但是在史前，人的个性的一面没有得到张扬，群体性的一面占优势地位。这一特点在史前的诸多文物中体现出来了。地下考古发现的史前器物，类型性很强，个性较弱。我们一般能够比较出一个族群与另一族群在制器上的差别，但是，在同一个族群的器物中我们很难发现制器者个性特点。

（二）基于经济

经济是人类得以生存与发展的根本原因，经济的根本使命就是创造让人类得以生存与发展所必须的物质生活资料。史前人类已有生产了，旧石器时代的人类主要靠渔猎为生，居无定所，这个时候人们已有审美意识。山顶洞人洞穴中发现石珠等装饰品就是证明。旧石器时代还有岩画，虽然创作这样的作品很难说出自审美，但其中包含有审美的因素却是可以肯定的。

新石器时代的经济主要是农业经济。距今 8000 年至 8500 年的秦安大地湾文化遗址、裴李岗文化遗址均发现了农业的遗迹。略晚于大地湾文化的中国南方的河姆渡文化，其农业相当发达了。在发掘区 400 平方米的范围内普遍有稻谷的发现，稻谷与稻秆堆积层竟厚达 20 至 50 厘米。农业对于初民们的诸多意识包括审美意识的建构，具有极其重要的作用。某种意义上可以说，中华民族的审美观就建立在农业文明的基础上。

由于农业，人类不再迁徙流浪，而是定居下来。而定居下来的人们就有可能静下心来思考一些涉及宇宙人生的哲学问题，也有可能来从事诸如村庄、城市、王宫、祭坛等重要的建设项目。更重要的，人类可以不只以物质功利的眼光来观看自然界，而能以超越物质功利心态观赏自然界的美了。中国美学中关于自然审美的资料特别丰富，其理论也非常精彩，应是与中华民族的农业产生较早也相当发达有密切关系。

中国人的时间观念远比空间观念强，而且也总是将空间观念转化为时间观念，将空间审美转化为时间审美。苏轼怀念距离遥远的弟弟，举头望月，寄托相思，开口却说“不知天上宫阙，今夕是何年？”距离不是问题，时间才是问题，“但愿人长久，千里共婵娟”。这种哲学暨审美观念也与农业生产关系密切。农业生产远比任何一种生产更注重天气、季节的变化。史前陶器上诸多的鸟纹样、蛙纹样，其实不能只看成是动物崇拜，它们也是太阳、月亮的象征，而太阳、月亮也不能简单地看成神灵崇拜，它们其实是时间意识的一种特殊显现。蒋书庆说，中国彩陶艺术“对日月往来，寒热交替同期规律的探索，形成以鸟为太阳形象的类比，也产生了以蛙为月亮形象的象征，产生了两鱼相对之形的‘双鱼抱月’的形态，为月亮上下弦月的象征表示，为月亮死生轮回、圆缺消长的寓意再现。日月长短周期相参照，产生以月亮周期切割划分太阳周年周期的花纹形式，产生了同时兼顾日月往来周期的阴阳合历的历法。半坡彩陶月亮出没周期规律的花纹形式中，体现了犹如周代月相，以'生霸'等作为'四分'形式的区划，体现了朔望月的周期长度，也引发出对二十八宿及其起源的思考。"[1]

❶蒋书庆:《远古彩陶花纹揭秘》，王志安、段小强主编:《马家窑文化研究文集》，光明日报出版社 2009 年版，第 189 页。

二、"丰裕社会"与审美自由

关于史前人类的生存状态，我们很容易产生这样的观点：基于生产力的落后，其生存是相当艰难的。然而按照美国著名的人类学家马歇尔·萨林斯的看法，这其实是一种误解。不错，史前人类的生产力是落后的，但是由于当时地球上环境很适合人的生存，物质资源极为丰厚，当时人们的生活并不如我们所猜想的那样艰辛。马歇尔·萨林斯说：原始人类"在维持温饱之外，人们的需求通常很容易获得满足。这种'物质丰富'部分依赖生产的简易、技术的单纯，以及财富的民主分配。生产是家庭式样：使用的是石头、骨头、木头、皮毛——这些'周围大量存在的'材料。结果就是，从原材料的取得，到劳作的投入，都不费太大的力气。他们可以非常直接地获取自然资源——'任人自取'——甚至获得必要的工具也异常方便，与所需技能有关的知识也颇为寻常。劳动分工同样简单，主要是性别间的分工，再加上狩猎者普遍分享这一相当出名的自由风气，所有的人都能加入这种长期繁荣，共享'物质丰富'。"[2]马歇尔·萨林斯将这种社会称之为"原初丰裕社会"。

❷［美］马歇尔·萨林斯著，张经纬等译：《石器时代的经济学》，生活·读书·新知三联书店 2009 年版，第 13 页。

这种"丰裕社会"对于人类的发展具有极其重大的意义。首先是精神自由，物质上的丰裕，让人们不必将全部心思用于寻求食物，可以有更多的心力用于精神上的思考与想象，从而促进理论思维的发展，同时也促进人的想象力的发展。在这种社会背景下，人们有了最初的科学认识活动，也有了最初的宗教活动，还有了最初的艺术活动包括原始的歌舞、绘画、雕刻、游戏等。所有这些活动，只要有可能在一定程度上超越功利，就有可能让审美渗入。审美的现象是快乐，本质则是自由。原始丰裕社会的可贵正在于它给予了原始人类最大的自由感。

马歇尔·萨林斯不无感慨地说："我们总认为狩猎采集者是贫穷的，因为他们两手空空；或许我们更应认为，他们的一无所有是出于对自由的追求，'他们极端有限的物质生产，使他们摆脱日常琐碎的光顾，可以尽享人生。'"①

马歇尔·萨林斯在他的著作中引用人类学家 L. 马歇尔对原始部落昆人奈奈（Nyae Nyae）部落的考察资料："……每个男人可以并确实获得了每个男人所得，而每个女人也有每个女人所有……他们生活在物质丰富之中，因为他们使用的工具适应了他们身边取之不竭，并对每个人都可随意获得的资源……昆人总有更多的驼鸟蛋壳来制作珠串或用于贸易，但即使这样，每个女人还能找到一打或更多的蛋壳来做储水器——就他所能携带——以及制作漂亮的珠串首饰。"②从上述所引的材料可以看出，卡拉哈里沙漠的昆布须曼人（Kung）虽然生产水平极低，但不愁吃愁穿，他们有足够有闲的时间，足够自由的心态从事着具有审美性质的游戏与装饰。这样，我们就能理解：为什么河姆渡人能够在象牙上刻出那样精美的双凤图案，同样，马家窑的彩陶上的图案为什么那样绚丽多姿，美轮美奂。没有自由的心态，就没有审美的艺术，而自由的心态是由丰裕的物质生活来保障的。

❶［美］马歇尔·萨林斯著，张经纬等译：《石器时代的经济学》，生活·读书·新知三联书店 2009 年版，第 17—18 页。

❷［美］马歇尔·萨林斯著，张经纬等译：《石器时代的经济学》，生活·读书·新知三联书店 2009 年版，第 12 页。

丰裕的物质生活为自由的心态创造了条件，而自由的心态则为审美开辟了无比广阔的天地！

也许因为物资的获得太容易了，也许因为心态极端单纯，根本就没有财富的观念，史前人类对于物资财富并不看重。对现存印第安原始部落做过考察的人类学家说：

> 印第安人对他们的用具毫不在乎，完全忘记了制作时的辛劳……印第安人对待东西一点也不小心，即使只是举手之劳。……无论多贵重的东西，一经转入他们之手，新奇的劲头一过，便不再当回事了；在那之后，不分贵贱，全部弃置泥沙。[1]

❶［美］马歇尔·萨林斯著，张经纬等译：《石器时代的经济学》，生活·读书·新知三联书店2009年版，第16页。

这段引文非常值得注意。财富在这里不是一个经济问题，不能用经济学的眼光来看它。在这里，它只是用来说明印第安人心态的一个材料。从上引材料我们可以看出印第安人一种什么样的心态呢？

尽管劳动是艰辛的，尽管财富得来并不那样容易，然而印第安人都不把这些看得很重要。那么，他们看重的是什么呢？是快乐。劳动诚然是谋生的手段，但也是快乐之源，财富诚然是生存必须之物，但如果财富暂时不与生存挂上勾来，也就是说，它的功利价值被悬置，重要的就是它能不能给人带来快乐了。财富可以给人带来快乐，如果财富给人带来的快乐，仍然联系到它的功利价值，那快乐是低下的；只有当它不与功利挂勾，纯然成为艺术品时它给人带来的快乐才是最高的。龙山文化两城类型的那只蛋壳高柄黑陶杯，人们在玩赏它时是不会将它用以饮水的。印第安人应该有欣赏他们财富的时候，但是，“新奇”劲一过，他们也许就不会那样珍爱了。如果这财富成为别的“新奇”劲的障碍时，就可能随意将它毁坏，丝毫也不伤心。

由印第安人对待财富的态度，我们可以推测史前我们中华民族对待财富的态度，也许不一样，但是不是也有可能相通或相似的地方呢?

无功利之心是最为可贵的，虽然生产力水平低下，但是，史前人类的无功利之心比现代人多，所以他们比起现代人更能从事自由的创造。

三、史前审美意识的特质

关于史前审美意识的特质，我们拟从诸多角度来考察：

（一）就审美对象言之，史前初民的审美意识主要有两个突出特点：

1. 对自然审美的生活性与平易性

人类与自然本有着天然的联系，但是，这种联系随着人类文明程度的提高而有着变化。

史前，人类距动物阶段较现代人类要近。他们几乎就生活在自然环境之中，对自然特别亲和。由于农业是史前初民主要的生产方式，而农业生产的本质，就是人与自然直接对话。因此，与农业相关的大自然最早进入人们的审美视野。

史前初民的装饰艺术，不管是陶器的装饰还是玉器的装饰，均大量地运用自然的形象。河姆渡文化一期的一具陶盆，刻有水藻图案，线条稚拙，流畅，构图简约，但有变化，每棵水藻相对独立但又有所呼应，有的还有水草连接。整个图案显然出自精心设计。河姆渡文化遗址一期还出土一件刻有猪图的陶钵。猪的形象刻画兼具写实性与图案性。这两幅图画充满着童心的天真与无邪的浪漫，充分见出先民对自然审美的生活性与平易性。

2. 社会审美的礼仪化与天地性

新石器时代晚期，中华民族各部族陆续进入父系社会，贫富出现分化，人与人之间因为地位的差别而构成种种对立，具有初级国家性质的部族或部落政权悄然出现，具有原始宗教性质的巫术礼仪活动弥漫整个部落。由于王权的绝对权威地位，原始宗教活动基本上是在王权的控制下进行的，王权与教权实现了统一，部落或部族的最高首长往往就是最高的巫师。

在此背景下，服务于王权与教权的各种社会活动体现出一定的礼制来，这种礼制当其进入操作层面，均不同情况地仪式化。这仪式化的礼必然具有形式美，同时，它也渗透了情感，因而具有感染力。《尚书》、《国语》等古籍记载有远古歌舞活动的情景，这种歌舞总是体现出宗教、政治、审美三者的统一，这三者统一的艺术其最高境界是天人合一。传说中，三皇五帝均有自己的音乐，而且奏乐时君民同赏。更重要的是这种音乐达到了与天地合一的境界即《乐记》说的“与天地同和”。

那么。这样的作品其创作的原则是什么？《吕氏春秋·仲夏纪·古乐》载：帝颛顼令飞龙作乐，“效八风之音”[1]，取的是自然的节律。音乐本是社会的审美方式，本拟按照人的情感需要来制律，但按中国音乐传统，它取的是自然之节律。取自然节律的音乐，其效果非同凡响，它不仅能实现天和，而且也能实现人和。颛顼的音乐《承云》就有这样的效果。

史前艺术所追求的大体上是这种境界，不独音乐如此。远古人们的思维是：思考社会不离开自然，反思人生不离开天地。他们的艺术创作是这种思维方式的具体

❶高诱注:《诸子集成·吕氏春秋》6，上海书店1986年版，第52页。

体现。

（二）就审美意识的内涵言之，史前初民审美意识有三个突出特点：

1. 敬神意识高于一切意识

审美意识不是独立的意识，总是融汇在其他意识之中。就它对于其他意识的渗透、影响来说，它对于敬神意识的渗入与影响要优于其他意识。而敬神意识又在最大程度上制约着影响着审美意识。

由于对自身命运的不可知，对生的好奇和对死的恐惧，史前人类总是以极端的虔诚奉献给他们认定的命运主宰者——神。他们设身处地地想象神是什么样子，喜欢什么样的食物、歌舞，于是，将人所能达到的最高的享受包括美的享受奉献给神。在敬神中，史前人类将自己审美水平张扬到极致。所以，史前审美最多地在祭神、娱神的活动中见出。就玉器来说，最美的玉器应是神玉，它是用来献给神的。只有在文明社会，最美的玉器才是王玉，它是王的专利物，是权力的象征。良渚文化中的冠状饰形态多样，风格基元有二：神和美。神通过动物的某些元素来体现，比如兽目，突显出神的威严与神秘；美则通过艺术构图来实现。

史前人类是泛神论者，天地万物各有神灵，社会人伦诸多事宜均有神灵，所以几乎事事要敬神，物物要礼拜。史前是不是产生了最高神灵，现在还不能确知，但是，从中华民族进入文明时代后对天的崇拜中可以推想，史前人类对于高悬于头顶的天是最敬畏的，我们有理由认为，天是最高的神灵。

2. 物种生命保存意识优于个体生命保存意识

动物包括人的生命意识都可以分为个体生命保存意识与物种生命保存意识。就动物来说，比较突出的是物种生命意识的保存。在动物界我们看到诸多的这样的例子。为了让物种生命得以保存，年长的动物总是义无反顾地护卫着它们的幼仔，而不惜牺牲自己的生命。相比于个体生命，动物更为看重的是种族的生命。这种生命意识，在史前人类中也得到一定程度的体现。

在中国史前人类的文化遗址中最为常见的形态是裸体女雕像。20 世纪 80 年代，在辽宁西部喀左县东山嘴文化遗址发现两尊怀孕妇女雕像，均为裸体立像，头与右臂残缺，腹部凸起，臀部肥大，左臂曲，左手贴于上腹，有表现阴部的记号[1]。这样的雕像在史前诸多文化遗址都有发现，尤其是新石器早期、中期偏早期的遗址。学者一般将这种雕像称之为女神，这是不错的，但不是一般的女神，而是专主生殖的女神。一些史前文化遗址也出土有男祖这种器具，这可以看作是史前男性生殖器崇拜的体现。史前人类已经认识到生育不只是妇女的事，所以，史前岩画中有大量的交媾的画面。这不是欢娱的表现，而是生育主题的宣示，崖壁上画上男女交媾画是一种巫术，它以这样一种方式向天地神灵祷告，希望上天能多多地赐给人类后代子孙。

生育主题在史前的文化中的表现形式是非常多的，上面说的是显现的，而更大量的是隐性的，陶器纹饰中的鱼纹、蛙纹就隐含有生育的主题。

3. 宗教意识兼融科学意识

史前考古发现的大量史前人类活动遗迹证明史前人类的生活弥漫着浓郁的宗教气氛。1983 年至 1985 年，在红山文化牛河梁遗址发掘出一座“女神”庙，此庙由一个多室和一个单室组成，多室在北为主体建筑，单室在南为附属建筑。多室结构复杂，由主室、前后室、东西侧室组成。主室与东室为圆形。室内供奉着各种人物

[1] 郭大顺、张克举:《辽宁喀左县东山嘴红山文化建筑群址发掘简报》,《文物》1984 年第 11 期。

雕像，也有动物雕像，人像全为女性，有头、臂、肩、乳房、手的残块。其中一尊头像相当于真人大小，残块拼合后，头部的眼、鼻、嘴、耳等部位结构合理。眼睛为晶莹的碧玉镶嵌而成。如此精致的雕像，如此复杂的神室，只能说明当时的宗教活动无论在组织规模上还是在对神灵谱系的认知上都达到了极高的水平。据此，根本不能低估史前人类的宗教意识。史前人类所留下的大量的器物，除工具与生活用具外均与宗教相关，特别是玉器，几乎全部与宗教活动或宗教意识相关。

史前人类的活动中也有科学探索活动，其中最重要的应属于对天体运行规律的认识。由于当时还没有发明文字，有关天文的认识，不能记录成文，只能通过图画形象表现出来。鸟是常见的纹饰之一。学者一般从图腾崇拜的角度去解释它，这种解释是有文献佐证的。生活在中国东南的东夷族是以鸟为图腾的。但这是不是唯一的解释？鸟的图案在史前是不是还有别的意义？比如天文学的意义？美国学者班大为对于古史的天文学研究，给我们以启发。

班大为说，今本《竹书纪年》在公元前1071年有一条重要记载：裸眼可见的五大行星在天蝎座（房星）聚会。这一天象记在帝辛即纣王三十二年、文王四十一年。皇甫谧（215—282）在其《帝王世纪》中说："文王在丰，九州之诸侯咸至，五星聚于房。文王即位四十二年，岁在鹑火，文王于是更为受命之元年，始称王矣。"[①]这就是说，这一天象被文王视为吉象，用作上天受命的根据。《竹书纪年》关于此一事件的记载不止于此，接下还有"有赤乌集于周社"记载。班大为说："赤乌，或说太阳鸟，当然会让人想起凤凰，她是王朝更替的先兆，她的出现预示着有德之主的崛起。赤乌降于周人祖先居住地的社坛，

① [美] 班大为著，徐凤先译：《中国上古史实揭秘》，上海古籍出版社2008年版，第10页。

再加上她的红色（周人礼制尚红），象征着天命将向周人统治者西伯昌（文王的别名）转移。”[1]班大为从天文学的史料证明《竹书纪年》说的那次五星聚会实有其事，并进一步说明中国人很早就有对天体运行的科学观察。

中国古人喜欢用鸟来代表某座星，像“鹑火”，就是用鹑来代表某一星象的。关于鹑火，《石氏星经》有一个解释：“自柳九度至张十七度，于辰在午，为鹑火。南方为火，言五月之时阳气始隆，火星昏中，在七星朱鸟之处，故曰鹑火，周之分也。”[2]班大为说：“鹑火是什么？简单地说，鹑火是一个恒星密布的天区，在功能上相当于被称为朱鸟的星群，在商代和西周早期，这里正是夏至点的所在。”[3]由此我们发现，原来鸟在古代并不只是作为神灵的形象出现，它还作为天文上的某星座的代表出现。

在中国古代的典籍中，“赤乌”这种鸟常被用来作为某种天象名称，同时又将它的出现与社会人事结合起来，体现出神的旨意。上面提到的周代商的革命，好些古籍提到“赤乌”这一星象，有的还提到现实生活有赤乌、赤雀或凤凰飞来。除《竹书纪年》有“赤乌集于周社”的记载外，《墨子·非攻》亦说：“赤乌衔珪，降周之岐社，曰：‘天命周文王，伐殷有国。’”[4]另，《吕氏春秋·有始览》说“及文王之时，天先见火，赤乌衔丹书集于周社”。[5]

这些说法不禁让我们想到史前文化中诸多鸟形象，它们或出现在陶器、玉器、象牙器的纹饰中，或单独做成玉雕。它们的意义是什么呢？可能不只是鸟图腾崇拜，有可能还是天象的一种象征。这种象征具诸多的意识，科学、宗教、政治、审美等。

（三）就其表现状态来看，史前初民审美意识也具有三个特点：

❶［美］班大为著，徐凤先译：《中国上古史实揭秘》，上海古籍出版社 2008 年版，第 10—11 页。

❷❸［美］班大为著，徐凤先译：《中国上古史实揭秘》，上海古籍出版社 2008 年版，第 22、21 页。

❹周才珠等译注：《墨子全译》，贵州人民出版社 1995 年版，第 181 页。

❺高诱注：《诸子集成·吕氏春秋》6，上海书店 1986 年版，第 127 页。

1.混沌性。就是说，它的审美意识是不纯粹的，杂糅各种不同意识，如上文所说，它有科学的意识，也有宗教的意识，甚至还有礼制的意识，等等。这些意识融为一体，相互依存，相互作用，相互解释。

2.经典性。史前人类的审美意识是史前人类原始生命的经典性的表达，说经典性，就是说它表达的不是某个人的意识，而是群体的意识。这种意识形态是全部落的情感语言，是全部落的生命力表达形式。

3.非文字性。史前人类没有发明系统的文字，主要靠口语来表达思想与情感。口语是声音，声音极具表现力，除内涵外其外在表现形式诸如调质、高低、快慢、轻重，节奏均具有思想和情感传达的意义。除声音外，视觉的手段包括图画、雕刻等也是史前审美意识的重要表现手段。史前歌舞很盛行，也许，那种具祭祀、庆典、巫术、娱乐多种意义于一体的歌舞，是史前审美意识最佳表现手段。

非文字性不等于非理性，尽管史前人类的审美意识具有重感性的特点，但不能说是非理性的。史前人类制作的石器、陶器、玉器是那样精美，很难说它是非理性的产物。史前人类的审美意识的表达具有最大的原创性，它是原始人生命力的最直接的表达，其想象之神奇、其构思之新颖，是人类其后的任何作品不可相比的。人类的童年犹如人的童年，具有旺盛的生命力、创造力。

四、史前艺术的永恒魅力

史前人类非凡的艺术成就让我们深思，虽然史前生产力相当低下，科学技术水平相当低下，然而史前初民们的创造才华不仅不低下，而且非常之高。如果就其原创性而言，它可以说是一种规范，一个不可企及的范本。

因为，史前初民的起点是人之初。他之前是动物了。他的原创是绝对的。现代人不管其创造力如何伟大，都对前人有所继承。它的原创是相对的。

史前人类在艺术上的伟大成就证明人的智力与知识不仅没有关系，跟科学技术发展水平也没有关系。智力不是识而是力，识总是有限的，而力也许有限，但通向无限，无人能定其所限。马家窑人在彩陶上尽情地施展才华，他所创造的纹饰既匪夷所思又合律合格。你能为他的想象力定下一个极限吗？不能！

许久以来，我一直认为，史前初民只是感性思维发达，理性思维不发达。现在，我对于这一看法踌躇了。仅仅是感性思维发达，能创作出马家窑彩陶上如此繁复又如此谨严、如此生动又如此有序的纹饰来吗？凌家滩文化遗址出土的玉鹰，以猪头为双翼，鸟腹刻一圆圈，圈内为八角星（参见图 5-3-11），构思极怪，而构图极妙。只要稍有不妥，作品就失去和谐，而鹰也缺失活力了。然而这鹰任你如何欣赏，它给人印象都是极完整的。如果没有相当高的理性思维能力能够做到吗？我发现我们对理性思维的理解有片面性，我们只是将概念的思维当成理性思维。如果不是以概念为思维的元素，而是以形象作思维元素就不能做理性思维了吗？再者，我们凭什么认定初民就不能使用概念来思维呢？凌家滩人在制作玉鹰时其思维过程我们不得而知，如果联系到同一时期凌家滩人制作的玉版，我们就不会怀疑凌家滩人缺乏理性思维。因为没有相当的理性思维特别是数理思维，玉版是不可能制作出来的（参考图 5-3-9）。

史前人类在艺术上的伟大成就证明马克思于社会发展的一条重要发现：艺术的发展与社会的一般发展不是成比例的。马克思说：

关于艺术，大家知道，它的一定的繁盛时期决不是同社会的一般发展成比例的，因而也决不是同仿佛是社会组织的骨骼的物质基础的一般发展成比例的。例如，拿希腊人或莎士比亚同现代人相比。就某些艺术形式，例如史诗来说，甚至谁都承认：当艺术生产一旦作为艺术生产出现，它们就再不能以那种在世界史上划时代的、古典的形式创造出来；因此，在艺术本身的领域内，某些有重大意义的艺术形式只有在艺术发展的不发达阶段上才是可能的。①

如此说来，史前那些让我们震惊的艺术形式如岩画、彩陶、玉雕等倒是只有在史前那样的不发达的社会才会产生，它们的辉煌成就虽然与那个时代的物质基础不成比例，但与那个时代是适应的。

马克思曾经拿古希腊神话为例来说明艺术与社会的物质基础不成比例发展的关系，他说，希腊神话不只是希腊艺术武库，而且也是它的土壤。然而，“成为希腊人幻想的基础、从而成为希腊［艺术］的基础的那种对自然的观点和对社会关系的观点，能够同走锭精纺机、铁道、机车和电报并存吗？在罗伯茨公司面前，武尔坎又在哪里？在避雷针面前，丘必特又在哪里？在动产信用公司面前，海尔梅斯又在哪里？”②同样，成为中华民族审美和艺术基础的史前艺术包括岩画、彩陶、玉雕等，它们能够与当今的信息高速公路、电子技术并存吗？在苹果 iphone4S 面前，半坡的人面鱼纹在哪里？在 3D 电影《阿凡达》面前，河姆渡的精微骨雕双凤太阳图又在哪里？的确可以这样发问，但是，尽管有了苹果

❶《马克思恩格斯选集》第 2 卷，人民出版社 1995 年版，第 28 页。

❷《马克思恩格斯选集》第 2 卷，人民出版社 1995 年版，第 28—29 页。

iphone4S、3D 电影《阿凡达》，半坡的人面鱼纹、河姆渡的双凤太阳图仍然是不朽的，甚至无可替代的。其原因是，它们代表着人类的童年，虽然你会觉得小孩画的画不太合比例，画中的人头太大，身子太小。也许你会认为孩子说的话不科学，怎么能说太阳公公笑了呢？但是，这就是童年，无法避开也无法超越的童年。成人不管取得如何伟大的成就，都没有资格嘲笑童年的稚嫩、无知，因为童年有着人类其他任何时间段都不可能有的天真、纯洁、好奇、智慧，还有最为可贵的原创力。中华民族史前文化那些让我们震惊的艺术作品不就是这样吗？在文明时代，你在哪儿见过人面鱼纹这样优美的构图？马家窑彩陶上绚丽多姿的纹饰让文明时代一切装饰在它面前黯然失色！面对着广西右江巨崖上的宏大岩画，哪一位现代艺术家不羞愧难当？

马克思问得好："为什么历史上的人类童年时代，在它发展得最完美的地方，不该作为永不复返的阶段而显示出永久的魅力呢？"[①]中华民族的史前，那上百万年特别是新石器时代近万年的历史，不就是她的童年吗？已经发掘的诸多文化遗址包括大地湾、红山、仰韶、河姆渡、马家窑、大汶口、凌家滩、石家河、龙山等等，不就是它发展得最完美的地方吗？所有的中华民族史前的文化都是具有永久魅力的，它们所达到的艺术成就不仅今天的高科技无法达到，而且未来的高科技也不可能达到。它们是不可克隆、不可取代、不可超越的唯一，因唯一而第一。

❶《马克思恩格斯选集》第 2 卷，人民出版社 1995 年版，第 29 页。

结论：史前艺术与中华美学传统

中华民族进入文明阶段一般以夏代算起，李学勤为首的夏商周断代工程专家组认为："关于夏文化的上限，学术界主要有二里头文化一期、河南龙山文化晚期两种意见。新砦二期遗存的确认，已将二里头文化一期与河南龙山文化晚期紧密衔接起来。以公元前1600年为商代始年上推471年，则夏代始年为公元前2071年，基本上落在河南龙山文化晚期第二段（公元前2132—前2030年）范围之内。现暂以公元前2070年作为夏的始年。"[1] 这样说来，我们龙山文化晚期已经与文明接轨。

[1] 夏商周断代工程专家组:《夏商周断代工程》简本，世界图书出版公司2000年版，第81—82页。

历史的划分一般是以生产工具为代表的，史前人类主要的生产工具为石器，因此称之为石器时代，文明史的开端则是以青铜器为代表，称之为青铜时代。由石器时代到青铜时代有一个过渡期为铜石并有时代，龙山文化属于这个时代。夏代虽然属于青铜时代，但现在出土的青铜器不是很多，商代则完全不同，青铜器不仅品种丰富，且造形精美，特别是纹饰，极具魅力，现在公认为中华民族文明史开端期的卓越代表。商代已经有文字了，文字的创造及运用，催生了人们的理论思维，像《易经》这样的哲学著作就应运而生了，《易经》作为中华文化之源，派生出儒家、道家等诸多思想流派。于是，中华文化就分成两翼而腾飞，一翼为器物文化，一翼为文字文化。两者相互作用，相互影响。中华文化如璀璨之彩凤飞翔于万里长空。

史前史一般分为旧石器时代和新石器时代。旧石器时代至少是一万年以前，可以推到距今三百万年前[1]。这样一个漫长的时间，人猿难分。那个时期的人类的生活状况，考古发现的材料不是很多。不过，就旧石器时代晚期的人类的生活状况来看，应该有审美意识的萌芽。比如，山顶洞人的遗址就发现有大量的装饰品，包括钻孔的小砾石1件，穿孔石珠7件，穿孔海坩壳3件，穿孔兽牙125枚，穿孔鱼骨1件，有刻道的骨笛4件。部分钻孔壁残留有红色。新石器时代地下考古发现的材料远比旧石器时代丰富。大量的材料证明新石器的人类其审美意识比较地发达了。除了维持人类生存所必须的生产活动外，艺术活动是史前人类用心最多的事了。大自然丰厚的馈赐，优越的生活环境，让史前人类有相当多的余暇从事着艺术活动，史前初民们的审美意识主要是在艺术性的活动中得以培养的。

❶关于旧石器时代，学者们一般分直立人（300万至10万年前）、早期智人（10万年至4万年前）、晚期智人（4万年至1万年前）。中国已发现的旧石器遗址200多处。三个时期的遗址都有。

中华民族的审美传统或用文字（诸如诗歌）或用器物（诸如宫殿）存在着、发展着，形成自己的体系和自己的传统。这种传统主要是在文明史中形成的，但是，它可以溯源于史前的审美文化。下面，我们来看看中国美学的几大传统是如何在史前审美文化中找到源头的：

一、意象合一传统

意象合一是中国美学重要的传统之一。这一传统我们通常可溯源到《周易》。《周易》的主体是象，这象有八卦符号、阴阳符号，还有每个卦各自代表的宇宙自然、社会人生中的众多事物。在《周易》宇宙观、时空观、生命观等诸多方面的哲学思想的指导之下，构成诸多的意象系统。象是《周易》的基础，象的选择、组合，根据着一定的数，数不能简单地说成是数字或数量，而是制《易》人所理解的宇宙发展变化的逻辑。在象的基础上，配上相应的辞（卦辞、爻辞）。关于这个结构，《周易·系辞上传》总结为“立象以尽意”[1]。值得说明的是，这“意”是制《易》人所理解的宇宙（包括社会人生）发展变化的客观规律，具有浓重的主观性。

《周易》这种意象系统奠定了中华民族美学的基本品格。中华民族美学这种意象合一的传统也可以从史前的艺术中找到它的源头。

这里，至关重要的是象的制作。《周易》中的象是如何制作出来的，《系辞下传》说：“昔者包牺氏之王天下也，仰则观象于天，俯则观法于地，观鸟兽之文与地之宜，近取诸身，远取诸物，于是始作八卦，以通神明之德，以类万物之情。”[2]这段话的要点：一是“观”。《周易》的象源自客观外界，是“观”来的。二是“取”。分为两个方面：“近取诸身”，即取自人的现实生活及人的主观世界；“远取诸物”，即取自自然现象及其规律。三是“通”。“通神明之德”即与神相沟通，让神了解人的意愿，支持人的意愿。四是“类”。“类”为合，“类万物之情”，即让人的意愿合乎自然规律，从而让自然规律支持人的意愿。

这四个要点，我们在史前的艺术中均可以找到对应处：史前艺术中有大量的自然现象的造形，均是初民们从自然界观来的。值得说明的是，史前初民从外界获取大量的象，只是用来作为创作的原料，而不是简单地摹仿外界的象。出现在彩陶上的鸟纹、鱼纹、蛙纹，有写实的，但更多的属于写意。凡写意的，均有不同程度的抽象，不同程度的变形。如《周易》中的制象目的在

❶朱熹注，李剑雄标点:《周易》，上海古籍出版社 1995 年版，第 148 页。

❷朱熹注，李剑雄标点:《周易》，上海古籍出版社 1995 年版，第 150 页。

图 1　仰韶文化史家类型葫芦瓶，采自《考古与文物》1980 年第 3 期

"尽意"一样，史前彩陶、玉器上纹饰也主要在"尽意"。此"意"同样是为了"通神明之德"，"类万物之情"。像图 1 这具仰韶文化史家类型葫芦瓶，纹饰比较复杂，作为主体纹饰的是鱼与鸟，鱼与鸟并不直接接触，那么，这一纹饰到底试图表达什么样的意呢？仁者见仁，智者见智，不同的说法很多。蒋书庆先生有一种解释，他认为图中的"鱼纹在寒热两半相对应正反两面鸟纹之间，是以传递寒热阴阳信息的使者而存在，以鱼纹按鸟纹自然数顺序而回旋，则形成同一圆圈纹中两个相互环抱的鱼形图像，而这一形式也正是传统文化中的古《太极图》形。从这一花纹形式中我们正可以看到古《太极图》的起源与由来。"[1]不管这种说法是否成立，此图的创作者肯定是有一种想法的。从构图来看，除了通明之德外，很可能传达了创作者对于宇宙自然的规律的一种认识与理解，也就是"类万物之情"。

[1]蒋书庆：《破译天书》，上海文化出版社 2001 年版，第 130—131 页。

史前的图画文字既是中国文字的源头，同时也是中国意象艺术的源头。中国现在最早的文字为甲骨文，那是刻在兽骨与龟甲上的文字，此种文字出现在商代。但是，史前也有文字符号发现。中国的文字是以象形为基础的会意字，以线条造形，基本上为方块形。最接近这种文字的应该是大汶口文化陵阳河遗址所发现的姑且名之为"日月山"的图案。这图案是不是文字，目前也没有定论，但是，它切合汉字"六书"中"象形"、"会意"两义。

1992 年 1 月，山东大学考古专业在洗刷丁公遗址第四次发掘的陶片时，在一个龙山文化的灰坑一片灰陶片上发现有 5 行 11 个字。陶片长 4.6—7.7 厘米、宽约 3.2

厘米、厚 0.35 厘米。右起一行为 3 个字，其余 4 行每行均为 2 个字。这些刻文笔画流畅，独立成字，刻写有一定章法，排列也很规则，已经脱离了符号和图画的阶段。全文很可能是一个短句或辞章。

中国的文字是意象系统，它的象更多的不是物象，而是心象，也就是说，借此象传达内心的思想与情感。它像八卦符号，也正是因为这样，一些学者把八卦符号看作是汉字的源头。

汉字的意象系统与中国的绘画是相通的，绘画的象也主要不是为客观世界造象，而是为心造象，所以，中国的汉字能够成为一门艺术，而且凡操画者都必须有优秀的书法功底。

中华民族美学的全部奥秘就在“意象”。中华民族对美的理解与意象分不开，中华民族绝不会离开意象去谈什么美，离开象的抽象概念，在中华民族看来无美可言。虽然美离不开象，但中华民族绝不会止于象，她会将此象全部转化为意，成为意之象，象即意，意即象。表现在诗歌艺术中，景语即情语，情语即景语，情与景妙合无垠。绘画等造形艺术就更不消说了。不仅象全部化为意，成为意之象，而且此意还在不断地升华，在意的升华过程中，象也在不断地升华着，象的升华，就成为境。所以，虽然意象是美的存在形式，却只是最低层次，最高的美却在意境，或者说境界。美始于意象，生于意象，然而，美大成于境界！

二、天人合一传统

天人合一是中国哲学、中国美学的主要传统。这种传统的形成，我们一般溯源到夏商周三代。三代中夏代材料欠缺，商周则很丰富。文字方面，产生于商代、定形于周初的《易经》可以看作天人合一的精神源头。器物方面，鼎盛于商代绵延于周代的青铜艺术，可以看作是天人合一的物质源头。青铜器的造形特别是诸多纹饰已经透露出天人合一的意味。天人合一在史前审美文化中有没有体现如何体现还是值得研究的问题。由于史前没发现有系统的文字，对于史前有没有天人合一的精神，我们只能从器物中去考察。

这里重要的是要明确天人合一这一命题的内涵。天人合一命题中，天是关键性的概念。天，在中国文化中是一个多义词，大体上有五义：天空、自然界、自然规律、宇宙（以自然为基础涵盖社会人生）、神灵。五义中，神灵之外的四义是可以统一的，按照这种理解，天人合一就包含两个方面：宇宙与人的合一，神灵与人的合一。对于古人来说，天人合一是不可能将天与人置于平等地位的，因此，天人合一只能表现为对天的崇拜包括自然崇拜、神灵崇拜。如果这种理解能够成立的话，中国史前文化中诸多的陶器、玉器的造形及其纹饰均可见出对天崇拜的意味。

首先是自然崇拜，史前诸多陶器玉器的造形及纹饰具有自然崇拜的意味，比如太阳崇拜、漩涡崇拜、鸟崇拜、蛙崇拜、鱼崇拜等等。除了具象的造形外，一些抽象的符号也具有自然崇拜的意味，只不过崇拜的不是自然物本身，而是宇宙运行的规律，比如马家窑陶器纹饰中普遍的横 S 构图方案，明显见出一种阴阳观念，体现出初民对于“无平不陂，无往不复”[①]这样一种宇宙规律的深刻理解与具体把握。

其次是神灵崇拜。史前是一个神灵充斥的时代，初民们不仅相信有最高神——天神的存在，还相信各种自

❶朱熹注，李剑雄标点:《周易》，上海古籍出版社 1995 年版，第 49 页。

然物均有神灵存在。初民们对于自身的力量缺乏足够的信心，一切大事均决定于神，因此，通神成为部落头等大事。通神的目的是获得神的旨意，得到神的认可，概括起来也就是天人合一。

史前通神的手法是非常之多的，岩画、岩刻是直接绘在或刻在崖壁上的，它不是给人欣赏的，它是给神欣赏的，准确地说是向神发出信息，表达意愿。因此，这是通神的手段。作为法器用的玉璧、玉琮应该也具有这种功能。《周礼·春官宗伯第三·大宗伯》说：“以玉作六器，以礼天地四方；以苍璧礼天，以黄琮礼地，以青圭礼东方，以赤璋礼南方，以白琥礼西方，以玄璜礼北方。”[1]这里说的苍璧、黄琮、青圭、赤璋、白琥、玄璜均是玉器，这些玉器史前就有了。良渚文化反山遗址出土中国目前最大的也最精美的玉琮，号称“琮王”。整器重约6500克，琮体四面中间由4.2厘米宽的直槽一分为二，由横槽分为两节。此具琮最不平凡的是在它的直槽上下各琢刻有一神人兽面纹像。这琮是做什么用的，有多种说法：诸汉文先生认为琮来源于“土地经界”的测定，反映着“定居意识”[2]；史树青先生认为琮上的节是一代祖先的象征；汪遵国先生认为玉琮当与当时敛尸的风俗相关[3]；牟永杭先生认为琮应源于刻有神像的图腾柱[4]；邓淑苹先生“推测琮是典礼中套于圆形木柱的上端，用作神祇或祖先的象征”[5]；张光直先生认为琮是巫师贯通天地之法器。凡此种种说法，都体现出一个共同点，琮是人由此岸贯通彼岸的手段，彼岸不管是祖先神还是自然神，均可以归属于天，因此，玉琮是通天的手段。

除了使用像玉琮这样的法器，由巫师直接获取神的信息外，史前初民用得最大的通天的手段还是各种动物造形，或为纹饰或为雕塑或为图画，让动物的造形成为

❶钱玄等注译:《周礼》，岳麓书社2001年版，第182页。

❷诸汉文:《良渚玉琮试析》,《文博通讯》1985年第3期。

❸汪遵国:《良渚文化的玉敛墓——兼论良渚文化是中国古代文明的起源之一》,《南京博物院集刊》1986年。

❹牟永杭:《良渚玉器上神崇拜的探索》,《庆祝苏秉琦考古五十五年论文集》，文物出版社1989年版。

❺邓淑苹:《新石器时代的玉琮》,（台北）《故宫文物月刊》第34期，转引自刘斌著:《神巫的世界：良渚文化综论》，浙江摄影出版社2007年版，第98页。

人与天的中介。在初民看来，动物对于人既有几分亲和，又有几分神秘。亲和在于它与人生活在同一世界，人可以从动物那里获知某些信息；神秘，就因为它毕竟不是人，不是人的东西也许比人更能感知神意，于是初民就认为动物是沟通天人关系最好的使者。按说，动物本身应比动物造形更适合担当通天的角色，但动物并不是那样听从人的摆布，于是就用动物的造形来代替动物。这种手段属于巫术。史前的艺术不同程度的具有巫的气息。

三、史筮合一传统

史筮合一的传统主要体现在先秦儒家之中，最早期儒家是部落和部族中从事巫术活动的术士，他们不仅操持各种巫术，主持各种庆典，而且还是社会上各种礼仪规范的制订者。儒家是部族中具有最高智慧的人，是教师，也是部落和部族史的记载者，于是，奠定了中国文化中史筮一体、史教一体的传统。《易经》本是占筮之作，然儒家一直也将它看作史。不仅《易经》如此，儒家的“六经”都是“史”，故有“六经皆史”一说。随着社会的发展，儒家筮的一面让给了道教，史的一面得到强化，儒家重史，实质是重教育，以史为鉴，启迪后人。

儒家的史筮合一的传统也给予中华民族的审美以深刻的影响。中华民族审美文化非常强调历史感，强调教化。儒家的“诗教”说、“言志”说、“载道”说，可以说是这方面的突出代表，同类的还有“兴感”说、“风骨”说、“诗史”说等等。

这种传统，我们也是可以从史前的艺术中找到源头的。史前艺术中，全面体现中国文化精神的艺术属玉。玉器专家尤仁德所说：“玉器极高的价值表现在：能说明或复原中国历史的传统思想文化、哲学文化、道德文化、政治文化、军事文化、礼仪文化、行为文化、神话宗教文化、审美文化等社会文化现象。因之，玉器是最有资格代表中国传统文化的极富特色的艺术形态，并以其高深的历史价值、艺术价值、科学价值和审美价值，成为学习和研究中国传统文化最重要的实物资料。”[1]

玉器的诸多精神中有三点切合史篮合一精神。一、几乎所有的玉器都被看是神器，这玉，不管是法器，还是佩饰，均具有通神、辟邪的功能，因此，玉器都是吉祥物。这切合史篮精神中的“篮”。二、玉器具有比德功能，是君子的象征。《诗经》有句“言念君子，温其如玉”。先秦大儒荀子专门著文论玉的比德功能，说玉有诸多美好的品德：仁、知、义、行、勇、情、辞。这切合于史篮精神中的“史”。三、玉至美。一切器包括石器、陶器、木器、漆器、瓷器等等，玉器公认为至美。这种美又主要在其洁，有成语“冰清玉洁”。其实，洁也是清。玉之洁，在其品格之高，超尘绝俗，这样，玉又在相当程度上超越了儒家的思想，进入了道家的精神领域。

中国史前玉文化相当发达，尽管琢玉决非易事，史前又没有金属工具，然而在六七千年前的红山文化遗址就发现大量精美的玉器。史前玉文化在几乎遍及中国东南西北中各方。其中以北方的红山文化、南方的良渚文化、凌家滩文化和石家河文化所出土的玉器最为精美。凌家滩文化、石家河文化中的玉人具有重要的研究价值，他们本是什么人？为什么要制成玉人？按玉在史前文化中均充当礼玉的身份或用来祭神或用来喻德或用来显威来说，这玉人应是部落中的巫师或首领，或二者兼具。他们是部落至高精神的最高代表，是全部落的教化者。作为中华民族整个民族图腾标志的龙、凤形象，在陶器

❶尤仁德:《古代玉器通论》，紫禁城出版社2004年版，第6页。

中几乎是看不到的，它只在玉器中出现。这也说明，在史前初民的心目中玉器最为高贵。

值得特别指出的是，《国语·楚语》说的古帝颛顼基于“少皞氏之衰”、“民神杂糅”、“民神同位”、“神狎民则”这种扰乱天人秩序的情况，提出“绝地天通”的主张，将司天的事专给南正重，而将司地的事专给火正黎。让民神各归其位，不相侵渎。这种做法对于后世影响深远。它在某种程度上又将史筮区分开来，使得史与筮虽相互影响，但不至于相互侵扰，相互取代。这样，就在相当程度上保持了礼教传统在中国文化中的独立性。颛顼是黄帝的孙子，五帝中的第二帝，他所处的时代是仰韶文化时代，他的“绝地天通”的主张必然会在器物文化中见出影响。事实也正是如此。我们在考察仰韶文化晚期以及其后的良渚文化、石家河文化的器物时，发现礼器与神器虽有一定的重叠，但有显著的区别。像玉，既有礼玉，又有神玉。礼玉不等于神玉，神玉也不等于礼玉，功能区分明显。体现审美上，礼器与神器均有其美，但其美是不同的。另外，史前的器物文化中，还有既不属于礼器与不属于神器的饰器，它的功能主要为审美。

四、阴阳和合传统

阴阳概念首先是由《易经》所提出来的，《易经》中的阴与阳，分别是坤卦和乾卦为代表，分别指地和天，也指女（妻）与男（夫）。阴阳观念在中国民族的理解，第一是生命观念，无阴阳即无生命。第二是辩证观念，强调事物相对、相反、相成。第三是和合观念。阴阳最大的意义不是在于斗争、冲突，而是在于斗争、冲突后的和合，和合不是原有事物量的增加，而是原有事物物质的变化，是阴阳两种力冲突后的创造，是新事物的出现。阴阳观念是中华民族特有的哲学思维，中华美学就是这样一种哲学思维的基础上发展起来的。中国美学中有诸多的“对子”如刚与柔、形与神、情与景、意与象、显与隐、气与韵等，都从不同的意义上体现出阴与阳的关系。

中华民族的阴阳哲学传统在史前考古文物中有突出的体现：

第一，史前陶器诸多纹饰中见出阴阳意味，如：1.相向双曲线。类阴阳鱼太极图；2.横S纹；3.简单漩涡纹，即一个中心点旋转出反向二曲线；4.复合漩涡纹，一个中心点旋转出四或三曲线，构成复合式的阴阳关系。这些纹饰均在马家窑文化彩陶纹饰中可以见到。

阴阳虽然表现为反向的力，但它们最终实现和谐，走向融合，创造新质。看纹饰是不是阴阳观念的体现，一是看存不存在相等的反向的力，二是看这成对的力是不是实现了和谐。如果以这为视角来考察史前陶器上的纹饰，我们当看到更多的阴阳观念的表现。

第二，凌家滩所出土的玉版，包含了《周易》的诸多元素诸如八卦、四象等，而最重要的是阴阳观念，体现为诸多对事物的对立与统一：圆形与方形、圆形与三角形、圆形与菱形、方形与三角形等等。由边框小孔所体现的数字关系主要有八与四、五与五等，这其中除了神秘的意义外，也包含有阴阳关系。玉版的秘密现在还没有揭开，它很可能是河图或洛书的远古版。

第三，在男与女的关系上也见出有阴阳观念的萌芽。史前初民已经初步认识到了生育的秘密，史前的岩画有许多表现男女交媾的画面。这画面应该是巫术，向天地神灵祷告，希望能得到天地神灵的佑助，让部落有更多的新生命诞生。《周易》特别强调阴阳相应、阴阳相交，应该说更多来自对男女关系的认识。而这，在史前岩画、雕塑中有许多表现。红山文化不仅有孕妇的雕像，还发现有玉制的男根。

阴阳哲学的核心是生命，《系辞上传》云：“天地之大德曰生”[1]。如果就这而言，整个史前文化所显示出来的生命崇拜、生殖崇拜均应属于阴阳观念。

❶朱熹注，李剑雄标点:《周易》，上海古籍出版社 1995 年版，第 150 页。

五、礼乐和合传统

礼乐和合是中华文化的重要传统，也是中华美学的重要传统。这一主要由儒家提出来传统是不是也能从史前的文化中找到源头呢？答案是肯定的。

史前什么时候出现了礼制，目前也还是一个待深入研究的问题，由于史前没有文字，这种研究只能借助于考古所发掘的实物进行。史前器物主要为石器、陶器、玉器。三类器物中，石器和陶器主要是实用性的，只有极个别的石器、极少部分陶器有可能成为礼器。因此，从石器、陶器中寻找礼制的萌芽，不是一条好途径。玉器则不同，玉器材料极为珍贵，制作极为不易。对于食尚不能果腹、衣尚不能蔽体的初民来说，花大量的财力、人力去制作玉器，只能是为了一种更高的精神需要。

中国最早是在兴隆洼文化遗址发现玉器的，兴隆洼文化距今 8000 年。兴隆洼文化代表性的玉器是玦，这是一种有缺口的圆圈状的玉器。有学者认为它是耳环，我觉得不太可能，因为它太重，挂在耳朵上不会舒服。最大的可能是法器，巫师拿着它祭神。

玉器品种很多，不同的玉器通神的方式不同。《周礼·春官宗伯第三》说圭这种玉器就有四种：镇圭、桓圭、信圭、躬圭，分别为王、公、侯、伯执掌。“四圭有邸，以祀天、旅上帝。两圭有邸，以祀地，旅四望。”① 这话的意思是四圭有它所本，这本就是祀天，旅祭上帝；两圭之本则是祀地，旅祭四望即东南西北四方。

玉器除了用来通神外，还用来象征权力，显示地位，因此，它只能为部落中的高层领导者所有。考古发现，在新石器时代的中晚期，已经有财富不均的现象，到距今4000年左右的龙山文化②，更是有明显的阶级分化。基于这样的社会背景，玉器的功能就有可能产生分化，一部分继续充当神器，一部分则成为礼器，还有一部分既是神器又是礼器。钺本是一种兵器，用玉来制作钺，显然不是用它来杀敌，而是用它来象征权威。良渚文化反山遗址就发现这样的玉钺，它很可能是最高军事首长的权杖。

玉器只是礼的一种显现，史前社会的礼制还体现在其他方面，像葬制，地下考古发现，仰韶文化半坡类型的墓葬就有种种讲究了。地下考古发现，孩子有葬具，大人没有，孩子中男孩用陶瓮，女孩用木棺。可见，那个时期重视小孩，尤其重视女孩。半坡遗址没有发现男女合葬墓。这种葬制显然是母系氏族社会的体现。此种葬制随着社会的变迁而有所变迁，良渚文化、龙山文化已是父系氏族社会了，葬制就完全不同，不仅有了男女合葬墓，而且可以看出，那女性系殉葬而死。墓中的陪葬物，严格地与墓主人的身份相适应。

乐在史前也早已存在，史前岩画中有大型的歌舞场面，马家窑陶器中有各种生动的舞蹈纹。史前神话有五帝制歌舞的记载。最早制作歌舞的是黄帝，《太平御览》说他“习乐昆仑，以舞众神”③；《庄子》说他“张《咸池》之乐于洞庭之野”④。这种以大山、大湖为背景的

①钱玄等注译:《周礼》，岳麓书社2001年版，第196页。

②龙山文化的年代各家说法不一，有的定为公元前2400—前1800，有的定前2400—前1900年，有的定前2400—前1900年，有的定前2400—前2000年。参见张学海著:《龙山文化》，文物出版社2006年版，第61页。

③夏剑钦等校点:《太平御览》第八卷，河北教育出版社1994年版，第334页。

④陈鼓应注译:《庄子今注今译》，中华书局1983年版，第366页。

歌舞，显然是祭神舞，其场面的壮观可以想见。五帝各有其乐舞。黄帝之乐为《咸池》，颛顼之乐为《承云》，帝喾之乐为《九招》、《六列》、《六英》，尧之乐为《大章》，舜之乐为同于帝喾，亦为《九招》、《六列》、《六英》。五帝各有自己的专职乐官，尧的乐官为夔。《列子·黄帝》云："尧使夔典乐，击石拊石，百兽率舞，箫韶九成，凤凰来仪。"①

乐当然也有规格，但乐本是用来联络情感的，享用乐的就不只是统治者也还有百姓。众多的记载以及丰富的史前文物，足以证明史前乐很兴盛。

《周礼·春官宗伯第三》说："以天产作阴德，以中礼防之。以地产作阳德，以和乐防之。以礼乐合天地之化、百物之产，以事鬼神，以谐万民，以致百物。"②这里，不只有百姓与统治者的和谐，还有人与鬼神的和谐、人与自然的和谐以及自然之间包括天与地之间的和谐。这种和谐涉及阴阳的相互作用。这一过程中，关键是"中礼"与"和乐"。"和"的前提是"中"，"乐"的基础则是"礼"。一方面是严酷的统治，另一方面是欢快的乐舞；一方面是等级森严，另一方面又是普天同乐。在"中礼"与"和乐"的共同作用下，天地、自然、社会、人生实现了最美好的和谐。这就是中华民族最高的理想。

❶杨伯峻撰:《列子集释》，中华书局 1979 年版，第 84 页。

❷钱玄等注译:《周礼》，岳麓书社 2001 年版，第 183 页。

主要参考文献

1.[德]马克思著:《马克思古代社会史笔记》，人民出版社1996年版。
2.[德]恩格斯著:《劳动在从猿到人转变过程中的作用》，《马克思恩格斯选集》第四卷，人民出版社1995年版。
3.《史记》，中华书局、岳麓书社1988年版。
4.《诸子集成》1—9册，上海书店影印本1986年版。
5.《说文解字》，中华书局1963年版。
6.朱熹注，李剑雄标点:《周易》，上海古籍出版社1995年版。
7.钱玄等注译:《周礼》，岳麓书社2001年版。
8.王文锦译解:《礼记译解》(上、下)，中华书局2001年版。
9.邬国义等撰:《国语译注》，上海古籍出版社1994年版。
10.江灏、钱宗武译注:《今古文尚书全译》，贵州人民出版社1990年版。
11.袁珂校译:《山海经校译》，上海古籍出版社1985年版。
12.江荫香译注:《诗经译注》，中国书店影印本1982年版。
13.中国《山海经》学术讨论会编:《山海经新探》，四川省社会科学院出版社1986年版。
14.陈子展撰述:《楚辞直解》，江苏古籍出版社1988年版。
15.袁珂、周明编:《中国神话资料萃编》，四川省社会科学出版社1985年版。
16.刘城淮著:《中国上古神话》，上海文艺出版社1988年版。

17. 陶阳、钟秀编:《中国神话》上、中、下，商务印书馆 2008 年版。
18. 郭沫若:《中国古代社会研究》，人民出版社 1954 年版。
19. 徐旭生:《中国古史的传说时代》，文物出版社 1985 年版。
20. 李济:《中国早期文明》，世纪出版集团、上海人民出版社 2007 年版。
21. 夏鼐:《中国文明的起源》，中华书局 2009 年版。
22.《夏鼐文集》上、中、下，社会科学文献出版社 2000 年版。
23. 苏秉琦:《中国文明起源新探》，辽宁人民出版社 2009 年版。
24.《苏秉琦文集》一、二、三，文物出版社 2010 年版。
25. 夏商周断代工程专家组:《夏商周断代工程》(简本)，世界图书出版公司 2000 年版。
26. 中国社会科学院考古研究所、中国社会科学院古代文明研究中心编:《古代文明研究》第一辑，文物出版社 2005 年版。
27. 李学勤主编:《中国古代文明起源》，上海科学技术文献出版社 2007 年版。
28. 严文明主编:《中国考古学研究的世纪回顾》，科学出版社 2008 年版。
29. 许顺湛:《五帝时代研究》，中州古籍出版社 2005 年版。
30. 西安半坡博物馆编:《史前研究》，三秦出版社 2000 年版。
31. 王克林著:《华夏文明论集》，山西人民出版社 2006 年版。
32. 张廷皓主编:《中国史前考古学研究》，三秦出版社 2003 年版。
33. 唐晓峰:《从混沌到秩序》，中华书局 2010 年版。

34. 尹达:《新石器时代》，生活·读书·新知三联书店 1955 年版。
35. 佟柱臣:《中国新石器研究》上、下，巴蜀书社 1998 年版。
36. 张之恒等著:《中国旧石器时代考古》，南京大学出版社 2003 年版。
37. 张之恒:《中国新石器时代考古》，南京大学出版社 2004 年版。
38. 向绪成编著:《中国新石器时代考古》，武汉大学出版社 1993 年版。
39. 张江凯等著:《新石器时代考古》，文物出版社 2004 年版。
40. 刘军:《河姆渡文化》，文物出版社 2006 年版。
41. 浙江省文物考古研究所编:《河姆渡》上、下，文物出版社 2003 年版。
42. 河姆渡遗址博物馆编:《河姆渡文化精粹》，文物出版社 2002 年版。
43. 浙江省文物局等编:《河姆渡文化研究》，杭州大学出版社 1998 年版。
44. 赵会军:《发现仰韶》，中国国际广播出版社 2010 年版。
45. 严文明:《仰韶文化研究》，文物出版社 2009 年版。
46. 中国社会科学院考古研究所、西安半坡博物馆编:《西安半坡》，文物出版社 1963 年版。
47. 赤峰学院红山文化国际研究中心:《红山文化研究》，文物出版社 2006 年版。
48. 张星德:《红山文化研究》，中国社会科学出版社 2005 年版。
49. 郭大顺:《红山文化考古记》，辽宁人民出版社 2009 年版。

50. 王志安主编:《马家窑文化研究文集》，光明日报出版社 2009 年版。
51. 山东省文物管理处等编:《大汶口》，文物出版社 1974 年版。
52. 山东大学历史系考古研究室编:《大汶口文化讨论文集》，齐鲁书社 1981 年版。
53. 高广仁等著:《大汶口文化》，文物出版社 2004 年版。
54. 张学海:《龙山文化》，文物出版社 2006 年版。
55. 蔡凤书:《山东龙山文化研究文集》，齐鲁书社 2010 年版。
56. 高广仁等著:《海岱文化与齐鲁文明》，江苏教育出版社 2005 年版。
57. 浙江省文物考古研究所:《良渚遗址考古报告之一：瑶山》，文物出版社 2003 年版。
58. 浙江省文物考古研究所:《良渚遗址考古报告之一：反山》上、下，文物出版社 2005 年版。
59. 刘斌:《神巫的世界：良渚文化综论》，浙江摄影出版社 2007 年版。
60. 刘恒武:《良渚文化综论》，科学出版社 2007 年版。
61. 湖北省博物馆编:《屈家岭》，文物出版社 2007 年版。
62. 张绪球:《屈家岭文化》，文物出版社 2004 年版。
63. 郑杰祥:《新石器文化与夏代文明》，江苏教育出版社 2005 年版。
64. 朱狄:《原始文化研究》，生活・读书・新知三联书店 1988 年版。
65. 孟慧英:《中国原始信仰研究》，中国社会科学出版社 2010 年版。
66. 叶舒宪:《中国神话哲学》，中国社会科学出版社 1990 年版。
67. 谢选骏:《神话与民族精神》，山东文艺出版社 1986 年版。

68. 郭淑云:《原始活态文化》，上海人民出版社 2001 年版。
69. 富育光:《萨满艺术论》，学苑出版社 2010 年版。
70. 宋兆麟:《民间性巫术》，团结出版社 2005 年版。
71. 刘宗迪:《失落的天书》，商务印书馆 2010 年版。
72. 陈来:《古代宗教与伦理》，生活・读书・新知三联书店 2009 年版。
73. 何新:《诸神的起源》第一卷、第二卷，中国民主法制出版社 2008 年版。
74. 胡新生:《中国古代巫术》，人民出版社 2010 年版。
75. 万光华:《俎豆馨香》，陕西人民教育出版社 2000 年版。
76. 殷伟等编著:《中国鱼文化》，文物出版社 2009 年版。
77. 裴文中:《旧石器时代之艺术》，商务印书馆 2000 年版。
78. 刘峻骧主编:《中华艺术通史》原始卷，北京师范大学出版社 2006 年版。
79. 王子初:《音乐考古》，文物出版社 2006 年版。
80. 栾秉璈:《古玉鉴别》上、下，文物出版社 2008 年版。
81. 尤仁德:《古代玉器通论》，紫禁城出版社 2004 年版。
82. 杨伯达:《杨伯达论玉》，紫禁城出版社 2006 年版。
83. 杨伯达主编:《中国玉文化论丛》四编上、下，紫禁城出版社 2006 年版。
84. 费孝通主编:《玉魂国魄》，燕山出版社 2002 年版。
85. 杨建芳师生古玉研究会编著:《玉文化论丛》1，文物出版社 2006 年版。
86. 盖山林:《世界岩画的文化阐释》，北京图书馆出版社 2001 年版。
87. 陈兆复:《古代岩画》，文物出版社 2002 年版。
88. 李世源:《珠海宝镜湾岩画判读》，文物出版社 2002 年版。
89. 陈兆复:《中国岩画发现史》，上海人民出版社 2009 年版。

90. 阎步克:《服周之冕》，中华书局 2009 年版。
91. 蒋书庆:《破译天书》，上海文化出版社 2001 年版。
92. 中国国家博物馆编:《文物史前史》，中华书局 2009 年版。
93. 张朋川:《黄土上下：美术考古文萃》，山东画报出版社 2006 年版。
94. 钱志强:《古代美术与中国文明起源研究》，中国社会科学出版社 2007 年版。
95. 刘凤君:《考古中的雕塑艺术》，山东画报出版社 2009 年版。
96. 吴山编:《中国新石器时代陶器装饰艺术》，文物出版社 1982 年版。
97. 张朋川:《中国彩陶图谱》，文物出版社 2005 年版。
98. 王海东编:《马家窑彩陶鉴识》，甘肃人民美术出版社 2005 年版。
99. 甘肃省博物馆编、韩博文主编:《甘肃彩陶》，科学出版社 2008 年版。
100. 杨鸿勋:《杨鸿勋建筑考古学论文集》，清华大学出版社 2008 年版。
101. [瑞典] 安特生著:《中国远古之文化》，袁复礼译，地质汇报第五号,《农商部地质研究》，北平，1923 年。
102. [瑞典] 安特生著:《甘肃考古记》，乐森寻译，地质专报甲种第五号,《农商部地质研究》，北平，1925 年。
103. [英] 詹・乔・弗雷泽著:《金枝》上、下，徐育新等译，中国民间文学出版社 1987 年版。
104. [法] 列维 - 布留尔著:《原始思维》，丁由译，商务印书馆 1981 年版。
105. [德] W. 施密特著:《原始宗教与神话》，萧诗毅等译，上海文艺出版社 1981 年版。

106.[俄]普列汉诺夫著:《没有地址的信 艺术与社会生活》,曹葆华等译,人民文学出版社 1962 年版。
107.[苏联]E.海通著:《图腾崇拜》,何星亮译,广西师范大学出版社 2004 年版。
108.[澳]刘莉著:《中国新石器时代》,陈星灿等译,文物出版社 2007 年版。
109.[美]弗朗兹·博厄斯著:《原始艺术》,金辉译,上海文艺出版社 1989 年版。
110.[美]张光直:《考古学专题六讲》,生活·读书·新知三联书店 2010 年版。
111.[美]张光直:《中国考古学论文集》,生活·读书·新知三联书店 1999 年版。
112.[美]马歇尔·萨林斯著:《石器时代经济学》,张经纬等译,生活·读书·新知三联书店 2009 年版。
113.[美]巫鸿著:《时空中的美术》,梅枚等译,生活·读书·新知三联书店 2009 年版。
114.[美]巫鸿著:《礼仪中的美术》上、下,郑岩等译,生活·读书·新知三联书店 2005 年版。
115.[美]杨晓能著:《另一种古史》,唐际根等译,生活·读书·新知三联书店 2008 年版。
116.[美]班大为著:《中国上古史实揭秘》,徐凤先译,上海古籍出版社 2008 年版。

后　记

这本书是国家社科基金项目的成果。当时申请这样一个项目，不只是为了获得一个国家社科基金项目，而是有更深层次的想法。

中国美学史一直是我主要的研究方向，在写作此书前，我完成了《中国古典美学史》、《中国美学史》、《中国美学二十一讲》、《20世纪中国美学本体论问题》、《狞厉之美——中国青铜艺术》（增订版为《诡异奇美——中国古代青铜艺术鉴赏》）。所有这些著作，都限在夏代之后。夏代是中国第一个朝代，基本上均是可考的历史。按李学勤先生的夏商周断代工程研究，夏代始于公元前2071年，这就是说中华民族的信史为4000年。

夏代之前的历史没有可靠的文献资料记载。现有的关于夏代之前的历史，均是后人特别是汉代人写的，其中最为重要的莫过于三皇五帝的传说，这些是不是信史？学者们各执一词，均无充分的根据。通常的说法是中国有5000年的历史，始于五帝之首的黄帝。20世纪仰韶文化、龙山文化的发现是一个重要的突破。地下的考古发现在一定程度上说明距今5000年前很可能有黄帝部族存在。黄帝文化与仰韶文化有某种契合之处，但仰韶文化上限距今7000年，黄帝文化只是仰韶文化的晚期，可能主要还是在龙山文化时期。仰韶文化有源头，源头之一的裴李岗文化，距今近万年，属于这个文化的贾湖遗址发现了大量的骨笛，能吹奏出完备的五声音阶，而且能够吹奏出六声音阶和七声音阶，1987年11月由中国艺术研究院和武汉音乐学院共同组成的测音小组对保存得最为完整的20号骨笛做了测音研究，当场吹奏出了河北民歌《小白菜》。贾湖骨笛距今为9000—7800年。略晚于贾湖文化的河姆渡文化，考古发现大量的碳化稻谷，还有家畜尸骨残骸。河姆渡陶钵上刻的猪纹，形象极为生动。中国北部的兴隆洼史前文化遗址也有惊人的文明，此地出土了精美的玉玦、玉锛、玉斧；与兴隆洼文化临近的查海文化遗址发现了大型石塑龙，这是中国最早的龙。兴隆洼文化、查海文化距今均为8000年，河姆渡文化略晚一点，距今7000年。大量的考古事实说明，将中华文化的历史说成5000年是不妥当的，定为8000年比较合适。

文化是由两种形态来记录的，一是语言及其载体文字，二是器物。它们都是符号。两种符号均能传达信息，但所传达的信息有些不同。语言文字符号传达的信息主要是理性的，理性中有感性，不过，这感性并不直接作用于人的感觉，比如文字符号说："这是一朵红花"，我们眼前并没有出现红花。只有懂得这种文字，并经过想象，才能在头脑中形成红花的意象。器物符号传达的信息主要是感性的，虽然这感性中有理性，但这理性因没有经过语言符号整理，要理解它，需要借助语言在头脑中进行逻辑的思辨。比如眼前有一块龙形佩玉。我们首先觉得它好看，继而觉得它有意味。这意味是什么，不明确。要明确，就需要用诸多概念在头脑中思维一番。概念的形式是语言。器物的意义是丰富的，整体性的，将这种意义换成语言文字系统来表述，总会有一定的片面性，而且也未必很准确。

史前有没有文字？史前考古已发现仰韶文化、大汶口文化、龙山文化均有类似文字的符号，但专家们尚不认识它，因而也未确定为文字。史前考古所表现的器物倒是很多的，既然器物也是符号，也有意义。那么，我们就有理由认定史前人类也是有观念的，各种各样的观念：关于自然的，关于神灵的，关于政权的，关于礼制的……当然，也有关于审美的。

史前人类所创造的器物，其精美是超出人们意料的。石器虽然主要是工具，但造形切合人机工程学原理，表面打磨光洁，让人赞叹不已。石器已是相当精美的了，但如果看一看彩陶器，特别是玉器，石器的那一点艺术性简直不值一提。彩陶是中华民族史前最为重大的科研成果，也是最为重要的艺术成就。仅就艺术性来看，那造形的多样与精致，几乎穷尽造形的各种类型。更值得称道的是纹饰，各种各样的或抽象或具象纹饰，美轮美奂。其中仰韶文化的花纹、太阳乌纹、马家窑文化的漩涡纹、凤纹堪称古今纹饰经典。至于那薄如蝉翼的黑陶蛋壳杯，无法想象是如何制作出来的，今日仿制都非常困难。史前器物中玉器最为贵重，它是礼器，也是神器，更是装饰器——美器。在旧石器时代北京猿人遗址中就发现有玉髓、玛瑙、透闪石、蛇纹石等玉石，这些美石称之为“玉质旧石器”。尽管这些玉石没有经过打造，专家们还是认为它揭开了我国玉器史的帷幕。玉器的打造始于新石器时代早期，距今8000年前的兴隆洼文化遗址就发现有玉器。内蒙古翁牛特旗三星他拉村发现的C形龙是中华第一玉龙，距今5000年；1955年在湖北省京山罗家柏岭发现的属于石家河文化的玉团凤为中华第一玉凤，距今亦5000年。这南北一龙一凤，昭示着中华民族龙凤崇拜源远流长。

审美本是感性的，审美意味原本寄寓在器物制作和器物的运用之中，本课题的一大任务就是将史前器物中所包含的审美意味挖掘出来，进行品赏、分析，并转换成文字表述。在这种挖掘与分析之中，我认为，在人类的进化史中，审美意识具有原发性、本原性的意识。人类所有的意识都在审美意识中孕育、培植，最后得以独立。我也认为审美意识具有极大的创造力与原动力，它不仅在相当程度上促进了人性的发生、完善，而且极大地推动了原始礼制和原始宗教的形成与发展。史前人类在基本方面是相同的，但生活在不同地区的民族由于其生产方式、生活方式的不同，又各有特点。史前的中华民族的审美意识明显地见出渔猎、农耕两种生活方式的影响，表现出对与这两种生活方式相关的自然物崇拜的倾向。其中的动物崇拜由实有物崇拜发展到想象物崇拜，以至于龙凤两大民族图腾的形成，在这两大崇拜中几乎集中了中华民族全部的审美意识。

由于没有发现真正出自史前的文字资料，关于史前审美意识的研究只能以地下考古所发现的器物为主要依据。尽管如此，笔者还是将进入文明时代之后有关史前的文字记载纳入视野。这其中主要是两个方面的材料：一是传说，主要是关于史前三皇五帝的传说；二是神话，多集中在《山海经》一书之中。《山海经》所记载神话没有年代，从内容来看，应都是史前的。此书西汉就有了，司马迁看到过此书，他著的《史记·大宛列传第六十三》结尾云："言九州山川，《尚书》近之矣，至《禹本纪》、《山海经》所有怪物，余（不）敢言之也。"西汉的刘秀（歆）曾撰《上〈山海经〉表》。看来，此书早在西汉前就存在了，那么，它是谁写的呢？东汉的王充说："禹益并治洪水，禹主治水，益主记异物，海外山表，无远不至，以所闻做《山海经》。"（《论衡·别通第三十八》）他肯定此书为禹的助手伯益所写。禹治水是在帝舜时代，那个时代，文字也还没有，做不出这样的书来，此书出在战国时期可能性比较大。虽然书的写作时间可能是战国时期，但书中所写的内容此前就以各种不同的形式流传了，最早可以追溯到禹治水的那个时代。因此说此书保留了史前的一些信息，当说得过去。基于此，笔者在研究史前的审美意识时，采用了《山海经》的材料。之所以用两章的篇幅论述有关史前的传说和神话，主要是想与地下考古形成参照，看能不能找到对应。现在看来，具体对应处很少，不过，基本精神还是能对应起来，精神主要是祖先崇拜自然崇拜。有关三皇五帝的传说主要为祖先崇拜，它是远古礼制的主要由来；《山海经》中所记的神话主要是自然崇拜。这两种崇拜既以文字的形式记载下来，也体现在史前考古所发现的诸多器物之中。

恩格斯论述古希腊的艺术与史诗时说：“一个成人不能再变成儿童，否则就变得稚气了。但是，儿童的天真不使成人感到愉快吗？他自己不该努力在一个更高的阶梯上把儿童的真实再现出来吗？在每一个时代，它固有的性格不是以其纯真性又活跃在儿童的天性中吗？为什么历史上的人类童年时代，在它发展得最完美的地方，不该作为永不复返的阶段而显示出永久的魅力呢？”[1]史前人类不就是人类的童年吗？她的创造不就如恩格斯说的具有永久的魅力吗？

本书图版除部分自拍和朋友提供外，均采自学界同仁的图书，特致谢忱。

本书的研究在相当程度上超越了作者的学识与能力，凡超出了本人专业的部分就只能少说或引他人说了，当然，即使本人专业之内的部分也未必说得合适。衷心希望得到读者的指正。

陈望衡

于武汉大学天籁书屋

2013 年 7 月 31 日

[1]《马克思恩格斯选集》第二卷，人民出版社 1995 年版，第 29 页。

责任编辑:安新文
封面设计:薛　宇
责任校对:周　昕

图书在版编目(CIP)数据

文明前的"文明":中华史前审美意识研究/陈望衡 著. —北京:人民出版社,
2017.12
ISBN 978-7-01-017874-5

Ⅰ.①文…　Ⅱ.①陈…　Ⅲ.①审美意识-美学史-研究-中国-石器时代
Ⅳ.①B83-092

中国版本图书馆 CIP 数据核字(2017)第 155176 号

文明前的"文明"
WENMING QIAN DE WENMING
——中华史前审美意识研究

陈望衡　著

人民出版社 出版发行
(100706　北京市东城区隆福寺街 99 号)

北京新华印刷有限公司印刷　新华书店经销

2017 年 12 月第 1 版　2017 年 12 月北京第 1 次印刷
开本:710 毫米×1000 毫米 1/16　印张:54　插页:16
字数:780 千字

ISBN 978-7-01-017874-5　定价:138.00 元(上、下册)

邮购地址 100706　北京市东城区隆福寺街 99 号
人民东方图书销售中心　电话 (010)65250042　65289539